微生物与生物医学实验室生物安全手册

第6版

Biosafety in Microbiological and Biomedical Laboratories

6th edition

主 编 【美】保罗·J.米汉（Paul J.Meechan）
　　　 【美】杰弗里·波茨（Jeffrey Potts）
主 译　武桂珍

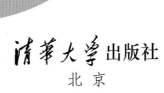

清華大学出版社
北 京

图书在版编目（CIP）数据

微生物与生物医学实验室生物安全手册 : 第 6 版 / (美) 保罗·J. 米汉 (Paul J. Meechan) , (美) 杰弗里·波茨 (Jeffrey Potts) 主编 ; 武桂珍主译 . —北京 : 清华大学出版社 , 2024.3

ISBN 978-7-302-64330-2

Ⅰ . ① 微… Ⅱ . ① 保… ② 杰… ③ 武… Ⅲ . ① 微生物学－实验室－安全管理 ② 生物医学工程－实验室－安全管理 Ⅳ . ① Q93-33 ② R318-33

中国国家版本馆 CIP 数据核字（2023）第 142660 号

责任编辑：辛瑞瑞　孙　宇
封面设计：钟　达
责任校对：李建庄
责任印制：宋　林

出版发行：清华大学出版社
　　　　　网　　　址：https://www.tup.com.cn，https://www.wqxuetang.com
　　　　　地　　　址：北京清华大学学研大厦 A 座　　　邮　　编：100084
　　　　　社 总 机：010-83470000　　　　　　　　　邮　　购：010-62786544
　　　　　投稿与读者服务：010-62776969，c-service@tup.tsinghua.edu.cn
　　　　　质量反馈：010-62772015，zhiliang@tup.tsinghua.edu.cn
印 装 者：三河市龙大印装有限公司
经　　销：全国新华书店
开　　本：210mm×285mm　　　　　印　　张：23.75　　　字　　数：620 千字
版　　次：2024 年 3 月第 1 版　　　　　　　　　　　　印　　次：2024 年 3 月第 1 次印刷
定　　价：248.00 元

产品编号：100619-01

编写委员会

主　译　武桂珍

副主译　蒋　涛　曹玉玺

译　者　（以姓氏笔画为序）

刘亚宁　中国疾病预防控制中心病毒病预防控制所

张小山　中国疾病预防控制中心病毒病预防控制所

陈磊森　中国疾病预防控制中心病毒病预防控制所

武桂珍　中国疾病预防控制中心病毒病预防控制所

曹玉玺　中国疾病预防控制中心病毒病预防控制所

蒋　涛　中国疾病预防控制中心病毒病预防控制所

译 者 序

《微生物与生物医学实验室安全手册》（Biosafety in Microbiological and Biomedical Laboratories，BMBL）是由美国国立卫生研究院（NIH）和美国疾病预防控制中心（CDC）联合编写出版的实验室生物安全手册，本系列图书系统陈述了美国实验室生物安全和生物防护的风险管理和操作规范，为微生物和生物医学实验室安全防控生物危害提供了指导建议和最佳实践。虽然 BMBL 由美国 CDC 和 NIH 联合出版，在美国各种政府法规文件中也称其为指导文件，但 BMBL 并不是监管文件，它是基于风险分析的最佳实践，用于保护实验室工作人员、社区和环境免受与生物危害相关的风险。虽然不是监管文件，但这丝毫不影响 BMBL 在实验室生物安全领域的地位。它不但作为工具书被美国和世界范围内的生物安全专业人员广泛使用，而且也一直是相关机构和单位制定实验室生物安全政策和规范的重要参考依据。因此，BMBL 被誉为是生物安全领域的金标准。

自 1984 年第一版 BMBL 面世以来，每隔几年，BMBL 都会进行修订和改版。2015 年 NIH 和美国 CDC 的相关部门就启动了第六版 BMBL 的修订计划，第六版 BMBL 由 200 多位来自美国联邦政府机构和业界人士，包括 NIH、CDC、美国农业部（USDA）、联邦调查局（FBI）、运输部（DOT）、职业安全和健康署（OSHA）等部门的专家和学者共同完成。同时，CDC 和 NIH 与美国国家科学院（NAS）、美国微生物学会 (ASM)、公共卫生实验室协会（APHL）和美国生物安全协会（ABSA）等机构合作，在相关领域和学界广泛征求意见。

第六版 BMBL 很多内容的修改都是在业界同行的提议下进行的，如针对认为病原微生物的危害等级是与实验室生物安全防护等级一一对应的理解偏差，第一次明确提出不能将病原微生物的 4 个危害等级与实验室的 4 个生物安全防护等级混淆并对应，按国际分类归在第三类（对应中国分类第二类）的病原微生物，并不意味着涉及该病原的实验活动必须在（A）BSL-3 实验室进行。

第六版 BMBL 中文译本共分为八个部分：第一部分：简介；第二部分：生物风险评估；第三部分：生物安全原则；第四部分：实验室生物安全等级标准；第五部分：动物饲养研究设施

脊椎动物生物安全等级标准；第六部分：实验室生物安全原则；第七部分：针对生物医学研究的职业健康支持；第八部分：病原概述。

译者团队翻译此第六版 BMBL 的目的是将这一国际公认的生物安全标准引入中国，为我国的微生物和生物医学实验室提供一个参考依据，促进我国的生物安全水平和实验室管理水平的提高。希望本书能够为我国的实验室工作人员、教育工作者、监管者、政策制定者等提供有价值的信息和建议，帮助相关人员在保护自身健康和环境安全的同时，有效地开展科学研究和公共卫生服务。

在翻译过程中，译者力求忠实于原文，同时也注意考虑中文语言习惯和文化背景，尽量使用通用的术语和表达方式，对一些涉及法律法规、机构名称、专业术语等方面的内容进行了适当的注释或解释，以便读者更好地理解。由于译者的水平有限，难免会有疏漏或错误之处，敬请读者批评指正。

最后，感谢出版社和所有参与本书翻译、审校、校对的人员的支持和帮助。希望第六版 BMBL 中文译本能够对我国的生物安全工作提供一定的帮助和指导。

武桂珍

2023 年 3 月

原著前言

自发布以来，《微生物与生物医学实验室安全手册》（BMBL）一直是美国生物安全规范的基石。我们希望强调的是，第 6 版 BMBL 仍是业内重要的参考依据，它从生物安全的角度为生物医学与临床实验室提供了最规范的实验室安全指导。我们注意到一些实验室可能将 BMBL 用作监管文件，但这并非编辑本书的初衷。本文件的核心原则是方案驱动的风险评估。单个文件不可能确定生物医学与临床实验室中的所有风险和可行的风险控制措施。在生物医学与临床实验室中，应将 BMBL 作为评估和建议缓解措施的工具。

此版本的 BMBL 包括修订的章节、病原概述和附录。我们综合评估后修改完善了此版本中的建议和其他组织与联邦机构发布的指南与规范，尽可能地阐明了文中的术语和意图。为了增加本手册的实用性，此版本增加了与以下主题有关的新附录：灭活与验证；实验室的可持续性；大规模生产生物安全；临床实验室生物安全。

200 多名科研人员和专业人员参加技术工作组，并担任审稿人、客座编辑与专家，为第 6 版的编写作出了贡献。我们要感谢所有人的奉献和努力。没有他们，就不可能有 BMBL 的第 6 版。我们也感谢所有前五版 BMBL 编写人员的辛勤工作和贡献，我们的成果建立在他们扎实的工作和不遗余力的付出之上。

在发布此修订版前，我们必须感谢前五版 BMBL 编辑人员的远见卓识和组织能力。他们的名单如下：约翰·理查德森博士、W.埃米特·巴克利、乔纳森·里奇蒙德、罗伯特·W.麦金尼、凯西·乔斯伍德和黛博拉·威尔逊。没有他们，BMBL 不可能成为像今天这样的权威工具书。指导委员会成员克里斯蒂·迈里克博士、理查德·G.鲍曼、玛吉·兰伯特、帕特里夏·德拉罗萨和特蕾莎·劳伦斯在确定作者、选择增补内容以及审阅论文方面都发挥了重要作用。这里要衷心感谢他们对此版本的重大贡献。

我们要衷心感谢老鹰医疗服务有限责任公司的赛娜·曼吉诺女士和马洛里·波马尔斯博士在协助完成这项工作中所提供的专业知识和耐心指导。他们出色的组织能力与精湛的编辑水平对本书的创编极其重要。

　　我们希望读者能认可第6版BMBL提供的全面即时的信息。最重要的是，我们希望读者认可本书使用的方便性。我们还要感谢读者在漫长的全面修订过程中的耐心等待和理解。

保罗·J.米汉，哲学博士，公共卫生硕士，

注册生物安全专家和认证生物安全专家（美国生物安全协会）

佐治亚州亚特兰大市

美国疾病预防控制中心

实验室科学与安全办公室

实验室安全副主任

杰弗里·波茨，公共卫生硕士和认证生物安全专家（美国生物安全协会）

马里兰州贝塞斯达市

美国国立卫生研究院

职业安全与健康研究所

生物风险管理处处长

目　录

第一部分

简　介

　　《微生物与生物医学实验室生物安全手册》（*Biosafety in Microbiological and Biomedical Laboratories*，BMBL）已成为美国生物安全实践中的首要指导文件，即安全处理和防护感染性微生物及危险生物材料的机制。实践中应始终坚持 BMBL[1] 在 1984 年的第一版中引入且贯穿始终的生物安全原则，主要包括防护与风险评估。防护基本原理包括微生物操作的相关规范、安全设备以及设施保障措施以保护实验室工作员、环境及公众，避免其接触在实验室中处理和存放的感染性微生物。风险评估是促成对微生物相关规范、安全设备及设施保障措施的适当选择，从而有助于预防实验室相关感染（LAI）的过程。定期更新 BMBL，旨在根据新知识和新经验不断完善指南，解决当下可能给实验室工作人员及公共卫生带来新风险的问题。这样，BMBL 中提供的指导将继续为微生物和生物医学界提供相关且有价值的参考。

　　自上一版 BMBL 发布以来，新病原体的识别难度以及病原体防护和安全存放要求上的不确定性和变化日益加剧，新的感染性病原和疾病已经出现。在公共和私人研究、公共卫生、临床和诊断实验室以及动物管理设施方面，与感染性病原体相关的研究越来越多。全球性事件已显示了生物恐怖主义的新威胁。鉴于此，各大机构及实验室负责人不得不评估并确保其生物安全计划的有效性、工作人员操作熟练程度，以及设备、设施和管理规范的功能，以提供对微生物病原的防护和保障。同时，从事病原微生物处理的工作人员必须了解安全操作和感染性病原体的防护条件。这些知识的应用以及适当的技术和设备的使用能够帮助个人、实验室及周围环境预防潜在的传染源或生物危害。

实验室相关感染的发生

　　早在 20 世纪初，就有研究者发表了关于实验室相关感染的报告。到 1978 年，Pike 和 Sulkin 开展的 4 项研究共确定了 1930—1978 年出现的 4 079 种实验室相关感染，共造成 168 例死亡[2-5]。研究发现，工作人员中最常见的十种可引起显性感染的病原体为布鲁氏菌、贝纳柯克斯体、乙型肝炎病毒（Hepatitis B virus，HBV）、伤寒杆菌、土拉热弗朗西斯菌、结核分枝杆菌、皮炎芽生菌、委内瑞拉马脑炎病毒、鹦鹉热衣原体和粗球孢子菌。作者认为，4 079 例并不代表此期间发生的所有实验室相关感染，因为许多实验室选择不报告确诊病例，或者未监测到亚临床或无症状感染病例。

此外，实验室相关感染的既往报告中的数据不足以确定发病率，这使得风险的定量评估变得更复杂。同样，在 1978 年之前报道的实验室相关感染中，超过 80% 的实验室相关感染未发现可识别的事故或暴露事件。研究表明，在许多情况下，感染者往往从事病原微生物相关工作，或与从事病原微生物相关工作的人员有过近距离接触。[2-6]。

在 Pike 和 Sulkin 研究报告发表之后的 20 年里，Harding 和 Byers 通过全球文献检索，共发现 1 267 例显性感染，造成 22 例死亡[7]。5 例病例因母亲实验室相关感染造成胎儿流产。在 1 267 例感染中，结核分枝杆菌、贝纳柯克斯体、汉坦病毒、虫媒病毒、HBV、布鲁氏菌、沙门氏菌属、志贺菌、丙型肝炎病毒和隐孢子虫占 1 074 例。作者还确定了另外 663 例亚临床感染病例。与 Pike 和 Sulkin 一样，Harding 和 Byers 也报告，只有少数实验室相关感染能追溯到记录在案的具体事件。这些作者最常报告的非特异性关联事件包括从事病原微生物相关工作、待在实验室内或实验室附近，或在感染动物周围。

Harding 和 Byers 的研究结果表明，在报告的所有实验室相关感染中，临床（诊断）实验室和研究实验室分别占 45% 和 51%。这与 Pike 和 Sulkin 在 1979 年之前报告的实验室相关感染有显著差异，后者报告的结果为临床实验室和研究实验室分别占 17% 和 59%。临床实验室中实验室相关感染的占比相对增加可能是由于员工健康监督计划优化后能够检测到亚临床感染，或者可能是在培养鉴定的早期阶段防护不当。

将 Harding 和 Byers 报告的最新实验室相关感染与 Pike 和 Sulkin 报告的结果进行比较后发现，感染数字正在下降。Harding 和 Byers 表示，防护装备、工程控制的改进以及对安全培训更加重视可能是导致二十多年来实验室相关感染明显减少的重要因素。但是，由于缺乏有关感染的实际数量和高危人群的信息，很难确定实验室相关感染的真实发生率。

实验室相关感染事件的公开为微生物和生物医学界提供了宝贵的资源。例如，一份关于布鲁氏菌（一种能够通过气溶胶途径传播的微生物）的职业暴露报告描绘了临床微生物学实验室的一名工作人员是如何错误地使用开放式工作台传代培养羊布鲁氏菌的[8]。这个失误以及违反防护规范的操作导致 26 名实验室成员中发生 8 例羊布鲁氏菌实验室相关感染，发生率为 31%。

实验室相关感染的报告为维持生物医学和临床实验室安全条件提供了前车之鉴。

美国国家生物安全指南的演变

在微生物和生物医学界的努力下，美国国家生物安全指南的不断更新，促进业界使用安全的微生物规范、安全设备和设施保障措施，从而减少实验室相关感染并保护公众健康和环境。实验室相关感染的历史记载提高了公众对感染性微生物的危害以及从事这些微生物工作的实验室工作人员的健康风险的认识。许多已发表的报告提出了可预防实验室相关感染的规范和方法[9]。Arnold G. Wedum 在 1944—1969 年担任美国陆军生物研究实验室（德特里克堡生物实验室）工业健康和安全部负责人，其在生物安全方面的创举为评估传染性微生物处理风险、识别生物危害和开发/制定危害控制相关规范以及设备和设施保障措施奠定了基础。德特里克堡生物实验室还协助美国农业部（USDA）、国家动物研究中心（NARC）和美国卫生与公众服务部（DHHS）、美国疾病预防控制中心（CDC）和美国国立卫生研究院（NIH）制订生物安全计划，推动了该领域的发展。这些政府机构制定了若干国家生物安全指南，在这之后第一版 BMBL 发布。

1974 年，美国 CDC 出版了《病原体(危害程度)分类》[10]。该报告介绍了确定更高防护等级的概念，防护等级与处理具有相似危险特性的感染性微生物相关的风险相对应。根据传播方式及其所引起疾病的严重程度，人类病原体可分为四类。第五类包括美国农业部限制入境的非本地动物病原体。

美国国立卫生研究院于 1974 年发布了《美国国家癌症研究所研究致癌病毒安全标准》[11]。根据对接触到动物致癌病毒或疑似致癌病毒分离株的人员潜在患癌风险的评估，这些标准确定了三个防护等级[12,13]。1976 年，美国国立卫生研究院首次发布了《美国国立卫生研究院重组 DNA 分子研究指南》（美国国立卫生研究院指南）[14]。现行的《美国国立卫生研究院指南》详细说明了与四个制定的物理防护等级相对应的微生物规范、设备和设施保障措施，并根据对新兴技术的潜在危害的评估，确定出相关防护等级实验的标准[15]。这些指南的演变为制定微生物和生物医学实验室生物安全操作规范奠定了基础。在美国疾病预防控制中心和美国国立卫生研究院的带领下，通过一项广泛合作倡议推动了科学家、实验室负责人、职业病医师、流行病学家、公共卫生官员以及卫生与安全专业人员于 1984 年制定了第一版 BMBL[16]。BMBL 中增加了概要说明，提供了既往生物安全指南中未提及的技术内容，给出了导致实验室相关感染的感染性微生物相关的指导。第六版 BMBL 也是这项广泛合作倡议的产物，致力于延续国家生物安全规范的价值。

确定分级防护的风险标准

用于界定四个逐级升高的防护等级（称为生物安全 1～4 级）的主要风险标准是感染性、疾病严重性、传播途径以及开展工作的性质。引起中度至重度疾病的病原体的另一个重要危险因素是其来源（无论是本土的还是外来的）。每个防护等级都有与处理病原体相关风险等级相对应的微生物规范、安全设备和设施保障措施。与生物安全 1～4 级相关的设施保障措施有助于保护设施中的非实验室人员、公众健康和环境。

生物安全 1 级实验室（BSL-1）是基本的保护等级，适用于已知不会在免疫能力正常的成年人中引起疾病的活的病原微生物；生物安全 2 级实验室（BSL-2）适用于中度风险病原微生物，若人类摄入或经皮肤或黏膜接触了这类病原微生物，可能会出现不同程度的疾病。生物安全 3 级实验室（BSL-3）适用于已知具有气溶胶传播潜力、可导致严重和潜在致命感染的本土或外来的病原微生物；可通过感染性气溶胶对生命造成致命威胁个体感染风险很高且无法进行任何治疗的外来病原微生物，仅限于符合生物安全 4 级（BSL-4）防护等级的实验室。

需要强调的是，大多数实验室相关感染的致病原因尚不清楚[7,8]。不太明显的接触，例如吸入感染性气溶胶、经破损皮肤或黏膜与含有感染性微生物的飞沫接触或与被飞沫污染的表面直接接触，也许是导致部分实验室相关感染事件的罪魁祸首。处理微生物的液体悬浮液可能会产生气溶胶和液滴，小颗粒气溶胶形成的可吸入颗粒中可能含一种或几种微生物，这些小颗粒会留在空气中，并且很容易扩散到整个实验室中。吸入后，这些颗粒将留在人体肺部中，较大的气溶胶微粒滴迅速从空中落下，会污染手套、直接工作区域以及黏附至未佩戴防护装备的工作人员的黏膜。某些操作程序有可能将微生物以气溶胶和飞沫形式释放到空气中，这是最重大的操作风险因素，因而需要防护装备和设施保障措施。

病原概要声明

第 6 版与既往版本一样，包含病原概要说明，该章节描述了病原微生物的危害、建议的预防措施以及在实验室和脊椎动物饲养设施中处理特定人类和动物源性传染病病原体时应采取的相关防护等级。病原概要声明收录了符合以下 3 项标准中一项或多项的病原：

1. 该病原已证实对处理感染性材料的实验室人员有害。
2. 该病原高度疑似引起实验室相关感染，即使不存在有案可查的案例。
3. 引起严重疾病或危害重大公众健康的病原。

科学家、临床医生和生物安全专业人员通过使用实验室遵循的标准操作程序对处理病原的风险进行评估，编制此声明。绝不可认为，病原概要声明没有记载的某类人类病原就意味着可以在生物安全 1 级实验室或无须进行风险评估来确定相关防护等级，就可以安全地处理该病原。即使病原概要声明收录的病原体，实验室负责人也应在开始病原工作或采用实验室新规程之前进行独立的风险评估。在某些情况下，实验室负责人应考虑修改病原概要声明中所述的预防措施或建议规范、设备和设施保障措施。此外，实验室负责人在进行风险评估时应寻求指导，可从知识渊博的同事、机构安全委员会、机构生物安全委员会、生物安全官员以及公共卫生、生物安全和科学协会处寻求指导。

在编制第 6 版的过程中，作者对 BMBL 第 5 版的病原概要声明进行了回顾。此版本中增加了新病原的概要声明，并对包括管制病原在内的概要声明进行了更新。例如，更新了虫媒病毒和相关人兽共患病病毒部分的内容，包括新增病原概要声明以及最近出现的中东呼吸综合征冠状病毒（Middle East respiratory syndrome coronavirus，MERS-CoV）等病原概要声明。

第 6 版对风险评估章节进行了大幅修订，强调了此过程在选择适当规范和防护等级的重要性。该部分被特意放在了绪论之后，因为风险评估是支撑微生物和生物医学实验室中安全处理感染性病原操作规范的核心原则。

实验室生物安保

国家在保护公共健康免受潜在的国内或国际生物恐怖主义威胁方面仍面临挑战。现行标准和规范可能需要进行调整，确保免受此类敌对行为的侵害。联邦法规要求在微生物和生物医学界内加强安全措施，以保护会造成严重后果的生物病原体和毒素免于被盗、丢失或滥用。第 6 版 BMBL 对实验室生物安保章节进行了更新——微生物病原和毒素的安保准则以及因故意滥用或释放而对人类和动物健康、环境及经济造成的危害。对所有实验室工作人员而言，仔细阅读第六部分实验室生物安保概念与指南是至关重要的。

《微生物与生物医学实验室生物安全手册》使用指南

BMBL 是实验操作的规范守则和权威参考。从业人员需要仔细阅读 BMBL 的各个章节方可获得足以安全处理有害微生物的相关知识，有助于了解生物安全原则，这些原则是本书中所包含的概念和建议的依据。即使是经验丰富的实验室工作人员，仅阅读选定的部分也不足以安全地处理潜在的感染性病原体。

BMBL 中所述的推荐规范、安全设备和设施保障措施仅为建议性的。目的是建立一套自愿的行为指南，所有实验室工作人员将共同遵循这一指南，保护自己和同事以及公众健康和环境。

第 6 版 BMBL 中还增加了附录，包括：附录 K—灭活与验证；附录 L—可持续性；附录 M—大规模生物安全；附录 N—临床实验室。本版在附录 K—中添加了有关灭活验证的内容，因为最近发生的事件表明，遵循已发布的灭活程序并假定其能够使样本中所有病原生物完全失活可能不足以保证生物安全。在附录 L 中，新增了协助实验室降低运营成本的有关方法。在附录 M 中，我们认识到在生物制药生产中使用生物病原带来的巨大利益，因此添加了关于大规模生产病原的生物安全考量。最后，在附录 N 中，添加了关于临床实验室中生物材料安全处理的内容，对未经确认但可疑的高危病原体进行风险评估，可能与传统微生物实验室进行的评估有显著差异。

BMBL 不应用作生物安全信息的单一来源。它为机构中有能力的利益相关方制定合理的风险评估方案并进行相关审查提供了基础。但是，仍需要由生物安全办公室或官员、动物管理人员、设施人员、管理人员以及机构生物安全委员会或同等机构在内的利益相关方参与，确保所有相关方都能提供意见并就风险评估达成共识。

展望

尽管实验室相关感染不常见，但至关重要的是微生物和生物医学界必须继续保持警惕并避免盲目乐观。过去几年中广泛报道的高危病原体运输中的意外或潜在暴露事件表明，事故和未被认识到的暴露事件在继续发生。大多数有记录的实验室相关感染都缺乏明确的传播途径证据，故应促使处于危险中的人们对所有可能的暴露途径保持警惕。微生物气溶胶的意外扩散是许多实验室相关感染的可能原因[17]，这表明对工作人员进行培训，提高其识别潜在危害和纠正不安全习惯的能力是十分重要的。注意和熟练使用工作规范、安全设备和工程控制措施也是必要的。

理解生物安全原理，使用执行良好的风险评估方法以及遵守 BMBL 中所述的微生物规范、防护和设施保障措施，将有助于为实验室工作人员、邻近人员和社区提供更安全、更健康的工作环境。

原书参考文献

［1］Richardson JH, Barkley WE, editors. Biosafety in Microbiological and Biomedical Laboratories. 1st ed. Washington (DC); 1984.

［2］Sulkin SE, Pike RM. Survey of laboratory-acquired infections. Am J Pub Hlth Nations Hlth. 1951;41(7):769-81.

［3］Pike RM, Sulkin SE, Schulze ML. Continuing importance of laboratory-acquired infections. Am J Pub Hlth Nations Hlth. 1965;55:190-9.

［4］Pike RM. Laboratory-associated infections: summary and analysis of 3921 cases. Health Lab Sci. 1976;13(2):105-14.

［5］Pike RM. Past and present hazards of working with infectious agents. Arch Pathol Lab Med. 1978;102(7):333-6.

［6］Pike RM. Laboratory-associated infections: incidence, fatalities, causes, and prevention. Annu Rev Microbiol. 1979;33:41-66.

［7］Harding AL, Byers KB. Epidemiology of Laboratory-associated infections. In: Fleming DO, Hunt DL, editors. Biological Safety: Principles and Practices. 3rd ed. Washington (DC): ASM Press; 2000: 35-54.

［8］Staskiewicz J, Lewis CM, Colville J, Zervos M, Band J. Outbreak of Brucella melitensis among microbiology laboratory workers in a community hospital. J Clin Microbiol. 1991;29(2):287-90.

［9］Wedum AG. Laboratory safety in research with infectious diseases. Public Health Rep. 1964;79(7):619-33.

［10］Ad Hoc Committee on the Safe Shipment and Handling of Etiologic Agents; Center for Disease Control. Classification of etiologic agents on the basis of hazard. 4th ed. Atlanta (GA): U.S. Department of Health, Education, and Welfare, Public Health Service, Center for Disease Control, Office of Biosafety; 1974.

［11］National Cancer Institute, Office of Research Safety. National Cancer Institute safety standards for research involving oncogenic viruses. Bethesda: The National Institutes of Health (US); 1974.

［12］Wedum AG. History and epidemiology of laboratory-acquired infections (in relation to the cancer research program). JABSA. 1997;2(1):12-29.

［13］West DL, Twardzik DR, McKinney RW, Barkley WE, Hellman A. Identification, analysis, and control of biohazards in viral cancer research. In: Fuscaldo AA, Erlick BJ, Hindman B, editors. Laboratory safety theory and practice. New York: Academic Press; 1980. p. 167-223.

［14］National Institutes of Health. NIH Guidelines for Research Involving Recombinant DNA Molecules (NIH Guidelines). Bethesda (MD): National Institutes of Health; 1976.

［15］National Institutes of Health. NIH Guidelines for Research Involving Recombinant or Synthetic Nucleic Acid Molecules (NIH Guidelines). Bethesda (MD): National Institutes of Health, Office of Science Policy; 2019.

［16］Centers for Disease Control and Prevention; National Institutes of Health. Biosafety in Microbiological and Biomedical Laboratories. 1st ed. Richardson JH, Barkley WE, eds. Atlanta (GA): CDC; Bethesda (MD): NIH; Washington (DC): U.S. G.P.O.; 1984.

［17］Rusnak JM, Kortepeter MG, Hawley RJ, Anderson AO, Boudreau E, Eitzen E. Risk of occupationally acquired illnesses from biological threat agents in unvaccinated laboratory workers. Biosecur Bioterror. 2004;2(4):281-93.

第二部分

生物风险评估

生物风险评估的现行规范是实验室安全操作的基础。风险评估需要仔细判断，对于微生物和生物医学实验室的管理人员和项目负责人（PI）来说，这是一项重要的责任。机构领导层和监督机构［如机构生物安全委员会（IBC）或同等机构］、动物管理和使用委员会、生物安全专业人员、职业卫生人员以及实验动物兽医，也应承担这一责任。评估风险时，至关重要的是要使包括实验室和设施工作人员以及领域内专家在内的利益相关方广泛参与委员会的工作审查以及对实验室相关感染（LAI）和其他已发表研究的讨论。生物风险评估过程可用于识别可能导致人员暴露于某种病原的活动，并识别这种暴露导致实验室相关感染的可能性，以及感染可能会发生什么后果。如果病原或材料已知的话，还可用于识别具有或可能具有感染性的病原或材料的危险特征。风险评估确定的信息将为选择适当的防范措施提供指导，包括有助于选择预防实验室相关感染的生物安全等级和良好微生物规范、安全设备以及设施保障措施的应用。

将风险管理流程与实验室日常操作整合，推动积极的安全文化的培养，有助于识别危害，确定风险的优先级，并制定针对特定情况的风险缓解程序。为取得成功，该过程必须具有协作性，且有所有利益相关方的参与。此外，必须认识到控制措施的层级结构，首先要消除或减少危害，然后逐步实施适当的工程和（或）行政管理控制措施，解决残留风险，并在必要时确定个人防护装备（PPE）以保护工作人员[1]。

就本节而言，危害被定义为能够对健康或安全造成不利影响的物质或情况[2]。当人与危害相互作用时，风险发生，风险是不良事件发生概率和潜在事件预期后果的函数[2]。概率和后果估值的乘积为一个相对值，可用于确定风险的优先级。由于不可能消除所有风险，因此，只要有潜在危害存在，就应该对特定的危害进行风险评估，并通过形成文件流程的方式将风险降低到机构可接受的水平。对于生物实验室来说，此过程通常是定性的，按高风险到低风险分类。本节的指导适用于如何进行风险评估、实施风险缓解计划、评估期间和评估后沟通以及制定规范支持正在进行的风险评估过程。

通过风险管理规范和风险缓解控制措施的组合和重叠，缓解风险，从而为工作人员、社区和环境提供多重的保护。通过风险评估过程，可以确定处理微生物病原的最佳实践，如何整合多种防护或保护策略，以及在某些事情未按计划进行时如何应对。当全面执行时，需随着工作的开展考虑适时变动和选择方法、程序和法规。

如果风险未被识别或被低估，则很可能发生不利后果（如实验室相关感染）。反之，对安全措施过于严格的要求可能会给实验室带来额外的费用和负担，而对实验室的安全性却提高甚微。因此，如果没有足够的信息来明确风险，需考虑在有更多数据可用之前应采取其他保障措施。

风险管理流程

BMBL（第6版）就风险缓解措施提供了指导，以应对常见的病原体和科学实验风险。由于无法预测所有可能的不良事件，因此，有时需要基于不完整的信息来做出有关控制措施的判断和决策。判定与特定类型的实验室相关的特殊风险，需要在风险评估中更加谨慎。例如，由于临床实验室检测的目的是为医疗诊断寻找致病原，通常会缺乏临床标本中存在的病原体的信息。有关临床实验室的更多信息请参阅附录N。

本节提供了结构化的六步法风险管理流程，并更加强调了持续积极的安全文化。包括世界卫生组织《山也是安全手册》所述的流程在内的其他方法也可以应用。

在风险评估中要考虑的初始因素分为两大类：病原危害和实验室程序危害。首先，在评估固有风险之后，确定生物安全等级和其他指示性缓解风险的策略。在实施控制措施之前，应与生物安全专业人员、相关领域专家以及机构生物安全委员会或同等机构，一起审查风险评估结果和拟定的保障措施。其次，在正在进行的风险管理评估中，将评估员工在安全实践的熟练程度和安全设备完整性，并解决培训或能力差距的问题。最后，定期重新审查管理策略，重新评估风险和缓解措施，并在适当时进行更新。

首先，确定病原的危险特性并评估固有风险，即无缓解因素的风险。考虑该病原的主要危险特性，其中包括其在易感宿主中感染并引起疾病的能力、疾病的严重性以及预防措施和有效治疗的可用性。还应考虑实验室感染的可能传播途径、感染剂量（infective dose，ID）、在环境中的稳定性、宿主范围（病原体是本土的还是外来的），以及该病原体的遗传特性[3-6]。

一些优质的资源为进行初始风险评估提供了信息和指导。BMBL的第八节提供了与实验室相关感染相关联或公众日益关注的许多病原体的概述。确定了实验室相关感染的已知和可疑传播途径，并在可能的情况下，提供了有关感染剂量、宿主范围、病原在环境中的稳定性、保护性免疫和病原减毒菌株的信息。来自知名资源的安全文件也很有价值，如加拿大公共卫生局（Pubic Health Agency of Canada，PHAC）编辑的《病原体数据安全表》。[①] 当病原的预期用途与病原概要声明中所述的一般条件不符或病原概要声明不可用时，有必要对病原危害进行彻底审查。此外，比较有用的做法是向在病原处理方面有经验的同事和生物安全专业人员寻求指导。

《美国国立卫生研究院关于重组或合成核酸分子的研究指南》（《美国国立卫生研究院指南》）已纳入实验室用的微生物危害等级（RG）分类，即根据这些基本特征和自然状态下疾病的传播途径，将病原体分成4个风险组。该列表可在《美国国立卫生研究院指南》附录B中找到。美国生物安全

---

① 可在加拿大公共卫生局官方网站上获取《病原体数据安全表》。

协会（ABSA International）还提供了各个国家和机构的微生物和风险组分配纲要。微生物危害等级的分配有助于初步估计病原体的风险。各实验室必须根据正在进行的特定工作所面临的特定风险，对评估进行适当调整。这 4 个组针对的是实验室工作人员和社区的风险，与生物安全等级相关但并不等同。有关风险组和生物安全等级的更多信息，请参见第三节。

转基因病原的危险特性。鉴定和评估转基因病原的危险特性需要考虑与野生型生物风险评估相同的因素。特别重要的是，要解决基因修饰可能增加或减少某种病原的致病性或影响其对抗生素或其他有效治疗方法敏感性的可能性。风险评估可能会很困难或不完整，因为新设计的病原可能无法获得相关的重要信息。有研究人员报告，他们在最近的工程病原研究中观察到了意料之外的毒性增强[7-10]。这些观察结果使人们保持警惕，怀疑毒性基因的实验性改变可能导致风险改变，进一步凸显了风险评估的本质，是随研究进展而持续更新过程。

《美国国立卫生研究院指南》是重组 DNA 分子的工作风险评估及确定适当生物安全等级的关键参考。有关美国国立卫生研究院指南和美国国立卫生研究院科学政策办公室（OSP）的更多信息，请参阅附录 J。①

细胞培养　处理或操作人类或动物细胞和组织的工作人员，可能存在暴露于这些细胞和组织中可能存在的具有潜在感染性的外源病原的风险。此类风险包括：隐匿性疱疹病毒可在潜伏期被重新激活[12,13]，疾病意外传播到器官接受者[14,15]，以及人类免疫缺陷病毒（HIV）、乙型肝炎病毒（HBV）和丙型肝炎病毒（HCV）持续存在于美国人群中的感染者[16]。此外，人和动物的细胞系特征不清或从二次来源获得，可能会对实验室造成感染性危害。例如，处理接种了未知的感染了淋巴细胞性脉络丛脑膜炎病毒的肿瘤细胞系的裸鼠已导致多起实验室相关感染事件[17]。有关更多信息，请参见附录 H。

病原的其他危险特性包括实验室中可能的传播途径、感染剂量、环境稳定性、宿主范围及其地方性。此外，实验室相关感染的报告是危险的明确指标，也是有助于识别病原和程序危害及其控制预防措施的信息来源。没有报告并不表示风险很小。单一病原感染报告的数量可能是反映使用频率和风险的一个指标。鼓励实验室负责人在科学和医学文献中报告实验室相关感染。BMBL 中的病原概要声明包括对实验室相关感染报告的特定引用。

一旦考虑了与病原相关的固有风险，该流程的下一步就是解决病原传播的可能性。在实验室中最可能的传播途径是：

1. 皮肤、眼睛或黏膜直接暴露于病原。
2. 用注射器针头或其他被污染的锐器进行肠外接种或被感染动物和节肢动物媒介叮咬。
3. 摄入感染性病原的液体混悬剂，或污染的经对口接触摄入。
4. 吸入感染性气溶胶。

了解自然人类疾病的传播途径有助于确定实验室中可能的传播途径以及对公共健康的潜在风险。例如，感染性病原的传播可通过直接接触感染者呼吸道黏膜的分泌物而发生，这清楚地表明实验室工作人员处理某一病原时，存在感染风险，因为黏膜可能会暴露于该病原产生的液滴。可在《传染病控制手册》[3]中找到用于识别自然和经常提到的实验室传播方式的其他信息。由实验室相关感染引起的疾病的性质和严重程度以及实验室中感染性病原的可能传播途径可能不同于自然获得性疾

---

① 《美国国立卫生研究院指南》可在相关网站上找到[11]。

病相关的传播途径和严重程度[18]。

　　能够通过呼吸道暴露于感染性气溶胶而传播疾病的病原，对于与该病原有接触的人员和其他实验室人员而言，都是严重的实验室危害。感染剂量和病原稳定性在确定疾病通过空气传播的风险中尤其重要。例如，在多起贝纳柯斯体实验室相关感染的报告中，其原因可能为其吸入低感染剂量（据估计为吸入的 10 个感染性颗粒）以及在环境中的抗逆表现，使其在脱离宿主后或在体外培养基上生存足够长的时间，最终成为气溶胶危害[19]。

　　当工作涉及使用实验动物时，风险评估需仔细考虑人兽共患病病原的危险特性。实验动物可经由唾液、尿液或粪便排出人兽共患病病原及其他感染性病原体的证据可作为判断危害的重要指标。在接触恒河猴眼部飞溅物与生物材料后，灵长类动物中心实验室工作人员因 Macacine 疱疹病毒 1（MHV-1，也称为猴 B 病毒）感染而死亡，提示了这一危害的严重性[20]。证明疾病从受感染的动物传播到同一笼内正常动物的实验是判断危害的可靠指标，但未证明其传播途径的实验并不能排除这种危害。例如，感染了土拉热弗朗西丝菌、贝纳柯克斯体、粗球孢子菌或鹦鹉热衣原体（引起许多实验室相关感染的病原）较少会感染同笼内的其他动物[21]。

　　进行风险评估时，病原的来源也很重要。非本土病原体受到特别关注，因为它们有可能将传染病从国外传播或蔓延到美国。进口人类疾病病原需要获得美国疾病控制预防中心的许可。进口多种牲畜、家禽和其他动物疾病病原，需要获得美国农业部动植物卫生检验局（APHIS）的许可。有关更多详细信息，请参见附录 C。

　　第一，没有足够的信息来对风险进行适当的评估。例如，只有完成病原识别和分型程序后，才能知道样品中可能存在未知病原的危害。谨慎的做法是：假定样本中含有未知病原，且此类病原的危险类别为与至少生物安全 2 级防护相关，但另有信息表明存在较高风险的病原除外。识别与新出现的病原体相关的危害还需要在信息不完整的情况下进行判断。通常在此类情况下，最好参考流行病学调查结果。在评估新减毒病原体的危害时，实验数据应支持这样一种判断：在降低该病原体的最低防护等级之前，该减毒病原体比野生型母体病原体的危险性低。

　　第二，确定实验室程序危害。主要的实验室程序危害包括病原浓度、悬浮液体积、产生小颗粒气溶胶和较大空气传播颗粒（液滴）的设备和程序以及锐器的使用。与动物的相关的程序可能包括咬伤和抓伤、与人兽共患病病原及实验产生的感染性气溶胶接触等一系列危害。

　　对实验室相关感染的研究已确定了以下传播途径：用注射器针头或其他受污染的锐器进行肠外接种；洒落并溅到皮肤和黏膜上；经口吸入；被动物咬伤和抓伤；以及吸入感染性气溶胶。实验室传播的前 4 个途径很容易发现，1979 年，Pike 在回顾性评估报告的实验室相关感染中，此类情况所占比例不足 20%[22]。随后对实验室相关感染的研究证实，可能的感染源通常是未知的[23]。

　　气溶胶和液滴　气溶胶是一种严重的危害，因为它们在实验室过程中无处不在，通常未被检出，且极为普遍，使执行实验程序的实验室工作人员和实验室中的其他人员面临暴露风险。生物安全专家、实验室负责人和主要研究人员对实验室相关感染进行调查时普遍认为，程序和操作产生的气溶胶是许多实验室相关感染的可能性来源，特别是在工作人员唯一已知风险因素就是工作中接触到病原或是曾处于工作已完成的区域中时。

　　向微生物悬浮液传送能量的程序会产生气溶胶。实验室中用于感染性病原处理和分析用的设备，如移液器、搅拌器、离心机、超声仪、涡旋混合器、细胞分选仪和基质辅助激光解吸 / 电离飞行时间（MALDI-TOF）质谱仪，都可能产生气溶胶[24,25]。这些程序和设备会产生可吸入颗粒，并在空气中长时间停留。这些颗粒可被吸入肺部，实验室同事或处于实验室气流相邻空间的人员会面临暴露风险。有研究人员已确定了常见实验室程序的气溶胶输出量。此外，研究人员还提出了实验室产生的气溶胶的吸入剂量的估算模型，气溶胶危害的参数包括病原的吸入感染剂量、其在气溶胶中的生存能力、气溶胶浓度和粒径[26-28]。

做事细心而熟练的工作人员能最大限度地降低气溶胶的产生量。例如，行事草率的工作人员在操作声波均质器时可能造成最大的曝气量，而做事细心的工作人员将始终如一地操作设备，确保最小的曝气量。实验表明，最大曝气量下产生的气溶胶约为最小曝气量产生的气溶胶的 200 倍[26]。在将产生气泡的不正确移液操作与产生气泡最少的移液操作比较后，也呈现出相似的结果。

产生可吸入颗粒的程序和设备还会产生较大的液滴，这些液滴会迅速从空气中沉降，污染手、工作面，甚至可能会造成执行该程序的人员的皮肤黏膜污染。对实验室操作中可吸入颗粒物和液滴的释放情况评估后，确定可吸入组分相对较小。相比之下，手和工作面的污染范围可能是巨大的[29]。在风险评估中，除需要关注气溶胶的可吸入组分外，对于暴露液滴污染的潜在风险也需同样关注。

个人防护装备（PPE）和安全设备危害　除护目镜、实验室工作服和手套外，还有某些危害需要佩戴专门的个人防护装备。例如，存在飞溅危险的程序可能需要使用口罩和面罩，以提供足够的保护。正确使用个人防护装备的培训不足可能会降低个人防护装备的效率，导致安全感假象，并可能增加实验室工作人员的风险。例如，呼吸器佩戴不当可能给佩戴者带来风险，而与所操作的病原无关。

安全设备　生物安全柜（BSC）、离心机安全杯和密封式转头，可为实验室工作人员提供极大的保护，使其避免接触到微生物气溶胶和液滴。无法正常工作的安全设备是危险的，尤其是在使用者不知道故障的情况下。位置不当、室内气流、气流减少、过滤器泄漏、窗扇升高、工作表面拥挤以及使用者使用技术不佳会损害生物安全柜的防护能力。只有正确操作，现代离心机的安全特性才有效。

设施控制危害　设施保障措施有助于防止病原从实验室意外泄露。例如，有一种设施保障措施，即定向气流，其有助于防止气溶胶从实验室传播到建筑物的其他区域。定向气流取决于实验室供暖、通风和空调（HVAC）系统的功能完备性。供暖、通风和空调系统需要仔细监控和定期维护，以维持运行的稳健性。定向气流损失可能会损害实验室的安全运行。生物安全 4 级防护设施提供了更复杂的保障功能，这需要大量专业的知识进行设计和操作。

考虑设施保障措施是风险评估中不可或缺的一部分。生物安全专家、建筑和设施工作人员以及机构生物安全委员会或同等安全委员会应帮助评估该设施是否能够为计划的工作提供适当保护并能在必要时提出更改建议。风险评估可能支持在新设施建造或旧设施的改造中涵盖其他设施保障措施的需求。

第三，确定适当的生物安全等级，并依据风险评估确定其他预防措施。选择适当的生物安全等级和任何实验室预防措施都需要对本出版物第三、四、五节所述的规范、安全设备和设施保障措施有全面的了解。

在某些情况下，病原的预期用途需要采取比病原概要声明中所述的预防措施更为严格。此类情况下，需要仔细选择额外的预防措施。如预防动物与实验产生的感染性气溶胶接触的相关程序。

一般而言，风险评估不会表明需要变更针对特定生物安全等级指定的推荐设施保障措施。如果确实发生这种情况，切记，在增加任何设施的二级屏障之前，生物安全专业人员应对此判断进行确认。

　　虽然实体的生物安全计划基于风险评估，但是该生物安全计划可能会受到联邦法规和准则的影响。例如，美国国家科学基金会（NSF）发布的 2017 年公告对联邦研究补助金的标准条款和条件给出了规定 [30]。更新后的《国家政策要求矩阵》附录 C 提供了法定、法规和执行要求清单 [31]。《联邦特殊病原和毒素法规》（9 CFR 第 121 部分，42 CFR 第 73 部分）要求的生物安全计划必须基于针对给定用途的特殊病原或毒素的风险进行的评估，并在适当情况下考虑《美国国立卫生研究院指南》中的内容。同样重要的是，要认识到实验室人员对疾病的易感性可能有所不同。已有的疾病、药物、免疫力低下、怀孕、或因哺乳导致婴儿接触某些病原的可能性增加，都可能导致实验室相关感染风险增加。在此类情况下，建议咨询有传染病知识的职业卫生保健专业人员。

　　实验室负责人和主要研究人员或其指定人员负责确保已提供规定的控制措施（设备、行政管理和个人防护装备），并得到遵守和正确执行。例如，未经认证的生物安全柜会对使用它的实验室工作人员和实验室中的其他人员构成潜在的严重危害。在开始病原相关的工作之前，负责人应维修所有设备故障。根据安全性和可用性，可建议实验室人员进行疫苗接种。但是，疫苗的保护取决于疫苗的有效性和免疫时间。疫苗接种不能取代工程和行政管理方面的风险缓解控制措施。

　　相关机构必须通过以下方式来感知风险，即确定对运营至关重要的计划要素和设备设定风险容忍限值或性能期望值 [32,33]。缓解风险需要找到一种平衡的方法，其中包括持续进行的危害识别和对控制措施的审查，并承诺各级将已确定的风险降低到该机构可承受的水平。接受风险并不等于对所有风险都接受。生物风险水平对于研究的开展而言可能是必要的，而造成同等风险的科学上的不当行为则是不可接受的。

　　第四，在实施控制措施之前，请与生物安全专家、领域专家以及机构生物安全委员会或同等机构审查风险评估并确定保障措施。强烈建议进行此审查，监管机构或融资机构可能会要求进行此审查。标准做法应该是由机构生物安全委员会审查潜在的高风险操作细则。自愿采取此步骤将促进在微生物和生物医学实验室中进行危险病原处理时安全规范的使用。

　　第五，作为运行流程的一部分，评估员工在安全操作方面的熟练程度和安全设备稳健性。对实验室工作人员、与实验室有联系的其他人员以及公众的保护最终将取决于实验室工作人员自身。实验室负责人或主要调查人员应确保实验室工作人员已掌握了正确使用微生物操作规范和安全处理病原所需的安全设备的技术能力，并养成了良好的习惯，执行这些规范。不同技能水平的员工都需要知道如何识别实验室中的危险以及如何在保护自己和实验室其他人员时寻求帮助。评估工作人员的培训结果、处理感染性病原的经验、熟练遵循良好微生物操作规范、正确使用安全设备的情况、针对特定实验室活动的标准操作规程（SOP）的统一使用、应对紧急情况的能力以及愿意承担保护自己和他人的责任的意愿。这种评估是反映实验室工作人员能够安全工作的重要标志。

　　评估应确定实验室工作人员的知识、能力和操作方面的潜在缺陷。粗心是一个严重的问题，因为它可能会损害实验室的所有防护保障措施，并增加同事的风险。疲劳及其对安全的不良影响已被充分证明 [34]。培训、经验、对病原和操作过程危害的认知、良好的习惯、谨慎、专心和对同事健康的关注是实验室工作人员在进行危险病原相关工作时降低相关风险的先决条件。并非所有加入实验室的工作人员都具备这些先决条件，即使他们可能具有出色的业务水平。实验室负责人或主要研究人员应考虑采用能力评估的方式对新员工进行培训和再培训，以使无菌技术和安全预防措施成为第二天性 [35-37]。

第六，定期检查并验证风险管理策略，并确定是否有必要做出更改。持续进行风险管理，并根据需要进行调整和适应。这包括在程序或设备发生变化时定期更新生物安全手册和标准操作规程。适应性强的周期性风险管理流程构成了生物实验室稳健的安全文化的基础。

风险沟通

有效的安全文化取决于以非处罚方式进行有效地沟通和报告风险指标，其中包括事故和临界错误事件[38]。通报安全计划基本要素的文件是文化的重要组成部分，并构成风险评估基础，这包括向所有利益相关方进行危害沟通[39]。机构领导层可以通过与机构安全计划合作，致力于并支持安全的工作环境，与各级工作人员进行互动。

开展感染性病原和毒素相关工作的机构需要适当的组织和治理结构，以确保遵守生物安全、生物防护和实验室生物安全法规和准则，并就风险进行沟通[40]。特别重要的是，主要调查人员或同等机构承担主要责任，以便沟通实验室中的相关危害和风险。工作人员必须有能力报告问题（包括事故和临界错误事件），而不必担心遭到报复。实验室工作人员、机构生物安全委员会或同等机构、生物安全专业人员、机构动物管理和使用委员会（IACUC）和实验室动物兽医也有责任确定与实验室工作相关的生物风险，并就整个机构范围的风险管理做法进行沟通。生物安全官员（BSO）和（或）其他安全人员可以协调机构的安全计划，并可以协助制定风险沟通文件，其中包括事故趋势和缓解措施、标准操作规程、生物安全手册、危害控制计划以及应急响应计划。风险管理可识别实验室工作人员表现或机构政策上的不足，并协助机构领导层对安全计划进行必要的更改，消除这些缺陷。旨在推进安全文化建设的生物安全计划变更可通过多种沟通途径在整个机构中进行最有效沟通，确保所有员工都了解情况。良好的沟通习惯包括领导层发送的信息、风险管理文件、机构生物安全委员会或同等机构以及必要时进行的其他委员会审查报告。

通过风险评估推动安全文化建设

风险评估的目标是解决所有现实、可感知的风险，保护人员、社区和环境。随着研究进展、人员变动及法规变化随时促进程序更新，并在必要时定期要求重新考虑所有因素。风险评估是一个可持续的过程，所有人员都对其成败起到至关重要的作用。目前面临的挑战是在领导的支持下，通过培训和能力来养成良好的习惯和程序。程序一旦建立起来，这些规范将持续灌输安全文化。合理的风险沟通策略对于危害识别和成功实施也至关重要。尽管政策和计划是风险评估流程中的有形资产，但最终的成功将取决于是否建立、加强和维持安全文化，同时鼓励管理层与员工之间就风险进行沟通，防止事故发生。

对所有危害定期审查，对风险进行优先级划分，对优先风险进行多学科审核以及确定风险缓解措施，都反映了机构对安全和有保障的工作环境的承诺，并构成生物安全计划的基石。上一节概述的风险评估方法并非一成不变，并且可从所有利益相关方的积极参与中受益。其旨在进行持续评估和定期调整，以期与机构不断变化的需求保持一致，并保护所有人避免发生实验室和相关设施中生物材料的潜在暴露。

总结

　　BMBL旨在帮助组织保护生物实验室和相关设施中的工作人员免受实验室相关感染的侵害。风险评估是美国疾病预防控制中心、美国国立卫生研究院以及微生物和生物医学界制定保障措施的基础，旨在保护实验室工作人员和公众的健康，使其免受与在实验室中使用有害生物病原有关的风险的影响。经验表明这些既定的安全规范、设备和设施保障行之有效，随着新的知识和经验的积累，这些保障措施也将随之进行合理地更新。

原著参考文献

［1］United States Department of Labor [Internet]. Washington (DC): Occupational Safety and Health Administration; c2016 [cited 2019 Jan 7]. Recommended Practices for Safety and Health Programs. Available from: https://www.osha.gov/shpguidelines/docs/OSHA_SHP_Recommended_Practices.pdf.

［2］Caskey S, Sevilla-Reyes EE. Risk Assessment. In: Laboratory Biorisk Management: Biosafety and Biosecurity. Salerno RM, Gaudioso, J, editors. Boca Raton: CRC Press; 2015. p. 45-63.

［3］Heymann DL, editor. Control of Communicable Diseases Manual. 20th ed. Washington (DC): American Public Health Association Press; 2014.

［4］Bennett JE, Dolin R, Blaser MJ, editors. Mandell, Douglas, and Bennett's Principles and Practice of Infectious Diseases. 8th ed. Philadelphia (PA); Elsevier Saunders; 2015.

［5］Government of Canada [Internet]. Canada: Public Health Agency of Canada; c2018 [cited 2019 Jan 7]. Pathogen Safety Data Sheets. Available from: https://www.canada.ca/en/public-health/services/laboratory-biosafety-biosecurity/pathogen-safety-data-sheets-risk-assessment.html.

［6］absa.org [Internet]. Mundelein (IL): American Biological Safety Association International; [cited 2019 Jan 7]. Available from: https://absa.org.

［7］Jackson RJ, Ramsay AJ, Christensen CD, Beaton S, Hall DF, Ramshaw IA. Expression of Mouse Interleukin-4 by a Recombinant Ectromelia Virus Suppresses Cytolytic Lymphocyte Responses and Overcomes Genetic Resistance to Mousepox. J Virol. 2001;75(3):1205-10.

［8］Shimono N, Morici L, Casali N, Cantrell S, Sidders B, Ehrt S, et al. Hypervirulent mutant of Mycobacterium tuberculosis resulting from disruption of the mce1 operon. Proc Natl Acad Sci USA. 2003;100(26):15918-23.

［9］Cunningham ML, Titus RG, Turco SJ, Beverley SM. Regulation of Differentiation to the Infective Stage of the Protozoan Parasite Leishmania major by Tetrahydrobiopterin. Science. 2001;292(5515):285-7.

［10］Kobasa A, Takada A, Shinya K, Hatta M, Halfmann P, Theriault S, et al. Enhanced Virulence of Influenza A Viruses with the Haemagglutinin of the 1918 Pandemic Virus. Nature. 2004;431(7009):703-7.

［11］National Institutes of Health. NIH Guidelines for Research Involving Recombinant or Synthetic Nucleic Acid Molecules (NIH Guidelines). Bethesda (MD): National Institutes of Health, Office of Science Policy; 2019.

［12］Efstathiou S, Preston CM. Towards an Understanding of the Molecular Basis of Herpes Simplex Virus Latency. Virus Res. 2005;111(2):108-19.

［13］Oxman MN, Levin MJ, Johnson GR, Schmader KE, Straus SE, Gelb LD, et al. A Vaccine to Prevent Herpes

Zoster and Postherpetic Neuralgia in Older Adults. N Engl J Med. 2005;352(22):2271-84.

[14] Centers for Disease Control and Prevention. Investigation of Rabies Infections in Organ Donor and Transplant Recipients-Alabama, Arkansas, Oklahoma, and Texas, 2004. MMWR Morb Mortal Wkly Rep. 2004;53(26):586-9.

[15] Centers for Disease Control and Prevention. Lymphocytic Choriomeningitis Virus Infection in Organ Transplant Recipients-Massachusetts, Rhode Island, 2005. MMWR Morb Mortal Wkly Rep. 2005;54(21):537-9.

[16] Bloodborne pathogens, 29 C.F.R. Part 1910.1030 (1992).

[17] Dykewicz CA, Dato VM, Fisher-Hoch SP, Howarth MV, Perez-Oronoz GI, Ostroff SM, et al. Lymphocytic Choriomeningitis Outbreak Associated with Nude Mice in a Research Institute. JAMA. 1992;267(10):1349-53.

[18] Lennette EH, Koprowski H. Human Infection With Venezuelan Equine Encephalomyelitis Virus: A Report on Eight Cases of Infection Acquired in the Laboratory. JAMA. 1943;123(17):1088-95.

[19] Tigertt WD, Benenson AS, Gochenour WS. Airborne Q Fever. Bacteriol Rev. 1961;25:285-93.

[20] Centers for Disease Control and Prevention. Fatal Cercopithecine herpesvirus 1 (B virus) Infection Following a Mucocutaneous Exposure and Interim Recommendations for Worker Protection. MMWR Morb Mortal Wkly Rep. 1998;47(49):1073-6, 1083.

[21] Wedum AG, Barkley WE, Hellman A. Handling of Infectious Agents. J Am Vet Med Assoc. 1972;161(11):1557-67.

[22] Pike RM. Laboratory-associated infections: Incidence, Fatalities, Causes and Prevention. Annu Rev Microbiol. 1979;33:41-66.

[23] Byers KB, Harding, AL. Laboratory-associated infections. In: Wooley DP, Byers KB, editors. Biological Safety: Principles and Practices. 5th ed. Washington (DC): ASM Press; 2017. p. 59-92.

[24] Pomerleau-Normandin D, Heisz M, Su M. Misidentification of Risk Group 3/Security Sensitive Biological Agents by MALDI-TOF MS in Canada: November 2015-October 2017. Can Commun Dis Rep. 2018;44(5):100-15.

[25] Holmes KL. Characterization of aerosols produced by cell sorters and evaluation of containment. Cytometry A. 2011;79(12):1000-8.

[26] Dimmick RL, Fogl WF, Chatigny MA. Potential for Accidental Microbial Aerosol Transmission in the Biology Laboratory. In: Hellman A, Oxman MN, Pollack R, editors. Biohazards in Biological Research: Proceedings of a conference held at the Asilomar conference center; 1973 Jan 22-24; Pacific Grove (CA). New York: Cold Spring Harbor Laboratory; 1973. p. 246-66.

[27] Kenny MT, Sabel FL. Particle Size Distribution of Serratia marcescens Aerosols Created During Common Laboratory Procedures and Simulated Laboratory Accidents. Appl Microbiol. 1968;16(8):1146-50.

[28] Chatigny MA, Barkley WE, Vogl WF. Aerosol biohazard in microbiological laboratories and how it is affected by air conditioning systems. ASHRAE Transactions. 1974;80(Pt 1):463-9.

[29] Chatigny MA, Hatch MT, Wolochow H, et al. Studies on release and survival of biological substances used in recombinant DNA laboratory procedures. National Institutes of Health Recombinant DNA Technical Bulletin. 1979;2:62-7.

[30] National Science Foundation. Final Notice of Research Terms and Conditions (RTC) To Address and Implement the Uniform Administrative Requirements, Cost Principles, and Audit Requirements for Federal Awards Issued by the U.S. Office of Management and Budget (OMB). Fed Regist. 2017;82(48):13660-1.

[31] National Science Foundation [Internet]. Alexandria (VA): Research Terms and Conditions; c2017 [cited 2019 Jan 8]. Appendix C National Policy Requirements. Available from: https://www.nsf.gov/bfa/dias/policy/fedrtc/appc_march17.pdf.

[32] Vaughan D. The Challenger Launch Decision: Risky Technology, Culture, and Deviance at NASA. Chicago:

The University of Chicago Press; 1996.

[33] History as Cause: Columbia and Challenger. Washington (DC): Columbia Accident Investigation Board; 2003 Aug. Report Vol.: 1. p. 195-204.

[34] Caldwell JA, Caldwell JL, Tompson LA, Liberman, HR. Fatigue and its management in the workplace. Neurosci Biobehav Rev. 2019;96:272-89.

[35] Lennette EH. Panel V common sense in the laboratory: recommendations and priorities. In: Hellman A, Oxman MN, Pollack R, editors. Biohazards in Biological Research. Proceedings of a conference held at the Asilomar conference center; 1973 Jan 22-24; Pacific Grove (CA). New York: Cold Spring Harbor Laboratory; 1973. p. 353.

[36] Delany JR, Pentella MA, Rodriguez JA, Shah KV, Baxley KP, Holmes DE; Centers for Disease Control and Prevention. Guidelines for biosafety laboratory competency: CDC and the Association of Public Health Laboratories. MMWR Suppl. 2011;60(2):1-23.

[37] Ned-Sykes R, Johnson C, Ridderhof JC, Perlman E, Pollock A, DeBoy JM; Centers for Disease Control and Prevention (CDC). Competency Guidelines for Public Health Laboratory Professionals: CDC and the Association of Public Health Laboratories. MMWR Suppl. 2015;64(1):1-81.

[38] Behaviors that undermine a culture of safety. Sentinel Event Alert. 2008;(40):1-3.

[39] United States Department of Labor [Internet]. Washington (DC): Occupational Safety and Health Administration; c2016 [cited 2019 Jan 7]. Recommended Practices for Safety and Health Programs. Available from: https://www.osha.gov/shpguidelines/docs/OSHA_SHP_Recommended_Practices.pdf.

[40] U.S. Department of Health & Human Services [Internet]. Washington (DC): Federal Experts Security Advisory Panel; c2017 [cited 2019 Jan 7]. Guiding Principles for Biosafety Governance: Ensuring Institutional Compliance with Biosafety, Biocontainment, and Laboratory Biosecurity Regulations and Guidelines. Available from: https://www.phe.gov/s3/Documents/FESAP-guiding-principles.pdf.

第三部分

生物安全原则

生物安全计划的基本目标是防护具有潜在危险的生物病原体和毒素。"防护"一词是指将一级屏障和二级屏障、设施规范和程序以及其他安全设备（包括个人防护装备）结合起来，以管理与在实验室环境中操作和存放危险生物病原体和毒素有关的风险。防护旨在降低工作人员接触危险生物病原体或毒素的风险以及危险生物病原体或毒素无意中泄漏到周围社区和环境中的风险。应根据全面的生物安全风险评估，最终确定所需的防护措施组合来降低设施中存在的相关生物安全风险。全面的生物安全风险评估是成功的生物安全计划的一个关键组成部分，应成为所有危害风险评估的一部分。应持续进行评估，以应对实验室环境中不断变化的风险。关于生物风险评估程序的详细内容，见第二节。

在生物安全专家和其他卫生安全人员的支持下，管理层和领导层必须利用现有的最佳信息来执行和审查风险评估。管理层和领导层负责评估风险并选择适当的降低风险的措施组合。机构中的所有人员都需负起责任，确保在风险评估和审查中确定的安全措施都能得到成功且有效地执行。

安全设备（一级屏障）

一级屏障或一级防护是指直接面对危害物的物理水平防护措施。安全设备，如生物安全柜（Biological safety cabinet, BSC）、密封容器和其他生物安全控制手段可保护人员、周围社区和环境免受可能接触危险生物病原体和毒素的危害。一级屏障的作用是提供防护（如 BSC）或直接保护个人免受所使用的危险生物病原体和毒素的影响。生物安全柜是在处理病原体时对危险生物病原体和毒素进行防护的标准装置。实验室设施主要使用三种类型的生物安全柜（第一类、第二类、第三类生物安全柜），应根据实验室评估的风险程度选择适当的生物安全柜。这三类生物安全柜在附录 A 中进行了描述和说明。

其他的一级防护装置可包括密封容器（如密封转子和安全离心杯）。这些密封容器用于盛装某些活动（如离心）中危险生物病原体和毒素可能产生的气溶胶、飞沫和洒漏。密封容器为设施内、各实验室之间、设施之间以及根据风险评估在实验室内的转移提供防护。应根据实验室中产生气溶胶、液滴或导致危险生物病原体和毒素潜在泄漏等风险的操作步骤来选择适当的一级隔离装置。

请注意，在某些情况下，例如在处理大型动物时，二级屏障可能成为一级屏障。缺乏传统的一级屏障（如生物安全柜）的情况可能会给人员、周围社区和环境带来额外的风险。在此情况下，设施成为一级屏障，人员必须依靠行政和个人防护装备以减少暴露的风险。这类设施可能需要附加工程控制和预防措施（如对废气进行 HEPA 过滤），以减轻对人员、周围社区和环境的危害风险。

个人防护装备

个人防护装备有助于保护使用者的身体，使其免受各种来源（如物理、电、热、噪音、化学）的伤害，或避免接触到可能的生物危害以及空气中的微粒物质。个人防护装备包括手套、大衣、罩衣、鞋套、闭趾实验室鞋、呼吸器、面罩、护目镜或耳塞。个人防护装备通常与其他生物安全控制措施（如生物安全柜、安全离心杯和小型动物笼养系统）结合使用，这些装置防护危险的生物病原体和毒素、动物或正在处理的材料。在无法使用生物安全柜的情况下，个人防护装备可成为人员与危险生物病原体和毒素之间的一级屏障。如野外工作、资源有限的环境、某些动物研究、动物解剖，以及与实验室设施的操作、维护、服务或支持有关的活动。选择适当的个人防护装备应以每个实验室所确定的风险为基础。

设施设计与建造（二级屏障）

实验室设施的设计和建造提供了对危险生物病原体和毒素进行二级防护的手段。二级屏障与其他生物安全控制措施一起，有助于保护人员、周围社区和环境，使其避免暴露于危险的生物病原体和毒素。

当存在因气溶胶或飞沫暴露而感染的风险时，可将更高级别的二级防护和多重一级屏障与其他控制措施结合起来使用，以最大限度地减少人员暴露和污染物意外释放到周围社区或环境中的风险。此类设计特征可包括但不限于以下内容：

- 确保隔离危害物的通风策略；
- 污水净化系统；
- 专业建筑 / 套间 / 实验室配置，包括：
  - □ 控制出入区，将实验室与办公室和公共空间分开；
  - □ 前厅；
  - □ 气闸。

设计工程师可以参考美国供暖、制冷和空调工程师协会（ASHRAE）实验室设计指南中的具体通风建议 [1]。请注意，根据实验室设施的不同，设计专业人员可能需要遵循或参考当前版本的其他设计建议和要求，例如：

- 美国国立卫生研究院（NIH）设计要求手册（DRM）；
- 世界卫生组织（WHO）实验室生物安全手册；
- 世界动物卫生组织（OIE）陆生动物诊断试验和疫苗手册；
- 其他类似的国家或国际设计参考文件。

设施规范与程序

　　针对特定设施建立妥善的规范和程序，对于保障生物安全计划的成功实施和可持续运作至关重要。在处理和存放危险生物病原体和毒素的设施中工作的人员必须能够恰当地识别所有潜在危险，并接受培训，熟练掌握必要的安全规范和程序。管理层和领导层有责任根据所有人员在生物安全计划中的职能作用和职责，为他们提供和安排适当的培训。严格遵守记录在案的实验室最佳规范和程序，是健全的生物安全计划的一个基本要素，如果不遵守，则可能导致人员意外暴露于危险生物病原体和毒素，或不慎向周围社区或环境释放污染物。

　　所有设施都应制定和执行生物安全计划，以识别危险，规定风险缓解策略，消除或减少暴露和无意泄漏危险材料的可能性。管理层和领导层对实验室设施内开展的工作负最终责任。当现有的安全规范和程序不足以将与某一特定生物病原体和（或）毒素有关的风险降至可接受的水平时，可能需要采取额外的风险缓解措施。制定和实施安全最佳规范和程序时，必须与整个生物安全计划的其他部分相协调。

生物安全等级

　　BMBL第四节所述实验室的4个主要生物安全等级（BSL）由设施设计特点和安全设备（一级和二级屏障）、设施规范和程序以及个人防护装备共同组成。为安全开展工作而选择适当的防控组合时，应基于全面的特定设施的生物安全风险评估，包括所用生物病原体和毒素的特性、潜在宿主特征、潜在感染途径，以及在未来进行或预期使用的实验室工作规范和程序。BMBL第八节中生物病原体和毒素的建议生物安全等级代表了使用标准操作处理某种生物病原体或毒素的建议规范。但是，第八节并没有囊括所有能够引起人类疾病的生物病原体和毒素。

　　在处理明确的生物体时，应根据全面的生物安全风险评估来确定适当的生物安全控制措施。然而，当有资料表明其毒性、致病性、抗生素耐药性、疫苗和治疗的可得性或其他因素发生重大变化时，可能需要调整生物安全控制措施的严格程度。例如，处理大容量或高浓度的生物病原体或毒素可能需要BMBL第四节和第五节中所述的额外规范。同样，产生大量气溶胶的程序也可能需要额外的生物安全控制措施，以减少危害性生物病原体或毒素暴露于工作人员，以及意外被释放到周围社区或环境可能性。此外，不能认为疫苗完全不具有致病性。

　　重要的是，下述的四个生物安全等级不能与《美国国立卫生研究院关于重组或合成核酸分子研究的指南》（NIH指南）中描述的病原体风险组相混淆和等同。在生物安全风险评估过程中，病原体的风险组（RG）是需要考虑的一个重要因素。根据其在健康人中的致病性和在社区内的传播的能力，把生物病原体和毒素分到相应的风险组中。然而，并非因为一种生物病原体被列为第3风险组就意味着使用该生物病原体进行的活动必须在生物安全3级实验室进行。

生物安全1级

生物安全1级实验室（BSL-1）标准规范、安全设备和设施规范一般适用于本科和中等教育培训和教学实验室，以及使用已知在健康成人身上不会持续引起疾病且具有明确特征的生物病原株的其他实验室。枯草芽孢杆菌、耐格里原虫、犬传染性肝炎病毒，以及NIH指南豁免的生物都是符合这些标准的生物病原体。生物安全1级是一种基本的防护等级，依赖于标准的微生物最佳规范和程序，除了一扇门、一个洗手池和无孔的易于清洁和去污的工作台之外，没有特殊的一级或二级屏障。

生物安全2级

生物安全2级实验室（BSL-2）标准规范、安全设备和设施规格适用于使用广谱生物病原体和毒素进行工作的实验室，这些生物病原体和毒素能引起不同严重程度的人类疾病。有了良好的规范和程序，在产生喷溅和气溶胶的可能性较低的前提下，这些病原体和毒素通常可以在开放式工作台上安全地处理，例如，乙型肝炎病毒、人类免疫缺陷病毒（HIV）、沙门氏菌和弓形虫是符合这些标准的生物病原体。使用任何人类、动物或植物标本（如血液、体液、组织或原代细胞系）进行的实验，如果存在未知的生物病原体或毒素，通常可以在与BSL-2相关的条件下安全地进行[3-5]。处理人源性实验材料的人员应参考职业安全与卫生管理员（OSHA）血源性病原体标准，以了解具体的预防措施[2]。

从事这类生物病原体和毒素工作的人员暴露于这些生物病原体和毒素是发生事故的主要原因，包括经皮或黏膜途径的接触和摄入潜在的感染性物质。处理受污染的针头和其他尖锐材料应格外小心。尽管目前尚不明确在BSL-2中常规操作的生物病原和毒素会否通过气溶胶途径传播，但产生气溶胶或飞溅物可能性很高的操作仍须在一级隔离设备中进行，如生物安全柜或安全离心杯。此外，当怀疑任何人类、动物或植物标本中存在高风险的感染性病原时，也建议使用一级防护设备。应根据每个实验室确定的风险等级选择适当的个人防护装备。第四节和第五节建议了生物安全2级和动物生物安全2级建议实行的特殊规范。

二级屏障应包括前面提到的生物安全1级的屏障。设施须有对废弃物进行消毒的能力，以降低其环境污染的可能性，并将实验室空间与办公室和公共空间分开，以减少病原暴露于其他人员的风险。

生物安全3级

生物安全3级实验室（BSL-3）标准规范、安全设备和设施规范适用于使用可能通过呼吸道传播的本地或外来生物病原体以及可能造成严重和潜在致命感染的生物病原体进行工作的实验室。结核分枝杆菌、圣路易斯脑炎病毒和贝纳柯克斯体是符合这些标准的生物病原体。

人员暴露于这类型生物病原和毒素的主要途径是经皮或黏膜途径意外接触或吸入可能具有传染性的气溶胶。在生物安全3级实验室，更多强调的是一级和二级屏障，以保护人员、周围社区和环境免受潜在传染性气溶胶的感染。所有涉及处理感染性材料的程序需在生物安全柜或其他一级防护装置内进行。不能在工作台上使用开放式容器进行操作。当某一程序不能在生物安全柜内进行时，则须根据风险评估结果，采用个人防护装备和其他一级隔离措施（例如，安全离心杯、密封转子或软壁隔离罩）的组合进行防控。转子和安全离心杯的装载和卸载必须在生物安全柜或其他防护装置中进行。

生物安全3级实验室的二级屏障包括前面提到的生物安全1级和生物安全2级实验室的屏障，

还须采取更强的通风策略，以确保向内的定向气流；控制出入区，仅限于获得经实验室批准的人员才能进入，并可能设置接待室、气闸、出口淋浴和（或）排气 HEPA 过滤。

生物安全 4 级

生物安全 4 级实验室（BSL-4）标准规范、安全设备和设施规范主要适用于处理危险和外来生物病原体的实验室，这些生物病原可能通过气溶胶传播，对人类构成很高风险，可能会造成危及生命的疾病，而且没有特异的疫苗或疗法。马尔堡病毒和克里米亚 – 刚果出血热病毒就是符合这些标准的生物病原体。与需要生物安全 4 级防护的病原体具有密切或相同抗原关系的病原体必须按这一级别处理，在获得足够数据证实其不需要或需要调级之前，都必须在这一等级的条件下处理。

人员暴露于这些类型生物病原的主要途径，与经皮或粘膜意外接触及吸入潜在感染性气溶胶相关。实验室工作人员与气溶胶感染性物质的完全隔离，主要是通过使用三类生物安全柜工作，或在全身穿着连体正压防护服的情况下使用二级生物安全柜工作来实现的。

生物安全 4 级实验室的二级屏障应包括前面提到的前几个生物安全等级的屏障。此外，生物安全 4 级设施本身往往是一个独栋建筑物或完全隔离的区域，具有复杂的专门通风要求和废弃物管理系统，包括固体和液体废物，以防止危险生物病原体泄漏到周围社区和环境中。

动物设施

涉及危险兽性生物病原和毒素的动物实验，也分成了四个主要的生物安全等级。这 4 种设施设计和建造、安全设备、规范和程序的组合被指定为动物生物安全 1 级、动物生物安全 2 级、动物生物安全 3 级和动物生物安全 4 级，并为人员、周围社区和环境提供更高水平的保护。

另一个生物安全等级，被指定为农业动物生物安全 3 级（ABSL-3Ag），涉及在大型或散养动物中使用美国农业部（USDA）/ 动植物卫生检验局（APHIS）指定为高风险外来动物疾病和害虫的危险生物病原体和毒素的活动。农业动物生物安全 3 级实验室的设计旨在使实验室建筑本身成为防止这些高风险病原体意外泄漏到环境中的一级屏障。关于动物生物安全 3 级农业设施和美国农业部 / 动植物卫生检验局高风险外来动物疾病和害虫的设计和操作的更多信息，见 BMBL 附录 D。附录 D 也为如何在 ABSL-2Ag 和 ABSL-4Ag 防护等级下对散养或露天圈养动物进行防护提供指导。

临床实验室

临床实验室经常处理未知标本和有可能感染多种病原体的标本。因此，临床实验室环境中的工作风险不同于研究或教学实验室。大多数公共和动物健康临床实验室采用 BSL-2 的设施、工程和生物安全规范[5]。附录 N 提供了更多关于临床实验室生物安全的信息。

实验室生物安保

近年来，美国随着联邦立法的通过，对具有严重危害公共健康和（或）农业后果的特定生物病原体和毒素（美国卫生与人类服务部、美国农业部动植物卫生检验局的管制病原体）的拥有、使用和转让进行了规范，人们对新兴的生物安全领域给了了更大的重视。生物安全性和特定病原相关议题详见 BMBL 第六节和附录 F。生物安全的重点是保护人员、周围社区和环境免受有害生物病的意外释放原体和毒素感染，而实验室生物安保领域的重点是防止有害生物病原体和毒素、设备遭到盗窃、丢失和滥用和 / 或防止有价值的信息被个人恶意使用。然而，一项成功的防护策略必须兼顾生物安全和实验室生物安保，以充分排除设施存在的风险。

原书参考文献

［1］American Society of Heating, Refrigerating and Air-Conditioning Engineers. ASHRAE Laboratory Design Guide: Planning and Operation of Laboratory HVAC Systems. 2nd ed. Atlanta (GA): ASHRAE; 2015.

［2］Bloodborne pathogens, 29 C.F.R. Part 1910.1030 (1992).

［3］Centers for Disease Control and Prevention. Update: universal precautions for prevention of transmission of human immunodeficiency virus, hepatitis B virus, and other bloodborne pathogens in health-care settings. MMWR Morb Mortal Wkly Rep. 1988;37(24):377-82, 387-8.

［4］Garner JS. Guideline for isolation precautions in hospitals. The Hospital Infection Control Practices Advisory Committee. Infect Control Hosp Epidemiol. 1996;17(1):53-80. Erratum in: Infect Control Hosp Epidemiol. 1996;17(4):214.

［5］CLSI. Protection of Laboratory Workers from Occupationally Acquired Infections: Approved Guideline—Fourth Edition. CLSI document M29-A4. Wayne (PA): Clinical and Laboratory Standards Institute; 2014.

第四部分
实验室生物安全等级标准

如第三节所述，标准微生物规范、特殊规范、安全设备和实验室设施是生物安全等级（1-4）的四个基本要素。这些要素适用于涉及感染性微生物、毒素和实验室动物的活动。4个等级按对人员、环境和社区的保护程度由低到高排列。特殊规范可处理需要增加防护等级的病原体有关特殊风险。适当的安全设备和实验室设施可加强对工作人员和环境的保护。

表 4-1 总结了每个生物安全等级（BSL）的特点。如第二节所述，防护等级的调整基于对所有风险的评估。每个设施都要确保与生物安全委员会制度（IBC）或同等资源和（或）其他适用的生物安全委员会制度协调处理工作人员的安全和健康问题，并确保将所有危险作为协议审查程序的一部分加以解决。第七节提供了额外的职业卫生相关信息。

生物安全 1 级

BSL-1 适用于涉及已知不会持续引起免疫功能正常的成年人罹患疾病，对实验室人员和环境的潜在危害最小且特征明确的病原体的工作。生物安全 1 级实验室不需要与建筑物内其他用途的区域分开。工作通常在开放的工作台上进行，使用标准的微生物规范。一般不需要特殊的防护设备或设施设计，但若风险评估表明所需也可以使用。实验室人员接受实验室程序方面的专业培训，并由一名受过微生物学或相关科学培训的专家监督。

以下为 BSL-1 建议生物安全 1 级采用的标准规范、安全设备和设施规范。

A. 标准微生物规范

1. 实验室主管须落实机构制度政策，以保障实验室的使用安全和进出安全。

2. 实验室主管须确保实验室人员接受恰当的培训，包括有关其职责、潜在危险、感染性病原的操作、减少暴露的必要预防措施和危险 / 暴露评估程序（如物理危险、飞溅、气溶胶化），并保留记录。当设备、程序或政策发生变化时，工作人员须接受年度更新培训与额外培训。所有进入设施的人员都应了解潜在的危险并采取适当的保障措施，阅读和遵守有关规范和程序的规定。机构须考虑制定访客培训、职业健康要求和安全交流的机构政策。

3.个人健康状况可能影响到个人对病原体的易感性和接受现有免疫接种或预防性干预的能力。因此，所有人员，特别是育龄人员和（或）有可能增加感染风险（如器官移植、医用免疫抑制剂等）的人员，都要提供有关免疫状况和对传染源的敏感性的信息。鼓励有此类情况的个人向机构的医疗服务部门自我申报，以获得适当的咨询和指导（见第七节）。

4.经与设施主管和相关安全专业人员协商，编写专门针对该设施的安全手册。安全手册须随手可得，方便查阅，并在必要时定期审查和更新。

    a.安全手册应包含足够的信息，说明所使用的生物体和生物材料的生物安全和控制程序、适用于特定病原体消毒方法以及所进行的工作。

    b.安全手册中应包含可供参考的紧急情况操作细则，包括暴露、医疗紧急情况、设施故障和其他潜在的紧急情况。根据机构政策，向应急人员和其他负责人员提供应急程序培训。

5.当存在感染性材料时，须在实验室入口处张贴标志。张贴的信息包括：实验室的生物安全等级、主管或其他负责人员的姓名和电话号码、个人防护装备要求、一般职业健康要求（如免疫接种、呼吸防护）以及进出实验室的必要程序。病原体信息按照机构政策进行张贴。

6.长发要加以绑束，以免接触手、标本、容器或设备。

7.佩戴手套，防止手部接触危险物质。

    a.基于适当的风险评估选择手套。

    b.手套不可带出实验室。

    c.当手套受到污染、手套破损或有其他必要时，应更换手套。

    d.不要清洗或重复使用一次性手套，并将用过的手套与其他受污染的实验室废物一起处理。

8.手套和其他个人防护装备的摘除应尽量减少个人污染，尽量避免将感染性物质转移到感染性物质和（或）动物放置区或控制区之外。

9.接触潜在的危险材料后和离开实验室前须洗手。

10.严禁在实验室区饮食、吸烟、处理隐形眼镜、涂抹化妆品、存放供人食用的食物。食物存放在实验室区域外。

11.禁止用口移液。使用机械移液装置。

12.制定、实施和遵循安全处理锐器（如针、手术刀、移液器和碎玻璃器皿）的规定，当存在感染性材料时，须在实验室入口处张贴标志。在可行的情况下，实验室主管须采用列完善的工程和工作规范控制措施，以降低锐器伤害的风险。对于尖锐的物品要采取预防措施。包括以下内容：

    a.尽可能用塑料器皿代替玻璃器皿。

    b.在实验室内限制使用针头和注射器或其他锋利器具，这些器具仅限于在没有其他选择的情况下使用（如肠外注射、采血或从实验动物或隔膜瓶抽吸液体）。尽可能对针头使用主动或被动式防护装置。

    ⅰ.针套的移除应防止其反弹导致意外刺伤。

    ⅱ.在处理前不得将针头弯曲、剪断、折断、复盖、从一次性注射器上取下或用手操作。

    ⅲ.如果必须从注射器上取下针头（如为了防止溶解血细胞）或重新封盖针头（如在一个房间中装入注射器，在另一个房间中注射动物），必须使用免提装置或类似的安全程序（如锐器上的针头移除器，重新封盖针头时使用镊子夹住针套）。

iv. 一次性针头和注射器在使用后应立即小心地放在用于处理锐器的防穿透容器中。锐器处理容器应尽可能靠近使用点。

c. 将非一次性锐器放在硬壁容器中，运到处理区进行消毒灭菌，最好是通过高压灭菌器进行消毒灭菌。

d. 破碎的玻璃器皿不直接处理，而是用刷子和簸箕、钳子或镊子清除。

13. 尽量减少具有飞溅和（或）气溶胶产生的操作。

14. 在工作完成后，以及在可能具有感染性的材料溢洒或溅出后，用适当的消毒剂对工作表面进行消毒。在运输或处置之前，使用有效的方法对所有可能具有感染性的材料进行消毒灭菌。涉及感染性材料的溢洒物由受过专业培训并具备处理感染性材料能力的员工进行控制、消毒和清理。制订并在动物设施内张贴溢洒处理程序。

15. 所有培养物、原种和其他潜在感染性材料均须先消毒后处置，处置方法必须符合所在机构、地方和州政府的相关规定。根据进行消毒的地点，在运输前须采用以下方法：

a. 材料如果送入实验室前需要进行消毒的话，须被放置在耐用、防漏的容器中，并确保运输安全。对于感染性材料，在运输材料之前，容器的外表面要进行消毒，运输容器要贴上通用的生物危险标签。

b. 从消毒设施中移出的材料，须按照相应地方、州和联邦的规定包装。

16. 制订有效的病虫害综合防治方案（见附录G）。

17. 不允许携带与的工作无关的动物和植物进入实验室。

B. 特殊规范

无特殊需要。

C. 安全设备（一级屏障和个人防护装备）

1. 一般不需要特殊的防护装置或设备，如生物安全柜。

2. 穿着实验室防护服、罩衣或制服，以防止个人衣物受到污染。

3. 在进行有可能造成微生物或其他危险物质飞溅和喷洒的程序时，工作人员应佩戴防护眼镜。护目镜和面罩与其他被污染的实验室废物一起处理，或在使用后消毒灭菌。

4. 在实验室存在研究动物的情况下，风险评估要考虑对眼睛、脸部和呼吸道保护，潜在的动物过敏原也需要考虑在内。

D. 实验室设施（二级屏障）

1. 实验室设有门禁。

2. 实验室设有洗手槽。

3. 实验室设有便捷可用的洗眼台。

4. 实验室的设计便于清洁。

a. 实验室内不宜铺设地毯和地垫。

b. 工作台、柜子和设备间留有足够空间以便清洁。

5. 实验室家具能够支持预期的负荷和用途。

a. 台面不透水，耐高温、耐有机溶剂、耐酸、耐碱、耐其他化学品。

b. 实验室座椅面料须用无孔材料，以便于用适当的消毒剂进行清洗和消毒。

6. 实验室窗户应装有纱窗。

7. 光照度足以满足所有活动的需要，并避免可能阻碍视力的反光和眩光。

生物安全 2 级

生物安全 2 级（BSL-2）建立在 BSL-1 的基础上。生物安全 2 级适用于处理与人类疾病有关、对人员和环境构成中等危害的病原体的工作。生物安全 2 级与生物安全 1 级的不同之处主要在于：①实验室人员接受处理病原体的专门培训，并由有能力处理感染性病原体和相关程序的专家监督；②当工作进行时，限制进入实验室；③可能产生感染性气溶胶或飞溅的所有程序都在生物安全柜或其他物理隔离设备中进行。

以下是建议的生物安全 2 级标准和特殊规范、安全设备和设施规范。

A. 标准微生物规范

1. 实验室主管须落实机构制度政策，控制实验室的使用安全和进入安全。

2. 实验室主管须确保实验室人员接受恰当的培训，包括其职责、实验室潜在危害、感染性病原的操作、减少暴露的必要预防措施、以及危害 / 暴露评估程序（例如，物理危害、飞溅、气溶胶化），并保留记录。当设备、程序或政策发生变化时，工作人员每年都要接受更新和额外的培训。所有进入该设施的人员都须被告知潜在的危险，以及需采取的适当保障措施，并阅读和遵守有关规范和程序的说明。机构须考虑制定访客培训、职业卫生规定和安全交流的相关政策。

3. 个人健康状况可能影响到个人对病原体的易感性和接受现有免疫接种或预防性干预的能力。因此，所有人员，特别是育龄人员和（或）有可能增加感染风险（如器官移植、医用免疫抑制剂等）的人员，都要提供有关免疫状况和对传染源的敏感性的信息。鼓励有此类情况的个人向机构的医疗服务部门自我申报，以获得适当的咨询和指导（见第七节）。

4. 经与设施主任和安全专业人员协商，编写专门针对该设施的安全手册。安全手册须随手可得，方便查询，并在必要时定期审查和更新。

　　a. 安全手册载有足够的信息，说明所使用的生物体和生物材料的生物安全和控制程序、适用于特定病原体的消毒灭菌方法以及所进行的工作。

　　b. 安全手册中载有可供参考的紧急情况方案，包括意外暴露、医疗紧急情况、设施故障和其他潜在的紧急情况。根据机构规定，向应急人员和其他负责人员提供应急程序培训。

5. 当存在感染性材料时，在实验室入口处张贴带有通用生物危险符号的标志。张贴的信息包括：实验室的生物安全等级、主管或其他负责人员的姓名和电话号码、个人防护装备要求、一般职业健康要求（如免疫接种、呼吸道保护）以及进出实验室的必要程序。病原体信息按照机构政策张贴。

6. 长发要加以绑束，以免接触手、标本、容器或设备。

7. 佩戴手套，防止手部接触危险物质。

　　a. 基于风险评估选择手套

　　b. 实验室内佩戴的手套不带出实验室。

　　c. 当实验室内手套受到污染、手套破损或有其他必要时，应更换手套。

　　d. 不要清洗或重复使用一次性手套，并将用过的手套与其他被污染的实验室废弃物一起处理。

8. 手套和其他个人防护装备的摘除应尽量减少个人污染并将感染性物质转移到感染性物质和（或）动物放置区或控制区之外。

9. 在接触潜在的危险材料后和离开实验室前洗手。

10. 严禁在实验室区饮食、吸烟、处理隐形眼镜、涂抹化妆品、存放供人食用的食物。食物存放在实验室区域外。

11. 禁止用口移液。使用机械移液装置。

12. 制定、实施和遵循安全处理锐器（如针、手术刀、吸管和碎玻璃器皿）的政策；政策与所在的州、联邦和地方要求一致。只要可行，实验室主管就应采取改进的工程和工作规范控制措施，以减少锐器伤害的风险。对于尖锐的物品要采取适当的预防措施，包括：

    a. 尽可能用塑料器皿代替玻璃器皿。

    b. 针头和注射器或其他锋利器具的使用仅限于实验室内，并且仅限于没有其他选择的情况（如肠外注射、采血或从实验动物或隔膜瓶吸入液体）。应尽可能使用有源或无源针式安全装置。

      i. 针套移除时应防止其反弹导致意外针刺伤。

      ii. 在处置前，不得将针头弯曲、剪断、折断、重新封盖、从一次性注射器上取下或以其他方式用手操作。

      iii. 如果必须从注射器上取下针头（溶解血细胞）或重新封盖针头（如在一个房间中装入注射器，在另一个房间中注射动物），必须使用免提装置或类似的安全程序（如锐器上放置一个拔针器，重新封盖针头时使用镊子夹住针套）。

      iv. 一次性针头和注射器在使用后应立即小心地放在用于处理锐器的防穿透容器中。锐器处理容器应尽可能靠近使用点。

    c. 将非一次性锐器放在硬壁容器中，运到处理区进行消毒，最好是通过高压消毒。

    d. 破碎的玻璃器皿不能直接处理，而应用刷子和簸箕、钳子或镊子清除。

13. 尽量减少产生飞溅物和（或）气溶胶产生的操作。

14. 在工作完成后，以及在可能具有感染性材料溢洒或飞溅后，用适当的消毒剂对工作表面进行消毒。任何感染性材料的溢洒物沟应该由受过专业培训和配备相关器材的工作人员进行处置，包括控制污染范围消毒和清理。制定溢洒处理程序，并在实验室内张贴。

15. 对所有培养物、储存物和其他潜在感染性材料均须先消毒后处置，处置方法必须符合所在机构、地方和州政府的相关规定。根据消毒地点的不同，在运输前使用以下方法：

    a. 将需要在实验室外进行消毒的材料放入耐用的防漏容器中，并确保运输安全。对于感染性材料，在运输材料之前，容器的外表面要进行消毒，运输容器要贴上通用的生物危害标签。

    b. 从设施中取出的消毒材料按照地方、州和联邦条例进行包装。

16. 需要实施有效的病虫害综合防治方案。见附录 G。

17. 与工作无关的动物和植物不得带入实验室。

B. 特殊规范

1. 在进行工作时，限制进入实验室。

2. 实验室主管负责确保实验室人员熟练掌握处理 BSL-2 级防护的病原体的标准微生物规范和

技术。

　　3. 酌情为实验室人员提供医疗监护，并针对实验室内处理的或可能存在的病原体提供必要的免疫接种。

　　4. 在下述情况中，尽可能使用生物安全柜或其他物理隔离装置，并维持其良好状态。

　　　　a. 进行有可能产生感染性气溶胶或飞溅的操作，包括移液、离心、研磨、摇动、混合、超声处理、打开感染性材料的容器、动物体内接种、从动物或卵子上采集感染的组织等。

　　　　b. 使用高浓度或大体积的感染性病原体。这类材料可在开放的实验室中使用密封的转子或安全离心杯进行离心，转子和安全离心杯在生物安全柜或另一防护装置中装卸。

　　　　c. 如果不能在生物安全柜或其他物理防护装置内执行某项程序，则需根据风险评估，使用适当的个人防护装备并与行政控制手段相结合。

　　5. 在发生溢洒、飞溅或其他潜在污染后，以及在修理、维护或从实验室移走之前，对实验室设备进行例行消毒。

　　6. 具备对所有实验室废物进行消毒的方法（如高压灭菌、化学消毒、焚烧或其他有效的消毒方法）。

　　7. 对于可能导致感染性材料暴露的偶发事件，应根据机构政策立即进行评估。所有此类事件都要向实验室主管和机构指定的人员报告，并保留记录。

　　C. 安全设备（一级屏障和个人防护装备）

　　1. 在处理危险材料时，要穿上实验室专用的防护服、工作服或制服，在去往非实验室区域（如食堂、图书馆和行政办公室）之前，要脱下防护服。防护服要妥善处理，在单位洗涤和存放。实验服不可带回家。

　　2. 在进行可能导致感染性或其他物质飞溅或喷洒的操作或活动时，使用护眼和护脸装置（如安全眼镜、护目镜、口罩、面罩或其他防溅装置）。眼罩和面罩与其他被污染的实验室废弃物一起处置，或在使用后进行消毒处理。

　　3. 风险评估需考虑是否对使用危险材料的工作进行呼吸防护。如有需要，相关工作人员应参加专业的呼吸道保护培训。

　　4. 在实验室中有研究动物的情况下，风险评估要考虑眼睛、面部和呼吸道保护，以及对潜在的动物过敏原的防护。

　　D. 实验室设施（二级屏障）

　　1. 实验室的门须按照单位规定自动关闭并上锁。

　　2. 实验室须设有洗手池。洗手池应设在出口附近。

　　3. 实验室里须配备有随时方便使用的洗眼台。

　　4. 实验室的设计应便于清洁。

　　　　a. 实验室内不宜铺设地毯和地垫。

　　　　b. 工作台、安全柜和设备之间的空间便于清洁。

　　5. 实验室桌椅器具可以支持预期的负荷和用途。

　　　　a. 台面不透水、耐高温、耐有机溶剂、耐酸、耐碱和其他化学品。

　　　　b. 实验室座椅面料须用无孔材料，易于清洗和消毒。

　　6. 不建议实验室的窗户向外开放。但是，如果实验室窗户确需开放，则应安装纱窗。

7. 照度足以满足所有活动的需要，并避免可能妨碍视力的反光和眩光。

8. 真空管道须配置液体消毒装置以及 HEPA 过滤器（或与其）等效的装置（见附录 A，图 4-11）。过滤器根据需要更换，或根据风险评估确定的更换时间表进行更换。

9. 设施对通风系统无特殊要求。但是，新设施的规划要考虑机械通风系统，以提供气流，而不再向实验室外的空间循环。

10. 生物安全柜和其他一级防护屏障系统应以确保其有效性的方式安装和运行（见附录 A）。

　　a. 安装生物安全柜的目的是使室内供气和排气的波动不影响正常操作。生物安全柜的位置要远离门、可以打开的窗户、人流密集的实验室区域以及其他可能的气流干扰。

　　b. 生物安全柜可以通过套管连接（仅限ⅡA级）或通过硬连接（ⅡB、ⅡC或Ⅲ级）连接到实验室排气系统直接向外排气。如果安全柜内没有使用挥发性有毒化学品，则ⅡA或ⅡC型生物安全柜废气可以安全地再循环到实验室施环境中。

　　c. 至少每年对生物安全柜进行，以确保其性能正常，或按附录 A 第 7 部分的规定进行认证。

生物安全 3 级

　　BSL-3 适用于处理可能通过吸入暴露造成严重或潜在致命疾病的本地或外来病原体的工作。实验室人员须接受关于处理潜在致命病原的专门培训，在工作时须受到有能力处理感染性病原及执行相关程序的专家指导。

　　BSL-3 实验室具有特殊的工程和设计特点。建议 BSL-3 实验室级采用以下标准及特殊规范、安全设备和设施规范。

A. 标准微生物规范

1. 实验室主管须落实制度规定，保障实验室的使用安全与出入安全。

2. 实验室主管须确保实验室人员接受恰当的培训，包括其职责、实验室潜在危害、感染性病原的操作、减少暴露的必要预防措施、以及危害/暴露评估程序（例如，物理危害、飞溅、气溶胶），并保留记录。当设备、程序或政策发生变化时，工作人员须接受年度更新培训与附加培训。所有进入该设施的人员都应被告知潜在的危险，被告知需采取的保障措施，并阅读和遵守有关规范和程序的说明。须考虑制定访客培训、职业健康要求和安全交流相关政策。

3. 个人健康状况可能影响到对病原体的易感性和接受免疫接种或预防性治疗的能力。因此，所有人员，特别是育龄人员和（或）有可能感染风险增加（如器官移植、医用免疫抑制剂等）的人员，都要提供有关免疫状况和对传染源的敏感性的信息。鼓励有此类情况的个人向单位的医疗服务部门自我申报，以获得适当的咨询和指导（见第七节）。

4. 经与设施主管和安全专业人员协商，编写专门针对该设施的安全手册。安全手册须随手可得，方便查询，并在必要时定期审查和更新。

　　a. 安全手册应包含足够的信息，说明所使用的生物体和生物材料的生物安全和防护程序、适用于特定病原体消毒方法以及所进行的工作。

　　b. 安全手册包含可供参考的紧急情况的方案，包括暴露、医疗紧急情况、设施故障和其他潜在的紧急情况。根据机构政策，向应急人员和其他负责人员提供应急程序培训。

5. 当有感染性材料时，实验室入口处应张贴通用的生物危险标志。张贴的信息包括：实验室的生物安全等级、主管或其他负责人员的姓名和电话、个人防护装备要求、一般职业健康要求（如免疫接种、呼吸道保护）以及进出实验室的必要程序。按照机构政策张贴病原体信息。

6. 对长发进行绑束，使其不接触手、动物标本、容器或设备。

7. 戴手套是为了保护手部不接触危险品。

    a. 基于风险评估选择手套。

    b. 手套不带出实验室外。

    c. 当手套受到污染、手套破损或有其他必要时，请更换手套。

    d. 不要清洗或重复使用一次性手套，并将用过的手套与其他污染的实验室废物一起处理。

8. 摘除手套和其他个人防护装备时，应尽量减少个人污染和将感染性材料转移到存放或处理感染性材料和（或）动物的区域之外。

9. 在接触潜在危险材料后和离开实验室前，必须洗手。

10. 实验区内不准饮食、吸烟、处理隐形眼镜、涂抹化妆品、存放供人食用的食物。食物存放在实验区外。

11. 禁止用口移液。使用机械移液装置。

12. 制定、执行和遵循安全处理锐器（如针头、手术刀、移液器和碎玻璃器皿）的政策。这些政策符合本州、联邦和地方要求。在可行的情况下，主管人员应改进工程和工作规范控制措施，以降低锐器伤害的风险。对尖锐物品始终采取预防措施。这些措施包括以下内容。

    a. 尽可能用塑料器皿代替玻璃器皿。

    b. 在实验室中限制使用针头和注射器或其他锐器，并且，这些锐器仅限于在没有其他选择的情况下使用（如肠外注射、采血或从实验动物或隔膜瓶中吸取液体）。应尽可能使用主动或被动针头安全装置。

      ⅰ. 针套移除时应防止其反弹导致意外针刺伤。

      ⅱ. 在处理前不得将针头弯曲、剪断、折断、重新封盖、从一次性注射器上取下或以其他方式用手操作。

      ⅲ. 如果必须从注射器上取下针头（如为了防止溶解血细胞）或重新封盖针头（如在一个房间中装入注射器，在另一个房间中注射动物），必须使用免提装置或类似的安全程序（如锐器上的针头移除器，重新封盖针头时使用镊子夹住针头套）。

      ⅳ. 一次性针头和注射器应小心地放在用于处理锐器的防穿刺容器中。使用后应立即处理。锐器处理容器应尽可能靠近使用点。

    c. 将非一次性锐器放在硬壁容器中，运到处理区进行消毒，最好是通过高压灭菌。

    d. 破碎的玻璃器皿不直接处理，而是用刷子和簸箕、钳子或镊子清理。

13. 尽量减少产生飞溅和（或）气溶胶的产生的操作。

14. 在工作完成后，以及在可能具有感染性的材料溢洒或溅出后，用消毒剂对工作表面进行清洗。涉及感染性材料的溢洒物由受过专业培训并具备处理感染性材料能力的工作人员进行处置，包括控制污染范围、消毒和清理。制定溢洒处理程序，并在实验室内张贴。

15. 所有培养物、原种和其他潜在感染性材料均须在消毒后再处置，处置方法必须符合机构、地方和州的相关规定。根据消毒地点的不同，在运输前使用以下方法：

　　a. 材料如果送入实验室前需要进行消毒的的话，须放置在耐用、防漏的容器中，并确保运输安全。对于感染性材料，在运输材料之前，容器的外表面要进行消毒，运输容器要贴上通用的生物危险标签。

　　b. 从实验室取出需要消毒的材料，应该严格按照地方、州和联邦条例进行包装。

16. 实施有效的病虫害综合防治方案（见附录 G）。

17. 与所从事工作无关的动、植物不得带入实验室。

B. 特殊规范

1. 所有进入实验室的人员需被告知潜在的危险，并且符合单位对进出实验室的所规的具体要求。只有从事科学实验或辅助工作必须的人员，才可被授权进入设施或实验室区域。

2. 向所有进入实验室作业区的人员提供有关疾病症状和体征的信息，并酌情提供包括医疗评估、监测和治疗在内的职业医疗服务，并针对实验室内处理或可能存在的病原体提供必要的免疫接种。

3. 实验室主管负责确保实验室人员熟练掌握处理需要 BSL-3 级防护的病原体的标准微生物规范和技术。

4. 应该建立系统，报告和记录临界错误事件、实验室事故、暴露、潜在的实验室相关感染导致的意外缺勤情况，以及潜在的实验室相关疾病的医疗监测状况。

5. 一旦发生感染性材料暴露事件，应按规定程序进行评估。并且，所有这类事件都要向实验室主管、机构管理层以及专业的安全、合规和安保人员报告并存档。保留记录。

6. 从实验室取出 BSL-3 防护等级的生物材料之前，须先将其置于一个耐用且防泄漏的密封一级容器中，然后再用一个不易破碎的密封二级容器对其进行密封。一级容器一经移除，除非使用有效的灭活方法，否则须在 BSL-3 生物安全柜内打开（见附录 K）。灭活方法与活性测试数据须一并记录并存档，以使该方法得到数据支持。

7. 所有涉及操作感染性材料的程序都尽可能在生物安全柜或其他物理防护装置内进行。不能在工作台上进行开放式容器的操作。如果无法在生物安全柜或其他物理防护装置内进行操作，则根据风险评估结果，联合使用个人防护装备和其他行政和（或）工程控制措施，如安全离心杯或密封转子。转子和安全离心杯的装卸在生物安全柜或另一个防护装置中进行。

8. 实验室设备在发生溢洒、飞溅或其他潜在污染后，以及在维修、保养或搬离实验室之前，都要进行例行的消毒工作。

　　a. 对于可能因高温或沸腾蒸汽而损坏的设备或材料，采用有效的、经验证的方法（如气体法或非高温蒸气法）进行消毒。

9. 设施中须配备一种可以对所有实验室废弃物进行消毒（如高压灭菌器、化学消毒、或其他经过验证的消毒方法）的方法。

10. 当实验室空间出现严重污染、实验室用途发生重大变化、重大翻修或维修停工时，应考虑对整个实验室进行消毒。根据风险评估，选择适当的材料和方法对实验室进行消毒。

11. 应定期核查消毒过程的有效性。

C. 安全设备（一级屏障和个人防护装备）

1. 实验室内的工作人员穿戴正面无缝隙的实验室防护服，如背后系带式或包裹式罩衣、外科手术服或连体服。根据风险评估考虑是否使用鞋套。防护服不穿出实验室外。可重复使用的衣服在洗涤前要进行消毒。衣服被污染时要及时更换。

2. 根据正在进行的工作，可能需要附加个人防护装备。

    a. 在进行可能导致感染性物质或其他危险物质飞溅或喷洒的操作或活动时，应使用护眼和护脸装置（如安全眼镜、护目镜、口罩、面罩或其他防溅装置）。眼罩和面罩与其他受污染的实验室废物一起处理，或在使用后进行消毒。

    b. 必要时戴两副手套。

    c. 考虑呼吸道保护。佩戴呼吸防护装置的工作人员均需参加专业的呼吸防护培训。

    d. 考虑使用鞋套。

3. 在实验室存在研究动物的情况下，风险评估要考虑眼睛、脸部和呼吸道保护，以及潜在的动物过敏原。

D. 实验室设施（二级屏障）

1. 实验室须与建筑内部的开放区域分开。

    a. 对实验室的进出进行限制。实验室的门须可上锁，且符合机构政策要求。进入实验室要通过两道连锁自闭门。更衣室和/或前厅可以设置在两道自闭门之间的通道内。

2. 实验室设有洗手池。洗手池为感应式或自动操作式，应设在出口门附近。如果一个实验室套间被分隔成不同的区域，每个区域也须有洗手池用于洗手。

3. 实验室内设有洗眼台。

4. 实验室的设计、建造和维护要便于清洁、消毒和整理。

    a. 不允许使用地毯和地垫。

    b. 凳子、柜子和设备之间的空间可以进行清洁。

    c. 接缝、地板、墙壁和天花板表面都是密封的。门和通风口周围的空间能够密封，以便于空间消毒。

    d. 地板防滑、防渗透、耐化学品。地板为无缝、密封或浇筑整体凹槽底座。

    e. 墙面和天花板为密封光滑饰面，便于清洁和消毒。

5. 实验室桌椅器具能够支持预期的负荷和用途。

    a. 台面不透水，耐高温、耐有机溶剂、耐酸碱和其他化学品。

    b. 实验室座椅面料须为无孔材料，便于用消毒剂清洗和消毒。

6. 实验室的所有窗户都是密封的。

7. 所有活动都有足够的照明，避免可能妨碍视力的反光和眩光。

8. 真空管道配置液体消毒剂收集器和 HEPA 过滤器或其他同类产品保护（见附录 A，图 4-11）。过滤器根据需要进行更换，或根据风险评估确定的更换计划进行更换。未受所述保护的真空管道需加盖。考虑在中央真空泵之前增加一个 HEPA 过滤器。

9. 安装管道式机械通风系统。该系统通过将空气从"清洁"区域引向"潜在污染"区域，提供持续的定向气流。实验室设计须确保通风系统一旦运行失败，防护屏障处的气流也不会逆转。

    a. 在实验室入口处安装确认气流方向的可视监测装置。应考虑建立声音警报机制，在空气发生扰乱时通知人员。

    b. 实验室的废气不重新循环到建筑物的其他区域。

    c. 实验室排风位置须设在空旷区域，且与送风口分开，或者经过 HEPA 过滤器排出。

10. 生物安全柜和其他一级防控屏障的安装和使用必须得当，以确保其安全有效。（见附录 A）。

　　a. 生物安全柜须安装在实验室适当的位置，远离大门、人流密集的实验室区域和其他可能的气流干扰，以确保送排风气流波动不影响其正常使用。

　　b. 生物安全柜可以通过套管连接（仅限ⅡA级）或硬连接（ⅡB、ⅡC或Ⅲ级）到实验室排气系统直接向外排气。如果安全柜内没有使用挥发性有毒化学品，则ⅡA或ⅡC型生物安全柜废气可以安全地再循环回实验室环境。

　　c. 至少每年一次对生物安全柜进行评估，以确保其性能正常，或按附录A第7部分的规定进行核证。

　　d. 三类生物安全柜的送风方式应防止机柜或房间变为正压。

11. 若一级屏障装置中使用的设备可能产生感染性气溶胶，装置的排风须采用 HEPA 过滤或等效技术过滤的，以将气体净化后再排到实验室。HEPA 过滤器每年都要进行测试，并根据需要进行更换。

12. 设施的建造须考虑，在实验室空间严重污染、使用情况发生重大变化、重大翻修或维修停工的情况下，可对整个实验室进行消毒。消毒材料和方法的选择应根据风险评估确定。

　　a. 在设施设计上应考虑到大型设备搬离实验室之前的消毒手段。

13. 根据风险评估和相关的地方、州或联邦法规，可能需要加强环境和个人保护。改进措施可包括以下一项或多项：用于清洁设备和用品储存的前厅，具有更衣、淋浴功能；便于动物饲养室隔离的气密风门；配备具有穿戴、淋浴功能的前厅，以便对设备和用品进行清洁和存储；动物饲养室废气的最终 HEPA 过滤；动物饲养室污水去污；其他管道设施的隔离；或先进的出入控制装置，如生物识别技术。

14. 如果有配备 HEPA 过滤器，其壳体须具有气密隔离风门、消毒端口和（或）袋进/袋出（需要对其配备恰当的消毒程序）功能。所有 HEPA 过滤器都尽可能靠近实验室，以尽量减少可能被污染的管道系统的长度。HEPA 过滤器的壳体须允许对每个过滤器和组件进行泄露测试。过滤器和壳体须至少每年认证。

15. BSL-3 级设施的设计、运行参数和程序应在运行前进行核查并存档。设施须每年进行一次测试，或在进行重大修改后进行测试，以确保达到操作参数。核查标准根据操作经验进行必要的修改。

16. 在实验室内外须建立适当的通信系统（如语音、传真和计算机）。制定并实施紧急通信和紧急通道或出口的规定。

生物安全 4 级

　　BSL-4 要求用于处理危险的外来病原体，这些病原体与气溶胶传播的实验室感染和危及生命且致死率很高的疾病之间有很高相关性，且没有特异疫苗或治疗方法，或用于处理具有未知传播风险的相关病原体。在获得足够的数据重新指定级别之前，与需要 BSL-4 级实验室防护的病原体具有密切或相同抗原关系的病原体按照此级别进行处理。实验室工作人员要接受具体和全面的关于处理极度危险的感染性病原体方面的培训。实验室工作人员要了解标准和特殊规范的一级和二级防护功能、防护设备和实验室设计特点。实验室的所有工作人员和主管人员都要了解需要在 BSL-4 级实验室防护的病原体和操作程序。实验室主管根据机构政策控制实验室人员的出入。

BSL-4 级实验室有以下两种模式。

1. 安全柜型实验室：在第三类生物安全柜中对病原体进行操作；

2. 正压服型实验室：人员穿着正压供气防护服。

BSL-4 级安全柜型和正压服型实验室具有特殊的工程和设计特点，以防止微生物传播到环境中。以下是 BSL-4 级必须执行的标准和特殊规范、安全设备和设施规范。

A. 标准微生物规范

1. 实验室主管执行有关实验室内安全和控制进出的政策和机构。

2. 实验室主管确保实验室人员接受有关其职责、潜在危险、感染性病原体的操作、尽量减少接触的必要预防措施、危险/接触评估程序（如物理危险、飞溅物、气溶胶化）的专业培训，并记录存档。当设备、程序或政策发生变化时，工作人员每年都要接受更新的信息和额外的培训。对于所有进入该设施的人员，均须告知其潜在的危险及需采取的保障措施，并使其阅读和遵守有关规范和程序的说明。考虑制定有关来访者培训、职业健康要求和安全交流的机构政策。

3. 健康状况可能影响到个人对易感性和对必要的免疫接种或预防性干预的接受程度。因此，所有人员，特别是育龄人员和（或）有可能增加感染风险（如器官移植、医用免疫抑制剂等）的人员，都要提供有关免疫状况和对传染源的敏感性的信息。鼓励有此类情况的个人向单位的医疗服务部门自我确认，以获得适当的咨询和指导（见第七节）。

4. 经与设施主管和安全专业人员协商，编写专门针对该设施的安全手册。安全手册可供查阅，并在必要时定期审查和更新。

   a. 安全手册应包含足够的信息，说明所使用的生物体和生物材料的生物安全和防护程序、适用于特定病原体消毒方法以及所进行的工作。

   b. 安全手册中包含可供参考的紧急情况预案，包括暴露、医疗紧急情况、设施故障和其他潜在的紧急情况。根据机构政策，向应急人员和其他负责人员提供应急程序培训。

5. 当存在感染性材料时，在实验室入口处张贴带有通用生物危险符号的标志。张贴的信息包括：实验室的生物安全等级、主管或其他负责人员的姓名和电话号码、个人防护装备要求、一般职业健康要求（如免疫接种、呼吸道保护）以及进出实验室的必要程序。病原体信息按照单位规定张贴。

6. 长发要加以绑束，以免接触手、标本、容器或设备。

7. 佩戴手套，防止手部接触危险物质。

   a. 基于风险评估选择手套。

   b. 实验室内佩戴的手套不带出实验室。

   c. 当实验室的手套受到污染、手套破损或有其他必要时，应更换手套。

   d. 不要清洗或重复使用一次性手套，并将用过的手套与其他受污染的实验室废弃物一起处理。

8. 手套和其他个人防护装备的摘除应尽量减少个人污染和将感染性物质转移到感染性物质和（或）动物放置区或控制区之外。

9. 严禁在实验区饮食、吸烟、处理隐形眼镜、涂抹化妆品、存放供人食用的食物。食物存放在实验室区域外。

10. 禁止用口移液。使用机械移液装置。

11. 制定、实施和遵循安全处理锐器（如针、手术刀、吸管和碎玻璃器皿）的制度规定，并与相关的州、联邦和地方要求一致。只要可行，实验室主管就应采取改进的工程和工作规范控制措施，以减少锐器伤害的风险。对于尖锐的物品总是要采取预防措施。这些包括以下内容：

　　a. 尽可能用塑料器皿代替玻璃器皿。

　　b. 针头和注射器或其他锋利器具的使用仅限于实验室内，并且仅限于没有其他选择的情况（如肠外注射、采血或从实验动物或隔膜瓶吸入液体）。应尽可能使用主动或被动式的针头安全对策。

　　　　ⅰ. 针套移除时应防止其反弹导致意外针刺伤。

　　　　ⅱ. 在处置前，不得将针头弯曲、剪断、折断、重新封盖、从一次性注射器中取出或以其他方式用手操作。

　　　　ⅲ. 如果必须取下注射器针头（防止溶解血细胞）或重新封盖针头（如在一个房间用注射器抽取药物，在另一个房间中注射动物），必须使用免提装置或类似的安全程序（如锐器盒上配置拔针器，重新封盖针头时使用镊子夹住针套）。

　　　　ⅳ. 一次性针头和注射器在使用后应立即小心地放在用于处理锐器的防穿刺锐器盒中。锐器盒应尽可能靠近使用点。

　　c. 将非一次性锐器放在硬壁容器中，运到处理区进行消毒，最好是通过高压消毒。

　　d. 破碎的玻璃器皿不直接处理，而是用刷子和簸箕、钳子或镊子清理。

12. 尽量减少产生飞溅物和（或）气溶胶产生的操作。

13. 在工作完成后，以及在可能具有感染性的材料溢出或飞溅后，用消毒剂对工作台表面进行消毒。涉及感染性材料的溢出物由受过适当培训且配备处理感染性材料的相关设备的工作人员进行处理，包括控制污染范围、消毒和清理。制定溢出处理程序，并在实验室内张贴。

14. 使用符合机构、地方和国家要求的有效方法，在处置前对所有培养物、储存物和其他潜在的感染性材料进行消毒。在实验室内须配置对实验废物的消毒方法（如高压灭菌、化学消毒、焚烧或其他有效的去污方法）。详见下一小节 B 特殊规范第 7 项。

15. 实施有效的病虫害综合防治方案（见附录 G）。

16. 与所从事的工作无关的动物和植物不得带入实验室。

B. 特殊规范

1. 所有进入实验室的人员都应被告知潜在的危险，并根据机构政策满足特定的进出要求。只有从事科学实验或辅助工作所必须人员才有权进入实验室。在获得独立进入 BSL-4 级实验室的权限之前，可能需要有额外的培训 / 安全要求。

2. 向所有进入实验室作业区的人员提供有关疾病症状和体征的信息，并酌情提供包括医疗评估、监测和治疗在内的职业医疗服务，并针对实验室内处理的或可能存在的病原体提供必要的免疫接种。

　　a. 职业医疗服务系统的一个重要辅助手段是，为潜在或已知有实验室相关感染的人员提供隔离和医疗服务的设施。

3. 实验室人员和辅助人员经过培训并获准在设施内工作。实验室主管负责确保实验室人员在独立处理需要 BSL-4 级防护的物品及病原体之前，高度熟练掌握 BSL-4 级防护的病原体标准和特殊微生物规范和技术。要求工作人员阅读并遵守有关规范的指示，并将程序变化作为程序审查的一部分。

4. 建立一个系统，用于报告和记录临界错误事件、实验室事故、暴露、可能与实验室感染有关的意外缺勤，并对潜在的与实验室有关的疾病进行医疗监测。

5. 对导致暴露于感染性材料的事故立即根据有关规定进行评估。所有这类事故都要按规定报告给实验室主管、机构管理人员和专业的安全、合规和保安人员，并记录存档。

6. 在授权人员将生物材料从 BSL-4 级设施中移出之前，需要将 BSL-4 级防护的生物材料存放在耐用、防漏的密封一级容器中，然后再封闭在不易碎的密封二级容器中。这些材料通过消毒浸泡罐、熏蒸室或消毒淋浴器处理后转移，供授权人员接收。一旦转移，一级容器不得在 BSL-4 级防护设施外打开，除非使用经过验证的灭活方法（如伽马辐照）（见附录 K）。灭活方法，连同验证该方法可行性的活性测试数据，一并记录存档。

7. 所有废物在运出之前，均以经过验证的方法进行消毒。

8. 对设备进行例行消毒，在溢出、飞溅或其他潜在污染之后，以及在修理、维护或从实验室移走之前，对设备进行消毒。

  a. 在专门设计的密封气闸或气室中，采用有效和经过验证的程序，如气体法或非高温蒸汽法，对不能用蒸汽消毒的设备或材料进行消毒。

9. 记日志或采取其他方法记录所有进出实验室人员的日期和时间。

10. 对实验室内储存的药剂实行盘点制度。

11. 在实验室运行期间，除紧急情况外，人员通过更衣室和淋浴室进出实验室。所有个人衣物和首饰（眼镜除外）须在外更衣室摘除。所有进入实验室的人员都要酌情使用实验室服装，包括衬衣、裤子、衬衫、袜子、连体衣、鞋子和手套。所有离开实验室的人员都要进行个人身体淋浴。使用过的实验室服装和其他废物，包括手套，不能通过个人淋浴从内部更衣室移除。这些物品在洗涤或处置前作为受污染的物品处理，并进行消毒。

12. 在实验室通过彻底消毒且经过有效性验证，并确保所有感染性病原体安全后，必要的工作人员可以进出，而不必遵循上述更衣和淋浴要求。

13. 在实验室工作开始之前，完成对基本防护和生命支持系统的日常检查并记录在案，以确保实验室按照既定参数运行。

14. 实验室内只存放必要的设备和用品。所有带入实验室的设备和用品在带出实验室前都要消毒。

  a. 不通过更衣室带入实验室的用品和材料，通过化学浸泡槽、事先经过去污的双扉高压灭菌器、熏蒸室或气闸带入。实验室内的人员打开高压灭菌器、熏蒸室或气闸的内门取出材料。在将材料带入设施后，内门被扣紧。确保在高压灭菌器、熏蒸室或气闸成功完成一个消毒周期之前，高压灭菌器或熏蒸室的外门不会被打开。

C. 安全设备（一级屏障和个人防护装备）

安全柜型实验室

1. 所有涉及感染性材料操作的程序都在第三类生物安全柜进行。

2. 第三类生物安全柜包含以下内容：

  a. 双门穿墙式高压灭菌器，用于对从第三类生物安全柜拿出来的材料进行消毒。高压灭菌器的门是连锁的，因此任何时候只能打开一扇门，而且是自动控制的，只有在成功完成一个消毒灭菌周期后才能打开高压灭菌器的外门。

  b. 通过化学浸泡槽、熏蒸室或类似的消毒方法，以便将无法在高压灭菌器中消毒的材料和设备从安全柜中安全取出。安全柜与周围实验室之间始终保持防护。

c. 在进气口安装 HEPA 过滤器，在设备的排气口安装两个串联的 HEPA 过滤器，以防止安全柜以产生正压的方式进气。安全柜的供气和排气管均设置气密风门，以允许气体或蒸汽对设备进行消毒。所有 HEPA 过滤器外壳上都有注入试验介质的端口。

d. 内部构造为光滑的饰面，可以很容易地清洗和消毒。柜体表面的所有尖锐边缘都均须进行处理，以减少手套被割伤和撕裂的可能性。放置在第三类生物安全柜中的设备也须没有尖锐的边缘，表面也不能有刺凸，以防可能损坏或刺破安全柜手套。

e. 使用前检查手套是否损坏，必要时更换。在每年生物安全柜进行重新认证期间更换手套。

3. 柜体的设计允许尽可能从柜体外部对柜体机械系统（如制冷、培养箱、离心机）进行维护和维修。

4. 在第三类生物安全柜内进行高浓度或大量感染性病原体操作时，只要有可能就要使用柜内物理防护装置。此类材料在柜内使用密封转子或离心机安全杯进行离心。

5. 当安全柜的用途发生重大变化时，在大修或维修停工前，以及在风险评估确定的其他情况下，使用有效的气体或蒸汽方法对第三类生物安全柜的内部和所有受污染的稳压室、风机和过滤器进行消毒。

6. 第三类生物安全柜至少每年认证一次。

7. 对于通过双门直接连接到 BSL-4 级正压服型实验室的第三类生物安全柜，可将材料经正压服型实验室放入并从中取出。

8. 实验室内的工作人员穿戴正面无缝隙的实验室防护服，如背后系带式或包裹式罩衣、外科手术服或连体服。根据风险评估考虑是否使用鞋套。

a. 离开时，在内更衣室内脱掉所有防护服再淋浴。

b. 眼镜在通过淋浴间取出之前，须先进性消毒处理。

9. 一次性手套戴在安全柜手套里面，以保护工作人员在安全柜手套发生破损或撕裂时不会意外暴露。

正压服型实验室

1. 所有涉及感染性材料操作的程序均在安全柜或其他物理防护装置内进行。不在工作台上进行开放式容器的工作。

2. 可能产生气溶胶的设备是在一级防护装置内使用的，这些设备产生的气雾在排入实验室或设施的排气系统之前，都要经过 HEPA 过滤。这些 HEPA 过滤器每年都要进行测试，并根据需要进行更换。

3. 实验室内离心的材料使用密封的转子或离心机安全杯。转子和离心机安全杯的装卸在生物安全柜或其他防护装置中进行。

4. 所有程序均由身穿连体正压供气服的人员进行操作。

a. 所有人员在进入用于穿戴正压服的房间之前，都要穿戴好实验室的衣服，如外科手术服。

b. 在每次使用前，都须按规定程序来控制和验证一体式正压供气服（包括手套）的操作。

c. 在正常的实验室操作过程中，要对正压服手套进行消毒处理，以去除严重污染，并尽量减少对实验室的进一步污染。

d. 一次性内层手套的佩戴是为了在正压服手套发生破损或撕裂时保护实验人员。一次性内层手套不能带出内更衣区。

e. 从化学品喷淋室出来后，内层手套和所有实验服都被脱下并丢弃，或在进入个人淋浴房进行洗涤之前，收集起来进行高压灭菌。

f. 眼镜在通过淋浴间取出之前，须先进性消毒处理。

D. 实验室设施（二级屏障）

安全柜型实验室

1. BSL-4 级安全柜型实验室可设在单独的建筑物内或建筑物内明确划分的隔离区。

a. 实验室设门禁。实验室门可锁。

b. 从安全柜型实验室出来后，依次经过内（即脏的）更衣区、个人淋浴间和外（即干净的）更衣室。

2. 为实验室排气系统、报警器、照明、出入口控制、生物安全柜和门封提供自动启动的应急电源。

a. 供气、排气、生命支持、警报、出入口控制和安全系统的监测和控制系统采用不间断电源（UPS）。

3. 在防护屏障处设有双门高压灭菌器、化学浸泡槽、熏蒸室或通风气闸，供材料、用品或设备通过。

4. 安全柜型实验室和内更衣室的门附近设有自动感应水槽。外更衣室也要安装水槽。

5. 实验室内设有洗眼台。

6. 安全柜型实验室的墙壁、地板和天花板应建成一个密封的内壳，以便于熏蒸和禁止动物和昆虫的侵入。内壳的内表面可以抵御对该区域清洁和消毒的液体和化学品。地面为整体密封式，并有凹槽。

a. 安全柜型实验室和内更衣室内壳的所有贯穿件均须密封。

b. 尽可能减少安全柜型实验室和内更衣室的门周围的孔洞，并进行密封，以便消毒处理。

7. 贯穿安全柜型实验室墙壁、地板或天花板的辅助设施和管道的安装是为了确保不会发生实验室的回流。这些贯穿设施安装有两个（串联的）防止回流的装置。考虑将这些装置安装在隔离设施外。大气通风系统配备两个串联的 HEPA 过滤器，并且密封到第二个过滤器。

8. 尽量减少家具数量，采用结构简单的家具，能够支持预期的负荷和使用。

a. 凳子、柜子和设备之间的空间可供清洁和消毒。

b. 台面不透水，耐高温、耐有机溶剂、耐酸碱和其他化学品。

c. 实验室座椅应使用无孔面料，便于清洗和消毒。

9. 窗户具有防破损性能和密封性。

10. 照度足以满足所有活动的需要，避免可能妨碍视力的反射和眩光。

11. 如果安全柜型实验室需要二类生物安全柜或其他一级防护屏障系统，则应以确保其有效性的方式安装和运行（见附录 A）。

a. 安装生物安全柜的目的是使室内供气和排气的波动不影响正常操作。生物安全柜的位置要远离门、人流密集的实验室区域和其他可能的气流干扰。

b. 生物安全柜可以通过套管连接（仅限ⅡA 级）或硬连接（ⅡB、ⅡC 或Ⅲ级）到实验室排气系统直接向外排气。安全柜内废气在排放到室外之前通过两个 HEPA 过滤器，包括生物安全柜中的 HEPA。如果安全柜内没有使用挥发性有毒化学品，则ⅡA 或ⅡC 型生物安全柜废气可以安全地再循环回实验室环境。

    c. 至少每年对生物安全柜进行一次认证，以确保其性能正常，或按附录 A 第 7 部分的规定进行认证。

12. 不建议使用中央真空系统。如果采用中央真空系统，不能应用于生物安全柜外的区域。在每个使用点附近放置两个直排式 HEPA 过滤器，使用时提供溢流收集。过滤器的安装允许就地净化处理和更换。

13. 提供一个专用的非循环通风系统。只有具有相同暖通空调要求的安全柜型实验室（即其他 BSL-4 级安全柜型实验室、ABSL-4 级安全柜型设施）才可共用通风系统，条件是气密风门和 HEPA 过滤器将每个实验室系统隔离。

    a. 通风系统的供气和排气部件的设计是为了使实验室与周围区域保持负压，并酌情为实验室内相邻区域之间提供压差或方向性气流。

    b. 建议配有备用供风机，但必须配置备用排风机。供风机和排风机连锁，防止安全柜型实验室正压。

    c. 安装送排风监测系统，一旦出现故障或偏离设计参数可及时发出警报。在防护设施外安装视觉监测装置，以便在进入实验室之前和在定期巡检期间，可以观察实验室内的压差。在防护设施内也应安装视觉监测装置。

    d. 安全柜型实验室、内更衣室和熏蒸 / 去污室的供气和排气都要经过 HEPA 过滤器。排气口远离有人居住的地方和建筑物的进气口。

    e. 所有 HEPA 过滤器都尽可能靠近生物安全柜和实验室，以尽量减少可能受污染的管道系统的长度。所有 HEPA 过滤器每年都要进行测试和认证。

    f. HEPA 过滤器外壳的设计便于在拆除之前进行现场消毒和有效性验证。HEPA 过滤器外壳的设计具有气密隔离阻尼器、去污口，并可以单独扫描组件中每个过滤器，检测是否有泄漏的可能。

14. 设计穿墙式化学浸泡槽、熏蒸室或类似的消毒装置，以便将无法在高压灭菌器中消毒的材料和设备从安全柜型实验室中安全移出。只有经授权进入 BSL-4 级实验室并在必要时获得特定许可的人才能进入通道的出口一侧。

15. 安全柜型实验室的水池、地漏、高压灭菌室和安全柜型实验室内其他来源的液体废弃物，在排入卫生下水道之前，都要用一种行之有效的方法（最好是热处理）进行消毒处理。

    a. 对所有液体流出物的去污情况进行记录。液体流出物的去污过程要经过物理和生物验证。至少每年进行一次生物验证，如果另有要求，则应按要求定期进行生物验证。

    b. 个人淋浴和厕所的废水可不经处理排入下水道。

16. 安装双门穿墙式高压灭菌器，用于对从安全柜型实验室出来的材料进行消毒。向实验室外打开的高压灭菌器须固定在所穿行的墙壁并密封。这种生物密封经久耐用，气密性好，并能膨胀和收缩。强烈建议将生物密封放置在便于从实验室外接近和维护设备的位置。高温高压灭菌器的门是连锁的，任何时候只能打开一侧的门，并且能自动控制，因此，只有在消毒完毕后才能打开高压灭菌器的外门。

    a. 从高压灭菌室排出的气体是经过 HEPA 过滤或消毒的。高压灭菌器去污过程的设计可避免接触感染性材料的未经过滤的空气或蒸汽释放到环境中。

17. 设备设施的设计参数和操作程序要记录在档。对设备实施进行测试，以核实在运行前是否符合设计要求和运行参数。每年或在进行重大改造后，需对设施进行重新测试，以确保符合运行参数。必要时根据运行经验修改核查标准。

18. 在实验室与外界之间建立适当的通信系统（如语音、传真、视频和计算机）。制定并实施紧急通信和紧急通道或出口的规定。

正压服型实验室

1. BSL-4 级正压服型设施可设在单独的建筑物内或建筑物内明确划定的隔离区。

    a. 设施的进出应进行严格控制。实验室的门可锁。

    b. 进入实验室要通过一个装有密闭装置的气闸门。

    c. 从实验室出来要依次经过化学淋浴、内（即脏衣物）更衣室、个人淋浴和外（即干净衣物）更衣区。

2. 进入该区域的人员必须穿戴装有 HEPA 过滤呼吸空气的正压服。呼吸空气系统配有备用的压缩机、故障报警器和紧急备用系统，能够支持实验室内的所有工作人员，使他们安全地离开实验室。

3. 设有化学喷淋装置，以便在工作人员离开实验室之前对正压服的表面进行消毒。在紧急出口或化学喷淋系统发生故障的情况下，提供对正压服进行消毒的方法，如用重力式化学消毒剂。

4. 为实验室排气系统、报警器、照明、出入口控制、生物安全柜和门封提供自动启动的应急电源。

    a. 供气、排气、生命支持、警报、出入口控制和安全系统的监测和控制系统采用不间断电源（UPS）。

5. 在防护屏障处设有双扉高压灭菌器、化学浸泡槽或熏蒸室，供材料、用品或设备进出实验室。

6. 正压服型实验室内的感应水槽设置于操作区附近。

7. 实验区设有洗眼台，维护期间也可使用。

8. 实验室的墙壁、地面和天花板都被建造成一个密封的内壳，以便于熏蒸和防止动物和昆虫的侵入。内壳的表面可以抵御用于清洁和消毒该区域的液体和化学品。地面为整体密封式，有凹槽。

    a. 实验室内壳、正压服藏室和内更衣室的所有贯穿设施均进行密封。

9. 安装贯穿实验室墙壁、地板或天花板的辅助设施和管道，以确保不会发生实验室的回流。这些贯穿设施安装有两个（串联的）防止回流的装置。考虑将这些装置安装在防护设施外。大气通风系统配备两个串联的 HEPA 过滤器，并且密封到第二个过滤器。

10. 当实验室空间出现严重污染、实验室用途发生重大变化、重大翻修或维修停工时，应考虑对整个实验室进行消毒。根据风险评估，选择适当的材料和方法对实验室进行消毒。

11. 尽量减少家具数量，采用结构简单的家具，能够支持预期的负荷和使用。

    a. 工作台、安全柜和设备之间留有足够的空间，以便于清洁、消毒和人员的自由移动。

    b. 台面不透水，耐高温、耐有机溶剂、耐酸碱和其他化学品。

    c. 实验室座椅应使用无孔面料，以便清洗和消毒。

    d. 对尖锐的边缘和角落做钝化处理。

12. 窗户具有防破损和密封性。

13. 照度足以满足所有活动的需要，并避免可能妨碍视力的反射和眩光。

14. 生物安全柜和其他一级防护屏障系统安装和运行方式要确保其有效性（见附录 A）。

    a. 生物安全柜应安装在实验室适当的位置，要远离门、可以打开的窗户、人流密集的实验室区域以及其他可能的气流干扰，以保障送排风气流波动不影响正常操作。

b. 生物安全柜可以通过套管连接（仅限 IIA 级）或直接硬连接（IIB、IIC 或 III 级）到安装有一个 HEPA 过滤器的实验室废气系统直接向外排气。

c. 如果安全柜内没有使用挥发性有毒化学品，IIA 或 IIC 型生物安全柜废气可以安全地再循环回实验室环境。

d. 至少每年对生物安全柜进行一次认证，以确保其性能正常，或按附录 A 第 7 部分的规定进行认证。

e. 第三类生物安全柜的送风方式应防止柜内或房间出现正压。

15. 不鼓励使用中央真空系统。如果使用中央真空系统，则不可应用于实验室外的区域。在每个使用点附近放置两个直列式 HEPA 过滤器，并配置溢流收集装置。过滤器的安装应实现就地去污和更换。尽可能在靠近真空泵的地方提供两个串联的 HEPA 过滤器。

16. 安装专用的非循环通风系统。只有具有相同暖通空调要求的实验室或设施（即其他 BSL-4 级实验室、ABSL-4 级设施、ABSL-3 级 - 农业设施、ABSL-4 级 - 农业设施）才可共用通风系统，前提是气密风门和 HEPA 过滤器可隔离每个单独的实验室系统。

a. 通风系统的设计旨在使实验室与周围区域保持负压状态，并在实验室内相邻区域之间提供压差或定向气流。

b. 建议配置备用供风机，但必须配置备用排风机。供风机和排风机连锁，以防止实验室的正压。

c. 对通风系统进行监测，并在出现故障或偏离设计参数时发出警报。在防护设施外安装可视监测装置，以便在进入实验室之前和定期巡检期间，可以观察实验室内的适当压差。在防护设施内也应设有可视监测装置。

d. 实验室（包括去污喷淋）的供气，需经过 HEPA 过滤器。从实验室、去污喷淋、熏蒸或去污室排出的所有废气都要经过两个串联的 HEPA 过滤器，然后再排到外面。排风口远离有人居住的空间和进风口。

e. 所有 HEPA 过滤器的位置都应尽可能靠近实验室，以尽量减少可能受污染的管道系统的长度。所有 HEPA 过滤器每年都要进行测试和认证。

f. HEPA 过滤器外壳的设计应方便过滤器就地消毒，并在拆除之前验证去污过程是否有效。HEPA 过滤器外壳的设计应包含气密隔离阻尼器、去污口，并能单独扫描组件中的每个过滤器是否泄漏。

17. 配置穿墙式化学浸泡槽、熏蒸室或类似的去污装置，以便将无法在高压灭菌器中消毒的材料和设备从实验室中安全移出。只有获准进入设施并在必要时获得适当许可的人员才能进入通道的出口一侧。

18. 实验室内的化学喷淋、水槽、地漏、高压灭菌室和其他来源的液体污水，在排入卫生下水道之前，须用行之有效的方法（最好是热处理）进行消毒处理。

a. 对所有液体废弃物的消毒进行记录。液体污水的去污过程要经过物理和生物验证。生物验证至少每年进行一次，或根据机构政策的要求更频繁地进行。

b. 个人身体淋浴和厕所的污水可以不经处理排入卫生下水道。

19. 设有双门穿墙式高压灭菌器，用于对从实验室出来的材料进行消毒。在实验室外面的高压灭菌器须固定在其通过的墙壁上并进行密封。这种生物密封经久耐用，气密性好，并能膨胀和收缩。强烈建议将生物密封放置在便于从实验室外接近和维护设备的位置。

　　a. 从高压灭菌室排出的气体经过 HEPA 过滤或消毒。高压灭菌器消毒过程的设计，使接触感染性材料中的未经过滤的空气或蒸汽不会释放到环境中。

　　20. 设施的设计参数和操作程序须记录存档，并对对设施进行测试，以核实在运行前是否符合设计要求和运行参数。每年或在进行重大改造后，还应对设施进行重新测试，以确保符合运行参数。必要时根据运行经验修改核查标准。

　　21. 在实验室与外界之间提供适当的通信系统（如语音、传真、视频和计算机）。制定并实施紧急通信和紧急通道或出口的规定。

表 4-1　实验室生物安全等级（BSL）概要

生物安全等级	病原体	特殊规范[a]	一级屏障和个人防护装备[a]	设施（二级屏障）[a]
1	已知不会持续引起免疫功能正常的成年人罹患疾病，对实验室人员和环境的潜在危害最小的病原体	标准型微生物规范	不需要一级屏障；提供实验室防护服；防护面罩；护目镜、眼镜(视需要提供)	实验室门、洗手池、实验台、装有筛网的窗户；为所有活动提供足够的照明
2	与人类疾病有关的、对人员和环境构成中度危害的病原体	限制进入；职业医疗服务，包括医疗评估、监测和治疗，视情况而定；在生物安全柜内进行的所有可能产生气溶胶或飞溅的操作；实验室设备需要消毒程序	生物安全柜或其他一级防护装置，用于处理可能导致飞溅或气溶胶的病原体；实验室防护服；其他个人防护装备，包括呼吸道防护，视需要而定	自动关闭门、水池位于出口附近、窗口密封或装有筛网、提供高压灭菌器
3	本地或外来病原体；通过吸入暴露途径可能造成严重或潜在的致命疾病	只限有需要人士进入；使用一级和二级容器在实验室搬运活性物质；只在 BSL-3 级实验室或 ABSL-3 级实验室打开；感染性材料的所有程序都在生物安全柜中执行	适用于处理活性病原体的所有程序的生物安全柜；无缝隙罩衣、外科手术服、连体衣；视情况佩戴两双手套；视需要佩戴护目镜、呼吸防护装置	与通道走廊物理隔离；通过两个连续自动关闭的门进入；感应水池设置在出口附近；窗户密封；装有管道通风系统，负向气流进入实验室；实验室最好设有高压灭菌器
4	具有很高的实验室气溶胶传播感染风险以及引起危及生命且致死率很高的疾病（这些疾病没有疫苗或治疗方法）的危险病原体及外来病原体；以及传播风险不明的相关病原体	进入之前更衣；对基本防护设施和生命支持系统进行日常检查；所有废物从实验室运走前须进行消毒；出口设置淋浴	所有活性病原的操作须在生物安全柜完成；穿着无缝隙罩衣、外科手术服或连体衣[b]，佩戴手套[b]，穿着全身供气正压防护服	进入顺序：从设有气密门的气闸进入[c]；墙壁、地板、天花板形成密闭的内壳；需设置专用非循环通风系统；需提供双门穿墙式高压灭菌器

a. 每个后续生物安全等级均包含前一级的建议和相应准则。

b. 适用于安全柜型实验室。

c. 适用于正压服型实验室。

第五部分

动物饲养研究设施脊椎动物生物安全等级标准

本指南适用于在室内研究设施（如动物饲养研究设施）中使用饲养的实验感染动物，也适用于可能自然携带人兽共患传染病原体的实验动物。在这两种情况下，机构管理部门提供设施、饲养人员和既定的规范，合理地确保适当水平的实验动物的环境质量、安全、安保和护理[1]。实验动物设施应被视为一种特殊类型的实验室。作为一般原则，建议在体内和体外处理感染性病原体的生物安全等级（如设施、规范和操作要求）是同等的。

动物饲养室会带来特殊问题。动物可能会产生气溶胶，饲养人员可能会被咬伤和抓伤，和（或）可能会感染人兽共患病。动物生物安全等级（ABSL）的应用由方案驱动的风险评估决定。

这些建议的前提是，实验动物设施、操作方法和动物护理质量都得到了机构动物护理和使用委员会（IACUC）[2]的批准，并符合适用的标准和法规（如《实验动物护理和使用指南》[3]《动物福利条例》）[4,5]。此外，该组织还制订了职业健康和安全计划，以解决与开展实验动物研究相关的潜在危害。实验动物研究所（ILAR）出版的《护理和使用研究动物的职业健康和安全》[6]在这方面有所帮助。有关处理非人灵长类动物（NHPs）的其他安全指导，可参见 ILAR 的出版物《非人灵长类动物护理和使用中的职业健康与安全》[7]。

工作人员按照适当的监管要求和指导文件（如《动物福利条例》[4]《实验动物护理和使用指南》[3]和针对野生/外来动物的分类出版物）以及动物设施的程序接受人道动物护理和实验操作方面的具体培训。并由充分了解潜在危险和实验动物程序且有资质人员进行监督。这包括关于正确使用工程控制的培训（含生物安全柜或下吸式净化工作台），以及通过风险评估确定的适合动物生物安全等级的个人防护装备（PPE）。生物安全官（BSO）、国际生物安全委员会（IBC）或同等资源和（或）其他适用的委员会负责审查操作程序和政策，以保护操作和照料动物的人员免受危害。

用于感染性或非感染性疾病研究的实验动物设施应与其他活动，如动物生产、检疫、临床实验室以及提供病人护理的设施分开。应将设施内的人流和物流降至最低限度，以降低交叉污染的风险。

下文详述的建议描述了用于传染病研究和其他可能需要防护的动物实验的 4 种规范、安全设备和设施组合。这 4 种组合被指定为动物生物安全 1～4 级实验室（ABSL-1～ABSL-4），为人员和环境提供了逐级升高的保护水平，并被推荐为涉及动物染毒实验活动的最低标准。这 4 种动物生物安全等级分别描述了适用于需进行生物安全 1 ~ 4 级防护的病原体的动物实验的设施和规范。无经验的研究者在设计实验时应向在这方面有经验的人员寻求帮助。

除本节所述的动物生物安全等级外，美国农业部还制定了处理具有农业意义的病原体的设施参数和工作规范。附录 D 对农业动物生物安全 2 级（ABSL-2Ag）、农业动物生物安全 3 级（ABSL-3Ag）和农业动物生物安全 4 级（ABSL-4Ag）进行了讨论。"Ag"这一名称用于表示从农业角度出发，可能会接触到受关注的病原体的散养型或开放式围栏中的动物。有些农业相关的病原不仅影响经济，而且影响环境，正是基于保护环境免受这些病原的侵害，美国农业部对此做出专门要求。附录 D 还介绍了美国农业部动植物卫生检验局（APHIS）要求的，实验室或活体解剖室中处理某些受关注的动物病原体时，除 ABSL2 ~ 4 级标准建议之外的其他加强防控措施。

本节没有专门讨论无脊椎动物载体和宿主的设施标准和规范。关于节肢动物防控指南的更多信息，请参见附录 E。

动物生物安全 1 级

动物生物安全 1 级适用于涉及特征明确的，不会对免疫功能正常的成年人持续致病的，对人员和环境的潜在危害最小的病原体的动物工作。

根据风险评估的结果，可能需要特殊的防护设备或设施设计。关于生物风险评估的其他信息，见第二节。

人员需接受动物设施程序方面的专门培训，并由对潜在危险和实验动物程序有足够了解的人员进行监督。以下是建议用于动物生物安全 1 级的标准规范、安全设备和设施规范。

A. 标准微生物规范

1. 动物设施主管制定并执行动物设施内的生物安全、生物安保和紧急情况的政策、程序和操作细则。

2. 进入动物室应严格控制。只有实验、饲养或具有相关知识的后勤支持和保障人员才有权进入该设施。

3. 每个机构均需重视工作人员的安全和健康问题并将其作为动物研究计划审查过程的一部分。考虑所使用的动物物种和计划所特有的特定生物危害。在开始一项研究之前，动物研究计划由机构动物护理和使用委员会（IACUC）以及机构生物安全委员会（IBC）酌情审查和批准。

4. 项目主管确保动物护理、设施和辅助人员接受专业的培训，内容包括其职责、动物饲养程序、潜在的危险、感染性病原体的处理、降低暴露风险的必要预防措施以及危险 / 评估程序（如物理危险、飞溅物、气溶胶）。当设备、程序或政策发生变化时，工作人员每年都要更新这类信息并接受相关培训。所有风险评估、培训课程和工作人员出勤都要留有记录。所有人员，包括设施设备人员、服务人员和来访者，应被告知潜在的危害（如自然获得或研究的病原体、过敏原）；被告知应采取的保障措施；阅读并遵守有关规范和程序的说明。考虑制定有关来访者培训、职业健康要求和安全提示的机构政策。

5. 健康状况可能影响到个体的易感性和接受必要免疫接种或预防性干预的能力。因此，所有人员，特别是育龄人员和（或）有可能增加感染风险（如器官移植、医用免疫抑制剂等）的人员，都要提供有关免疫状况和对传染源的敏感性的信息。鼓励有此类情况的个人向机构的医疗服务部门自我确认，以获得适当的咨询和指导（见第七节）。设施主管确保医务人员了解动物设施内潜在的职业危害，包括与研究、动物饲养、动物护理和操作有关的危害。

6. 根据风险评估结果，提供适当的职业医疗服务。

　　a. 动物过敏预防计划须作为医疗监督的一部分。

　　b. 为防止动物过敏而使用呼吸器的人员，要制定专业的呼吸防护计划。

7. 经与设施主管和安全专业人员协商，编写专门针对该设施的安全手册。安全手册可供查阅，并在必要时定期审查和更新。

　　a. 安全手册包含足够的信息，阐明实验动物、生物体和生物材料的生物安全和防护程序，适合于特定病原体的消毒方法，以及所进行的工作。

　　b. 安全手册包含可供参考的紧急情况预案，包括暴露、医疗紧急情况、设施故障、动物逃逸以及其他潜在的紧急情况。紧急情况下动物的处置计划也应包括在内。按计划对应急人员和其他负责人员进行应急程序的培训。

8. 当存在感染性病原体时，动物饲养室的入口处应张贴标志。所张贴的信息包括：通用的生物危害标志、动物室的动物生物安全等级、主管或其他负责人员的姓名和电话号码、个人防护装备要求、一般职业健康要求（如免疫接种、呼吸道保护）以及进出动物室的必要程序。按照机构规定张贴病原体信息。

9. 绑束长发，使其不接触手、动物、标本、容器或设备。

10. 戴好手套避免暴露于危险材料，处理动物时也需佩戴手套。

　　a. 基于风险评估选择手套[8-12]。

　　b. 考虑是否需要防咬和（或）防抓伤手套。

　　c. 在动物设施内戴的手套不能在动物设施外佩戴。

　　d. 当手套受到污染、手套破损或有其他必要时，须更换手套。

　　e. 不要清洗或重复使用一次性手套，并将使用过的手套与其他被污染的动物设施废物一起处理。

11. 摘除手套和其他个人防护装备时，应尽量减少个人污染和将感染性材料转移到存放或处理感染性材料和（或）动物的区域之外。

12. 在处理完动物后，以及在离开存放或处理感染性材料和（或）动物的区域之前，要洗手。

13. 在动物区不允许饮食、吸烟、处理隐形眼镜、涂抹化妆品、存放供人食用的食物。

14. 禁止用口移液，使用机械移液装置。

15. 制定、执行和遵循安全处理锐器（如针头、手术刀、移液器和破碎的玻璃器皿）的规定，并符合州、联邦和地方的相关要求。在可行的情况下，主管人员应改进工程和工作规范控制措施，以减少锐器伤害的风险。对尖锐物品应采取预防措施，主要包括以下内容：

　　a. 尽可能用塑料器皿代替玻璃器皿。

　　b. 在动物设施中限制使用针头和注射器或其他锐器，这些锐器仅限于在没有其他选择的情况下使用（如肠外注射、采血或从实验动物或隔膜瓶中吸取液体）。尽可能使用主动或被动式针头式安全装置。

ⅰ. 针套移除时应防止其反弹导致意外针刺伤。

ⅱ. 在处理前不得将针头弯曲、剪断、折断、重新封盖、从一次性注射器上取下或以其他方式用手操作。

ⅲ. 如果必须取下注射器针头（如为了防止血细胞溶解）或重新封盖针头（如在一个房间中装入注射器，在另一个房间中注射动物），必须使用免提装置或类似的安全程序（如锐器上的针头移除器，或在重新封盖针头时使用镊子夹住针套）。

ⅳ. 将用过的一次性针头和注射器小心放入用于处理锐器的防穿刺锐器盒中。锐器盒应尽可能靠近使用点。

c. 将非一次性锐器（如镊子、别针、可重复使用的手术刀等验尸器械）放在硬壁容器中，以便运到处理区进行消毒。

d. 破碎的玻璃器皿不直接处理，而是用刷子和簸箕、钳子或镊子清理。

16. 所有的操作都需小心进行，以尽量减少气溶胶的产生或感染性材料和废物的飞溅。

17. 在工作完成后，以及在可能具有感染性的材料溢洒或溅出后，用消毒剂对工作台表面进行消毒。涉及感染性材料的溢洒物由受过专业培训并具备处理感染性材料能力的员工进行处置，包括控制污染范围、消毒和清理。制定并在动物设施内张贴溢洒处理程序。

18. 对所有培养物、储存物和其他潜在感染性材料须消毒后处置，处置方法须符合机构、地方和国家的相关要求。根据消毒地点的不同，在运输前使用以下方法。

a. 将需要在动物饲养室外进行消毒的材料放入耐用的防漏容器中，并确保运输安全。对于感染性材料，在运输材料之前，容器的外表面要进行消毒，运输容器要贴上通用的生物危害标签。

b. 从设施中取出来的进行消毒材料，应按照地方、州和联邦相关规定进行包装。

19. 需要实施有效的病虫害综合防治方案（见附录G）。

20. 与正在进行的工作无关的动物和植物不得进入存放感染性材料和（或）动物的区域。

B. 特殊规范

无特殊规范。

C. 安全设备（一级屏障和个人防护装备）

1. 根据风险评估，选择专门的约束或防护装置或设备。

2. 穿着实验室工作服、罩衣或制服是防止个人衣物受到污染的最低要求。不要将防护性外衣穿至存放或处理感染性物质和（或）动物的区域外。罩衣和制服不要穿至动物设施外。

3. 在进行可能导致感染性或其他物质飞溅或喷洒的操作或活动时，须佩戴眼部和面部防护装置（如安全眼镜、护目镜、口罩、面罩或其他飞溅防护装置）。眼罩和面罩与其他被污染的设施废物一起处置，或在使用后净化处理。

4. 与非人灵长类动物接触的人员要评估黏膜暴露的风险，并酌情佩戴防护装备（如面罩、外科口罩、护目镜）。

5. 从事大型动物工作的人员要考虑增加个人防护装备。

D. 动物设施（二级屏障）

1. ABSL-1设施应与建筑物的一般通道分开，并酌情加以限制。考虑将动物区设置在远离建筑物外墙的地方，以尽量减少外部环境温度的影响。

　　a. 设施外门采用自动关闭自锁方式。

　　b. 对动物设施的进入加以限制。

　　c. 感染性物质和（或）动物所在区域的门向内打开，自动关闭，有实验动物时保持关闭，绝不能被支开。通往动物饲养室内隔间的门可以向外打开，也可是水平或垂直滑动的推拉门。

2. 动物设施设有洗手池，用于洗手。

　　a. 设置应急洗眼器和淋浴器，应方便使用，并进行定期维护。

　　b. 将洗手池存水弯中应注满水和（或）适当的消毒剂，防止害虫和气体的迁移；

　　c. 如果设有开放式的地漏，需在疏水阀内加水和（或）适当的消毒剂或密封，以防止害虫侵入和气体外溢。

3. 动物设施的设计、建造和维护要便于清洁和管理。内表面（如墙壁、地板、天花板）为防水设计。

　　a. 地板具有防滑、防渗透、耐化学品的特点。有排水漕的地板向排水漕适当倾斜，便于清洁。

　　b. 建议将地面、墙面、天花板上的贯穿件进行密封，包括管道、门、门框、插座和开关板周围的开口，以利于虫害防治和清洁。

　　c. 内部设施的固定装置，如照明设备、空气管道和公用设施管道，其设计和安装应尽量减少水平表面积，以方便清洁和减少碎屑或螨虫的堆积。

　　d. 不建议使用外窗，如果有的话，则外窗需具有抗破损性。在可能的情况下，对窗户进行密封。如果动物设施的窗户可打开，则应安装防蝇网。

　　e. 保证足够的照明，并避免可能妨碍视线的反射和眩光。

4. 家具可以支持预期的负荷和用途。

　　a. 台面不透水，耐高温、耐有机溶剂、耐酸碱和其他化学品。

　　b. 动物区使用的座椅应采用无孔面料，以便于清洗和消毒，并加以密封以防止昆虫/害虫的孳生。

　　c. 设备和家具需经过仔细评估，尽量减少人员接触夹缝和尖锐边角的可能性。

5. 按照《实验动物护理和使用指南》进行通风[3]设计。

　　a. 通风系统设计要考虑动物饲养室清洁和笼具清洗过程中产生的热负荷和高湿负荷。

6. 最好采用机械式洗笼机进行笼具清洗。机械式洗笼机的最终冲洗温度至少为 180 ℉（约 82℃）。如果人工清洗笼子，应选择适当的消毒剂。

动物生物安全 2 级

　　动物生物安全 2 级（ABSL-2）以 ABSL-1 级的规范、程序、防护设备和设施要求为基础。ABSL-2 级适用于涉及感染与人类疾病有关的病原体并对人员和环境构成中度危害的实验室动物相关工作。还涉及摄入、经皮肤和黏膜接触的危害。

　　ABSL-2 级要求，除 ABSL-1 级的要求外，当程序涉及操作感染性材料或可能产生气溶胶或飞溅物时，应使用生物安全柜或其他物理防护设备。

　　穿戴适当的个人防护装备，以减少与感染性病原体、动物和被污染设备的接触。根据风险评估结果，制订适当的职业健康计划。

以下是建议用于 ABSL-2 级的标准规范、安全设备和设施规范。

A. 标准微生物规范

1. 动物设施主管制定并执行动物设施内的生物安全、生物安保和紧急情况的政策、程序和操作细则。

2. 进入动物室应设权限。只有实验、饲养所需的人员才有权进入该设施。

3. 每个机构均需确保工作人员的安全和健康，并将其作为动物研究计划审查过程的一部分。应考虑对不同动物品种所特有的特定生物危害和拟采用的操作程序。在开始一项研究之前，动物研究计划由机构动物护理和使用委员会（IACUC）以及机构生物安全委员会（IBC）酌情审查和批准。

4. 项目确保动物护理、设施和支持人员接受适当的培训，培训内容包括其职责、动物饲养程序、潜在的危险、感染性病原体的处理、降低暴露风险的预防措施以及危险 / 暴露评估程序（如物理危险、飞溅物、气溶胶）。当设备、程序或政策发生变化时，工作人员每年都熟知到更新的信息并接受相关培训。所有风险评估、培训课程和工作人员出勤都要留有记录。所有人员，包括设施设备人员、服务人员和来访者，应被告知潜在的危害（如自然获得或研究的病原体、过敏原）；被告知应采取保障措施；阅读并遵守有关规范和程序的说明。考虑制定有关来访者培训、职业健康要求和安全提示的机构政策。

5. 健康状况可能影响到个人对病原体的易感性和接受必要免疫接种或预防性干预的能力。因此，所有人员，特别是育龄人员和（或）有可能增加感染风险（如器官移植、医用免疫抑制剂等）的人员，都要提供有关免疫状况和对传染源的敏感性的信息。鼓励有此类情况的个人向机构的医疗服务部门自我确认，以获得适当的咨询和指导（见第七节）。设施主管确保医务人员了解动物设施内潜在的职业危害，包括与研究、动物饲养、动物护理和操作有关的危害。

6. 根据风险评估结果，提供适当的职业医疗服务。

　　a. 动物过敏预防计划应作为医疗监督的一部分。

　　b. 为防止动物过敏而使用呼吸器的人员，要制定专业的呼吸防护计划。

7. 经与设施主管和安全专业人员协商，编写专门针对该设施的安全手册。安全手册可供查阅，并在必要时定期审查和更新。

　　a. 安全手册包含足够的信息，阐明实验动物、生物体和生物材料的生物安全和防护程序，适合于特定病原体的消毒方法，以及所进行的工作。

　　b. 安全手册包含可供参考的紧急情况下的方案，包括暴露、医疗紧急情况、设施故障、动物在动物设施内的逃逸以及其他潜在紧急情况。紧急情况下动物的处置计划也包括在内。根据机构政策，对应急人员和其他负责人员进行应急程序的培训。

8. 当存在感染性病原体时，需在动物饲养室的入口处张贴提示标志，信息包括：通用的生物危害标志、动物室的动物生物安全等级、主管或其他负责人员的姓名和电话号码、个人防护装备要求、一般职业健康要求（如免疫接种、呼吸道保护）以及进出动物室的必要程序。按照机构政策张贴病原体信息。

9. 对长发进行绑束，使其不接触手、动物、标本、容器或设备。

10. 佩戴手套防止手部接触危险材料，处理动物时也需戴手套。

　　a. 基于风险评估选择手套。

　　b. 考虑是否需要防咬和（或）防抓伤手套。

　　c. 在动物设施内戴的手套不能在动物设施外佩戴。

　　d. 当手套受到污染、手套破损或有其他必要时，须更换手套。

　　e. 不要清洗或重复使用一次性手套，并将使用过的手套与其他污染的动物设施及废物一起处理。

11. 摘除手套和其他个人防护装备时，应尽量减少个人污染和将感染性材料转移到存放或处理感染性材料和（或）动物的区域之外。

12. 人员在处理完动物后，以及在离开存放或处理感染性材料和（或）动物的区域之前，要洗手。

13. 在动物区不允许饮食、吸烟、处理隐形眼镜、涂抹化妆品、存放供人食用的食物。

14. 禁止用口移液，使用机械移液装置。

15. 制定、执行和遵循安全处理锐器（如针头、手术刀、移液器和破碎的玻璃器皿）的政策，并符合州、联邦和地方的相关要求。在可行的情况下，主管人员应采取改进的工程和工作规范控制措施，以减少锐器伤害的风险。对尖锐物品应采取预防措施。这些措施包括以下内容：

　　a. 尽可能用塑料器皿代替玻璃器皿。

　　b. 在动物设施中限制使用针头和注射器或其他锐器，且这些锐器仅限于在没有其他选择的情况下使用（如肠外注射、采血或从实验动物或隔膜瓶中吸取液体）。尽可能使用主动或被动式针头安全装置。

　　　ⅰ. 取下针套时，应防止针头反弹导致意外针刺伤。

　　　ⅱ. 不得将针头、剪断、折断、重新封盖、从一次性注射器上取下或以其他方式用手操作。

　　　ⅲ. 如果必须取下针头（如为了防止血细胞溶解）或重新封盖针头（如在一个房间中装入注射器，在另一个房间中注射动物），必须使用免提装置或类似的安全程序（如锐器上的针头移除器，或在重新封盖针头时使用镊子夹住针套）。

　　　ⅳ. 将用过的一次性针头和注射器小心放入用于处理锐器的防穿刺锐器盒中。锐器盒应尽可能靠近使用点。

　　c. 将非一次性锐器（如镊子、别针、可重复使用的手术刀等验尸器械）放在硬壁容器中，以便运到处理区进行去污。

　　d. 破碎的玻璃器皿不直接处理。而是用刷子和簸箕、钳子或镊子清理。

16. 所有的程序都需小心进行，以尽量减少气溶胶的产生或感染性材料和废物的飞溅。

17. 在工作完成后，以及在可能具有感染性的材料溢洒或溅出后，用消毒剂对工作表台面进行消毒。涉及感染性材料的溢洒物由受过适当培训并具备处理感染性材料能力的员工进行处置，包括控制污染范围、去污和清理。制定并在动物设施内张贴溢洒处理程序。

18. 对所有培养物、储存物和其他潜在感染性材料进行消毒后再进行处置，处置方法应符合机构、地方和国家的相关要求。根据消毒地点的不同，在运输前使用以下方法。

　　a. 将需要在动物饲养室外进行消毒的材料放入耐用的防漏容器中，并确保运输安全。对于感染性材料，在运输材料之前，容器的外表面要进行消毒，运输容器要贴上通用的生物危害标签。

　　b. 从设施中取出的去污材料应按照地方、州和联邦相关规定进行包装。

19. 需要实施有效的病虫害综合防治方案（见附录 G）。

20. 与正在进行的工作无关的动物和植物不得进入存放感染性材料和（或）动物的区域。

B. 特殊规范

1. 向动物护理人员提供有关疾病的症状和体征的信息和职业医疗服务，包括医疗评估、监测和治疗，并根据设施内处理可能存在的病原体提供必要的免疫接种。

2. 所有涉及处理可能产生气溶胶的感染性材料的程序，在可能的情况下，均在生物安全柜或其他物理防护装置内进行。如果不能在生物安全柜或其他物理防护装置内执行程序，则须根据风险评估使用恰当的个人防护装备，并与行政和（或）工程控制措施（如下吸气工作台）相结合。

　　a. 尽可能使用能降低动物操作过程中暴露风险的限制装置和做法（如物理限制、化学限制）。

　　b. 设备、笼具和架子的处理方式应尽量减少对其他区域的污染。笼具洗涤前需进行去污处理。

3. 根据机构、地方和国家的相关要求，制定和实施适当的去污方案。

　　a. 在设备维修、保养或从动物设施中移出之前，应进行消毒。须确定并实施常规饲养设备和电子感应设备或医疗设备的清洗和消毒办法。

　　b. 当整个动物饲养室受到严重污染，使用情况发生重大变化，以及进行重大翻修或维修停工时，应考虑对整个动物饲养室进行净化处理。根据风险评估结果，选择适当的材料和方法对动物房进行净化处理。

　　c. 对去污效果进行定期验证。

4. 根据机构政策，对可能导致感染性物质暴露的事件进行即时评估。所有此类事件都需向动物设施主管和机构指定的人员报告。并保留记录。

C. 安全设备（一级屏障和个人防护装备）

1. 在进行有可能产生气溶胶、飞溅物或其他潜在危险接触的操作时，应使用经过专业维护的生物安全柜和其他物理防护装置或设备。这些操作包括对受感染的动物进行尸检，从受感染的动物或鸡胚中采集组织或液体，以及动物的鼻内接种。在生物安全柜可能不合适的情况下，通过风险评估来确定需使用的其他物理防护装置的类型。

　　a. 当风险评估表明必要时，动物被安置在适合动物物种的一级防护屏障中，例如用无缝隙材料制，并加盖微隔离器盖子作的笼具。大型动物可采用等效的其他一级防护屏障。

　　b. 如有必要，可采用主动通风式笼具系统，以控制微生物。该系统的排气室是密封的，安全机制到位，以防止笼具和排气室在排风扇故障时变成正压。该系统在运行出现故障时也会发出警报。排气 HEPA 过滤器和过滤器外壳每年都要进行认证。

2. 在存放或处理感染性材料和（或）动物的区域内，应穿戴防护服，如罩衣、制服、洗刷服或实验室工作服，以及其他个人防护装备。

　　a. 离开动物设施之前应脱去外科手术服和制服。

　　b. 可重复使用的衣物在洗涤前要进行适当的包裹和消毒。动物设施和防护服绝不可带回家。

　　c. 一次性个人防护装备和其他被污染的废物在处置前应置于适当的收纳容器中，并进行消毒。

3. 当在生物安全柜或其他防护装置之外处理动物或微生物时，在进行可能导致感染性或其他危险物质飞溅或喷洒的操作或活动时，应须佩戴眼部和面部防护装置（如安全眼镜、护目镜、口罩、面罩或其他防溅装置）。眼罩和面罩与其他被污染的设施废物一起处置，或在使用后进行消毒处理。

4. 与非人灵长类动物接触的人员要评估黏膜暴露的风险，并酌情佩戴防护装备（如面罩、外科口罩、护目镜）。

5. 从事大型动物工作的人员要考虑增加个人防护装备。

6. 根据病原体和所从事的工作，可考虑通过参加专业的呼吸防护计划为工作人员提供呼吸防护。

D. 动物设施（二级屏障）

1. ABSL-2 级设施应与建筑物的一般通道分开，并酌情加以限制。考虑将动物区置于远离建筑物外墙的地方，以尽量减少外部环境温度的影响。

    a. 设施外门采用自动关闭自锁方式。

    b. 动物设施的进入加以限制。

    c. 感染性物质和（或）动物所在区域的门向内打开，自动关闭，有实验动物时保持关闭，决不能被支开。通往动物饲养室内隔间的门可以向外打开，也可以水平或垂直滑动。

2. 动物设施设有洗手池，用于洗手。

    a. 应安装急洗眼器和淋浴器，且方便使用，并进行定期维护。

    b. 水池存水弯中须注满水和（或）适当的消毒剂，防止害虫侵入和气体的外溢；

    c. 如果设有开放式的地漏，需在疏水阀内加水和（或）适当的消毒剂或进行密封，以防止害虫侵入和气体的外溢。

3. 动物设施的设计、建造和维护要便于清洁和管理。内表面（如墙壁、地板、天花板）为防水设计。

    a. 地板具有防滑、防渗透、耐化学品的特点。有排水的地板向排水漕倾斜，便于清洁。

    b. 建议将地面、墙面、天花板上的贯穿件进行密封，包括管道、门、门框、插座和开关板周围的开口，以利于虫害防治和适当清洁。

    c. 内部设施的固定装置，如照明设备、空气管道和公用设施管道，其设计和安装应尽量减少水平表面积，以方便清洁和减少碎屑或螨虫的堆积。

    d. 不建议使用外窗，如果有的话，则外窗需具有抗破损性。在可能的情况下，对窗户进行密封。如果动物设施的窗户可打开，则应安装防蝇网。

    e. 保证足够的照明，并避免可能妨碍视线的反射和眩光。

4. 家具可以支持预期的负荷和用途。

    a. 台面不透水，耐高温、耐有机溶剂、耐酸碱和其他化学品。

    b. 动物区使用的座椅应采用无孔面料，以便于用消毒剂清洗和消毒，并加以密封，以防止昆虫/害虫的孳生。

    c. 设备和家具都要经过仔细评估，尽量减少人员接触夹缝和尖锐边角的可能性。

5. 按照《实验动物护理和使用指南》进行通风[3] 设计。

    a. 通风系统设计要考虑动物饲养室清洁和笼具清洗过程中产生的热负荷和高湿负荷。

    b. 进入动物设施的气流方向是向内的；相对于相邻的走廊，动物房保持向内的气流方向。

    c. 设有管道式排风换气系统。

    d. 废气排到室外，不再循环到其他房间。

6. 机械式洗笼机的最终冲洗温度至少为 180 °F（约 82℃）。笼具清洗区的设计应满足方便使用高压喷淋系统，并能抵御笼具/设备清洗过程中使用强化学消毒剂、180 °F（约 82℃）水温和湿度。

7. 生物安全柜和其他一级防护屏障系统的安装使用方式要确保其有效性（见附录 A）。

    a. 生物安全柜应安装在实验室适当的位置，使室内供气和排气的波动不影响正常操作，要远离门、人流密集的实验室区域和其他可能的气流干扰。

    b. 生物安全柜可以通过套管连接（仅限 IIA 级）或硬连接（IIB、IIC 或 III 级）到实验室排气系统直接向外排气。如果安全柜内没有使用挥发性有毒化学品，则 IIA 或 IIC 型生物安全柜废气可以安全地再循环回动物设施环境。

　　c. 至少每年对生物安全柜进行认证，以确保其性能正常，或按附录 A 第 7 部分的规定进行认证。

　　8. 使用中的真空管道应配置液体消毒剂存储器，并采用直列式 HEPA 过滤器或其同类产品（见附录 A，图 5-11）。过滤器根据需要或按照风险评估确定的更换时间表进行更换。

　　9. 动物设施中设有高压灭菌器，以便于对感染性材料和废物进行消毒。尸体的消毒和处置可采用有效的替代程序（如碱解、焚烧）。

动物生物安全 3 级

　　ABSL-3 涉及处理感染本土或外来病原体、有可能造成气溶胶传播的病原体以及造成严重或可能致命疾病的病原体的实验室动物的规范做法。ABSL-3 级建立在 ABSL-2 级的标准规范、程序、防护设备和设施要求的基础上。

　　ABSL-3 级设施具有特殊的工程和设计特点。

　　ABSL-3 级要求，除 ABSL-2 级的要求外，所有操作均需在生物安全柜中进行或使用其他物理保护设备。防护边界处保持内向气流。洗手池设计成感应式或脚踏式。

　　穿戴适当的个人防护装备，以减少与感染性病原体、动物和被污染设备的接触。

　　以下是建议 ABSL-3 级必须实施的标准安全规范、安全设备和设施规范。

　　A. 标准微生物规范

　　1. 动物设施主管制定并执行动物设施内的生物安全、生物安保和紧急情况的政策、程序和操作细则。

　　2. 进入动物室须严格限制。只有实验、饲养所需的人员才有权进入该设施。

　　3. 每个机构均需确保工作人员的安全和健康，并将其作为动物研究计划审查过程的一部分。应考虑所使用的动物物种和项目所特有的特定生物危害。在开始一项研究之前，动物研究计划由机构动物护理和使用委员会（IACUC）以及机构生物安全委员会（IBC）酌情审查和批准。

　　4. 项目主管确保动物护理、设施和支持人员接受专业的培训，内容包括其职责、动物饲养程序、潜在的危险、感染性病原体的处理、降低暴露风险的必要预防措施以及危险 / 暴露评估程序（如物理危险、飞溅物、气溶胶）。当设备、程序或政策发生变化时，工作人员每年都应更新的信息并接受相关培训。所有风险评估、培训课程和工作人员出勤都要留有记录。所有人员，包括设施设备人员、服务人员和来访者，应被告知潜在的危害（如自然获得或研究的病原体、过敏原）；被告知应采取的保障措施；阅读并遵守有关规范和程序的说明。考虑制定有关来访者培训、职业健康要求和安全必要的机构政策。

　　5. 健康状况可能影响到个体的易感性和接受免疫接种或预防性干预的能力。因此，所有人员，特别是育龄人员和（或）有可能增加感染风险（如器官移植、医用免疫抑制剂等）的人员，都要提供有关免疫状况和对传染源的敏感性的信息。鼓励有此类情况的个人向机构的医疗服务部门自我确认，以获得适当的咨询和指导（见第七节）。设施主管确保医务人员了解动物设施内潜在的职业危害，包括与研究、动物饲养、动物护理和操作有关的危害。

6. 根据风险评估结果，提供适当的职业医疗服务。

    a. 动物过敏预防计划是医疗监督的一部分。

    b. 为防止动物过敏而使用呼吸器的人员，要参加专业的呼吸防护计划。

7. 经与设施主管和安全专业人员协商，编写专门针对该设施的安全手册。安全手册可供查阅，并在必要时定期审查和更新。

    a. 安全手册要包含足够的信息，阐明实验动物、生物体和生物材料的生物安全和防护程序，适合于特定病原体的消毒方法，以及所进行的工作。

    b. 安全手册应包含可供参考的紧急预案，包括接触、医疗紧急情况、设施故障、动物在动物设施内的逃逸以及其他潜在的紧急情况。紧急情况下动物的处置计划也包括在内。根据机构政策，对应急人员和其他负责人员进行应急程序的培训。

8. 当存在感染性病原体时，动物饲养室的入口处应张贴标志。所张贴的信息包括：通用的生物危害标志、动物室的动物生物安全等级、主管或其他负责人员的姓名和电话号码、个人防护装备要求、一般职业健康要求（如免疫接种、呼吸道保护）以及进出动物室的必要程序。按照机构政策张贴病原体信息。

9. 对长发进行绑束，使其不接触手、动物、标本、容器或设备。

10. 戴上手套防止手部接触危险材料，处理动物时也需佩戴手套。

    a. 基于风险评估选择手套。

    b. 考虑是否需要防咬和（或）防抓伤手套。

    c. 在动物设施内戴的手套不能在动物设施外佩戴。

    d. 当手套受到污染、手套破损或有其他必要时，须更换手套。

    e. 不要清洗或重复使用一次性手套，并将使用过的手套与其他被污染的动物设施废物一起处理。

11. 摘除手套和其他个人防护装备时，应尽量减少个人污染和将感染性材料转移到存放或处理感染性材料和（或）动物的区域之外。

12. 人员在处理完动物后，以及在离开存放或处理感染性材料和（或）动物的区域之前，要洗手。

13. 在动物区不允许饮食、吸烟、处理隐形眼镜、涂抹化妆品、存放供人食用的食物。

14. 禁止用口移液，使用机械移液装置。

15. 制定、执行和遵循安全处理锐器（如针头、手术刀、移液器和破碎的玻璃器皿）的政策，并符合适用的州、联邦和地方要求。在可行的情况下，主管人员应改进工程和工作规范控制措施，以减少锐器伤害的风险。对尖锐物品应采取预防措施。这些措施包括以下内容：

    a. 尽可能用塑料器皿代替玻璃器皿。

    b. 在动物设施中限制使用针头和注射器或其他锐器，且这些锐器仅限于在没有其他选择的情况下使用（如肠外注射、采血或从实验动物或隔膜瓶中吸取液体）。尽可能使用主动或被动式针头上取下安全装置。

    ⅰ. 针套移除时应防止其反弹导致意外针刺伤。

    ⅱ. 针头在处理前不得被弯曲、剪断、折断、重新封盖、从一次性注射器或以其他方式用手操作。

    ⅲ. 如果必须取下注射器针头（如为了防止血细胞溶解）或重新封盖针头（如在一个房间

中装入注射器，在另一个房间中注射动物），必须使用免提装置或类似的安全程序（如锐器上的针头移除器，或在重新封盖针头时使用镊子夹住针套）。

　　　iv. 将用过的一次性针头和注射器小心放入用于处理锐器的防穿刺锐器盒中。锐器盒应尽可能靠近使用点。

　　c. 将非一次性锐器（如镊子、别针、可重复使用的手术刀等验尸器械）放在硬壁容器中，以便运到处理区进行消毒。

　　d. 破碎的玻璃器皿不直接处理，而是用刷子和簸箕、钳子或镊子清理。

16. 所有的操作都需小心进行，以尽量减少气溶胶的产生或感染性材料和废物的飞溅。

17. 在工作完成后，以及在可能具有感染性的材料溢洒或溅出后，用消毒剂对工作台表面进行消毒。涉及感染性材料的溢洒物由受过专业培训并具备处理感染性材料能力的员工进行处置，包括控制污染范围、消毒和清理。制定并在动物设施内张贴溢洒处理程序。

18. 对所有培养物、储存物和其他潜在感染性材料须消毒后再进行处置，处置方法要符合机构、地方和国家的相关要求。根据消毒地点的不同，在运输前使用以下方法。

　　a. 将需要在动物饲养室外进行消毒的材料放入耐用的防漏容器中，并确保运输安全。对于感染性材料，在运输材料之前，容器的外表面要进行消毒，运输容器要贴上通用的生物危害标签。

　　b. 从设施中运出来消毒的材料要按照地方、州和联邦相关条例进行进行适当包装。

19. 需要实施有效的病虫害综合防治方案（见附录G）。

20. 与正在进行的工作无关的动植物不得进入存放感染性材料和（或）动物的区域。

B. 特殊规范

1. 向动物护理人员提供有关疾病的症状和体征的信息和职业医疗服务，包括医疗评估、监测和治疗，并根据设施内处理及可能存在的病原体提供必要的免疫接种。

2. 建立一个系统，用于报告和记录临界错误事件、实验室事故、暴露、因潜在与实验室相关感染而造成的意外缺勤，并对潜在的与实验室有关的疾病进行医疗监测。

3. 根据机构政策，对导致接触感染性物质的事件立即进行评估。所有此类事件都要报告给动物设施主管、设施主管、机构管理层以及设施安全、合规性和安保领域相关人员。并保存记录。

4. 建议只携带必要的设备和用品进入动物设施。

5. 所有涉及处理可能产生气溶胶的感染性材料的操作，在可能的情况下，均在生物安全柜或其他物理防护装置内进行。如果不能在生物安全柜或其他物理防护装置内执行程序，则须根据风险评估使用恰当的个人防护装备，并与行政和（或）工程控制措施（如下吸气工作台）相结合。

　　a. 尽可能使用能降低动物操作过程中暴露风险的限制装置和规范做法（如物理限制、化学限制）。

　　b. 设备、笼具和架子的处理方式应尽量减少对其他区域的污染。笼具洗涤前需进行消毒处理。

6. 在从动物设施移出期间保持活性状态的生物材料需放置在耐久防漏的密封一级容器中，然后在授权人员移出设施之前，将其密封在一个防破碎的、密封的二级容器中。一旦移除，一级容器就只能在 BSL-3 或 ABSL-3 防护等级的生物安全柜内打开，除非该容器已使用经过验证的灭活方法进行消毒（见附录K）。关于灭活方法以及支持该方法的活性验证数据，一并在实验室内部记录存档。

7. 根据机构、地方和国家相关要求，制定和实施适当的去污方案。

a. 设备在维修、保养或从动物设施中移出之前，须进行消毒。确定并实施常规饲养设备和电子感应设备或医疗设备的消毒方法。

b. 当整个动物饲养室受到严重污染，使用情况发生重大变化，以及进行重大翻修或维修停工时，应考虑对整个动物饲养室进行净化处理。根据风险评估结果，选择适当的材料和方法对动物房进行净化处理。

c. 对消毒效果进行定期验证。

C. 安全设备（一级屏障和个人防护装备）

1. 根据风险评估的结果，使用经过专业维护的生物安全柜和其他物理防护装置或设备来处理感染性材料和动物。

a. 将动物安置在防护笼具系统（如墙和底均为实心且配有微型隔离盖的笼具）、置于向内流动的通风围栏内的开放式笼具、配置 HEPA 过滤隔离器的笼具系统、或其他等效的一级防护系统中，可以降低感染动物或其垫料产生感染性气溶胶的风险。

  i. 主动通风的笼具系统是为了防止微生物从笼子中逃逸而设计的。该系统的排气室是密封的，以防止在通风系统静止时微生物的逃逸。并对排气进行了 HEPA 过滤。安全机制到位，以防止在排风机发生故障时，笼子和排气室相对周围区域为正压。系统会发出报警，提示操作故障。

b. 当动物不能被安置在通风的防护笼具／单元中时，动物饲养室的某些特征将成为一级屏障。应采取的措施包括：如何保护工作人员不受动物所携带的病原体的影响（如加强个人防护装备）；如何通过使用生物防护强化措施来保护环境不受此类病原体的影响，如结合门口换鞋、更换个人防护装备或采取表面去污措施，室内设个人淋浴，和（或）其他方法。

2. 在使用开放式笼具时，要特别考虑到交叉污染的可能性。更多信息见附录 D。

3. 动物设施内的人员穿戴防护服，如制服或外科手术服。

a. 在进入放置或操作感染性材料和（或）动物的区域前，在衣服外穿着一次性个人防护装备如无纺布、烯烃连体服，或围裹式或无缝隙罩衣。不适合穿前开襟的实验室工作服。

b. 可重复使用的衣物在洗涤前要进行适当的包装和消毒。动物设施和防护服绝不带回家。

c. 离开存放或处理感染性物质和（或）动物的区域时，要脱掉一次性个人防护装备。在离开动物设施之前，要脱掉外科手术服和制服。

d. 一次性个人防护装备和其他被污染的废物应置于专门容器中，经适当消毒后再进行处置。

4. 所有进入存放或处理感染性材料和（或）动物的区域的人员，均应佩戴适当的头罩、眼睛、脸部和呼吸道防护装置。为防止交叉污染，在需要的地方使用靴子、鞋套或其他防护鞋，并在使用后进行处置或消毒。

5. 头套、眼罩和面罩在使用后与其他被污染的动物设施废弃物一起处置或进行净化处理。

6. 有些操作可能需要佩戴两副手套（即双层手套）。在受到污染、手套破损或其他必要情况下，须更换外层手套。

7. 从事大型动物工作的人员要考虑增加个人防护装备。

D. 动物设施（二级屏障）

1. ABSL-3 级设施应与建筑物的一般通道分开，并酌情加以限制。考虑将动物区放置在远离建筑物外墙的地方，以尽量减少外部环境温度的影响。

a. 设施外门采用自闭自锁方式。

b. 动物设施的进入加以限制。

c. 感染性物质和（或）动物所在区域的门向内打开，自动关闭，有实验动物时保持关闭，决不能被支开。通往动物饲养室内通往的门可以向外打开，也可以水平或垂直滑动。

d. 通过一个双门入口进入防护区，其中包括一个前厅 / 气闸和一个更衣室。根据风险评估，可考虑设置出口淋浴。可另外设置一个双门前厅或安装双高压灭菌器，以便将实验用品和废物运进和运出设施。

2. 感染性材料和（或）动物放置或处理区域的出口处设有洗手池。在设施内的其他适当位置设置额外的洗手池。如果动物设施有安置或处理感染性物质和（或）动物的隔离间，则在每个隔离间的出口附近也须设有洗手池。

a. 水槽为感应式或自动式。

b. 应急洗眼器和淋浴器，方便使用，并进行定期维护。

c. 水池存水弯中注满水和（或）适当的消毒剂，防止害虫侵入和气体的外溢。

d. 地漏须维持良好状态，并加水和（或）适当的消毒剂或进行密封，以防止害虫侵入和气体的外溢。

3. 动物设施的设计、建造和维护要便于清洁、消毒和整理。内部表面（如墙壁、地板和天花板）要防水。

a. 地板防滑、防渗透、耐化学品。地板采用无缝、密封或浇筑整体凹形底座。如果有坡度，地板向排水口倾斜，以便排水。

b. 地板、墙壁和天花板表面的穿孔，包括管道、插座、开关板和门框周围的开口均应密封，以便于虫害控制、适当清洁和消毒。墙面、地面和天花板形成一体的可消毒的密封表面。

c. 内部设施装置，如照明设备、空气管道和公用设施管道，其设计和安装应尽量减少水平表面积，以方便清洁和减少碎屑或螨虫的堆积。

d. 不建议使用外窗，如果有，则要密封，防止破损。

e. 保证足够的光照，避免可能妨碍视线的反射和眩光。

4. 家具尽量减少，并能支持预期的负荷和用途。

a. 台面不透水，耐高温、耐有机溶剂、耐酸碱和其他化学品。

b. 在动物区使用的座椅采用无孔面料，以便于用消毒剂清洗和消毒，并密封以防止昆虫 / 害虫的孳生。

c. 设备和家具都要经过仔细评估，尽量减少人员接触夹缝和尖锐边角的可能性。

5. 按照《实验动物护理和使用指南》进行通风设计[3]。

a. 通风系统设计要考虑动物饲养室清洁和笼具清洗过程中产生的热负荷和高湿负荷。

b. 进入动物设施的气流方向应是向内的；相对于相邻的走廊，动物饲养室保持向内的气流方向。在动物饲养室入口处设有可视监测装置，以确认气流方向。

c. 设有管道式排风通风系统。排气被排放到室外，而不再循环到其他房间。该系统形成定向气流，按照从"清洁"区域到"污染"区域的流向，进入动物饲养室。

d. 排风口远离有人居住的地方和建筑物的进气口，或经 HEPA 过滤。

e. ABSL-3 级动物设施的设计，应保障在故障条件下，气流不会在防护屏障处发生回流。警报器在通风和暖通空调系统故障发出警报信息。

6. 笼具在移出从防护屏障之前，以及有机械式笼具清洗机清洗之前，都要对笼具进行消毒。笼具清洗区的设计要便于在笼具/设备清洗过程中使用高压喷雾系统，并可抵御高湿度、强化学消毒剂和180 ℉（约82℃）水温。

7. 生物安全柜和其他一级防护屏障系统的安装和操作方式要确保其有效性（见附录 A）。

    a. 安装生物安全柜要安装在适当位置，保障室内供气和排气的波动不影响正常操作。要远离门、人流密集的实验室区域和其他可能的气流干扰。

    b. 生物安全柜可以通过套管连接（仅限ⅡA级）或硬连接（ⅡB、ⅡC或Ⅲ级）到实验室排气系统直接向外排气。如果安全柜内没有使用挥发性有毒化学品，则ⅡA或ⅡC型生物安全柜废气可以安全地再循环回动物设施环境。

    c. 至少每年对生物安全柜进行认证，以确保性能正常，或按附录 A 第7部分的规定进行认证。

    d. 第三类生物安全柜防止柜内或动物饲养室以正压的方式供气。

8. 可能产生感染性气溶胶的设备都装在一级屏障装置中，在排入动物设施之前，通过 HEPA 过滤或其他同等技术进行处理。HEPA 过滤器每年都要进行测试，并在必要时进行更换。

9. 所有的真空管道都应有 HEPA 过滤器或同等装置保护。使用中的真空管道用液体消毒剂收集器和在线 HEPA 过滤器或同等装置保护（见附录 A，图 5-11）。过滤器根据需要进行更换，或根据风险评估确定的更换计划进行更换。可考虑在中央真空泵之前增加一个 HEPA 过滤器。

10. 防护设施内设置高压灭菌器。在将感染性材料和废物转移到设施的其他区域之前，利用高压灭菌器对这些材料进行消毒。如果防护屏障内没有高压灭菌器，则采取特殊规范，将感染性材料运送到指定的替代地点消毒。尸体的消毒和处置可采用经过验证的替代工艺（如碱解、焚烧）。

11. 动物生物安全设施在启用之前，其设计、操作参数和程序应得到核查和记录。每年或在进行重大调整后应对设施进行测试，以确保操作参数符合要求。必要时根据操作经验修改核查标准。

12. 根据风险评估和相关的地方、州或联邦法规，可能需要采取加强环境和个人保护措施。这些措施可包括以下一项或多项：用于清洁设备和用品储存的具有更衣、淋浴功能的前厅；便于动物饲养室隔离的气密风门；动物饲养室废气的最终 HEPA 过滤；动物饲养室污水消毒；其他管道设施的防护；或采用先进的进出控制装置，如生物识别技术。

动物生物安全4级

动物生物安全4级（ABSL-4）适用于处理感染危险和外来病原体的动物实验或研究，这些病原体对个人构成很高的风险，可通过气溶胶传播导致实验室感染引起病死率很高的致命性疾病，实验室感染，没有疫苗或治疗方法，或用于处理具有未知传播风险的相关病原体。在获得足够的数据重新指定防护级别之前，与需要 ABSL-4 级防护的病原体具有密切或相同抗原关系的病原体按照此级别进行防护。实验室工作人员接受具体和全面的关于处理极度危险的感染性病原体及感染动物方面的培训；应了解的标准和特殊规范一级和二级防护功能、防护设备和实验室设计。实验室的所有工作人员和主管人员都应有能力处理需要 BSL-4 级防护的病原体和执行相关程序。实验室主管根据机构政策控制实验室的出入。

ABSL-4 级设施有两种模式。

1. 安全柜型设施。所有病原体、受感染动物的处理和受感染动物的饲养都在三级生物安全柜进行（见附录 A）。

2. 正压服型设施。工作人员穿戴正压服。动物饲养室相对于周围区域保持负压，并设有 HEPA 过滤的供应和排气系统。进行基于具体地点的，考虑被感染动物病原体、携带病原体的可能性以及产生气溶胶的风险评估，以确定适当的动物饲养方式。大多数受感染的动物都被安置在一级防护系统中，并在一级防护系统下进行处理，如二级生物安全柜或其他防护系统。

ABSL-4 级以 ABSL-3 级的标准规范、程序、防护设备和设施要求为基础。然而，ABSL-4 级安全柜型和正压服型设施具有特殊的工程和设计特点，以防止微生物扩散到环境中，并保护工作人员。

ABSL-4 级安全柜设施与含有第三类生物安全柜的 ABSL-3 级设施截然不同。

以下为 ABSL-4 级必须要采取的标准和特殊规范、安全设备和设施规范。

A. 标准微生物规范

1. 动物设施主管制定并执行动物设施内的生物安全、生物安保和紧急情况的政策、程序和操作细则。

2. 进入动物室应设权限。只有实验、饲养所需的人员才有权进入该设施。

3. 每个机构均需确保工作人员的安全和健康，并将作为动物研究计划审查过程的一部分。考虑所使用的动物物种和项目所特有的特定生物危害。在开始一项研究之前，动物研究计划由机构动物护理和使用委员会（IACUC）以及机构生物安全委员会（IBC）酌情审查和批准。

4. 项目主管确保动物护理、设施和支持人员接受专业的培训，培训内容包括其职责、动物饲养程序、潜在的危险、感染性病原体的处理、降低暴露风险的必要预防措施以及危险/暴露评估程序（如物理危险、飞溅物、气溶胶）。当设备、程序或政策发生变化时，工作人员每年都应熟知信息更新并接受相关培训。所有危险评估、培训课程和工作人员出勤都要留有记录。所有人员，包括设施设备人员、服务人员和来访者，应被告知潜在的危害（如自然获得或研究的病原体、过敏原）；被告知应采取的保障措施；阅读并遵守有关规范和程序的说明。考虑制定有关来访者培训、职业健康要求和安全提示的机构政策。

5. 健康状况可能影响到个体的易感性和接受必要免疫接种或预防性干预的能力。因此，所有人员，特别是育龄人员和（或）有感染风险增加（如器官移植、医用免疫抑制剂等）的人员，都要提供有关免疫状况和对传染源的敏感性的信息。鼓励有此类情况的人员向机构的医疗服务部门确认，以获得适当的咨询和指导（见第七节）。设施主管确保医务人员了解动物设施内潜在的职业危害，包括与研究、动物饲养、动物护理和操作有关的危害。

6. 根据风险评估结果，提供适当的职业医疗服务。

    a. 动物过敏预防计划是医疗监督的一部分。

    b. 为防止动物过敏而使用呼吸器的人员，要参加专业的呼吸防护计划。

7. 经与设施主管和安全专业人员协商，编写专门针对该设施的安全手册。安全手册可供查阅，并在必要时定期审查和更新。

    a. 安全手册包含足够的信息，阐明实验动物、生物体和生物材料的生物安全和防护程序，适合于特定病原体的消毒方法，以及所进行的工作。

    b. 安全手册包含可供参考的紧急预案，包括暴露、医疗紧急情况、设施故障、动物在动物设施内的逃逸以及其他潜在的紧急情况。紧急情况下动物的处置计划也包括在内。根据机构政策，对应急人员和其他负责人员进行应急程序的培训。

8. 当存在感染性病原体时，动物饲养室的入口处应张贴标志。所张贴的信息包括：通用的生物危害标志、动物室的动物生物安全等级、主管或其他负责人员的姓名和电话号码、个人防护装备要求、一般职业健康要求（如免疫接种、呼吸道保护）以及进出动物室的必要程序。按照机构政策张贴病原体信息。

9. 佩戴手套防止手部接触危险材料，处理动物时也需佩戴手套。

    a. 基于风险评估选择手套。

    b. 在动物设施内佩戴的内层手套不能在动物设施外佩戴。

    c. 当内层手套受到污染、手套破损或有其他必要时，须更换内层手套。

    d. 不要清洗或重复使用一次性手套，并将使用过的手套与其他被污染的动物设施废物一起处理。

10. 摘除手套和其他个人防护装备时，应尽量减少个人污染和将感染性物质转移到存放或处理感染性物质和（或）动物的区域之外。

11. 在动物区不允许饮食、吸烟、处理隐形眼镜、涂抹化妆品、存放供人食用的食物。

12. 禁止用口移液，使用机械移液装置。

13. 制定、执行和遵循安全处理锐器（如针头、手术刀、移液器和破碎的玻璃器皿）的政策；政策符合适用的州、联邦和地方要求。在可行的情况下，主管人员应采取改进的工程和工作规范控制措施，以减少锐器伤害的风险。对尖锐物品应采取预防措施。这些措施包括以下内容：

    a. 尽可能用塑料器皿代替玻璃器皿。

    b. 在动物设施中限制使用针头和注射器或其他锐器，并仅限于在没有其他选择的情况下使用（如肠外注射、采血或从实验动物或隔膜瓶中吸取液体）。尽可能使用主动或被动针头式安全装置。

         i . 针套移除时应防止其反弹导致意外针刺伤。

         ii . 针头在处理前不得被弯曲、剪断、折断、重新封盖、从一次性注射器上取下或以其他方式用手操作。

         iii . 如果必须从注射器中取出针头（如为了防止血细胞溶解）或重新封盖针头（如在一个房间中装入注射器，在另一个房间中注射动物），必须使用免提装置或类似的安全程序（如锐器盒上的针头移除器，或在重新封盖针头时使用镊子夹住针套）。

         iv . 将用过的一次性针头和注射器小心放入用于处理利器的防穿刺锐器盒中。锐器盒应尽可能靠近使用点。

    c. 将非一次性利器（如镊子、别针、可重复使用的手术刀等验尸器械）放在硬壁容器中，以便运到处理区进行消毒。

    d. 破碎的玻璃器皿不直接处理，而是用刷子和簸箕、钳子或镊子清理。

14. 所有的程序都需小心进行，以尽量减少气溶胶的产生或感染性材料和废物的飞溅。

15. 在工作完成后，以及在可能具有感染性的材料溢洒或溅出后，用消毒剂对工作表台面进行消毒。涉及感染性材料的溢洒物由经过专业培训并配备了处理感染性材料的设备的工作人员进行处置，包括控制污染范围、消毒和清理。制定并在动物设施内张贴溢洒处理程序。

16. 动物饲养室的所有废物，包括动物组织、尸体和垫料，都要用防漏的、有盖的容器从动物饲养室运出，以便按照机构、地方和州的相关要求进行适当处理。更多细节请参见下一小节的"B.特殊规范"第7条。

17.需要实施有效的病虫害综合防治方案（见附录G）。

18.与正在进行的工作无关的动物和植物不得进入存放感染性材料和（或）动物的区域。

B.特殊规范

1.所有进入动物设施的人员都被告知潜在的危险，并根据机构政策满足特定的进出要求。只有因科学研究或辅助工作而需要的人员才有权进入动物设施或特别动物饲养室在获得独立进入动物设施的权限之前，可能需要进行培训，并满足附加安全要求。

2.向所有进入动物作业区的人员提供有关疾病症状和体征的信息，并酌情提供包括医疗评估、监测和治疗在内的职业医疗服务，并针对设施内处理可能存在的病原体提供必要的免疫接种。

　　a.职业医疗服务系统须配置为潜在或已知有实验室相关感染的人员提供隔离和医疗服务的设施。

3.设施主管负责确保人员在ABSL-4级防护设施中独立工作之前，熟练掌握标准和特殊的微生物规范，以及具备在ABSL-4级防护设施中进行病原体处理所需的技术。

4.建立一个系统，用于报告和记录临界错误事件、实验室事故、暴露、因潜在的与实验室有关的感染而造成的意外缺勤，并对潜在的与实验室有关的疾病进行医疗监测。

5.根据机构政策，对导致接感染性材料暴露的事故立即进行评估。所有这类事故都要根据机构政策报告给实验室主管、机构管理人员和专业的安全、合规和保安人员，并留存记录。

6.若生物材料从动物安全设施中移除的过程中仍保持活性状态，则在授权人员将其移除之前，需要将这些生物材料存放在耐用且防漏的密封一级容器中，然后再封闭在不易碎的密封二级容器中。这些材料通过消毒浸泡罐、熏蒸室或消毒淋浴器转移，供授权人员接收。一旦转移，一级容器不得在BSL-4级或ABSL-4级防护设施外打开，除非使用经过验证的灭活方法（如伽马辐照）（见附录K）。灭活方法连同验证其有效性的测试数据一并记录存档。

7.所有废物（包括动物组织、尸体和被污染的垫料）和其他材料在从ABSL-4级设施中移出之前，都要用经过验证的方法进行消毒。

8.设备要进行例行的消毒，并在维修、维护或从动物设施中移除之前进行消毒。设备、笼具和架子的处理方式应尽量减少对其他区域的污染。笼子在清洁和清洗之前，要进行高压灭菌或彻底消毒。

　　a.在专门设计的密封气闸或气室中，采用有效和经过验证的程序，如气体或蒸汽方法，对可能被高温或蒸汽损坏的设备（敏感电子、医疗或常规的搬运设备）或材料进行消毒。

9.制定程序以减少工作人员可能的暴露，如使用榨笼，只处理经过麻醉的动物，或采取其他适当的规范。根据机构的制度要求，被指派处理受感染动物的人员可能被要求以两人为小组进行工作。

10.记日志或采取其他方法记录所有进出动物设施的人员的日期和时间。

11.在设施运行期间，除紧急情况外，人员须通过换衣室和淋浴室进出动物设施。所有的个人衣物和首饰（眼镜除外）都要在外更衣室脱除。所有进入设施的人员都要使用动物设施的服装，包括衬衣、裤子、衬衫、连体衣、鞋子和手套。所有离开动物设施的人员必须进行淋浴。在动物设施穿过的衣物和其他废弃物，包括手套，都要作为被污染的材料，并在洗涤或处置前进行消毒。

12.在设施被经过验证的方法彻底消毒后，必要的工作人员可以进出动物设施，而不必遵循上述的更衣和淋浴要求。

13. 在实验室工作开始前，完成对基本防护和生命支持系统的日常检查，并记录在案，以确保动物饲养室和动物设施按照既定参数运行。

14. 动物设施内只存放必要的设备和用品。所有带入设施内的设备和用品在搬离前都要进行消毒。

  a. 不通过更衣室带入动物设施的用品和材料，则通过化学浸泡槽、先经过去污的双门高压灭菌器、熏蒸室或气闸带入。在确保外门安全后，实验室内的人员打开高压灭菌器、熏蒸室或气闸的内门取出材料。在将材料带入设施后，内门被扣紧。在高压灭菌器、熏蒸室或气闸成功完成一个去污周期之前，高压灭菌器或熏蒸室的外门不应被打开。

C. 安全设备（一级屏障和个人防护装备）

安全柜型设施

1. 所有涉及感染性动物和材料的操作程序都在三级生物安全柜内进行。

2. 三级生物安全柜包含以下内容：

  a. 双门穿墙式高压灭菌器，用于对从三级生物安全柜出来的材料进行去污。高压灭菌器的门是连锁的，因此任何时候只能打开一侧的门，而且是自动控制的，只有在成功完成一个消毒周期后才能打开高压灭菌器的外门。

  b. 通过化学浸泡槽、熏蒸室或类似的除污方法，以便将无法在高压灭菌器中除污的材料和设备从柜子中安全取出。柜子与周围动物饲养室之间始终保持防护。

  c. 在进气口安装一个 HEPA 过滤器，在设备的排气口安装两个串联的 HEPA 过滤器，以防止柜子以产生正压的方式进气。柜子的供气和排气管上有气密风门，以便于气体或蒸汽对设备进行去污。所有 HEPA 过滤器外壳上都有注入试验介质的端口，以便每年对过滤器进行重新认证。

  d. 内部构造的饰面须光滑，以便清洗和去污。柜子表面的所有尖锐边缘都须钝化，以减少柜子手套被割伤和撕裂的可能性。放置在三级生物安全柜中的设备须没有尖锐的边缘或其他可能损坏或刺破安全柜手套的刺凸。

  e. 定期检查三级机柜手套是否有泄漏，必要时更换。每年在生物安全柜重新认证期间更换手套。

3. 柜体的设计应尽可能从柜体外部对柜体机械系统（如制冷、培养箱、离心机）进行维护和维修。

4. 在实际情况下，在三级生物安全柜内操作高浓度或大量感染性病原体时，须使用柜内物理防护装置。此类材料在柜内使用密封转子或离心机安全杯进行离心。

5. 当安全柜的用途发生重大变化时，在大修或维修停工前，以及在风险评估确定的其他情况下，使用有效的气体或蒸汽方法对三级生物安全柜的内部和所有被污染的稳压室、风机和过滤器进行去污。在进入生物安全柜内部空间之前，先要验证消毒是否成功。

6. 三级生物安全柜每年至少认证一次。

7. 对于通过双门直接连接到 BSL-4 级正压服型实验室的三级生物安全柜，可将材料经正压服型实验室放入三级生物安全柜并从中取出。

8. 在可行的情况下，使用可降低动物操作过程中暴露风险的防护装置和规范（如物理防护装置、化学防护药物、网眼或凯夫拉手套）。

9. 动物设施内工作的工作人员应穿戴正面无缝隙的动物设施防护服，如背后系带式或包裹式罩衣、外科手术服或连体服。根据风险评估结果，增加个人防护装备。

  a. 离开时，在内更衣室脱掉所有防护服后再淋浴。

b. 出淋浴间之前，须先对对眼镜进行消毒。

10. 一次性手套戴在安全柜手套里面，以保护工作人员在安全柜手套发生破损或撕裂时不会暴露在外面。

正压服型设施

1. 所有涉及处理感染性材料或受感染动物的程序均在生物安全柜或其他物理防护装置内进行。

2. 受感染的动物被安置在一级防护系统中。一级防护系统包括：主动通风的笼子系统、置于通风围栏内的开放式笼子、墙和底均为实心且配有微型隔离盖覆盖并在层流罩内或在经 HEPA 过滤的下吸气工作台上打开的笼子，或其他等效的一级防护系统。

a. 主动通风的笼子系统旨在防止微生物从笼子中逸出。该系统的排气室是密封的，以防止微生物在通风系统静止时逸出，排气经过高效空气过滤器（HEPA）过滤。高效空气过滤器每年进行一次测试，并根据需要进行更换。系统设置了安全机制，以防止排气扇故障时，笼子和排气室成为相对周围区域的正压区。操作故障时，系统会发出提示警报。

3. 被感染的动物可用开放式笼具安置在作为一级屏障的专用动物饲养室里。作为一级屏障的饲养室应是密闭的，并能用熏蒸法进行消毒。如果专用动物饲养室作为感染动物的一级屏障，则必须满足以下条件。

a. 在对动物饲养室进行熏蒸之前，将笼子取出进行高压消毒或化学消毒。

b. 所选择的笼子应便于将动物排泄物从笼子里排至动物收容室地面。

c. 有专用人流、物流、设备通道，尽量减少污染物从动物收容室向动物设施的相邻区域扩散。

4. 当大型动物不能被安置在一级防护系统或通风防护笼/单元中时，动物饲养室的某些特征（如 HEPA 排气过滤器、房间密封且经过压力测试、表面光滑）可作为一级屏障。

a. 散养或围栏放养型动物可能需要 ABSL-3 级或 ABSL-4 级防护设施。更多信息，可参见附录 D。

5. 可能产生气溶胶的设备须在一级防护装置内使用，这些装置将废气排入动物饲养室或设施排气系统之前，须将空气通过 HEPA 过滤。HEPA 过滤器每年都要进行测试，并在需要时进行更换。

6. 所有操作均由身穿连体正压供气服的人员完成。

a. 所有人员在进入用于穿戴正压服的房间前，都要穿上动物设施服，例如外科手术服。

b. 在每次使用前，都须按规定程序来控制和验证一体式正压供气服的操作，包括手套。

c. 在正常操作过程中，要对外层手套进行去污处理，以清除毛发污染，尽量减少动物饲养室的进一步污染。

d. 一次性内层手套的佩戴是为了在外层手套发生破损或撕裂时保护实验人员。一次性内层手套不能穿出内更衣区域。

e. 从化学淋浴器出来后，内层手套和所有动物设施的服装都被脱下并丢弃或收集起来进行高压灭菌，然后再进入个人淋浴间清洗。

f. 出淋浴间之前，先对眼镜进行消毒处理。

D. 动物设施（二级屏障）

安全柜型设施

1. ABSL-4 级设施应是一栋独立的建筑物或建筑物内明确划分的隔离区域。考虑将动物区设置在远离建筑物外墙的地方，以减少外部环境温度的影响。

a. 设施的进出加以限制。设施门可锁。

b. 从动物设施出来时，依次经过内（即脏衣）更衣区、个人淋浴间和外（即干净衣物）更衣室。

2. 动物设施的排气系统、报警器、照明、出入口控制、生物安全柜和门封要有自动启动的应急电源。

a. 供气、排气、生命支持、警报、出入口控制和安全系统的监测和控制系统采用不间断电源（UPS）。

b. 应急电源系统至少每年测试一次。

3. 防护屏障设有双门高压灭菌器、化学浸泡池、熏蒸室或通风气闸，供材料、用品或设备通过。

4. 从生物安全柜到内更衣室的门旁设有感应水槽。外更衣室设有洗手池。

5. 动物区设有洗眼台。

6. 安全柜型设施的墙面、地面和天花板的构造形成了密封的内壳，以方便熏蒸和防止动物和昆虫侵入。内壳的表面可抵御用于清洁和去污该区域的液体和化学品。地板为整体密封式，有凹槽。

a. 设施外壳的所有贯穿件都是密封的。

b. 尽量减少进入设施的门周围的开口，并进行密封，以便去污。

7. 贯穿设施墙壁、地板或天花板的辅助设施和管道的安装是为了确保设施不会发生倒流。这些贯穿设施安装有两个（串联的）防止回流的装置。考虑将这些装置安装在防护设施外。大气通风系统配备两个串联的 HEPA 过滤器，并且密封到第二个过滤器。

8. 尽量减少家具数量，采用结构简单的家具，并保证能够支持预期的负荷和用途。

a. 凳子、柜子和设备之间的空间可供清洁和去污。

b. 台面不透水，耐高温、耐有机溶剂、耐酸碱和其他化学品。

c. 在动物区使用的座椅应采用无孔面料，以便清洗和去污，并根据情况进行密封，以防止昆虫 / 害虫的孳生。

d. 设备和家具都经过仔细评估，尽量减少人员接触夹缝和尖锐边角的可能性。

9. 光照度足以满足所有活动的需要，避免可能妨碍视力的反射和眩光。

10. 窗户具有防破损和密封性。

11. 如果安全柜型设施需要第二类生物安全柜或其他一级防护屏障系统，其安装和操作方式应确保其有效性（见附录 A）。

a. 生物安全柜应安放在设施内适当的位置，确保设施室内供排气波动不影响其正常操作。要远离门、可以打开的窗户、人流密集的地方和其他可能的气流干扰。

b. 生物安全柜可以通过套管连接（仅限 ⅡA 级）或硬连接（ⅡB、ⅡC 或Ⅲ级）到实验室排气系统直接向外排气。安全柜内废气在释放到室外之前通过两个 HEPA 过滤器，包括生物安全柜中的 HEPA。如果安全柜内没有使用挥发性有毒化学品，则 ⅡA 或 ⅡC 型生物安全柜废气可以安全地再循环回动物设施环境中。

c. 至少每年对生物安全柜进行认证，以确保性能正常，或按附录 A 第 7 部分的规定进行认证。

12. 不鼓励使用中央真空系统。如果使用中央真空系统，它不能服务于生物安全柜外的区域。在每个使用点附近放置两个直排式 HEPA 过滤器，并配置溢出收集器。过滤器的安装允许就地去污和更换。

13. 配置专用的非循环通风系统。只有具有相同暖通空调要求的设施（即其他 BSL-4 级实验室、

ABSL-4 级设施、ABSL-3 级设施、农业 ABSL -3 级设施）才可共用通风系统，前提是气密风门和 HEPA 过滤器可隔离每个单独的房间系统。

    a. 通风系统的供排气部件的设计要确保实验室与周围区域保持负压，并酌情为实验室内相邻区域之间提供压差或方向性气流。

    b. 建议配置备用供风机，但必须配置备用排风机。供风机和排风机连锁，防止安全柜型实验室正压。

    c. 对通风系统进行监测并在出现故障或偏离设计参数时发出警报。在防护设施外安装可视觉监测装置，以便在进入之前和在定期巡检程序期间可以核实设施内的适当压差。安全柜室内也应安装可视监测装置。

    d. 安全柜型实验室、内更衣室和熏蒸 / 去污室的供排气都要经过 HEPA 过滤器。排气口远离有人居住的地方和建筑物的进气口。

    e. 所有 HEPA 过滤器都尽可能靠近安全柜室，以尽量减少可能受污染的管道系统的长度。所有 HEPA 过滤器每年都要进行测试和认证。

    f. HEPA 过滤器外壳的设计满足过滤器的就地去污，并在拆除之前验证去污效果的需要。HEPA 过滤器外壳的设计具有气密隔离阻尼器、去污口和单独扫描组件中每个过滤器是否泄漏的功能。

14. 配置穿墙式化学浸泡槽、熏蒸室或类似的消毒装置，以便将无法在高压灭菌器中消毒的材料和设备从安全柜型实验室中安全移出。如果确需从通道出口一侧进入，只允许经授权并获得特定许可的人员方可进入。

15. 安全柜型实验室水槽、地漏、高压灭菌室和安全柜内其他来源的液体废弃物，在排入卫生下水道之前，须用一种行之有效的方法（最好是热处理）进行去污处理。

    a. 对所有液体流出物的去污情况进行记录。对液体废弃物的去污过程须进行物理和生物验证。生物验证每年进行一次，或根据机构政策的要求更频繁地进行。

    b. 个人淋浴和厕所的污水可以不经处理排入卫生下水道。

16. 配置双门穿墙式高压灭菌器，用于对出实验室的材料进行去污。在实验室外面能打开的高压灭菌器被密封在其穿过的墙壁上。这种生物密封经久耐用，气密性好，并能膨胀和收缩。强烈建议将生物密封放置在便于从设施外接近和维护设备的位置。高压灭菌器的门是连锁的，任何时候只能打开一扇门，并且是自动控制的，因此，只有在去污周期结束后才能打开高压灭菌器的外门。

    a. 从高压灭菌室排出的气体经过 HEPA 过滤净化。高压灭菌器净化过程的设计，使接触感染性材料未经过滤的空气或蒸汽不能释放到环境中。

    b. 高压灭菌器的尺寸应足以满足预期的废物量、设备和笼子的尺寸以及任何项目的需求。

17. 笼子在从安全柜中取出之前要去污。笼子清洗区设计需适于高压喷雾系统、湿度、强化学消毒剂和 180 °F（约 82℃）水的使用。

18. 动物设施的设计参数和操作程序要记录存档，设施在运行前要进行测试，以验证是否符合设计和运行要求。每年或在进行重大改造后，还需对设施进行重新测试，以确保设施各项参数符合设计和运行要求。必要时，根据运行经验，修改验证准则。

19. 在实验室与外界之间设置适当的通信系统（如语音、传真、视频和计算机）。制定并实施紧急通信和紧急通道或出口的规定。

正压服型设施

1. ABSL-4 级正压服型设施可设在单独的建筑物内，或建筑物内相对独立的区域。考虑将动物区置于远离建筑物外墙的地方，以尽量减少外部环境温度的影响。

　　a. 设施的进出加以限制。设施的门可锁。

　　b. 进入动物设施要通过一个装有密闭装置的气闸门。

　　c. 从实验室出来要依次经过化学淋浴、内（即脏衣物）更衣室、个人淋浴和外（即干净衣物）更衣区。

2. 进入该区域的人员必须穿戴装有 HEPA 过滤呼吸空气的正压服。呼吸空气系统配有备用压缩机、故障报警器和紧急备用装置，能够支持设施内所有工作人员安全撤离。

3. 设有化学喷淋装置，以便在工作人员离开设施之前对正压服的表面进行消毒。在紧急出口或化学喷淋系统发生故障的情况下，提供一种可对正压服进行消毒的方法，如用重力式化学消毒剂。

4. 动物设施的排气系统、报警器、照明、出入口控制、生物安全柜和门封要有自动启动的应急电源。

　　a. 供气、排气、生命支持、警报、出入口控制和安全系统的监测和控制系统采用不间断电源（UPS）。

5. 防护屏障上设有双门高压灭菌器、化学浸泡槽或熏蒸室，供材料、用品或设备进出设施。

6. 动物设施内的感应水槽设置于操作区附近。

7. 动物区设有洗眼台，维护期间也可使用。

8. 动物设施的墙壁、地板和天花板都被建造成一个密封的内部外壳，以便于熏蒸和防止动物和昆虫的侵入。该外壳的内表面可抵御用于清洁和去污用的液体和化学品。地面为整体密封式，有凹槽。

　　a. 动物饲养室、正压服储藏室和内更衣室的所有内部外壳的贯穿件都进行密封。

9. 安装穿透设施墙壁、地板或天花板的辅助设施和管道，以确保设施不会发生回流。呼吸空气系统不受此规定限制。这些贯穿设施装有两个（串联的）防回流装置。可考虑将这些装置设在防护设施以外。大气排放系统安装两个串联的 HEPA 过滤器，密封到第二个过滤器，并设有防止昆虫和动物侵入的保护装置。

10. 在设施用途发生重大变化时、重大翻修或维修停工前，以及在风险评估确定的其他情况下，使用有效的气体或蒸汽方法对整个设施进行消毒。在设施状况发生任何变化之前，要对消毒效果进行验证。

11. 尽量减少家具数量，采用结构简单的家具，并保证能够支持预期的负荷和使用。

　　a. 工作台、柜子和设备之间的空间可以进入，以便于清洁、去污和人员自由移动。

　　b. 台面不透水，耐高温、耐有机溶剂、耐酸碱和其他化学品。

　　c. 在动物区使用的座椅采用无孔面料，以便清洗和去污，并根据情况进行密封，以防止昆虫/害虫的孳生。

　　d. 参照安全柜型设施 8d。

12. 窗户具有防破损和密封性。

13. 光照度足以满足所有活动的需要，并避免可能妨碍视力的反射和眩光。

14. 生物安全柜和其他一级防护系统的安装方式要确保其有效性（见附录 A）。

　　a. 生物安全柜安装在设施内适当的位置，确保室内供气和排气的波动不影响其正常操作。

要远离门、人流密集的地方和其他可能的气流干扰。

  b. 生物安全柜可以通过套管连接（仅限ⅡA级）或硬连接（ⅡB、ⅡC或Ⅲ级）到安装有一个HEPA过滤器的实验室废气系统直接向外排气。如果安全柜内没有使用挥发性有毒化学品，ⅡA或ⅡC型生物安全柜排气可以安全地再循环回设施环境。

  c. 至少每年对生物安全柜进行认证，以确保其性能正常，或按附录A第7部分的规定进行认证。

  d. 第三类生物安全柜防止生物安全柜或动物设施以正压的方式供气。

15. 不鼓励使用中央真空系统。如果使用中央真空系统，则不用于ABSL-4级设施以外的区域。在每个使用点附近设置两个直列式HEPA过滤器，并在使用时进行溢流收集。过滤器的安装可实现就地去污和更换。尽可能在靠近真空泵的地方串联两个HEPA过滤器。

16. 安装专用的非循环通风系统。只有具有相同暖通空调要求的实验室或设施（即其他BSL-4级实验室、ABSL-4级设施、ABSL-3级设施、ABSL-4级设施）才可以共用通风系统，前提是气密风门和HEPA过滤器可隔离每个单独的实验室系统。

  a. 通风系统的送排风设计旨在使ABSL-4级设施对周围区域保持负压，并在设施内相邻区域之间酌情提供压差或定向气流。

  b. 建议使用备用送风机，必须配置备用排风机。供风机和排风机连锁，以防止设施正压。

  c. 对通风系统安装监控报警系统，在出现故障或偏离设计参数时发出警报。在防护设施外安装可视监测装置，以便在进入设施之前和定期巡查时观察设施内压差。在防护设施内也应设有监控监测。

  d. 动物设施（包括去污喷淋）的供气，经过一个HEPA过滤器。正压服设施、去污喷淋和熏蒸或去污室的所有废气都要经过两个串联的HEPA过滤器，然后排放到外面。排风口远离有人居住的空间和进风口。

  e. 所有HEPA过滤器都尽可能地靠近存放或处理感染性材料和（或）动物的区域，以减少潜在的污染管道系统的长度。所有HEPA过滤器每年都要进行测试和认证。

  f. HEPA过滤器外壳的设计旨在方便过滤器的就地去污，并在拆除之前验证去污过程是否有效。HEPA过滤器外壳的设计具有气密隔离阻尼器、去污口和单独扫描组件中每个过滤器是否泄漏的能力。

17. 安装穿墙式化学浸泡槽、熏蒸室或类似的消毒装置，以便将无法在高压灭菌器中消毒的材料和设备从动物设施中安全移出。只有获准进入动物设施并在必要时获得适当许可的人员才能进入通道的出口一侧。

18. 设施内化学喷淋、水槽、地漏、高压灭菌室和其他来源的液体废弃物，在排入卫生下水道之前，用一种行之有效的方法（最好是热处理）进行消毒处理。

  a. 对所有液体废弃物的消毒情况进行记录。液体废弃物的消毒过程要经过物理和生物验证。生物验证至少每年进行一次，或根据机构政策的要求更频繁地进行。

  b. 个人淋浴和厕所的污水可以不经处理排入卫生下水道。

19. 安装双门通过式高压灭菌器，用于送出设施外的材料进行消毒。在实验室外面打开的高压灭菌器被密封在高压灭菌器通过的墙壁上。这种生物密封经久耐用，气密性好，并能膨胀和收缩。强烈建议将生物密封放置在便于从实验室外接近和维护设备的位置。高压灭菌器的门是相互连锁的，因此任何时候只能打开一个门，门自动控制，只有在消毒周期完成后才能打开高压灭菌器的外门。

    a. 从高压灭菌室排出的气体经过 HEPA 过滤或去污。高压灭菌器消毒过程的设计，使暴露在感染性材料中的未经过滤的空气或蒸汽不会释放到环境中。

    b. 高压灭菌器的尺寸应足以满足预期的废物量、设备和笼子的尺寸，并考虑未来工作的需求。

20. 笼子在从动物设施中移出之前要进行去污。笼子清洗区的设计要适于笼子 / 设备清洗过程中使用高压喷雾系统、湿度、强化学消毒剂和 180 ℉（约 82℃）水温。

21. ABSL-4 级设施的设计参数和操作程序要记录存档。运行前对设施进行测试，以核实是否符合设计和操作要求。每年或在进行重大修改后，应对设施进行重新测试，以确保设施的设计和操作参数保持不变。必要时，根据操作经验修改验证准则。

22. 在设施与外界之间设置适当的通信系统（如语音、传真、视频和计算机）。制定和实施紧急通信和紧急通道或出口的规定。

23. 在开放式笼子中饲养动物的设施具有以下设计要素。

    a. 从防护空间外的服务走廊进入动物饲养室，需要通过两道门，最里面的门是抗风压门（APR）。

    b. 任何作为一级屏障的动物饲养室，均需要安装抗风压门，以便从外部服务走廊直接进入动物饲养室。抗风压门装有适当的备用锁闭机制，以防止在动物饲养室受到污染和使用时有人进入。应有一个以上的机制确保当动物饲养室被污染时，该一级屏障门不能打开，抗风压门不作为动物设施的紧急出口。APR 门经过适当的测试，以证明其在封闭、锁定模式下，经压力衰减试验或其他类似方法验证，能提供气密屏障。

    c. 任何可以进入内部走廊并直接进入动物饲养室的门，可考虑安装以下两种装置：

      ⅰ. 抗风压门；或

      ⅱ. 非抗风压门。前提是提供从走廊空间进入动物饲养室的定向气流。就熏蒸而言，装有非抗风压门的动物饲养室与相邻的内部走廊相通，被视为一个空间（即气密门之间的区域一起熏蒸）。

    d. 用于进出防护区外服务走廊（二级屏障）的门均需是自动关闭的，结构牢固，采用妨腐蚀设计，且不易开裂或变形。

    e. 在动物饲养室使用时，进入二级屏障内的服务走廊应受到限制和严格控制。在可能的情况下，二级屏障的门应安装安全连锁开关，以防止动物饲养室（一级屏障）在去污后房门被打开；如果不能采用连锁装置，则执行具体的管理程序，以控制服务走廊的进入。

    f. 防护外服务走廊相对于相邻的交通走廊保持负压（内向气流）。

24. 散养或围栏放养的动物可能需要遵守 ABSL-3 级或 ABSL-4 级的要求（更多信息见附录 D）。

原书参考文献

[1] USDA [Internet]. Washington (DC): Office of the Chief Information Officer; c2002 [cited 2019 April 30]. USDA Security Policies and Procedures for Biosafety Level 3 Facilities. Available from: https://www.ocio.usda.gov/document/departmental-manual-9610-001.

［2］National Institutes of Health, Office of Laboratory Animal Welfare. Public Health Service policy on humane care and use of laboratory animals. Bethesda (MD): U.S. Department of Health and Human Services; 2015.

［3］Institute for Laboratory Animal Research. Guide for the Care and Use of Laboratory Animals. 8th ed. Washington (DC): The National Academy Press; 2011.

［4］Animal Welfare Act and Amendment, 9 C.F.R. Subchapter A, Parts 1, 2, 3 (1976).

［5］Tabak LA. Appendix G-II-D-2-1. Containment for Animal Research. Fed Regist. 2016;81(73):22287.

［6］National Research Council. Occupational Health and Safety in the Care and Use of Research Animals. Washington (DC): National Academy Press; 1997.

［7］National Research Council; Institute for Laboratory Animal Research. Occupational health and safety in the care and use of nonhuman primates. Washington (DC): The National Academy Press; 2003.

［8］Grammer LC, Greenberger PA. Patterson's Allergic Diseases. Baltimore (MD). Lippincott Williams & Wilkins; 2009.

［9］Hunt LW, Fransway AF, Reed CE, Miller LK, Jones RT, Swanson MC, et al. An epidemic of occupational allergy to latex involving health care workers. J Occup Environ Med. 1995;37(10):1204-9.

［10］Centers for Disease Control and Prevention [Internet]. Atlanta (GA): The National Institute for Occupational Safety and Health; c1997 [cited 2019 April 30]. Preventing Allergic Reactions to Natural Rubber Latex in the Workplace. Available from: https://www.cdc.gov/niosh/docs/97-135/default.html.

［11］United States Department of Labor [Internet]. Washington (DC): Occupational Safety and Health Administration; c2008 [cited 2019 April 30]. Potential for Sensitization and Possible Allergic Reaction to Natural Rubber Latex Gloves and other Natural Rubber Products. DHHS (NIOSH) Publication Number 97-135. Available from: https://www.osha.gov/dts/shib/shib012808.html.

［12］Allmers H, Brehler R, Chen Z, Raulf-Heimsoth M, Fels H, Baur X. Reduction of latex aeroallergens and latex-specific IgE antibodies in sensitized workers after removal of powdered natural rubber latex gloves in a hospital. J Allergy Clin Immunol. 1998;102(5):841-6.13. Bloodborne pathogens, 29 C.F.R. Part 1910.1030 (1992).

第六部分
实验室生物安保原则

2001 年 10 月发生的针对美国公民的炭疽袭击事件，以及随后 2003 年 12 月美国《管制病原条例》的扩展，促使科学家、实验室管理人员、安全专家、生物安全专业人员以及其他科学和机构领导，考虑是否需要出台、实施和 / 或改善其设施内的生物病原体以及毒素的安全性[1]。自第 5 版 BMBL 出版以来，实验室生物安全在生物风险管理文件中得到了更好的定义，包括国际标准化组织（ISO）35001 实验室和其他相关组织的生物风险管理。其他相关工作还包括准入前的适合性、人员可靠性和用以发现和管理可能导致实验室生物安保风险的行为问题的威胁管理办法。

本节介绍微生物和生物医学实验室的生物安全规划。如下所述，具有良好生物安全计划的实验室已经满足了保护生物材料安全所需的许多基本要求。对于不涉及"管制性病原"的实验室，BMBL 第四节中为 BSL-2 级和 BSL-3 级规定的准入控制和培训要求可以为正在研究的材料提供足够的安全保障。当管制性病原体以及对公众健康、环境和农业有高度威胁的病原体，或具有高度经济 / 商业价值的病原体（如候选专利疫苗）被引入实验室时，应考虑安全评估和额外的安全措施。

本节将提出建议性的观点，除了《管制病原条例》、第 13546 号行政命令（EO）和全球健康安全议程 EO 13747（GHSA）之外，目前美国联邦政府没有要求制定实验室生物安全计划。然而，应用这些原则和评估程序可以加强实验室的整体管理、安全和安保。属于"管制性病原"法规范围内的实验室应参考附录 F[2-4]。

生物安保一词有多种定义。在动植物行业，农业生物安保涉及以科学为基础的政策、措施和监管框架，用于保护、管理和应对与食品、农业、健康和环境有关的风险。在一些国家，生物安保代替了生物安全一词。在本节中，"实验室生物安保"[5]一词是指为防止实验室或实验室相关的设施中的生物材料、技术或与研究有关信息丢失、被盗或被故意滥用而采取的措施。关于农业生物安保的其他信息，见附录 D。

在处理病原体和生物材料的实验室中，安保不是一个新概念。本节讨论的几项安全措施已纳入生物安全等级，大多数生物医学和微生物实验室没有管制性病原或毒素，但是，它们对研究材料保持控制并负责，保护相关敏感信息，收藏着大量对公共卫生、农业、环境和经济有潜在影响的病原体和生物制剂，从事相关工作的也需要相应的准入控制。大多数采用良好的实验室管理规范并有适当的生物安全计划的实验室都采取了这些措施。

生物安全和实验室生物安保

　　生物安全和实验室生物安保的概念相互关联，但并不完全相同。生物安全计划可减少个人和环境暴露于潜在危险生物病原体。生物安全是基于生物病原体的特性来实施不同程度的控制和隔离措施，通过基础设施的设计和出入限制、人员的专业知识和培训、使用封闭设备以及管理感染性材料的安全方法，生物安全能落脚在保护生物材料，还要保护实验人员及周围的社区和环境。

　　实验室生物安保，即防止生物材料、技术或研究相关的信息被盗、丢失或滥用，是通过人员审查、人员可靠性、暴力预防方案、实验室生物安全培训、两用研究监督程序、网络安全标准、材料和设施控制以及问责标准来实现的。然而，实验室生物安保并不限于此。

　　虽然目标不同，但生物安全和实验室生物安保措施通常是相辅相成的，有共同组成部分。两者都包含了风险评估和管理方法、人员的专业知识和责任、研究材料（包括微生物和培养物）的控制和责任、准入控制要素、材料转移文件、培训、应急计划以及计划管理。

　　这两项计划都是评估人员资格的标准。生物安全计划通过培训和专业技术能力认定，确保人员有资格安全地从事其工作。在管理研究材料方面，工作人员必须遵守相关的材料管理程序，展现出对研究材料管理的专业责任感。生物安全措施要求，在工作进行时限制实验室人员进出。实验室生物安保措施侧重于进入实验室设施和生物材料进行必要的限制和控制。各设施应事先建立有关行为/事件报告机制，以减少威胁实验室生物安保内部人员安全的风险。用于控制和跟踪生物样本库或其他敏感材料的台账和管理程序也是这两个计划的组成部分。就生物安全而言，感染性生物材料的运输必须遵守安全包装、隔离和适当的运输程序；而实验室生物安保则确保对运输过程的控制、跟踪和记录与其风险相符。这两个计划都必须让实验室人员参与制定规范和程序，以更好地实现生物安全和实验室生物安保计划的目标，但又不妨碍研究或临床/诊断工作。这两个措施的成功取决于理解和接受生物安全和实验室生物安保计划的理由以及相应管理监督的实验室文化。

　　在某些情况下，实验室生物安保措施可能与生物安全措施相冲突，这就要求要求工作人员和管理层制定政策，以同时兼顾这两项计划的目标（如标志牌）。标准生物安全规范要求在实验室门上张贴标志，提醒相关人员注意实验室内可能存在的危险。生物危害标志通常包括毒剂的名称、具体危害、与使用或处理病原体有关的预防措施（如个人防护装备）以及调查人员的联系信息。这些危险通报规范可能与安保目标相冲突。因此，在制定机构政策时必须平衡生物安全和实验室生物安保方面的考虑，并与已确定的风险相称。为实现这两组目标，可制定和实施替代解决方案。

　　设计一个不危及实验室运作或不干扰研究工作的实验室生物安保计划，需要熟实验室生物安全政策。在保护病原体和其他敏感生物材料的同时，还要保持研究材料和信息的自由交流，这可能是重大的体制挑战。因此，根据已确定的风险，采取综合或分层次的办法保护生物材料，往往是解决可能出现的冲突的最佳办法。然而，在没有法律规定实验室生物安保计划的情况下，实验室人员以及周围环境的健康和安全应该优先于实验室生物安保考虑。

　　风险管理方法可用于确定实验室生物安保计划的必要性。实验室生物安保的风险管理方法如下：

1. 确定哪些病原体、技术和（或）与研究有关的信息需要采取实验室生物安保措施，以防止丢失、盗窃、转移或故意滥用。

2. 确保所提供的保护措施以及与这种保护有关的费用与风险成正比。

实验室生物安保计划的必要性应基于材料被盗、丢失、转移或故意滥用可能造成的影响，同时应认识到不同的病原体和毒素会造成不同程度的风险。资源不是无限的。因此，实验室的生物安保政策和程序不应试图防范每一个可能的风险。需要识别风险并确定其优先次序，并根据这种优先次序分配资源。并非所有的机构都会将相同的病原体排在相同的风险水平上。风险管理方法考虑到了现有的机构资源和机构的风险承受能力。

制定实验室生物安保计划

管理人员、研究人员和实验室主管人员必须对感染性病原体和毒素负责。实验室生物安保计划的制定和实施应是一个涉及所有利益相关者的相互协作的过程。利益相关者包括但不限于高级管理层、科学人员、人力资源官员、信息技术人员，以及安全、安保和工程人员。负责设施整体安保的组织和（或）人员的参与至关重要，因为许多潜在的实验室生物安保措施可能已经到位，属于现有安全或安保计划的一部分。这种协调的方法对于确保实验室生物安保计划提供合理、及时和具有成本效益的解决方案，解决已识别的安全风险至关重要。

有必要将执法和安保共同体纳入预防措施和执法原则的制定中，而不仅仅是应对和后果管理，特别是针对 BSL-3 级和 BSL-4 级实验室。联邦调查局在美国各地的每个外地办事处都有一名大规模杀伤性武器（WMD）协调员。大规模杀伤性武器（WMD）协调员负责在其责任区开展实验室生物安保外联活动，并作为涉及大规模杀伤性武器（包括生物病原体和材料）的任何关切／威胁的联络点。

对实验室生物安保计划的需求应反映出基于具体地点风险评估的健全的风险管理规范。实验室生物安保风险评估应分析生物材料、技术或与研究有关的信息丢失、被盗和可能被滥用的可能性和后果。最重要的是，实验室生物安保风险评估应作为制定与生物安全风险评估需求相平衡的风险管理决策的基础。

指南示例：实验室生物安保风险评估和管理流程

在实验室生物安保风险评估方面存在不同的模式。大多数模式都有共同的组成部分，如资产确定、威胁、弱项和缓解措施。以下是如何进行实验室生物安保风险评估的一个例子。在这个例子中，整个风险评估和风险管理过程可分为 5 个主要步骤，每个步骤可进一步细分。下文提供了这 5 个步骤的指南示例。

第 1 步　确定生物材料、研究相关信息和技术，并确定其优先次序。

■　确定生物材料、研究相关信息，以及机构现有的技术。

■　确定材料的形式、位置和数量，包括非复制性材料（如毒素）。

▨ 评价滥用这些资产的可能性。

▨ 评价滥用这些资产的后果。

根据滥用的后果（即恶意使用的风险）确定资产的优先次序。在这一点上，一个机构可能会发现，其生物材料、研究相关信息或技术都不值得制定和实施一个单独的实验室生物安保计划，或者设施的现有安保是充分的。在这种情况下，不需要完成额外的步骤。

第 2 步　确定生物材料、研究相关信息面临的威胁并确定其优先次序。

▨ 确定可能对机构生物材料、研究相关信息和技术构成威胁的"内部要素"类型。

▨ 确定可能对机构的生物材料、与研究有关的信息和技术构成威胁的"外部要素"类型（如有）。

▨ 评估这些不同潜在敌对因素的动机、手段和机会，并确定其优先次序。

第 3 步　分析具体安保场景的风险。

▨ 编制一份清单，列出实验室生物安保可能出现的情况或机构可能发生的不良事件。每一种情景都要包括一个物项、一个风险因素和一个行动。考虑以下内容。

□ 进入实验室内的物项；

□ 意外事件如何发生；

□ 为防止发生而采取的保护措施；

□ 现有保护措施如何被违反（即弱项）。

▨ 评价每一种情况发生的概率（即可能性）及其相关后果。假设包括：

□ 虽然有可能出现各种各样的威胁，但某些威胁比其他威胁更有可能出现；

□ 所有的病原体/资产对敌对因素的吸引力并不一样，要考虑到有效和可信的威胁、现有的预防措施以及对选定的强化预防措施的潜在需求。

▨ 按风险对各种场景进行优先排序，供管理层审查。

第 4 步　制订整体风险管理方案。

▨ 管理层承诺监督、执行、培训和维护实验室安保计划。

▨ 管理层制定实验室生物安全风险声明，记录哪些实验室生物安保场景是不可接受的且是必须减轻的风险，哪些风险通过现有的保护控制能得到适当处理。

▨ 管理层制订实验室生物安保计划，说明机构如何减轻这些不可接受的风险，包括：

□ 编制安保计划、标准作业规程和事件响应计划；

□ 关于潜在危险、实验室生物安保计划和事件响应计划的员工培训书面文件。

▨ 管理层确保提供必要的资源以实现实验室生物安保计划中记载的保护措施。

第 5 步　评估机构的风险态势和保护目标。

▨ 管理层定期重新评估和改进：

□ 实验室生物安保风险声明；

□ 实验室生物安保风险评估流程；

□ 机构的实验室生物安保计划/方案；

□ 机构的实验室生物安保系统。

▨ 管理层确保安保计划的日常实施、培训、年度再评估和规范演练。

实验室生物安保计划要素

许多机构可能认为，现有的安全和安保计划足以缓解通过实验室生物安保风险评估确定的安保问题。如果风险评估显示需要进一步的保护措施，本节就实验室生物安保计划的组成部分的实例和建议可供参考。计划的内容应针对具体情况，并基于机构面临的威胁／弱项评估并由设施管理部门酌情确定。下列要素，在风险评估过程的基础上，可根据需要实施。不应将其理解为实验室生物安保计划的最低要求或最低标准。

计划管理

如果实施了实验室生物安保计划，机构管理层必须支持实验室生物安保计划。必须授予适当的权力来实施计划，并提供必要的资源，以确保计划目标的实现。实验室生物安保计划的组织结构应明确界定指挥系统、角色和责任，并分配给工作人员。计划管理应确保实验室生物安保计划的制定、实施、执行，并根据需要进行修订。实验室生物安保计划应纳入相关的机构政策和计划。

物理安保——出入控制和监测

实验室生物安保计划的物理安保旨在防止为非官方目的的引进和转移资产。对物理安保措施的评估应包括对建筑物和房舍、实验室和生物材料储存区进行彻底审查。实验室生物安保计划的许多要求可能已经存在于设施的总体安保计划中。

根据进入敏感区域的需要，应仅限授权和指定雇员进入。限制进入的方法很简单，如锁门或实行门禁卡制度。对准入级别的评估应考虑到实验室运作和计划的所有方面（如实验室入口要求、冷库的准入）。应考虑访客、实验室工作人员、管理官员、学生、清洁和维护人员以及应急人员进入的需要。

人员管理

人员管理包括确定处理、使用、储存和运输病原体和（或）其他重要资产的员工的角色和责任。实验室生物安保计划能否有效地应对已确定的威胁，首先取决于接触病原体、毒素、敏感信息和（或）其他资产的个人的诚信和意识。雇员审查／筛选政策和程序可以用于对这些人员进行评估。为了保持人员的可靠性和暴力预防计划，管理层应该对员工进行定期考核，制定匿名同伴和威胁报告制度，建立员工健康和保健计划，实施领导问责制以解决以上问题。除此之外，还应制定关于人员和访客身份识别、访客管理、出入程序和安保事件报告的制度。

库存和问责制

建立材料责任制程序，以跟踪生物材料和毒素的库存情况，包括实物和数字库存；危险生物材料和资产的使用、转移、报废和销毁情况；以及生物材料的灭活，特别是在运出设施之前（见附录K）。这一程序旨在了解某一设施中存在的资产、这些资产的位置，以及谁对这些资产负责。为实现这一目标，管理层应确定以下内容。

1. 应采取责任制措施的材料（或材料形式）；

2. 需要保存的记录及其保存时限；

3. 与台账管理有关的操作程序（如如何确定材料，在哪里使用和储存）；

4. 记录和报告要求。

需要强调的是，微生物病原体具有复制能力，而且可进行繁殖。因此，了解生物体的确切数量是不切实际的。根据与病原体或毒素有关的风险，管理层可指定一个了解所用材料情况的责任人，并授权对其控制和管理相关材料，确保安全。

　　信息安保

　　应制定处理与实验室生物安保计划有关的敏感信息的政策。在这些政策中，"敏感信息"是指与病原体和毒素或其他重要基础设施有关的信息。敏感信息可包括设施安保计划、出入控制代码、新开发的技术或方法、病原体库存和储存地点。

　　本节对信息安保的讨论不涉及根据经修订的第 12958 号行政令被美国指定为"机密"的信息，也不涉及通常不受监管或不受同行审查和批准程序限制的研究相关信息。

　　信息安保计划旨在确保数据的完整性，保护信息不被擅自发布，并确保适当程度的保密性。各设施应制定政策，对敏感信息，包括电子文件和可移动电子媒体（如光盘、外置硬盘、USB 闪存驱动器）进行正确识别、标记、处理、保护和存储进行管理。信息安保计划应符合业务环境的需要，支持本组织的任务，并减轻已确定的威胁。控制敏感信息的获取至关重要。

　　生物病原体的运输

　　材料运输政策应包括机构内（如实验室之间的传递和接收活动期间）和设施外（如机构或地点之间）材料运输的问责措施。运输政策应明确在不同地点之间转运的生物材料和毒素需要的文件和需承担的责任问责和控制措施。应制定运输安保措施，以确保在运输病原体或其他具有潜在危险性的生物材料之前、过程中和之后获得适当的授权，并确保设施之间进行充分的沟通。承运人员应接受专业的培训，熟悉生物材料的隔离、包装、标签、记录和运输的管理和机构程序。

　　事故、伤害和事件响应计划

　　实验室安保政策应考虑到在发生事故、伤害或其他安全问题或安保威胁时应急人员或公共安全人员进入的情况。在紧急情况下，保护人的生命以及实验室员工和周围社区居民的安全与健康必须优先于实验室的生物安保和生物安全问题。

　　在制订应急和安全漏洞响应计划时，各部门人员应与医疗、消防、警察和其他应急官员相协调，制定标准作业规程，尽量减少响应人员接触到潜在危险的生物材料的可能性。实验室应急计划应与整个部门或具体场所的安保计划相结合。这些计划还应考虑到如炸弹、自然灾害和恶劣天气、停电以及可能带来安全威胁的其他设施紧急情况等不利事件。

　　报告和沟通

　　沟通是实验室生物安保计划的一个重要方面。应在实际事件发生前建立"报告流程"，包括实验室和项目官员、机构管理层以及相关的监管或公共当局，并明确对所有相关领导及人员在其中的角色及职责进行界定。

　　政策应涉及潜在的安保漏洞（如生物病原体缺失、异常或威胁性电话、限制区内未经授权的人员、未经授权向设施内及设施外转移资产）的报告和调查处置。

　　培训和实践演习

　　实验室生物安保培训是成功实施实验室生物安保计划的关键。管理层应制订计划，对员工在实验室和部门内应尽的责任进行培训。例如，如果没有适当的安保意识、实验室生物安保最佳实践和设施建立的报告机制的培训，很难发现值得关注的可疑情况。实践演习应针对各种情景，如材料丢失或被盗、事故和伤害的应急反应、事件报告、安保漏洞的识别和响应。这些情景可纳入现有的应急演习，如消防演习或与炸弹威胁有关的建筑物疏散演习。将实验室生物安保措施纳入现有的程序和响应计划，往往能有效地利用资源，节省时间，并能最大限度地减少紧急情况下的混乱。

安保更新和再评估

应定期审查实验室生物安保风险评估和计划，并在发生实验室生物安保相关事件后及时更新。在当今生物医学和研究实验室的动态环境中，再评估是一个必要和持续的过程。实验室生物安保计划管理者应制定和实施实验室生物安保计划审核制度，并根据需要实施纠正措施。审核结果和纠正措施应记录在案。相关计划官员均应保存记录。

管制性病原

如果实验室拥有、使用或转移管制性病原，必须遵守国家管制性病原计划的所有要求。更多信息请参见附录 F。

原书参考文献

［1］Richmond, JY, Nesby-O'Dell, SL. Laboratory security and emergency response guidance for laboratories working with select agents. MMWR Recomm Rep. 2002;51(RR-19):1-8.

［2］Possession, use, and transfer of select agents and toxins; Final Rule, 42 C.F.R. Part 73 (2005).

［3］Possession, use, and transfer of biological agents and toxins, 7 C.F.R. Part 331 (2005).

［4］Possession, use, and transfer of biological agents and toxins, 9 C.F.R. Part 121 (2005).

［5］World Health Organization. Biorisk Management. Laboratory Biosecurity Guidance. Geneva: World Health Organization; 2006.

［6］Casadevall A, Pirofski L. The weapon potential of a microbe. Trends in Microbiology. 2004;12(6):259-63.

第七部分

针对生物医学研究的职业健康支持

在生物医学和微生物研究领域，职业健康服务是建立工作场所安全文化不可或缺的力量之一。如果职业健康计划是为接触生物危害的工作人员（如传染性病原体、毒素）提供支持，则其目标应该是降低工作场所内因可能接触生物危害而产生不良健康后果的风险。健康服务应以风险为基础，并根据风险评估结果进行调整，以满足员工个人和研究机构的需求。理想情况下，职业健康计划应重点关注与工作相关的医疗保健服务，以避免产生潜在的利益冲突。在提供职业健康支持时，研究机构必须慎重选择合适的方案，并将其作为风险管理战略的一个重要组成部分[1,2]。

针对生物医学研究的职业健康支持框架

在研究环境中提供工作医疗服务的基本理念

在为生物医学研究团体提供职业健康服务时，应首先对工作场所的危险进行详尽的风险评估[3]。有关更多信息（见第二节）。职业健康服务应与暴露控制等级对应，并在员工可能职业暴露的情况下提供救助[4]。疫苗、伤口消毒或药物制剂等医疗措施可以降低受伤风险，但不能将其完全消除（如疫苗失效或抗生素耐药性）[5,6]。

在不同工作阶段，可能需要采取不同的职业健康服务措施，包括从预期性风险缓解（如录用前评估或疫苗接种）到事件驱动性医疗措施（如暴露后免疫预防或化学预防）。如果工作人员的健康状况发生变化并且存在实验室相关感染，则需要进行临床治疗，并对可能存在的前期职业暴露情况进行跨学科调查。在任何阶段，医疗服务机构都必须提供适合的治疗方案，以降低对员工个人的伤害风险[1,7]。

在生物危险材料的研究开始前，利益相关者应根据相关工作（即病原体、活动和工作环境或设施）的潜在健康风险制订相应的员工职业健康支持计划[8]。作为雇用条件之一，机构可能会要求员工遵循相关的职业健康计划，以降低与研究可能对人类健康和社会构成严重威胁的生物病原体（高后果病原体）相关的风险[9]。医疗服务部门可考虑联系领域专家（SME），就职业健康计划的程序和临床问题向他们咨询，尤其是与高风险病原体或经过生物工程改造的传染性颗粒（其致病潜力尚未确定）相关的职业暴露和疾病应对计划等问题[10,11]。

要对生物医学研究人员提供最佳保护，利益相关者之间开展持续合作是关键。指定的职业健康服务部门应与机构安全人员、主要研究者（PI）和临床领域专家（即传染病专家）建立合作，以确保实验室工作人员获得最佳的工作健康医疗服务和支持。

职业健康计划的实践和监管要求

职业健康服务管理可通过各种途径实现（包括雇主管理或社区管理等），但前提是这些服务能够轻松获得，并且可以及时评估和妥善处理相关情况。不论员工岗位职级如何，根据职业危害暴露的风险，所有员工都应能获得同等水平的护理和职业健康服务。对承包商、学生、志愿者和访客而言，其原单位或赞助者应提供与当前机构员工相同的工作相关的职业健康服务。

指定的职业健康服务部门应熟悉工作环境中存在的风险以及预防暴露的控制措施。职业健康计划应能够根据指示迅速采取暴露前和暴露后医疗措施以及进行相关咨询。服务机构应确保其提供的服务始终如一并且符合当前的规范要求，如推荐的免疫接种程序和感染控制措施[12-14]。关于标准的职业健康实践，可通过权威文本获得[15,16]。服务部门应了解并遵守相关指南和法规，包括但不限于《美国国立卫生研究院关于重组或合成核酸分子研究的指南》（《NIH 指南》）；《美国联邦法规》第 42 篇第 73 条；美国职业安全与健康管理局（OSHA）的相关标准；1990 年《美国残疾人法案》（ADA）及相关法规；1978 年《怀孕歧视法案》；以及包括 1996 年健康保险可携性和责任法案（HIPAA）在内的患者保密性法律[17-24]。

根据风险定制职业健康服务

职业健康计划的范围应与其支持机构的临床和研究服务相匹配。机构的生物安全和保障政策可能需要额外的职业健康支持。本书从保障微生物和生物医学研究实验室工作人员的安全与健康角度向利益相关者提供建议，以便安全地使用微生物危害等级（RG）为 1 ~ 4 级的生物病原体。关于微生物危害等级分类和生物安全等级（BSL）要求的更多信息，请参见第二节、第三节和第四节。在工作中处理与健康成人疾病无关的微生物（微生物危害等级 1 级）需要的职业健康支持程度最低，不过职业健康服务部门也应了解实验室内存在的其他非生物危害。接触微生物危害等级 2、3、4 级生物病原体的员工接受的职业健康服务应能够降低潜在危害的风险。职业健康计划需要根据生物病原体的潜在健康风险级别，以及应用适当控制措施后的残余暴露风险，投入相应的资源。对于支持微生物危害等级 3 级和 4 级病原体研究的健康计划来说，考虑到这一点尤为重要，因为这类研究需要规避多项风险（包括与高影响、低概率事件相关风险），因此应急准备成本会有所增加[25-27]。

随着先进技术在生物工程领域越来越广泛的应用，职业医务人员必须根据工作场所不断变化的危险情况调整当前的政策[28-30]。从事天然生物因子相关工作的专家基于风险的职业健康支持原则适用于转基因生物、设计生物因子或新型基因构建物的工作。例如，基因治疗或疫苗接种所使用的病毒载体可进行改造，通过基因工程技术提高其安全特性，以降低传染性或毒性。然而，即便是毒力基因被高度敲除的转基因粒子也不应被认为不会对暴露的工作人员构成风险，从使用第三代或第四代 HIV 载体替换第一代慢病毒平台可以看出这一点[31]。在确定转基因生物或合成结构的当前和长期健康风险（如插入突变）之前，健康服务部门必须了解，某一病原体的基因组安全特性可能无法完全保护暴露的工作人员避免潜在的健康风险。美国国立卫生研究院（NIH）科学政策办公室会指导相关机构评估和降低重组核酸、转基因生物或者感染人类细胞能力不同的全新结构所存在的潜在危害[17,32]。

除需要针对所从事生物病原体的相关健康服务外，工作人员可能还需要获得其他职业健康服务。例如，对于从事人体材料研究活动或动物保健的研究人员以及支持处理实验动物的兽医人员应获得相关的医疗护理和咨询服务[33]。若工作人员接触了受感染动物的体液或组织，实验动物可能成为人兽共患病的媒介［如猴疱疹病毒 α 类（B 病毒）或猴免疫缺陷病毒（SIV）］[34,35]。反言之，服务机构必须保护易感研究动物不会因为人类病原体的反向传播而被感染。例如，麻疹病毒或结核分枝杆菌（Mtb）可能会毁灭非人灵长类动物（NHP）并造成重大损失[36]。其他潜在危害可能会使职业健康支持工作变得更加复杂，包括确定的危险因素（如人源性物质）；化学、物理或环境危害；以及对工作人员构成不明确风险的危害（如野外实地研究或疫情应对处置）。OSHA 为实验室环境的安全和健康提供普适性的指导意见，如呼吸保护和听力保护[19,37,38]。职业健康计划应与机构生物安全、管理和领域专家协作提供灵活的服务，以进一步降低生物医学研究工作的风险。

暴露前和暴露后传播

所有生物医学研究实验室都应制定实验室专用生物安全手册，其中规定所有员工在事故发生后需要立即采取的措施。事件响应措施包括为受影响的工作人员提供医疗服务，其成功取决于是否协调实施响应计划，以及是否简明、及时地开展交流[39]。在职业暴露前，服务机构就应为降低暴露后的风险做好准备（如在工作场所开展风险意识培训以及有针对性地进行录用前职业健康评估）。事件响应预案应规定在发生潜在暴露时需要进行哪些提示，还应说明如何获得医疗服务[40]。所有工作人员应了解存在哪些阻碍并努力消除此类阻碍，以便在暴露后获得及时、适当的医疗服务。发生潜在的职业暴露后，工作人员的社区医疗服务可能需要采取进一步措施，包括在健康服务部门与领域专家之间建立联系，以确保工作人员获得最佳评估和治疗。

职业健康与风险管理

制定的职业健康计划中应包含质量保证计划，以对有关医疗服务的内部运作和跨学科程序进行监控[41]。各项职业健康支持服务和程序都应定期审查，以评估其是否符合最新的实践指南以及对相关研究的重要程度。职业健康计划具有独特的优势，能够帮助机构开展持续的风险管理活动。例如，通过收集和分析工伤和疾病统计数据，可以了解如何预防未来暴露风险[42,43]。

生物医学研究职业健康计划构成要素

录用前医疗评估

项目主管应告知工作人员工作场所存在的危害以及应采取的暴露控制措施，对于需要接触生物危害（如生物病原体、人体受试者、实验动物或其体液或组织）的新聘用员工，主管人员应要求其了解健康安全计划，并进行录用前医疗风险评估[1,19]。健康服务部门需根据主管提供的有关潜在危害物的信息以及相关职位的最低职能要求，审查员工的个人和职业健康史。标准审查内容包括：过去和现在的医疗状况和治疗情况；当前使用的药物（处方药和非处方药）；对药物、疫苗、动物和其他环境过敏原的过敏和不良反应；所有免疫史，包括血清学检查结果（如适用）或相关的既往感染史。健康服务部门应了解存在哪些与病原体相关的危险因素以及附带危害（如人兽共患传染病、有毒化学品或实验动物过敏原），并且告知哪些健康状况可能会导致在职业暴露后更容易发生感染或出现并发症。健康服务部门应确保工作人员熟悉暴露后的标准急救措施，并告知其需要及时报告工伤和疾病情况。一方面，应强调预防暴露的重要性；另一方面，应告诫员工不应过度依赖医疗措施控制职业健康风险。例如，尽量减少接触可能的过敏原（如动物蛋白或乳胶）对控制职业过敏至关重要。一些对特定过敏原过敏的情况即便经过治疗也无法逆转。主管和安全专业人员应对工作人员进行培训，告知其如何正确实施暴露控制措施，包括个人防护装备（PPE）[8]。健康服务部门还应告知员工在发生可能与工作相关的疾病（如提示发生实验室相关感染或职业获得性过敏的症状或体征）时应采取哪些措施。

职业健康计划中涵盖的所有服务都只针对工作场所的危害和职责提供有效的医疗支持。例如，对特定病原体的免疫测试很少被指定为入职条件之一。免疫前血清学检查应按照制定的风险指南执行[13,44]。留存血清（指收集和储存冰冻血清样本）对于研究或临床实验室工作人员的医疗作用尚且存疑；因此，如果没有明确要求，不应将其作为一种常规方法。但是，若风险评估结果表明工作人员在当前工作条件下可能会在未识别到危险的情况下接触危害，尤其是接触潜伏期长或可能发生亚临床型感染的病原体，则可以作为例外处理。如确需留存血清，健康服务部门必须采取必要措施，以确保准确检索、妥善储存和处置相关材料、保护员工隐私以及遵守适用的伦理标准[1,45]。血清取样和短期储存方法应根据具体情况进行选择，同时应按照妥善的检测方案对有可能暴露的员工进行事后筛查，或对可能发生的实验室相关感染进行调查[1]。

疫苗

美国免疫接种咨询委员会（ACIP）对如何制定最有效的疫苗可预防疾病策略提供专家意见。职业健康计划应遵循 ACIP 指南中有关疫苗常规管理的意见，并且提供对病原体有免疫保护作用（基于风险）的许可疫苗[1,13,44]。关于不同生物病原体适用疫苗的更多信息，请参见第八节中的"病原概述"。

除极少数外，接种医学认可的疫苗不作为生物医学研究实验室的雇用条件之一。但是，在特定法定情形下，对于拒绝接种对某一致病毒株可能具有保护性作用的疫苗的员工，相关机构可安排其不直接从事与该病原体相关的工作。每个机构必须制定适合其实验室工作人员的最佳风险管理策略。健康服务部门应对拒绝接种推荐疫苗（针对某一疫苗可预防疾病）的工作人员进行劝告，并在医疗记录中记录其未接种疫苗。

定期医疗评估

在大多数情况下，仅以员工从事生物危害相关工作为由而要求大部分员工接受定期医疗评估是没有医学依据的。相关机构可要求特定工作小组参加定期医疗评估，但前提是工作小组有很大可能接触到生物危害。工作人员健康状况的潜在变化可能导致健康风险增加，但不能作为要求生物医学研究工作人员接受定期医疗评估的理由。相反，员工健康状况发生变化时，他们应有机会寻求医疗建议。对于存在特殊问题的工作人员，如在免疫功能低下时处理生物危害或担心危害会影响其生殖能力，应安排其向合格的临床医生进行保密医疗咨询。

若需筛查员工是否患有与工作相关的传染病，如暴露后医学监护、接触调查或者与特定病原体暴露风险明显升高相关的研究环境，均应以风险为基础。除非存在一系列不寻常的风险，且这些风险可能妨碍工作人员及时发现实验室相关感染，否则不应开展定期检测（表面上是为了检测工作场所是否存在未识别的危害）。例如，工作场所风险评估结果可能表明结核分枝杆菌（Mtb）（一种感染剂量低、潜伏期长的易传播物质）的残留暴露风险很高，因此有必要对工作人员进行监测，以避免那些在不知情的情况下被感染的工作人员及其接触者出现严重的健康问题。在根据职业健康计划筛查不知情情况下接触特定病原体的无症状工作人员之前，健康服务部门应解释此类检测的益处、确定检测结果的判定标准，并针对调查不确定的检测结果和阳性检测结果制定进一步计划。任何医学监督都必须符合相关标准 [46-49]。

针对职业伤害和潜在暴露的职业健康支持

如发生潜在的危害暴露，工作人员必须立即开展正确的急救措施并且遵守所有针对相关病原体的预案。所有职业伤害（包括潜在的生物危害暴露）情况均应立即向职业健康服务部门汇报。如相关工作人员没有通知主管和安全人员，服务部门会进行通知。

服务部门必须充分、详细地记录事件，快速确定其临床意义。信息的主要来源通常是受事件影响的工作人员，间接来源包括调查事件的安全专业人员、主管或主要研究者以及了解事件现场情况或实验材料来源的其他人员。采集信息的关键要素包括以下内容：

- 事件发生时所采用的暴露控制措施，以及事件发生前开展的实验活动；
- 潜在暴露机制（如经皮损伤、飞溅到黏膜或皮肤上、吸入感染性气溶胶）；
- 潜在生物危害的性质（如动物体液、培养基、污染物）和接种量（浓度、体积）；
- 已知或可能存在的病原体的特征（如物种、毒株）、自然感染或实验室相关感染传播、对人类的最小感染或致死剂量、潜伏期、药物敏感性或耐药性；
- 病原体活性（即在事件发生前通过化学或物理方法灭活）和基因改造（以增强病毒载体的安全性）；
- 在工作场所开展的急救措施（如急救时长和使用的清洁剂、从暴露到开始出现症状的时间）。

降低感染风险的两个最重要的措施是：即时、充分地清洁受感染的部位，尽早采取暴露后预防措施（PEP）。如有不确定，服务部门应重复采取急救措施。服务部门应记录相关的病史和接触史，以降低因潜在暴露而对受影响的工作人员和社区造成不良健康后果的风险。记录内容包括可能影响个人对相关病原体的易感性因素、妨碍遵循医疗管理计划的因素，以及事件中其他人员或密切接触者的暴露风险。由于疫苗接种可能无法完全预防疾病，因此事先进行病原体特异性免疫接种并不能保证不需要进行暴露后医学评估。如暴露后预防措施能预防或减轻疾病，则应采取这类措施。服务部门可向有相关生物病原体经验的临床专家进行咨询。如有需要，应暴露人员转移到能够提供合适医疗服务水平的医疗机构接受治疗 [10]。如发生多名员工暴露，职业健康计划应确保提供充分的医疗支持。

以临床为导向的暴露后风险评估

如发生职业危害暴露，临床医生首先要尽量防止暴露人员进一步受到伤害。职业健康计划也可以通过记录每次事件的经验教训，来降低未来暴露的风险。为实现上述两个目标，我们可以区分潜在的生物危害和可能的特定病原体，并分别对暴露风险（RoE）和致病风险（RoD）进行分级 [1,50]。事故发生时，我们可能不知道所涉源材料（危害）是否含有可能有害的生物病原体。某些生物材料（动物或人体的体液和组织）可与一种以上的特定病原体产生混合危险，则这些动物或人体体液和组织需要进行单独的暴露风险和致病风险评估。根据某一病原体的暴露风险，针对该病原体做出后续的临床决策（如立即开始进行治疗以降低初始致病风险）。

生物危害暴露必须满足两个条件：（1）必须存在生物危害物（即通过雾化、飞溅、溢出或未妥善处理的污染物从容器中释放出来）；（2）工作人员必须直接接触生物危害物。健康服务部门必须确定病原体是否感染了工作人员，以及病原体的感染方式是否与相关病原体的传播机制一致。若无法排除生物病原体传播的可能性，则必须进行致病风险水平的评估。感染、疾病和潜在并发症的危险因素包括事件发生的环境、生物病原体的特点、免疫功能或暴露前人员的免疫接种情况等因素，以及采取的暴露后医疗措施。通常情况下，暴露风险和致病风险的初始水平具有相关性。暴露后采取的医疗措施（如立即进行伤口消毒的暴露后预防措施）可能会降低初始的疾病风险评估水平，但不能排除存在实验室相关感染的可能性。

暴露后随访护理和检测

健康服务部门应向每个工作人员说明发生潜在职业暴露的可能性及重要性，并且明确传达暴露后护理计划，包括治疗方案、治疗替代方案、检测程序以及检测结果的意义和预后。如健康服务部门推荐暴露后预防措施方案，则应密切关注工作人员是否出现实验室相关感染症状、是否遵守治疗安排以及是否出现不良药物反应。如工作人员接触了传染性病原体，且针对该病原体无法采取有效的暴露后预防措施，则必须根据该病原体及员工的个人健康状况提供针对性的事故后医疗服务。工作人员应遵守针对病原体的监测协议，以便尽早发现症状性实验室相关感染。健康服务部门可能会建议对相关工作人员进行隔离，以避免二代传播，因为有些疾病（如流行感冒）前驱期的感染者在出现症状期已具有传染性。

通过暴露后检测可以确诊感染，但这取决于一系列因素，包括相关病原体、可能感染的疾病采用的检测方法，以及暴露者自身危险因素等。在等待检测结果（包括妊娠试验）时，不得延迟开展根据临床状况指示的适当的暴露后预防措施。某些暴露后预防措施方案（如抗反转录病毒治疗方案）需要进行针对性的基线实验室检测[51]。事件发生时收集的血清样本可能有助于进行暴露相关的监测；但是，不必将筛查先前是否感染特定病原体作为一个常规策略。如果暴露人员没有相关感染症状或体征，则在大多数情况下不必进行后续的，旨在评估该实验室是否存在疾病传播的实验或影像研究。但是，对于长期无症状的急性感染，暴露后检测具有临床价值，应以尽早检测出疾病为目标。例如，通过在抗体出现之前对丙型肝炎病毒（HCV）进行核酸检测，或者筛查潜在的 Mtb 感染，都能够及时发现需要治疗的实验室相关感染。对血清学试验而言，相比于仅筛查一份血清样本，对在不同时点采集的血清样本的结果进行比较更能确定是否存在近期感染。在实践中可能存在采样时间不详的情况下，健康服务部门会开展一系列血清学试验，同时对基线血清试样以及在假定能够检测到的特异性免疫标志物时采集的样本进行检测。临床中可以根据需要对样本进行盲检。如果记录显示血清出现阳转，或者与临床表现相关的抗体滴度显著增加（至少 4 倍），一般明显提示急性感染。在不同情况下，系列血清采集的标准时间可能会因暴露情况、病原体特征、宿主因素以及采取的医疗措施不同而有所不同。例如，过早筛查可能无法检测出低水平的早期免疫标志物。当血清转化发生延迟，则可能需要按照适当的时间间隔重复筛查。例如，由于病原体性质（如人类反转录病毒）、即时采取了暴露后预防措施（如 B 病毒）暴露者的免疫系统功能低下等原因，可能需要重复筛查。如果专家一致同意需要对工作人员进行非商业性试验，则健康服务部门应提交未受感染的样本作为阴性和阳性对照样本，并对样本进行盲检，隐去样本获取的来源和时间。健康服务部门应提醒接触过生物危害物的工作人员非商业性试验的临床效用与授权试验不同，在解释前者的试验结果时必须非常谨慎。

确定相关生物材料是否包含特定病原体，能够为暴露者提供更好的暴露后职业健康医疗服务。健康服务部门应与主要研究者、兽医或临床医生相互配合，确定样本试验的结果是否能指示存在特定传染性病原体。样本试验结果为阴性不一定表明不存在特定传染性病原体，这种情况应谨慎对待。

针对职业病的职业健康支持

如生物医学研究和临床实验室的工作人员患有职业病，应及时寻求医疗服务。按照建议的生物安全等级全面实施实验室暴露控制措施，能够显著降低发生实验室相关感染的概率[26,52]。但是，由于漏报以及机构内部没有集中共享生物有关危害暴露和实验室相关感染的数据，几乎没有证据证实生物防护措施能够有效预防职业暴露[53]。一方面，实验室相关感染的真实发病率依然未知；另一方面，尽管越来越多地生物医学和微生物实验室遵循更安全的工作实践，降低了职业暴露的概率，但是工作人员仍会面临实验室相关感染风险[52,54]。从历史上看，发生实验室感染的相关工作人员通常都不记得自己以前的暴露情况。出乎意料的是，由于暴露在发生时没有得到重视或者暴露后初现症状时未及时被确认为实验室相关感染，病情往往会变得更严重[55-57]。若研究和临床试验人员需要处理人类病原体，或者需要进入处理此类病原体的场所内，应留意并记录其工作过程中发生发热性疾病的时间。应鼓励他们在出现实验室相关感染最早期的症状和体征时，更主动地联系（如入职前或暴露后医学评估时）指定的职业健康服务部门。

如果工作人员急性发病，且从接触潜在的病原体到出现症状的时间与该病原体感染的潜伏期相吻合，则健康服务部门必须对这类员工进行风险评估。除询问关键临床病史外，还应对他们近期处理的生物材料、可能违反暴露控制的行为、是否遵循生物安全条例、工作期间和之外是否接触病例以及其他可能接触传染性病原体的机会（如兴趣爱好或旅行）等情况进行调查。临床医生应清楚，对于职业暴露的不同情况，病原体的一般潜伏期或初始临床表现可能与自然获得性感染大大不同（如因暴露机制不同或病原体基因改造等原因）。特定病原体的疫苗接种或感染史可能也会影响与特定传染性病原体（如蜱传脑炎或登革热）相关的实验室相关感染的临床发病病程。如果所有利益相关者保持紧密的工作关系，而且工作人员能够获得专家级医疗服务，那么就能保证采取适当的实验室相关感染响应措施。在对可能发生的实验室相关感染进行风险分级时，考虑与暴露后评估相同的因素，而且要更多地关注患病工作人员的密切接触者（可能同一时间在工作场所暴露或者被二次传播传染）的感染风险。在开展工作场所暴露调查或病例追查时，职业健康计划应与主管人员和生物安全专业人员协同发挥作用，同时注意需要兼顾隐私保护和感染控制。如实验室相关感染符合法定报告传染病的标准，则应通知公共卫生部门。

实验室环境中的其他工作场所危害和人体工学条件可能会引起工作相关的健康问题，进而可能降低工作人员安全处理人类病原体（如与工作相关的肌肉骨骼疾病或职业获得性过敏）的能力。大多数情况下，对实验动物过敏会在职业性接触过敏原的第一年内发生。20% ~ 30% 工作人员对动物蛋白过敏，其中 5% 可能发展为哮喘，极少部分人可能会因过敏性反应影响生活质量，甚至危及生命[1,7]。职业健康计划中应包括对这类情况的评估和处理，以确保员工安全返回岗位。

高级和最高级的生物防护：工作人员职业健康支持

对职业健康服务部门来说，在生物安全 3 级实验室（BSL-3）和生物安全 4 级实验室（BSL-4）中，为研究人员提供充分的职业健康支持可能具有特殊的挑战性[58]。BSL-3 级、BSL-4 级和相关动物设施（即 ABSL-3 设施、ABSL-4 设施，以及附录 D 中所述的适合围栏放养或散养动物的高级防护设施）的目的是将工作人员、社区和环境暴露于高危生物病原体的风险降至最低[59,60]。更多有关信息，参见第三、四、五节和附录 D。对于从事有关微生物危害 3 级或 4 级病原体的实地调查研究或疾病暴发应对工作的研究人员来说，由于他们面临的暴露风险更高，因而可能需要更多的职业健康服务[61]。

上述事件和疾病应对原则同样适用于 BSL-3 级或 4 级实验室环境中的潜在危害暴露和实验室相关感染，但是如果微生物危害 3 级或 4 级病原体存在被泄漏、转移或蓄意滥用的情况，那么应更多地关注公共健康问题及其对社会的潜在危害。有关实验室生物安全的更新信息，参见第六节。如接触到微生物危害 3 级或 4 级病原体的工作人员出现不明原因的急性发热性疾病，则应在最早出现症状时就医。

如发生实验室相关感染，主管人员可建议微生物危害 3 级和 4 级病原体研究人员联系指定的医疗部门，而不是向社区医疗机构寻求治疗，因为后者可能不太熟悉相关危害。根据风险情况，机构应急准备措施可能包括在潜伏期内进行发热留观室，并职业健康部门的热线联系。就支持微生物危害 3 级或 4 级病原体研究的职业健康计划而言，针对职业暴露或可能发生实验室相关感染的情况事先制定应对预案至关重要[9]。若相关临床方案能够为感染高危病原体的患者提供必要的高级医疗服务，则指定的医疗服务部门可与此类方案配合发挥作用[10,50,62]。事件和疾病应对计划还应包括根据各病例的情况，采取合适的方式及时通知当地卫生部门。

总结

针对生物医学研究的职业健康支持，是根据工作人员和机构面临的风险所提供的，与有关潜在生物危害的工作内容相对应的优质专家服务。在包含生物材料的实验室或动物保健设施中，工作人员的职业健康计划是否有效取决于该机构职业安全和健康管理各部门之间是否开展良好协作。在保障生物医学研究工作人员的健康、安全以及建立健全的安全文化方面，职业健康服务部门发挥着至关重要的作用。

原书参考文献

［1］Schmitt JM. Occupational medicine in a biomedical research setting. In: Wooley DP, Byers KB, editors. Biological Safety: Principles and Practices. 5th ed. Washington (DC): ASM Press; 2017. p. 511-17.

［2］Burnett LC. Developing a biorisk management program to support biorisk management culture. In: Wooley DP, Byers KB, editors. Biological Safety: Principles and Practices. 5th ed. Washington (DC): ASM Press; 2017. p. 495-510.

［3］Wooley DP, Fleming DO. Risk assessment of biological hazards. In: Wooley DP, Byers KB, editors. Biological Safety: Principles and Practices. 5th ed. Washington (DC): ASM Press; 2017. p. 95-104.

［4］Centers for Disease Control and Prevention [Internet]. Atlanta (GA): The National Institute for Occupational Safety and Health (NIOSH); c2015 [cited 2019 Mar 6]. Hierarchy of Controls. Available from: https://www.cdc.gov/niosh/topics/hierarchy/default.html.

［5］Wiedermann U, Garner-Spitzer E, Wagner A. Primary vaccine failure to routine vaccines: Why and what to do?. Hum Vaccin Immunother. 2016;12(1):239-43.

［6］Wilde H. Failures of post-exposure rabies prophylaxis. Vaccine. 2007;25(44):7605-9.

［7］Schmitt JM, Wilson DE, Raber JM. Occupational Safety and Health. In: Weichbrod RH, Thompson GA, Norton JN, editors. Management of animal care and use programs in research, education, and testing. 2nd ed. Boca Raton (FL): CRC Press; 2018. p. 279-318.

［8］Delany JR, Pentella MA, Rodriguez JA, Shah KV, Baxley KP, Holmes DE; Centers for Disease Control and Prevention. Guidelines for biosafety and laboratory competency: CDC and the Association of Public Health Laboratories. MMWR Suppl. 2011,60(2).1-23.

［9］Federal Select Agent Program [Internet]. Atlanta (GA); Riverdale (MD): Centers for Disease Control and Prevention; Animal and Plant Inspection Service; c2018 [cited 2019 Mar 6]. Occupational Health Program. Available from: https://www.selectagents.gov/ohp-intro.html.

［10］Jahrling P, Rodak C, Bray M, Davey RT. Triage and management of accidental laboratory exposures to biosafety level-3 and -4 agents. Biosecur Bioterror 2009;7(2):135-43.

［11］Fischman ML, Goldstein DA, Cullen MR. Emerging Technologies. In: Rosenstock L, Cullen MR, Brodkin CA, Redlich CA, editors. Textbook of Clinical Occupational and Environmental Medicine. 2nd ed. Philadelphia: Elsevier Saunders; 2005. p. 263-71.

［12］Kim DK, Riley LE, Hunger P. Advisory Committee on Immunization Practices recommended immunization schedule for adults aged 19 years or older—United States, 2018. MMWR Morb Mortal Wkly Rep. 2018;67(5):158-60.

［13］Centers for Disease Control and Prevention [Internet]. Atlanta (GA): National Center for Immunization and Respiratory Disease; c2019 [cited 2019 Mar 6]. ACIP Vaccine Recommendations and Guidelines. Available from: https://www.cdc.gov/vaccines/hcp/acip-recs/index.html.

［14］Centers for Disease Control and Prevention [Internet]. Atlanta (GA): National Center for Emerging and Zoonotic Infectious Diseases, Division of Healthcare Quality Promotion; c2016 [cited 2019 Mar 6]. Infection Control. Available from: https://www.cdc.gov/infectioncontrol/index.html

［15］Menckel EWA, Westerholm P, editors. Evaluation in occupational health practice. 1st ed. Oxford: Butterworth-Heinemann; 1999.

［16］Levy BS, Wegman DH, editors. Occupational Health: Recognizing and Preventing Work-related Disease and Injury. 4th ed. Philadelphia: Lippincott Williams & Wilkins; 2000.

［17］National Institutes of Health. NIH Guidelines for Research Involving Recombinant or Synthetic Nucleic Acid Molecules (NIH Guidelines). Bethesda (MD): National Institutes of Health, Office of Science Policy; 2019.

［18］Federal Select Agent Program [Internet]. Atlanta (GA); Riverdale (MD): Centers for Disease Control and Prevention; Animal and Plant Health Inspection Service; c2017 [cited 2019 Mar 6]. Select Agents Regulations. Available from: https://www.selectagents.gov/regulations.html.

［19］Occupational Safety and Health Administration. Laboratory Safety Guidance. OSHA 3404-11R. Washington (DC): U.S. Department of Labor; 2011.

［20］Bloodborne pathogens, 29 C.F.R. Part 1910.1030 (1992).

［21］Americans with Disabilities Act [Internet]. Washington (DC): Department of Justice Civil Rights Division; [cited 2019 Mar 6]. Fighting Discrimination in Employment Under the ADA. Available from: https://www.ada.gov/employment.htm.

［22］U.S. Equal Employment Opportunity Commission [Internet]. Washington (DC): Office of Legal Counsel; c2015 [cited 2019 Mar 6]. Enforcement Guidance: Pregnancy Discrimination and Related Issues. No. 915.003. Available from: https://www.eeoc.gov/laws/guidance/pregnancy_guidance.cfm.

［23］U.S. Department of Health and Human Services [Internet]. Washington (DC): Office for Civil Rights Headquarters; c2017 [cited 2019 Mar 6]. Your Rights Under HIPAA. Available from: https://www.hhs.gov/

hipaa/for-individuals/guidance-materials-for-consumers/index.html.

[24] American Medical Association [Internet]. Chicago (IL): Ethics; c1995-2019 [2019 Mar 6]. Code of Medical Ethics: Privacy, confidentiality & medical records. Available from: https://www.ama-assn.org/delivering-care/ethics/code-medical-ethics-privacy-confidentiality-medical-records.

[25] National Institutes of Health [Internet]. Bethesda (MD): National Institute of Allergy and Infectious Diseases; c2018 [cited 2019 Mar 6]. The Need for Biosafety Labs. Available from: https://www.niaid.nih.gov/research/biosafety-labs-needed.

[26] Wurtz N, Papa A, Hukic M, Di Caro A, Leparc-Goffart I, Leroy E, et al. Survey of laboratory-acquired infections around the world in biosafety level 3 and 4 laboratories. Eur J Clin Microbiol Infect Dis. 2016;35(8):1247-58.

[27] Richards SL, Pompei VC, Anderson A. BSL-3 laboratory practices in the United States: comparison of select agent and non-select agent facilities. Biosecur Bioterror. 2014;12(1):1-7.

[28] Condreay JP, Kost TA, Mickelson CA. Emerging considerations in virus-based gene transfer systems. In: Wooley DP, Byers KB, editors. Biological Safety: Principles and Practices. 5th ed. Washington (DC): ASM Press; 2017. p. 221-46.

[29] Howard J, Murashov V, Schulte P. Synthetic biology and occupational risk. J Occup Environ Hyg. 2017;14(3):224-36.

[30] Wooley DP. Molecular agents. In: Wooley DP, Byers KB, editors. Biological Safety: Principles and Practices. 5th ed. Washington (DC): ASM Press; 2017. p. 269-83.

[31] Schlimgen R, Howard J, Wooley D, Thompson M, Baden LR, Yang OO, et al. Risks associated with lentiviral vectors exposures and prevention strategies. J Occup Environ Med. 2016;58(12):1159-66.

[32] National Institutes of Health [Internet]. Bethesda (MD): Office of Science Policy; [cited 2019 Mar 6]. Biosafety, Biosecurity, and Emerging Biotechnology. Available from: https://osp.od.nih.gov/biosafety-biosecurity-and-emerging-biotechnology/.

[33] National Research Council. Occupational Health and Safety in the Care and Use of Research Animals. Washington (DC): National Academy Press; 1997.

[34] Hankenson FC, Johnston NA, Weigler BJ, Di Giacomo RF. Zoonoses of occupational health importance in contemporary laboratory animal research. Comp Med. 2003;53(6):579-601.

[35] Bailey C, Mansfield K. Emerging and Reemerging Infectious Diseases of Nonhuman Primates in the Laboratory Setting. Vet Pathol. 2010;47(3):462-81.

[36] Willy ME, Woodward RA, Thornton VB, Wolff AV, Flynn BM, Heath JL, et al. Management of a measles outbreak among Old World nonhuman primates. Lab Anim Sci. 1999;49(1):42-8.

[37] Occupational Safety and Health Standards. Respiratory protection, 29 C.F.R. Sect. 1910.134 (2006).

[38] OSHA Instruction. Hearing Conservation Program, PER 04-00-004 (2008).

[39] Miller JM, Astles R, Baszler T, Chapin K, Carey R, Garcia L, et al. Guidelines for safe work practices in human and animal medical diagnostic laboratories. Recommendations of a CDC-convened, Biosafety Blue Ribbon Panel. MMWR Suppl. 2012;61(1):1-102. Erratum in: MMWR Surveill Summ. 2012;61(12):214.

[40] Centers for Disease Control and Prevention; Animal and Plant Health Inspection Service. Incident Response Plan Guidance [Internet]. Federal Select Agent Program; 2018 [cited 2019 Aug 9]. Available from: https://www.selectagents.gov/resources/Incident_Response_Plan.pdf

[41] Belk HD. Implementing continuous quality improvement in occupational health programs. J Occup Med. 1990;32(12):1184-8.

[42] U.S. Department of Labor [Internet]. Washington (DC): Bureau of Labor Statistics; c2013 [cited 2019 Mar 6]. Using workplace safety and health data for injury prevention. Available from: https://www.bls.gov/opub/

mlr/2013/article/using-workplace-safety-data-for-prevention.htm.

［43］Peterson JS, Morland MA. Measuring biosafety program effectiveness. In: Wooley DP, Byers KB, editors. Biological Safety: Principles and Practices. 5th ed. Washington (DC): ASM Press; 2017. p. 519-36.

［44］Advisory Committee on Immunization Practices; Centers for Disease Control and Prevention (CDC). Immunization of Health-Care Personnel: Recommendations of the Advisory Committee on Immunization Practices (ACIP). MMWR Recomm Rep. 2011;60(RR-7):1-45.

［45］Tuck MK, Chan DW, Chia D, Godwin AK, Grizzle WE, Krueger KE, et al. Standard operating procedures for serum and plasma collection: early detection research network consensus statement standard operating procedure integration working group. J Proteome Res. 2009;8(1):113-7.

［46］Occupational Safety and Health Administration Medical Screening and Surveillance Requirements in OSHA Standards: A Guide. OSHA 3162-01R. Washington (DC): U.S. Department of Labor; 2014.

［47］Baker EL, Matte TP. Occupational Health Surveillance. In: Rosenstock L, Cullen MR, Brodkin CA, Redlich CA, editors. Textbook of Clinical Occupational and Environmental Medicine. 2nd ed. Philadelphia: Elsevier Saunders; 2005. p. 76-82.

［48］Koh D, Aw T-C. Surveillance in occupational health. Occup Environ Med. 2003;60:705-10.

［49］Manno M, Sito F, Licciardi L. Ethics of biomonitoring for occupational health. Toxicol Lett. 2014;231(2):111-21.

［50］Rusnak JM, Kortepeter MG, Aldis J, Boudreau E. Experience in the medical management of potential laboratory exposures to agents of bioterrorism on the basis of risk assessment at the Unites States Army Medical Research Institute of Infectious Diseases (USAMRIID). J Occup Environ Med. 2004;46(8):801-11.

［51］Kuhar DT, Henderson DK, Struble KA, Heneine W, Thomas V, Cheever LW, et al. Updated US Public Health Service Guidelines for the Management of Occupational Exposures to Human Immunodeficiency Virus and Recommendations for Postexposure Prophylaxis. Infect Control Hosp Epidemiol. 2013:34(9);875-92.

［52］Byers KB, Harding AL. Laboratory-associated infections. In: Wooley DP, Byers KB, editors. Biological Safety: Principles and Practices. 5th ed. Washington (DC): ASM Press; 2017. p. 59-92.

［53］Kimman TG, Smit E, Klein MR. Evidence-Based Biosafety: a Review of the Principles and Effectiveness of Microbiological Containment Measures. Clin Microbiol Rev. 2008;21(3):403-25.

［54］Siengsanan-Lamont J, Blacksell SD. A Review of Laboratory-Acquired Infections in the Asia-Pacific: Understanding Risk and the Need for Improved Biosafety for Veterinary and Zoonotic Diseases. Trop Med Infect Dis. 2018;3(2). pii: E36.

［55］Cohen JI, Davenport DS, Stewart JA, Deitchman S, Hilliard JK, Chapman LE, et al. Recommendations for prevention of and therapy for exposure to B virus (Cercopithecine herpesvirus 1). Clin Infect Dis 2002;35(10):1191-203.

［56］Centers for Disease Control and Prevention. Fatal Laboratory-Acquired Infection with an Attenuated Yersinia pestis Strain-Chicago, Illinois, 2009. MMWR Morb Mortal Wkly Rep. 2011;60(7):201-5.

［57］Sheets CD, Harriman K, Zipprich J, Louie JK, Probert WS, Horowitz M, et al. Fatal Meningococcal Disease in a Laboratory Worker-California, 2012. MMWR Morb Mortal Wkly Rep. 2014;63(35):770-2.

［58］Crane JT, Richmond JY. Design of biomedical laboratory and specialized biocontainment facilities. In: Wooley DP, Byers KB, editors. Biological Safety: Principles and Practices. 5th ed. Washington (DC): ASM Press; 2017. p. 343-66.

［59］Rusnak JM, Kortepeter MG, Hawley RJ, Anderson AO, Boudreau E, Eitzen E. Risk of occupationally acquired illnesses from biological threat agents in unvaccinated laboratory researchers. Biosecur Bioterror. 2004;2(4):281-93.

［60］Bressler DS, Hawley RJ. Safety considerations in the biosafety level 4 maximum-containment laboratory. In:

Wooley DP, Byers KB, editors. Biological Safety: Principles and Practices. 5th ed. Washington (DC): ASM Press; 2017. p. 695-717.

[61] Kortepeter MG, Cieslak TJ, Kwon EH, Smith PW, Kratochvil CJ, Hewlett AL. Comment on "Ebola virus infection among Western healthcare workers unable to recall the transmission route." Biomed Res Int. 2017;2017:7458242.

[62] Risi GF, Bloom ME, Hoe NP, Arminio T, Carlson P, Powers T, et al. Preparing a community hospital to manage work-related exposures to infectious agents in biosafety level 3 and 4 laboratories, Emerg Infect Dis. 2010;16(3):373-8.

第八部分

病原概述

　　《微生物与生物医学实验室安全手册》（BMBL）第 6 版第八节中的"病原概述"旨在帮助读者根据第二节的指示评估其工作风险。本概述部分由领域专家汇编而成，其中汇总了病原体的关键信息，对生物医学界具有重要意义。

　　虽然本部分针对在具体情况下如何实施控制措施提供了建议，但仅能作为实验室风险评估的出发点，而不能替代评估本身。因样本量、病原体浓度、毒性或致病性变化等引起的风险变化，以及因抗生素或抗病毒制剂耐药性而引起的医疗能力变化，本部分都无法充分考虑在内。

　　以下病原体列表也并非详尽，读者在进行风险评估时可参考其他信息，包括加拿大公共卫生局的《病原体安全数据表》（PSDS）[1]、美国公共卫生协会的《传染病控制手册》[2]、美国微生物学会的《临床微生物手册》[3] 和美国生物安全协会（ABSA）的《国际风险小组数据库》[4]。

原书参考文献

［1］Government of Canada [Internet]. Canada: Public Health Agency of Canada; c2018 [cited 2018 Dec 20]. Pathogen Safety Data Sheets. Available from: https://www.canada.ca/en/public-health/services/laboratory-biosafety-biosecurity/pathogen-safety-data-sheets-risk-assessment.html.

［2］Heymann DL, editor. Control of Communicable Diseases Manual. 20th ed. Washington (DC): American Public Health Association; 2014.

［3］Jorgensen JH, Pfaller MA, Carroll KC, Funke G, Landry ML, Richter SS, et al, editors. Manual of Clinical Microbiology. 11th ed. Washington (DC): American Society for Microbiology; 2015.

［4］American Biological Safety Association [Internet]. ABSA International; c2018 [cited 2018 Dec 20]. Risk Group Database. Available from: https://my.absa.org/tiki-index.php?page=Riskgroups.

A　细菌病原

炭疽杆菌

炭疽杆菌是一种革兰氏阳性、非溶血性、非运动性的芽孢杆菌，是引起炭疽的病原体，炭疽是一种感染野生动物及家畜（包括人类）的急性细菌性疾病。与芽孢杆菌属的其他亚群一样，在条件不利时，炭疽杆菌能够产生芽孢，芽孢会让该菌长期（数年）存活，同时能够抵御高温和干燥，直到环境适宜，进入营养生长阶段[1]。正是由于其能产生芽孢，而且对人类有巨大的致病潜力，这种微生物被认为是最恐怖和最具威胁性的生物战或生物恐怖病原体[2]。大多数哺乳动物很容易被炭疽杆菌感染，其中从污染土壤中摄取芽孢的食草动物最常被感染，其次是以病畜尸体为食的食肉动物。在美国，炭疽杆菌偶尔会感染西部、中西部和西南部部分地区的动物。在非洲、中亚和南亚，炭疽人间发病率最高[3]。不同物种的感染剂量差异很大，而且感染剂量与传播途径有关。在人类群体中，吸入性炭疽的感染剂量（ID）主要是根据非人灵长类动物的吸入激发试验或者在受污染的羊毛工厂进行的研究推断出来的。不同估计值之间差异很大，但半数致死剂量（LD_{50}）可能在 2 500 ~ 55 000 个芽孢的范围内[4]。一般认为，只需要很少的芽孢（10 个或更少）就会引起皮肤炭疽感染[5]。自 20 世纪上半叶以来，炭疽病例在美国一直很少出现。曾有报道显示，如不使用抗生素，皮肤炭疽的病死率约为 20%；胃肠炭疽病死率为 25% ~ 75%；吸入性炭疽病死率达 80% 以上。经治疗后，皮肤炭疽病死率只有不到 1%。在 2001 年出现的吸入性炭疽病例中，经抗生素治疗的病死率为 36%[6,7]，经吸入后，蜡样芽孢杆菌炭疽生物型会引起与吸入性炭疽类似的症状。目前还没有快速排除试验能够区分蜡样芽孢杆菌炭疽生物变种和其他芽孢杆菌属[6]。

职业感染

如接触受污染的动物、动物产品或炭疽杆菌纯培养物，则有可能发生职业感染，感染人群可包括牧场主、兽医和实验室工作人员。虽然早期文献中记录了大量实验室相关炭疽感染病例（主要是皮肤炭疽），但近年来美国很少出现因实验室意外导致的炭疽病例[8,9]。

自然感染方式

因不同感染途径引起的人类炭疽病的临床表现包括：

1. 皮肤炭疽（通过破损皮肤）；

2. 胃肠炭疽（通过摄食）；

3. 吸入性炭疽[10]；

4. 注射性炭疽（到目前为止，北欧已经发现海洛因注射吸毒者）[11,12]。

皮肤炭疽是最常见的（占全世界人间病例 95% 以上）也是很容易治疗的一种疾病。虽然自然发生的疾病在美国不属于重大公共卫生问题，但炭疽杆菌已成为一个生物恐怖主义威胁。2001 年，有 22 人被诊断患有炭疽（从邮寄的芽孢中获得），包括 11 例吸入性炭疽（其中 5 例死亡），以及 11 例皮肤炭疽[13]。一份关于应急运输活微生物的报告强调了遵守处理准则的重要性[14]。炭疽的预防和治疗方法与其他细菌感染的预防和治疗方法不同。如采用暴露后预防措施或者联合使用抗菌药物治疗炭疽，建议考虑因素包括：是否会产生毒素、抗生素的耐药性、是否频发脑膜炎以及是否存在潜伏芽孢[15]。

实验室安全与防护建议

炭疽杆菌可能存在于血液、皮损渗出液、脑脊液（CSF）、胸膜液、痰液中，很少存在于尿液和粪便中[12]。实验室人员的主要暴露危险包括：破损皮肤与培养物和被污染的实验室表面直接或间接接触、意外肠外接种以及（很少）接触传染性气溶胶。芽孢能够抵抗许多消毒剂，在某些物体表面可能会存活数年。

如从事涉及大量或高浓度培养物、从炭疽感染地点筛选环境或未知样品（尤其是粉末）、炭疽诊断或疑似炭疽样本的工作，以及从事有可能产生气溶胶的活动，则建议采用 BSL-3 级实验室操作、安全防护设备和设施。一旦发现样本存在疑似炭疽杆菌，则建议按照 BSL-3 级实验室操作进行进一步培养和分析。如对潜在传染性临床材料的培养物进行初步接种，则建议采用 BSL-2 级实验室操作、安全防护设备和设施。如使用实验感染的啮齿类实验动物进行研究，则建议采用 ABSL-2 操作、安全防护设备和设施。建议使用可高压灭菌的气密性转子或安全杯（每次运行后在生物安全柜内打开）进行所有离心操作。另外，建议用常规拭子从转子和转子盖内采样培养。如果转子受到污染，则建议再次使用前对转子进行高压灭菌。

特殊问题

使用自动鉴定系统时，注意可能会出现错误识别。在使用基质辅助激光解吸电离飞行时间质谱（MALDI-TOF MS）进行鉴定时，建议先在安全柜中进行灭活，并用试管提取法替换在开放实验室中直接滴平板，并 0.1 ~ 0.2 μm 的过滤器过滤掉所有剩余的细胞体或孢子。[15,16]。

使用疫苗预防炭疽病最开始是预防家畜发病，家畜疫苗接种一直以来都是炭疽控制计划的核心。人类炭疽病最好通过预防控制，措施包括：（a）对接触气溶胶炭疽杆菌孢子的高危人群进行暴露前疫苗接种；（b）对有感染炭疽风险的家畜进行疫苗接种，以减少动物发病；（c）环境控制措施，减少暴露于受污染动物产品（如进口毛皮）的可能。人暴露于含炭疽杆菌孢子的气溶胶后抗生素与疫苗联合使用是最好的保护措施[17]。目前有一种适合人类炭疽病的许可疫苗，即炭疽无菌培养滤液佐剂吸附苗（anthrax vaccine adsorbed，AVA）。AVA 是一种减毒的无芽孢炭疽杆菌的保护性抗原。疫苗由美国食品药品监督管理局（FDA）批准，适合有炭疽暴露风险成人的暴露前接种。ACIP 提供了关于在职业环境中使用炭疽疫苗的指南[18]。美国疾病控制预防中心（CDC）已经审查并更新炭疽暴露后预防和治疗指南[17]。对于在普通临床诊断实验室中参与临床标本或环境拭子常规处理的工作人员，不建议接种炭疽疫苗。值得注意的是，Obiltoxaximab 是一种针对炭疽杆菌保护性抗原的新型单克隆抗体，在炭疽的发病机制中发挥着关键作用，它已经被批准用于治疗和预防吸入性炭疽[19]。一旦发生毒血症，抗生素的治疗效力就会很有限，因此目前正在探索各种针对炭疽毒素的治疗方案[20]。

管制性病原　炭疽杆菌和蜡样芽孢杆菌炭疽生物变种属于管制性病原，其获取、使用、储存和 / 或转移都必须在 CDC 和（或）美国农业部（USDA）进行登记。有关更多信息，参见附录 F。

病原的运输　进口该病原需要获得美国 CDC 和（或）USDA 的进口许可。在美国国内运输该病原需要获得美国农业部动植物卫生检验局兽医管理处（USDA APHIS VS）的许可。如需将病原出口到其他国家 / 地区，则需要美国商务部（DoC）的许可。有关更多信息，参见附录 C。

百日咳鲍特菌

百日咳鲍特菌是一种人类特有的呼吸道病原体，呈世界性分布，是百日咳的病原体。它是一种需要特殊培养和运输介质才能在实验室培养的小型革兰氏阴性球杆菌[21]。可以采用分子生物学方法检测是否发生感染。人类呼吸道是这种病原体的自然栖息地。

职业感染

据报告，因职业性接触而感染百日咳的群体主要是医护人员[22]。记录表明，医院、长期护理机构和实验室均发生过百日咳疫情（包括二次传播）。医疗机构曾发生院内传播现象，关于实验室相关的百日咳病例也有记载[23,24]。

自然感染方式

百日咳具有高度传染性，人际传播是通过含有该微生物的雾化呼吸道分泌物（飞沫）进行的。易感人群发病率受感染个体的暴露频率、程度和时间的影响，但易感接触者的传播率可达90%，感染剂量仅为100菌落形成单位（CFU）左右[21]。尽管在20世纪40年代实施疫苗接种计划后，报告的百日咳病例数减少了99%，但百日咳仍然会周期性出现，特定地区内每3～5年就会出现一次发病高峰期[25]。2015年，世界卫生组织报告全球有142 512例百日咳病例，估计其中有89 000例死亡[26]。但是，根据最近一份有关百日咳病例和死亡数量（估计）的出版物，2014年全世界有2 410万例百日咳病例，其中五岁以下的儿童中有160 700例死亡[27]。重要的是，尽管婴儿和儿童的疫苗接种率很高，但百日咳杆菌仍在人群中传播，因为接种几年后的保护性会减弱[28]。

在接种疫苗的国家，虽然百日咳主要出现在新生儿中，但不论是否接种过疫苗，所有年龄段的人群都会发生感染，包括幼儿、学龄儿童、青少年和成人[27-29]。发生非典型或未确诊的百日咳杆菌感染的成人和青少年是主要传染传染源。百日咳杆菌黏附素是百日咳杆菌的一种外膜蛋白和毒力因子。需要注意的是，百日咳杆菌黏附素阴性的毒株可能会逃避疫苗免疫[30]。

实验室安全与防护建议

百日咳鲍特菌可大量存在于呼吸道分泌物中，也可能出现在其他临床样本中，如血液和肺组织[31,32]。操作培养物和受污染的临床标本时，产生的气溶胶感染风险最高。直接接触也会有感染风险，病原体可在衣物等表面存活数天。

生产操作适合采用BSL-3级防护、安全防护设备和设施。如从事的活动涉及使用或操作已知或潜在传染性临床材料和培养物，则建议采用BSL-2级防护、安全防护设备和设施；如饲养实验感染动物，建议采用ABSL-2级实验室操作；如从事可能产生潜在传染性气溶胶的活动，则建议使用一级防护装置和设备（包括生物安全柜、安全离心机或密封转子）。

特殊问题

疫苗　许多百日咳疫苗适用于婴儿、儿童、早产儿、青少年和成人接种。Tdap（破伤风/白喉/百日咳）适用于青少年（10至12周岁）和成人，是百日咳的加强疫苗[33]。

病原运输　进口该病原需要获得美国CDC和（或）USDA的进口许可。在美国国内运输该病原需要获得美国农业部动植物卫生检查局兽医处（USDA APHIS VS）的许可。如需将病原出口到其他国家/地区，则需要美国商务部的许可。有关更多信息，参见附录C。

布鲁氏菌属

布鲁氏菌属由生长缓慢、非常小的革兰氏阴性球杆菌组成，其自然宿主是哺乳动物。布鲁氏菌的分类仍在不断变化，但该菌属目前公认包括 10 个种。

- 6 个陆地种
    - 羊布鲁氏菌（首选宿主：绵羊、山羊和骆驼）
    - 猪布鲁氏菌（首选宿主：猪和其他野生动物）
    - 牛布鲁氏菌（自然宿主：黄牛和水牛）
    - 犬布鲁氏菌（自然宿主：狗）
    - 绵羊布鲁氏菌（自然宿主：公羊）
    - 沙林鼠布鲁氏菌（自然宿主：沙漠鼠和森林鼠）
- 3 个海洋种
    - 海豚布鲁氏菌
    - 鳍型布鲁氏菌
    - 鲸型布鲁氏菌
- 一个未知来源的种 [34]。

容易感染人类的高风险菌种包括牛布鲁氏菌、羊布鲁氏菌和猪布鲁氏菌。感染后临床表现广泛，患者恢复期较长。死亡率估计低于 1%[34,35]。

职业感染

布鲁氏菌是一种常见的实验室感染病原体 [34-38]。空气传播和黏膜皮肤暴露可能会引起实验室感染。许多实验室相关病例都是因为错误处理和错误鉴别该菌而造成的 [39]。例如，曾有 916 名实验室工作人员因错误处理 RB51 疫苗株（已知该疫苗株对人致病）的水平测试样本而暴露于该疫苗株，因而发病；因此特别强调操作和处置布鲁氏菌时要严格遵守指南的规定 [41]。布鲁氏菌病是一种职业病，通常见于处理受感染动物或其组织的人员，偶然自行接种疫苗株也会对兽医和其他动物饲养者产生职业危害。

自然感染方式

布鲁氏菌病又称波浪热、马耳他热或地中海热，是一种在世界范围内传播的人兽共患传染病。哺乳动物（特别是牛、山羊、猪和绵羊）是布鲁氏菌的宿主，因为动物感染后通常没有症状。布鲁氏菌病已确认存在多种传播途径，包括直接接触被感染的动物组织或产品、摄入受污染的牛奶，以及通过动物围栏和马厩中的空气传播。

实验室安全与防护建议

布鲁氏菌可出现在多个身体组织中，包括血液、脑脊液、精液、肺部排泄物、胎盘以及（偶尔）尿液。大多数实验室相关病例都发生在研究室中，原因是接触了大量布鲁氏菌或接触了含有布鲁氏菌属的胎盘组织。也有病例发生在临床实验室环境中，原因是不慎吸入了细菌培养物或在开放的工作台上做实验 [42,43]。人类感染的原因通常是接触气溶胶或皮肤直接接触培养物或传染性动物标本 [43,44]。如通过气溶胶或经皮途径传播，布鲁氏菌经实验动物感染的剂量为 10 ～ 100 个菌 [45,46]。布鲁氏菌能够抵抗环境变化，能够在尸体和器官、土壤和表面上存活数天至数月 [45,46]。

在操作致病性布鲁氏菌的培养物时，建议采用 BSL-3 级防护、安全防护设备和设施。在处理疑似含有布鲁氏菌的胚胎组织或临床标本时，建议采用 BSL-3 级实验室操作[12]。如进行实验动物研究，则建议采用 ABSL-3 级实验室操作。如对人类或动物源性临床标本进行常规处理，则建议采用 BSL-2 级防护、安全防护设备和设施。

特殊问题

使用自动鉴定系统时，注意可能会出现错误识别。在使用 MALDI-TOF MS 进行鉴定时，建议先在安全柜中进行灭活，并用试管提取法替代在开放实验室中直接滴平板。

疫苗　虽然其他国家已经研制出针对布鲁氏菌病的疫苗并进行了试验，但成效甚微[49]。尽管存在许多有效的动物免疫疫苗，但目前还没有适用于人类的许可疫苗。最近发现，基于抗体和细胞介导反应，一些核糖体蛋白和融合蛋白对布鲁氏菌具有保护作用，这对开发出有效疫苗可能有帮助[34]。

管制性病原　牛、羊和猪布鲁氏菌属于管制性病原，其获取、使用、储存和（或）传送都必须在 CDC 和（或）USDA 登记。有关更多信息，参见附录 F。

病原运输　进口该病原需要获得美国 CDC 和（或）USDA 的进口许可。在美国国内运输该病原需要获得美国农业部动植物卫生检查局兽医处（USDA APHIS VS）的许可。如需将病原出口到其他国家/地区，则需要美国商务部的许可。有关更多信息，参见附录 C。

鼻疽伯克霍尔德菌

鼻疽伯克霍尔德菌是一种与鼻疽有关的非运动性革兰氏阴性杆菌，主要感染马科动物，但也会感染人。虽然世界上某些地区存在地方性感染疫源地，但在美国因自然感染引起的鼻疽极为罕见，最近报告的一例自然病例追溯至 1934 年[50]。根据报告结果，在不治疗的情况下病死率超过 90%，经过治疗后的病死率达 50%[50]。

职业感染

鼻疽感染者主要是马科动物工作人员和（或）处理鼻疽伯克霍尔德菌培养物的实验室人员。在实验室环境中，鼻疽伯克霍尔德菌具有很强的传染性。在过去 50 年中，美国唯一报告的人类鼻疽病例是由实验室暴露引起的[51]。该疾病的传播方式包括吸入和（或）皮肤黏膜暴露。

自然感染方式

鼻疽是一种传染性很强的奇蹄目动物（如马、山羊和驴）疾病。人类感染的主要方式是由这些动物传播，但人际传播很少见。在北美和西欧，奇蹄目动物鼻疽和人类鼻疽已经彻底根除。但在亚洲东北部、南美、东欧、北非和中东地区，仍然报告有散发的动物鼻疽[50]。人类鼻疽的临床表现包括以化脓性组织脓肿为特征的局部感染、肺部感染、菌血症或慢性感染。该微生物的传播方式包括：直接侵入擦伤或撕裂的皮肤、吸入并伴有深部肺部沉积，以及细菌侵入鼻、口和结膜黏膜。职业暴露通常在皮肤裸露的情况下发生[50]。

实验室安全与防护建议

在实验室环境中，鼻疽伯克霍尔德菌可能会产生危害。实验室感染常由气溶胶和皮肤接触引起的。美国 50 多年来报告的第一例鼻疽病例是发生于 2001 年的实验室感染[51,52]。鼻疽伯克霍尔德菌在室温条件的水中能够存活 30 天，因此，处理这种病原体的实验室和动物设施在制定和实施安全、消毒和防护程序时应考虑这一因素。

在操作可疑培养物、动物尸检和实验动物研究时，建议采用 BSL-3 级和 ABSL-3 级防护、安全设备和设施。在准备自动鉴定系统所需的培养物或受污染材料时，建议采用 BSL-3 级实验室操作。生产操作也适合采用 BSL-3 级实验室操作、隔离设备和设施。对潜在传染性临床材料的培养物进行初步接种时，建议采用 BSL-2 级实验室操作、安全防护设备和设施。从事可能产生潜在传染性气溶胶的活动时，建议使用一级安全防护装置和设备（包括生物安全柜、安全离心机或密封转子）。

特殊问题

使用自动鉴定系统时，注意可能会出现错误识别。在使用 MALDI-TOF MS 进行鉴定时，建议先在安全柜中进行灭活，并用试管提取法替代在开放实验室中直接滴平板。

疫苗　目前已经开展疫苗研发工作，但尚无可用疫苗[53]。

管制性病原　鼻疽伯克霍尔德菌是一种管制性病原，其获取、使用、储存和（或）传送都必须在 CDC 和（或）USDA 登记。有关更多信息，参见附录 F。

病原运输　进口该病原需要获得美国 CDC 和（或）USDA 的进口许可。在美国国内运输该病原需要获得美国农业部动植物卫生检查局兽医处（USDA APHIS VS）的许可。如需将病原出口到其他国家 / 地区，则需要美国商务部 DoC 的许可。有关更多信息，参见附录 C。

类鼻疽伯克霍尔德菌

类鼻疽伯克霍尔德菌是一种有动力的、氧化酶阳性的革兰氏阴性菌，主要分布于赤道地区的土壤和水环境中，包括东南亚、澳大利亚北部、马达加斯加、非洲、印度、中国、中美洲和南美洲[54]，是类鼻疽的病原体，能够同时感染人类和动物。最近的一项研究估计，全球类鼻疽病例为 165 000 例，其中 89 000 例死亡[55]。

职业感染

类鼻疽与人类接触土壤和水的活动（如水稻种植或园艺）有关。类鼻疽伯克霍尔德菌也会对实验室工作人员产生危害，有两例实验室工作人员因气溶胶传播感染类鼻疽的报道[56-58]。

自然感染方式

自然感染方式一般包括通过摄入、经皮接触或吸入等传播方式特别是直接接触环境中水或土壤中的微生物。在流行地区，大量农业工作者即使在无明显疾病的情况下，类鼻疽伯克霍尔德菌抗体也可呈阳性[59]。类鼻疽的临床表现包括局限性疾病、肺部疾病、菌血症和播散性疾病。各种组织和器官均可能会出现脓肿，但是，接触这种微生物的大多数人都不会出现临床感染[54]。感染类鼻疽的危险因素包括：糖尿病、肝肾疾病、慢性肺病、地中海贫血、恶性肿瘤和免疫抑制[54,60,61]。

实验室安全与防护建议

类鼻疽伯克霍尔德菌可引起人体系统疾病。感染源可能是感染组织、皮肤或组织脓肿的化脓性引流物，也可能是血液和痰。类鼻疽伯克霍尔德菌可在水中（以及土壤中）存活数年，因此处理这种病原体的实验室和动物设施在制定和实施安全、消毒和防护程序时应考虑这一因素[62,63]。

在操作可疑培养物、进行动物尸检和实验动物研究时，建议采用 BSL-3 级和 ABSL-3 级防护、安全防护设备和设施。BSL-3 防护建议用于自动鉴定系统的培养物或受污染材料的准备工作。BSL-3 防护、屏障防护设备和设施适用于生产操作。建议使用 BSL-2 防护、屏障设备和设施对潜在感染性临床材料的培养物进行初步接种。

特殊问题

使用自动化系统时，注意可能会出现错误识别。在使用 MALDI-TOF MS 进行鉴定时，建议先在安全柜中进行灭活，并用试管提取法替代在开放实验室中直接滴平板。

管制性病原 类鼻疽伯克霍尔德菌是一种管制性病原，其获取、使用、储存和（或）传送都必须在 CDC 和（或）USDA 登记[64]。有关更多信息，参见附录 F。

病原运输 进口该病原需要获得美国 CDC 和（或）USDA 的进口许可。在美国国内运输该病原需要获得美国农业部动植物卫生检查局兽医处（USDA APHIS VS）的许可。如需将病原出口到其他国家 / 地区，则需要美国商务部的许可。有关更多信息，参见附录 C。

弯曲杆菌

弯曲杆菌是弯曲的 S 形或螺旋形革兰氏阴性杆菌，与胃肠道感染、菌血症和败血症有关。对于某些菌种，可使用选择性培养基、降低氧张力和升高培养温度（43℃）的方式从粪便标本中分离，或者通过对主要临床标本进行分子检测的方式来检测。

职业感染

这些微生物很少会引起实验室相关感染，虽然存在实验室相关病例的记录[65-67]。被感染的动物也是潜在传染源[68]。

自然感染方式

弯曲杆菌存在于很多家畜和野生动物身上，包括家禽、宠物、家畜、实验动物和野生鸟类，它们是实验室和动物护理人员的潜在传染源。虽然弯曲杆菌的感染剂量尚未确定，但只要摄入 350 ~ 800 个微生物就会导致有症状感染[69-71]。自然传播方式一般包括：摄入被污染食物（如家禽和奶制品、受污染的水），直接接触污水受感染的宠物和家畜，尤其是接触牛粪[72]。关于人际传播已有病例记录[73]。虽然这种疾病通常具有自限性，但若未经治疗而且伴随某些免疫功能低下的情况，则可能出现复发[74]。虽然感染可能呈现轻度症状，但孕妇可能会出现严重的并发症，包括脓毒性流产[75,76]。

实验室安全与防护建议

致病性弯曲杆菌可能大量出现在粪便标本中。胚胎弯曲杆菌胚胎亚种存在于血液、脓肿渗出物、组织和痰中。弯曲杆菌可在 4℃ 的水中存活数周。实验室的主要风险是摄入和肠外接种。气溶胶暴露的意义目前尚不清楚。

如从事有关培养物或潜在传染性临床材料的活动，则建议采用 BSL-2 级实验室；如从事与自然或实验感染动物有关的活动，则建议采用 ABSL-2 级实验室操作。

特殊问题

病原运输 进口该病原需要获得美国 CDC 和（或）USDA 的进口许可。在美国国内运输该病原需要获得美国农业部动植物卫生检查局兽医处（USDA APHIS VS）的许可。如需将病原出口到

其他国家 / 地区，则需要美国商务部的许可。有关更多信息，参见附录 C。

鹦鹉热衣原体、沙眼衣原体、肺炎衣原体

鹦鹉热衣原体、沙眼衣原体、肺炎衣原体是感染人类的 3 种衣原体。另一种命名方式包括肺炎嗜衣原体和鹦鹉热嗜衣原体。衣原体是一种无动力细菌病原体，生命周期与专性细胞内寄生的微生物相同。这 3 种衣原体在宿主谱、致病性和疾病临床表现上存在差异。鹦鹉热衣原体是一种人兽共患病病原体，通常感染鹦鹉类（即鹦鹉科）鸟类，对人类具有高致病性。经过适当治疗，鹦鹉热衣原体的病死率约为 1%[77-79]。沙眼衣原体一直被认为是一种人类特有的病原体。肺炎衣原体被认为是致病性最低的菌种，通常导致动物和人类出现亚临床或无症状感染。衣原体具有双相发育周期：原体在细胞外存活，具有感染性；网状体在细胞内寄生，以液泡二分体方式繁殖[78-80]。

职业感染

由鹦鹉热衣原体和沙眼衣原体性病淋巴肉芽肿（lymphogramnuloma venereum，LGV）毒株引起的衣原体感染曾一度是常见的实验室相关菌感染[36,83]。在 1955 年以前报告的病例中，大多数感染来自鹦鹉热衣原体，在实验室相关的传染性病原体中，这种微生物感染病死率最高[84]。实验室相关鹦鹉热的主要来源是：在处理、照料或解剖自然或实验感染的鸟类期间接触或暴露于传染性气溶胶。受到感染的小鼠和鸡胚也是鹦鹉热衣原体的重要来源。大多数报告的沙眼衣原体实验室感染病例都是因为在净化或超声处理程序中吸入了大量悬浮微生物。早期报告的感染病例都是因为吸入了小鼠鼻腔接种或卵黄囊接种以及收集衣原体的原体过程中形成的气溶胶。感染症状包括发热、发冷、乏力和头痛；若鹦鹉热衣原体感染，可能会出现干咳。一些接触沙眼衣原体的工作人员会发生纵隔和锁骨淋巴结炎、肺炎、结膜炎和角膜炎等疾病[81,85]。衣原体抗原通常会发生血清转化，而且此类转化非常显著；然而，早期抗生素治疗可能预防抗体反应。抗生素可以有效治疗衣原体感染。曾有一例实验室相关感染病例是由吸入肺炎衣原体的雾滴气溶胶引起的[86]。也有因接触马胎膜引起疫情暴发的报告[87,88]。对于所有衣原体菌种，经常导致感染的职业暴露途径是暴露于眼睛、鼻子和呼吸道黏膜组织。

自然感染方式

鹦鹉热衣原体是鹦鹉热的病因，鹦鹉热是一种呼吸道感染病，可能导致重症肺炎（需要重症监护支持）和死亡。其后遗症包括心内膜炎、肝炎、流产和神经并发症[78]。自然感染途径是吸入受感染鸟类的干分泌物。一般作为宠物饲养的鹦鹉品种（如鹦鹉、长尾小鹦鹉、澳洲鹦鹉）和家禽是最普遍的传染源。沙眼衣原体感染的临床表现包括：生殖道感染、包涵体结膜炎、沙眼、婴儿肺炎和 LGV。与生殖器毒株相比，LGV 毒株会引起更严重的系统性疾病。沙眼衣原体生殖道感染通过性传播，而眼部感染（沙眼）通过接触感染者的分泌物或尘螨传播。肺炎衣原体是导致呼吸道感染的常见原因，高达 50% 的成人有接触过肺炎衣原体的血清学证据。肺炎衣原体感染途径是液滴气溶胶化，其症状通常较轻或者无症状，但是，研究表明这种病原体可能与动脉粥样硬化、哮喘等慢性疾病有关[82,89]。

实验室安全与防护建议

鹦鹉热衣原体可能存在于受感染鸟类的组织、粪便、鼻分泌物和血液中，也可能存在于受感染

人类的血液、痰和组织中。鹦鹉热衣原体在环境中存活数月且保持传染性，在干燥、无生命的物体表面存活 15 天 [90]。沙眼衣原体可能存在于受感染人类的生殖器、鼻涕和结膜液中。对于从事与鹦鹉热衣原体有关工作的实验室人员，其主要风险是在处理受感染鸟类和组织的过程中接触传染性气溶胶和飞沫 [91,92]。沙眼衣原体和肺炎衣原体在实验室的主要危险因素包括：意外肠外接种、眼睛、鼻子和口腔黏膜直接或间接接触生殖器、腹股沟或结膜液、细胞培养用品，以及受感染的细胞培养物或卵囊的液体。传染性气溶胶（包括可能因离心而产生的气溶胶）也是感染危险因素。

如从事与已知含有或可能感染沙眼衣原体 LGV 血清型（L1 ~ L3）的培养物、标本或临床分离菌相关的工作，则建议采用 BSL-3 级实验室操作。如从事的活动极有可能产生雾滴或气溶胶或者存在大量或高浓度的传染性物质，也建议采用 BSL-3 级实验室操作。

如从事的活动包括对受感染鸟类进行尸检和对已知含有或可能感染禽源鹦鹉热衣原体毒株的组织或培养物进行诊断检查，则建议采用 BSL-3 级实验室操作。尸检前用消毒洗涤剂浸润受感染鸟类的羽毛，可以明显降低受感染粪便和鼻腔分泌物在鸟类羽毛和身体表面形成气溶胶的风险。若实验人员的工作涉及处理自然或实验感染的笼中鸟类，则建议采用 ABSL-3 级实验室操作。

只要遵守 BSL-3 级操作规范，与鹦鹉热衣原体非禽类毒株有关的活动可在 BSL-2 级设施中进行。只要在处理有潜在传染性的物质时遵循 BSL-3 级操作规范，有关沙眼衣原体 LGV 血清型的实验室工作也可以在 BSL-2 级设施中进行。

如果工作涉及处理临床标本或已知或可能含有沙眼衣原体或肺炎衣原体眼睛或生殖器血清型的变种，则建议采用 BSL-2 级实验室操作。如从事的活动涉及实验感染沙眼衣原体或肺炎衣原体生殖器血清型的动物，也建议使用 ABSL-2 级实验室操作。

特殊问题

沙眼衣原体生殖器感染属于法定报告的传染病。

疫苗　目前不存在针对衣原体的人类疫苗。

病原运输　进口该病原需要获得美国 CDC 和（或）USDA 的进口许可。在美国国内运输该病原需要获得美国农业部动植物卫生检查局兽医处（USDA APHIS VS）的许可。如需将病原出口到其他国家 / 地区，则需要美国商务部 DoC 的许可。有关更多信息，参见附录 C。

肉毒梭菌和产神经毒素梭菌

肉毒梭菌和巴氏梭菌与酪酸梭菌中的罕见菌株，是厌氧、有芽孢的革兰氏阳性杆菌，可引起肉毒杆菌毒素中毒，这是一种威胁生命的食源性疾病。这些微生物的致病性是在厌氧条件下萌发肉毒梭菌芽孢，从而产生肉毒毒素。有关处理毒素制剂的生物安全指南，请参阅第八节 G 部分"肉毒神经毒素"。

实验室安全与防护建议

产神经毒素梭菌或其毒素可能存在于实验室处理的各种食品、临床材料（血清、粪便）和环境样品（土壤、地表水）中 [93]。此外，细菌培养物可能产生非常高浓度的毒素 [94]。对于健康成人，一般是毒素具有致病性，而不是微生物本身。实验室暴露的危险因素主要是毒素，而不是感染了产生毒素的微生物。毒素暴露途径可能包括：毒素摄入、与破损的皮肤或黏膜接触或者吸入。虽然会产生芽孢，但除了可能存在与纯孢子制剂相关的残留毒素外，尚未发现孢子暴露的风险。建议遵循实验室安全规则，以防意外接触这类梭菌产生的毒素。

如从事的活动极有可能产生气溶胶或飞沫，或者需要日常处理大量微生物或毒素，则建议采用 BSL-3 级实验室操作规范和防护措施。如进行诊断研究和毒素滴定，则建议采用 ABSL-2 级或是 BSL-2 级实验室操作。在采集标本之前，建议就疑似的肉毒毒素中毒病例咨询指定的公共卫生实验室，以获得诊断、治疗、标本采集和调查方面的指导 [95]。如从事有关微生物或毒素的活动，包括处理可能受到污染的食品，则建议采用 BSL-2 级实验室操作 [96]。

特殊问题

管制性病原   产神经毒素梭菌属于管制性病原，其获取、使用、储存和（或）转移都必须在 CDC 和（或）USDA 登记。有关更多信息，参见附录 F，以及第八节 G 部分 "病原体概述"：肉毒毒素以及附录 I。

病原运输   进口该病原需要获得美国 CDC 和（或）USDA 的进口许可。在美国国内运输该病原需要获得美国农业部动植物卫生检查局兽医处（USDA APHIS VS）的许可。如需将病原出口到其他国家 / 地区，则需要美国商务部的许可。有关更多信息，参见附录 C。

艰难梭菌

艰难梭菌是一种革兰氏阳性、专性厌氧芽孢杆菌，它是引起住院患者发生感染性腹泻的最常见原因 [97]。自 2000 年以来，美国的艰难梭菌感染发生率急剧上升。2011 年，美国共报告 50 万病例，其中 2.9 万例死亡 [98]。全世界范围内的发病率也呈上升趋势 [99]。艰难梭菌感染的临床表现包括：无症状定植、轻度自限性腹泻、暴发性假膜性结肠炎、中毒性巨结肠和多器官衰竭（需要紧急进行结肠切除术）[100]。由于个体可能无症状地定植产毒性或非产毒性艰难梭菌毒株，临床诊断实验室的试验可能需要执行一步、两步或三步程序，目的是优化敏感性和特异性。试验包括游离毒素或谷氨酸脱氢酶的酶免疫分析、产毒培养和毒素的核酸扩增试验 [101]。

职业感染

根据临床实验室调查，仅发现了一份实验室相关艰难梭菌感染的报告 [102]，实验室感染病例很少。

自然感染方式

艰难梭菌的主要传播途径是粪口传播，另一种传播途径是空气传播 [103,104]。大多数感染是在抗菌治疗期间或治疗后不久发生的，感染会破坏肠道微生物组成，导致艰难梭菌定植并产生毒素。克林霉素、其他大环内酯类药物、第三代头孢菌素类药物、青霉素类药物和氟喹诺酮类药物通常用于治疗艰难梭菌感染 [105]。在艰难梭菌感染者中，20% ~ 35% 的初始治疗会失败；在多次复发的患者中，60% 的后续治疗会失败。粪便移植已经成功地治愈了很多患者 [106,107]。无症状定植在新生儿和婴儿（小于 2 岁）中很普遍。令人担忧的是，超过该年龄段的儿童发病率呈不断上升的趋势 [108]。艰难梭菌的毒力因子包括外毒素 TcdA 和 TcdB，二者能够与上皮细胞上的受体结合。NAP1（PCR 核糖型 027 型）是艰难梭菌的一种高致病性毒株，该毒株包含一种二元毒素（CDT），同时缺失 tcdC 基因（这种基因会影响毒素的产生）[100]。NAP1 的特点包括：对氟喹诺酮耐药性高、形成芽孢效率高、细胞毒性高和产生的毒素多。由于患者很可能出现危及生命的并发症，因而病死率很高 [109,110]。

家畜、农场和野生动物也会发生感染或者成为无症状携带者。艰难梭菌可在零售肉类中发现[104]。

实验室安全与防护建议

传染性粪便标本是实验室中最常见的包含艰难梭菌的标本。艰难梭菌芽孢能够抵抗气候干燥、温度波动、冷冻、辐照和多种防腐溶液（包括乙醇类凝胶和季铵盐类试剂）[106]。芽孢可在环境中存活数月至数年[104]。关于艰难梭菌引起的医院获得性感染的治疗以及污染的控制清理，均有相关指南可供参考[111]。

如从事的活动涉及使用已知或潜在传染性临床材料，则建议采用 BSL-2 级实验室操作、安全防护设备和设施。如使用受感染的实验动物进行研究，则建议采用 ABSL-2 实验室操作。

特殊问题

病原运输 进口该病原需要获得美国 CDC 和（或）USDA 的进口许可。在美国国内运输该病原需要获得美国农业部动植物卫生检查局兽医处（USDA APHIS VS）的许可。如需将病原出口到其他国家/地区，则需要美国商务部的许可。有关更多信息，参见附录 C。

破伤风梭菌和破伤风毒素

破伤风梭菌是一种革兰氏阳性厌氧芽孢杆菌，存在于土壤中，属于肠道共生菌。它产生的破伤风痉挛毒素是一种毒性很强的神经毒素，会引起破伤风（一种以肌肉收缩疼痛为特征的急性神经疾病）。破伤风痉挛毒素是一种非常强效的蛋白毒素，由一个重链亚单位和一个轻链亚单位组成，重链亚单位将毒素与神经细胞上的受体结合，轻链亚单位阻止中枢神经系统内抑制性神经递质分子的释放。自 20 世纪 40 年代推出破伤风类毒素疫苗以来，美国破伤风的发病率稳步下降[112,113]。

职业感染

虽然实验室人员感染破伤风毒素的风险很低，但仍有实验人员发生暴露事件的记录[84,114]。

自然感染方式

伤口被土壤污染是破伤风的常见传播路径。在 1998—2000 年向 CDC 呈报的 233 例破伤风病例中，急性损伤（刺伤、撕裂伤、擦伤）是最常见的诱因。另外，60 岁以上人群、糖尿病患者和静脉药瘾者的发病率也有所上升[112,113]。在合适的厌氧或微需氧环境中，破伤风梭菌芽孢会萌发并产生破伤风痉挛毒素。破伤风的潜伏期为 3～21 天。观察到的症状主要与毒素有关。伤口培养通常不适用于诊断破伤风[95,115]。破伤风属于医疗紧急事故，需要立即用人破伤风免疫球蛋白治疗[113]。

实验室安全与防护建议

该微生物可能存在于土壤、肠道或粪便样本中。意外肠外接种毒素是实验室人员面临的主要危险因素。由于目前尚不确定破伤风毒素是否会通过黏膜吸收，因此与气溶胶和飞沫相关的危险因素尚不清楚。

如从事涉及操作培养物或毒素的活动，则建议采用 BSL-2 级实验室操作、安全防护设备和设施。如进行动物研究，则建议采用 ABSL-2 级实验室操作、安全防护设备和设施。

特殊问题

疫苗 在对涉及破伤风梭菌和（或）毒素的工作进行风险评估时，建议考虑疫苗接种情况。虽然实验室相关的破伤风感染风险较低，但建议在进行风险评估后按照 ACIP 现行建议后为实验室工作人员接种疫苗。

　　病原运输　该病原或毒素的进口需要获得美国 CDC 和（或）USDA 的进口许可。在美国国内运输该病原可能需要获得美国农业部动植物卫生检查局兽医处（USDA APHIS VS）的许可。如需将病原出口到其他国家 / 地区，则可能需要美国商务部的许可。有关更多信息，参见附录 C。

白喉棒状杆菌

　　白喉棒状杆菌是从人的鼻咽部和皮肤中分离出的一种多形性革兰氏阳性杆菌，能在含 5% 羊血的培养基上生长，但建议初次利用平板培养时加入选择性琼脂，如半胱氨酸 – 碲酸盐血琼脂或新鲜的 Tinsdale 培养基，在 5% 二氧化碳的条件下培养，基从而实现与口腔正常菌群分离。白喉棒状杆菌是白喉的病原体，能够产生一种强效的外毒素，白喉是疫苗出现前分布最广的细菌性疾病之一。外毒素基因位于 β- 棒状杆菌噬菌体上，它噬菌体感染溃疡棒状杆菌或假结核棒状杆菌的无毒毒株，从而导致这些毒株产生毒素 [118]。

职业感染

　　白喉棒状杆菌存在实验室相关感染记录 [84,119]。但是，目前尚未有人畜共患传染病的记录。溃疡棒状杆菌是一种从未经处理的牛奶和伴生动物中培养的人兽共患病病原体，它很少会引起人类发病 [120,121]。白喉棒状杆菌的实验室主要危险因素包括：吸入、意外肠外接种和摄入。

自然感染方式

　　该病原体可能存在于鼻、喉（扁桃体）和咽喉的渗出物或分泌物中以及伤口、血液和皮肤上。白喉棒状杆菌可在感染者的鼻咽和皮肤病变位置存活数周至数月，在无症状者体内可终生存活。在干燥、无生命的物体表面，可存活长达六个月。如曾前往流行地区或与最近从流行地区返回的人员密切接触，感染风险会增加 [122]。传播途径通常是与患者或携带者直接接触，以及（较少）与被感染者分泌物所污染的衣物等物品接触。如自然感染白喉，患者的扁桃体、咽、喉或鼻黏膜会发生灰白色的膜状病变。白喉毒素可引起全身性后遗症，对人的中毒剂量小于 100 ng/kg[123]。目前存在有效的白喉疫苗，并且白喉在有疫苗接种计划的国家已经很少见。

实验室安全与防护建议

　　如从事的活动涉及使用已知或潜在传染性临床材料，则建议采用 BSL-2 级实验室操作、安全防护设备和设施。如使用受感染的实验动物进行研究，则建议采用 ABSL-2 级设施。

特殊问题

　　疫苗　目前存在一种许可的白喉疫苗。我们建议读者参考 ACIP 的最新建议 [124]。虽然实验室内感染白喉的风险很低，但每隔十年注射一次成人白喉破伤风类毒素可以进一步降低实验室和动物护理人员患病的风险 [124]。

　　病原运输　该病原进口需要获得美国 CDC 和（或）USDA 的进口许可。如需将病原出口到其他国家 / 地区，则需要美国商务部的许可。有关更多信息，参见附录 C。

土拉热弗朗西斯菌

土拉热弗朗西丝菌是一种小型革兰氏阴性球菌，能感染多种动物，尤其是兔形目动物（包括兔子）；它是人类土拉菌病（兔热病、鹿蝇热、大原病或弗朗西斯病）的病原体。土拉热弗朗西丝菌可分为三个亚种：（F.tularensis）A 型、（F. holarctica）B 型和（F.mediasiatica）。土拉热弗朗西丝菌新杀手亚种目前被认为是一个独立的种，被称作新凶手弗朗西丝菌。A 型和 B 型毒株有高度传染性，仅需 10 ~ 50 个微生物即可致病，是全世界土拉菌病的主要病因[125]。土拉菌病感染的总病死率低于 2%，但特定毒株可高达 24%[126]。土拉菌病目前没有人际传染病例记录。土拉菌病的潜伏期因毒株的毒力、剂量和传播途径而异，范围为 1 ~ 14 天，大多数病例在 3 ~ 5 天内出现症状[127]。该疾病的症状包括：突然发热、发冷、头痛、腹泻、肌肉酸痛、关节痛、干咳和进行性疲乏无力，并有可能发展为肺炎。其他可能的症状包括：皮肤或口腔溃疡、淋巴结肿痛、喉咙痛和眼睛肿痛。

职业感染

土拉菌病一种常见的实验室细菌感染[84,128]。大多数病例出现在土拉菌病研究设施中，但诊断实验室中也有报告病例发生。偶然性病例与自然或实验感染的动物或其体外寄生虫有关。

自然感染方式

自然传播的主要途径包括：节肢动物叮咬（如蜱、鹿蝇、马蝇、蚊子）、处理或摄入感染的动物组织或液体、摄入受污染的水或食物，以及吸入感染性气溶胶。也有一些感染病例是被受污染口器或爪子的食肉动物咬伤或抓伤引起的。

实验室安全与防护建议

这种病原体可能存在于患者的病变渗出液、呼吸分泌物、脑脊液、血液或淋巴结抽吸物、感染动物的组织和体液，以及感染节肢动物的体液中。皮肤或黏膜与传染性物质直接接触、意外肠外接种、摄入以及接触气溶胶和传染性飞沫都会导致感染。感染通常与培养物有关，而非临床材料和受感染动物[128]。根据加拿大公共卫生局（PHAC）《土拉热弗朗西丝菌病原体安全数据表》，土拉热弗朗西丝菌可在尸体、器官和稻草中存活数月至数年。

在操作可疑培养物、进行动物尸检和实验动物研究时，建议采用 BSL-3 级和 ABSL-3 级实验室操作、安全防护设备和设施。对于使用自动化仪器处理培养物前的准备工作，建议遵循 BSL-3 级操作。毒力较弱的特殊毒株（如 LVS 和 SCHU S4 Δ clpB）可按照 BSL-2 级操作规范处理。土拉热新杀手弗朗西丝菌毒株也可以按照 BSL-2 级操作规范处理。BSL-2 级实验室操作、安全防护设备和设施也可用于怀疑含有土拉热弗朗西丝菌的人类临床标本或动物源性标本的初始分离株。

特殊问题

使用自动鉴定系统时，注意可能会出现错误识别。在使用 MALDI-TOF MS 对可能包含土拉热弗朗西丝菌的样本进行鉴定时，建议使用替代的试管提取法杀死活菌，而不是在开放实验室中直接点滴平板。

疫苗　美国食品药品监督管理局正在审查一种针对土拉菌病的疫苗，该疫苗目前尚未在美国上市[130]。

管制性病原　土拉热弗朗西丝菌是一种管制性病原，其获取、使用、储存和（或）转移都必须在 CDC 和（或）USDA 登记。有关更多信息，参见附录 F。

病原运输 进口该病原需要获得美国 CDC 和（或）USDA 的进口许可。在美国国内运输该病原需要获得美国农业部动植物卫生检查局兽医处（USDA APHIS VS）的许可。如需将病原出口到其他国家 / 地区，则需要美国商务部的许可。有关更多信息，参见附录 C。

螺杆菌

螺杆菌是从哺乳动物和鸟类的胃肠道和肝胆道分离出来的革兰氏阴性杆菌，呈螺旋形或弯曲状。目前已知有 37 个种，其中至少有 14 个是从人类中分离出来的。幽门螺杆菌是消化性溃疡病的主要病因，也是胃癌的主要危险因素。幽门螺杆菌的主要栖息地是人体胃黏膜。其他螺杆菌（同性恋螺杆菌，加拿大螺杆菌，犬螺螺杆菌，幼禽螺杆菌和芬奈尔螺杆菌）可引起人类无症状感染以及直肠炎、直肠结肠炎、肠炎和肠外感染[131]。幽门螺杆菌的全球感染率正在下降，但某些种族和移民的感染率仍然较高[132]。

职业感染
幽门螺杆菌实验室感染和意外实验室相关感染均有病例报告[133,134]。实验室主要危险因素是摄入感染。气溶胶暴露的意义目前尚不清楚。

自然感染方式
慢性胃炎和十二指肠溃疡均与幽门螺杆菌感染有关。胃腺癌也与幽门螺杆菌存在流行病学关联[135]。人类可能感染幽门螺杆菌很长时间但症状很少或没有症状，或者表现症状为急性胃病。虽然我们还没有完全了解幽门螺杆菌的传播路径，但认为它主要是通过粪 - 口或口 - 口途径传播的。

实验室安全与防护建议
幽门螺杆菌可能存在于胃液分泌物、口腔分泌物和粪便中。肝肠幽门螺杆菌（例如辛那迪幽门螺杆菌，加拿大螺杆菌，犬螺杆菌，幼禽螺杆菌和温哈门螺杆菌）可从粪便标本、直肠拭子和血液培养物中分离出来[131]。在胃标本匀浆或漩涡震动操作，建议采取措施控制潜在气溶胶或飞沫感染[136]。

如从事的活动涉及处理已知或可能含有螺杆菌的临床材料和培养物，则建议采用 BSL-2 级实验室操作、安全防护设备和设施。如从事与自然或实验感染动物有关的活动，则建议采用 ABSL-2 级实验室操作、安全防护设备和设施。

特殊问题
病原运输 进口该病原需要获得美国 CDC 和（或）USDA 的进口许可。在美国国内运输该病原需要获得美国农业部动植物卫生检查局兽医处（USDA APHIS VS）的许可。如需将病原出口到其他国家 / 地区，则需要美国商务部的许可。有关更多信息，参见附录 C。

嗜肺军团菌和其他军团菌

军团菌是一种小型、染色较浅的革兰氏阴性细菌，是生长缓慢的专性需氧菌的非发酵菌，在体外培养时，对 L- 半胱氨酸和铁盐有独特的要求。自然水体中很容易发现军团菌，一些菌种（如长滩军团菌）可在土壤中发现[137,138]。它们能够在 40 ~ 50℃的热水箱中定植。目前已知的军团菌有

59 个种，3 个亚种，70 多个不同的血清型。虽然已知有 30 种军团菌可引起人类感染，但人类感染的最常见病因是嗜肺军团菌 1 型血清型[137]。

职业感染

虽然文献中尚未报告实验室相关的军团菌病感染病例，但至少记录了一例因在动物嗜肺军团菌激发研究中（假定）接触气溶胶或飞沫所引起的病例[139]。关于嗜肺军团菌（可能）人际传播也曾有一例报告[140]。

自然感染方式

军团菌常见于环境中，特别是人造的温水系统中。主要传播途径是气溶胶暴露、吸入或呼吸道直接接种[137]。军团菌可能存在于污染水源中的变形虫身体内。军团菌能够在宿主外的生物膜中存活：在蒸馏水中可存活数月，在自来水中可存活一年以上[141]。军团菌可引起不同程度的疾病，包括轻微的、自限性、流感样疾病（庞蒂亚克热），和以肺炎和呼吸衰竭为特征的播散性致命疾病（军团病）。军团菌也曾引发过鼻窦炎、蜂窝织炎、心包炎和心内膜炎病例，不过非常罕见[138]。军团病可通过社区获得或医院内感染。感染风险包括吸烟、慢性肺病和免疫抑制。手术（尤其是移植手术）被认为是医院内传播的危险因素之一。

实验室安全与防护建议

该病原体可能存在于呼吸道标本（即痰、胸膜液、支气管镜标本、肺组织）和肺外部位中。如产生的气溶胶中含有高浓度的病原体，则也有潜在感染危险。

如从事的活动可能会产生大量气溶胶，或者需要处理大量军团菌，则建议采用 BSL-2 级和 BSL-3 级操作。如从事的活动涉及可能或已知含有军团菌的材料或培养物，则建议采用 BSL-2 级实验室操作、安全防护设备和设施。

如从事与实验感染动物有关的活动，则建议采用 BSL-2 级实验室操作、安全防护设备和设施。如对军团菌环境水样进行常规处理，则可按照标准的 BSL-2 级操作规范进行。

特殊问题

病原运输：进口该病原需要获得美国 CDC 和（或）USDA 的进口许可。在美国国内运输该病原需要获得美国农业部动植物卫生检查局兽医处（USDA APHIS VS）的许可。如需将病原出口到其他国家 / 地区，则需要美国商务部 DoC 的许可。有关更多信息，参见附录 C。

钩端螺旋体

钩端螺旋体属由末端呈钩状的螺旋状细菌组成，在自然界中普遍存在；要么在淡水中独立生存，要么与动物肾脏感染有关。历史上曾被分为致病性（问号钩端螺旋体）和腐生性（双曲钩端螺旋体）两类，近期研究通过基因分析发现了超过 21 个菌种，其中 9 种属于致病性病原体[142]。钩端螺旋体的血清学特征也已确定，共发现 200 多种致病性血清型和 60 种腐生性血清型[142]，是钩端螺旋体病的病因。钩端螺旋体病是一种人兽共患病，呈世界性分布。在实验室中，钩端螺旋体的生长需要专门的培养基和培养技术，钩端螺旋体病病例一般通过血清学方法诊断。

职业感染

钩端螺旋体病是大量文献证明的实验室危险因素。较早的文献中报告过 70 例实验室相关感染和 10 例死亡病例 [36,84]。如在处理、护理实验或自然感染哺乳动物，或对这类哺乳动物进行尸检期间直接和间接接触其体液和组织，则可能会感染钩端螺旋体病 [143,144]。2004 年报告了一例经皮接触钩端螺旋体肉汤培养物引起的实验室相关病例 [145]。很重要的一点是，啮齿动物是钩端螺旋体的天然携带者。如动物存在慢性肾脏感染，它们会长时间连续地或间歇地在尿液中排出大量钩端螺旋体。在被感染尿液污染的土壤中，钩端螺旋体可能会存活数周。钩端螺旋体感染很少会通过被感染动物的咬伤传播 [143]。

自然感染方式

人类钩端螺旋体病通常会因直接接触感染动物、受污染的动物产品或受污染的水源引起。常见的感染途径是擦伤、皮肤割伤或结膜传播。从事农业及与动物接触有关职业的人员，感染率较高。人际传播较为罕见。钩端螺旋体病可引起以下症状：发热、头痛、发冷、肌肉酸痛、呕吐、黄疸、红眼、腹痛、腹泻和皮疹。患者经过发病初期阶段可能会康复，但可能会再次发病，进入另一轮更严重的病情期，症状可能包括肾衰竭、肝衰竭或脑膜炎（牛钩端螺旋体病）[146]。

实验室安全与防护建议

钩端螺旋体可能存在于感染动物和人类的尿液、血液和组织中。动物和人类携带者可能会发生无症状感染。实验室主要危险因素包括：摄入、肠外接种，以及皮肤或黏膜（尤其是结膜）与培养物或感染组织或体液直接和间接接触。气溶胶暴露的意义目前尚不清楚，但存在因吸入尿液或水滴飞沫而引起的偶发性疑似病例 [147]。

如从事的活动涉及使用或操作已知或潜在传染性组织、体液和培养物，则建议采用 BSL-2 级实验室操作、安全防护设备和设施。对于感染动物的饲养和处理，建议遵循 ABSL-2 级操作规范。

特殊问题

病原运输　进口该病原需要获得美国 CDC 和（或）USDA 的进口许可。在美国国内运输该病原需要获得美国农业部动植物卫生检查局兽医处（USDA APHIS VS）的许可。如需将病原出口到其他国家 / 地区，则需要美国商务部的许可。有关更多信息，参见附录 C。

单核细胞增生李斯特菌

单核细胞增生李斯特菌是一种革兰氏阳性、过氧化氢酶阳性、无芽孢的需氧性杆菌，在羊血琼脂上具有弱 β 溶血性 [148]。可从土壤、动物饲料（青贮饲料）和各种人类食品和食品加工环境中分离到该菌，它还能从有症状 / 无症状感染的动物（尤其是反刍动物）和人类中分离出来 [149]，是李斯特菌病的病原体。李斯特菌病是人类和动物感染的一种食源性疾病。

职业感染

皮肤李斯特菌病以手臂和手上出现脓疱或丘疹病变为特征，兽医和农民感染病例已有相关记载 [150]。据报道，曾有实验室工作人员成为了无症状带菌者 [151]。

自然感染方式

大多数李斯特菌病的人间病例是因食用污染食物引起的，特别是软奶酪、即食肉制品（如热狗、午餐肉）、肉酱和熏鱼 / 海鲜 [149]。有发热和肠胃炎症的健康成人、孕妇及其胎儿、新生儿可能会发生李斯特菌病。免疫功能受损发生人群的重度感染风险最大，会导致败血症、脑膜炎和胎儿死亡。

对孕妇来说，单核细胞增生李斯特菌感染最常发生在妊娠晚期，并可能导致急产。单核细胞增生李斯特菌经胎盘传播会对胎儿造成严重危险[152]。

实验室安全与防护建议

单核细胞增生李斯特菌可能存在于粪便、脑脊液和血液以及许多食品和环境样品中[149]具有一定的耐热性，能在低 pH 条件下存活，并对季铵化合物等消毒剂有抵抗力[153,154]。自然或实验感染动物是实验室工作人员、动物护理人员和其他动物的暴露来源。虽然摄入是最常见的暴露方式，但在直接接触李斯特菌后也可能会导致眼睛和皮肤感染。

如从事与已知或怀疑含有李斯特菌的临床标本和培养物有关的工作，建议采用 BSL-2 级实验室操作、安全防护设备和设施。如从事与实验或自然感染动物有关的活动，则建议采用 ABSL-2 级实验室操作、安全防护设备和设施。由于单核细胞增生李斯特菌对胎儿有潜在风险，建议告知孕妇接触该菌的风险。

特殊问题

病原运输　进口该病原需要获得美国 CDC 和（或）USDA 的进口许可。在美国国内运输该病原需要获得美国农业部动植物卫生检查局兽医处（USDA APHIS VS）的许可。如需将病原出口到其他国家 / 地区，则需要美国商务部的许可。有关更多信息，参见附录 C。

麻风分枝杆菌

麻风分枝杆菌是一种革兰氏阳性菌，是麻风病的病原体，麻风病又称汉森病。麻风分枝杆菌是细胞内细菌，不能使用常规培养基培养。细菌可以从感染组织中发现并在实验动物（特别是九带犰狳）中繁殖。瘤样枝杆菌是引起类似疾病的相关细菌[155]。

职业感染

对于因在实验室工作或接触人类或动物来源的临床材料而导致的麻风分枝杆菌职业性感染，目前尚未有病例报告。

自然感染方式

麻风病经长时间接触后会在人与人之间传播，可能的传播途径包括接触感染者或感染动物的呼吸道分泌物。据报告，犰狳会自然感染麻风病，人类和犰狳都被认为是感染宿主[156,157]。虽然目前尚未明确证实犰狳会向人类传播麻风病，但因为接触犰狳是感染人类疾病的一个重要危险因素，这种传播其实是有可能的[158,159]。近年来，美国的麻风病病例主要出现在德克萨斯州、佛罗里达州和路易斯安那州[160,161]。根据记载，麻风病的地方性动物形态是由相关微生物引起的[162]。

实验室安全与防护建议

麻风分枝杆菌可能存在于感染者和实验或自然感染动物病变组织和渗出物中。在处理传染性临床材料时，实验室的主要潜在危险因素包括：皮肤和黏膜直接接触传染性物质以及肠外接种。实验室在处理分枝杆菌时，选择合适的消毒剂是一个重要的考虑因素。有关更多信息，参见附录 B。

如从事的活动涉及来自人类和动物的已知或潜在传染性物质，则建议采用 BSL-2 级实验室操作、安全防护设备和设施。工作时需特别小心，以避免尖锐器械造成的肠外接种。如利用啮齿动物、犰狳和非人灵长类动物进行动物研究，则建议采用 ABSL-2 级实验室操作、安全防护设备和设施。

特殊问题

病原运输　进口该病原需要获得美国 CDC 和（或）USDA 的进口许可。在美国国内运输该病原可能需要获得美国农业部动植物卫生检查局兽医处（USDA APHIS VS）的许可。如需将病原出口到其他国家 / 地区，则可能需要美国商务部的许可。有关更多信息，参见附录 C。

结核分枝杆菌复合群

结核分枝杆菌复合群包括结核分枝杆菌、牛分枝杆菌、非洲分枝杆菌、羊分枝杆菌、田鼠分枝杆菌、坎纳分枝杆菌、海豹分枝杆菌以及最近公布的带状猫鼬分枝杆菌和羚羊分枝杆菌[163,164]。结核分枝杆菌生长缓慢，通常需要数周时间才能在固体培养基上形成菌落。如果接种量足够，肉汤培养可将培养时间缩短到一周以下[163]。该菌具有一层厚厚的、富含脂质的细胞壁，使杆菌对碱和洗涤剂等苛刻处理具有抵抗力。细胞壁中的分枝菌酸导致抗酸染色呈阳性。

职业感染

对于实验室工作人员以及可能接触实验室、尸检室和其他医疗设施中的传染性气溶胶的工作人员来说，结核分枝杆菌和牛分枝杆菌感染属于已知的风险要素[36,84,165-169]。据报道，与不从事结核分枝杆菌相关工作的卫生保健人员相比，接触结核分枝杆菌感染患者的卫生保健人员的结核病发病率明显高很多[170]。多重耐药性（MDR）和广泛耐药性（XDR）毒株需要引起特别关注[109,171]。自然或实验感染的非人灵长类动物是已证实的人类感染源[172]。实验感染的豚鼠和小鼠不会产生相同危险，因为这些物种咳嗽时不会产生飞沫核；但是，受感染动物笼中的垃圾可能会受到污染，并成为传染性气溶胶的来源。

自然感染方式

结核分枝杆菌是结核病的病原体，它是全世界结核病发病和死亡的主要原因。咳嗽产生的传染性气溶胶会在人与人之间传播疾病。有些人会在感染数月内出现活动性结核病，有一些则会彻底清除感染。其他人表现为结核杆菌（活菌）的潜伏感染，在免疫功能低下时有可能重新激活。5%～10%的潜伏性感染发展为活动性结核菌。首要感染病灶在肺内，但也会发生肺外疾病（主要免疫功能不全的人）。粟粒性（播散性）结核病的后果最严重，50% 的病例会发展成脑膜炎，在没有有效治疗的情况下病死率很高。HIV 感染是发生活动性结核病的一个重要危险因素。牛分枝杆菌主要存在于动物体内，但也能感染人类。它通过食用未经巴氏杀菌的牛奶和乳制品、处理感染尸体或吸入等途径传播给人类（主要是儿童）。牛分枝杆菌也有可能通过气溶胶在人与人之间传播。

实验室安全与防护建议

结核分枝杆菌可能存在于痰液、洗胃液、脑脊液、尿液和各种组织中。实验室最大的危险因素是接触实验室产生的气溶胶。结核分枝杆菌可在热固定涂片中存活，也可在冷冻组织切片的制备过程中发生雾化[171]。由于结核分枝杆菌的感染剂量较低（少于 10 杆菌），建议将疑似或已知的结核病病例的痰液和其他临床标本视为具有潜在传染性，并采取适当的预防措施。分枝杆菌对消毒有抵抗力，可能会在无生命的物体表面存活很长时间。针头刺伤也是一种已知的危险因素。实验室在处理结核分枝杆菌时，选择合适的消毒剂是一个重要的考虑因素。有关更多信息，参见附录 B。

如实验室活动涉及繁殖和操作结核分枝杆菌复合群任何亚种的培养物，则建议采用 BSL-3 级实验室操作、安全防护设备和设施。固定载玻片建议使用载玻片加热托盘，而非火焰。如利用实验或自然感染非人灵长类动物或免疫低下小鼠进行动物研究，则建议采用 ABSL-3 级操作规范，因为免疫低下动物的器官中可能存在高浓度的病原体。如利用啮齿动物（如豚鼠、大鼠、兔子、小鼠）进行动物研究，可按照 ABSL-2 级和 ABSL-3 级操作规范进行[174]。如通过空气传播方式让啮齿动物感染结核分枝杆菌，则必须在合适的 ABSL-3 级实验室中进行。

操作临床标本时如果不产生气溶胶，可采用 BSL-2 实验室操作和规程、安全防护设备和设施。在不做结核分枝杆菌培养且没有 BSL-3 级设施的实验室，如果操作少量的减毒疫苗株牛分枝杆菌（卡价苗，BCG），可按照 BSL-2 及规范进行。但必须仔细核实毒株身份，并确保培养物未受野毒株结核分枝杆菌或其他牛分枝杆菌毒株的污染。

特殊问题

使用自动鉴定系统时，注意可能会出现错误识别。在使用 MALDI-TOF MS 进行鉴定时，建议使用替代的试管提取法杀死活菌，而不是在开放实验室中直接点滴平板。

监督　作为监督程序，可使用纯化蛋白衍生物（PPD）或 FDA 批准的干扰素 γ 释放试验（IGRA）对先前皮试阴性的人员进行每年一次或半年一次的皮肤试验。

疫苗　其他国家有供应和使用减毒活卡介苗，但一般不建议在美国使用。

病原运输　进口该病原需要获得美国 CDC 和（或）USDA 的进口许可。在美国国内运输该病原需要获得美国农业部动植物卫生检查局兽医处（USDA APHIS VS）的许可。如需将病原出口到其他国家 / 地区，则需要美国商务部的许可。有关更多信息，参见附录 C。

结核分枝杆菌复合群和麻风分枝杆菌以外的分枝杆菌

分枝杆菌包括 150 多个生长缓慢和快速的菌种[163]。以前，没有被鉴定为结核分枝杆菌复合群的分枝杆菌菌株通常被称为非典型分枝杆菌，但它们现在通常被称为非结核性分枝杆菌（NTM）或非典型分枝杆菌（MOTT）。大多数分枝杆菌都是常见的环境微生物。在过去 20 年中，从住院患者中分离出的 NTM 呈增加趋势[176,177]。大约有 25 种与人类感染有关，还有一些与免疫功能低下者感染有关[178]。所有这些菌种都被认为是引起人类感染的机会性致病菌，一般被认为不具有传染性。但是，有证据表明它们会在慢性病患者之间传播[179]。最常见的感染类型和原因如下。

1. 由堪萨斯分枝杆菌、鸟分枝杆菌和胞内分枝杆菌引起肺病，临床表现与肺结核相似；

2. 由鸟分枝杆菌、瘰疬分枝杆菌和其他快速生长的分枝杆菌引起淋巴结炎[180]；

3. 由鸟分枝杆菌和胞内分枝杆菌引起免疫功能低下患者发生播散性感染；

4. 由鸟分枝杆菌复合体、堪萨斯分枝杆菌、脓肿分枝杆菌和其他快速生长的分枝杆菌引起囊性纤维化患者发生肺部感染或定植[181,182]；

5. 皮肤溃疡和软组织重，包括：由溃疡分枝杆菌引起皮肤溃疡和软组织伤口感染（包括布鲁里溃疡）；由海洋分枝杆菌引起的肉芽肿，可能与淡水、咸水和鱼缸中的微生物接触有关；由偶发分枝杆菌、龟分枝杆菌和脓肿分枝杆菌引起组织感染，可能创伤或外科手术有关。

职业感染

曾有 1 例结核分枝杆菌复合群以外的分枝杆菌引起的实验室相关感染病例的报道，当时是一名实验室工作人员在进行小鼠实验时将病菌注射进了拇指中 [183]。

自然感染方式

人际传播并不常见，但有证据表明这种病菌会在某些人群中传播 [179]。据推测，肺部感染最常见的原因是吸入来自污染水源表面产生的气溶胶。分枝杆菌广泛分布于环境和动物中，而且已经出现人兽共患病病例 [184,185]。它们在饮用水中也很常见，可能的原因是形成了生物膜。

实验室安全与防护建议

分枝杆菌可能存在于痰液、病变渗出液、组织和环境样品中。分枝杆菌对消毒有抵抗力，能在无生命的物体表面存活，而且能在天然水和自来水中长期存活。在处理临床材料和培养物时，实验室的主要危险因素包括：皮肤或黏膜直接接触传染性物质、摄入以及肠外接种。操作这些微生物的肉汤培养物或组织匀浆时产生的气溶胶也会构成潜在的感染危险。

如从事的活动涉及结核分枝杆菌复合群以外的分枝杆菌的临床材料和培养物，则建议采用 BSL-2 级实验室操作、安全防护设备和设施。临床标本中也可能含有结核分枝杆菌，建议实验室工作人员谨慎行事，确保正确识别分枝杆菌分离株。处理溃疡分枝杆菌和海洋分枝杆菌时需要特别小心，避免皮肤接触。如进行动物研究，则建议采用 ABSL-2 级实验室操作、安全防护设备和设施。实验室在处理分枝杆菌时，选择合适的结核菌消毒剂是一个重要的考虑因素。有关更多信息，参见附录 B。

特殊问题

病原运输　进口该病原需要获得美国 CDC 和（或）USDA 的进口许可。在美国国内运输该病原需要获得美国农业部动植物卫生检查局兽医处（USDA APHIS VS）的许可。如需将病原出口到其他国家 / 地区，则需要美国商务部的许可。有关更多信息，参见附录 C。

淋病奈瑟氏菌

淋病奈瑟氏菌是一种革兰氏阴性、氧化酶阳性的双球菌，与人类性传播疾病淋病有关。这种微生物可以从临床标本中分离，在实验室中可使用专门的生长培养基进行培养 [186]。用分子诊断方法对临床标本进行检测，通常可以诊断感染情况。

职业感染

实验室淋球菌感染病例在美国和其他地方均有报告 [187-189]。感染多表现为结膜炎，最有可能的传播途径是手指与眼睛直接接触或暴露于液体培养物或污染溶液的飞溅物。

自然感染方式

淋病是一种全球性的性传播疾病。2016 年，美国报告的淋病感染率为 145.8/10 万人，较 2009年的 98.1/10 万人呈稳步上升趋势 [191]。自然感染方式是直接接触感染者的黏膜渗出物。这种感染一般通过性行为发生，不过新生儿在出生时也可能被感染 [186]。

实验室安全与防护建议

该病原体可能存在于结膜、尿道和宫颈分泌物、滑液、尿液、粪便、血液和脑脊液中。实验室主要危险因素包括：肠外接种，以及黏膜直接或间接接触传染性临床材料。由于气溶胶传播引起的实验室相关疾病目前尚无相关记录。

如产生气溶胶或飞沫的风险很高，或者从事的活动中涉及大量或高浓度的传染性物质，则可以另外采取一级屏障和人员预防措施，如 BSL-3 级规定的措施。如从事的活动涉及使用或操作临床材料或培养物，则建议采用 BSL-2 级实验室操作、安全防护设备和设施。动物研究可按照 ABSL-2 级设施操作规范进行。

特殊问题

在过去几十年中，淋球菌已经对几种抗菌药物产生了耐药性，使这种微生物越来越难以治疗。氟喹诺酮类药物、口服头孢菌素类药物（如头孢克肟）和多西环素已经不再推荐用于治疗单纯性淋病。据报告，淋球菌存在一种广泛耐药性（XDR）毒株，现处于被监测状态，目前还没有能够有效治疗 XDR 淋病的其他方案[192]。

病原运输　进口该病原需要获得美国 CDC 和（或）USDA 的进口许可。在美国国内运输该病原需要获得美国农业部动植物卫生检查局兽医处（USDA APHIS VS）的许可。如需将病原出口到其他国家 / 地区，则需要美国商务部的许可。有关更多信息，参见附录 C。

脑膜炎奈瑟氏菌

脑膜炎奈瑟氏菌是一种革兰氏阴性双球菌，可引起严重的侵袭性细菌感染，临床表现包括严重的急性脑膜炎和败血症。其毒力与多糖荚膜的表达有关。在 13 个确定的脑膜炎奈瑟氏菌荚膜血清型中，有 6 个是侵袭性脑膜炎奈瑟氏菌病的主要病因（即 A 群、B 群、C 群、W 群、X 群和 Y 群）。处理脑膜炎奈瑟氏菌的菌株，特别是来自无菌身体部位菌株，以及和（或）含有活脑膜炎奈瑟氏菌的临床标本，可能会增加实验人员感染风险[193]。

职业感染

感染脑膜炎球菌病的一个高危险因素是在生物安全柜外操作脑膜炎奈瑟氏菌悬液[193,194]。与美国 30 ～ 59 岁普通人群相比，微生物从业人员的感染率要高得多，其病死率为 50%，大大高于普通人群的病死率（12% ～ 15%）。几乎所有发生实验室相关感染的微生物从业人员都曾在开放的实验室工作台上操作过侵袭性脑膜炎奈瑟氏菌的分离株[195]。在对所有脑膜炎奈瑟氏菌分离株进行微生物学操作时，建议采用严格的保护措施（包括使用生物安全柜），使其不产生飞沫或气溶胶。虽然利用一些分子分析方法可以直接在临床标本中检测脑膜炎奈瑟氏菌，但仍需进行常规培养。

自然感染方式

脑膜炎奈瑟氏菌天然地存在于人类的上呼吸道。从呼吸道黏膜侵入循环系统引起感染，感染的严重程度不同，包括从亚临床感染到暴发性致命疾病。传播途径为人际传播，一般通过直接接触感染者的呼吸道飞沫传播。

实验室安全与防护建议

脑膜炎奈瑟氏菌可存在于咽部分泌物、脑脊液、血液、唾液、无菌部位（最常见出现于脑脊液和血液），在极少数情况下，也可能出现在尿液或尿道（生殖器）分泌物中。实验室人员的主要危险因素包括：肠外接种、黏膜暴露于飞沫及产生的传染性气溶胶、摄入。根据自然感染机制和在开放式实作台上处理菌株的相关风险，飞沫或气溶胶暴露史实验室感染脑膜炎奈瑟菌的最大危险因素。虽然脑膜炎奈瑟氏菌不易在宿主体外存活，但它在室温条件下能在塑料和玻璃上仍可存活数小时至数天。

如从事的活动极有可能产生飞沫或气溶胶或者涉及大量或高浓度的传染性物质，则建议采用 BSL-3 实验室操作规范和规程。如处理细菌培养物或接种传染性临床材料，则建议采用 BSL-2 级实验室操作、安全防护设备和设施。不论处理哪种脑膜炎奈瑟氏菌，均建议在生物安全柜内进行。如进行动物研究，建议在 ABSL-2 级操作条件下进行。

特殊问题

疫苗　针对 A、C、Y 和 W-135 群脑膜炎奈瑟氏菌，目前存在多糖疫苗和多糖结合疫苗两大类疫苗。建议对处于青春期的健康儿童加强一剂这两类疫苗[193]。另外，近期上市了一种 B 群脑膜炎球菌疫苗。这两种疫苗均接种才能提供充分保护，因为一种疫苗不能代替另一种疫苗提供免疫力[196]。如实验室人员需要处理活菌并且可能接触脑膜炎奈瑟氏菌，则建议他们接种这两种疫苗[193,197,198]。

病原运输　进口该病原需要获得美国 CDC 和（或）USDA 的进口许可。在美国国内运输该病原需要获得美国农业部动植物卫生检查局兽医处（USDA APHIS VS）的许可。如需将病原出口到其他国家 / 地区，则需要美国商务部的许可。有关更多信息，参见附录 C。

伤寒沙门氏菌以外的沙门氏菌血清型

沙门氏菌是革兰氏阴性的肠道细菌，与人类腹泻疾病有关有动力的氧化酶阴性，非常容易在标准细菌培养基上培养，但从临床标本中分离可能需要增菌培养并使用选择性培养基。利用选择性和鉴别性培养基可以很容易分离出沙门氏菌，或者通过对原始临床标本进行分子检测进行诊断。根据分类学研究，该菌属分为两个种，即肠道沙门氏菌和邦戈沙门氏菌，它们含有 2 500 多种抗原不同的血清型[199,200]。肠道沙门氏菌含有大量与人类疾病相关的血清型。在美国，鼠伤寒沙门氏菌和和肠炎沙门氏菌最常见的血清型。本病原体概述中涵盖了除伤寒沙门氏菌以外的所有血清型。

职业感染

沙门氏菌病已被证明对试验室人员有风险[114,201-204]。其主从储存宿主包括各种家畜和野生动物，包括鸟类、哺乳动物和爬行又动物，它们都是实验室人员的潜在传染源。实验室相关感染病例报告显示，其症状与自然获得性感染相似[205]。

自然感染方式

沙门氏菌病是一种食源性疾病，呈全球性分布。据估计，美国每年食源性沙门氏菌病病例达 100 万，全球非伤寒沙门氏菌病病例达 9 400 万，每年死亡 15.5 万人[206-208]。宿主可能是各种家畜和野生动物（如家禽、猪、啮齿动物、牛、鬣蜥、龟、鸡、狗、猫和其他动物）以及人类[209,210]。一些人类携带者会连续数年排出病菌，而一些肠道沙门氏菌感染康复患者可能会连续数月排出病菌。动物也有潜伏期或带菌期，会长期排菌。最常见的传播方式是摄入污染动物制成的食物或在加工过程中受到污染。这种疾病通常表现为急性小肠结肠炎（发热、严重腹泻、腹部绞痛），潜伏期为 6 ~ 72 h，大多持续 4 ~ 7 天，患者往往不经治疗便可痊愈。单纯性沙门氏菌胃肠炎不建议进行抗菌治疗[206]。在肠道沙门氏菌感染者中，3% ~ 10% 会发生菌血症。沙门氏菌的耐药性已成为一个世界性问题，也是侵袭性疾病的威胁之一[211]。

实验室安全与防护建议

该病原体可能存在于粪便、血液、尿液、食物、饲料和环境物质中。一些沙门氏菌可在食物、粪便、水中和物体表面长期存活。实验室主要危险因素是吸入和肠外接种。自然或实验感染动物是实验室和动物护理人员及其他动物的潜在传染源。

如从事的活动涉及使用临床材料和用于诊断的感染性培养物，则建议采用 BSL-2 级实验室操作、安全防护设备和设施。建议特别重视个人防护装备、洗手、水龙头操作和工作台去污等工作，以降低实验室相关感染风险。如从事的工作涉及大量或高浓度培养物，或者从事的活动极有可能产生气溶胶，则建议使用生物安全柜并使用高压灭菌的气密性转子和安全杯进行离心操作。如从事有关实验感染动物的活动，则建议在 ABSL-2 级操作规范条件下进行 [199]。

特殊问题

疫苗　目前没有针对非伤寒毒株的人类疫苗 [212]。

病原运输　进口该病原需要获得美国 CDC 和（或）USDA 的进口许可。在美国国内运输该病原需要获得美国农业部动植物卫生检查局兽医处（USDA APHIS VS）的许可。如需将病原出口到其他国家/地区，则需要美国商务部的许可。有关更多信息，参见附录 C。

伤寒沙门氏菌血清型

沙门氏菌属共两个种，即肠道沙门氏菌和邦戈沙门氏菌，其中含有 2 500 多种抗原不同的亚种或血清型 [200]。肠道沙门氏菌中含有大量与人类疾病相关的血清型。伤寒血清型沙门氏菌通常称为伤寒沙门氏菌，是伤寒的病原体。在未经治疗的情况下，伤寒病死率超过 10% [213]。伤寒沙门氏菌是一种有动力、革兰氏阴性肠道细菌，非常容易在标准细菌培养基上培养，但从临床材料中分离细菌需要增菌培养并使用选择性培养基。利用选择性和鉴别性培养基可以很容易分离出伤寒沙门氏菌，或通过对原始临床标本进行分子检测做出诊断。副伤寒沙门氏菌也被认为是一种引起类似疾病的伤寒血清型。

职业感染

对实验室人员和在教学实验室实习的学生来说，伤寒是一种已知的危险因素，已报告了许多实验室相关感染病例和数起死亡病例 [84,114,203]。实验室最主要的传播方式是摄入和（较少）肠外接种。在实验室之外还可能会发生其他个体间的二代传播。实验室相关的伤寒沙门菌感染通常伴有头痛、腹痛、高烧和（如可能）败血症 [203]。

自然感染方式

伤寒是一种严重的、潜在致命性血液感染性疾病，会引起持续高烧和头痛。这种疾病在发展中国家很常见，每年有 2 500 万例感染病例，其中超过 200 000 例死亡，但在美国很少见，每年仅有 400 例 [214-216]。美国的病死率不到 1%，感染原因通常与国外旅行有关。人类是唯一的宿主，可能出现无症状携带者。感染剂量很低（少于 1 000 个微生物），潜伏期为 1 ~ 6 周，具体取决于感染的菌量。自然传播方式是摄入受患者或无症状携带者的粪便或尿液污染的食物或水源 [199,206]。伤寒沙门菌的耐药性是一个全球性重大问题 [217]。

实验室安全与防护建议

该病原体可能存在于粪便、血液、胆汁和尿液中。人类是唯一的自然感染宿主。实验室的主要危险因素是吸入和肠外接种。在以前发生的病例中，气溶胶暴露的意义尚不清楚。为避免教学实验室中的污染表面和衣物引起二次传播，建议使用非致病性毒株。

如从事的科研和分离等活动有可能产生大量气溶胶或涉及大量微生物，则建议采用 BSL-3 级操作规范和设备。如从事的活动涉及使用临床材料和用于诊断的感染性培养物，则建议采用 BSL-2 级实验室操作、安全防护设备和设施。建议特别重视个人防护装备、洗手、水龙头操作和工作台去污等工作，以降低实验室相关感染风险。

建议使用高压灭菌的气密性转子或安全杯进行离心操作。如从事有关实验感染动物的活动，则建议采用 ABSL-2 级设施、操作规范和设备。

特殊问题

疫苗　目前已有上市的伤寒疫苗，建议定期接触潜在传染性物质的工作人员考虑接种这类疫苗。我们建议读者参考 ACIP 的最新建议 [218]。

病原运输　进口该病原体需要获得美国 CDC 和（或）USDA 的进口许可。在美国国内运输该病原需要获得美国农业部动植物卫生检查局兽医处（USDA APHIS VS）的许可。如需将病原出口到其他国家／地区，则需要美国商务部的许可。有关更多信息，参见附录 C。

产志贺毒素的大肠杆菌

大肠杆菌是是革兰氏阴性菌，属于埃希菌属六个种中其中一个。该菌是健康人体和其他哺乳动物肠道菌群的常见菌种，也是研究最广泛的原核生物之一。根据大肠埃希菌表达的菌体（O）抗原和鞭毛（H）抗原，已经开发出一个庞大的大肠杆菌血清学分型系统。大肠杆菌的一些致病性克隆可引起人类尿路感染、菌血症、脑膜炎和腹泻病，而且这些克隆与特定血清型有关 [199]。

引起腹泻的大肠杆菌菌株至少有 5 个基本致病组 [199]。除临床意义外，大肠杆菌菌株通常被用作克隆实验和实验室其他基因操作的。本病原体概述部分仅提供了关于安全处理产志贺毒素的大肠杆菌菌株的建议。

职业感染

产志贺毒素大肠杆菌（包括 O157：H7 血清型毒株）已证实对实验室人员有害，大多数报告的实验室相关感染病例是由肠出血性大肠杆菌引起的 [219-223]。感染源包括通过受污染的手摄入以及接触感染动物。据估计，其感染剂量较低，与志贺菌属相似，为 10 ~ 100 个微生物 [223]。

自然感染方式

牛是产志贺毒素大肠杆菌最常见的天然宿主，但在农场附近的野生鸟类和啮齿动物中也曾检测出该菌种 [224]。传播途径一般是摄入污染食物，包括生牛奶、水果、蔬菜，特别是碎牛肉。家庭、托儿所和拘留机构中曾发生人际传播感染。据报告，因在拥挤的湖中游泳和饮用未经氯化消毒的城市用水经水传播的疾病暴发播 [225-227]。大肠埃希菌能够在无生命的物体表面存活数小时至数月。感染该菌的少数患者（通常是儿童）会出现溶血性尿毒症综合征或死亡。

实验室安全与防护建议

产志贺毒素大肠杆菌通常是从粪便中分离。但是，各种被微生物污染的食品样本，如未煮熟的碎牛肉、未经高温消毒的乳制品和受污染的农产品，也会成为实验室的危险因素。这种病原体也可能存在于感染人类或动物的血液或尿液样本中。实验室主要风险是摄入。气溶胶暴露的重要性目前尚不清楚。

如从事的活动涉及使用临床材料和用于诊断的感染性培养物，则建议采用BSL-2级实验室操作、安全防护设备和设施。建议特别重视个人防护装备、洗手、水龙头操作和工作台去污等工作，以降低实验室相关感染风险。如从事的工作涉及大量或高浓度培养物，或者从事的活动极有可能产生气溶胶，则建议使用生物安全柜并使用高压灭菌的气密性转子和安全杯进行离心操作。如从事有关实验感染动物的活动，则建议采用ABSL-2级设施和操作规范。

特殊问题

病原运输 进口该病原需要获得美国CDC和（或）USDA的进口许可。在美国国内运输该病原需要获得美国农业部动植物卫生检查局兽医处（USDA APHIS VS）的许可。如需将病原出口到其他国家/地区，则需要美国商务部的许可。有关更多信息，参见附录C。

志贺菌

志贺菌属由肠杆菌科的无动力革兰氏阴性菌组成。志贺菌属分为四个亚群（一直被视作独立菌种）：A群（痢疾志贺菌）、B群（福氏志贺菌）、C群（鲍氏志贺菌）和D群（宋内氏志贺菌）。自19世纪末以来，志贺菌就被公认为细菌性痢疾或志贺菌病的病原体[199]。利用选择性和鉴别性培养基可以很容易分离出志贺菌，也可以通过对原始临床标本进行分子检测做出诊断。

职业感染

志贺菌病是美国最常报告的实验室相关感染之一[102,114]。一项对英国397个实验室进行的调查显示，1994—1995年，在9例报告的实验室相关感染病例中，有4例是由志贺菌引起的[228]。经证实的实验室相关感染来源包括直接处理分离物喷以及从事动物工作，如处理实验感染的豚鼠、其他啮齿动物和非人灵长类动物[114,229]。

自然感染方式

人类和其他大型灵长类动物是志贺菌的唯一天然宿主。粪–口传播是主要传播途径，摄入被污染食物和水源也会引起感染[199]。与其他志贺菌相比，感染痢疾志贺1型引起的疾病会更严重、持久且致死率更高，病死率高达20%。志贺菌病的并发症包括溶血性尿毒症综合征和反应性关节炎（赖特综合征）[230]。

实验室安全与防护建议

该病原体可能存在于受感染人类或动物的粪便中，很少存在于血液中。感染后会持续排菌数周，只要它存在于粪便中便具有传播性。志贺菌病可在粪便和水中存活数天。摄入是最主要的实验室危险因素，其次，肠外接种和人际传播也是潜在的实验室危险因素。虽然并不多见，但实验感染的豚鼠和其他啮齿动物也能感染实验室工作人员。志贺菌的人类半数感染剂量（口服）仅有180个微生物[114]。气溶胶暴露的意义目前尚不清楚。

如从事的活动涉及使用临床材料和用于诊断的感染性培养物，则建议采用BSL-2级实验室操作、安全防护设备和设施。建议重视个人防护装备、洗手、水龙头操作和工作台去污等工作，以降低实验室相关感染风险。如从事的工作涉及大量或高浓度培养物，或者从事的活动极有可能产生气溶胶，则建议使用生物安全柜并使用高压灭菌的气密性转子和安全杯进行离心操作。如从事有关实验感染动物的活动，则建议采用 ABSL-2 级操作规范和设备。

特殊问题

疫苗　目前没有可供人类使用的疫苗。

病原运输　进口该病原需要获得美国 CDC 和（或）USDA 的进口许可。在美国国内运输该病原需要获得美国农业部动植物卫生检查局兽医处（USDA APHIS VS）的许可。如需将病原出口到其他国家/地区，则需要美国商务部的许可。有关更多信息，参见附录 C。

金黄色葡萄球菌（耐甲氧西林、耐万古霉素或半耐万古霉素）

金黄色葡萄球菌是一种革兰氏阳性细菌，能引起多种程度各异的人类疾病。它是一种过氧化氢酶阳性球菌，属于无动力、非芽孢兼性厌氧菌。金黄色葡萄球菌分离株表达的凝固酶因子，可将其与其他定植于人类的葡萄球菌区分开来。金黄色葡萄球菌很容易在标准和选择性培养基上培养，如甘露醇高盐琼脂。一些分析检测方法也能用于检测临床标本。耐甲氧西林金黄色葡萄球菌（methicillin resistant *Staphylocollus aureus*，MRSA）在世界大部分地区都很常见，北美大部分地区的耐药性达 30%。目前，万古霉素是治疗 MRSA 的首选药物[231]。耐万古霉素金黄色葡萄球菌（VRSA）（万古霉素 MIC 值 ≥ 16 μg/mL）很少见，除印度和伊朗的未确诊病例，美国仅记录了 14 例病例[232]。半耐万古霉素金黄色葡萄球菌（VISA）（即对万古霉素敏感性较低的分离株，MIC 值为 4 ~ 8 μg/mL）的报告感染病例较多，但在大多数医院仍不常见[233]。到目前为止，VRSA 和 VISA 所有分离株对 FDA 批准的其他药物仍然很敏感。

职业感染

耐甲氧西林金黄色葡萄球菌的实验室感染病例已有报道[234-236]。到目前为止，尚未报告过任何因 VISA 或 VRSA 引起的实验室或职业感染病例。实验室相关感染病例包括鼻腔定植和轻微皮肤感染。在医疗机构中调查和控制 VRSA 需遵循相关指南[235]。

自然感染方式

金黄色葡萄球菌（包括 MRSA 和 VISA）是人类正常菌群的一部分，主要见于鼻孔内以及腹股沟和腋窝的皮肤上。大约 20% 的人群持续存在金黄色葡萄球菌定植，其中 60% 是间歇性定植[238]。动物可作为宿主，包括牲畜及其伴生动物[239]。金黄色葡萄球菌是一种机会性致病菌，可引起多种人类疾病。它是引起食源性胃肠炎的主要病因，因食用被某些毒株表达的肠毒素所污染的食物而发病。金黄色葡萄球菌引起的皮肤症状包括蜂窝组织炎、烫伤皮肤综合征、疖痈、脓疱和脓肿。金黄色葡萄球菌的一些毒株会表达中毒休克综合征毒素 -1（TSST-1），进而引起中毒性休克综合征。金黄色葡萄球菌也是手术部位感染、心内膜炎、腹膜炎、肺炎、菌血症、脑膜炎、骨髓炎和化脓性关节炎的一个常见原因。感染方式包括摄入含有肠毒素的食物，以及通过携带该菌的医护人员传播给患者。鼻腔定植可导致自体感染。

实验室安全与防护建议

该病原体可能存在于人体标本和食物中。它对实验室人员的主要风险包括：破损的皮肤或黏膜直接和间接与培养物和被污染的实验室表面接触、肠外接种以及摄入受污染的物质。

如从事的活动涉及使用已知或潜在传染性临床材料，则建议采用 BSL-2 级实验室操作、安全防护设备和设施。如使用受感染的实验动物进行研究，则建议采用 ABSL-2 级设施。

特殊问题

疫苗 目前没有可供人类使用的疫苗。

病原运输 进口该病原需要获得美国 CDC 和（或）USDA 的进口许可。在美国国内运输该病原需要获得美国农业部动植物卫生检查局兽医处（USDA APHIS VS）的许可。如需将病原出口到其他国家 / 地区，则需要美国商务部的许可。有关更多信息，参见附录 C。

梅毒螺旋体

梅毒螺旋体是一种需要复杂营养的螺旋体，在干燥条件下或暴露于大气中的氧气时很容易死亡，目前尚未实现体外连续培养[240]。梅毒螺旋体细胞具有富含脂质的外膜，对乙醇极其敏感。该菌种包含 3 个亚种：苍白亚种（与性病梅毒有关）、地方亚种（与地方性梅毒有关）和极细亚种（与雅司病有关）。它们都是人类特有的病原体。

职业感染

梅毒螺旋体已被证明是实验室危险因素，但自 20 世纪 70 年代以来一直没有病例报告[84,241]。实验感染动物是潜在感染源之一。据报告，有人在处理从实验性兔睾丸炎中获得的梅毒浓缩悬浮液时曾被传染梅毒[242]。兔梅毒螺旋体（Nichols 菌株及其他可能菌株）对人类依然有毒性，临床实验室和研究实验室都用兔子进行了研究，前者分离了出临床毒株，后者建立了性病梅毒模型[243]。最近又建立了一种研究性病梅毒的小鼠模型[244]。

自然感染方式

人类是唯一已知的梅毒螺旋体天然宿主。不过，非人灵长类动物也可能是潜在宿主[245]。传播途径包括直接性接触（性病梅毒）、直接皮肤接触（雅司病）或直接黏膜接触（地方性梅毒）。性病梅毒是一种存在于世界范围内的性传播疾病，而雅司病发生在非洲、南美洲、加勒比和印度尼西亚的热带地区。地方性梅毒仅仅发生在非洲和中东的干旱地区[246]。

实验室安全与防护建议

该病原体可能存在于皮肤和黏膜损伤采集的样本以及血液中。梅毒螺旋体的注射感染剂量很低（57 个微生物）。实验室人员的主要危险因素包括肠外接种以及黏膜或破损皮肤接触传染性临床材料。

如从事的活动涉及使用或操作人类或感染动物的血液或其他临床标本，则建议采用 BSL-2 级实验室操作、安全防护设备和设施。如从事与感染动物有关的工作，则建议采用 ABSL-2 级实验室操作、安全防护设备和设施。

特殊问题

疫苗 目前没有可供人类使用的疫苗。

病原运输 进口该病原需要获得美国 CDC 和（或）USDA 的进口许可。在美国国内运输该病原需要获得美国农业部动植物卫生检查局兽医处（USDA APHIS VS）的许可。如需将病原出口到其他国家 / 地区，则需要美国商务部的许可。有关更多信息，参见附录 C。

弧菌

弧菌为革兰氏阴性菌，菌体呈直线或弯曲成弧状。弧菌的生长受钠刺激，自然栖息地主要是水生环境。霍乱是由霍乱弧菌引起的一种急性肠道感染病，虽然在美国很少见，但全球每年有 300 万 ~ 500 万病例，死亡病例达 10 万人[247]。临床标本中分离出至少 12 个不同的弧菌属。霍乱弧菌和副溶血性弧菌是引起人类肠炎的常见原因，解藻酸弧菌和创伤弧菌是引起肠外感染（包括伤口感染和败血症）的常见原因[248]。利用选择性和鉴别性培养基可以很容易分离出弧菌，也可以通过对原始临床标本进行分子检测做出诊断。

职业感染

关于霍乱弧菌或副溶血性弧菌实验室相关感染引起的细菌性肠炎，仅有少数病例报告[84,249-251]。自然和实验感染的动物和贝类是这种疾病的潜在感染来源。其他弧菌均不会引起实验室相关感染。

自然感染方式

最常见的自然感染方式是摄入污染食物或水源。健康、不缺乏胃酸的个体口服霍乱弧菌的感染剂量约为 10^6 ~ 10^{11} 个菌落形成单位，副溶血性弧菌的口服感染剂量为 10^5 ~ 10^7 个细胞[252,253]。气溶胶暴露的意义目前尚不清楚，不过至少存在一个相关病例[251]。对于胃肠道生理异常的人，包括服用抗酸药、患有胃酸缺乏症或者部分或完全胃切除的患者，他们口服感染的风险更高。免疫功能低下者或者患有肝病、癌症或糖尿病等疾病的人员可能会出现败血症，甚至死亡。

实验室安全与防护建议

致病性弧菌可能存在于人类粪便样本中、肉类中以及海洋无脊椎动物（如贝类）外表面。弧菌仅能在高盐度水体中存活和生长。弧菌可从其他临床标本中分离出来，如血液、手臂或腿部伤口、眼睛、耳朵和胆囊中[250]。实验室研究人员在使用注射器、清理实验室泄漏物或处理感染动物后，曾出现霍乱弧菌或副溶血性弧菌实验室相关感染[249-251]。开放性伤口暴露于弧菌污染海水或贝类可导致伤口感染和败血症。

如从事有关培养物或潜在传染性临床材料的活动，则建议采用 BSL-2 级实验室操作、安全防护设备和设施。如从事与自然或实验感染动物有关的活动，则建议采用 ABSL-2 级实验室操作、安全防护设备和设施。

特殊问题

疫苗   美国有许可上市的霍乱疫苗。目前，只建议前往霍乱传播活跃地区的成年旅行者[254]。目前还没有针对副溶血性弧菌的人类疫苗。

病原运输   进口该病原需要获得美国 CDC 和（或）USDA 的进口许可。在美国国内运输该病原需要获得美国农业部动植物卫生检查局兽医处（USDA APHIS VS）的许可。如需将病原出口到其他国家 / 地区，则需要美国商务部的许可。有关更多信息，参见附录 C。

鼠疫耶尔森菌

鼠疫耶尔森菌是一种革兰氏阴性杆菌，它是鼠疫的病原体，在标本图片染色后呈"安全别针"

状。腺鼠疫的潜伏期为 2 ~ 6 天，肺鼠疫的潜伏期为 1 ~ 6 天。

职业感染

鼠疫耶尔森菌是一种业已证明的实验室危险因素。美国已经报告多例实验室相关感染病例，其中部分是死亡病例[84,255]。有一例实验室研究人员死亡病例是由 KIM D27 减毒毒株引起的[256]，其本身患有遗传性血色素沉着病和糖尿病也是导致其死亡的原因之一。还有兽医人员和宠物主人在处理患有口疮或肺鼠疫的家猫时受到感染的案例。

自然感染方式

鼠疫耶尔森菌可通过野生啮齿动物及其跳蚤发生自然的人兽共患病传播。传染性跳蚤叮咬是最常见的传播途径，但人类直接接触动物和人体受感染的组织或体液也可能引起感染。

如不经治疗，鼠疫的病死率会很高（50%），曾经引发三次大流行，包括 14 世纪的黑死病。鼠疫有 3 种表现：腺性、败血性和肺炎性。腺鼠疫会引起淋巴结疼痛（腹股沟淋巴结炎）；败血性鼠疫可直接发生或因腺鼠疫未经治疗引起，可导致休克和皮肤及组织出血，甚至可能出现坏死；肺鼠疫会引起肺炎病情快速发展，并且可通过呼吸道飞沫进行人际传播。鼠疫在世界多个国家都有发病，非洲发病率最高。美国大多数病例发生在西部州的乡村地区。美国平均每年出现 7 例散发病例。接触受感染的森林啮齿动物（如草原犬鼠和地松鼠）也曾导致人类感染[257]。

实验室安全与防护建议

根据疾病的临床形式和阶段，鼠疫耶尔森菌可从鼻腔分泌物、血液、痰、脑脊液和尸检组织（脾、肝、肺）中分离出来。粪便、尿液或骨髓样本中鼠疫耶尔森菌 DNA 或抗原可能呈阳性，但检测不出病原体。实验室人员的主要危险因素包括：直接接触来自人类或动物宿主的培养物和传染性物质，以及在操作过程中吸入产生的传染性气溶胶或飞沫。实验动物研究表明，鼠疫耶尔森菌的致死和感染剂量相当低，均不到 100 个菌落形成单位[258]。鼠疫耶尔森菌能在人体血液和组织中存活数月。跳蚤可能会持续数月有传染性。实验室和现场工作人员在处理潜在受感染的活畜或死畜时，建议告知其采取哪些方法避免跳蚤叮咬和自体接种。

在操作可疑培养物、进行动物尸检和实验动物研究时，建议采用 BSL-3 级和 ABSL-3 级实验室操作、安全防护设备和设施。生产操作也适合采用 BSL-3 级实验室操作、安全防护设备和设施。毒力较弱的特殊毒株（如 A1122 鼠疫耶尔森菌毒株）可按照 BSL-2 级操作规范处理。如对潜在传染性临床材料的培养物进行初次接种，则建议采用 BSL-2 级实验室操作、安全防护设备和设施。

如从事的野外工作涉及可能携带跳蚤的动物，则应穿戴手套和合适的衣物，以避免接触皮肤，可使用驱虫剂降低跳蚤叮咬的风险。如从事的实验室工作涉及受感染的节肢动物，则建议采用节肢动物防护 3 级（ACL-3）设施和操作规范[3]。关于《节肢动物防护指南》的更多信息，参见附录 G。

特殊问题

使用自动鉴定系统时，注意可能会出现错误识别。在使用 MALDI-TOF 质谱仪对可能包含鼠疫耶尔森菌的样本进行鉴定时，建议使用替代的试管提取法杀死活菌，而不是在开放实验室中直接点滴平板。

疫苗 美国目前还没有任何获得许可的鼠疫疫苗[259]。目前正在研制新的鼠疫疫苗，但预计近期不会上市[206]。

管制性病原 有关更多信息，参见附录 F。

病原运输 进口该病原需要获得美国 CDC 和（或）USDA 的进口许可。在美国国内运输该病原需要获得美国农业部动植物卫生检查局兽医处（USDA APHIS VS）的许可。如需将病原出口到其他国家／地区，则需要美国商务部的许可。有关更多信息，参见附录 C。

原书参考文献

［1］Dragon DC, Rennie RP. The ecology of anthrax spores: tough but notinvincible. Can Vet J. 1995;36(5):295–301.

［2］Wright JG, Quinn CP, Shadomy S, Messonnier N. Use of anthrax vaccinein the United States: recommendations of the Advisory Committeeon Immunization Practices (ACIP), 2009. MMWR Recomm Rep.2010;59(RR-6):1–30.

［3］World Health Organization. Anthrax in humans and animals. 4th ed.Geneva: WHO Press; 2008.

［4］Inglesby TV, O'Toole T, Henderson DA, Bartlett JG, Ascher MS, Eitzen E,et al. Anthrax as a biological weapon, 2002: updated recommendations formanagement. JAMA. 2002;287(17):2236–52. Erratum in: JAMA 2002 Oct16;288(15):1849.

［5］Watson A, Keir D. Information on which to base assessments of riskfrom environments contaminated with anthrax spores. Epidemiol Infect.1994;113(3):479–90.

［6］Bottone EJ. Bacillus cereus, a volatile human pathogen. Clin Microbiol Rev.2010;23(2):382–98.

［7］U.S. Department of Health and Human Services [Internet]. Silver Spring (MD): U.S. Food & Drug Administration; c2018 Feb 05 [cited 2018 Oct 26]. Anthrax. Available from: https://www.fda.gov/BiologicsBloodVaccines/Vaccines/ucm061751.htm.

［8］Centers for Disease Control and Prevention. Human anthrax associated with an epizootic among livestock–North Dakota, 2000. MMWR Morb Mortal Wkly Rep. 2001;50(32):677–80.

［9］Centers for Disease Control and Prevention. Suspected cutaneous anthrax in a laboratory worker–Texas, 2002. MMWR Morb Mortal Wkly Rep. 2002;51(13):279–81.

［10］Griffith J, Blaney D, Shadomy S, Lehman M, Pesik N, Tostenson S, et al. Investigation of inhalation anthrax case, United States. Emerg Infect Dis. 2014;20(2):280–3.

［11］Palmateer NE, Hope VD, Roy K, Marongiu A, White JM, Grant KA, et al. Infections with spore-forming bacteria in persons who inject drugs, 2000–2009. Emerg Infect Dis. 2013;19(1):29–34.

［12］U.S. Department of Health and Human Services [Internet]. Washington (DC): Association of Public Health Laboratories and American Society for Microbiology; c2016 [cited 2018 Oct 26]. Clinical and Laboratory Preparedness and Response Guide; [332 p.]. Available from: https://asprtracie.hhs.gov/technical-resources/resource/6102/clinical-laboratory-preparedness-and-response-guide.

［13］Jernigan DB, Raghunathan PL, Bell BP, Brechner R, Bresnitz EA, Butler JC, et al. Investigation of bioterrorism-related anthrax, United States, 2001: epidemiologic findings. Emerg Infect Dis. 2002;8(10):1019–28.

［14］Weiss S, Yitzhaki S, Shapira SC. Lessons to be Learned from Recent Biosafety Incidents in the United States. Isr Med Assoc J. 2015;17(5):269–73.

［15］Centers for disease control and prevention. Use of Anthrax Vaccine in the United States: Recommendations of the Advisory Committee on Immunization Practices. MMWR Morb Mortal Wkly Rep. 2019; 68(4) 1–14.

［16］Weller SA, Stokes MG, Lukaszewski RA: 2015. Observations on the Inactivation Efficacy of a MALDI-TOF MS Chemical Extraction Method on Bacillus anthracis Vegetative Cells and Spores. PLoS One, 10(12):e0143870.

［17］Tracz DM, Antonation KS, Corbett CR: 2016. Verification of a Matrix-Assisted Laser Desorption Ionization-

Time of Flight Mass Spectrometry Method for Diagnostic Identification of High-Consequence Bacterial Pathogens. J Clin Microbiol, 54(3):764–767.

［18］ Centers for Disease Control and Prevention. Use of anthrax vaccine in response to terrorism: supplemental recommendations of the Advisory Committee on Immunization Practices. MMWR Morb Mortal Wkly Rep. 2002;51(45):1024–6.

［19］ Greig SL. Obiltoxaximab: First Global Approval. Drugs. 2016;76(7):823–30.

［20］ Kaur M, Singh S, Bhatnagar R. Anthrax vaccines: present status and future prospects. Expert Rev Vaccines. 2013;12(8):955–70.

［21］ Kilgore PE, Salim AM, Zervos MJ, Schmitt HJ. Pertussis: Microbiology, Disease, Treatment, and Prevention. Clin Microbiol Rev. 2016;29(3):449–86.

［22］ Mattoo S, Cherry JD. Molecular pathogenesis, epidemiology, and clinical manifestations of respiratory infections due to Bordetella pertussis and other Bordetella subspecies. Clin Microbiol Rev. 2005;18(2):326–82.

［23］ Beall B, Cassiday PK, Sanden GN. Analysis of Bordetella pertussis isolates from an epidemic by pulsed-field gel electrophoresis. J Clin Microbiol. 1995;33(12):3083–6.

［24］ Burstyn DG, Baraff LJ, Peppler MS, Leake RD, St Geme J, Jr., Manclark CR. Serological response to filamentous hemagglutinin and lymphocytosis-promoting toxin of Bordetella pertussis. Infect Immun. 1983;41(3):1150–6.

［25］ Pinto MV, Merkel TJ. Pertussis disease and transmission and host responses: insights from the baboon model of pertussis. J Infect. 2017;74 Suppl 1:S114–S9.

［26］ Centers for Disease Control and Prevention [Internet]. Atlanta (GA): National Center for Immunization and Respiratory Diseases, Division of Bacterial Diseases; c2017 [cited 2018 Oct 26]. Pertussis (Whooping Cough). Available from: https://www.cdc.gov/pertussis/countries/index.html.

［27］ Yeung KHT, Duclos P, Nelson EAS, Hutubessy RCW. An update of the global burden of pertussis in children younger than 5 years: a modelling study. Lancet Infect Dis. 2017;17(9):974–80.

［28］ Guiso N. Bordetella pertussis and pertussis vaccines. Clin Infect Dis. 2009;49(10):1565–9.

［29］ Ward JI, Cherry JD, Chang SJ, Partridge S, Keitel W, Edwards K, et al. Bordetella Pertussis infections in vaccinated and unvaccinated adolescents and adults, as assessed in a national prospective randomized Acellular Pertussis Vaccine Trial (APERT). Clin Infect Dis. 2006;43(2):151–7.

［30］ Queenan AM, Cassiday PK, Evangelista A. Pertactin-negative variants of Bordetella pertussis in the United States. N Engl J Med. 2013;368(6):583–4.

［31］ Centers for Disease Control and Prevention. Fatal case of unsuspected pertussis diagnosed from a blood culture–Minnesota, 2003. MMWR Morb Mortal Wkly Rep. 2004;53(6):131–2.

［32］ Janda WM, Santos E, Stevens J, Celig D, Terrile L, Schreckenberger PC. Unexpected isolation of Bordetella pertussis from a blood culture. J Clin Microbiol. 1994;32(11):2851–3.

［33］ Centers for Disease Control and Prevention [Internet]. Atlanta (GA): National Center for Immunization and Respiratory Diseases; c2017 [cited 2018 Oct 26]. Vaccines and Preventable Diseases. Available from: https://www.cdc.gov/vaccines/vpd/pertussis/recs-summary.html.

［34］ Araj GF. Brucella. In: Jorgensen JH, Pfaller MA, Carroll KC, Funke G, Landry ML, Richter SS, Warnock DW, editors. Manual of Clinical Microbiology, Volume 1. 11th ed. Washington (DC): ASM Press; 2015. p. 863–72.

［35］ Pappas G, Akritidis N, Bosilkovski M, Tsianos E. Brucellosis. N Engl J Med. 2005;352(22):2325–36.

［36］ Miller CD, Songer JR, Sullivan JF. A twenty-five year review of laboratory-acquired human infections at the National Animal Disease Center. Am Ind Hyg Assoc J. 1987;48(3):271–5.

［37］ Olle-Goig JE, Canela-Soler J. An outbreak of Brucella melitensis infection by airborne transmission among laboratory workers. Am J Public Health. 1987;77(3):335–8.

［38］　Singh K. Laboratory-acquired infections. Clin Infect Dis. 2009;49(1):142–7.

［39］　Traxler RM, Lehman MW, Bosserman EA, Guerra MA, Smith TL. A literature review of laboratory-acquired brucellosis. J Clin Microbiol. 2013;51(9):3055–62.

［40］　biosafety.be [Internet]. Belgium: Belgian Biosafety Server; c2018 [cited 2018 Oct 26]. Available from: https://www.biosafety.be/.

［41］　Centers for Disease Control and Prevention. Update: potential exposures to attenuated vaccine strain Brucella abortus RB51 during a laboratory proficiency test–United States and Canada, 2007. MMWR Morb Mortal Wkly Rep. 2008;57(2):36–9.

［42］　Grammont-Cupillard M, Berthet-Badetti L, Dellamonica P. Brucellosis from sniffing bacteriological cultures. Lancet. 1996;348(9043):1733–4.

［43］　Huddleson IF, Munger M. A Study of an Epidemic of Brucellosis Due to Brucella melitensis. Am J Public Health Nations Health. 1940;30(8):944–54.

［44］　Staszkiewicz J, Lewis CM, Colville J, Zervos M, Band J. Outbreak of Brucella melitensis among microbiology laboratory workers in a community hospital. J Clin Microbiol. 1991;29(2):287–90.

［45］　Mense MG, Borschel RH, Wilhelmsen CL, Pitt ML, Hoover DL. Pathologic changes associated with brucellosis experimentally induced by aerosol exposure in rhesus macaques (Macaca mulatta). Am J Vet Res. 2004;65(5):644–52.

［46］　Pardon P, Marly J. Resistance of normal or immunized guinea pigs against a subcutaneous challenge of Brucella abortus. Ann Rech Vet. 1978;9(3):419–25.

［47］　Almiron MA, Roset MS, Sanjuan N. The Aggregation of Brucella abortus Occurs Under Microaerobic Conditions and Promotes Desiccation Tolerance and Biofilm Formation. Open Microbiol J. 2013;7:87–91.

［48］　Corbel MJ. Brucellosis: an overview. Emerg Infect Dis. 1997;3(2):213–21.

［49］　Seleem MN, Boyle SM, Sriranganathan N. Brucellosis: a re-emerging zoonosis. Vet Microbiol. 2010;140(3–4):392–8.

［50］　Van Zandt KE, Greer MT, Gelhaus HC. Glanders: an overview of infection in humans. Orphanet J Rare Dis. 2013;8:131.

［51］　Centers for Disease Control and Prevention. Laboratory-acquired human glanders–Maryland, May 2000. MMWR Morb Mortal Wkly Rep. 2000;49(24):532–5.

［52］　Srinivasan A, Kraus CN, DeShazer D, Becker PM, Dick JD, Spacek L, et al. Glanders in a military research microbiologist. N Engl J Med. 2001;345(4):256–8.

［53］　Titball RW, Burtnick MN, Bancroft GJ, Brett P. Burkholderia pseudomallei and Burkholderia mallei vaccines: Are we close to clinical trials? Vaccine. 2017;35(44):5981–9.

［54］　Lipuma JJ, Currie BJ, Peacock SJ, Vandamme PAR. Burkholderia, Stenotrophomonas, Ralstonia, Cupriavidus, Pandoraea, Brevundimonas, Comamonas, Delftia, and Acidovorax. In: Jorgensen JH, Pfaller MA, Carroll KC, Funke G, Landry ML, Richter SS, Warnock DW, editors. Manual of Clinical Microbiology, Volume 1. 11th ed. Washington (DC): ASM Press; 2015. p. 791–812.

［55］　Limmathurotsakul D, Golding N, Dance DA, Messina JP, Pigott DM, Moyes CL, et al. Predicted global distribution of Burkholderia pseudomallei and burden of melioidosis. Nat Microbiol. 2016;1(1).

［56］　Green RN, Tuffnell PG. Laboratory acquired melioidosis. Am J Med. 1968;44(4):599–605.

［57］　Peacock SJ, Schweizer HP, Dance DA, Smith TL, Gee JE, Wuthiekanun V, et al. Management of accidental laboratory exposure to Burkholderia pseudomallei and B. mallei. Emerg Infect Dis. 2008;14(7):e2.

［58］　Schlech WF 3rd, Turchik JB, Westlake RE Jr, Klein GC, Band JD, Weaver RE. Laboratory-acquired infection with Pseudomonas pseudomallei (melioidosis). N Engl J Med. 1981;305(19):1133–5.

［59］　Kohler C, Dunachie SJ, Muller E, Kohler A, Jenjaroen K, Teparrukkul P, et al. Rapid and Sensitive Multiplex

Detection of Burkholderia pseudomallei-Specific Antibodies in Melioidosis Patients Based on a Protein Microarray Approach. PLoS Negl Trop Dis. 2016;10(7):e0004847.

[60] Dance DA. Ecology of Burkholderia pseudomallei and the interactions between environmental Burkholderia spp. and human-animal hosts. Acta Trop. 2000;74(2–3):159–68.

[61] Centers for Disease Control and Prevention [Internet]. Atlanta (GA): National Center for Emerging and Zoonotic Infectious Diseases, Division of High Consequence Pathogens and Pathology; c2012 [cited 2018 Oct 29]. Melioidosis. Available from: https://www.cdc.gov/melioidosis/.

[62] Robertson J, Levy A, Sagripanti JL, Inglis TJ. The survival of Burkholderia pseudomallei in liquid media. Am J Trop Med Hyg. 2010;82(1):88–94.

[63] Shams AM, Rose LJ, Hodges L, Arduino MJ. Survival of Burkholderia pseudomallei on Environmental Surfaces. Appl Environ Microbiol. 2007;73(24):8001–4.

[64] Benoit TJ, Blaney DD, Gee JE, Elrod MG, Hoffmaster AR, Doker TJ, et al. Melioidosis Cases and Selected Reports of Occupational Exposures to Burkholderia pseudomallei–United States, 2008–2013. MMWR Surveill Summ. 2015;64(5):1–9.

[65] Masuda T, Isokawa T. [Biohazard in clinical laboratories in Japan]. Kansenshogaku Zasshi. 1991;65(2):209–15.

[66] Oates JD, Hodgin UG Jr. Laboratory-acquired Campylobacter enteritis. South Med J. 1981;74(1):83.

[67] Penner JL, Hennessy JN, Mills SD, Bradbury WC. Application of serotyping and chromosomal restriction endonuclease digest analysis in investigating a laboratory-acquired case of Campylobacter jejuni enteritis. J Clin Microbiol. 1983;18(6):1427–8.

[68] Saunders S, Smith K, Schott R, Dobbins G, Scheftel J. Outbreak of Campylobacteriosis Associated with Raccoon Contact at a Wildlife Rehabilitation Centre, Minnesota, 2013. Zoonoses Public Health. 2017;64(3):222–7.

[69] Hara-Kudo Y, Takatori K. Contamination level and ingestion dose of foodborne pathogens associated with infections. Epidemiol Infect. 2011;139(10):1505–10.

[70] Black RE, Levine MM, Clements ML, Hughes TP, Blaser MJ. Experimental Campylobacter jejuni infection in humans. J Infect Dis. 1988;157(3):472–9.

[71] Robinson DA. Infective dose of Campylobacter jejuni in milk. Br Med J (Clin Res Ed). 1981;282(6276):1584.

[72] Ravel A, Hurst M, Petrica N, David J, Mutschall SK, Pintar K, et al. Source attribution of human campylobacteriosis at the point of exposure by combining comparative exposure assessment and subtype comparison based on comparative genomic fingerprinting. PLoS One. 2017;12(8):e0183790.

[73] Marchand-Senecal X, Bekal S, Pilon PA, Sylvestre JL, Gaudreau C. Campylobacter fetus Cluster Among Men Who Have Sex With Men, Montreal, Quebec, Canada, 2014–2016. Clin Infect Dis. 2017;65(10):1751–3.

[74] Kaakoush NO, Castano-Rodriguez N, Mitchell HM, Man SM. Global Epidemiology of Campylobacter Infection. Clin Microbiol Rev. 2015;28(3):687–720.

[75] Skuhala T, Skerk V, Markotic A, Bukovski S, Desnica B. Septic abortion caused by Campylobacter jejuni bacteraemia. J Chemother. 2016;28(4):335–6.

[76] Smith JL. Campylobacter jejuni infection during pregnancy: long-term consequences of associated bacteremia, Guillain-Barre syndrome, and reactive arthritis. J Food Prot. 2002;65(4):696–708.

[77] Hogerwerf L, DE Gier B, Baan B, Van Der Hoek W. Chlamydia psittaci (psittacosis) as a cause of community-acquired pneumonia: a systematic review and meta-analysis. Epidemiol Infect. 2017;145(15):3096–105.

[78] Knittler MR, Sachse K. Chlamydia psittaci: update on an underestimated zoonotic agent. Pathog Dis. 2015;73(1):1–15.

[79] Petrovay F, Balla E. Two fatal cases of psittacosis caused by Chlamydophila psittaci. J Med Microbiol. 2008;57(Pt 10):1296–8.

［80］ Beeckman DS, Vanrompay DC. Zoonotic Chlamydophila psittaci infections from a clinical perspective. Clin Microbiol Infect. 2009;15(1):11–7.

［81］ Corsaro D, Greub G. Pathogenic potential of novel Chlamydiae and diagnostic approaches to infections due to these obligate intracellular bacteria. Clin Microbiol Rev. 2006;19(2):283–97.

［82］ Gaydos C, Essig A. Chlamydiaceae. In: Jorgensen JH, Pfaller MA, Carroll KC, Funke G, Landry ML, Richter SS, Warnock DW, editors. Manual of Clinical Microbiology, Volume 1. 11th ed. Washington (DC): ASM Press; 2015. p. 1106–21.

［83］ Van Droogenbroeck C, Beeckman DS, Verminnen K, Marien M, Nauwynck H, Boesinghe Lde T, et al. Simultaneous zoonotic transmission of Chlamydophila psittaci genotypes D, F and E/B to a veterinary scientist. Vet Microbiol. 2009;135(1–2):78–81.

［84］ Pike RM. Laboratory-associated infections: summary and analysis of 3921 cases. Health Lab Sci. 1976;13(2):105–14.

［85］ Bernstein DI, Hubbard T, Wenman WM, Johnson BL Jr, Holmes KK, Liebhaber H, et al. Mediastinal and supraclavicular lymphadenitis and pneumonitis due to Chlamydia trachomatis serovars L1 and L2. N Engl J Med. 1984;311(24):1543–6.

［86］ Hyman CL, Augenbraun MH, Roblin PM, Schachter J, Hammerschlag MR. Asymptomatic respiratory tract infection with Chlamydia pneumoniae TWAR. J Clin Microbiol. 1991;29(9):2082–3.

［87］ Chan J, Doyle B, Branley J, Sheppeard V, Gabor M, Viney K, et al. An outbreak of psittacosis at a veterinary school demonstrating a novel source of infection. One Health. 2017;3:29–33.

［88］ Taylor KA, Durrheim D, Heller J, O'Rourke B, Hope K, Merritt T, et al. Equine chlamydiosis-An emerging infectious disease requiring a one health surveillance approach. Zoonoses Public Health. 2018;65(1):218–21.

［89］ Foster LH, Portell CA. The role of infectious agents, antibiotics, and antiviral therapy in the treatment of extranodal marginal zone lymphoma and other low-grade lymphomas. Curr Treat Options Oncol. 2015;16(6):28.

［90］ Kramer A, Schwebke I, Kampf G. How long do nosocomial pathogens persist on inanimate surfaces? A systematic review. BMC Infect Dis. 2006;6:130.

［91］ Kaleta EF, Taday EM. Avian host range of Chlamydophila spp. based on isolation, antigen detection and serology. Avian Pathol. 2003;32(5):435–61.

［92］ Krauss H, Weber A, Appel M, Enders B, Isenberg HD, Schiefer HG, et al. Bacterial Zoonoses. In: Krauss H, Weber A, Appel M, Enders B, Isenberg HD, Schiefer HG, et al, authors. Zoonoses: Infectious Diseases Transmissible from Animals to Humans. 3rd ed. Washington (DC): ASM Press; 2003. p. 173–252.

［93］ Smith LDS, Sugiyama H. Botulism: the organism, its toxins, the disease. 2nd ed. Barlows A, editor. Springfield (IL): Charles C. Thomas; 1988.

［94］ Siegel LS, Metzger JF. Toxin production by Clostridium botulinum type A under various fermentation conditions. Appl Environ Microbiol. 1979;38(4):606–11.

［95］ Stevens DL, Bryant AE, Carroll K. Clostridium. In: Jorgensen JH, Pfaller MA, Carroll KC, Funke G, Landry ML, Richter SS, Warnock DW, editors. Manual of Clinical Microbiology, Volume 1. 11th ed. Washington (DC): ASM Press; 2015. p. 940–66.

［96］ Maksymowych AB, Simpson LL. A brief guide to the safe handling of biological toxin. In: Aktories K, editor. Bacterial toxins: Tools in Cell Biology and Pharmacology. London: Chapman and Hall; 1997. p. 295–300.

［97］ Lawson PA, Citron DM, Tyrrell KL Finegold SM. Reclassification of Clostridium difficile as Clostridioides difficile (Hall and O'Toole 1935) Prevot 1938. Anaerobe. 2016;40:95–9.

［98］ Lessa FC, Mu Y, Bamberg WM, Beldavs ZG, Dumyati GK, Dunn JR, et al. Burden of Clostridium difficile infection in the United States. N Engl J Med. 2015;372(9):825–34.

［99］ Lo Vecchio A, Zacur GM. Clostridium difficile infection: an update on epidemiology, risk factors, and therapeutic options. Curr Opin Gastroenterol. 2012;28(1):1–9.

[100] Schaffler H, Breitruck A. Clostridium difficile—From Colonization to Infection. Front Microbiol. 2018;9:646.

[101] Gateau C, Couturier J, Coia J, Barbut F. How to: diagnose infection caused by Clostridium difficile. Clin Microbiol Infect. 2018;24(5):463–8.

[102] Baron EJ, Miller JM. Bacterial and fungal infections among diagnostic laboratory workers: evaluating the risks. Diagn Microbiol Infect Dis. 2008;60(3):241–6.

[103] Best EL, Fawley WN, Parnell P, Wilcox MH. The potential for airborne dispersal of Clostridium difficile from symptomatic patients. Clin Infect Dis. 2010;50(11):1450–7.

[104] Crobach MJT, Vernon JJ, Loo VG, Kong LY, Pechine S, Wilcox MH, et al. Understanding Clostridium difficile Colonization. Clin Microbiol Rev. 2018;31(2).

[105] Leffler DA, Lamont JT. Clostridium difficile infection. N Engl J Med. 2015;372(16):1539–48.

[106] Hopkins RJ, Wilson RB. Treatment of recurrent Clostridium difficile colitis: a narrative review. Gastroenterol Rep (Oxf). 2018;6(1):21–8.

[107] Kelly CR, Kahn S, Kashyap P, Laine L, Rubin D, Atreja A, et al. Update on Fecal Microbiota Transplantation 2015: Indications, Methodologies, Mechanisms, and Outlook. Gastroenterology. 2015;149(1):223–37.

[108] Lo Vecchio A, Lancella L, Tagliabue C, De Giacomo C, Garazzino S, Mainetti M, et al. Clostridium difficile infection in children: epidemiology and risk of recurrence in a low-prevalence country. Eur J Clin Microbiol Infect Dis. 2017;36(1):177–85.

[109] U.S. Department of Health and Human Services. Antibiotic Resistance Threats in the United States, 2013. Atlanta (GA): Centers for Disease Control and Prevention; 2013. 114.

[110] McDonald LC, Killgore GE, Thompson A, Owens RC Jr, Kazakova SV, Sambol SP, et al. An epidemic, toxin gene-variant strain of Clostridium difficile. N Engl J Med. 2005;353(23):2433–41.

[111] Centers for Disease Control and Prevention [Internet]. Atlanta (GA): National Center for Emerging Zoonotic Infectious Diseases, Division of Healthcare Quality Promotion; c2015 [cited 2018 Oct 29]. Clostridium difficile Infection. Available from: https://www.cdc.gov/hai/organisms/cdiff/cdiff_infect.html.

[112] Centers for Disease Control and Prevention. Tetanus surveillance—United States, 2001–2008. MMWR Morb Mortal Wkly Rep. 2011;60(12):365–9.

[113] Centers for Disease Control and Prevention [Internet]. Atlanta (GA): National Center for Immunization and Respiratory Diseases, Division of Bacterial Diseases; c2017 [cited 2018 Oct 30]. Tetanus. Available from: https://www.cdc.gov/tetanus/index.html.

[114] Sewell DL. Laboratory-associated infections and biosafety. Clin Microbiol Rev. 1995;8(3):389–405.

[115] Campbell JI, Lam TM, Huynh TL, To SD, Tran TT, Nguyen VM, et al. Microbiologic characterization and antimicrobial susceptibility of Clostridium tetani isolated from wounds of patients with clinically diagnosed tetanus. Am J Trop Med Hyg. 2009;80(5):827–31.

[116] Centers for Disease Control and Prevention. Updated recommendations for use of tetanus toxoid, reduced diphtheria toxoid and acellular pertussis (Tdap) vaccine from the Advisory Committee on Immunization Practices, 2010.

[117] Funke G, Bernard KA. Coryneform Gram-Positive Rods. In: Jorgensen JH, Pfaller MA, Carroll KC, Funke G, Landry ML, Richter SS, Warnock DW, editors. Manual of Clinical Microbiology, Volume 1. 11th ed. Washington (DC): ASM Press; 2015. p. 474–503.

[118] Tiwari T, Warton M. Diphtheria Toxoid. In: Plotkin SA, Orenstein WA, Offit PA, Edwards KM, authors. Plotkin's Vaccines. 7th ed. Philadelphia (PA): Elsevier; 2018. p. 261–75.

[119] Thilo W, Kiehl W, Geiss HK. A case report of laboratory-acquired diphtheria. Euro Surveill. 1997;2(8):67–8.

[120] Galbraith NS, Forbes P, Clifford C. Communicable disease associated with milk and dairy products in

England and Wales 1951–80. Br Med J (Clin Res Ed). 1982;284(6331):1761–5.

［121］ Hogg RA, Wessels J, Hart J, Efstratiou A, De Zoysa A, Mann G, et al. Possible zoonotic transmission of toxigenic Corynebacterium ulcerans from companion animals in a human case of fatal diphtheria. Vet Rec. 2009;165(23):691–2.

［122］ May ML, McDougall RJ, Robson JM. Corynebacterium diphtheriae and the returned tropical traveler. J Travel Med. 2014;21(1):39–44.

［123］ Gill DM. Bacterial toxins: a table of lethal amounts. Microbiol Rev. 1982;46(1):86–94.

［124］ Advisory Committee on Immunization Practices, Centers for Disease Control and Prevention (CDC). Immunization of health-care personnel: recommendations of the Advisory Committee on Immunization Practices (ACIP). MMWR Recomm Rep. 2011;60(RR-7):1–45.

［125］ Maurin M, Gyuranecz M. Tularaemia: clinical aspects in Europe. Lancet Infect Dis. 2016;16(1):113–24.

［126］ Centers for Disease Control and Prevention. Tularemia—United States, 2001–2010. MMWR Morb Mortal Wkly Rep. 2013;62(47):963–6.

［127］ Eliasson H, Broman T, Forsman M, Back E. Tularemia: current epidemiology and disease management. Infect Dis Clin North Am. 2006;20(2):289–311, ix.

［128］ Wurtz N, Papa A, Hukic M, Di Caro A, Leparc-Goffart I, Leroy E, et al. Survey of laboratory-acquired infections around the world in biosafety level 3 and 4 laboratories. Eur J Clin Microbiol Infect Dis. 2016;35(8):1247–58.

［129］ Jones CL, Napier BA, Sampson TR, Llewellyn AC, Schroeder MR, Weiss DS. Subversion of host recognition and defense systems by Francisella spp. Microbiol Mol Biol Rev. 2012;76(2):383–404.

［130］ Centers for Disease Control and Prevention [Internet]. Atlanta (GA): National Center for Emerging and Zoonotic Infectious Diseases, Division of Vector-Borne Diseases; c2016 [cited 2018 Oct 30]. Tularemia. Available from: https://www.cdc.gov/tularemia.

［131］ De Witte C, Schulz C, Smet A, Malfertheiner P, Haesebrouck F. Other Helicobacters and gastric microbiota. Helicobacter. 2016;21 Suppl 1:62–8.

［132］ Burucoa C, Axon A. Epidemiology of Helicobacter pylori infection. Helicobacter. 2017;22 Suppl 1.Matysiak-Budnik T, Briet F, Heyman M, Megraud F. Laboratory-acquired Helicobacter pylori infection. Lancet. 1995;346(8988):1489–90.133.

［133］ Marshall BJ, Armstrong JA, McGechie DB, Glancy RJ. Attempt to fulfil Koch's postulates for pyloric Campylobacter. Med J Aust. 1985;142(8):436–9.

［134］ Venerito M, Vasapolli R, Rokkas T, Delchier JC, Malfertheiner P. Helicobacter pylori, gastric cancer and other gastrointestinal malignancies. Helicobacter. 2017;22 Suppl 1.

［135］ Pillai DR. Helicobacter pylori Cultures. In: Leber AL, editor. Clinical Microbiology Procedures Handbook, Volume 1. 4th ed. Washington (DC): ASM Press; 2016. p. 3.8.4.1–3.8.4.5.

［136］ Burillo A, Pedro-Botet ML, Bouza E. Microbiology and Epidemiology of Legionnaire's Disease. Infect Dis Clin North Am. 2017;31(1):7–27.

［137］ Edelstein PH, Luck C. Legionella. In: Jorgensen JH, Pfaller MA, Carroll KC, Funke G, Landry ML, Richter SS, Warnock DW, editors. Manual of Clinical Microbiology, Volume 1. 11th ed. Washington (DC): ASM Press; 2015. p. 887–904.

［138］ Centers for Disease Control and Prevention. Unpublished data. Center for Infectious Diseases. HEW, Public Health Service. 1976.

［139］ Correia AM, Ferreira JS, Borges V, Nunes A, Gomes B, Capucho R, et al. Probable Person-to-Person Transmission of Legionnaires' Disease. N Engl J Med. 2016;374(5):497–8.

［140］ Schwake DO, Alum A, Abbaszadegan M. Impact of environmental factors on Legionella populations in drinking water. Pathogens. 2015;4(2):269–82.

［141］ Levett PN. Leptospira. In: Jorgensen JH, Pfaller MA, Carroll KC, Funke G, Landry ML, Richter SS, Warnock DW, editors. Manual of Clinical Microbiology, Volume 1. 11th ed. Washington (DC): ASM Press; 2016. p. 1028–36.

［142］ Barkin RM, Guckian JC, Glosser JW. Infection by Leptospira ballum: a laboratory-associated case. South Med J. 1974;67(2):155 passim.

［143］ Bolin CA, Koellner P. Human-to-human transmission of Leptospira interrogans by milk. J Infect Dis. 1988;158(1):246–7.

［144］ Sugunan AP, Natarajaseenivasan K, Vijayachari P, Sehgal SC. Percutaneous exposure resulting in laboratory-acquired leptospirosis—a case report. J Med Microbiol. 2004;53(Pt 12):1259–62.

［145］ Centers for Disease Control and Prevention [Internet]. Atlanta (GA): National Center for Emerging and Zoonotic Infectious Diseases, Division of High-Consequence Pathogens and Pathology; c2017 [cited 2018 Oct 30]. Leptospirosis. Available from: https://www.cdc.gov/leptospirosis/.

［146］ World Health Organization [Internet]. Geneva; c2018 [cited 2018 Oct 30]. Leptospirosis. Available from: https://www.who.int/topics/leptospirosis/en/.

［147］ Schuchat A, Swaminathan B, Broome CV. Epidemiology of human listeriosis. Clin Microbiol Rev. 1991;4(2):169–83.

［148］ Wellinghausen N. Listeria and Erysipelothrix. In: Jorgensen JH, Pfaller MA, Carroll KC, Funke G, Landry ML, Richter SS, Warnock DW, editors. Manual of Clinical Microbiology, Volume 1. 11th ed. Washington (DC): ASM Press; 2016. p. 462–73.

［149］ Godshall CE, Suh G, Lorber B. Cutaneous listeriosis. J Clin Microbiol. 2013;51(11):3591–6.

［150］ Ortel S. [Listeriosis during pregnancy and excretion of Listeria by laboratory workers (author's transl)]. Zentralbl Bakteriol Orig A. 1975;231(4):491–502.

［151］ Vazquez-Boland JA, Krypotou E, Scortti M. Listeria Placental Infection. MBio. 2017;8(3). pii: e00949–17.

［152］ Gandhi M, Chikindas ML. Listeria: A foodborne pathogen that knows how to survive. Int J Food Microbiol. 2007;113(1):1–15.

［153］ Kovacevic J, Ziegler J, Walecka-Zacharska E, Reimer A, Kitts DD, Gilmour MW. Tolerance of Listeria monocytogenes to Quaternary Ammonium Sanitizers Is Mediated by a Novel Efflux Pump Encoded by emrE. Appl Environ Microbiol. 2015;82(3):939–53.

［154］ Vera-Cabrera L, Escalante-Fuentes WG, Gomez-Flores M, Ocampo-Candiani J, Busso P, Singh P, et al. Case of diffuse lepromatous leprosy associated with "Mycobacterium lepromatosis". J Clin Microbiol. 2011;49(12):4366–8.

［155］ Truman RW, Kumaresan JA, McDonough CM, Job CK, Hastings RC. Seasonal and spatial trends in the detectability of leprosy in wild armadillos. Epidemiol Infect. 1991;106(3):549f–60.

［156］ Walsh GP, Meyers WM, Binford CH. Naturally acquired leprosy in the nine-banded armadillo: a decade of experience 1975–1985. J Leukoc Biol. 1986;40(5):645–56.

［157］ Bruce S, Schroeder TL, Ellner K, Rubin H, Williams T, Wolf JE Jr. Armadillo exposure and Hansen's disease: an epidemiologic survey in southern Texas. J Am Acad Dermatol. 2000;43(2 Pt 1):223–8.

［158］ Clark BM, Murray CK, Horvath LL, Deye GA, Rasnake MS, Longfield RN. Case-control study of armadillo contact and Hansen's disease. Am J Trop Med Hyg. 2008;78(6):962–7.

［159］ Domozych R, Kim E, Hart S, Greenwald J. Increasing incidence of leprosy and transmission from armadillos in Central Florida: A case series. JAAD Case Rep. 2016;2(3):189–92.

［160］ Sharma R, Singh P, Loughry WJ, Lockhart JM, Inman WB, Duthie MS, et al. Zoonotic Leprosy in the Southeastern United States. Emerg Infect Dis. 2015;21(12):2127–34.

［161］ O'Brien CR, Malik R, Globan M, Reppas G, McCowan C, Fyfe JA. Feline leprosy due to Candidatus 'Mycobacterium lepraefelis': Further clinical and molecular characterisation of eight previously reported cases and an additional 30 cases. J Feline Med Surg. 2017;19(9):919–32.

［162］ Pfyffer GE. Mycobacterium: General Characteristics, Laboratory Detection, and Staining Procedures. In: Richter SS, editor. Manual of Clinical Microbiology 11th ed. 1. Washington, DC: ASM Press; 2015. p. 536–69.

［163］ Esteban J, Munoz-Egea MC. Mycobacterium bovis and Other Uncommon Members of the Mycobacterium tuberculosis Complex. Microbiol Spectr. 2016;4(6).

［164］ Grist NR, Emslie J. Infections in British clinical laboratories, 1982–3. J Clin Pathol. 1985;38(7):721–5.

［165］ Muller HE. Laboratory-acquired mycobacterial infection. Lancet. 1988;2(8606):331.

［166］ Pike RM, Sulkin SE, Schulze ML. Continuing Importance of Laboratory-Acquired Infections. Am J Public Health Nations Health. 1965;55:190–9.

［167］ Belchior I, Seabra B, Duarte R. Primary inoculation skin tuberculosis by accidental needlestick. BMJ Case Rep. 2011;2011. pii: bcr1120103496.

［168］ Menzies D, Fanning A, Yuan L, FitzGerald JM, Canadian Collaborative Group in Nosocomial Transmission of Tuberculosis. Factors associated with tuberculin conversion in Canadian microbiology and pathology workers. Am J Respir Crit Care Med. 2003;167(4):599–602.

［169］ Reid DD. Incidence of tuberculosis among workers in medical laboratories. Br Med J. 1957;2(5035):10–4.

［170］ Centers for Disease Control and Prevention. Acquired multidrug-resistant tuberculosis–Buenaventura, Colombia, 1998. MMWR Morb Mortal Wkly Rep. 1998;47(36):759–61.

［171］ Kaufmann AF, Anderson DC. Tuberculosis control in nonhuman primates. In: Montali RJ, editor. The Symposia of the National Zoological Park of Zoo Animals: Proceedings of a Symposium held at the Conservation and Research Center, National Zoological Park, Smithsonian Institution, October 6–8 1976. Washington (DC): Smithsonian Institution Press; 1978. p. 227–34.

［172］ Allen BW. Survival of tubercle bacilli in heat-fixed sputum smears. J Clin Pathol. 1981;34(7):719–22.

［173］ Herman P, Fauville-Dufaux M, Breyer D, Van Vaerenbergh B, Pauwels K, Dai Do Thi C, et al. Biosafety Recommendations for the Contained Use of Mycobacterium tuberculosis Complex Isolates in Industrialized Countries. Scientific Institute of Public Health [Internet]. 2006 [cited 2019 May 8]:[about 17 p]. Available from: https://www.biosafety.be/sites/default/files/mtub_final_dl.pdf.

［174］ Centers for Disease Control and Prevention [Internet]. Atlanta (GA): Division of Tuberculosis Elimination; c2015 [cited 2018 Oct 30]. Tuberculosis (TB). Available from: https://www.cdc.gov/tb/publications/factsheets/testing/igra.htm. Al Houqani M, Jamieson F, Chedore P, Mehta M, May K, Marras TK. Isolation prevalence of pulmonary nontuberculous mycobacteria in Ontario in 2007. Can Respir J. 2011;18(1):19–24.

［175］ Billinger ME, Olivier KN, Viboud C, de Oca RM, Steiner C, Holland SM, et al. Nontuberculous mycobacteria-associated lung disease in hospitalized persons, United States, 1998–2005. Emerg Infect Dis. 2009;15(10):1562–9.

［176］ van Ingen J. Diagnosis of nontuberculous mycobacterial infections. Semin Respir Crit Care Med. 2013;34(1):103–9.

［177］ Sabin AP, Ferrieri P, Kline S. Mycobacterium abscessus Complex Infections in Children: A Review. Curr Infect Dis Rep. 2017;19(11):46.

［178］ Lindeboom JA, Kuijper EJ, Bruijnesteijn van Coppenraet ES, Lindeboom R, Prins JM. Surgical excision versus antibiotic treatment for nontuberculous mycobacterial cervicofacial lymphadenitis in children: a multicenter, randomized, controlled trial. Clin Infect Dis. 2007;44(8):1057–64.

［179］ Bar-On O, Mussaffi H, Mei-Zahav M, Prais D, Steuer G, Stafler P, et al. Increasing nontuberculous mycobacteria infection in cystic fibrosis. J Cyst Fibros. 2015;14(1):53–62.

［180］ Candido PH, Nunes Lde S, Marques EA, Folescu TW, Coelho FS, de Moura VC, et al. Multidrug-resistant nontuberculous mycobacteria isolated from cystic fibrosis patients. J Clin Microbiol. 2014;52(8):2990–7.

［181］ Chappler RR, Hoke AW, Borchardt KA. Primary inoculation with Mycobacterium marinum. Arch Dermatol. 1977;113(3):380.

［182］ Biet F, Boschiroli ML, Thorel MF, Guilloteau LA. Zoonotic aspects of Mycobacterium bovis and Mycobacterium avium-intracellulare complex (MAC). Vet Res. 2005;36(3):411–36.

［183］ Kim SY, Shin SJ, Lee NY, Koh WJ. First case of pulmonary disease caused by a Mycobacterium avium complex strain of presumed veterinary origin in an adult human patient. J Clin Microbiol. 2013;51(6):1993–5.

［184］ Elias J, Frosch M, Vogel U. Neisseria. In: Jorgensen JH, Pfaller MA, Carroll KC, Funke G, Landry ML, Richter SS, Warnock DW, editors. Manual of Clinical Microbiology, Volume 1. 11th ed. Washington (DC): ASM Press; 2015. p. 635–51.

［185］ Bruins SC, Tight RR. Laboratory-acquired gonococcal conjunctivitis. JAMA. 1979;241(3):274.

［186］ Diena BB, Wallace R, Ashton FE, Johnson W, Platenaude B. Gonococcal conjunctivitis: accidental infection. Can Med Assoc J. 1976;115(7):609, 12.

［187］ Malhotra R, Karim QN, Acheson JF. Hospital-acquired adult gonococcal conjunctivitis. J Infect. 1998;37(3):305.

［188］ Zajdowicz TR, Kerbs SB, Berg SW, Harrison WO. Laboratory-acquired gonococcal conjunctivitis: successful treatment with single-dose ceftriaxone. Sex Transm Dis. 1984;11(1):28–9.

［189］ U.S. Department of Health and Human Services. Sexually Transmitted Disease Surveillance 2016. Atlanta (GA): Centers for Disease Control and Prevention; 2017. 164 p.

［190］ Centers for Disease Control and Prevention. Sexually Transmitted Diseases Treatment Guicelines, 2015. Morbidity and Mortality Weekly Report 64 (3). 2015.

［191］ Cohn AC, MacNeil JR, Clark TA, Ortega-Sanchez IR, Briere EZ, Meissner HC, et al. Prevention and control of meningococcal disease: recommendations of the Advisory Committee on Immunization Practices (ACIP). MMWR Recomm Rep. 2013;62(RR-2):1–28.

［192］ Sheets CD, Harriman K, Zipprich J, Louie JK, Probert WS, Horowitz M, et al. Fatal meningococcal disease in a laboratory worker–California, 2012. MMWR Morb Mortal Wkly Rep. 2014;63(35):770–2.

［193］ Centers for Disease Control and Prevention. Laboratory-acquired meningococcal disease–United States, 2000. MMWR Morb Mortal Wkly Rep. 2002;51(7):141–4.

［194］ Patton ME, Stephens D, Moore K, MacNeil JR. Updated Recommendations for Use of MenB-FHbp Serogroup B Meningococcal Vaccine—Advisory Committee on Immunization Practices, 2016. MMWR Morb Mortal Wkly Rep. 2017;66(19):509–13.

［195］ Immunization of health-care workers: recommendations of the Advisory Committee on Immunization Practices (ACIP) and the Hospital Infection Control Practices Advisory Committee (HICPAC). MMWR Recomm Rep. 1997;46(RR-18):1–42.

［196］ Grogan J, Roos K. Serogroup B Meningococcus Outbreaks, Prevalence, and the Case for Standard Vaccination. Curr Infect Dis Rep. 2017;19(9):30.

［197］ Strockbine NA, Bopp CA, Fields PI, Kaper JB, Nataro JP. Escherichia, Shigella, and Salmonella. In: Jorgensen JH, Pfaller MA, Carroll KC, Funke G, Landry ML, Richter SS, Warnock DW, editors. Manual of Clinical Microbiology, Volume 1. 11th ed. Washington (DC): ASM Press; 2015. p. 685–713.

［198］ Dekker JP, Frank KM. Salmonella, Shigella, and Yersinia. Clin Lab Med. 2015;35(2):225–46.

［199］ Alexander DC, Fitzgerald SF, DePaulo R, Kitzul R, Daku D, Levett PN, et al. Laboratory-Acquired Infection with Salmonella enterica serovar Typhimurium Exposed by Whole-Genome Sequencing. J Clin Microbiol. 2016;54(1):190–3.

［200］ Barker A, Duster M, Van Hoof S, Safdar N. Nontyphoidal Salmonella: An Occupational Hazard for Clinical Laboratory Workers. Appl Biosaf. 2015;20(2):72–4.

［201］ Grist NR, Emslie JA. Infections in British clinical laboratories, 1984–5. J Clin Pathol. 1987;40(8):826–9.

［202］ Nicklas W. Introduction of Salmonellae into a centralized laboratory animal facility by infected day old chicks. Lab Anim. 1987;21(2):161–3.

［203］ Steckelberg JM, Terrell CL, Edson RS. Laboratory-acquired Salmonella Typhimurium enteritis: association with erythema nodosum and reactive arthritis. Am J Med. 1988;85(5):705–7.

［204］ Centers for Disease Control and Prevention [Internet]. Atlanta (GA): National Center for Emerging and Zoonotic Infectious Diseases, Division of Vector-Borne Diseases; c2018 [cited Oct 30]. Plague. Available from: https://www.cdc.gov/plague/index.html.

［205］ Majowicz SE, Musto J, Scallan E, Angulo FJ, Kirk M, O'Brien SJ, et al. The global burden of nontyphoidal Salmonella gastroenteritis. Clin Infect Dis. 2010;50(6):882–9.

［206］ Ao TT, Feasey NA, Gordon MA, Keddy KH, Angulo FJ, Crump JA. Global burden of invasive nontyphoidal Salmonella disease, 2010. Emerg Infect Dis. 2015;21(6).

［207］ Gambino-Shirley K, Stevenson L, Wargo K, Burnworth L, Roberts J, Garrett N, et al. Notes from the Field: Four Multistate Outbreaks of Human Salmonella Infections Linked to Small Turtle Exposure—United States, 2015. MMWR Morb Mortal Wkly Rep. 2016;65(25):655–6.

［208］ Whiley H, Gardner MG, Ross K. A Review of Salmonella and Squamates (Lizards, Snakes and Amphibians): Implications for Public Health. Pathogens. 2017;6(3). pii: E38.

［209］ Kariuki S, Gordon MA, Feasey N, Parry CM. Antimicrobial resistance and management of invasive Salmonella disease. Vaccine. 2015;33 Suppl 3:C21–9.

［210］ Fuche FJ, Sow O, Simon R, Tennant SM. Salmonella Serogroup C: Current Status of Vaccines and Why They Are Needed. Clin Vaccine Immunol. 2016;23(9):737–45.

［211］ Stuart BM, Pullen RL. Typhoid; clinical analysis of 360 cases. Arch Intern Med (Chic). 1946;78(6):629–61.

［212］ Buckle GC, Walker CL, Black RE. Typhoid fever and paratyphoid fever: Systematic review to estimate global morbidity and mortality for 2010. J Glob Health. 2012;2(1):010401.

［213］ Crump JA, Luby SP, Mintz ED. The global burden of typhoid fever. Bull World Health Organ. 2004;82(5):346–53.

［214］ Centers for Disease Control and Prevention [Internet]. Atlanta (GA): National Center for Emerging and Zoonotic Infectious Diseases, Division of Foodborne, Waterborne, and Environmental Diseases; c2018 [cited 2018 Oct 31]. Salmonella. Available from: https://www.cdc.gov/salmonella/index.html.

［215］ Crump JA, Sjolund-Karlsson M, Gordon MA, Parry CM. Epidemiology, Clinical Presentation, Laboratory Diagnosis, Antimicrobial Resistance, and Antimicrobial Management of Invasive Salmonella Infections. Clin Microbiol Rev. 2015;28(4):901–37.

［216］ Jackson BR, Iqbal S, Mahon B; Centers for Disease Control and Prevention. Updated recommendations for the use of typhoid vaccine–Advisory Committee on Immunization Practices, United States, 2015. MMWR Morb Mortal Wkly Rep. 2015;64(11):305–8.

［217］ Laboratory acquired infection with Escherichia coli O157. Commun Dis Rep CDR Wkly. 1994;4(7):29.

［218］ Escherichia coli O157 infection acquired in the laboratory. Commun Dis Rep CDR Wkly. 1996;6(28):239.

［219］ Booth L, Rowe B. Possible occupational acquisition of Escherichia coli O157 infection. Lancet. 1993;342(8882):1298–9.

［220］ Burnens AP, Zbinden R, Kaempf L, Heinzer I, Nicolet J. A case of laboratory acquired infection with Escherichia coli O157:H7. Zentralbl Bakteriol. 1993;279(4):512–7.

［221］ Rao GG, Saunders BP, Masterton RG. Laboratory acquired verotoxin producing Escherichia coli (VTEC) infection. J Hosp Infect. 1996;33(3):228–30.

[222] Nielsen EM, Skov MN, Madsen JJ, Lodal J, Jespersen JB, Baggesen DL. Verocytotoxin-producing Escherichia coli in wild birds and rodents in close proximity to farms. Appl Environ Microbiol. 2004;70(11):6944–7.

[223] Bopp DJ, Sauders BD, Waring AL, Ackelsberg J, Dumas N, Braun-Howland E, et al. Detection, isolation, and molecular subtyping of Escherichia coli O157:H7 and Campylobacter jejuni associated with a large waterborne outbreak. J Clin Microbiol. 2003;41(1):174–80.

[224] Friedman MS, Roels T, Koehler JE, Feldman L, Bibb WF, Blake P. Escherichia coli O157:H7 outbreak associated with an improperly chlorinated swimming pool. Clin Infect Dis. 1999;29(2):298–303.

[225] Swerdlow DL, Woodruff BA, Brady RC, Griffin PM, Tippen S, Donnell HD Jr, et al. A waterborne outbreak in Missouri of Escherichia coli O157:H7 associated with bloody diarrhea and death. Ann Intern Med. 1992;117(10):812–9.

[226] Walker D, Campbell D. A survey of infections in United Kingdom laboratories, 1994–1995. J Clin Pathol. 1999;52(6):415–8.

[227] National Research Council. Zoonoses. In: National Research Council. Occupational Health and Safety in the Care and Use of Research Animals. Washington (DC): National Academy Press; 1997. p. 65–105.

[228] Batz MB, Henke E, Kowalcyk B. Long-term consequences of foodborne infections. Infect Dis Clin North Am. 2013;27(3):599–616.

[229] Liu C, Bayer A, Cosgrove SE, Daum RS, Fridkin SK, Gorwitz RJ, et al. Clinical practice guidelines by the infectious diseases society of america for the treatment of methicillin-resistant Staphylococcus aureus infections in adults and children: executive summary. Clin Infect Dis. 2011;52(3):285–92.

[230] Banerjee T, Anupurba S. Colonization with vancomycin-intermediate Staphylococcus aureus strains containing the vanA resistance gene in a tertiary-care center in north India. J Clin Microbiol. 2012;50(5):1730–2.

[231] Howden BP, Davies JK, Johnson PD, Stinear TP, Grayson ML. Reduced vancomycin susceptibility in Staphylococcus aureus, including vancomycin-intermediate and heterogeneous vancomycin-intermediate strains: resistance mechanisms, laboratory detection, and clinical implications. Clin Microbiol Rev. 2010;23(1):99–139.

[232] Duman Y, Yakupogullari Y, Otlu B, Tekerekoglu MS. Laboratory-acquired skin infections in a clinical microbiologist: Is wearing only gloves really safe? Am J Infect Control. 2016;44(8):935–7.

[233] Gosbell IB, Mercer JL, Neville SA. Laboratory-acquired EMRSA-15 infection. J Hosp Infect. 2003;54(4):323–5.

[234] Wagenvoort JH, De Brauwer EI, Gronenschild JM, Toenbreker HM, Bonnemayers GP, Bilkert-Mooiman MA. Laboratory-acquired meticillin-resistant Staphylococcus aureus (MRSA) in two microbiology laboratory technicians. Eur J Clin Microbiol Infect Dis. 2006;25(7):470–2.

[235] Centers for Disease Control and Prevention [Internet]. Atlanta (GA): National Center for Emerging and Zoonotic Infectious Diseases, Division of Healthcare Quality Promotion; c2015 [cited 2018 Oct 31]. Healthcare-associated Infections. Available from: https://www.cdc.gov/hai/organisms/visa_vrsa/visa_vrsa.html.

[236] Kluytmans J, van Belkum A, Verbrugh H. Nasal carriage of Staphylococcus aureus: epidemiology, underlying mechanisms, and associated risks. Clin Microbiol Rev. 1997;10(3):505–20.

[237] Pantosti A. Methicillin-Resistant Staphylococcus aureus Associated with Animals and Its Relevance to Human Health. Front Microbiol. 2012;3:127.

[238] Peeling RW, Mabey DC. Syphilis. Nat Rev Microbiol. 2004;2(6):448–9.

[239] Fitzgerald JJ, Johnson RC, Smith M. Accidental laboratory infection with Treponema pallidum, Nichols

strain. J Am Vener Dis Assoc. 1976;3(2 Pt 1):76–8.

[240] Chacko CW. Accidental human infection in the laboratory with Nichols rabbit-adapted virulent strain of Treponema pallidum. Bull World Health Organ. 1966;35(5):809–10.

[241] Turner TB, Hardy PH, Newman B. Infectivity tests in syphilis. Br J Vener Dis. 1969;45(3):183–95.

[242] Silver AC, Dunne DW, Zeiss CJ, Bockenstedt LK, Radolf JD, Salazar JC, et al. MyD88 deficiency markedly worsens tissue inflammation and bacterial clearance in mice infected with Treponema pallidum, the agent of syphilis. PLoS One. 2013;8(8):e71388.

[243] Knauf S, Liu H, Harper KN. Treponemal infection in nonhuman primates as possible reservoir for human yaws. Emerg Infect Dis. 2013;19(12):2058–60.

[244] Sena AC, Pillay A, Cox DL, Radolf JD. Treponema and Brachyspira, Human Host-Associated Spirochetes. In: Jorgensen JH, Pfaller MA, Carroll KC, Funke G, Landry ML, Richter SS, Warnock DW, editors. Manual of Clinical Microbiology, Volume 1. 11th ed. Washington (DC): ASM Press; 2015. p. 1055–81.

[245] Centers for Disease Control and Prevention [Internet]. Atlanta (GA): National Center for Emerging and Zoonotic Infectious Diseases, Division of Foodborne, Waterborne, and Environmental Diseases; c2018 [cited 2018 Oct 31]. Cholera—Vibrio cholerae infection. Available from: https://www.cdc.gov/cholera/index.html.

[246] Centers for Disease Control and Prevention [Internet]. Atlanta (GA): National Center for Emerging and Zoonotic Infectious Diseases, Division of Foodborne, Waterborne, and Environmental Diseases; c2018 [cited 2018 Oct 31]. Vibrio Species Causing Vibriosis. Available from: https://www.cdc.gov/vibrio/surveillance.html.

[247] Huhulescu S, Leitner E, Feierl G, Allerberger F. Laboratory-acquired Vibrio cholerae O1 infection in Austria, 2008. Clin Microbiol Infect. 2010;16(8):1303–4.

[248] Sheehy TW, Sprinz H, Augerson WS, Formal SB. Laboratory Vibrio cholerae infection in the United States. JAMA. 1966;197(5):321–6.

[249] Lee KK, Liu PC, Huang CY. Vibrio parahaemolyticus infectious for both humans and edible mollusk abalone. Microbes Infect. 2003;5(6):481–5.

[250] Daniels NA, Ray B, Easton A, Marano N, Kahn E, McShan AL 2nd, et al. Emergence of a new Vibrio parahaemolyticus serotype in raw oysters: A prevention quandary. JAMA. 2000;284(12):1541–5. Erratum in: JAMA. 2001;285(2):169.

[251] American Public Health Association. Cholera and other vibrioses. In: Heymann DL, editor. Control of Communicable Diseases Manual. 20th ed. Washington (DC): APHA Press; 2015. p. 102–14.

[252] Wong KK, Burdette E, Mahon BE, Mintz ED, Ryan ET, Reingold AL. Recommendations of the Advisory Committee on Immunization Practices for Use of Cholera Vaccine. MMWR Morb Mortal Wkly Rep. 2017;66(18):482–5.

[253] American Committee of Medical Entomology; American Society of Tropical Medicine and Hygiene. Arthropod Containment Guidelines, Version 3.2. A project of the American Committee of Medical Entomology and American Society of Tropical Medicine and Hygiene. Vector Borne Zoonotic Dis. 2019;19(3):152–73.

[254] Centers for Disease Control and Prevention. Fatal laboratory-acquired infection with an attenuated Yersinia pestis Strain–Chicago, Illinois, 2009. MMWR Morb Mortal Wkly Rep. 2011;60(7):201–5.

[255] Eads DA, Hoogland JL. Precipitation, Climate Change, and Parasitism of Prairie Dogs by Fleas that Transmit Plague. J Parasitol. 2017;103(4):309–19.

[256] Burmeister RW, Tigertt WD, Overholt EL. Laboratory-acquired pneumonic plague. Report of a case and review of previous cases. Ann Intern Med. 1962;56:789–800.

[257] Titball RW, Williamson ED. Yersinia pestis (plague) vaccines. Expert Opin Biol Ther. 2004;4(6):965–73.

B 真菌病原

皮炎芽生菌和吉氏芽生菌

皮炎芽生菌是一种室温条件下存在于自然界和实验室培养物中的双形态真菌病原体，呈现为丝状霉菌，其无性孢子（分生孢子）是传染性颗粒。在体外 37℃合适的培养条件下以及在温血动物体内的寄生阶段，分生孢子会转化为较大的芽殖酵母。吸入分生孢子或注射酵母相时，会发生皮炎芽生菌感染。有性阶段会形成有传染性囊孢子的子囊菌。吉氏芽生菌是近期确认的一个新菌种，主要分布在安大略省西北部、威斯康星州和明尼苏达州[1]。

职业感染

实验室相关感染风险最大的 3 个群体是微生物工作者、兽医和病理学者[2]。实验室相关局部感染已有病例报告，原因是意外肠外接种了含有皮炎芽生菌酵母相的感染组织或培养物[3-9]。吸入霉菌相培养物之后也发生了实验室感染[10,11]。皮炎芽生菌可引起肺部感染、皮肤感染或播散性感染。播散性芽生菌病通常始于肺部感染。皮炎芽生菌很少通过动物咬伤、性行为或垂直传染方式传播。林业工人和其他从事户外工作的工人曾在接触受污染的土壤或植物材料，特别是存在腐烂植被的潮湿土壤后，发生了芽生菌病[12]。报告的实验室相关感染病例至少有 11 例，其中 2 例死亡[13,14]。

自然感染方式

这种真菌在不同地理位置的国家都有报告病例，但最为人们熟知的是北美特有的地方性菌种，该菌种与环境中的植物物质有关。感染没有传染性，需要共同暴露于一个点源才会发生。虽然皮炎芽生菌被认为存活于流行区的土壤中，但它特别难从土壤中分离出来。据报告，接触腐烂木材曾导致疫情暴发。但在 2017 年报告的最大规模疫情中，户外活动并不是危险因素之一，相反，受到疫情波及的威斯康星州地区大量人口可能有潜在的遗传易感性[15]。皮炎芽生菌感染最常发生在人类和狗，不过其他动物（如猫和马）也可能出现芽生菌病。罕见围生期传播或性途径引起的人际传播。

实验室安全与防护建议

酵母相可能存在于受感染动物的组织和临床标本中。肠外（皮下）接种这些物质可能引起局部皮肤感染和肉芽肿。含有传染性分生孢子的皮炎芽生菌霉菌相培养物，以及处理土壤或其他环境样品可能会引起气溶胶暴露危险。

如处理已被鉴定为皮炎芽生菌的孢子霉菌相培养物，以及已知或可能含有传染性分生孢子的土壤或其他环境样本，则建议采用 BSL-3 级实验室操作。

如从事有关临床材料、动物组织、酵母相培养物和受感染动物的活动，则建议采用 BSL-2 级实验室和 ABSL-2 级操作规范、防护设备和设施。

特殊问题

病原运输 进口该病原需要获得美国 CDC 和（或）USDA 的进口许可。在美国国内运输该病原需要获得美国农业部动植物卫生检查局兽医处（USDA APHIS VS）的许可。如需将病原出口到

其他国家 / 地区，则需要美国商务部的许可。有关更多信息，参见附录 C。

粗球孢子菌和波萨达斯球孢子菌

球孢子菌是西半球索诺兰沙漠的特有菌种，范围包括墨西哥北部、亚利桑那州南部、加利福尼亚州中部和南部以及得克萨斯州西部。近几十年来，球孢子菌一直被分为两个种：粗球孢子菌和波萨达斯球孢子菌 [16]。它们是室温条件下存在于自然界和实验室培养物中的双形态真菌病原体，呈现为丝状霉菌，其无性孢子（单细胞节生孢子，大小为 3 ~ 5 μm）是传染性颗粒。在体外 37℃合适的培养条件下以及在温血动物体内，分生孢子会转化为内孢囊。

职业感染

实验室相关球孢子菌病是一种与处理球孢子菌的孢子培养物工作有关的职业风险，且此种风险已经得到证明 [17-19]。在流行地区，考古学家和监狱员工的职业暴露与粉尘接触有关 [20,21]。因吸入大量孢子导致实验室和职业暴露的发病率高于非职业环境暴露引起的发病率。根据史密斯的报告，他所在机构的 31 例实验室相关感染中有 28 例（90%）出现了临床疾病，但超过一半的自然感染病例是无症状的 [22]。因接触感染组织或感染分泌物的气溶胶而导致呼吸道感染的风险非常低。意外经皮接种通常会导致形成局部肉芽肿 [23]。

自然感染方式

在环境暴露的情况下，单个孢子可通过呼吸途径导致感染。干旱条件下的暴露风险最高，在地震等自然灾害期间也可能发生暴露 [24]。在受感染的组织中，球孢子菌会生长成直径达 70 μm 的大型多细胞内孢囊，直接暴露的感染风险很小或没有。

大多数由环境暴露引起的感染都是亚临床性质，会使个体终生不会被后续暴露感染。疾病潜伏期为 1 ~ 3 周，表现为社区获得性肺炎并伴有免疫性疲劳、皮疹和关节痛。球孢子菌病也称作沙漠风湿病。一小部分感染是由从肺部到其他器官（最常见的是皮肤、骨骼和脑膜）的血行播散引起的。细胞免疫缺陷患者［如艾滋病患者、器官移植受者、淋巴瘤患者、肿瘤坏死因子（TNF）抑制剂接受者］和妊娠晚期孕妇更易发生播散性感染。

实验室安全与防护建议

节生孢子的大小使其能够在空气中迅速扩散并滞留在肺深部。内孢囊的尺寸大很多，能够显著降低这种真菌作为空气传播病原体的效力。

真菌内孢囊可能存在于临床标本和动物组织中，传染性节生孢子可能存在于霉菌培养物以及自然场所的土壤或其他样本中。从环境样本或霉菌分离物中吸入节生孢子会造成严重的实验室危害 [19]。大多数暴露是由工作人员在工作台上处理感染状态未知的培养物（而非在生物安全柜中）引起的。工作人员应该知道，如在能够促进节生孢子萌发的温度和营养条件下储存或运输感染动物或人类的临床标本或组织，在理论上会构成实验室危害。玻片培养物不得用未知的透明（无色）分离物制备，因为分离物中可能含有球孢子菌。

如处理已被鉴定为球孢子菌的孢子培养物，以及已知或可能含有传染性节生孢子的土壤或其他环境样本，则建议采用 BSL-3 级实验室操作、安全防护设备和设施。在进行实验动物实验时，如果是通过鼻内或肺部途径染毒，则应按照生物安全 3 级操作规范进行实验动物研究。

在处理临床标本、鉴定分离物以及处理可能含有球孢子菌的动物组织时，建议采用 BSL-2 级实验室操作、安全防护设备和设施。如果染毒是通过肠外注射途径，则在进行实验动物研究时应采用 ABSL-2 级实验室操作、安全防护设备和设施。

特殊问题

病原运输　进口该病原需要获得美国和（或）USDA 的进口许可。在美国国内运输该病原需要获得美国农业部动植物卫生检查局兽医处（USDA APHIS VS）的许可。如需将病原出口到其他国家 / 地区，则需要美国商务部的许可。有关更多信息，参见附录 C。

荚膜组织胞浆菌

荚膜组织孢浆菌是一种室温条件下存在于自然界和实验室培养物中的双形态真菌病原体，呈现为丝状霉菌，带有无性孢子（大分生孢子和小分生孢子）。小分生孢子是传染性颗粒，在体外 37℃合适的培养条件下以及在体内寄生阶段，会转化为小芽殖酵母。有性阶段会形成有传染性囊孢子的子囊菌。

与荚膜组织孢浆菌相关的危害 / 危险包括：

1. 免疫功能低下者的感染和死亡风险更高，感染症状更严重，病死率更高；
2. 虽然全身传播可引起死亡的病例，但一般只会引发慢性感染；
3. 若细胞免疫功能受损，已经被控制住的感染可能会重新激活；
4. 内脏感染可破坏肾上腺；
5. 5% ~ 20% 的病例出现中枢神经系统症状，表现为慢性脑膜炎或局灶性脑损伤。

职业感染

在开展诊断或调查工作的设施中，实验室相关的组织孢浆菌病是一种经文献记载的危险因素 [9,25-27]。肺部感染是由处理霉菌相培养物引起的 [28,29]。局部感染的原因包括：对感染者进行尸检时发生皮肤穿刺 [30]、意外针头接种活菌培养物 [31]、意外接种感染患者的淋巴结活检样本 [32]，或者喷雾进入眼睛 [33]。收集和处理流行地区的土壤样本也曾导致实验室工作人员发生肺部感染 [34]，1962 年报告了 1 例死亡病例 [35]。分生孢子耐干燥，可长期存活。传染性分生孢子很小（小于 5 μm），很容易进行空气传播并在肺内滞留。对实验动物的研究表明，菌丝段也会成为活菌接种物 [25]。

自然感染方式

该真菌分布在世界各地的环境中，与鸟类和蝙蝠的粪便有关。从北纬 45° 到南纬 45° 之间的广大河谷地带的土壤中均可分离到。组织孢浆菌病是通过吸入传染性小分生孢子而自然获得的 [25]，而小分生孢子可在土壤中存活 10 年以上。感染不会在人与人之间传播，需要共同的点源暴露才会发生。据报道，因接触被鸟类或蝙蝠粪便污染的土壤或植物物质 [36,37]，以及在建筑项目开工期间接触土壤 [38] 曾引起大规模疫情暴发。

实验室安全与防护建议

这些双形态真菌（小分生孢子）的感染阶段存在于孢子霉菌相培养物和流行地区的土壤中。酵母相存在于受感染动物的组织或体液中，肠外接种后或溅到黏膜上之后可能发生局部感染。

在繁殖荚膜组织孢浆菌霉菌相孢子培养物，以及处理已知或可能含有传染性分生孢子的土壤或其他环境样本时，建议采用 BSL-3 级实验室操作、安全防护设备和设施。

在处理临床标本；鉴定分离物、动物组织和霉菌培养物；在常规诊断实验室中鉴定可能含有组织孢浆菌的培养物；以及接种实验动物病毒（不论路径）时，建议采用 BSL-2 级或 ABSL-2 级实验室操作、安全防护设备和设施。用于鉴定双形态真菌的培养物应在二类生物安全柜内处理。如可能溅到黏膜，应佩戴防护眼镜。

特殊问题

病原运输 进口该病原需要获得美国 CDC 和（或）USDA 的进口许可。在美国国内运输该病原需要获得美国农业部动植物卫生检查局兽医处（USDA APHIS VS）的许可。如需将病原出口到其他国家／地区，则需要美国商务部的许可。有关更多信息，参见附录 C。

申克孢子丝菌复合体

申克孢子丝菌复合体至少分为 6 个种（巴西孢子丝菌、墨西哥孢子丝菌、球形孢子丝菌、狭义申克孢子丝菌和卢艾里孢子丝菌），是一种室温条件下存在于自然界和实验室培养物中的双形态真菌病原体，呈现为丝状霉菌，带有无性孢子（分生孢子）。分生孢子是传染性颗粒，在体内寄生阶段会转化为小芽殖酵母[39]。有性阶段尚不清楚。

职业感染

大多数孢子丝菌病病例呈散发性，在意外接种了污染物质后发病。据记载，在职业或娱乐活动中接触含有真菌的土壤或植物物质曾引起大规模疫情暴发。并且，申克孢子丝菌复合体亚种曾导致大量实验室工作人员出现局部皮肤或眼睛感染[40]。大多数职业相关病例都与事故有关，包括培养物溅入眼睛[41,42]、抓伤[43]、感染物质被注射入皮肤[44]，或者被实验感染动物咬伤[45,46]。也有在处理培养物[47-49]和动物尸检引起时，虽然未见明显的皮肤损伤，但却发生了感染的案例。[50]

实验室安全与防护建议

虽然在职业环境中常发生局部皮肤和眼睛感染，但没有因实验室暴露而导致肺部感染的报告。应当指出的是，有报告称免疫功能低下者曾出现严重的播散性感染[51]。

在实验室处理可能含有传染性颗粒的临床标本、可能含有申克孢子丝菌的土壤和植被时，以及从事有关申克孢子丝菌的实验动物活动时，建议采用 BSL-2 级和 ABSL-2 级实验室操作、安全防护设备和设施。用于鉴定双形态真菌的培养物应在二类生物安全柜内处理。如可能溅到黏膜，应佩戴防护眼镜。

特殊问题

病原运输 进口该病原需要获得美国 CDC 和（或）USDA 的进口许可。在美国国内运输该病原需要获得美国农业部动植物卫生检查局兽医处（USDA APHIS VS）的许可。如需将病原出口到其他国家／地区，则需要美国商务部的许可。有关更多信息，参见附录 C。

引起人类感染的各种酵母菌和霉菌

表 8B.1 中的大多数霉菌都会导致免疫受损的宿主发生感染。危险因素可能包括中性粒细胞减少、

先前服用过抗生素、接受过癌症治疗（特别是白血病和淋巴瘤治疗）、器官或干细胞移植、严重烧伤、CD4$^+$细胞计数低的艾滋病毒感染，以及装置导管或其他监测装置。

表 8B-1 各种酵母菌和霉菌

病原	职业感染	自然感染方式	生物安全等级
念珠菌属	不常见	环境中的点源；从胃肠道进入血液	生物安全 2 级
新型隐球菌和格特隐球菌	处理实验动物时偶然接种到皮肤中	从环境中的点源吸入。未报告人际传播病例	生物安全 2 级（在生物安全柜中处理，以防实验室污染）
皮癣菌霉菌：毛癣菌属、小孢子菌属和表皮癣菌属	处理分离物或污染材料时偶然直接接种	人际传播；共同接触点源；处理感染动物	生物安全 2 级
透明霉菌：曲霉属、镰刀菌属	不常见	（推测）假定吸入；环境源皮下接种	生物安全 2 级（在生物安全柜中处理，以防实验室污染）
马尔尼菲篮状菌	处理实验动物时偶然直接接种；免疫功能低下者吸入（较少）	主要通过吸入感染（免疫受损宿主）	生物安全 2 级（在生物安全柜中处理，以防实验室污染）
暗色霉菌：平脐蠕孢属；斑替支孢瓶霉、外瓶霉属；嘴突脐孢菌；着色霉；假霉样真菌属；喙枝孢霉属；赛多孢子菌属；奔马赭霉	无报告，但吸入或皮下接种是可能的接触途径	（推测）吸入；环境源皮下接种。斑替支孢瓶霉、皮炎外瓶霉、奔马赭霉、麦氏喙枝孢霉均是亲神经性病原体。斑替支孢瓶霉可引起健康宿主发生播散性感染	生物安全 2 级（在生物安全柜中处理，以防实验室污染）
毛霉菌：毛霉菌；根霉属；根毛霉属；横梗（犁头）霉属	无报告	（推测）吸入；环境源皮下接种；摄入	生物安全 2 级（在生物安全柜中处理，以防实验室污染）

这些微生物大多存在于环境中，通过接触空气、水或灰尘传播。霉菌分生孢子可通过吸入或皮下注射（通过创伤或其他意外接种）方式传播。皮肤癣菌可通过人与人、动物与人、环境与人的途径传播。

念珠菌酵母是人类正常呼吸道或胃肠道菌群的一部分，服用抗生素、进行腹部手术后或其他原因均可引起感染。在医院，因接触受污染的医院设备、食品或药物可能会引起酵母菌疫情暴发。一些酵母菌种（尤其是耳念珠菌）比较受关注，因为它们对多种抗真菌药物有抵抗力。隐球菌担孢子存在于与鸟粪或某些树木有关的环境中。在吸入真菌孢子后，它们会引起免疫受损的宿主感染。

如繁殖和操作已知含有这些病原体的培养物，建议采用 BSL-2 级和 ABSL-2 级操作规范、防护设备和设施。所有未知的霉菌培养物均应在第二类生物安全柜内处理。

原书参考文献

［1］Brown EM, McTaggart LR, Zhang SX, Low DE, Stevens, DA, Richardson SE. Phylogenetic analysis reveals a cryptic species Blastomyces gilchristii, sp. nov. within the human pathogenic fungus Blastomyces dermatitidis. PLoS One. 2013;8(3):e59237. Erratum in: PLoS One. 2016.

［2］DiSalvo AF. The epidemiology of blastomycosis. In: Al-Doory Y, DiSalvo AF, editors. Blastomycosis. New York: Plenum Medical Book Company; 1992. p. 75–104.

［3］ Evans N. A clinical report of a case of blastomycosis of the skin from accidental inoculation. JAMA. 1903;40(26):1172–5.

［4］ Harrell ER. The known and the unknown of the occupational mycoses. In: University of Michigan School of Public Health, author. Occupational diseases acquired from animals. Continued education series, No. 124. Ann Arbor (MI): University of Michigan, School of Public Health; 1964. p. 176–8.

［5］ Larsh HW, Schwarz J. Accidental inoculation blastomycosis. Cutis. 1977;19(3):334–5, 337.

［6］ Larson DM, Eckman MR, Alber RL, Goldschmidt VG. Primary cutaneous (inoculation) blastomycosis: an occupational hazard to pathologists. Amer J Clin Pathol. 1983;79(2):253–5.

［7］ Wilson JW, Cawley EP, Weidman FD, Gilmer WS. Primary cutaneous North American blastomycosis. AMA Arch Dermatol. 1955;71(1):39–45.

［8］ Graham WR Jr, Callaway JL. Primary inoculation blastomycosis in a veterinarian. J Am Acad Dermatol.1982;7(6):785–6.

［9］ Schwarz J, Kauffman CA. Occupational hazards from deep mycoses. Arch Dermatol. 1977;113(9):1270–5.

［10］ Baum GL, Lerner PI. Primary pulmonary blastomycosis: a laboratory acquired infection. Ann Intern Med. 1970;73(2):263–5.

［11］ Denton JF, Di Salvo AF, Hirsch ML. Laboratory-acquired North American blastomycosis. JAMA. 1967;199(12):935–6.

［12］ Centers for Disease Control and Prevention. Blastomycosis acquired occupationally during prairie dog relocation—Colorado, 1998. MMWR Morb Mortal Wkly Rept. 1999;48(5):98–100.

［13］ Pike RM. Laboratory-associated infections. Summary and analysis of 3921 cases. Health Lab Sci. 1976;13(2):105–14.

［14］ Schell WA. Mycotic Agents. In: Wooley DP, Byers KB, editors. Biological Safety: Principles and Practices. 5th ed. Washington (DC): ASM Press; 2017. p. 147–62.

［15］ Roy M, Benedict K, Deak E, Kirby MA, McNeil JT, Stickler CJ, et al. A large community outbreak of blastomycosis in Wisconsin with geographic and ethnic clustering. Clin Infect Dis. 2013;57(5):655–62.

［16］ Fisher MC, Koenig GL, White TJ, Taylor JW. Molecular and phenotypic description of Coccidioides posadasii sp nov, previously recognized as the non-California population of Coccidioides immitis. Mycologia. 2002;94(1):73–84.

［17］ Pappagianis D. Coccidioidomycosis (San Joaquin or Valley Fever). In: DiSalvo AF, editor. Occupational mycoses. Philadelphia (PA): Lea and Febiger; 1983. p. 13–28.

［18］ Nabarro JD. Primary pulmonary coccidioidomycosis: case of laboratory infection in England. Lancet. 1948;1(6513):982–4.

［19］ Stevens DA, Clemons KV, Levine HB, Pappagianis D, Baron EJ, Hamilton JR, et al. Expert opinion: what to do when there is Coccidioides exposure in a laboratory. Clin Infect Dis. 2009;49(6):919–23.

［20］ Petersen LR, Marshall SL, Barton-Dickson C, Hajjeh RA, Lindsley MD, Warnock DW, et al. Coccidioidomycosis among workers at an archeological site, northeastern Utah. Emerg Infect Dis. 2004;10(4):637–42.

［21］ de Perio MA, Niemeier RT, Burr GA. Coccidioides exposure and coccidioidomycosis among prison employees, California, United States. Emerg Infect Dis. 2015;21(6):1031–3.

［22］ Wilson JW, Smith CE, Plunkett OA. Primary cutaneous coccidioidomycosis: the criteria for diagnosis and a report of a case. Calif Med. 1953;79(3):233–9.

［23］ Tomlinson CC, Bancroft P. Granuloma Coccidioides: report of a case responding favorably to antimony and potassium tartrate. JAMA. 1928;91(13):947–51.

［24］ Schneider E, Hajjeh RA, Spiegel RA, Jibson RW, Harp EL, Marshall GA, et al. A coccidioidomycosis outbreak following the Northridge, Calif, earthquake. JAMA. 1997;277(11):904–8.

［25］ Furcolow ML. Airborne histoplasmosis. Bacteriol Rev. 1961;25:301–9.

［26］ Pike RM. Past and present hazards of working with infectious agents. Arch Pathol Lab Med. 1978;102(7):333–6.

［27］ Pike RM. Laboratory-associated infections: Summary and analysis of 3921 cases. Health Lab Sci. 1976;13(2):105–14.

［28］ Murray JF, Howard D. Laboratory-acquired histoplasmosis. Am Rev Respir Dis. 1964;89:631–40.

［29］ Sewell DL. Laboratory-associated infections and biosafety. Clin Microbiol Rev. 1995;8(3):389–405.

［30］ Tosh FE, Balhuizen J, Yates JL, Brasher CA. Primary cutaneous histoplasmosis: report of a case. Arch Intern Med. 1964;114:118–9.

［31］ Tesh RB, Schneidau JD. Primary cutaneous histoplasmosis. N Engl J Med. 1966;275(11):597–9.

［32］ Buitrago MJ, Gonzalo-Jimenez N, Navarro M, Rodriguez-Tudela JL, Cuenca-Estrella M. A case of primary cutaneous histoplasmosis acquired in the laboratory. Mycoses 2011;54(6):e859–61.

［33］ Spicknall CG, Ryan RW, Cain A. Laboratory-acquired histoplasmosis. N Engl J Med. 1956;254(5):210–4.

［34］ Vanselow NA, Davey WN, Bocobo FC. Acute pulmonary histoplasmosis in laboratory workers: report of 2 cases. J Lab Clin Med. 1962;59:236–43.

［35］ Pike RM. Laboratory-associated infections: incidence, fatalities, causes, and prevention. Annu Rev Microbiol. 1979;33:41–66.

［36］ Chamany S, Mirza SA, Fleming JW, Howell JF, Lenhart SW, Mortimer VD, et al. A large histoplasmosis outbreak among high school students in Indiana, 2001. Pediatr Infect Dis J. 2004;23(10):909–14.

［37］ Hoff GL, Bigler WJ. The role of bats in the propagation and spread of histoplasmosis: a review. J Wildl Dis. 1981;17:191–6.

［38］ Morgan J, Cano MV, Feikin DR, Phelan M, Monroy OV, Morales PK, et al. A large outbreak of histoplasmosis among American travelers associated with a hotel in Acapulco, Mexico, Spring 2001. Am J Trop Med Hyg. 2003;69(6):663–9.

［39］ Lopez-Romero E, Reyes-Montes Mdel R, Perez-Torres A, Ruiz-Baca E, Villagomez-Castro JC, Mora-Montes HM, et al. Sporothrix schenckii complex and sporotrichosis, an emerging public health problem. Future Microbiol. 2011;6(1):85–102.

［40］ Ishizaki H, Ikeda M, Kurata Y. Lymphocutaneous sporotrichosis caused by accidental inoculation. J Dermatol. 1979;6(5):321–3.

［41］ Fava A. Un cas de sporotrichose conjonctivale et palpébrale primitives. Ann d'ocul. 1909:338–43. French.

［42］ Wilder WH, McCullough CP. Sporotrichosis of the eye. JAMA. 1914;62(15):1156–60.

［43］ Carougeau M. Premier cas Africain de sporotrichose de deBeurmann: transmission de la sporotrichose du mulet a l'homme. Bull Mém Soc Méd Hôp de Paris. 1909;28:507–10. French.

［44］ Thompson DW, Kaplan W. Laboratory-acquired sporotrichosis. Sabouraudia. 1977;15(2):167–70.

［45］ Jeanselme E, Chevallier P. Chancres sporotrichosiques des doigts produits par la morsure d'un rat inoculé de sporotrichose. Bull Mém Soc Méd Hôp de Paris. 1910:176–8. French.

［46］ Jeanselme E, Chevallier P. Transmission de la sporotrichose a l'homme par les morsures d'un rat blanc inoculé avec une nouvelle variété de Sporotrichum: Lymphangite gommeuse ascendante. Bull Mém Soc Méd Hôp de Paris. 1911;31(3):287–301. French.

［47］ Meyer KF. The relation of animal to human sporotrichosis: studies on American sporotrichosis III. JAMA. 1915;65(7):579–85.

［48］ Norden A. Sporotrichosis; clinical and laboratory features and a serologic study in experimental animals and humans. Acta Pathol Microbiol Scand Suppl. 1951;89:1–119.

［49］ Cooper CR, Dixon DM, Salkin IF. Laboratory-acquired sporotrichosis. J Med Vet Mycol. 1992;30(2):169–71.

［50］ Fielitz H. Ueber eine Laboratoriumsinfektion mit dem Sporotrichum de Beurmanni. Centralbl. f. Bakt. etc. I. Abt. Originale. 1910;55(5):361–70. German.

［51］ Sugar AM, Lyman CA. Sporothrix schenckii. In: Sugar AM, Lyman CA. A practical guide to medically important fungi and the diseases they cause. Philadelphia (PA): Lippincott-Raven; 1997. p. 86–8.

［52］ McCarthy MW, Walsh TJ. Containment strategies to address the expanding threat of multidrug-resistant Candida auris. Expert Rev Anti Infect Ther. 2017;15(12):1095–99.

第八章附录　　　C　寄生病原

概述

本部分重点介绍在可能暴露于活体寄生虫工作环境中的潜在危险，以及减少意外接触寄生虫可能性的方法。现有的数据非常有限，所提供的观点基于以下文献：关于在职业环境获得寄生虫感染的报告案例、关于特定寄生虫防范措施的有关信息（如消毒方法），以及关于寄生虫生物学和寄生虫感染流行病学和临床医学方面的知识。其他文献也提供了关于在职业环境中感染寄生虫的病例和有关暴露于寄生虫环境后管理措施的更多详细信息[1-3]，以及在实验室动物研究中，对职业健康具有重要意义的人兽共患病的新观点和新认识[4]。有关诊断和治疗寄生虫感染的信息以及针对免疫功能不全或孕妇的特殊考虑可从各种参考材料中获得，包括美国疾病控制预防中心（CDC）寄生虫病和疟疾部门的信息，可登录网站查询。有关寄生虫生命周期的诊断资源和信息（包括传播途径）可通过 CDC 的 DPDx 网站获得。

注： 小孢霉属在过去被认为是寄生虫，但现在大多数专家认为其属于真菌。然而，由于其与寄生虫学之间的历史渊源，在第八节 C 部分"寄生病原"部分还讨论了小孢霉属。

血液和组织原生动物寄生虫

按照文献中报告的感染病例总数的降序排列，与职业性感染病例相关的血液和组织原生动物寄生虫如下：克氏锥虫、疟原虫属、刚地弓形虫、利什曼原虫属和布氏锥虫属[1]。其他可能引起关注的血液／组织原生生物包括巴贝西虫属、独立生存的阿米巴原虫（包括棘变形虫属、巴氏变形虫、福氏纳格里阿米巴原虫和 pedata 均变虫），以及可以引起肌肉肉孢子虫病的肉孢子虫属。此外，各种类型和属种的小孢霉属（现被归类为真菌）可能会造成感染的职业风险。了解有关职业性获得的微孢子虫病病例，请参见下文。

以下按英文字母顺序排列：可导致不同症状的利什曼原虫，包括脏器、皮肤和黏膜利什曼病（临床表现取决于属种）；导致疟疾的疟原虫；导致弓形体病的刚地弓形虫；导致南美洲锥虫病（查加斯病）的克氏锥虫；和导致人类非洲锥虫病（昏睡病）的布氏锥虫、冈比亚锥虫和罗得西亚锥虫。这些寄生虫的感染阶段可能会在血液中发现，或是短暂发现（如在感染的特定阶段）、间歇性发现，或在完整或大部分感染过程中发现，这在一定程度上取决于寄生虫和宿主因素。在这些寄生虫中，组织嗜性会因寄生虫种类的不同而异，包括可能感染的组织 / 器官，以及寄生虫在组织和血液阶段是否不同。根据报告，其中一些病原体是通过输血、器官 / 组织移植和先天性传播的 [5-7]。

职业感染

根据报告，曾出现过利什曼原虫、疟原虫、刚地弓形虫、锥体虫职业感染病例。最常见的传播方式包括锐器伤害（如针刺）和皮肤接触（如通过之前存在的伤口、裂口或擦伤）[1,2]。已有在实验室工作人员中出现虫媒传播的报告，特别是疟原虫（恶性疟原虫、间日疟原虫、食蟹猴疟原虫），和克氏锥虫和利什曼原虫 [1]。已报告的其他实验室传播途径包括黏膜暴露（刚地弓形虫、利什曼原虫和克氏锥虫）和摄入（刚地弓形虫）[1,2]。根据报告，还发生过与利什曼原虫、刚地弓形虫和克氏锥虫相关的实验室感染病例，这些病例出现在工作中接触过这些生物，但并未回忆起出现特别事故或暴露的情形 [1,2]。

血液 / 组织内原生动物相关的实验室感染病例可能没有任何症状，也可能会出现严重症状。有一个报告显示，在实验室感染利士曼原虫后，患者出现了内脏受累（如发热、脾大、白血病）的临床表现 [1,2]，该病例是由杜氏利什曼原虫或原生动物利什曼原虫感染所致，后者归于杜氏利什曼原虫种属。也有报告显示，职业性感染利什曼原虫的试验人员病例（包括但不限于感染杜氏利什曼原虫的其他人员）出现了皮肤病变（皮肤利什曼原虫病），并伴有或不伴有淋巴结病 [1,2]。其中一名皮肤利什曼原虫病患者最终出现了后遗症，发展成为黏膜性利什曼病。在这个病例中，致病原是亚马逊利什曼原虫，是在南美洲部分地区发现的一个物种。总体而言，所报告的与实验室相关的利什曼原虫感染病例的暴露途径包括意外的针刺损伤、之前存在的皮肤伤口、黏膜接触以及被昆虫研究室中所饲养的沙蝇叮咬 [1]。

职业性疟原虫感染可能会出现诸如发热、寒栗、疲倦和溶血性贫血等临床相关症状。疟疾可能出现严重的症状并危及生命，在恶性疟原虫感染的情况下则更为严重。经常有在实验室环境中，由蚊虫传播（孢子虫引起）的疟原虫感染的报道 [1]。也有因锐器意外刺伤或人员（包括医护人员）皮肤伤口导致职业性疟原虫感染的报道 [1,2]。

与实验室相关的刚地弓形虫感染可能出现从无症状到相对轻度症状（如流行性感冒类症状、皮疹、淋巴结病），直至危及生命的疾病（如心肌炎和脑炎）。实验室人员通过摄入来自猫科动物粪便标本的孢子化卵囊，以及通过皮肤接触（如通过针刺损伤或皮肤伤口），或与人类或动物标本中的速殖子或裂殖子（如在试验中被感染的啮齿动物的腹膜液）或培养物发生黏膜性接触，而被刚地弓形虫感染 [1,2]。

克氏锥虫急性感染期的临床表现可能包括接触部位的肿胀和红肿、发热、皮疹和淋巴结病等症状。可能还会出现危及生命的心肌炎和脑膜炎。20% ~ 30% 的长期感染者最终会出现临床表现，通常是心脏病症状和较少出现的胃肠道症状（巨食管或巨结肠）。实验室人员通过皮肤或黏膜接触而出现克氏锥虫感染，如通过实验中被感染动物的血液或带菌昆虫锥蝽的粪便而感染。

津巴布韦锥虫（东非）和冈比亚锥虫（西非）的自然感染属于虫媒传播，这些感染病例可能会出现接触部位的肿胀和红肿，并在感染的溶血阶段会出现各种临床表现。东非锥虫病与西非锥虫病相比通常具有病程更急的特点，并且会出现早期入侵中枢神经系统（CNS）的情形。在寄生虫（及其各个亚种属）侵入中枢神经系统后，如果未及时治疗，通常会出现致命的情形。实验室人员也会通过锐器刺伤或皮肤伤口而感染布氏锥虫 [1,2]。

在动物中自然发现的各种小孢霉属可导致人类的肠道外感染。组织嗜性因种属不同而异，也可能受宿主因素的影响。微生物孢子（即传染性形式）抵抗力较强，可在环境中长期生存。摄入是自然传播的主要途径，而其他暴露途径可能导致实验室感染。根据报告，一个实验室相关的微孢子虫病病例——一个未出现系统性症状的角膜结膜炎病例——发生于一名实验室人员，因意外暴露于家兔脑胞内原虫，"有几滴含有数百万孢子的培养上清液洒溢在双眼中"[8]。

尚未见与实验室相关的肌内肉孢子虫感染的报告。但是，在人类摄入由不明肉食动物终宿主感染的内氏肉孢子虫或各种不明的肉孢子虫通过粪便排出的虫卵囊或孢子囊后，可能会导致肌肉内肉孢子虫感染[9]。

田鼠巴贝虫和其他巴贝虫可以导致人类患上巴贝虫病（梨浆虫病），这种疾病的自然传播方式是感染的蜱虫叮咬。虽然没有与实验室相关的巴贝虫感染病例报告，但这类病例的信息可通过皮肤与受感染人员或动物的污染血液接触获得，或在培养巴贝虫的情形中，通过接触培养寄生虫而获得。同时也存在被自然界内或实验性的感染蜱虫叮咬而感染患病的风险。

在自生生活阿米巴原虫（FLA）中，福氏纳格里阿米巴原虫会引起原发性阿米巴脑膜炎，这种疾病通常会迅速发展并导致死亡，而棘阿米巴原虫、巴氏阿米巴原虫可能会引起肉芽肿性阿米巴脑炎，通常为亚急性或慢性。FLA还可能导致皮肤病变（棘阿米巴原虫和巴氏阿米巴原虫），以及可能导致失明的角膜结膜炎，特别是在戴隐形眼镜或出现角膜擦伤（棘阿米巴原虫）的情况下。未见与实验室相关的FLA感染报告病例。但是，处于潜在感染感染期的FLA可能存在于感染者的组织、脑脊液和其他类型的标本中，以及实验室生物培养液中。

自然感染方式

利什曼原虫、疟原虫，以及美洲和非洲锥体虫在自然界中是通过吸血昆虫传播的。白蛉属和罗蛉属的白蛉可以传播利什曼原虫，按蚊属的蚊虫可以传播疟原虫；包括嗜血锥蝽、长红锥蝽和弯节锥蝽在内的锥蝽可以传播克氏锥虫，其存在于锥蝽的粪便中，而非唾液中；舌蝇属的采采蝇可以传播非洲锥虫，硬蜱虫可以传播巴贝虫。

疟疾在热带地区有着广泛的传播，尽管疟原虫感染的流行率和发病率在不同地区和不同区域有所不同。根据记载，共有7种疟原虫可通过自然方式感染人类，主要为恶性疟原虫、间日疟原虫、卵形疟原虫，以及三日疟原虫，此外还有猿猴疟原虫属诺氏疟原虫、蟹猴疟原虫和吼猴疟原虫。

利什曼病为地方性疾病，发生于热带、亚热带和南欧部分地区。许多利什曼原虫是经由动物传播的（如将啮齿动物或犬类动物作为贮存宿主）。但从流行病学的角度看，被感染的人在一定环境中也会成为某些虫属的重要贮存宿主，包括杜氏利什曼原虫和热带利什曼原虫。只有猫和其他猫科动物可以成为刚地弓形虫的终宿主，刚地弓形虫在全球范围都有发现。鸟类和包括绵羊、猪、啮齿动物、牛、鹿和人类在内的哺乳动物可以通过摄入组织内寄生虫孢子或成熟的（已形成孢子）随粪便排出的卵囊而感染，并随后形成组织囊肿（如在骨骼肌、心肌、大脑、眼睛中）。美洲锥虫病在墨西哥、中美洲和南美洲地区呈地方性传播；美国南部一些重点地区也会出现散发的虫媒传播感染病例。各种家养和野生哺乳动物会通过自然方式感染克氏锥虫。非洲锥虫病在撒哈拉以南非洲地区呈地方性传播，但其分布具高度集中的特点。冈比亚锥虫病在西非和中非部分地区传播，而津巴布韦锥虫病出现在东非和南非的部分地区。津巴布韦锥虫病是通过牛传播的一种动物源性传染病；狩猎动物，尽管作用有限，也可能起到一定的贮存宿主的作用；但从流行病学的角度看，人类则是冈比亚锥虫的唯一重要的宿主。巴贝虫感染全球范围内的动物中广泛存在，多种巴贝虫已被证明可以感染人，微小巴贝虫的储存宿主包括白足鼠和其他小型哺乳动物，而分歧巴贝虫的储存宿主是牛。

实验室安全与防护建议

对于本节讨论的寄生虫感染阶段的活动，建议采用 BSL-2 和 ABSL-2 的实验室操作规范，包括安全防护设备 / 设施和实验室个人防护装备（PPE）。

感染了血液和组织原生动物人、实验或自然感染的动物，及适用条件下的节肢动物，其血液、各种体液和组织标本，包括培养物和匀浆的传染性，在一定程度上取决于所感染的寄生虫及所处的生长阶段。请参阅以上有关实验室主要风险的内容。在从事涉及培养物、组织匀浆、血液或其他含有此处讨论的生物标本的工作中，包括在可能产生气溶胶或飞沫的操作，对于可能意外暴露于感染环境并获得职业性感染的人员而言，应使用个人防护装备（如长袖实验室外套 / 罩袍、手套、护面罩、结实的全包鞋、可遮盖外露腿部的服装），同时配合生物安全柜中的安全设施，从而减少感染风险。对于已感染的带菌节肢动物，预防措施包括使用相关的个人防护装备，以及通过可合理防止人员接触或使用防范节肢动物逃逸的运输容器等方式保存和转运带菌节肢动物。更多信息，参见附录 E。

特殊问题

病原运输　进口该病原需要获得 CDC 和（或）USDA 的进口许可。在美国国内运输该病原需要获得美国农业部动植物卫生检查局兽医处（USDA APHIS VS）的许可。如需将病原出口到其他国家 / 地区，则需要 DoC 的许可。更多信息，参见附录 C。

肠道原生寄生虫

造成职业风险的肠道原生寄生虫包括可导致隐孢子虫病的隐孢子虫；可导致圆孢球虫病的圆孢子虫；可导致等孢子虫病的贝氏囊等孢虫；可导致阿米巴肠病和肠外阿米巴病（肝脓肿）的溶组织内阿米巴；可导致贾第虫病的十二指肠贾第鞭毛虫；可导致肠肉孢子虫病的人肉孢子虫（来源为牛肉）和猪人肉孢子虫（来源为猪肉）[9]（请参看上文有关肉孢子虫的描述，这种寄生虫可导致肌内肉孢子虫病）。脆弱双核阿米巴（最近发现一个囊肿期）[10] 和芽囊原虫[11] 是可能给实验室工作人员带来风险的其他肠道原生寄生虫，尽管它们对人的致病潜能仍无定论[10,12]。多种类型的小孢霉属（现被归类为真菌）可导致人类肠道微孢子虫病。

职业感染

根据报告，曾发生过与隐孢子虫、痢疾阿米巴原虫、十二指肠贾第鞭毛虫和贝氏囊等孢球虫相关的实验室感染病例[1-3]。报告的病例通常与寄生虫的摄入有关，如果出现症状，则与胃肠道症状有关。在实验室工作中接触或可能接触隐孢子虫卵囊的人员应特别谨慎。在工作中接触这种寄生病原的人员获得职业性感染的情形很常见，特别是在接触感染后的小牛携带孢子虫卵囊的情况下更是如此[1,2]。其他受感染动物也会带来潜在风险。间接证据表明，可能会出现通过这种微小生物的飞沫（直径为 4 ~ 6μm）在空中传播孢子虫卵囊的情形[1,2]。严格遵守规程（见下文）可以降低实验室和动物护理人员意外暴露和职业感染的风险。

自然感染方式

所有这些肠道原虫在全球都有分布。在自然情形中，传播的主要途径是摄入具有坚硬外壳的虫卵囊（球虫）、孢囊（痢疾阿米巴原虫和十二指肠贾第鞭毛虫），或小孢子虫的孢子。隐孢子虫病作为一种人兽共患病隐，其病原虫的半数感染量（ID_{50}）的研究最多。研究显示，微小隐孢子虫的 ID_{50} 为 12 ~ 2 066 个卵囊，具体取决于所测试的种类[13]；人隐孢子虫的 ID_{50} 为 10 ~ 83 个卵囊[14]。由于肠道原虫可在宿主中成倍繁殖，即使小剂量的摄入也可导致感染和患病。非人类贮存宿主（如果有的话）的作用也会因肠道原虫而异。牛、其他哺乳动物和鸟类可能感染各种隐孢子虫。

人类是痢疾阿米巴原虫和氏囊等孢虫的主要宿主，也是圆孢子虫的唯一明确宿主。大多数感染十二指肠贾弟鞭毛虫的病例可能是通过直接或间接的人传人途径而发生的。人畜之间的传播很少发生，特别是来自宠物猫和狗之间的传播。本段所讨论的寄生虫不需要一个以上的宿主来完成其生命周期。

实验室安全与防护建议

对于本节讨论的寄生虫感染阶段的活动，建议采用 BSL-2 和 ABSL-2 的操作规范，包括安全防护设备 / 设施和实验室个人防护装备（PPE）。

根据虫种的不同，处于感染期的寄生虫和小孢子虫可能存在于粪便和（或）其他体液（如胆汁）和组织中。建议采取适当的标准预防措施，特别要注意个人卫生（如洗手），使用个人防护装备以及减少意外摄入这些生物体风险的实验操作。使用生物安全柜和（或）护面罩还可减少通过受污染的飞沫（如在从事涉及隐孢子虫卵囊液体悬浮液的工作时）进行空气传播的可能性。分布在粪便中的隐孢子虫卵囊具有感染性，因为它们已完全形成孢子，并且不需要在宿主外进一步的发育，孢子虫卵囊通常在粪便中的数量很多，其外壳也非常坚硬。相比之下，贝氏囊等孢虫和圆孢子虫需要一个外成熟期，然后才会具有感染性，在有利环境条件下，贝氏囊等孢虫的成熟期相对较短（可能会少于 24 h），但对于圆孢子虫而言则会较长（通常需要至少 1 ~ 2 周）。

对于污染表面（如工作台和设备）的消毒，可使用商用含碘消毒剂对痢疾阿米巴原虫和十二指肠贾第鞭毛虫进行有效消杀；应按规定使用消毒剂，在使用高浓度氯时，每加仑水（1 加仑约为 3.8 升）中加一杯同等强度的商用漂白剂（有效氯浓度约 5%）（体积比约为 1∶16）[1,2]。因为市售 3% 的过氧化氢原液（10 倍容积）在接触时间足够长的情况下可以杀死隐孢子虫卵囊（没有囊等孢虫和圆孢子虫卵囊的相关数据），可使用该方法清洁被含有隐孢子虫卵囊的实验室溢出物污染的表面[1]。在从受污染表面清除有机物（如使用传统实验室洗涤剂 / 清洁剂）并使用一次性纸巾吸收溢出物后，用未稀释过的过氧化氢对表面进行冲洗并完全覆盖。根据需要反复使用过氧化氢进行清洁，完全覆盖受污染的表面，并保持湿润约 30 min。用一次性纸巾吸收残余过氧化氢，并在使用前让表面彻底干燥（10 ~ 30 min）。在处置前，应小心对所有纸巾垃圾和其他一次性材料进行高压灭菌或类似消毒处理。重复使用的实验室物品可在实验室清洗机中进行清洗和消毒，可使用含氯的清洗剂进行消毒处理。在对污染物品进行清洗 / 消毒处理之后，再将其放入预先加热至 50℃ 的水浴锅中约 1 h，然后再对其进行清洗。

特殊问题

病原运输　进口该病原需要获得美国 CDC 和（或）USDA 的进口许可。在美国国内运输该病原需要获得美国农业部动植物卫生检查局兽医处（USDA APHIS VS）的许可。如需将病原出口到其他国家 / 地区，则需要美国商务部的许可。更多信息，参见附录 C。

绦虫寄生虫

具有职业感染风险的绦虫寄生虫包括棘球绦虫、短膜壳绦虫（啮壳属）和猪肉绦虫。棘球蚴病是由棘球属的绦虫导致的：细粒棘球绦虫可导致肝囊型棘球蚴病；多房棘球绦虫可导致泡型棘球蚴病；伏氏棘球绦虫和少节棘球绦虫可导致多囊棘球蚴病。人类起到中间宿主的作用，为中绦期和幼虫期的绦虫提供了生长环境，在这个阶段可生成棘球蚴。短膜壳绦虫又被称为短小绦虫，在全球范围内都有分布，这种绦虫可导致膜壳绦虫病，这是一种肠道感染成熟绦虫疾病。链状带绦虫又被称为猪肉绦虫，可导致绦虫病（即肠道感染成熟绦虫的疾病）和囊虫病（幼虫 / 组织包囊，即囊状虫，在身体的不同部位发育成长，如大脑和皮下组织）。

职业感染

未出现与实验室相关的绦虫寄生虫感染报告病例。

自然感染方式

短膜壳绦虫可作为单宿主寄生虫存活，不需要通过中间宿主即可发育成熟。短膜壳绦虫可通过摄入终宿主（即感染的人或啮齿动物）粪便中的虫卵而传播。棘球绦虫和链状带绦虫的生命周期需要两个宿主。细粒棘球绦虫的终宿主包括狗、狼、狐狸、土狼和豺狼，此外各种食草动物，例如羊、牛、鹿和马可以起到中间宿主的作用；狐狸和土狼是多房棘球绦虫的主要终宿主，同时其他多种犬科动物和猫科动物也可能会被感染；啮齿动物可起到中间宿主的作用，丛林犬和无尾刺豚鼠分别是伏氏棘球绦虫的终宿主和中间宿主，狗也可能会被感染；野生猫科动物，包括美洲狮、美洲山猫、美洲虎、豹猫、南美草原猫是少节棘球绦虫的终宿主。各种啮齿动物，如刺鼠、无尾刺豚鼠、刺地棘鼠和兔子可起到中间宿主的作用。人在意外摄入棘球绦虫终宿主粪便中的虫卵后会感染这种寄生虫。对于链状带绦虫而言，人类可以起到终宿主的作用（即成为成熟绦虫的生长环境），但也可能起到意外的中间宿主作用（即成为囊状虫、幼虫 / 组织包囊的生长环境）。猪是常见的中间宿主，它们在吞食含有链状带绦虫虫卵的人类粪便时就会被感染。

实验室安全与防护建议

具有传染性的棘球绦虫虫卵可能会出现在食肉动物终宿主的粪便中 [4]。细粒棘球绦虫的感染危险性最大，因为它是一种最常见并分布广泛的棘球绦虫，还因为狗是这种寄生虫主要的终宿主。对于链状带绦虫而言，人类粪便中具有传染性的虫卵是感染源，意外摄入传染性虫卵是实验室工作人员所面临的主要感染风险。摄入猪肉中链状带绦虫或亚洲带绦虫的囊状虫或牛肉中牛肉绦虫的囊状虫可能会导致成人肠道感染成熟绦虫。摄入终宿主（人类或啮齿动物）粪便中短膜壳绦虫的虫卵可能会导致肠道感染。

虽然没有与实验室相关的棘球绦虫或链状带绦虫的感染报告，但这类感染的后果可能是严重的。对于棘球绦虫感染，体征和症状（如有）的严重程度和性质在一定程度上取决于包囊的位置、大小和状况（存活与死亡）。与肝囊肿相关的临床表现可能包括肝脾大、腹痛和恶心；而肺囊肿可能导致胸痛、呼吸困难和咯血；对于链状带绦虫而言，从人类粪便中摄入虫卵会导致囊尾蚴病；皮下或肌肉内感染链状带绦虫包囊可能没有伴发症状；尽管中枢神经系统（CNS）感染包囊也可能没有症状，但它们却可导致癫痫发作和其他神经系统异常表现。

对于有关本节讨论的绦虫寄生虫感染阶段的实验室工作，建议采用 BSL-2 级和 ABSL-2 级操作，包括使用安全防护设备/设施和实验室用个人防护装备，应特别注意个人卫生（如洗手）、PPE 的使用以及可降低意外摄入感染虫卵的实验室操作。例如，当可能直接接触粪便或接触被新鲜粪便污染的表面时，应戴上手套，无论这些粪便是来自可能感染棘球绦虫的肉食动物，还是来自可能感染链状带绦虫的人类，抑或是来自可能感染短膜壳绦虫的人类或啮齿动物。

特殊问题

病原运输　进口该病原需要获得美国 CDC 和（或）USDA 的进口许可。在美国国内运输该病原需要获得美国农业部动植物卫生检查局兽医处（USDA APHIS VS）的许可。如需将病原出口到其他国家/地区，则需要美国商务部的许可。更多信息，参见附录 C。

吸虫寄生虫

血吸虫是导致最大职业感染风险的一种吸虫寄生虫，同时其他吸虫寄生虫，包括片吸虫也同样令人担忧。曼氏裂体吸虫可导致肠血吸虫病。成熟后的吸虫通常存活于肠道和直肠的小静脉内。称为牛羊肝吸虫的肝片吸虫可导致片吸虫病，成熟后的吸虫可生存于人类或动物宿主的胆管内。

职业感染

根据报告曾发生过与实验室相关的曼氏裂体吸虫和肝片吸虫（一例疑似病例）感染病例，但可能也发生过其他血吸虫的意外感染[1,2]。与实验室相关的肝片吸虫感染病例可能无临床症状，或伴随各种临床表现，如右上腹肝区疼痛，这种情况部分取决于感染阶段。在实验室中暴露于血吸虫的大多情形会导致较低的成虫和虫卵感染负荷，长期发病风险较低，但急性感染可能出现相关临床表现（如皮炎、发热、咳嗽、肝脾大、淋巴结肿大）。

自然感染方式

肝片吸虫在世界各地都有分布，在绵羊养殖区域最为常见，其他自然宿主包括山羊、牛、猪、鹿和啮齿动物。螺是椎实螺科的成员，是椎实螺属主要物种，是肝片吸虫的中间宿主，其排出的尾蚴可在植物形成包囊。人类在食用生的或未充分煮熟的蔬菜后，特别是绿叶蔬菜（如水芹），会因上面结成包囊的囊蚴而感染肝片吸虫。同样的传播途径也适用于巨片吸虫（巨肝蛭）和布氏姜片吸虫（一种肠吸虫）。其他吸虫的感染方式还包括食用已感染的中间宿主（主要为鱼类或甲壳类动物）。因此，在适当采用标准预防措施情况下，包括个人防护装备的使用，这种病原体的实验室相关感染风险较小。

曼氏裂体吸虫在非洲、南美洲和加勒比地区具有一定的地方性。在污染水体中自由游动的尾蚴可通过皮肤渗透感染人类。在自然界中可为曼氏裂体吸虫发育提供支持的螺类宿主主要是双脐螺的各种变种。

实验室安全与防护建议

肝片吸虫（囊蚴）和曼氏裂体吸虫（尾蚴）的感染阶段分别出现在水生植物上的包囊，或用于保存中间宿主螺的实验室水族箱中自由游动的尾蚴。吸虫囊蚴的摄入以及血吸虫尾蚴通过皮肤的渗透是实验室人员所面临的主要感染风险。切开或粉碎感染血吸虫的螺可能会导致皮肤或黏膜暴露于含有尾蚴飞沫的环境中。此外，在接触被污染的水生植物或水族箱后，可能会在无意中通过手指或手套将囊蚴带到口中。

所有报告的实验室相关血吸虫病例都是由曼氏裂体吸虫导致的,这可能部分反映出曼氏裂体吸虫的实验室生命周期可以通过小鼠维持的事实,而其他的血吸虫则无法通过小鼠维持。但是,如果水族箱中存活着感染后的中间宿主,或者是在从事含有感染性尾蚴水样的工作时,可能会意外感染埃及血吸虫、日本血吸虫、湄公血吸虫、间插血吸虫或几内亚血吸虫。此外,接触非人类(如鸟类)传播的血吸虫尾蚴可能会引起中度至重度皮炎(游泳者发生皮肤瘙痒)。

在实验室工作中,对于从事此处讨论的吸虫寄生虫感染阶段工作的人员(该人员可能直接或间接接触含尾蚴的水样或直接或间接接触某种植物——其可携带被自然/实验感染的中间宿主螺的囊蚴),对于这些人员应采用 BSL-2 级和 ABSL-2 级操作规范,包括适当的个人防护装备和实验室安全防护设备/设施。例如,在水族馆或其他可能含有裂体吸虫(血吸虫)尾蚴的水源附近区域工作时,除了手套以外,还应穿戴长袖的实验室外套、护面罩或其他防护用品。可用 70% 乙醇对尾蚴进行消杀[15]。因此,应将含有 70% 乙醇及含有乙醇成分的洗手液放置于实验室,以便在意外撒溢/接触后随即使用[15]。使用各种方法(如乙醇、漂白剂、高温)对实验室水族箱内螺或水体内的尾蚴进行消杀,随后才可排入下水道。例如,水温 ≥ 50℃时,几秒钟内就可杀死尾蚴[15]。

特殊问题

病原运输 进口该病原需要获得美国 CDC 和(或)USDA 的进口许可。在美国国内运输该病原需要获得美国农业部动植物卫生检查局兽医处(USDA APHIS VS)的许可。如需将病原出口到其他国家/地区,则需要美国商务部的许可。更多信息,参见附录 C。

线虫类寄生虫

造成职业感染风险的线虫类寄生虫包括蛔虫、粪类圆线虫、钩虫(人类和动物)、蠕形住肠蛲虫(人类蛲虫),以及人类丝虫、主要有班氏线虫和布鲁格丝虫。可导致人类出现显著疾病的 3 种钩虫病:美洲板口线虫、十二指肠钩虫和锡兰钩口线虫(也可导致猫和狗出现显著疾病)。巴西钩虫、犬钩虫和狭头钩虫可导致猫和狗感染钩虫,也可导致人类患上皮肤幼虫移行症;蛔虫可导致人类和猪出现蛔虫病;浣熊贝利斯蛔虫(一种浣熊寄生虫)、犬弓蛔虫(狗作为贮存宿主)和猫弓蛔虫(猫作为贮存宿主)可导致人类患有内脏、眼部和神经性幼虫移行症;安尼线虫(存活在鱼类和鱿鱼中)可导致异尖线虫病;毛首鞭虫(鞭虫)可导致人类患上鞭虫病;蠕形住肠蛲虫(蛲虫,仅限人类)可导致蛲虫病;粪类圆线虫(人类和狗)会导致粪圆线虫病;动物类圆线虫可导致皮肤幼虫移行症;广州管圆线虫可导致嗜酸性粒细胞脑膜炎,而旋毛形线虫可导致旋毛虫病。

职业感染

根据报告,曾发生过与实验室相关的人类钩虫、蛔虫、蠕形住肠蛲虫和粪类圆线虫感染病例[1-3]。此外,还报告过疑似来自感染动物的钩虫和圆线虫感染病例[1-3]。对于各种人类和动物蛔虫以及鱼类线虫抗原成分(即致敏原)的过敏反应对敏感体质的人而言可能具有危险性。

与这些线虫相关的实验室感染病例可能不会出现症状,或出现一系列相关临床表现,部分取决于寄生虫种类和寄生虫出现在宿主体内的位置。感染蛔虫的临床表现可能包括咳嗽、发热和肺炎,因为幼虫可通过肺部移行。幼虫在小肠内可发育为成熟蛔虫。感染蠕形住肠蛲虫通常会导致肛周出现剧烈瘙痒,并患上肛门瘙痒症。

自然感染方式

人类钩虫和粪类圆线虫感染是通过皮肤渗透丝状幼虫而发生的。这些线虫通常存在于全球热带和亚热带地区，可导致小肠感染。与钩虫不同的是，粪类圆线虫是自体感染，如果未经治疗，可能会出现终身感染情形。粪类圆线虫幼虫的皮下移行具有移动快速、匐行瘙痒丘疹的特点，又被称为游走性幼虫病（匐行疹或蠕虫蚴移行症）。圆线虫幼虫在粪便中发育并长成具有传染性丝状幼虫所需要的时间可能短至约内大（即 48 h）；钩虫幼虫成长为具有感染性所需的时间可能短至 3 天。

人类皮肤幼虫移行症（移动性幼虫疹）发生在具有感染性的动物钩虫幼虫（通常是狗和猫钩虫）或动物粪类圆线虫渗透皮肤并开始移行之后。狗和猫的钩虫感染和动物粪类圆线虫感染在全球呈地方性分布。

摄入犬钩虫幼虫也会导致感染。在罕见情形中，摄入的犬钩虫幼虫在人体肠道内可发展为无繁殖能力的成虫，并导致嗜酸性肠炎。

蛔虫和毛首鞭虫感染在全球热带和亚热带地区呈地区性分布。犬弓蛔虫和猫弓蛔虫在全球各地的狗和猫体内分别被发现。浣熊贝利斯蛔虫主要发现于浣熊体内，但也可能感染狗。所有这些寄生虫都是通过摄入卵胚来传播的。不含胚卵在粪便中需要 2 ~ 3 周才能发育为幼虫并变得具有传染性。这些卵在环境中非常坚硬，并且对大多数消毒剂都具有抵抗力（见下文）。

蠕形住肠蛲虫在全球都有发现，但蛲虫感染在学龄儿童中要比成年人更为常见，在温带地区要比热带地区更为常见。蛲虫通过摄入虫卵而引发感染（如手指在抓挠肛周皮肤后被污染）。雌虫排的卵并不马上具有传染性，但只需几个小时即可具有传染性。蛲虫感染期相对较短，如果没有再次感染，感染期平均为 60 天。

一些蛔目异尖科线虫（异尖线虫、拟地新线虫和对盲囊线虫）可通过摄入感染人类。幼虫可能会被咳出、呕吐出来，或在胃肠道形成嗜酸性肉芽肿。这些线虫也具有抗原性，在摄入感染的鱼类后可能会出现急性过敏反应（如荨麻疹、过敏症）。

实验室安全与防护建议

在新鲜排出粪便中，大多数线虫的虫卵和幼虫不具有感染性，发展到感染阶段可能需要一天至几周的时间，这在一定程度上取决于寄生虫种属和环境条件。摄入具有感染性的虫卵或是具有感染性的幼虫通过皮肤渗透是实验室工作人员和动物护理人员所面临的主要感染风险。

在工作中涉及可能具有感染性的钩虫或粪类圆线虫幼虫的培养液或粪便样本时，为尽量减少通过皮肤渗透而感染的风险，应使用 PPE 以遮盖暴露的皮肤。在一项调查中，粪类圆线虫阳性的粪便样本在 4℃ 情况下分别存放 24 h、48 h 和 72 h 后被重新检测，在被检查的 74 个样本中，23% 的样本在冷藏保存 72 h 后仍有幼虫存活[16]。杀灭不同的蠕虫的感染性幼虫，需要在不同碘浓度在复方碘溶液中浸泡 1 ~ 5 min：50 mg/L 碘可用于粪类圆线虫幼虫的消杀，60 mg/L 碘可用于美洲板口线虫（钩虫）幼虫的消杀，70 mg/L 碘可用于犬钩虫（钩虫）幼虫的消杀[17]。体外暴露于 70% 的乙醇可在 4.3 ± 1 min 内（平均 ± 标准偏差）杀死具有感染性的粪类圆线虫幼虫[18]。经证明，体外暴露于 70% 的乙醇可在 5 min 内杀死 95.6% 的 45 种具有感染性的美洲板口线虫幼虫；在 10 min 内可将其全部杀死[19]。考虑到本节中的总结数据，可使用 Lugol 碘（1% 的聚维酮碘；10 000 mg/L）杀死皮肤表面上具有感染性的美洲板口线虫和粪类圆线虫幼虫，并可使用 70% 的乙醇（在表面留下很少的残得多）对污染的实验室设施和设备表面进行消毒。

蛔虫（人蛔虫、弓蛔虫、浣熊贝利斯蛔虫）和蠕形住肠蛲虫的虫卵具有黏性，必须特别小心以确保污染的表面和设备得到彻底清洁。即使在检验甲醛固定粪便标本时也应采取预防措施。蛔虫虫卵具有超强的环境耐受性，在甲醛中也可能继续发育至具有感染性的阶段[20]。即使长时间暴露于高浓度消毒剂中，它们也可能继续发育。但是，如果加热至 60℃ 或以上温度并超过 15 min，则可对蛔虫虫卵进行完全灭活。

意外摄入弓蛔虫和浣熊贝利斯蛔虫的卵胚（具有传染性）可能导致幼虫在内脏内的移行，包括对眼睛和中枢神经系统的入侵。新鲜或消化的动物组织中的旋毛形线虫的幼虫，或新鲜或消化的软体动物组织中的广州管圆线虫的幼虫在意外摄入时会导致感染。感染丝虫寄生虫的节肢动物可对实验室人员造成潜在危险。预防措施包括使用相关的个人防护装备（如罩衣、手套、全包鞋）；在保存和运送媒介生物时，使用防护装置或容器，从而以合理的方式避免人员的接触或被感染节肢动物逃逸，这种做法是非常必要的。更多信息，参见附录 E。

在从事可能与气溶胶相关的工作中使用一级屏障（即生物安全柜），可以降低暴露于蛔虫和线虫雾化抗原的可能性，这种抗原可导致敏感体质人员的过敏反应。在从事此处讨论的任何线虫病原体的工作时，应特别注意 PPE 的使用和个人卫生（如洗手）。

特殊问题

病原运输　进口该病原需要获得美国 CDC 和（或）USDA 的进口许可。在美国国内运输该病原需要获得美国农业部动植物卫生检查局兽医处（USDA APHIS VS）的许可。如需将病原出口到其他国家 / 地区，则需要美国商务部的许可。更多信息，参见附录 C。

原书参考文献

［1］Herwaldt BL. Protozoa and helminths. In: Wooley DP, Byers KB, editors. Biological Safety: Principles and Practices. 5th ed. Washington (DC): ASM Press; 2017. p. 105–45.2.

［2］Herwaldt BL. Laboratory-acquired parasitic infections from accidental exposures. Clin Microbiol Rev. 2001;14(4):659–88.

［3］Pike RM. Laboratory-associated infections: summary and analysis of 3921 cases. Health Lab Sci. 1976;13(2):105–14.

［4］Hankenson FC, Johnston NA, Weigler BJ, Di Giacomo RF. Zoonoses of occupational health importance in contemporary laboratory animal research. Comp Med. 2003;53(6):579–601.

［5］Wendel S, Leiby DA. Parasitic infections in the blood supply: assessing and countering the threat. Dev Biol (Basel). 2007;127:17–41.

［6］Schwartz BS, Mawhorter SD; AST Infectious Diseases Community of Practice. Parasitic infections in solid organ transplantation. Am J Transplant. 2013;13 Suppl 4:280–303.

［7］Carlier Y, Truyens C, Deloron P, Peyron F. Congenital parasitic infections: a review. Acta Trop. 2012;121(2):55–70.

［8］van Gool T, Biderre C, Delbac F, Wentink-Bonnema E, Peek R, Vivares CP. Serodiagnostic studies in an immunocompetent individual infected with Encephalitozoon cuniculi. J Infect Dis. 2004;189(12):2243–9.

［9］Fayer R, Esposito DH, Dubey JP. Human infections with Sarcocystis species. Clin Microbiol Rev. 2015;28(2):295–311.

［10］Stark D, Barratt J, Chan D, Ellis JT. Dientamoeba fragilis, the neglected trichomonad of the human bowel. Clin

Microbiol Rev. 2016;29(3):553–80.

［11］Rajah Salim H, Suresh Kumar G, Vellayan S, Mak JW, Khairul Anuar A, Init I, et al. Blastocystis in animal handlers. Parasitol Res. 1999;85(12):1032–3.

［12］Roberts T, Stark D, Harkness J, Ellis J. Update on the pathogenic potential and treatment options for Blastocystis sp. Gut Pathog. 2014;6:17.

［13］Messner MJ, Chappell CL, Okhuysen PC. Risk assessment for Cryptosporidium: a hierarchical Bayesian analysis of human dose response data. Water Res. 2001;35(16):3934–40.

［14］Chappell CL, Okhuysen PC, Langer-Curry R, Widmer G, Akiyoshi DE, Tanriverdi S, et al. Cryptosporidium hominis: experimental challenge of healthy adults. Am J Trop Med Hyg. 2006;75(5):851–7.

［15］Tucker MS, Karunaratne LB, Lewis FA, Freitas TC, Liang YS. Schistosomiasis. Curr Protoc Immunol. 2013;103:Unit 19.1.1–19.1.58.

［16］Inês Ede J, Souza JN, Santos RC, Souze ES, Santos FL, Silva ML, et al. Efficacy of parasitological methods for the diagnosis of Strongyloides stercoralis and hookworm in faecal specimens. Acta Trop. 2011;120(3):206–10.

［17］Thitasut P. Action of aqueous solutions of iodine on fresh vegetables and on the infective stages of some common intestinal nematodes. Am J Trop Med Hyg. 1961;10:39–43.

［18］Hirata T, Kishimoto K, Uchima N, Kinjo N, Hokama A, Kinjo F, et al. Efficacy of high-level disinfectants for gastrointestinal endoscope disinfection against Strongyloides stercoralis. Digestive Endoscopy. 2006;18:269–71.

［19］Speare R, Melrose W, Cooke S, Croese J. Techniques to kill infective larvae of human hookworm Necator americanus in the laboratory and a new Material Safety Data Sheet. Aust J Med Sci. 2008;29(3):91–6.

［20］Ash LR, Orihel TC. Parasites: A Guide to Laboratory Procedures and Identification. Chicago: ASCP Press; 1991.

第八章附录　　D　立克次体病原

贝纳柯克斯体

贝纳柯克斯体是一种细菌性的细胞内病原体，是导致 Q 热（柯克斯体病）的病原体。它在酸性液泡室内完成自己的发育周期，表现出吞噬溶酶体的多种特征。双相发育周期由小菌落变异体（small colony variants，SCV）和大菌落变异体（large colony variants，LCV）组成。SCV 是结构更稳定的菌落变异体，可在宿主细胞外存活较长时间，并且对细胞外压力（干燥、极端温度、环境条件）具有抵抗能力。LCV 是更大的代谢活性变异体，有助于病原体的复制[1-4]。在实验室用鸡胚或组织培养液进行传代时，生物体会发生从毒性（第一阶段）到无毒性（第二阶段）的转变。

在实验动物中 I 相生物体的感染剂量最小可至单个生物体[5]。人通过吸入而感染 Q 热的感染剂量约为 10 个生物体[6]。通常，该疾病表现为类似流感的症状，包括发热、头痛和肌肉痛，也可能有肺炎和肝大症状。感染范围从临床症状不明显到重度临床症状均有，对于原发 / 急性感染可使用抗生素治疗。尽管罕见，贝纳柯克斯体可导致慢性感染，如心内膜炎、肉芽肿性肝炎或血管感染[7]。

职业感染

在 Pike 有关传染病的汇编报告中，Q 热是第二种最常见的实验室相关的感染（LAI）。这个汇编报告记录了来自几个机构 15 例或更多人的发病情况[8,9]，传染性气溶胶是发生实验室相关感染的最有可能的途径。实验室感染动物也可能成为实验室和动物护理人员的潜在感染源。根据记录，接触自然感染（通常无症状）的羊及其生产伴随物可对人类构成危害[10,11]。

自然感染方式

Q 热在全球范围内都有分布。大量家养和野生哺乳动物是 Q 热的天然宿主，可能成为潜在的感染源。临产动物及其产后伴随物是常见的感染源。受感染羊的胎盘每克组织可能含有多达 10^9 个生物体[12]，每克羊奶可能含有 10^5 个生物体。生物体对干燥的抵抗力及其低感染剂量可导致病菌从污染场地向外传播。这种病原体可能存在于受感染的节肢动物中，也可能存在于受感染动物或人类宿主的血液、尿液、粪便、乳液和组织中。

实验室安全与防护建议

最近在无细胞培养基方面取得的进展为贝纳柯克斯体的生长提供了支持[13]，这大大降低了为对鸡胚细胞培养技术的的需求，而不论是鸡胚还是细胞培养均需要大量的准备和净化操作。暴露于传染性气溶胶和非肠道接种仍然是实验室和动物护理人员感染的最可能来源[8,9]。

对于涉及贝纳柯克斯体的接种、培育和培养物收集，已感染动物的尸体检查以及已感染组织的处理的活动，建议采用 BSL-3 级操作规范和设施以进行防护。由于受感染的啮齿动物可能会在尿液或粪便中排出生物体[8]，应根据 ABSL-3 级操作规范对实验室感染动物进行管理。经特定空斑纯化分离的无毒克隆株（Ⅱ相，Nine Mile 株，空斑纯化克隆 4）可以免受《管制性病原管理条例》监管，并可在生物安全 2 级条件下安全处理[14]。对于非活菌培养性实验室操作，包括血清学检查和涂片染色，建议采用生物安全 2 级操作规范和设施进行安全管理。

特殊问题

贝纳柯克斯体是一种环境稳定性极高的不形成芽孢的细菌。事实表明，其具有在土壤或其他受污染物质（如动物产品）中长期生存的能力[4]。感染剂量接近单个生物体[5]，因此通过空气或气溶胶传播的能力很高。感染病例通常无症状，或只是相对轻度类似流感的症状，但情况可能非常严重。可能会出现慢性感染（即心内膜炎），特别是在之前有瓣膜损伤或免疫功能不全的个体中。Q 热是已知的妊娠风险[15]。

暴露于自然感染（通常无症状）的羊及其生产伴随物将会带来风险，并且有相关的记录[10,11]。Spinelli 和 Bernard 介绍了将绵羊作为实验动物时应采用防范措施及设施的建议[10,16]。

疫苗　Q 热疫苗在美国没有商用疫苗。患有瓣膜性心脏病的人不应参与涉及贝纳柯克斯体的工作。在怀孕期间应避免参与涉及贝纳柯克斯体的工作。更多信息，参见第七节。

管制性病原　根据联邦法规第 42 条第 73 部分的规定，贝纳柯克斯体被视为管制性病原。所有关于持有、储存、使用和转移管制性病原的规则均适用。附录 F 包含有关管制性病原的其他信息，包括注册联系信息以及获取有关进口、出口或运输许可的信息。

病原运输　进口该病原需要获得美国 CDC 和（或）USDA 的进口许可。在美国国内运输该病原需要获得美国农业部动植物卫生检查局兽医处（USDA APHIS VS）的许可。如需将病原出口到其他国家 / 地区，则需要美国商务部的许可。更多信息，参见附录 C。

立克次体和恙虫病东方体（恙虫病立克次体）

普氏立克次体、斑疹伤寒立克次体、斑点热群立克次体（立氏立克次体、康氏立克次体、小蛛立克次氏体、澳洲立克次体、西伯利亚立克次体和日本立克次体）、恙虫病东方体（恙虫病立克次体）、菲律宾立克次体（立克次体 364D）、帕克立克次体和其他各种立克次体，无论是已知的，还是疑似的各种人类致病病原体，分别是流行性斑疹伤寒、地方性（鼠型）斑疹伤寒、落基山斑疹热、地中海斑疹热、立克次体痘、昆士兰蜱传斑疹伤寒、北亚斑疹热、日本斑疹热、恙虫病、太平洋海岸蜱热（PCTF），以及帕克立克次体病的病原体。

立克次体是一种细菌性的专性细胞内病原体，可通过节肢动物传播并在真核生物宿主的细胞内进行复制。立克次体可分为四个种群：斑疹伤寒群、斑点热群、过渡群和祖先类群[17]。较远关系的丛林斑疹伤寒目前被认为是一个独特的种群，即东方体属。立克次体主要与节肢动物有关，它们可能以内共生体形式存在，通过已感染的蜱虫、虱子、跳蚤或螨虫叮咬而感染哺乳动物，包括人类。

职业感染

虽然不是自然的感染途径，但有些立克次体可通过气溶胶途径传播感染，因此有必要遵守 BSL-3 级规范。非肠道接种/针刺损伤也是常见的实验室感染途径。还可通过结膜接种方式获得感染。

Pike 报告了 56 例流行性性斑疹伤寒病例，其中 3 例死亡；68 例鼠型斑疹伤寒；57 例为实验室相关的鼠型斑疹伤寒（未具体说明类型）[8]。一家研究机构报告了 3 例鼠型斑疹伤寒病例[18]。这 3 起病例中有两例与在开放式工作台上处理传染性物质有关；第三起病例是由意外非肠道接种而感染。

有记录表明，落基山斑疹热（RMSF）对实验室工作人员构成风险。Pike 报告了 63 例与实验室相关的病例，其中 11 例死亡，这些病例均发生在 1940 年之前[8]。自那时后，又发生了两起死亡病例，均发生于 1977 年，分别为一名实验室工作人员和一名保管人员，发生在同一设施内，并被认为是共同暴露。这些病例被认为与职业相关[19]。

Oster 报告了发生在 1971—1976 年的 9 起病例，这 9 起病例发生在一家实验室内，据记载这些病例因暴露于传染性气溶胶而感染[20]。

自然感染方式

立克次体感染的流行病学反映了立克次体在病媒生物中的流行程度以及节肢动物病媒与人类的相互作用。人类被是流行性斑疹伤寒病原体的主要宿主，但流行性斑疹伤寒并不常见，其传播媒介是人体虱，感染的暴发与社会状况的恶化相关[21]。在这种社会条件下，即使经过适当的治疗，平均死亡率仍可达到 4%[22]。地方性斑疹伤寒在啮齿类动物中得以存留，并由跳蚤传播给人类。虽然在各大洲都发现了特定的斑点热群立克次体，但不同的斑点热群立克次体的地理分布都很局限，这可能与节肢动物病媒（通常为蜱虫）的分布相关[23]。

实验室安全与防护建议

意外的非肠道接种和暴露于传染性气溶胶是实验室相关感染的最可能来源[24]。立氏立克次体在灵长类中通过气溶胶传播已经有试验相关记录[25]。Pike 记录的 5 例立克次氏体痘病例与被感染螨虫的叮咬有关[8]。

通过自然方式和实验室感染的哺乳动物的组织及其体外生虫是人类感染的潜在来源。在常规环境条件下，这些生物体相对不稳定。

在已知含有或潜在含有可能导致人类感染立克次体情况下，从事涉及培养增殖、标本制备和临床分离菌株增殖工作时，建议采用BSL-3级的操作规范和防护设备进行防护。

对于自然感染或实验性感染可导致人类疾病的立克次体病原体的动物研究，建议采用3级节肢动物防护（ACL-3）措施和设施[26]。

可在生物安全2级设施中开展立克次体的实验室工作，并采用加强管理的特别操作规范，包括严格的访问控制、资格管理和遵守BSL-3级规范。实验室应进行挂锁管理，并应禁止非必要人员进入。BSL-3级规范包括但不限于适当的个人防护装备（如后封闭防护服、手套、眼睛防护和呼吸防护装置、如N95呼吸面具或PAPR）；在处理含有潜在传染性物质时应使用生物安全柜和一级屏障装置（如离心机密封转子）以及其他生物安全柜之外的防护手段。应在生物安全柜内使用封闭室进行受感染细胞或卵黄囊的破碎，以最大限度降低气溶胶传播的可能性。如果通过鸡胚进行增殖，则在转移到保育箱之前，使用适当的密封胶密封接种部位。对于已知或潜在传染性物质的所有操作，包括对实验感染动物的尸体剖检及其组织的研磨，以及含鸡胚的接种、孵育和采集或细胞培养，建议在BSL-2实验室中并采用BSL-3级实验操作规范。应尽量减少使用锐器。如果需要使用锐器，则应对其进行适当的去污处理。所有受污染物质在从实验室清除之前都应进行有效的去污处理。如果需要运输到高压灭菌器中，则应将物料进行双套袋处理。

在进行灭活样品的非增殖实验室操作时，包括血清学和荧光抗体检测、核酸扩增以及固定后组织压片，建议采用BSL-2实验室操作规范和设施。

在管理实验性感染哺乳动物，而不是节肢动物时，建议采用ABSL-2实验室操作规范和设施。包括蒙大拿立克次体、扇头蜱立克次体、贝氏立克次体、amblyommatis立克次体和加拿大立克次体在内的几个未有已知导致人类疾病的属种，可以在BSL-2实验室条件下进行管理。新属种应根据具体情况进行评估以确定采取适当的预防措施。

由于抗生素治疗在感染早期阶段的价值已得到证实，因此，进行立克次体相关工作的实验室必须建立有效的实验室和动物设施发热疾病报告系统，并为潜在感染病例提供人员和医学评估支持，并建立在必要情况下进行适当抗生素治疗的制度。处于潜在暴露但没有临床相关症状和迹象的情况下，则不鼓励进行预防性抗生素治疗，因为这样可能会导致疾病的延迟性发作。目前没有可供人类使用的疫苗。

实验室监控

自1940年以来，只发生过两起与立氏立克次体相关的实验室工作人员死亡案例[19,27,28]。这个事件凸显控制非实验室人员进入以及及时报告暴露或不明疾病的重要性。

特殊问题

职业健康建议：在自然环境中，由立克次体导致疾病的严重程度有很大的不同[23,29]。在实验室中，可以出现非常大剂量的接种，这可能会导致异常且非常严重的反应。对实验室立克次体感染相关人员的监控可以显著降低疾病出现严重后果的风险。有关更多信息，参见第七节。

在发生疾病的第一天，通过特定的抗立克次体化学疗法进行充分治疗，感染通常不会导致严重问题。然而，未及时进行适当的治疗可能会导致衰竭性疾病或急危重症疾病，如感染立氏立克次体而出现斑疹伤寒、恙虫病的死亡。降低实验室相关感染发病严重性的关键在于建立一个可靠的监控系统，包括：

1.由有经验的医务人员全天候提供传染病知识；

2. 对所有人员进行有关疾病症状以及早期治疗的培训；

3. 建立事故匿名报告系统；

4. 在没有其他特定病因的情况下，对所有发热疾病进行报告，特别是出现头痛、不适和衰竭相关的症状。

管制性病原　根据联邦法规（42 CFR Part 73）的规定，普氏立克次体被视为管制性病原。所有关于持有、储存、使用和转移管制性病原的规则均适用。附录F包含有关管制性病原的其他信息，包括注册联系信息以及获取有关进口、出口或运输许可的信息。

病原运输　进口该病原需要获得美国CDC和（或）USDA的进口许可。在美国国内运输该病原需要获得美国农业部动植物卫生检查局兽医处（USDA APHIS VS）的许可。如需将病原出口到其他国家/地区，则需要美国商务部的许可。更多信息，参见附录C。

原书参考文献

［1］Babudieri B. Q fever: a zoonosis. Adv Vet Sci. 1959;5:81–182.

［2］Ignatovich VF. The course of inactivation of Rickettsia burnetii in fluid media. J Microbiol Epidemiol Immunol. 1959;30(9):134–41.

［3］Sawyer LA, Fishbein DB, McDade JE. Q fever: current concepts. Rev Infect Dis. 1987;9(5):935–46.

［4］Heinzen RA, Hackstadt T, Samuel JE. Developmental biology of Coxiella burnetii. Trends Microbiol. 1999;7(4):149–54.

［5］Ormsbee R, Peacock M, Gerloff R, Tallent G, Wike D. Limits of rickettsial infectivity. Infect Immun. 1978;19(1):239–45.

［6］Wedum AG, Barkley WE, Hellman A. Handling of infectious agents. J Am Vet Med Assoc. 1972;161(11):1557–67.

［7］Maurin M, Raoult D. Q fever. Clin Microbiol Rev. 1999;12(4):518–53.

［8］Pike RM. Laboratory-associated infections: Summary and analysis of 3921 cases. Hlth Lab Sci. 1976;13(2):105–14.

［9］Johnson JE, Kadull PJ. Laboratory-acquired Q fever. A report of fifty cases. Am J Med. 1966;41(3):391–403.

［10］Spinelli JS, Ascher MS, Brooks DL, Dritz SK, Lewis HA, Morrish RH, et al. Q fever crisis in San Francisco: Controlling a sheep zoonosis in a lab animal facility. Lab Anim. 1981:24–7.

［11］Meiklejohn G, Reimer LG, Graves PS, Helmick C. Cryptic epidemic of Q fever in a medical school. J Infect Dis. 1981;144(2):107–13.

［12］Welsh HH, Lennette EH, Abinanti FR, and Winn JF. Q fever in California. IV. Occurrence of Coxiella burnetii in the placenta of naturally infected sheep. Public Health Rep. 1951;66(45):1473–7.

［13］Omsland A, Cockrell DC, Howe D, Fischer ER, Virtaneva K, Sturdevant DE, et al. Host cell-free growth of the Q fever bacterium Coxiella burnetii. Proc Natl Acad Sci U S A. 2009;106(11):4430–4.

［14］Hackstadt T. Biosafety concerns and Coxiella burnetii [letter]. Trends Microbiol. 1996;4(9):341–2.

［15］Eldin C, Melenotte C, Mediannikov O, Ghigo E, Million M, Edouard S, et al. From Q Fever to Coxiella burnetii infection: a Paradigm Change. Clin Microbiol Rev. 2017;30(1):115–90.

［16］Bernard KW, Parham GL, Winkler WG, Helmick CG. Q fever control measures: Recommendations for research of facilities using sheep. Infect Control. 1982;3(6):461–5.

［17］Gillespie JJ, Williams K, Shukla M, Snyder EE, Nordberg EK, Ceraul SM, et al. Rickettsia phylogenomics: unwinding the intricacies of obligate intracellular life. PLoS One. 2008;3(4):e2018.

［18］Bellanca J, Iannin P, Hamory B, Miner WF, Salaki J, Stek M. Laboratory-acquired endemic typhus—Maryland. MMWR. 1978;27(26):215–6.

［19］Hazard PB, McCroan JE. Fatal Rocky Mountain Spotted Fever—Georgia. MMWR. 1977;26:84.

［20］Oster CN, Burke DS, Kenyon RH, Ascher MS, Harber P, Pedersen CE Jr. Laboratory-acquired Rocky Mountain Spotted Fever. The hazard of aerosol transmission. N Engl J Med. 1977;297(16):859–63.

［21］A large outbreak of epidemic louse-borne typhus in Burundi. Wkly Epidemiol Rec. 1997;72(21):152–3.

［22］Bechah Y, Capo C, Mege JL, Raoult D. Epidemic typhus. Lancet Infect Dis. 2008;8(7):417–26.

［23］Richards AL. Worldwide detection and identification of new and old Rickettsiae and rickettsial diseases. FEMS Immunol Med Microbiol. 2012;64(1):107–10.

［24］Hattwick MA, O'Brien RJ, Hanson BF. Rocky Mountain Spotted Fever: epidemiology of an increasing problem. Ann Intern Med. 1976;84(6):732–9.

［25］Saslaw S, Carlisle HN. Aerosol infection of monkeys with Rickettsia rickettsii. Bacteriol Rev. 1966;30(3):636–45.

［26］Vanlandingham DL, Higgs S, Huang YJS. Arthropod Vector Biocontainment. In: Wooley DP, Byers KB, editors. Biological Safety Principles and Practices. 5th ed. Washington (DC): ASM Press; 2017. p. 399–410.

［27］Wurtz N, Papa A, Hukic M, Di Caro A, Leparc-Goffart I, Leroy E, et al. Survey of laboratory-acquired infections around the world in Biosafety Level 3 and 4 laboratories. Eur J Clin Microbiol Infect Dis. 2016;35(8):1247–58.

［28］Harding LH, Byers KB. Laboratory-associated infections. In: Wooley DP, Byers KB, editors. Biological Safety: Principles and Practices. 5th ed. Washington (DC): ASM Press; 2017. p. 59–92.

［29］Hackstadt T. The biology of Rickettsiae. Infect Agents Dis. 1996;5(3):127–43.

第八章附录

E　病毒性病原

汉坦病毒

汉坦病毒是负义 RNA 病毒，为布尼亚病毒科汉坦病毒属。汉坦病毒的自然宿主为啮齿动物，在世界各地都有分布。汉坦病毒肺综合征（hantavirus pulmonary syndrome，HPS）是一种由汉坦病毒（如辛农布雷病毒或安第斯病毒）所导致的严重疾病，这些病毒的宿主为属于棉鼠亚科的啮齿动物。该亚科只出现在新大陆，因此在北美和南美以外地区没有出现过 HPS。在欧洲和亚洲，汉坦病毒通常会导致肾脏疾病，在欧洲被称为流行性肾病，在亚洲则被称为肾综合征出血热（hemorrhagic fever with renal syndrome，HFRS）。HFRS 是由大鼠属携带的汉坦病毒或类似病毒所导致的，这种疾病在世界范围内都有报告。最近，在全球范围内在鼩鼱检出一种汉坦病毒，但至今还没有人因感染这些病毒而患病的报告。

职业感染

有记录显示汉坦病毒曾引起实验室相关感染[1-4]。在任何可能出现气溶胶的实验室操作（如离心操作、涡旋式混合操作）中，都必须采取特别谨慎的防范措施。在进行涉及大鼠、田鼠以及其他实验室啮齿动物的操作时，必须特别谨慎，因为气溶胶感染的风险非常大，特别是受感染啮齿类动物的尿液。

自然感染方式

汉坦病毒肺综合征是一种由辛农布雷病毒和安第斯病毒以及其他相关病毒所导致的致命性疾病 [5,6]，大多数人感染该病是由接触自然感染的野生啮齿动物或其排泄物所致。在欧洲和美国报道有饲养和买卖宠物鼠的人感染和患病的案例（由汉城病毒引起）[7,8]。未发生人与人之间的感染，除了几例罕见的安第斯病毒感染记录 [9,10] 外。节肢动物传播汉坦病毒的情形目前未知。

实验室安全与防护建议

大量证据表明，汉坦病毒在实验室环境中可通过气溶胶途径从鼠类传播给人类 [4-6,10]。接触啮齿类动物的排泄物，特别是雾化挥发的传染性尿液、新鲜的剖检组织，以及动物垫料都被认为具有传染风险。其他潜在的实验室感染途径包括摄入感染性物质，通过黏膜或破损皮肤暴露于感染性物质，特别是被动物咬伤。在尸体剖检样本中，以及早期患有 HPS 的病人血液血浆中检测到病毒RNA[11,12]，然而，血液或组织的感染力目前还未知。

所有涉及将含病毒材料接种到可长期感染的啮齿类动物的工作都应在 ABSL-4 实验室条件下进行。细胞培养病毒增殖和提纯应在 BSL-3 级设施中并使用 BSL-3 级操作规范、防护设备和流程进行。在对潜在感染啮齿动物的血清或组织样本进行操作时，应在 BSL-2 级中并使用 BSL-3 级操作规范、防护设备和流程进行。在对潜在感染组织样本进行操作时，应在 BSL-2 实验室中并使用 BSL-3 级操作规范和流程进行。

操作来自潜在感染汉坦病毒人员的血清时，建议使用 BSL-2 实验室操作规范、防护设备和设施。如果存在飞溅物或气溶胶的可能性，建议在所有处理人类体液的过程中使用生物安全柜。在管理实验室感染啮齿类动物时，如果已知在其排泄物中不含有病毒，可在 ABSL-2 实验室中，并使用 ABSL-2 级操作规范和程序进行操作。

特殊问题

病原运输　进口该病原需要获得美国 CDC 和（或）USDA 的进口许可。在美国国内运输该病原需要获得美国农业部动植物卫生检查局兽医处（USDA APHIS VS）的许可。如需将病原出口到其他国家 / 地区，则需要美国商务部的许可。更多信息请参见附录 C。

亨德拉病毒（曾被称为马麻疹病毒）和尼帕病毒

亨德拉病毒（HeV）和尼帕病毒（NiV）属于副黏病毒科亨尼巴病毒属 [13]。1994—1995 年间，澳大利亚的马曾暴发过之前不为人知的副黏病毒感染，刚开始被称为马麻疹病毒，后来被命名为亨德拉病毒。1994—2017 年，在昆士兰和新南威尔士东北部地区，有超过 90 匹马被确诊感染亨德拉病毒。在与被感染马匹接触后，有 7 人感染后发病，其中 4 例死亡，并伴有脑炎或呼吸系统疾病症状。1998—1999 年，马来西亚和新加坡暴发了一种由类似但不同的病毒(现称尼帕病毒)引起的疾病传播。人感染后出现以发热、严重头痛、肌痛和脑炎症状为特征的症状，病人与被感染的猪有过密切接触（即猪农和屠宰场工人）[14-16]。少数患者发展为呼吸系统疾病。大约 40% 的病例死亡。在 1998—1999 年马来西亚暴发感染后，世卫组织东南亚区域办事处报告，孟加拉国和印度在 2001—2012 年有 16 次感染暴发，共报告 263 个病例。孟加拉国和印度经常发生尼帕病毒人传人的病例。直接暴露于被感染的蝙蝠，以及饮用被感染性蝙蝠粪便污染过的生椰枣树汁，也会发生感染传播。2014 年，菲律宾发生了一起尼帕病毒感染暴发，成了马和人类死亡。在东南亚，尼帕病毒的感染暴发有着很强的季节性，主要发生于 12 月至次年 5 月，这可能因为这段时间是蝙蝠的繁殖季节，或者是收割椰枣树汁的时期 [17-19]。雪松病毒是一种新型的亨尼帕病毒，这种病毒已从翼翅蝙蝠中分离出来，并在多个动物模型中的毒性大大降低。毒性的降低可能与发现的 P 基因变化有关，这可能阻碍了固有免疫拮抗肌蛋白的产生。

职业感染

尚未发现因接触亨德拉病毒或尼帕病毒而导致的与实验室相关的感染的病例。但是，与被亨德拉病毒感染的马匹有密切接触的人员，特别是兽医专业人员（4 起确诊病例，其中 2 起为死亡病例），感染该疾病的风险很高 [20-24]。

自然感染方式

亨德拉病毒和尼帕病毒的天然贮存宿主似乎是狐蝠属的果蝠 [25-27]。多项研究表明，在孟加拉国，当地出现的大狐蝠，是这种病毒的贮存宿主 [28]。在澳大利亚的一项研究中，定期接触蝙蝠的人员未出现感染的证据（即抗体）[29]。据报告，人与人之间的传播出现在家族聚集性病例中，可能与因照顾重病患者而出现的密切接触有关 [30]。

实验室安全与防护建议

尚未确定这些病毒的确切传播方式。迄今为止，大多数临床病例都与密切接触马匹、马的血液或体液（澳大利亚）或猪（马来西亚 / 新加坡）有关。但据推测，在孟加拉国有通过椰枣汁从狐蝠传播给人类的感染病例。在蝙蝠类尿液中已检测到活性病毒，这意味着在向外溢宿主传播亨尼帕病毒时，尿液所起到的重要作用。从被感染动物的组织中已分离出亨德拉病毒和尼帕病毒。在马来西亚和新加坡的暴发感染中，病毒抗原存在于人类死亡病例的中枢神经系统、肾脏和肺组织中，病毒也存在于患者的分泌物中，但水平较低 [31,32]。在马来西亚对医护人员感染的主动监控中，未发现实验室相关感染的证据 [33]。

由于实验室工作人员所面临的未知风险，以及如果病毒从诊断或研究实验室中逸出对本地家畜的潜在影响，在对亨德拉病毒和尼帕病毒或疑似相关病毒进行任何操作之前，卫生官员和实验室管理人员应评估对相关病毒开展工作的必要性以及设施的防护能力。与这些病毒相关的所有操作都需要在 BSL-4 实验室中进行。一旦诊断有尼帕病毒或亨德拉病毒的疑似感染，所有诊断样本也必须在 BSL-4 实验室中处理。与感染动物相关的所有操作都需要在 ABSL-4 级操作规范、防护设备和设施进行。

在新的动物模型中开展雪松病毒相关工作时，应在 ABSL-4 级操作规范、防护设备和设施进行操作，直到确定该病毒不会导致明显的疾病。在从事雪松病毒的易感染动物宿主的相关工作时，如果证明该病毒无致病能力 / 非致病性，并在对拟开展的工作进行风险评估后，可以在 ABSL-2 级条件下开展工作。

特殊问题

疫苗：无可供人类使用的疫苗，但在澳大利亚有供马匹使用的亨德拉疫苗。

管制性病原：亨德拉病毒和尼帕病毒属于管制性病原，需要在美国 CDC 或美国农业部（USDA）注册才能拥有、使用、存储和（或）运输。更多信息，参见附录 F。

病原运输：进口该病原需要获得美国 CDC 和（或）USDA 的进口许可。在美国国内运输该病原需要获得美国农业部动植物卫生检查局兽医处（USDA APHIS VS）的许可。如需将病原出口到其他国家 / 地区，则需要美国商务部的许可。更多信息，参见附录 C。

甲型肝炎病毒和戊型肝炎病毒

甲型肝炎病毒（HAV）是一种正义单链的 RNA 病毒，这种病毒属于小 RNA 病毒科肝病毒属。戊型肝炎病毒（HEV）是一种正义单链的 RNA 病毒，但这种病毒属于肝炎病毒科正肝炎病毒属。有四种主要的戊型肝炎基因型可以感染人类：基因型 1、基因型 2、基因型 3 和基因型 4。

职业感染

与实验室相关的甲型或戊型肝炎病毒感染在实验室人员中似乎不是重要的职业风险，但对于动物饲养员和其他与自然或实验感染的黑猩猩和其他非人灵长类动物相关的工作人员而言，甲型肝炎是一种有据可查的感染风险[34]。从事与其他易感染灵长类动物（如夜猴、狨猴）相关工作的人员也可能面临感染甲型肝炎的风险。与甲型肝炎病毒相比，戊型肝炎病毒对实验室人员的感染风险似乎较小，但对于孕期工作人员而言则不同，因为感染 HEV 基因型 1 病毒可能导致母体和胎儿发病率或死亡率上升。接触被 HEV 病毒感染主要动物贮存宿主，如猪、兔子或猕猴可能会对动物饲养员带来职业风险，但这种风险的严重程度未知。

自然感染方式

大多数甲型肝炎病毒感染是由食物传播的，有时也可由污染的水传播。该病毒在极少数情况下可通过血液、血液制品和其他潜在的传染性物质传播。通常，在潜伏期、发病初期以及在出现黄疸一周的粪便和血液检测到病毒，但在感染后期和恢复期不会传播。戊型肝炎病毒基因型 1 和 2 主要在发展中国家经受污染的水通过粪 – 口途径进行传播，导致散发病例，偶尔出现大规模暴发流行。戊型肝炎病毒基因型 3 和基因型 4 主要通过食用生猪肉、未充分烹饪的猪肉或野味，或是接触感染动物，将病毒从动物传播给人类。这种情况发生在发达国家，并导致偶发病例。根据报告，曾发生过通过血液和血液制品的感染传播。感戊型肝炎病度通常会引起急性自限性疾病，潜伏期通常 2~6 周，但也有基因型 3 病毒对免疫功能低下的人造成慢性感染的报道。

实验室安全与防护建议

这些病原可能存在于被感染的人类和非人灵长类动物的粪便和血液中。粪便、粪便悬液和其他受污染的物质是实验室工作人员面临的主要风险。在处理人类或非人灵长类动物的受污染血液时，应特别谨慎并避免出现穿刺伤。没有证据表明接触气溶胶会导致感染。虽然甲型肝炎病毒是已知的在环境中最具稳定性的病毒之一，但戊型肝炎病毒也同样非常稳定。

在对甲型和戊型肝炎病毒、感染的粪便、血液或其他组织进行操作时，建议使用 BSL-2 实验室操作规范、安全防护设备和设施进行防护。在从事与经自然方式或实验室途径感染病毒的非人灵长类动物或其他可能传播病毒的动物模型相关的活动时，建议使用 ABSL-2 级操作规范和设施进行防护。

特殊问题

疫苗　可以获得并使用经美国食品药物监督管理局（FDA）批准的甲型肝炎灭活疫苗。美国没有经 FDA 批准的戊型肝炎病毒疫苗，但中国目前有相关疫苗。

病原运输 进口该病原需要获得美国 CDC 和（或）USDA 的进口许可。在美国国内运输该病原需要获得美国农业部动植物卫生检查局兽医处（USDA APHIS VS）的许可。如需将病原出口到其他国家/地区，则需要美国商务部的许可。更多信息，参见附录 C。

乙型肝炎病毒、丙型肝炎病毒、丁型肝炎病毒

乙型肝炎病毒（HBV）属于嗜肝 DNA 病毒科正嗜肝 DNA 病毒属；丙型肝炎病毒（HCV）有 6 种基因型，属于黄病毒科丙型肝炎病毒属；丁型肝炎病毒（HDV）是丁肝病毒属中的唯一成员。

职业感染

乙型肝炎病毒是最常见的与实验室相关的感染之一，实验室工作人员被视为是感染此病毒的高风险群体[35,36,38]。

丙型肝炎病毒感染也可能发生在实验室环境中[37]。医护人员丙型肝炎的抗体流行率略高于普通人群。流行病学证据表明，丙型肝炎病毒主要通过非肠道途径传播[39]。

自然感染方式

在使用未充分消毒的仪器进行输血、注射、文身或人体穿刺时，可以通过自然方式从携带者感染这些病毒；非注射途径，如家庭日常接触和无保护性交（异性恋和同性恋），是潜在的传播方式；垂直传播（即母婴传播）也是可能发生的。

感染乙型肝炎病毒的人有感染丁型肝炎病毒的风险，丁型肝炎病毒是一种有缺陷的 RNA 病毒，需要在有乙型肝炎病毒存在的情况下进行复制。丁型肝炎病毒感染通常会加剧乙型肝炎病毒感染引起的症状。

实验室安全与防护建议

乙型肝炎病毒可能存在于人体血液和血液制品、尿液、精液、脑脊髓液和唾液中。针刺或锐气刺伤接种、黏膜的飞沫暴露以及破损皮肤直接接触是实验室环境中的主要风险[40]。该病毒在干血或血液成分中可存活数天。尚未发现减毒株或无毒株病毒。

丙型肝炎病毒主要在血液和血清中被检测到，在唾液中检测到的频率较低，在尿液或精液中很少或根本无法检测到。病毒在室温条件下的工作台和设备表面比较稳定[41,42]。反复冻融可降低病毒的感染力。

对于可能产生飞沫或气溶胶的生产活动以及涉及批量生产或高浓度传染性物质的活动，可以在 BSL-2 级设施中进行，同时采用一级屏障和个人预防措施，如在 BSL-3 级中所描述的防护措施。对于使用已知或潜在感染体液和组织的所有活动，建议采用 BSL-2 级实验室操作规范、安全防护设备和设施进行操作。对于使用经自然方式或实验室途径而感染的黑猩猩或其他非人灵长类动物的活动，建议采用 ABSL-2 级操作规范、防护设备和设施。在从事涉及被感染动物的工作，以及可能通过皮肤接触感染性材料时，应佩戴手套。除了这些建议的防范措施之外，从事乙型肝炎病毒、丙型肝炎病毒或其他血液病原体工作的人员应参考《职业安全与卫生条例血源性病原体工作标准》[43]。

特殊问题

疫苗 现在可以获得经批准的针对乙型肝炎病毒的基因工程疫苗，强烈建议实验室工作人员接

种 [35,36,38]。针对丙型肝炎病毒和丁型肝炎病毒的疫苗尚未批准用于人类接种，但针对乙型肝炎病毒的疫苗接种也可防止丁型肝炎病毒感染。

病原运输 进口该病原需要获得美国 CDC 和（或）USDA 的进口许可。在美国国内运输该病原需要获得美国农业部动植物卫生检查局兽医处（USDA APHIS VS）的许可。如需将病原出口到其他国家／地区，则需要美国商务部的许可。更多信息，参见附录 C。

猴 α 疱疹病毒 1 型（猴疱疹病毒、长尾猴疱疹病毒 I 型及猴 B 病毒）

B 病毒属于疱疹病毒科 α 疱疹病毒属（单纯病毒）。它可以在猕猴中通过自然方式感染，包括 9 个不同的猕猴种类。猕猴可以出现原发性、复发性和潜伏性感染，通常没有明显的症状或器官损害。B 病毒是单纯疱疹病毒家族中唯一可导致人兽共患病的病毒种类。至少发现了 50 起人类感染病例，在未经治疗情况下约有 80% 的病例死亡 [44]。在暴露后立即采取急救并清洗暴露部位，采取暴露后预防措施的情况下，目前还没有致命病例报告。在过去十年中，出现过一起复发性眼病的个例 [45]，以及 3 起因感染而导致血清转化为 B 病毒抗体阳性的病例。在 1970 年以前的病例中没有使用抗病毒药物进行治疗，因为当时无药可用。与动物源性感染相关的发病和死亡是由于病毒对中枢神经系统的感染造成的，可导致上行性麻痹，最终可导致在没有呼吸机支持的情况下丧失自主呼吸能力。1987—2016 年，发生了 5 起 B 病毒感染致死病例，将自 1932 年发现 B 型病毒以来，感染致死病例的总数升高至 21 例 [46]。

职业感染

B 病毒在饲养猕猴的设施中是一种感染风险。黏膜分泌物（即唾液、生殖器分泌物和结膜分泌物）是与 B 病毒传播风险相关的主要体液。其他材料也可能会受到污染。例如 1997 年，耶基斯灵长类研究中心（Yerkes Primate Center）的一名研究助理在运输一只装笼的猕猴时，在没有外伤的情况下接触了黏膜飞溅物，该工作人员随后发病死亡 [47]。根据所开展的工作，这项活动在当时被认为是低风险的。但是，粪便、尿液或其他液体和表面可能被带病毒的黏膜分泌物所污染。根据报告，曾出现过通过咬伤、划伤或飞溅事故传播病毒后，而导致发生动物源性传染病的情形，但至少在两起病例中，无法回忆起有明确的暴露情形。在其中一起病例中，患者死亡。此外，还有许多因接触猴子细胞培养物和中枢神经系统组织而感染 B 病毒的报告。由于在动物或其细胞和组织中经常找不出明显的 B 病毒感染证据，因此按照建议的标准对所有可疑的暴露进行处理是非常必要的 [44]。通过实施防护措施以及对可能出现的场地污染立即进行快速而彻底的清洁，可以显著降低与此类危险相关的风险。当工作中涉及猕猴种类（即使是抗体阴性动物）时，应采取预防措施。动物的血清阴性，只代表抗体未呈阳性，但机体可能已经发生急性感染，不断排出病毒。在大多数报道的 B 病毒感染病例中，除了 4 个病例外，未能从潜在感染来源中检测到病毒因此人们对某些猕猴物种比其他物种更安全的猜测是毫无根据的。在过去 30 年中，有 5 人丧生，这表明 B 病毒感染的发生概率很低，但如果确实发生感染，其后果将会非常严重。

应对可能会受到 B 病毒感染风险的个人提供针对 B 病毒危害的定期专门培训，包括对于暴露和传播方式的了解。培训还应包括正确使用工程控制手段和个人防护装备，这对预防而言至关重要。在高风险区域发生叮咬、擦伤、飞溅或接触潜在污染物后，立即进行彻底清洁有助于预防 B 病毒感染[47]。只有在制定 B 病毒感染风险防控和安全操作标准程序，并得到严格遵守的情况下，急救和紧急医疗救助程序才能发挥最大效果。

自然感染方式

B 病毒在亚洲猕猴中以自然方式传播，大约 10% 新捕获的恒河猴对该病毒有抗体，这种病毒经常存在于动物的肾细胞培养液中。在猕猴中，病毒可导致舌头和嘴唇部位的水疱性病变，有时则导致皮肤上的水疱性病变。猕猴健康带毒，血液或血清中不会存在 B 病毒。当猕猴性成熟后，B 病毒的传播风险可能会增加。

实验室安全与防护建议

美国国家学术出版社出版了实验室动物研究所（ILAR）关于涉及非人灵长类动物工作的指南[48]。本指南提供了有关处理非人灵长类动物时面临的风险和缓解策略的更多信息。

无症状的 B 病毒感染者排毒，在猴子和人类的传播发挥重要作用，但在实验室从事涉及可能被感染的猕猴细胞或组织的工作人员同样面临感染风险。无论病毒是由猕猴还是人类排出，或是污染了细胞、组织和表面，该病原体都可通过接触粘膜和皮损感染新的宿主[44]。B 病毒通常不存在于血清或血液中，但在通过静脉穿刺获得这些血液样本时应谨慎操作，因为可能会出现通过皮肤污染针头的情形。在从事直接接触猕猴的工作时，只有当其通过黏膜部位排毒时，才能通过咬伤、抓伤，或通过喷溅物传播病毒。除非证实已经过消毒或灭菌处理，否则应始终将污染物或受污染的物体表面（如笼子、手术设备、工作台）视为 B 病毒的来源。被动物感染的患者在急性感染期具有传染性，应特别谨慎，避免其他易感染部位出现自体接种。

在对从临床样本或所有动物中分离出的病毒进行繁殖操作时，建议采用 BSL-4 级操作规范和设施。对于经实验室途径感染 B 病毒的猕猴以及涉及 B 病毒的较小动物模型，建议按照 ABSL-4 级防护等级进行限制性管理。在管理潜在感染 B 病毒的诊断材料时，建议采用 BSL-3 级操作规范和设施。在从事涉及使用或管理猕猴的组织、细胞、血液或血清的所有操作时，适合采用 BSL-2 级操作规范和设施进行防护，同时佩戴适用的个人防护装备。

所有猕猴都应被视为潜在的感染源，无论其来源如何。未发现可检测到抗体的动物未必没有携带 B 病毒。在从事猕猴相关工作时应采用严格的隔离预防方案，如果出现受伤情形，应根据 NIH 和 CDC 领导的 B 病毒工作组的建议立即处理[44]。

隔离预防措施和适当的急救是预防 B 病毒感染所导致的高发病和高死亡的关键。在过去 30 年所发生的 5 起 B 病毒死亡病例中，这些预防措施都未得以实施。在从事猕猴相关工作安全方面制定有相关指南准则，在工作时应严格遵循该[44,49]。在从事涉及非人灵长类动物（特别是猕猴和其他旧世界物种）的工作时，应正确穿戴手套、口罩、防护服、长袍、围裙或工作服，这项规定适用于所有进入非人灵长类动物场所的人员。为了最大限度减少黏膜暴露的可能性，需要使用某种形式的屏障以防止飞沫溅到眼睛、嘴巴和鼻腔中。个人防护装备的类型和使用（如侧面带有防护罩的护目镜或眼镜和面罩）应参照风险评估来确定。防护设备的规格必须与开展的工作相适应，并确定特定的防护设备不会导致视觉模糊，以及增加被咬伤、针刺、划伤或飞溅的可能性，确保不会增加工作场所风险。

特殊问题

在认为发生了感染暴露情形后，应考虑通过口服阿昔洛韦或伐昔洛韦进行暴露后预防。即使是轻微擦伤也可能导致病毒传播。在有记录的 B 病毒感染病例中，在由动物感染 B 病毒后，通过静脉注射阿昔洛韦和（或）更昔洛韦对于降低发病风险非常重要[44]。更昔洛韦通常用于经脑脊液检测确诊的有症状病例的治疗。由于 B 病毒感染的严重性，应咨询经验丰富的医疗和实验室工作人员，以进行个性化病例管理。对于确诊病例应遵守隔离防护措施的要求。与所有疱疹病毒一样，B 病毒在猕猴中感染后会终身携带[50]。目前尚无有效的疫苗，也没有用于人类治疗的有效手段。

　　病原运输　进口该病原需要获得美国 CDC 和（或）USDA 的进口许可。在美国国内运输该病原需要获得美国农业部动植物卫生检查局兽医处（USDA APHIS VS）的许可。如需将病原出口到其他国家 / 地区，则需要美国商务部的许可。更多信息，参见附录 C。

人类疱疹病毒

　　疱疹病毒是无处不在的人类病原体，通常存在于用于分离病毒的各种临床材料中。迄今为止，已经从人体中分离出 9 种疱疹病毒：单纯疱疹病毒 1 型（HSV-1）、单纯疱疹病毒 2 型（HSV-2）、人巨细胞病毒（HCMV）、水痘 – 带状疱疹病毒（VZV）、EB 病毒（EBV），以及人疱疹病毒（HHV）6A、6B、7 和 8.51 型。

　　由于这些病毒会在人体组织中终身潜伏，因此它们可能表现为原发性或复发性感染。HSV 原发性和复发性感染的特征通常是在最初感染部位或其附近部位出现水疱性病变。HSV-1 的原发性感染通常发生在幼儿期，可能表现为轻度和不明显的症状。有时会出现发热或不适等症状。HSV-1 是病毒性脑膜炎的常见病因。生殖道感染一般由 HSV-2 引起，通常因成人的性行为而传播。

　　新生儿感染的播散性疾病和脑炎可能会致命。EBV 是传染性单核细胞增多症的最常见病因，也与多种淋巴瘤和鼻咽癌的发病机制有关[52,53]。EBV 相关的癌症通常将病毒基因组整合到癌变细胞中。HCMV 通常不能进行确诊，表现为非特异性发热疾病，并具有传染性单核细胞增多的特征。HCMV 可能导致严重的先天性综合征，在子宫内感染病毒后出生的婴儿可表现为智力迟钝、头小畸形、运动障碍和慢性肝脏疾病[51]。先天性 HCMV 也是子宫内感染病毒后儿童罹患耳聋的原因。

　　VZV 的原发性感染会导致水痘，而这种病毒感染的复发会导致带状疱疹（疱疹）发生。原发性 HHV-6B 或 HHV-7 感染可导致幼儿皮疹（玫瑰疹），这是一种常见的儿童皮疹相关疾病，也可能是导致传染性单核细胞增多综合征的病因[53,54]。玫瑰疹的其他临床表现形式包括非特异性热病和高热惊厥。HHV-6 的再激活通常仅在严重免疫功能不全时才可识别，其可能与脑炎或其他表现相关。由 HHV-6A 引起的疾病，是一种不太常见的感染，通常在幼儿期发生，人们对这种疾病的了解较少。HHV-8 是导致卡波西肉瘤和原发性积液性淋巴瘤的病原体[55]。HHV-8 的高风险人群包括因男男性行为而感染艾滋病毒的男性，以及来自非洲或地中海等地区的人[56]。静脉注射吸毒者的 HHV-8 流行率也高于普通人群[56]。至少有一份报告提供了证据，表明在非洲儿童中，HHV-8 感染可能会从母亲传染给孩子[57]。

　　虽然人疱疹病毒很少被证明会引起与实验室相关的感染，但它们既是导致主要疾病的病原体，也是机会性感染的病原体，特别是在免疫功能不全的宿主中，复发性感染可能特别严重，甚至会危及生命。猴 α 疱疹病毒 1 型（B 病毒、猴 B 病毒）不是人疱疹病毒，在上一个病原体概述中有单独讨论。

职业感染

很少有人疱疹病毒实验室相关感染的报道。尽管这一多样化的病毒病原群体未被证明存在实验室相关感染的高潜在风险，但在临床材料中的频繁出现以及在研究工作中的经常使用表明，采用适当的实验室防护措施和安全操作是有必要的。

自然感染方式

鉴于这一病毒科中包含的病毒种类繁多，感染的自然模式因此有很大差异，各种病毒的致病机制也大不相同。这些病毒会感染不同类型的细胞并在其中潜伏，从而在其所引起的疾病中导致明显不同的临床表现。人疱疹病毒的传播在本质上通常是与排出病毒人员有密切亲密的接触造成的，病毒可通过其唾液、尿液或其他体液排出[57]。例如，VZV 病毒可通过直接接触、气溶胶化的囊泡液和呼吸道分泌物进行人传人途径传播。HHV-8 和 CMV 可通过器官移植[58,59]和输血途径进行传播[60]。HHV-6 能够融入人类基因组中，并以较低比例进行垂直传播。

实验室安全与防护建议

包括血液、尿液和唾液在内的临床材料以及人疱疹病毒分离物，可通过不同的痛经对实验室工作人员构成感染风险，如摄入、肠外接种、眼睛、鼻子或嘴部黏膜以及破损皮肤飞沫暴露，或者吸入高浓度的气溶胶材料后构成感染风险。接诊暴露于恒河猴后的疑似感染单纯疱疹病毒感染者，会引起对临床诊疗医生构成威胁的担心。然而，在诊断疑似单纯疱疹感染病例时实验室人员可能会在无意中接收送检的含有毒性更强的 α 疱疹病毒 1 型（B 病毒）的临床标本。因此，最好是对送检的标本进行特殊标签标记并咨询微生物实验室工作人员。由于胎儿可能感染 HCMV，因此该病毒可能对孕妇构成较大威胁。对于免疫功能不全以及之前对该病毒未形成免疫的人员而言，所有类型的人疱疹病毒都构成极大的感染风险。

在生产、纯化和浓缩人疱疹病毒时，应基于风险评估考虑应用具有额外防护措施和程序的 BSL-2 级设施，例如 BSL-3 级所要求的防护措施和程序。在使用已知或潜在传染性临床材料或本地病毒培养物的活动中，建议使用 BSL-2 级实验室操作。虽然没有什么证据表明传染性气溶胶是实验室相关感染的重要方式，但在处理临床材料或分离物，以及在进行动物尸体剖检时应谨慎避免气溶胶的生成。

不应使用 EBV 对 B 细胞进行自体转换。

在之前的病原概述部分描述了猴 α 疱疹病毒 1 型（B 病毒、猴 B 病毒）的防护措施建议。

特殊问题

疫苗 在美国可获得经过批准的用于预防水痘 – 带状疱疹病毒疫苗的接种。如在实验室发生了未免疫人员的病毒暴露，注射水痘疫苗可避免发病，或至少可降低发病的严重程度[61]。

治疗 抗病毒药物可用于治疗或预防几种人疱疹病毒感染。

病原运输 进口该病原需要获得美国 CDC 和（或）USDA 的进口许可。在美国国内运输该病原需要获得美国农业部动植物卫生检查局兽医处（USDA APHIS VS）的许可。如需将病原出口到其他国家/地区，则需要美国商务部的许可。更多信息，参见附录 C。

流行性感冒病毒

流行性感冒（流感）是呼吸道出现的一种急性病毒性疾病。最常见的临床表现为发热、头痛、喉咙痛、咳嗽，以及肌肉疼痛。胃肠道表现（如恶心、呕吐、腹泻）非常罕见，但在儿童中可伴随呼吸道症状一同出现。流行性感冒最重要的两个特征是疾病的流行性以及该疾病因出现肺部并发症而导致的死亡率升高[62]。

流感病毒感染可能与肺外并发症有关，包括病毒性心肌炎和病毒性脑炎。在流感流行期间因心血管疾病死亡的人数增加，表明心血管并发症，包括慢性潜在疾病的恶化，是构成流感相关发病率和死亡率的重要因素[63,64]。

流感病毒属于正粘病毒科的包膜 RNA 病毒。流感病毒有 4 种血清型——甲型、乙型、丙型、丁型，除丁型流感病毒外，其余的所有病毒经病毒学验证都曾发生过人类感染。甲型流感病毒通过表面糖蛋白血凝素（H）和神经氨酸苷酶（N）被进一步分类为不同亚型。人甲型流感的新的亚型（抗原转换）不定期的间隔出现。人、猪和禽流感甲型病毒基因的重配可以导产生亚型。如果群体免疫降低或没有群体免疫力，并且病毒能够以持续的方式进行人传人，那么它们就可导致罕见大流行。甲型或乙型季节性流感病毒的微小抗原变化（抗原漂移）是一个持续性的过程，是导致每年流感流行的原因，因此每年都需要重新调整流感疫苗的毒株。

不同抗原亚型的甲型流感病毒在许多家禽和野生鸟类中发生过自然流行，并在猪、马和犬类中形成了稳定的谱系。甲型禽流感病毒偶尔也会感染其他多种哺乳动物。在蝙蝠中仅检测到两种甲型流感病毒亚型。在人群中会发生新型甲型流感病毒（禽流感病毒或其变种〔猪源〕流感病毒）感染散发病例[65]。有报道称，在长期无保护情况下接触指示病例后，曾出现数起新型甲型流感病毒优先的、非持续性的人传人的事件[66-68]。根据报告，在人、猪、野生鸟类和家禽中发生了流感甲型病毒的物种间传播和重组。导致 1918 年、1957 年、1968 年和 2009 年大流行的流感病毒，包含与禽流感或猪流感甲型病毒密切相关的基因分段[69-71]。对流感的有效控制是人类和动物公共卫生需要持续关注的问题。

职业感染

在没有动物的情况下，并没有详细记载流感实验室相关感染文献报道。但普遍认为，在实验室有可能暴露于传染性流感病毒的风险，特别是涉及高浓度病毒和（或）产生气溶胶的实验室操作（如离心操作、涡旋式混合操作）。根据报告，在实验室或现场发生过与动物相关的感染事例[72-74]。在包括上呼吸道在内的黏膜暴露于污染物后（如在处理被感染动物的组织、粪便或分泌物后，被病毒污染的手套接触到自己的面部；触摸污染的门把手或电脑键盘，然后接触黏膜），可能会发生实验室相关感染。

自然感染方式

通过近距离吸入飞沫 / 空气传播是人类感染流感病毒的主要传播方式。由于流感病毒可在物体表面上存活数小时，特别是在寒冷和低湿度条件下。因在，此理论上，通过直接接触被污染的物体表面以及随后发生的病毒黏膜接种（包括上呼吸道），可能会形成的病毒传播[69]。病毒潜伏期为 1 ~ 4 天。对于流感建议进行抗病毒治疗并采取药物预防措施[75]。

实验室安全与防护建议

流感病毒可存在于人类以及被感染动物和鸟类的呼吸道组织或分泌物中。此外，该病原体还可存在于许多被感染鸟类的肠道和泄殖腔中。在一些被感染的动物中，流感病毒还可分布在多个器官。主要的实验室风险是通过气溶胶方式吸入病毒。气溶胶可通过被污染动物或病毒感染材料的抽吸、添加、混合、离心或其他操作而产生。基因编辑有可能改变流感病毒的宿主范围、致病机制和抗原成分。目前，尚不知晓带有新基因成分的流感病毒导致人力感染机会有多高？

季节性人流感病毒：在从事目前涉及人类传播流感甲型、乙型、丙型病毒（如 H1/H3/B）的诊断研究和生产活动时，建议采用 BSL-2 级设施、操作规范和程序。在动物模型中从事这些病毒的工作时采用 ABSL-2 级防护。

人畜共患及动物甲型流感病毒 在从事已导致人兽感染、特别是具有致命后果（如 H7N4、H10N8）的低致病性甲型禽流感病毒（LPAI）的实验室工作时，应采用 BSL-3 实验室或 ABSL-3 级操作规范、防护设备和设施，同时采用监管机构要求的增强防护措施。在从事亚洲谱系 A（H7N9）和美国以外 LPAI 甲型禽流感病毒工作时，也应在 BSL-3 级或 ABSL-3 级防护中开展工作，并遵守相关操作规范、程序和设施增强防护措施，同时还要遵守监管机构要求的防护措施。

在从事家禽 LPAI 甲型病毒（如 H1 ~ H4、H6、H8 ~ H16）和马、犬、猪流感甲型病毒工作时，应采用包括增强防护设施、操作规范、程序在内的 BSL-2 级防护，同时还要遵守监管机构要求的防护措施。在动物模型中从事这些病毒的工作时适用于 ABSL-2 级防护，以及监管机构要求的增强防护措施。自 2013 年以来，亚洲谱系 A（H7N9）LPAI 病毒已导致零星的人兽共患传染病，人类病例病死率很高[76]。

非当前流行的人类流感病毒 非前流行的野生型人流感病毒 A（H2N2）或包含 H2 或 N2 RNA 片段重组体的工作时应特别谨慎。在从事这些病毒的工作时应重点考虑与其抗原相关的病毒到底在多少年份之前流行过，以及可能存在易感人群。建议采用 BSL-3 级和 ABSL-3 级操作规范、程序和设施，并严格遵守有关呼吸道防护和更衣规定的要求。建议使用负压高效过滤呼吸器和护目镜，或正压空气净化呼吸器（PAPR）。在从事冷适应减毒 A（H2N2）活疫苗相关工作时应采用 BSL-2 级防护，并建议在从事此类病毒工作之前进行风险评估；此外，还应注意防止包含 H2 和（或）N2 RNA 片段的重组毒株的形成，以及亲代减毒株可能的毒力恢复。

对于历史上多年未在人间传播的野生型人流感病毒［（A（H1N1）、A（H3N2）］更应采取更严格的预防措施，因为年轻一代的工作人员和儿童对这类病毒的免疫力较低或不具备免疫力。建议在从事此类病毒之前进行风险评估，包括考虑自近似病毒上次在人间传播以来到现在的年数。例如，2009 年前的 A（H1N1）病毒自 2009—2010 年流行季节以来一直没有在人类中传播，这些病毒与导致 2009 年流感大流行的 A（H1N1）pdm09 病毒之间的抗原相似性很小。今后可能会出现其他案例。在这些情况下，有必要采取更加谨慎的防护措施，可采用更高的生物安全水平等级和操作规范（如采用增强防护操作规范、程序和设施的 BSL-2 级防护）。

1918 年 A（H1N1）流感大流行病毒 从事涉及 1918 年 A（H1N1）流感大流行病毒反向遗传学的研究工作时应特别谨慎。研究结果表明，通过免疫接种或感染（H1N1）pdm09 病毒可预防重组的 1918 A（H1N1）流感病毒感染[77]。此外，关于 A（H1N1）pdm09 病毒的几项血清学研究表明，人群中存在与类似 1918H1N1 的流感病毒有交叉反应的余存抗体的存在，提示有过感染或接种过疫苗[78,79]。然而，1918 A（H1N1）病毒仍被认为对生物安全和生物安保构成威胁。在处理重组的 1918 A（H1N1）流感病毒以及实验室感染此病毒的动物时，建议应用以下操作规范和条件以进行防护。以下操作规范和程序被视为处理完全重建病毒的最低标准。

- BSL-3 级和 ABSL-3 级操作规范、程序和设施；
- 包括非人灵长类动物（NHP）在内的动物应安置在 ABSL-3 级设施中的一级屏障系统内；
- 使用负压高效过滤呼吸器或正压空气净化呼吸器；
- 严格遵守有关呼吸道防护和更衣规定的要求；

- 在废气环境中应使用高效过滤呼吸器；
- 在离开实验室前进行个人淋浴。

高致病性禽流感病毒（HPAI） 在生物医学研究实验室操作 HPAI A 病毒（如 H5、H7）同样需要采取额外的防护措施，因为某些病毒可能会增加实验室工作人员的风险，并对农业和经济产生重大影响。应按照监管机构的要求采用 BSL-3 级和 ABSL-3 级防护，同时采用增强的防护操作规范、程序和设施；包括甲衣和个人淋浴规定。感染 HPAI A 病毒的散养动物必须在 ABSL-3 级设施内进行管理。更多信息，参见附录 D。在从事可能感染人类的 HPAI A 病毒工作时，建议使用负压高效过滤呼吸器和眼部防护装置，或正压空气净化呼吸器。

其他流感重组或重配株病毒 在考虑从事其他流感重组或重配株病毒工作的生物防护水平及相关操作规范时，生物安全委员会（IBC）或其他相关部门在开展以操作规范为基础的风险评估时应考虑但不局限于以下因素。

- 使用的基因组合；
- 引入并可能导致病原体遗传学和（或）毒性增强的任何突变[80]；
- 与起源的野生型亲代病毒复制水平相比，在适当动物模型呼吸道中病毒减少复制的明确证据；
- 克隆纯度和表型稳定性的证据；
- 自病毒与最近一次传播以来病毒的血凝素和神经氨酸酶基因供体具有抗原相关性的年数。

如果没有充足的风险评估数据，就有必要采取更谨慎的防护操作规范，并应用更高级别的生物安全等级和操作规范。

特殊问题

职业健康注意事项 从事与已感染人类的 HPAI 和 LPAI A 病毒、非同代野生甲型人流感病毒（包括重组和重配株病毒），以及对已灭绝病毒株通过反向遗传学而获得的病毒（如 1918 毒株）相关工作的机构，应当制定并执行特定的医疗监督制度和响应方案。这些方案至少应包括以下几点：1）强烈建议为相关个人每年接种目前已获得批准的流感疫苗；2）为员工提供有关疾病体征和症状（包括发热、结膜炎和呼吸系统症状）的咨询；3）制定用于监测这些症状的规程；4）包括在可能存在 LAI 的情况下采集急性和恢复期血清样本；5）建立明确的医疗方案以应对与实验室感染相关的疑似病例。必要时，应提供抗病毒药物（如奥司他韦、扎那米韦）用于治疗疾病或暴露后治疗／药物预防[75]。建议对研究中的病毒进行抗病毒药物的敏感性测试。所有人员都应参加专业的呼吸防护方案培训。

管制性病原 重建的 1918 A（H1N1）流感病毒和 HPAI 病毒属于管制性病原，需要在 CDC 或 USDA 注册才能拥有、使用、存储和（或）运输。更多信息，参见附录 F。

病原运输 在进口和转移动物源病毒以及来自动物的诊断样本时需要获得 APHIS 的进口许可。在进口季节性流感甲型、乙型和丙型病毒以及人体样本时需要获得美国 CDC/PHS 的进口许可。在进口已知具有潜在人兽共患传染的动物源流感病毒时也需要获得美国 CDC/PHS 的进口许可。在进口和转移管制性病原病毒时需要获得 APHIS/CDC 的进口许可。在拥有和处理动物源以及人兽共患传染病的病毒时，应根据 APHIS 的许可要求进行防护，遵循相关设施要求和人员操作规范／限制要求。这可能还包括实验室数据／结果，以排除样本中的 HPAI 管制性病原病毒造成污染的可能性。将这些管制性病原病毒出口到其他国家／地区时，需要获得美国商务部的出口许可。更多信息，参见附录 C。

淋巴细胞脉络丛脑膜炎病毒

淋巴细胞脉络丛脑膜炎（LCM）是一种由啮齿类动物传播的病毒性传染病，其表现为无菌脑膜炎、脑炎或脑膜脑炎。LCM 病毒（LCMV）是导致疾病的病原体，最早于 1933 年分离出成功。该病毒是沙粒病毒科的典型成员。

职业感染

因 LCM 病毒而导致的实验室相关感染有充足的文献记录。大多数感染发生在实验室或宠物啮齿动物（特别是小鼠、仓鼠和豚鼠）中存在慢性病毒感染的情况下[81-83]。患有严重联合免疫缺陷病（SCID）的裸鼠提供了导致隐性慢性感染的可能性并因此带来了特别的风险。携带病毒的小鼠可能没有任何症状。无意中受到感染的细胞培养物也可能成为感染和传播该病原的潜在源头。

自然感染方式

据报告，欧洲、美洲、澳大利亚和日本已出现过感染 LCMV 病毒的病例，这种病毒的感染可以发生在被感染的啮齿类动物宿主出现的任何地方。在城市地区进行的几项血清学研究表明，人类 LCMV 感染的流行率在 2% ~ 10% 之间。据报告，斯洛伐克人的血清阳性率为 37.5%[84]。

常见的家鼠通过自然方式传播 LCMV 病毒。一旦感染，这些小鼠就会出现长期感染，其血液中存在病毒以及尿液持续携带病毒就可以证明这一点。由狨猴肝炎病毒（LCMV 毒株）导致的感染也曾发生在动物园中的非人灵长类动物（NHP）中，包括猕猴和狨猴。

吸入啮齿类动物的尿液、粪便或唾液的传染性气溶胶颗粒，摄入被病毒污染的食物，黏膜被感染性体液污染，或直接将伤口或其他开放性创伤暴露在被病毒感染的血液中，可导致人类也被该病毒感染。据报告曾出现过器官移植受体因供体有未被发现的急性 LCMV 感染而感染病毒的聚集性病例，处于免疫抑制状态的器官接受者生存率很低[85-89]，通常无法追溯供体的感染来源。在一个病例中，一只未出现明显症状的宠物仓鼠被列为传染源[89]。感染 LCMV 的孕妇可将病毒传给胎儿，导致死亡或严重的中枢神经系统畸形[90]。

实验室安全与防护建议

该病原可存在于被感染动物宿主和人类的血液、脑脊液、尿液、鼻咽分泌物、粪便和组织中。肠外接种、吸入、黏膜或破损皮肤被感染动物的感染性组织或体液所污染，都是常见的风险。关于气溶胶传播也有充分的文献记录[81]。

值得一提的是，对肿瘤而言，LCMV 可能是一种机会性感染，不会对肿瘤产生明显影响。该病毒可以在冷冻后存活并可长期储存在液氮中。在移植被感染的肿瘤细胞后，可能会发生随后的宿主感染和排毒现象。

育龄妇女应意识到 LCMV 感染风险，以及可能感染 LCMV 的啮齿动物所带来的风险。应向怀孕或计划怀孕的妇女提供医疗咨询服务，让她们了解 LCMV 感染风险，以及可能感染 LCMV 的啮齿动物所带来的风险。

在非人灵长类动物中被证明是致命的 LCMV 毒株应在 BSL-3 级防护下进行操作。对于极可能产生气溶胶的活动、与批量生产感染材料或高浓度传染材料相关的工作、处理被感染移植瘤、野外分离病毒，以及病例临床材料相关的工作，需要采用 BSL-3 级防护。在从事涉及被感染仓鼠的工作时应采用 ABSL-3 级防护。

对于使用已知或潜在感染体液和细胞培养物的所有活动，应采用 BSL-2 级操作规范、安全防护设备和设施进行防护。在开展要求采用 BSL-2 级安全防护并涉及感染了鼠脑传代株的成年小鼠的研究，适合采用 ABSL-2 级操作规范、安全防护设备和设施。

特殊问题

疫苗　目前无适合人体接种的疫苗。

病原运输　进口该病原需要获得美国 CDC 和（或）USDA 的进口许可。在美国国内运输该病原需要获得美国农业部动植物卫生检查局兽医处（USDA APHIS VS）的许可。如需将病原出口到其他国家 / 地区，则需要美国商务部的许可。更多信息，参见附录 C。

脊髓灰质炎病毒

脊髓灰质炎病毒属于小核糖核酸病毒科，肠道病毒属。小核糖核酸病毒是一种含有 RNA 基因组的小病毒。肠道病毒可能短暂存在于胃肠道中，在酸性 pH 环境中具有稳定性。有 3 种脊髓灰质炎病毒血清型：PV1、PV2 和 PV3。对一种血清型具有免疫性并不会对另外两种血清型产生显著免疫性。

职业感染

与实验室相关的脊髓灰质炎并不常见。1941—1976 年共报告了 12 个病例，包括 2 起死亡病例[91,92]。据报告，曾发生过数起与实验室相关的无症状脊髓灰质炎病毒感染病例，但近 40 多年来未报告发生过任何与实验室相关的脊髓灰质炎病例。灭活脊髓灰质炎疫苗（IPV）和口服脊髓灰质炎疫苗（OPV）在预防疾病方面非常有效。单独使用 OPV 就可产生黏膜免疫，这种免疫在随后几年逐渐消退。在没有实验室确认的情况下，接种过疫苗的实验室人员感染脊髓灰质炎病毒的情况仍不确定。接种过疫苗的实验室人员可能在不知情的情况下成为向社区中易感染者传播脊髓灰质炎病毒的来源[93]。2017 年 4 月，在荷兰的一家生产设施中发生了野生型脊髓灰质炎病毒 2 型（WPV2）泄漏，一名操作员被感染，其粪便检测为脊髓灰质炎病毒阳性。这一事件说明防控可能存在风险漏洞，并强调了制定适当的事件响应计划和政府监督机制的重要性[94]。

自然感染方式

人类是已知唯一的脊髓灰质炎病毒贮存宿主，通过阴性感染的方式在人群进行传播。人与人之间的粪 – 口可是最常见的脊髓灰质炎病毒传播途径，尽管在一些病可通过口 – 口途径传播的。在未经免疫的脊髓灰质炎野病毒感染病例中，数百例感染病例中只有一例会发展为麻痹症，绝大多数感染没有症状，或仅伴随轻微的类似流感的症状。

曾经有段时间，脊髓灰质炎病毒感染在世界范围都有发生。到 1979 年，脊髓灰质炎病毒在美国已经没有传播。泛美卫生组织倡导了消除脊髓灰质炎活动，于 1991 年在西半球彻底消除了脊髓灰质炎。由世界卫生组织领导的全球消除脊髓灰质炎计划已大幅减少了麻痹症的发病数量。

在 1999 年检测到最后一例野生型 PV2（WPV2）感染病例，2015 年正式确认根除了 WPV2 感染病例。自 WPV2 被彻底根除以后，与 PV2 相关的所有脊髓灰质炎病例都是由直接口服脊髓灰质炎疫苗（OPV）引起的［与疫苗相关的麻痹性脊髓灰质炎（VAPP）］，或是由疫苗衍生型脊髓灰质炎 2 型病毒（VDPV2）引起的。由于 VAPP 的持续发生，以及与 VDPV2 相关的疫情暴发和慢性感染，世卫组织协调全球自 2016 年 5 月 1 日起，转换脊髓灰质炎疫苗接种方案，用两价 OPV（只含 1 型和三型）和单剂 IPV（注射用灭活脊灰疫苗）替代三价 OPV（含含一、二和三型）将三价 OPV 更换为仅包含 OPV 1 型和 3 型的二价 OPV，同时引进单剂量灭活脊髓灰质炎疫苗（IPV），从而终止了 OPV2 的所有常规使用。2012 年在尼日利亚检测到最后一例野生型 WPV3 病毒感染病例，2019 年正式确认根除了 WPV3。截至 2019 年，只有 3 个国家（巴基斯坦、阿富汗和尼日利亚）被认为是 WPV1 的流行地区。预计不久后人类将会彻底根除脊髓灰质炎病毒。

实验室安全与防护建议

脊髓灰质炎病毒存在于被感染人的粪便和咽喉分泌物中，在死亡病例中存在于淋巴结、脑组织和脊髓组织中。此外，脊髓灰质炎病毒还可存在于环境样本（如污水）中。

摄入和肠外接种是实验室工作人员感染的主要途径。对于已具有免疫力的人来说，肠外接种的风险可能较低。气溶胶暴露的潜在风险未知。尚未报告实验室动物相关感染情形，但被感染的非人灵长类动物应被视为具有风险。

从事已知脊髓灰质炎病毒或可能含有脊髓灰质炎病毒的传染性材料工作的实验室人员，以及可接触上述病毒及材料的访客必须接种过脊髓灰质炎病毒疫苗并有相关记录。已进行过 OPV 或 IPV 基础免疫的人员在面临职业风险增加的情况下应进行 IPV 加强免疫。现有数据表明，一剂 IPV 加强免疫足以使成人获得终身免疫[95]。

病毒 2 型和 WPV3 在宣布根除 WPV2 和终止常规 OPV2 的使用之后，根据世卫组织的全球行动计划Ⅲ（GAPⅢ），开始对 PV2 启动防控[96]。GAPⅢ要求销毁非必需的脊髓灰质炎病毒材料，并对保存的脊髓灰质炎病毒材料进行管控，将其封存于符合 GAPⅢ特定防护措施要求并经过认证的脊髓灰质炎病毒存放设施中，从而降低从实验室和其他设施重新传出已根除的脊髓灰质炎病毒的风险。这些措施包括生物风险管理系统、生物安全、安保措施和实验室的物理防护功能；在编写本书时，这些措施适用于 WPV2，VDPV2 型和 3 型、VDPV2 和 OPV2 传染性材料以及 WPV 和 VDPV 潜在传染性物质（如粪便、呼吸分泌物，以及在出现 WPV 或 VDPV 的地方采集的环境样本）。美国 CDC 脊髓灰质炎病毒国家封存监管机构（NAC）负责与脊髓灰质炎病毒机构合作以实现相关认证。在最终根除所有类型的脊髓灰质炎病毒后，对于 WPV 和 VDPV 材料需要采取额外的 GAPⅢ实验室的物理防护措施。

OPV2 潜在传染性物质受非脊髓灰质炎病毒设施指导的约束，以最大限度地降低采集样本从而导致脊髓灰质炎病毒传播的风险[97,98]。本文件根据材料和从事工作指定风险类别，并概述了比 GAPⅢ更为宽松的特定风险缓解措施。

病毒 1 型和 OPV3 在宣布最终根除该病毒时，GAPⅢ防护措施也适用于病毒 1 型和 OPV3。鼓励实验室和其他设施销毁所有对于研究或其他工作非必需的 PV1 和 OPV3 材料。

对于使用脊髓灰质炎病毒传染性和具有潜在传染性物质（包括环境和临床样本）的所有活动，建议采用 BSL-2 级和 ABSL-2 级操作规范、安全防护设备和设施。在从事与已根除脊髓灰质炎病毒类型和毒株相关的工作时，需联系美国 NAC 以了解更多增强防护措施。

在拥有充分的科学理由需要从事脊髓灰质炎野病毒工作的情况下，实验室才可进行减毒 Sabin OPV 相关工作。在从事与 WPV、VDPV 2、VDPV 3 型，以及 OPV2 相关的工作时，请联系美国

NAC 以了解更多防护措施。

特殊问题

病原运输 进口该病原需要获得美国 CDC 和（或）USDA 的进口许可。在美国国内运输该病原需要获得美国农业部动植物卫生检查局兽医处（USDA APHIS VS）的的许可。如需将病原出口到其他国家 / 地区，则需要美国商务部的许可。更多信息，参见附录 C。在转移脊髓灰质炎病毒之前，请与美国 NAC 联系。

痘病毒

脊椎动物痘病毒科痘病毒亚科中有 4 个可导致人类疾病的属：正痘病毒属、类痘病毒属、亚特痘病毒属和软疣痘病毒属[99]。这些属中的多个种类的病毒可导致人兽共患病感染，除了天花病毒（正痘病毒属）和传染性软疣病毒（软疣痘病毒属）只感染人类外，这些属中大多数种类的病毒都是人畜共患的[100,101]。由于大多数与实验室相关的感染都与正痘病毒属事故相关，因此仅对该属中的病毒种类做进一步讨论。

职业感染

痘苗病毒是正痘病毒的原型种，特性研究充分，常用于一般和生物医学研究[102]，因此，痘苗病毒是与实验室相关的痘病毒感染的主要病原。曾发生过与可复制病毒种类，包括野生型和重组毒株的痘苗病毒相关的实验室相关感染事件，甚至是发生在之前经过疫苗接种的实验室工作人员身上。其他面临职业暴露风险的人员包括直接接触已接种疫苗或被感染的动物或其分泌物的动物护理人员，或负责照顾已接种疫苗或被感染的患者医护人员或管理活痘苗病毒的人员[102,103]。

感染的表现取决于病毒种类、传播途径和宿主免疫状态等因素。感染会导致皮肤和（或）黏膜出现一处或多出病变（局部）或全身性皮疹（全身性）。感染天花或猴痘病毒会导致发热前驱症状，并在其之前会出现明显的全身性皮疹。痘苗病毒和牛痘病毒通常会在感染部位造成单一病变，但也可能发生多个病变和全身性皮疹。非复杂疾病通常能在几周内得到医治[99,100]。

自然感染方式

天花病毒是最为著名的正痘病毒，这种病毒会导致天花。在开展广泛的疫苗接种行动后，天花于 1980 年被宣布根除。猴痘在西非和中非几个国家零星发生，但在刚果民主共和国仍然呈地方性流行趋势。从加纳向美国进口野外捕获的动物导致 2003 年暴发了猴痘并影响到多个州。牛痘病毒被用于生产目前的天花疫苗。美国之外还存在自然方式感染的痘苗病毒[104]。欧洲和亚洲发生过人类牛痘病例。在猴痘、牛痘和痘苗病毒的传播中，啮齿动物已被认识到或被怀疑在其中起作用[99-101]。

实验室安全与防护建议

接种痘苗病毒可为其他种类的正痘病毒感染提供防护。天花疫苗接种是通过使用分叉针头的多孔针刺法进行皮肤划痕实现的。目前美国批准的天花疫苗 ACAM2000 使用了一种具有复制能力的痘苗病毒株。接种疫苗后，常见的症状包括发热、头痛和淋巴结肿胀。不良事件包括局部反应（如强反应）、病毒不经意间发生转移（如自接种、眼型痘苗）、弥漫性皮肤病并发症（如痘苗湿疹、非特异性免疫后皮疹）、进行性痘疹、心脏并发症、胎儿牛痘症以及接种后中枢神经系统疾病。由于疫苗接种可能引起严重的并发症，不建议对有某些禁忌证的人群接种疫苗[99,103,105,106]。

正痘病毒在各种温度和湿度环境中都是稳定的。病毒可通过黏膜（如飞溅物进入眼睛、吸入液滴或细颗粒气溶胶）、皮肤破裂（如针刺、手术刀划伤）、摄入，或肠外接种进入人体。暴露源包括污染物、被感染的人体或动物组织、排泄物或呼吸分泌物、传染性培养物[106]。

对于直接接触涉及可复制的痘苗病毒、基于此病毒重组的痘苗病毒（即能引起临床感染并在人体内产生传染性病毒的病毒）或其他可感染人类的正痘病毒（如猴痘、牛痘和天花），建议对其进行 ACAM2000 的常规接种[106]。对于从事猴痘和天花病毒工作的人员，建议每 3 年接种一次疫苗；对于从事牛痘和痘苗病毒工作的人员，建议每 10 年接种一次疫苗；对于仅从事复制缺陷型的痘苗病毒株（改造病毒 Ankara [MVA]、NYVAC、TROVAC 和 ALVAC）的工作人员，不要求进行疫苗接种。可向接触被污染物质的医护人员、动物护理人员和疫苗接种人员提供疫苗接种。疫苗接种不能对非正痘病毒感染提供防护[103,106]。

对天花病毒的研究仅限于两个经世卫组织批准的 BSL-4 和 ABSL-4 级设施：一个是位于佐治亚州亚特兰大的 CDC，另一个是位于俄罗斯 Koltsovo 的国家病毒学和生物技术研究中心（VECTOR）。对于涉及猴天花实验室感染或自然感染动物的工作，建议使用 ABSL-3 级操作规范、安全防护设备和设施。对于从事猴痘病毒实验室相关工作并已接种疫苗的人员，建议采用 BSL-3 实验室操作规范在 BSL-2 级设施内进行操作。对于从事痘苗病毒和其他人类病原痘病毒工作的人员，建议采用 BSL-2 和 ABSL-2 级防护外加疫苗接种。在不使用其他人类正痘病毒的区域从事减毒痘病毒和病毒载体（改造病毒 Ankara [MVA]、NYVAC、TROVAC 和 ALVAC）工作时，可以考虑将防护级别降低至 BSL-1 级。但是，如果在涉及其他正痘病毒工作的区域从事这些毒株工作，则建议采用更高的防护等级。对于仅从事实验室工作并且不涉及其他正痘病毒或重组病毒的工作人员，不要求进行疫苗接种。对于涉及其他大多数种类痘病毒的工作，建议采用 BSL-2 级和 ABSL-2 级防护并接种疫苗。请注意，对于符合《NIH 指南》的研究，必须在向 NIH 办事处申请并获得批准的情况下才可将 BSL-2 级防护降低[107]。

特殊问题

美国 CDC 在网站上提供了有关天花病毒、猴痘病毒和牛痘病毒的相关信息。有关潜在人类感染、天花疫苗接种或治疗方案的非紧急信息，请联系美国 CDC 痘病毒咨询热线或联系 CDC-Info 部门。要获得天花疫苗，可致电联系 CDC 药物服务部门（CDC Drug Services）或发送电子邮件。临床医生或卫生部门可在紧急情况下联系美国 CDC 应急运行中心。

管制性病原　刚果盆地猴痘、大天花病毒和小天花病毒属于管制性病原，需要在美国 CDC 注册才能拥有、使用、存储和（或）运输。更多信息，参见附录 F。

病原运输　将痘病毒进口至美国和（或）在美国进行州际运输时应遵守美国 CDC 进口许可项目、美国 CDC 管制性病原及毒素部和（或）USDA 动植物卫生检验局的规定和要求。痘病毒的出口需要获得美国商务部的许可。

狂犬病病毒和相关的丽沙或拉沙病毒

狂犬病是由弹状病毒科，丽沙毒属的负义 RNA 病毒所导致的一种急性进行性致命脑炎疾病[108,109]。狂犬病丽沙病毒（以前称狂犬病病毒）狂犬病毒是这种病毒属中的代表性成员（典型种类），是导致全球大多数人类和动物狂犬病病例的罪魁祸首。目前，在丽沙毒属中有 14 种被识别的病毒种类，详见表 8E-1。

表 8E-1　目前包括在丽沙病毒属中的病毒

种类	缩写	建议的生物安全等级
阿拉万狂犬病病毒*	ARAV	2
澳洲蝙蝠狂犬病病毒	ABLV	2
博克洛蝙蝠狂犬病病毒*	BBLV	2
杜文黑基狂犬病病毒	DUVV	2
欧洲蝙蝠狂犬病病毒 1 型	EBLV-1	2
欧洲蝙蝠狂犬病病毒 2 型	EBLV-2	2
伊科马狂犬病病毒*	IKOV	3
伊尔库特狂犬病病毒	IRKV	2
库贾狂犬病病毒*	KHUV	2
拉各斯蝙蝠狂犬病病毒*	LBV	3
莫科拉狂犬病病毒	MOKV	3
典型狂犬病病毒	RABV	2
希莫尼蝙蝠狂犬病病毒*	SHIBV	3
西高加索蝙蝠狂犬病病毒*	WCBV	3

*无任何人类感染病例的记录。

注：该表格在发布时为最终版，但在未来的 BMBL 版本中将会进行更新，以反映最新发现的不同种类的狂犬病毒。在动物安全 2 级实验室中进行操作时，应采用 BSL-3 级操作规范和程序。

职业感染

与狂犬病相关的实验室感染病例非常罕见。文献记录有两起感染病例。这两起病例都是由于可能接触到高浓度的传染性气溶胶所致——一起发生在疫苗生产设施中 [110]，另一起发生在研究设施中 [111]。通过自然方式或暴露于实验室中感染的动物及其组织，以及其排泄物是实验室工作人员和动物护理人员暴露的潜在来源。

自然感染方式

狂犬病病毒的自然宿主包括多种蝙蝠和陆地肉食动物，但任何哺乳动物都可能感染该病毒。被感染动物的唾液具有高度传染性，咬伤是传播病毒的常见途径，通过表面受损皮肤或黏膜感染病毒也是可能的。

实验室安全与防护建议

在对被感染动物进行研究时，高浓度的病毒分布于其中央神经系统组织（CNS）、唾液腺、唾液和泪腺分泌物中，但在所有由神经支配的组织都可检测到狂犬病病毒抗原。实验室工作人员和动物护理人员暴露于病毒的最可能来源是意外的肠外接种、伤口、被污染的实验室设备针刺、被感染动物咬伤，以及黏膜或破损皮肤接触传染性组织或体液。对于从事常规临床检查的人员而言，传染性气溶胶并不具备明显的风险。病毒的固定减毒株被认为风险较小，但这两起有记录的狂犬病实验室相关感染病例被认为分别是暴露于攻毒用固定株病毒和 Street Alabama Dufferin 株导致 [110,111]。

在从事狂犬病病毒以外的丽沙病毒工作时，应考虑采取更谨慎的防护级别（如采用 ABSL-2 级设施和 BSL-3 级操作规范）；可参阅表 8E-1。对于使用已知或潜在感染材料的所有活动，建议采用 BSL-2 级和（或）ABSL-2 级实验室操作规范、安全防护设备和设施进行防护。对于从事狂犬病毒或被感染动物工作，或从事与这些病毒相关诊断、生产或研究工作的所有人员，其在工作之前应进行暴露前狂犬病疫苗接种 [112]。此外，对于所有进入涉及狂犬病病毒或被感染动物工作的实验室或在其中工作的人，建议对其进行狂犬病疫苗接种。应确定已接种疫苗的个体是否存在病毒中和抗体 [112,113]。根据现有指南，对于已接种过疫苗的人在发现暴露于病毒后，建议立即对其进行暴露后强化疫苗接种 [112,113]。

如果无法在生物安全柜内打开颅骨或取出大脑组织（如尸体解剖或常规诊断），需使用适当的方法和个人防护装备（PPE），包括专用的实验室服装、为避免被切割器械或骨碎片切伤或刺伤的重型手套或锁甲手套，以及 N95 呼吸面具，结合面罩或 PAPR，以保护眼睛、鼻子和嘴部的皮肤和黏膜不暴露于组织碎片或感染性飞沫。在操作过程中及操作结束后，应使用 10% 的漂白粉溶液进行充分消毒 [114]。

为了防止产生气溶胶，建议用手锯代替摆动锯，并避免锯片接触大脑组织。对于很可能产生飞沫或气溶胶的生产活动以及涉及大批量生产或高浓度传染性物质的活动，可以采用额外的一级屏障和个人预防措施，例如在 BSL-3 级中所描述的防护措施。

特殊问题

美国 CDC 在网站上提供了狂犬病病毒、丽沙病毒以及暴露前 / 暴露后预防措施等各种相关信息。有关潜在人类感染或治疗方案的非紧急信息，请联系美国 CDC 狂犬病值班办公室或联系美国 CDC-Info 部门。

病原运输 进口该病原需要获得美国 CDC 和（或）USDA 的进口许可。在美国国内运输该病原需要获得美国农业部动植物卫生检查局兽医处（USDA APHIS VS）的许可。如需将病原出口到其他国家 / 地区，则需要美国商务部的许可。更多信息，参见附录 C。

包括人类及猿猴免疫缺陷病毒在内的逆转录病毒 [人类免疫缺陷病毒（HIV）和猿猴免疫缺陷病毒（SIV ）]

逆转录病毒科分为两个亚科：1）正逆转录病毒亚科包括 6 个属，有慢病毒属，其中包括 HIV-1、HIV-2 和 SIV；德尔塔逆转录病毒属，其中包括人类和猿猴 T 淋巴细胞病毒（HTLV-1、HTLV-2、HTLV-3、HTLV-4 和 STLV）；以及贝塔逆转录病毒属，其中包括猴 D 型逆转录病毒（SRV）。2）泡沫逆转录病毒亚科，最近被更新为包含 5 个属 [115]。其中包括猴泡沫病毒属中的猴泡沫病毒（Simian foamy viruses, SFVs）可以偶尔感染密切接触非人灵长类动物（Non-human primates, NHPs）的人。在上述病毒中，只有 HIV 病毒和人体 T 细胞白血病病毒（HTLV）在人类中具有致病性，目前在美国国家毒理学计划的致癌物质报告中被列为已知的人类致癌物质 [53]。SIV/HIV 基因重组体又被称为 SHIV，该重组病毒被用于非人灵长类动物的 HIV 感染模型研究。SHIV 的组成有不同，但通常由含有特定 HIV 病毒基因或基因区域的 SIV 基因组成。

职业感染

自 1991 年以来，在美国 CDC 支持的国家 HIV 监测体系中，各州卫生局负责 HIV 的工作人员根据标准化个案调查方案，并在 CDC 的帮助下，收集并整理了在卫生保健工作者（HCW）人群中的 HIV 职业感染数据[116,117]。为了达到监管目的，实验室人员被界定为自 1978 年以来的任何时间内从事过临床检验或 HIV 实验室工作的人员，包括学生和进修人员。本系统中报告的病例被分类为明确的或可能的职业暴露病例。所有职业暴露史明确的病例都有血清学证据，即在经皮或黏膜职业性暴露于血液、体液、其他临床或实验室样本后而出现 HIV 血清抗体转阳（即在暴露时的 HIV 抗体测试结果为阴性，在暴露后转为阳性）。截至 2013 年，共报告 58 名 HCW（包括 20 名实验室工作人员）确诊感染了 HIV，其中只有一名实验室工作人员证实曾在处理感染 HIV 的培养物时经历过针刺暴露。另有 49 名 HCW 曾暴露于感染 HIV 的血液，其中包括 4 名在实验室暴露于高浓度病毒的人员[116,117]。

据报告，发生过工作人员在病毒暴露后产生猴免疫缺陷病毒（SIV）抗体的情形[118-120]。一个病例与工作人员在为感染 SIV 的猕猴抽血后被污染的针头针刺伤相关[121]；另一个病例与实验室工作人员在未戴手套情况下处理感染 SIV 的血液样本有关。虽然没有回想起具体事故的情形，但这名工作人员在处理被感染的血液样本时，在前臂和双手部位患有皮炎[118]；第三名工作人员通过针刺而暴露于被 SIV 感染的灵长类动物血液，并随后产生了 SIV 抗体[118]。在这 3 个人中，只有通过皮炎暴露的工作人员显示有持续性感染的证据。迄今为止，没有证据表明这些工作人员患有疾病或免疫缺陷。但对于那些在职业环境中暴露于 HIV/SIV 的工作人员而言，建议其立即进行抗逆转录病毒治疗。人类可因跨物种传播而发生 SFV 感染，如暴露于各种非人灵长类动物之后（从事非人灵长类动物相关工作、猎杀非人灵长类动物），并能够导致一生的持续性感染，但却不出现任何疾病症状。据报告，被非人灵长类动物咬伤的发生率较高，特别是严重咬伤。也曾发生过因处理 SFV 而出现实验室相关感染事件[119]。曾报道过两起工作人员在实验室感染了 SRV，但没有持续感染或疾病的分子生物学证据[122]。在一个患有淋巴瘤的艾滋病患者的报告中，也曾发生过 SRV 感染，但其并没有非人灵长类动物接触史。另据报告，一名实验室工作人员还发生过 SFV 和 SRV 双重感染，但没有证据表明发生过疾病的二代传播[122]。实验室工作人员感染 STLV 的情况尚未有报告，但已有狩猎非人灵长类动物的人被感染[123,124]。

自然感染方式

逆转录病毒是在脊椎动物（包括非人灵长类动物）中广泛传播的传染性病原体。在人类群中，HIV 和 HTLV 病毒是通过密切的性接触、血液、血液制品或其他潜在传染性物质的非胃肠道暴露，以及母婴的垂直传播途径进行传播的。尚未见 SFV 和 SRV 人传人的报道[122,124,125]。

非人灵长类动物感染 SIV 病毒很少导致发病，但可出现与人感染 HIV 后出现的艾滋病症状相似的免疫缺陷疾病[123]。据报告，非人灵长类动物感染 STLV 后可出现 T 细胞性淋巴瘤、白血病、泛发性皮肤病变和脾肿大[123]。感染 SRV 的猕猴可以表现出人类艾滋病相似的症状，被称为猴艾滋病（SAIDS）[123]。感染 SRV 的猕猴还表现出腹膜后腔纤维瘤病、坏死性口腔炎伴随骨髓炎、急性死亡、脾大、淋巴结病和纤维增生性疾病。尚未发现非人灵长类动物自然感染 SFV 后可导致疾病发生[123]。

实验室安全与防护建议

HIV 和 HTLV 能够从被感染的人和实验室感染的非人灵长类动物的血液、精液、唾液、尿液、脑脊液、羊水、母乳、宫颈分泌物以及组织中分离出来。此外，还可从被感染者的眼泪中分离出 HIV。

可从被感染的非人灵长类动物的血液、脑脊液和多处组织中分离出 SIV、SHIV 和 STLV 病毒[123]。有关病毒在精液、唾液、宫颈分泌物、尿液、母乳和羊水中的浓度，目前的数据非常有限。在所有灵长类动物的组织培养物中，经实验室感染或接种 SIV、SHIV 或 STLV 的动物中，从 SIV、SHIV 或 STLV 培养物中提取的所有材料中，以及与这些材料有直接接触的所有设备和装置的内部及表面[126]，都应假定有病毒存在。

可从非人灵长类动物的血液和多种组织中分离出 SFV 和 SRV，并可在活体外进行培养。病毒应被假定存在于所有灵长类动物的组织培养物中，经实验室感染或接种 SFV 或 SRV 的动物中，从 SFV 或 SRV 培养物中提取的所有材料中，以及与这些材料有直接接触的所有设备和装置的内部及表面，都应假定有病毒存在。[123]

尽管与逆转录病毒相关的职业感染风险主要是暴露于被感染的血液，但在处理例如粪便、唾液、尿液、眼泪、汗水、呕吐物和母乳在内的其他体液时，也应谨慎并佩戴手套。

在实验室中，应假定逆转录病毒存在于所有被血液污染的血液或临床标本中，来自人类（活体或尸体）的全部非固定组织或器官（不包括完好皮肤）中，逆转录病毒培养物、逆转录病毒培养物的所有提取物中，以及与这些材料有直接接触的所有设备和装置的内部及表面。

皮肤（特别是存在擦伤、切口、磨损、皮炎或其他损伤时）和眼、鼻和口腔黏膜应被视为这些逆转录病毒在实验室操作中的潜在感染途径。目前尚不清楚是否可以通过呼吸道感染病毒。应评估在实验室中使用锐器的必要性，并小心处理针头、尖锐的器械、碎玻璃和其他锐器，并对其进行妥善处置。必须谨慎操作，以避免被感染的细胞培养液和其他潜在被感染物质出现飞溅和洒溢。

在从事包括 HIV、SIV 或 SHIV 在内的逆转录病毒大容量操作或高浓度的病毒制备时，应在 BSL-3 级防护等级下进行。在从事实验室研究低容量的反转录病毒（包括 HIV、SIV 或 SHIV 在内）工作，浓缩病毒制备，以及可能出现飞沫或气溶胶的操作时，所有操作活动应在 BSL-2 级设施中进行并采用 BSL-3 级操作规范进行防护。

在从事涉及所有体液的工作时，即使个人或动物的感染状态未知，也应采用标准预防措施并使用个人防护装备[126]。建议采用 BSL-2 级实验室操作规范、安全防护设备和设施进行涉及感染逆转录病毒的非人灵长类动物和人类血液污染临床标本、体液和组织的工作。对于感染包括 HIV、SIV 或 SHIV 在内的逆转录病毒工作的非人灵长类动物及其他动物开展，应当采用 ABSL-2 级防护。任何来源的人血清在试验程序中被用作对照物或试剂时，均应在 BSL-2 级防护中进行操作。自 1996 年起，已建议将暴露后抗逆转录病毒治疗作为职业暴露后预防感染的重要措施。[127]

除上述建议外，从事包括 HIV、SIV 或 SHIV 在内的逆转录病毒或其他血液病原体工作时，应参考《职业安全与卫生条例血源性病原体工作标准》[43]。

特殊问题

建议所有机构制定有关管理实验室逆转录病毒（HIV、SIV）暴露的书面政策（如治疗方案、预防规程）。更多信息，参见第七节。

有关逆转录病毒载体的风险可能有很大差异，特别是慢病毒载体。由于每个基因转移系统的相关风险可能不同，因此建议由机构的生物安全审查委员会或生物安全委员会（IBC）对所有基因转移方案进行审查。

病原运输　任何该病原或包含该病原的材料的进口都需要美国 CDC 和（或）USDA 的进口许可。

这些病原的国内运输需美国农业部动植物卫生检查局兽医处（USDA APHIS VS）的许可。将这些寄生病原出口到其他国家 / 地区时，需要获得美国商务部的许可。更多信息，参见附录 C。

严重急性呼吸综合征（SARS）和中东呼吸综合征（MERS）冠状病毒

注：在 2019 年新冠病毒大流行时，第 6 版 BMBL 已经过终审。若需查询新型冠状病毒（SARS-CoV-2）最新生物安全建议，请访问美国 CDC 新冠病毒网站。

目前已经确定了几种人类冠状病毒，这些病毒可以大致分类为低致病性病毒和高致病性病毒。低致病性人冠状病毒包括 229E、HKU1、OC43 和 NL63。高致病性冠状病毒包括 SARS 和 MERS-CoV。严重急性呼吸综合征（SARS）是一种由属于冠状病毒科的严重急性呼吸综合征相关冠状病毒（SARS-CoV）引起的病毒性呼吸道疾病。疾病传播主要发生在医院、家庭成员和医院工作人员的接触人群中。2002 年 11 月—2003 年 7 月，在全球疫情得以控制时，世界卫生组织共收到来自 29 个国家 / 地区的 8 098 例 SARS 疑似病例报告。

一般而言，SARS 患者会出现发热症状〔温度高于 100.4 ℉（> 38.0℃）〕和不适症状，在出现包括呼吸短促和咳嗽等呼吸症状后很快会出现肌痛症状，10% ~ 20% 的患者可能出现腹泻。回顾疑似病例表明，呼吸短促有时会迅速发展为需要呼吸支持的呼吸衰竭，病死率约为 11%。

2012 年 9 月，在沙特阿拉伯首次发现了第二种可导致严重疾病的人类冠状病毒，即中东呼吸综合征冠状病毒（MERS-CoV）[128-130]。2012 年至 2017 年年中，世卫组织共确诊 1 952 例病例，其中 693 人死亡[131]。27 个国家出现了确诊病例，但所有病例都与阿拉伯半岛居民有关[131]。据报告，MERS-CoV 感染有多种临床表现，在疫情暴发期间发现有无症状感染，大多数有症状患者出现急性呼吸道疾病，包括急性肺炎、呼吸衰竭、感染性休克或导致死亡的多器官衰竭在内的严重症状[132]。在全球范围内，世卫组织收到报告的病例中有 35% ~ 40% 出现死亡。入院时常见的体征和症状包括发热、发冷 / 寒战、头痛、无痰干咳、呼吸困难和肌痛。

职业感染

2003 年和 2004 年，在新加坡、中国的研究实验室发生了 3 起实验室工作人员感染 SARS-CoV 的不同事件[133-135]。2004 年的感染事件涉及两名不同的实验室工作人员，其中一个病例导致病毒向密切接触者和医疗卫生人员的二代和三代传播[133]。每个事件的发生都与违反规程或既定实验室操作规范有关[134,135]。此外，在常规处理 SARS 或 MERS 诊断样本检验病毒时，没有发生实验室相关的感染事件；但是，这两种冠状病毒都导致了最新出现的传染病，目前还未充分了解这种传染病对医疗人员和实验室工作人员带来的风险。因此，在处理可能含有 SARS 或 MERS-CoV 的标本时应谨慎操作。

自然感染方式

目前并未充分了解病毒的自然传播方式。SARS 似乎是通过人与人之间的密切接触（如护理、共同生活，或直接接触疑似或可能病例的呼吸分泌物或体液）而传播的[136]。目前认为 SARS 主要通过飞沫、气溶胶和可能的污染物进行传播。SARS-CoV 病毒的自然贮存宿主目前尚不清楚。

在医院环境中通过密切接触可能会传播 MERS-CoV。在社区中，病毒可通过病人和他人之间的密切接触传播。还可能通过密切接触被感染的单峰骆驼而出现病毒传播，因为单峰骆驼可能是这种病毒的贮存宿主。MERS-CoV 的潜伏期通常为 2 ~ 5 天，但也可延长为 2 ~ 14 天 [131]。

医护人员通过接触病人感染 SARS 或 MERS 的风险较高，特别是在涉及肺部 / 呼吸护理的过程中，如气管插管、雾化治疗、诊断样本采集、吸痰、呼吸道抽吸、正压机械通气和高频振荡通气等。

实验室安全与防护建议

在呼吸道、血液、尿液或粪便样本中可能会检测到 SARS 和 MERS 冠状病毒。尚未确定与实验室感染相关的冠状病毒传播模式，但在临床环境中，主要传播模式似乎是通过黏膜与传染性呼吸道飞沫的直接或间接接触而实现的 [136,137]。

在细胞培养物中进行 SARS 和 MERS 冠状病毒的繁殖以及从临床样本培养物中获得病毒病原体的最初基因特征的操作必须在 BSL-3 防护中执行。所有人员都应使用呼吸防护装置。

对动物进行接种以重新获得 SARS 或 MERS-CoV 冠状病毒，从而获得推定的 SARS 或 MERS 病毒病原的基因特征的操作必须在 ABSL-3 级设施中进行。应使用呼吸防护装置。

涉及管理未处理样本的工作应在 BSL-2 级设施中并采用 BSL-3 级操作规范进行。在特殊情形下，不能在生物安全柜中执行涉及未经处理标本的程序或流程时，应佩戴手套、长袍、护目镜和呼吸防护装置。

在检验科，呼吸标本、全血、血清、血浆和尿液标本应在 BSL-2 防护中采用标准预防措施进行处理 [138]。涉及完整、全长基因组 RNA 的工作应在 BSL-2 防护中进行。

如果实验室程序发生任何中断或事故（如疑似含有 SARS 或 MERS-CoV 的物质意外泄漏），应立即实施暴露紧急处理和环境消毒程序，并应通知主管。工作人员和主管应当与职业健康或感染控制人员协商，评估程序的中断情况，以确定是否发生了暴露事件。具体请参阅下面的特殊问题。

特殊问题

职业健康注意事项　操作病毒，包含或可能包含病毒的样本的工作人员应接受有关 SARS 和 MERS-CoV 感染症状的培训，并在出现发热或呼吸道症状时应立即向其主管报告。在任何发生可能暴露的情形后都应采集暴露后的基线血清样本。应对个人进行评估，确定其是否出现可能的暴露和临床症状，并应对其病程进行严密监控，确定是否出现疾病的迹象或症状。从事 SARS 或 MERS-CoV 工作或处理可能含有该病原标本的机构应制定并实施针对该病原的特定职业医疗计划。该计划至少应包含以下内容的处置程序：

- 偏离规程或既定的实验室程序；
- 无症状的暴露工作人员；
- 在暴露后 10 天内出现症状的暴露工作人员；
- 未发现暴露情形的有症状实验室工作人员。

可从美国 CDC 获得有关制定人员暴露应对计划的更多信息和指导 [139]。实验室工作人员如被认为曾暴露于 SARS 或 MERS-CoV 病毒，应对其进行评估，向其提供有关 SARS 和 MERS-CoV 病毒传播风险的辅导，并对发热或下呼吸道系统症状以及以下列症状进行监测：喉咙痛、鼻漏、寒战、僵直、肌痛、头痛和腹泻。

应及时向当地和（或）州公共卫生部门通报实验室暴露情况和暴露实验室工作人员的患病情况。

管制性病原　SARS-CoV 病毒属于管制性病原，需要在美国 CDC 或 USDA 注册才能拥有、使用、存储和（或）运输。更多信息，参见附录 F。

病原运输　将 SARS 和 MERS-CoV 病毒进口至美国和（或）在美国进行州际运输时应遵守

CDC 进口许可项目、CDC 管制性病原及毒素部和（或）USDA 动植物卫生检验局的规定和要求。SARS 病毒的出口需要获得美国商务部的许可。

原书参考文献

［1］ Desmyter J, LeDuc JW, Johnson KM, Brasseur F, Deckers C, van Ypersele de Strihou C. Laboratory rat associated outbreak of haemorrhagic fever with renal syndrome due to Hantaan-like virus in Belgium. Lancet. 1983;2(8365–66):1445–8.

［2］ Lloyd G, Bowen ET, Jones N, Pendry A. HFRS outbreak associated with laboratory rats in UK. Lancet. 1984;1(8387).1175–6.

［3］ Tsai TF. Hemorrhagic fever with renal syndrome: mode of transmission to humans. Lab Animal Sci. 1987;37(4):428–30.

［4］ Umenai T, Lee HW, Lee PW, Saito T, Hongo M, Yoshinaga K, et al. Korean haemorrhagic fever in staff in an animal laboratory. Lancet. 1979;1(8130):1314–6.

［5］ Centers for Disease Control and Prevention. Laboratory management of agents associated with hantavirus pulmonary syndrome: interim biosafety guidelines. MMWR Recomm Rep. 1994;43(RR-7):1–7.

［6］ Lopez N, Padula P, Rossi C, Lazaro ME, Franze-Fernandez MT. Genetic identification of a new hantavirus causing severe pulmonary syndrome in Argentina. Virology. 1996;220(1):223–6.

［7］ Jameson LJ, Taori SK, Atkinson B, Levick P, Featherstone CA, van der Burgt G, et al. Pet rats as a source of hantavirus in England and Wales, 2013. Euro Surveill. 2013;18(9).pii:20415.

［8］ Kerins JL, Koske SE, Kazmierczak J, Austin C, Gowdy K, Dibernardo A, et al. Outbreak of Seoul Virus Among Rats and Rat Owners—United States and Canada, 2017. MMWR Morb Mortal Wkly Rep. 2018;67(4):131–4.

［9］ Martinez-Valdebenito C, Calvo M, Vial C, Mansilla R, Marco C, Palma RE, et al. Person-to-person household and nosocomial transmission of andes hantavirus, Southern Chile, 2011. Emerg Infect Dis. 2014;20(10):1629–36.

［10］ Padula PJ, Edelstein A, Miguel SD, Lopez NM, Rossi CM, Rabinovich RD. Hantavirus pulmonary syndrome in Argentina: molecular evidence of person to person transmission of Andes virus. Virology. 1998;241(2):323–30.

［11］ Hjelle B, Spiropoulou CF, Torrez-Martinez N, Morzunov S, Peters CJ, Nichol ST. Detection of Muerto Canyon virus RNA in peripheral blood mononuclear cells from patients with hantavirus pulmonary syndrome. J Infect Dis. 1994;170(4):1013–7.

［12］ Nichol ST, Spiropoulou CF, Morzunov S, Rollin PE, Ksiazek TG, Feldmann H, et al. Genetic identification of a hantavirus associated with an outbreak of acute respiratory illness. Science. 1993;262(5135):914–7.

［13］ Eaton BT, Broder CC, Middleton D, Wang LF. Hendra and Nipah viruses: different and dangerous. Nat Rev Microbiol. 2006;4(1):23–35.

［14］ Chua KB, Bellini WJ, Rota PA, Harcourt BH, Tamin A, Lam SK, et al. Nipah virus: a recently emergent deadly paramyxovirus. Science. 2000;288(5470):1432–5.

［15］ Chua KB, Goh KJ, Wong KT, Kamarulzaman A, Tan PS, Ksiazek TG, et al. Fatal encephalitis due to Nipah virus among pig-farmers in Malaysia. Lancet. 1999;354(9186):1257–9.

［16］ Paton NI, Leo YS, Zaki SR, Auchus AP, Lee KE, Ling AE, et al. Outbreak of Nipah-virus infection among abattoir workers in Singapore. Lancet. 1999;354(9186):1253–6.

［17］ Luby SP, Gurley ES. Epidemiology of Hcnipavirus disease in humans. Curr Top Microbiol Immunol. 2012;359:25–40.

[18] Rahman MA, Hossain MJ, Sultana S, Homaira N, Khan SU, Rahman M, et al. Date palm sap linked to Nipah virus outbreak in Bangladesh, 2008. Vector Borne Zoonotic Dis. 2012;12(1):65–72.

[19] World Health Organization [Internet]. Regional Office for South-East Asia; c2018 [cited 2018 Nov 27]. Nipah virus outbreaks in the WHO South-East Asia Region. Available from: http://www.searo.who.int/entity/ emerging_diseases/links/nipah_virus_outbreaks_sear/en/.

[20] Hooper PT, Gould AR, Russell GM, Kattenbelt JA, Mitchell G. The retrospective diagnosis of a second outbreak of equine morbillivirus infection. Aust Veterinary J. 1996;74(3):244–5.

[21] Murray K, Selleck P, Hooper P, Hyatt A, Gould A, Gleeson L, et al. A morbillivirus that caused fatal disease in horses and humans. Science. 1995;268(5207):94–7.

[22] Rogers RJ, Douglas IC, Baldock FC, Glanville RJ, Seppanen KT, Gleeson LJ, et al. Investigation of a second focus of equine morbillivirus infection in coastal Queensland. Aust Vet J. 1996;74(3):243–4.

[23] Selvey LA, Wells RM, McCormack JG, Ansford AJ, Murray K, Rogers RJ, et al. Infection of humans and horses by a newly described morbillivirus. Med J Aust. 1995;162(12):642–5.

[24] Yu M, Hansson E, Shiell B, Michalski W, Eaton BT, Wang LF. Sequence analysis of the Hendra virus nucleoprotein gene: comparison with other members of the subfamily Paramyxovirinae. J Gen Virol. 1998;79(Pt 7):1775–80.

[25] Field H, Crameri G, Kung NY, Wang LF. Ecological aspects of hendra virus. Curr Top Microbiol Immunol. 2012;359:11–23.

[26] Halpin K, Hyatt AD, Fogarty R, et al. Pteropid bats are confirmed as the reservoir hosts of henipaviruses: a comprehensive experimental study of virus transmission. Am J Trop Med Hyg. 2011;85(5):946–51.

[27] Yob JM, Field H, Rashdi AM, Morrissy C, van der Heide B, Rota P, et al. Nipah virus infection in bats (order Chiroptera) in peninsular Malaysia. Emer Infect Dis. 2001;7(3):439–41.

[28] Iccdr B. Outbreaks of encephalitis due to Nipah/Hendra-like viruses, Western Bangladesh. Hlth Sci Bull. 2003;1:1–6.

[29] Selvey L, Taylor R, Arklay A, Gerrard J. Screening of bat carers for antibodies to equine morbillivirus. Comm Dis Intell. 1996;20(22):477–8.

[30] Luby SP. The pandemic potential of Nipah virus. Antiviral Res. 2013;100(1):38–43.

[31] Chua KB, Lam SK, Goh KJ, Hooi PS, Ksiazek TG, Kamarulzaman A, et al. The presence of Nipah virus in respiratory secretions and urine of patients during an outbreak of Nipah virus encephalitis in Malaysia. J Infect. 2001;42(1):40–3.

[32] Wong KT, Shieh WJ, Zaki SR, Tan CT. Nipah virus infection, an emerging paramyxoviral zoonosis. Springer Semin Immunopathol. 2002;24(2):215–28.

[33] Mounts AW, Kaur H, Parashar UD, Ksiazek TG, Cannon D, Arokiasamy JT, et al. A cohort study of health care workers to assess nosocomial transmissibility of Nipah virus, Malaysia, 1999. J Infect Dis. 2001;183(5):810–3.

[34] Pike RM. Laboratory-associated infections: incidence, fatalities, causes, and prevention. Annu Rev Microbiol. 1979;33:41–66.

[35] Schillie S, Murphy TV, Sawyer M, Ly K, Hughes E, Jiles R, et al. CDC guidance for evaluating health-care personnel for Hepatitis B virus protection and for administering postexposure management. MMWR Recomm Rep. 2013;62(RR-10):1–19.

[36] Centers for Disease Control and Prevention [Internet]. Atlanta (GA): Division of Viral Hepatitis and National Center for HIV/AIDS, Viral Hepatitis, STD, and TB Prevention; c2018 [cited 2018 Nov 30]. Hepatitis B Questions and Answers for Health Professionals. Available from: https://www.cdc.gov/hepatitis/hbv/hbvfaq. htm#overview.

[37] Centers for Disease Control and Prevention. Recommendations for follow-up of health-care workers after

occupational exposure to Hepatitis C virus. MMWR Morb Mortal Wkly Rep. 1997;46(26):603–6.

[38] Centers for Disease Control and Prevention. Recommendation of the Immunization Practices Advisory Committee (ACIP). Inactivated Hepatitis B virus vaccine. MMWR Morb Mortal Wkly Rep. 1982;31(24):317–22, 327–8.

[39] Chung H, Kudo M, Kumada T, Katsushima S, Okano A, Nakamura T, et al. Risk of HCV transmission after needlestick injury, and the efficacy of short-duration interferon administration to prevent HCV transmission to medical personnel. J Gastroenterol. 2003;38(9):877–9.

[40] Buster E, van der Eijk AA, Schalm SW. Doctor to patient transmission of Hepatitis B virus: implications of HBV DNA levels and potential new solutions. Antiviral Res. 2003;60(2):79–85.

[41] Binka M, Paintsil E, Patel A, Lindenbach BD, Heimer R. Survival of Hepatitis C Virus in Syringes Is Dependent on the Design of the Syringe-Needle and Dead Space Volume. PloS One. 2015;10(11):e0139737. Erratum in: PLoS One. 2015;10(12):e0146088.

[42] Paintsil E, Binka M, Patel A, Lindenbach BD, Heimer R. Hepatitis C virus maintains infectivity for weeks after drying on inanimate surfaces at room temperature: implications for risks of transmission. J Infect Dis. 2014;209(8):1205–11.

[43] Occupational exposure to bloodborne pathogens; correction–OSHA. Final rule, correction. Fed Regist. 1992;57(127):29206.

[44] Cohen JI, Davenport DS, Stewart JA, Deitchman S, Hilliard JK, Chapman LE, et al. Recommendations for prevention of and therapy for exposure to B virus (Cercopithecine herpesvirus 1). Clin Infect Dis. 2002;35(10):1191–203.

[45] Calvo C, Friedlander S, Hilliard J, Swarts R, Nielsen J, Dhindsa H, et al. Case Report: Reactivation Of Latent B Virus (Macacine Herpesvirus 1) Presenting As Bilateral Uveitis, Retinal Vasculitis And Necrotizing Herpetic Retinitis. Investigative Ophthalmology & Visual Science. 2011;52(14):2975.

[46] Centers for Disease Control and Prevention [Internet]. Atlanta (GA): National Center for Immunization and Respiratory Diseases, Division of Viral Diseases; c2016 [cited 2018 Nov 30]. B Virus (herpes B, monkey B virus, herpesvirus simiae, and herpesvirus B). Available from: https://www.cdc.gov/herpesbvirus/cause-incidence.html.

[47] Centers for Disease Control and Prevention. Fatal Cercopithecine herpesvirus 1 (B virus) infection following a mucocutaneous exposure and interim recommendations for worker protection. MMWR Morb Mortal Wkly Rep. 1998;47(49):1073–6, 1083.

[48] Committee on Occupational Health and Safety in the Care and Use of Non-Human Primates. Occupational Health and Safety in the Care and Use of Nonhuman Primates. Washington (DC): The National Academies Press; 2003.

[49] Guidelines for prevention of Herpesvirus simiae (B virus) infection in monkey handlers. The B Virus Working Group. J Med Primatol. 1988;17(2):77–83.

[50] Huff JL, Eberle R, Capitanio J, Zhou SS, Barry PA. Differential detection of B virus and rhesus cytomegalovirus in rhesus macaques. J Gen Virol. 2003;84(Pt 1):83–92.

[51] Roizman B, Pellett PE. Herpesviridae. In: Knipe DM, Howley PM, editors. Fields Virology. Vol 2. 6th ed. Philadelphia: Lippincott Williams & Wilkins; 2013. p. 1802–22.

[52] Heymann DL, editor. Control of Communicable Diseases Manual. 20th ed. Washington (DC): American Public Health Association; 2015.

[53] U.S. Department of Health and Human Services [Internet]. Washington (DC): National Toxicology Program; c2018 [cited 2018 Dec 3]. 14th Report on Carcinogens. Available from: https://ntp.nichs.nih.gov/pubhealth/roc/index-1.html#toc1.

[54] Cohen, JI. Human herpesvirus types 6 and 7. In: Bennett JE, Dolin R, Blaser MJ, editors. Mandell, Douglas, and Bennett's principles and practice of infectious diseases. Vol 2. 8th ed. Philadelphia: Elsevier; 2015. p. 1772-6.

[55] Chang Y, Cesarman E, Pessin MS, Lee F, Culpepper J, Knowles DM, et al. Identification of herpesvirus-like DNA sequences in AIDS-associated Kaposi's sarcoma. Science. 1994;266(5192):1865-9.

[56] Dukers NH, Rezza G. Human herpesvirus 8 epidemiology: what we do and do not know. AIDS. 2003;17(12):1717-30.

[57] Plancoulaine S, Abel L, van Beveren M, Treqouet DA, Joubert M, Tortevoye P, et al. Human herpesvirus 8 transmission from mother to child and between siblings in an endemic population. Lancet. 2000;356(9235):1062-5.

[58] Regamey N, Tamm M, Wernli M, Witschi A, Thiel G, Cathomas G, et al. Transmission of human herpesvirus 8 infection from renal-transplant donors to recipients. N Engl J Med. 1998;339(19):1358-63.

[59] Luppi M, Barozzi P, Guaraldi G, Ravazzini L, Rasini V, Spano C, et al. Human herpesvirus 8-associated diseases in solid-organ transplantation: importance of viral transmission from the donor. Clin Infect Dis. 2003;37(4):606-7.

[60] Mbulaiteye SM, Biggar RJ, Bakaki PM, Pfeiffer RM, Whitby D, Owor AM, et al. Human herpesvirus 8 infection and transfusion history in children with sickle-cell disease in Uganda. J Natl Cancer Inst. 2003;95(17):1330-5.

[61] Marin M, Guris D, Chaves SS, Schmid S, Seward JF; Advisory Committee on Immunization Practices, Centers for Disease Control and Prevention. Prevention of Varicella: recommendations of the Advisory Committee on Immunization Practices (ACIP). MMWR Recomm Rep. 2007;56(RR-4):1-40.

[62] Treanor JJ. Influenza virus. In: Bennett JE, Dolin R, Blaser MJ, editors. Mandell, Douglas, and Bennett's principles and practice of infectious diseases. Vol 2. 8th ed. Philadelphia: Elsevier; 2015. p. 2000-4.

[63] Kwong JC, Schwartz KL, Campitelli MA. Acute Myocardial Infarction after Laboratory-Confirmed Influenza Infection. N Engl J Medicine. 2018;378(26):2540-1.

[64] Sellers SA, Hagan RS, Hayden FG, Fischer WA 2nd. The hidden burden of influenza: A review of the extra-pulmonary complications of influenza infection. Influenza Other Respir Viruses. 2017;11(5):372-93.

[65] Uyeki TM, Katz JM, Jernigan DB. Novel influenza A viruses and pandemic threats. Lancet. 2017;389(10085):2172-74.

[66] Jhung MA, Epperson S, Biggerstaff M, Allen D, Balish A, Barnes N, et al. Outbreak of variant influenza A(H3N2) virus in the United States. Clini Infect Dis. 2013;57(12):1703-12.

[67] Wang H, Feng Z, Shu Y, Yu H, Zhou L, Zu R, et al. Probable limited person-to-person transmission of highly pathogenic avian influenza A(H5N1) virus in China. Lancet. 2008;371(9622):1427-34.

[68] Zhou L, Chen E, Bao C, Xiang N, Wu J, Wu S, et al. Clusters of Human Infection and Human-to-Human Transmission of Avian Influenza A(H7N9) Virus, 2013-2017. Emerg Infect Dis. 2018;24(2).

[69] Influenza. In: Heymann DL, editor. Control of communicable diseases manual. 20th ed. Washington (DC): American Public Health Association; 2015. p. 306-22.

[70] Dowdle WR, Hattwick MA. Swine influenza virus infections in humans. J. Infect Dis. 1977;136 Suppl:S386-5399.

[71] Tang JW, Shetty N, Lam TT, Hon KL. Emerging, novel, and known influenza virus infections in humans. Infect Dis Clin North Am. 2010;24(3):603-17.

[72] Bouvier NM. Animal models for influenza virus transmission studies: a historical perspective. Curr Opin Virol. 2015;13:101-8.

[73] Lee CT, Slavinski S, Schiff C, Merlino M, Daskalakis D, Liu D, et al. Outbreak of Influenza A(H7N2)

Among Cats in an Animal Shelter With Cat-to-Human Transmission—New York City, 2016. Clin Infect Dis. 2017;65(11):1927–29.

[74] Webster RG, Geraci J, Petursson G, Skirnisson K. Conjunctivitis in human beings caused by influenza A virus of seals. N Engl J Med. 1981;304(15):911.

[75] Fiore AE, Shay DK, Broder K, Iskander JK, Uyeki TM, Mootrey G, et al. Prevention and control of influenza: recommendations of the Advisory Committee on Immunization Practices (ACIP), 2008. MMWR Recomm Rep. 2008;57(RR-7):1–60.

[76] Su S, Gu M, Liu D, Cui J, Gao GF, Zhou J, et al. Epidemiology, Evolution, and Pathogenesis of H7N9 Influenza Viruses in Five Epidemic Waves since 2013 in China. Trends Microbiol. 2017;25(9):713–28.

[77] Pearce MB, Belser JA, Gustin KM, Pappas C, Houser KV, Sun X, et al. Seasonal trivalent inactivated influenza vaccine protects against 1918 Spanish influenza virus infection in ferrets. J Virol. 2012;86(13):7118–25.

[78] Hancock K, Veguilla V, Lu X, Zhong W, Butler EN, Sun H, et al. Cross-reactive antibody responses to the 2009 pandemic H1N1 influenza virus. N Engl J Med. 2009;361(20):1945–52.

[79] Medina RA, Manicassamy B, Stertz S, Seibert CW, Hai R, Belshe RB, et al. Pandemic 2009 H1N1 vaccine protects against 1918 Spanish influenza virus. Nat Commun. 2010;1:28.

[80] Science Safety Security [Internet]. Washington (DC): U.S. Department of Health & Human Services; c2017 [cited 2018 Dec 3]. Dual Use Research of Concern. Available from: https://www.phe.gov/s3/dualuse/Pages/default. aspx.

[81] Bowen GS, Calisher CH, Winkler WG, Kraus AL, Fowler EH, Garman RH, et al. Laboratory studies of a lymphocytic choriomeningitis virus outbreak in man and laboratory animals. Am J Epidemiol. 1975;102(3):233–40.

[82] Jahrling PB, Peters CJ. Lymphocytic choriomeningitis virus. A neglected pathogen of man. Arch Pathol Lab Med. 1992;116(5):486–8.

[83] Knust B, Ströher U, Edison L, Albarino CG, Lovejoy J, Armeanu E, et al. Lymphocytic Choriomeningitis Virus in Employees and Mice at Multipremises Feeder-Rodent Operation, United States, 2012. Emerg Infect Dis. 2014;20(2):240–7.

[84] Reiserová L, Kaluzová M, Kaluz S, Willis AC, Zavada J, Zavadska E, et al. Identification of MaTu-MX Agent as a New Strain of Lymphocytic Choriomeningitis Virus (LCMV) and Serological Indication of Horizontal Spread of LCMV in Human Population. Virology. 1999;257(1):73–83.

[85] Fischer SA, Graham MB, Kuehnert MJ, Kotton CN, Srinivasan A, Marty FM, Comer JA, et al. Transmission of lymphocytic choriomeningitis virus by organ transplantation. N Engl J Med. 2006;354(21):2235–49.

[86] Macneil A, Stroher U, Farnon E, Campbell S, Cannon D, Paddock CD, et al. Solid organ transplant-associated lymphocytic choriomeningitis, United States, 2011. Emerg Infect Dis. 2012;18(8):1256–62.

[87] Mathur G, Yadav K, Ford B, Schafer IJ, Basavaraju SV, Knust B, et al. High clinical suspicion of donor-derived disease leads to timely recognition and early intervention to treat solid organ transplant-transmitted lymphocytic choriomeningitis virus. Transpl Infect Dis. 2017;19(4).

[88] Palacios G, Druce J, Du L, Tran T, Birch C, Briese T, et al. A new arenavirus in a cluster of fatal transplant-associated diseases. N Engl J Med. 2008;358(10):991–8.

[89] Centers for Disease Control and Prevention. Lymphocytic choriomeningitis virus infection in organ transplant recipients–Massachusetts, Rhode Island, 2005. MMWR Morb Mortal Wkly Rep. 2005;54(21):537–9.

[90] Wright R, Johnson D, Neumann M, Ksiazek TG, Rollin P, Keech RV, et al. Congenital lymphocytic choriomeningitis virus syndrome: a disease that mimics congenital toxoplasmosis or Cytomegalovirus infection. Pediatrics. 1997;100(1):E9.

[91] Dowdle WR, Gary HE, Sanders R, van Loon AM. Can post-eradication laboratory containment of wild polioviruses be achieved?. Bull World Health Organ. 2002;80(4):311–6.

［92］ Pike RM. Laboratory-associated infections: summary and analysis of 3921 cases. Hlth Lab Sci. 1976;13(2):105–14.

［93］ Mulders MN, Reimerink JH, Koopmans MP, van Loon AM, van der Avoort HG. Genetic analysis of wild-type poliovirus importation into The Netherlands (1979–1995). J Infect Dis. 1997;176(3):617–24.

［94］ Previsani N, Singh H, St Pierre J, Boualam L, Fournier-Caruana J, Sutter RW, et al. Progress Toward Containment of Poliovirus Type 2—Worldwide, 2017. MMWR Morb Mortal Wkly Rep. 2017;66(24):649–52.

［95］ Prevots DR, Burr RK, Sutter RW, Murphy TV; Advisory Committee on Immunization Practices. Poliomyelitis prevention in the United States. Updated recommendations of the Advisory Committee on Immunization Practices (ACIP). MMWR Recomm Rep. 2000;49(RR-5):1–22; quiz CE1–7.

［96］ World Health Organization. WHO Global Action Plan to minimize poliovirus facility-associated risk after type-specific eradication of wild polioviruses and sequential cessation of oral polio vaccine use. Geneva: WHO Press; 2015.

［97］ World Health Organization. Guidance for non-poliovirus facilities to minimize risk of sample collections potentially infectious for polioviruses. Geneva: World Health Organization; 2018.

［98］ Annex 2. In: World Health Organization. Guidance for non-poliovirus facilities to minimize risk of sample collections potentially infectious for polioviruses. Geneva: World Health Organization; 2018. p. 18–9.

［99］ Damon IK. Poxviruses. In: Knipe DM, Howley PM, editors. Fields Virology. Vol 2. 6th ed. Philadelphia: Lippincott Williams & Wilkins; 2013. p. 2160–84.

［100］ Lewis-Jones S. Zoonotic poxvirus infections in humans. Curr Opin Infect Dis. 2004;17(2):81–9.

［101］ Reed KD, Melski JW, Graham MB, Regnery RL, Sotir MJ, Wegner MV, et al. The detection of monkeypox in humans in the Western Hemisphere. N Engl J Med. 2004;350(4):342–50.

［102］ MacNeil A, Reynolds MG, Damon IK. Risks associated with vaccinia virus in the laboratory. Virology. 2009;385(1):1–4.

［103］ Wharton M, Strikas RA, Harpaz R, Rotz LD, Schwartz B, Casey CG, et al. Recommendations for using smallpox vaccine in a pre-event vaccination program. Supplemental recommendations of the Advisory Committee on Immunization Practices (ACIP) and the Healthcare Infection Control Practices Advisory Committee (HICPAC). MMWR Recomm Rep. 2003;52(RR-7):1–16.

［104］ Peres MG, Bacchiega TS, Appolinario CM, Vicente AF, Mioni MSR, Ribeiro BLD, et al. Vaccinia Virus in Blood Samples of Humans, Domestic and Wild Mammals in Brazil. Viruses. 2018;10(1). pii: E42.

［105］ Casey C, Vellozzi C, Mootrey GT, Chapman LE, McCauley M, Roper MH, et al. Surveillance guidelines for smallpox vaccine (vaccinia) adverse reactions. MMWR Recomm Rep. 2006;55(RR-1):1–16.

［106］ Petersen BW, Harms TJ, Reynolds MG, Harrison LH. Use of Vaccinia Virus Smallpox Vaccine in Laboratory and Health Care Personnel at Risk for Occupational Exposure to Orthopoxviruses—Recommendations of the Advisory Committee on Immunization Practices (ACIP), 2015. MMWR Morb Mortal Wkly Rep. 2016;65(10):257–62.

［107］ National Institutes of Health. NIH Guidelines for Research Involving Recombinant or Synthetic Nucleic Acid Molecules (NIH Guidelines). Bethesda (MD): National Institutes of Health, Office of Science Policy; 2019.

［108］ Rupprecht CE, Hanlon CA, Hemachudha T. Rabies re-examined. Lancet Infect Dis. 2002;2(6):327–43.

［109］ International Committee on Taxonomy of Viruses [Internet]. Taxonomy; c2019 [cited 2019 Mar 12]. Virus Taxonomy: 2018b Release. Available from: https://talk.ictvonline.org/taxonomy/.

［110］ Winkler WG, Fashinell TR, Leffingwell L, Howard P, Conomy P. Airborne rabies transmission in a laboratory worker. JAMA. 1973;226(10):1219–21.

［111］ Centers for Disease Control and Prevention. Rabies in a laboratory worker—New York. MMWR Morb Mortal Wkly Rep. 1977;26(22):183–4.

［112］ Manning SE, Rupprecht CE, Fishbein D, Hanlon CA, Lumlertdacha B, Guerra M, et al. Human rabies prevention–United States, 2008: Recommendations of the Advisory Committee on Immunization Practices. MMWR Recomm Rep. 2008;57(RR-3):1–28.

［113］ Rupprecht CE, Gibbons RV. Clinical practice. Prophylaxis against rabies. N Engl Journal Med. 2004;351(25):2626–35.

［114］ Centers for Disease Control and Prevention. Human rabies—Kentucky/Indiana, 2009. MMWR Morb Mortal Wkly Rep. 2010;59(13):393 6.

［115］ Khan AS, Bodem J, Buseyne F, Gessain A, Johnson W, Kuhn JH, et al. Spumaretroviruses: Updated taxonomy and nomenclature. Virology. 2018;516:158–64.

［116］ Centers for Disease Control and Prevention. HIV/AIDS surveillance report. U.S. HIV and AIDS cases reported through June 1998. Midyear Edition. 1998;10(1).

［117］ Joyce MP, Kuhar D, Brooks JT. Notes from the field: Occupationally acquired HIV infection among health care workers—United States, 1985–2013. MMWR Morb Mortal Wkly Rep. 2015;63(53):1245–6.

［118］ Centers for Disease Control and Prevention. Seroconversion to simian immunodeficiency virus in two laboratory workers. MMWR Morb Mortal Wkly Rep. 1992;41(36):678–81.

［119］ Schweizer M, Turek R, Hahn H, Schliephake A, Netzker KO, Eder G, et al. Markers of foamy virus infections in monkeys, apes, and accidentally infected humans: appropriate testing fails to confirm suspected foamy virus prevalence in humans. AIDS Res Hum Retroviruses. 1995;11(1):161–70.

［120］ Sotir M, Switzer W, Schable C, Schmitt J, Vitek C, Khabbaz RF. Risk of occupational exposure to potentially infectious nonhuman primate materials and to simian immunodeficiency virus. J Med Primatol. 1997;26(5):233–40.

［121］ Khabbaz RF, Rowe T, Murphey-Corb M, Heneine WM, Schable CA, George JR, et al. Simian immunodeficiency virus needlestick accident in a laboratory worker. Lancet. 1992;340(8814):271–3.

［122］ Lerche NW, Switzer WM, Yee JL, Shanmugam V, Rosenthal AN, Chapman LE, et al. Evidence of infection with simian type D retrovirus in persons occupationally exposed to nonhuman primates. J Virol. 2001;75(4):1783–9.

［123］ Murphy HW, Miller M, Ramer J, Travis D, Barbiers R, Wolfe ND, et al. Implications of simian retroviruses for captive primate population management and the occupational safety of primate handlers. J Zoo Wildl Med. 2006;37(3):219–33.

［124］ Switzer WM, Bhullar V, Shanmugam V, Conge ME, Parekh B, Lerche NW, et al. Frequent simian foamy virus infection in persons occupationally exposed to nonhuman primates. J Virol. 2004;78(6):2780–9.

［125］ Switzer WM, Heneine W. Foamy Virus. In: Liu D, editor. Molecular Detection of Human Viral Pathogens: Boca Raton: CRC Press; 2011. p. 131–46.

［126］ Centers for Disease Control and Prevention [Internet]. Atlanta (GA): National Center for Zoonotic and Emerging Infectious Diseases, Division of Healthcare Quality Promotion; c2016. Standard Precautions for All Patient Care. Available from: https://www.cdc.gov/infectioncontrol/basics/standard-precautions.html.

［127］ Kuhar DT, Henderson DK, Struble KA, Heneine W, Thomas V, Cheever LW, et al. Updated US Public Health Service guidelines for the management of occupational exposures to human immunodeficiency virus and recommendations for postexposure prophylaxis. Infect Control Hosp Epidemiol. 2013;34(9):875–93. Erratum in: Infect Control Hosp Epidemiol. 2013;34(11):1238.

［128］ van Boheemen S, de Graaf M, Lauber C, Bestebroer TM, Raj VS, Zaki AM, et al. Genomic characterization of a newly discovered coronavirus associated with acute respiratory distress syndrome in humans. MBio. 2012;3(6). pii: e00473–12.

［129］ Assiri A, Al-Tawfiq JA, Al-Rabeeah AA, Al-Rabiah FA, Al-Hajjar S, Al-Barrack A, et al. Epidemiological, demographic, and clinical characteristics of 47 cases of Middle East respiratory syndrome coronavirus disease from Saudi Arabia: a descriptive study. Lancet Infect Dis. 2013;13(9):752–61.

[130] Centers for Disease Control and Prevention. Severe respiratory illness associated with a novel coronavirus– Saudi Arabia and Qatar, 2012. MMWR Morb Mortal Wkly Rep. 2012;61(40):820.

[131] World Health Organization [Internet]. Geneva. c2018 [cited 2018 Dec 3]. Middle East respiratory syndrome coronavirus (MERS-CoV). Available from: https://www.who.int/emergencies/mers-cov/en/.

[132] Rasmussen SA, Gerber SI, Swerdlow DL. Middle East respiratory syndrome coronavirus: update for clinicians. Clin Infect Dis. 2015;60(11):1686–9.

[133] Centers for Disease Control and Prevention [Internet]. Atlanta (GA): National Center for Immunization and Respiratory Diseases, Division of Viral Diseases; c2017 [cited 2018 Dec 3]. Severe Acute Respiratory Syndrome (SARS). Available from: https://www.cdc.gov/sars/.

[134] American Biological Safety Association [Internet]. c2014 [cited 2018 Dec 3]. Laboratory-Acquired Infection (LAI) Database. Available from: https://my.absa.org/LAI.

[135] Lim PL, Kurup A, Gopalakrishna G, Chan KP, Wong CW, Ng LC, et al. Laboratory-acquired severe acute respiratory syndrome. N Engl J Med. 2004;350(17):1740–5.

[136] SARS, MERS, and other coronavirus infections. In: Heymann DL, editor. Control of Communicable Diseases Manual. 20th ed. Washington (DC): American Public Health Association; 2015. p. 539–49.

[137] Chow PK, Ooi EE, Tan HK, Ong KW, Sil BK, Teo M, et al. Healthcare worker seroconversion in SARS outbreak. Emerg Infect Dis. 2004;10(2):249–50.

[138] Centers for Disease Control and Prevention [Internet]. Atlanta (GA): National Center for Zoonotic and Emerging Infectious Diseases, Division of Healthcare Quality Promotion; c2016. Standard Precautions for All Patient Care. Available from: https://www.cdc.gov/infectioncontrol/basics/standard-precautions.html.

[139] Centers for Disease Control and Prevention. Severe Acute Respiratory Syndrome. Public Health Guidance for Community-Level Preparedness and Response to Severe Acute Respiratory Syndrome (SARS) Version 2. Supplement F: Laboratory Guidance. Department of Health & Human Services; 2004.

第八章附录 F 虫媒病毒和相关的人兽共患病病毒

在 1979 年和 1985 年，美国节肢动物传播病毒委员会（ACAV）虫媒病毒实验室安全小组委员会（SALS）为《国际虫媒病毒目录》中登载的大约 500 种病毒，包括某些其他脊椎动物的病毒[1]，提供了生物安全方面的建议。自该目录最后一次印刷出版以来，SALS、美国疾病控制预防中心（CDC）和美国国立卫生研究院（NIH）定期对这些病毒以及新鉴定出的虫媒病毒进行了审查，并针对过往鉴定或登载的虫媒病毒提出了相应的生物安全及遏制措施方面的建议。在对这些建议部分的风险评估方面，是基于对从事虫媒病毒工作的实验室的全球调查、新发表的病毒报告、实验室感染报告以及与研究每种病毒的科学家进行的讨论所获得的信息进行的。

第八节 F 部分提供了一系列重要的表格。表 8F-1 列举了可在 BSL-2 实验室中处理的不同病毒疫苗株；表 8F-3 按字母顺序列举了发表时已被确认的虫媒病毒，并包括通用名称、缩写、病毒科或属、生物安全等级（BSL）建议、评级依据和抗原组[2]（如果已知）。许多病原体被归类为管制性病原，需要采取特殊的安全措施才能拥有、使用或转移，更多信息见附录 F。表 8F-2 列举了表 8F-3 和表 8F-4 中列举的病毒基于 SALS 规则进行排布的关键信息；表 8F-4 按字母顺序排出虫媒动物病毒，列举了包括通用名称、缩写、病毒科或属、生物安全等级建议、评级依据以及病毒是否已被成功分离等一系列的信息；表 8F-5 列举了可配置高效空气过滤器（HEPA）排气装置的 BSL-3 级设施操作处理的病原信息。表 8F-1、表 8F-3、表 8F-4 和表 8F-5 中的病原需获得美国农业部动植物卫生检验局（APHIS）、美国商务部（DOC）和（或）CDC 的许可。

单独地对虫媒病毒科各成员分别进行风险评估是很重要的。虽然虫媒病毒科的病毒可能有许多相似之处，但每个病毒都在生物安全方面存在着其特有的风险。正义单链核糖核酸（RNA）病毒具备特有的感染风险，但这不在其他病原体考虑因素的范围内。正义病毒 RNA 可以直接引起感染，因为它的 RNA 可以作为 mRNA 来指导宿主细胞合成病毒蛋白[3]。此外，旨在灭活包膜病毒的消毒方法可能不能有效地使正义单链 RNA 失去传染性[4]。

除真正的虫媒病毒（即在脊椎动物和无脊椎动物中复制的病毒）外，还发现了大量与虫媒病毒密切相关的仅限于节肢动物感染的病毒（也就是说，已知病毒不会在脊椎动物细胞中复制）[5]。虽然没有证据表明这些病毒在脊椎动物细胞中进行了复制或引起疾病，但这是因为大多数病毒的特征还不足以证实这一点，并且还是基于遗传关系被指定为"仅节肢动物"感染。对于学界而言，这些病毒的常见感染途径并不为人所知。由此，所有这些病毒都根据其与少数特征明确的病毒的关系被归类为风险 2 组（RG2）。表 8F-4 列出了这些迄今已知的病毒。表 8F-3 还列举了来自沙粒病毒科的病毒，而这一病毒科的成员，还会造成人鼠共患的出血热，这些具体的成员病毒包括淋巴细胞性脉络丛脑膜炎病毒（见第八节 E 部分）、瓜纳里托病毒、胡宁病毒、拉沙病毒、马丘波病毒和沙比亚病毒。正汉坦病毒也被包括在内，而包括安第斯病毒、辛农布雷病毒和汉滩病毒在内的这些病毒，还可通过啮齿目动物（如小鼠等）的尿液、唾液或粪便传染给人类。

对某些虫媒病毒病原体的概要说明也有所涉及。由于下列一个或多个因素，专家小组建议对虫媒病毒给予重点关注：

■ 在撰写本版时，这种病毒代表了美国正在出现的公共健康威胁；
■ 该病毒对生物防护提出独特的挑战，继而需要进一步地详细阐述；
■ 该病毒具有实验室相关感染的重大风险。

这些建议是于 2017 年冬季提出的，但具体生物安全、运输和管制病原注册的要求可能会发生改变。请务必向相应的联邦机构确认这些要求。如果有需要核实的是在附录 D 中被列出的病原体，请联系美国农业部动植物卫生检验局（APHIS）对生物安全要求进行更多的了解。如果本节中的有关信息与《APHIS 指南》有不同，以《APHIS 指南》为准。

美国医学昆虫学委员会（ACME）的一个小组委员会起草了关于受感染节肢动物虫媒防控的诸多建议，并于 2019 年形成了《节肢动物防护指南第 3.2 版》；更多信息请参见附录 E[6]。

一些常用减毒疫苗株，已获得虫媒病毒实验室安全小组委员会（SALS）的认可。这些疫苗株可在 BSL-2 级防护中安全处理，相关的信息列于表 8F-1。

表 8F-1　可在 BSL-2 级防护的实验室中处理的特定病毒的疫苗株

病毒	疫苗株
基孔肯雅热病毒	181/25
胡宁病毒	直接处理
裂谷热病毒	#1 MP-12
委内瑞拉马脑脊髓炎病毒	TC83 & V3526
黄热病病毒	17-D
乙型脑炎病毒	14-14-2

根据表中列出的建议，在相关的情况下，应遵守以下准则。

建议进行 BSL-2 级防护的风险 2 组病毒

建议对表 8F-3 所列病毒开展工作时进行 BSL-2 级防护，是基于对实验室处理该组病毒的充足历史经验，包括；1）没有实验室相关感染的公开报告；2）感染非传染性气溶胶引起而是其他暴露方式；3）如果有记录表明疾病是由于接触气溶胶引起的，这也是属于不常见的情况。

实验室安全与防护建议

风险 2 组病毒可能存在于血液、脑脊液（CSF）、各种组织和（或）受感染的节肢动物中，而这取决于病原体类型和感染阶段。主要的实验室风险是意外的肠外接种、皮肤或黏膜破损时接触病毒以及遭到已感染的实验室啮齿动物咬伤或节肢动物的叮咬。当进行有可能产生传染性气溶胶或飞溅物的操作时，应使用维护良好且类型合适的生物安全柜，最好是选用二类生物安全柜，或其他合适的个人防护装备（PPE）或物理防护装置。

建议对具有潜在传染性的临床材料和节肢动物的医疗研究活动，以及对已被感染的组织培养物、鸡胚和小型脊椎动物的操作采用 BSL-2 级的操作规程、防护设备和设施。

大量或高浓度的任何病毒都有可能对先天免疫机制和疫苗诱导免疫形成压制。因此，当一种通常在 BSL-2 级条件下处理的病毒被大量或高浓度产生时，就需要对其进行额外的风险评估。这种情况可以使用基于风险评估的 BSL-3 级操作规范，其中还包括呼吸防护。

基于对西尼罗河病毒（WNV）和圣路易斯脑炎病毒（SLE）的风险评估，对其防护要求已做出修改，其常规操作可在 BSL-2 级防护条件下进行。在将与任何一种病毒有关的现有工作从 BSL-3 级实验室转移到 BSL-2 级实验室之前，应进行彻底评估，以厘清样本被其他 BSL-3 病原污染的风险。

建议进行 BSL-3 级防护的风险 3 组病毒

表 8F-3 中列出的需要 BSL-3 级防护的病毒的建议是基于多种标准得出的。SALS 认为，对某些病毒而言，在不考虑所致疾病严重程度的情况下，现有的实验室经验不足以对其进行风险评估。在某些案例中，SALS 还发现些案例是在缺乏疫苗或未接种疫苗的情况下，通过气溶胶途径暴露，

发生了实验室相关感染。而且，在自然感染的情况下，所致疾病也通常会产生严重后果，危及生命或造成长久损害[1]。虫媒病毒如果在美国以外的国家引起了家畜患病，则也要被列为是需要 BSL-3 级防护的病毒。

实验室安全与防护建议

风险 3 组病毒可能存在于血液、脑脊液、尿液、精液和渗出液中，这取决于特定的病原体类型和疾病阶段。实验室的主要风险是暴露于具有感染性的溶液和动物垫料产生的气溶胶、意外性肠外接种以及与破损的皮肤发生接触。其中一些病毒（如 VEE 病毒）在干燥血或渗出液中可能表现得相对稳定。

建议对具有潜在传染性的临床材料和被感染的组织培养物、动物或节肢动物的活动，采用 BSL-3 级实验室操作规范、安全防护设备和设施。

已有黄热病的病毒减毒活疫苗获批可供接种。建议所有从事这种病原体或受感染动物相关工作的人员，以及进入操作该病原体或受感染动物所在实验室的人员都进行接种。

即使是所有高危人员都进行了免疫接种，并且实验室配备了高效空气（HEPA）过滤排风设备，但是仍然建议对胡宁病毒采用 BSL-3 级防护。

SALS 还对中欧蜱传脑炎病毒（TBEV-CE 亚型）重新界定为需要采用 BSL-3 级防护，并且还需对所有高危人员都进行疫苗接种。TBEV-CE 亚型是指从捷克斯洛伐克、芬兰和俄罗斯分离出的蜱传黄病毒（它们分别是 Absettarov、Hanzalova、Hypr 和 Kumlinge 病毒），它们虽然不完全相同，但关系非常密切。尽管有一种疫苗可基因同源（>98%）的 TBEV-CE 亚型组病毒产生免疫力，但这种疫苗对俄罗斯春夏脑炎病毒（RSSEV）（TBEV-FE；远东亚型）感染的效果尚不明了。因此，当人员接种 TBEV-CE 亚型疫苗后，TBEV-CE 亚型病毒组被重新分类为需要采用 BSL-3 级防护的病毒，而 RSSEV（TBEV-FE 亚型）仍然被分类为需要采用 BSL-4 级防护的病毒。

管制性病原　TBEV-CE 病毒作为管制性病原，在拥有、使用、存储和（或）运输该病原体需要向 CDC 和（或）USDA 进行报备。可参见附录 F 了解更多信息。

病原运输　进口该病原需要获得美国 CDC 和（或）USDA 的进口许可。在美国国内运输该病原需要获得美国农业部动植物卫生检验局兽医管理处（USDA APHIS VS）的许可。如需将病原出口到其他国家 / 地区，则需要美国商务部（DoC）的许可。更多信息，参见附录 C。

疫苗　针对从事东部马脑炎病毒（EEEV）、委内瑞拉马脑炎病毒（VEEV）、西部马脑炎病毒（WEEV）、裂谷热病毒（RVFV）的研究人员的试验性疫苗可限量供应，并在位于马里兰州德特里克堡生物实验室的美国陆军传染病医学研究所的特殊免疫计划所在地现场接种。这些和作为试验性新药（IND）的其他疫苗的接种，需要在特殊免疫计划和每个提出要求的组织间签署合作协议。在可获得疫苗的情况下，应考虑对实验室人员使用这些试验性疫苗。初步研究显示，这些疫苗可以产生适当的免疫应答，而且接种疫苗的不良反应在可接受的参数范围内[7,8,9]。在做出对实验室人员接种疫苗的决定时必须要慎重，而且要基于包括以下内容的风险评估：病原体和疾病的特点、接种疫苗的益处与风险、实验室人员的经验、使用病原体的实验室程序、包括健康状况在内的接种疫苗禁忌证。

如果试验性疫苗不宜使用或者实验室人员拒绝接种，使用强化的工程控制、操作规范或个人防护装备可作为备选方案。在实验室中使用 VEE 病毒等已确认存在气溶胶感染风险的生物体时，使用 PAPR 等呼吸防护为最佳做法。

提供呼吸防护设备时必须同时编制合理的呼吸防护程序。按照本手册第二节中的规定进行风险评估后，也可使用其他呼吸防护方法。在存放有传染性病原体的实验中工作的所有人员，即使不从事生物体研究，也必须使用类似的、不低于要求的个人防护装备。无论试验性疫苗使用与否，都必须持续、严格地执行第四节中所述的预防措施。

增强型 BSL-3 级防护

需要在 BSL-3 实验室中处理的病毒列于表 8F-5，推荐使用 HEPA 过滤排出废气。

在某些情况下，例如，当在 BSL-3 实验室诊断性检测取自被认为是登革热或黄热病毒导致的出血热病人的样本时。当这些样本来自非洲、中东或南美时，样本中可能包含通常需要在 BSL-4 实验室中操作的沙粒病毒、丝状病毒等病原体。增强型 BSL-3 级实验室措施包括：1）强化人员呼吸防护，防止呼入气溶胶；2）对实验室排出废气进行 HEPA 过滤；3）人员离开后立即洗浴。建议对包括动物护理人员在内所有人员进行适当的强化培训。

建议进行 BSL-4 级防护的风险 4 组病毒

建议将病毒归类为 BSL-4 级防护的依据为已确认自然感染可导致严重的、常常致命的人类传染病和气溶胶传播的实验室相关感染案例。SALS 建议，与归类为 BSL-4 实验室处置的病原具有密切抗原或基因关系的某些病原也暂时按该级别处理，直到有足够的实验室数据表明从事该病原的研究工作可以确定为较低生物安全等级。

实验室安全与防护建议

传染性病原体可能存在于人类或动物宿主的血液、尿液、呼吸和喉咙分泌物、精液等液体和组织中，以及节肢动物、啮齿动物和非人灵长类动物（NHP）中。对于实验室人员或动物护理人员，呼吸道接触传染性气溶胶、粘膜暴露于传染性飞沫，以及偶然的肠外接种为主要感染风险 [10,11]。

使用来自人类、动物或节肢动物的材料，而且这些材料可能感染了本概要中列出的某种病原体时，建议在所有相关操作中应用 BSL-4 级操作规范、防护设备和设施。应将取自疑似感染了本概要所列的某种病原体的人员的临床样本交给配备有 BSL-4 级设施的实验室 [12]。

处理未知虫媒病毒：ACAV 发布了关于实验室工作人员在工作过程中因感染虫媒病毒而患病的报告 [2,13]。其中的第一篇报告证实，这些实验室感染病例一般通过非自然途径传播，如经皮肤感染或接触气溶胶，"实验室适应的"毒株仍是人类的致病因素，而且，因为更多的实验室从事新发病原体的研究，所以实验室相关感染的发生率越来越高。因此，为评估这些病毒的致病风险，以及为从事相关研究的人员提供安全指导，ACAV 指定 SALS 承担在实验环境中从事虫媒病毒研究的风险评估工作 [2,14,15]。

SALS 于 1980 年发布了一系列推荐规范，将实验室操作和防控指南分为四级，严格程度逐级上升。上述级别的确定基于大量调查对每种特定病毒的数项标准所进行的综合评估，这些标准，包括：1）过去发生的、与所使用的设施和做法对应的实验室相关感染；2）衡量潜在暴露风险的工作量；3）实验室人员的免疫情况；4）成人自然感染传染病的发生率和严重性；5）美国境外动物疾病的发生率（为评估进口风险）。

在对实验室使用的任何虫媒病毒的风险评估中，尽管这些标准仍为需要考虑的重要因素，但同样需要注意是，在实验室个人操作方面进行的诸多改进（如当穿戴个人防护装备时在生物安全柜工作与在开放的工作台上从事病毒研究工作形成对照）和自初始 SALS 评估以来可用的实验室设备设施和个人防护装备（如生物安全柜和 PAPR）已发生显著的变化。当处理新发或难以定性的虫媒病毒，而且以前的经验不足以表征风险时，研究人员应考虑采取其他安全措施。另外，当研究野外收集的、可能携带虫媒病毒的蚊子时，应考虑其他的防护措施，尤其是在进行可能产生气溶胶的操作时。在新发现的病毒和其他致病虫媒病毒之间建立联系时，应用新方法可以减少工作量和降低暴露的潜在风险。用于新发虫媒病毒评估的标准之一，就是对如何处理和研究该病毒的完整描述。例如，与将病毒接种动物或节肢动物的试验相比，单纯分析基因的试验可以以不同的方法进行[16,17]。因此，除 SALS 已制定的标准外，在风险评估时应考虑其他的评估标准。

虽然大多数已知的虫媒病毒有对应建议的常规处理安全级别，但是，其中有若干虫媒病毒因很少被研究，或新近被发现，或是单一的独立案例，所以，SALS、ACAV、美国 CDC 或 NIH 可能尚未对其进行充分评估。对于所有虫媒病毒的研究来说，彻底的风险评估很重要，而对于与未进行风险分组病毒有关的工作尤为重要。另外，对单个病毒的风险评估应考虑这样的事实，并非一种特定病毒的所有毒株均显示相同程度的致病性或传播能力。必要时，需由实验室主任、机构生物安全官员和安全委员会，以及外部专家共同进行认真评估，保证研究继续的同时最大程度减少人、动物和环境的暴露风险。

嵌合病毒：构建编码完整的 RNA 病毒基因组的 cDNA 克隆的能力已使制造包含来自两个或两个以上不同病毒基因的重组病毒成为现实。一些包含 α 法病毒和黄病毒全长病毒和节段复制子的嵌和病毒已构建成功。例如，含外源编码基因的 α 病毒复制子已广泛用作布尼亚病毒、丝状病毒、沙粒病毒和其他病毒的免疫原。这些复制子非常安全，而且通常在啮齿动物宿主身上产生免疫反应，故它们已被开发成若干病毒（包括逆转录病毒）的候选人类疫苗。[18-21]。

因为嵌合病毒包含多种病毒的一部分，所以 IBC 或对等资源必须联合生物安全官员和研究人员进行风险评估，评估内容除规范标准外，还包括在确定合适生物安全等级和控制做法前需要考虑的具体因素。这些因素包括：1）与亲本毒株相比，嵌合病毒在细胞培养和动物模型系统中的复制能力[22]；2）与动物模型中的亲本病毒相比，毒性特征的改变或减弱[23]；3）针对影响 CNS 的病原体，经颅内途径大剂量时表现出的毒性或衰减规律[24,25]；4）是否能够证明不会发生毒力逆转状况，也不会逆转回亲本表型。另外，虽然自然感染毒株致病性经常发生改变，但是要特别关注在实验室条件下改变的毒株。尽管存在依据亲本病毒的类型确定杂交或嵌合毒株生物安全等级的倾向，但由于可能存在潜在的致病性变异，所以需要进行独立的风险评估，合理确定某种生物安全等级[26]。对相关毒株的清楚描述应附带风险评估报告。

根据上述标准，已观察到黄病毒和 α 病毒嵌合体的许多毒性减弱的模式，其中一些嵌合体已作为人类疫苗进行了试验[27]。

嵌合病毒可能具有一些与亲本病毒不相关的安全特性。例如，它们是由基因性状稳定的 cDNA 克隆产生的，无须动物或细胞培养传代，这将最大限度地减少改变毒性特征的突变出现的可能性。由于一些嵌合毒株含有缺乏毒力相关的重要的基因区域或遗传因子的基因组片段，因此，基因发生改变时，产生表现出野生型毒力的毒株的概率可能是有限的。

持续性的监测和实验室的研究表明，许多虫媒病毒不断对人和动物群体构成威胁。对所有嵌合体毒株的毒性减弱应使用亲本毒株最严格的防护要求进行验证。当地生物安全制度委员会（IBC）

或同等机构应使用适当的动物模型的毒性数据，根据具体情况对每种嵌合病毒的防护建议进行评估。在这一过程中，需要来自 NIH 科学政策办公室的必要指导。

西尼罗病毒（WNV）

西尼罗病毒属于黄病毒科黄病毒属，即乙型脑炎病毒抗原群。该群目前包括了阿尔弗病毒、卡西帕科利病毒、乙型脑炎病毒、科坦戈病毒、库宁病毒、墨莱溪谷脑炎病毒、圣路易斯脑炎病毒、罗西奥病毒、斯特拉特福德病毒、乌苏图病毒、西尼罗河病毒和雅温得病毒。黄病毒在大小（40 ~ 60 nm）、对称性（包膜，二十面体核衣壳）、核酸（正义单链 RNA，10 000 ~ 11 000 碱基）以及病毒形态这几个方面具有共同的特征。该病毒于 1937 年首次从乌干达西尼罗河地区的一名出现发热症状的成年妇女体内被分离出来[28]。20 世纪 50 年代，在埃及发现了这种病毒在环境中存在的证据；20 世纪 60 年代初，马科动物疾病首次在埃及和法国被发现[29,30]。1999 年首次在北美地区出现，造成了脑炎在人类和马科动物群体里的肆虐[31]。目前已在非洲、欧洲、中东、西亚和中亚、大洋洲（库宁病毒亚型）以及北美和南美检测到了该病毒。

在过去的 20 年里，WNV 一直肆虐于欧洲和北美的温带地区。随着该病毒的病毒生态学和流行病学特征在新的地域发生演化，WNV 目前在美国各地都出现了地方性流行，因此它成为在美国研究最为广泛的虫媒病毒之一。

虽然 WNV 可以引起严重的神经系统疾病，但大多数 WNV 感染者并没有出现相关症状。大约五分之一的受感染者会出现发热和其他症状，如头痛、身体疼痛、关节痛、呕吐、腹泻或皮疹。大约每 150 名感染者中就有一人会患上严重的，有时是致命的，对中枢神经系统造成影响的疾病，如脑炎（脑部炎症）或脑膜炎（大脑和脊髓周围的膜发炎）。重症症状包括高烧、头痛、颈部僵硬、昏睡、定向障碍、昏迷、震颤、抽搐、肌无力、视力丧失、麻木以及瘫痪。目前还没有疫苗可以有效预防 WNV 在人际的传播，治疗只是起到辅助性的作用。

职业感染

文献中已报告了 WNV 的实验室相关感染。1980 年，SALS 报告了 15 例实验室事故引起的人类感染[2]。其中一例感染系暴露于气溶胶导致。然而，随着实验室和 PPE 设备的改进，在过去 20 年中，只发生了 3 起被公开报道的实验室相关感染（由于在使用锐器工作期间发生了肠外接种）[32,33]。

自然感染方式

在美国，WNV 主要是通过库蚊属的蚊子携带进行传播的。病毒在成蚊吸血期间，通过蚊虫媒介和鸟类宿主之间的持续传播实现扩增。众所周知，人类、马和大多数其他哺乳动物并不会常患传染性病毒血症，因此，它们可能是"终端"（dead-end）或偶然宿主。

实验室安全与防护建议

WNV 可能存在于受感染的人类、鸟类、哺乳动物和爬行动物的血液、血清、组织和脑脊液中。在鸟类的口腔分泌物和粪便中发现了这种病毒。使用受污染物质进行肠外接种的危害性最大，接触破损的皮肤也可能会造成风险。当处理可能具有传染性的材料时，应严格遵守锐器的防护规则。对受感染动物进行尸检或与受感染禽类粪便发生接触的工人可能会有较高的感染风险。

鉴于大量实验室在研究 WNV（只有 3 个肠外实验室相关感染）以及其几乎在美国各地都在流

行，因此建议对 WNV 的所有操作过程都采用 BSL-2 级操作规范、安全防护设备和设施。同样建议对密切相关的地方性圣路易斯脑炎病毒也采取 BSL-2 级防护规范和设施。与过往一样，每个实验室都应进行风险评估，来确定正在进行的实验操作是否需要采取额外的防护措施。例如，如果工作时使用的病毒滴度极高或存在产生气溶胶的流程，就可以考虑采用 BSL-3 实验室防护措施。在计划将 WNV 有关的工作从 BSL-3 实验室转移到 BSL-2 实验室时，应彻底地对样本被需要 BSL-3 级防护的其他病原体污染的风险进行评估。

特殊问题

病原运输   进口该病原需要获得美国 CDC 和（或）APHIS 的进口许可。在美国国内运输该病原可能需要获得美国农业部动植物卫生检查局兽医处（USDA APHIS VS）的许可。如需将病原出口到其他国家 / 地区，则需要美国商务部的许可。更多信息，参见附录 C。

东方马脑炎病毒（EEEV）、委内瑞拉马脑炎病毒（VEEV）和西方马脑炎病毒（WEEV）

VEEV、EEEV 和 WEEV 都同属披膜病毒科 α 病毒属。它们是一种小型的包膜病毒，基因组由单链正义 RNA 组成。这 3 种病毒都能引起脑炎，并伴有长期的神经后遗症。潜伏期从 1 天到 10 天不等，急性疾病的持续时间通常为数天至数周，因病情的严重程度而异。虽然不是自然途径的传播，但病毒通过气溶胶途径具有很强的传染性且实验室相关感染已记录在案[34]。值得注意的是，来自南美洲的 EEEV 病毒株现在被指定为马达里亚加病毒（MADV），不再被视为 EEEV 病毒[35]。马达里亚加病毒株，虽然仍在 EEE 抗原群类内，但在遗传学和病毒生态学上与北美 EEE 病毒株并不相同。它们通常不会引起大规模的动物流行病，并且它们引起人类疾病的能力尚不清楚。

脑炎 α 病毒对人和马都能造成致命的脑炎。然而，在疾病的模式、疾病的严重程度以及在发病率方面都有着很大的不同。由于大多数感染的症状都是轻度的流感样疾病或无症状，因此大多数被报告的病例都是重症病例。WEEV 目前是最罕见的，自 1988 年以来已没有报告人类感染的情况，且自 20 世纪 60 年代以来，美国报告的总病例数也不到 700 例。幼儿（< 12 个月）最易患严重疾病，总病死率估计约为 4%。EEEV 在美国也很罕见，平均每年只有 7 例因造成神经系统疾病而被报告。然而，EEEV 感染的脑炎病例的率估计为 30% ~ 70%，幸存者经常会经历严重的永久性神经后遗症。VEEV 病死率通常在 1% 左右，严重病例通常发生在儿童。其中一例最大规模的 VEEV 疫情爆发在 1995 年的哥伦比亚，约 75 000 人受到了波及。其中，3 000 人出现神经系统症状，共约 300 人死亡，并且目前还没有获得许可的疫苗或治疗方法。

职业感染

实验室的研究显示，这些 α 病毒，尤其是 VEEV，通过气溶胶进行传播，且已有 160 多例 EEEV、VEEV 或 WEEV 实验室相关感染记录在案。许多感染是由于涉及高病毒浓度的操作和产生气溶胶的活动造成的，如离心和口戏移液操作。涉及动物（如用 EEEV 和 WEEV 感染新鸡胚）和蚊子的操作也特别危险。

自然感染方式

α 病毒可导致人兽共患病，持续地在自然传播周期中扩大传播范围，涉及各种蚊虫和小型啮齿动物或鸟类。人类和马被感染的蚊子叮咬而自然获得 α 病毒感染。

EEEV 主要发生的地区有：美国东海岸、墨西哥湾沿岸、中西部内陆、加拿大和加勒比海群岛；相关的 MADV 则发生在中美洲和南美洲 [35,36]。在美国、多米尼加共和国、古巴和牙买加也都曾出现过小规模的人类疾病暴发。在美国，夏季的大西洋和墨西哥湾沿岸地区、其他东部和中西部州以及北至加拿大的魁北克省、安大略省和阿尔伯塔省，马科动物中的流行都是十分常见的。

在中美洲和南美洲，会周期性地暴发由 VEE 病毒引起的局部疫情，而由其引起的罕见的涉及数千例马科动物病例的大规模区域性流行，则主要是发生在农村地区。有理论认为，这些家畜流行病 / 病毒流行的周期性出现源自发生在南美北部持续传播的地方性 VEE 动物病毒突变。这种病毒的典型流行变种在美国并不存在。埃弗格莱兹病毒（VEE 抗原群类 II 型病毒）是一种天然存在于佛罗里达州南部的地方性动物病亚毒型；在美国西部被认为是比朱布里奇病毒（VEE 抗原群类亚型 III-B 型病毒）的地方性疫源地 [37]。

WEEV 主要分布于美国西部和加拿大。中美洲和南美洲地区也出现过散发性感染。

实验室安全与防护建议

α 病毒可能存在于血液、脑脊液、其他组织（如大脑）或咽喉冲洗液中。实验室的主要风险是肠外接种、破裂的皮肤或黏膜与病毒发生接触、被已感染动物或节肢动物咬伤以及吸入气溶胶。

涉及临床材料、传染性培养物和受感染动物或节肢动物的诊断和研究活动的防护方面，应采用 BSL-3 级操作规范、安全防护设备和设施。由于存在被气溶胶感染的高风险，对于非免疫人员来说，呼吸防护是最佳的预防方式。VEEV、EEEV 和 WEEV 的动物实验应在 ABSL-3 级防护条件下进行。使用 VEEV 开展科研活动的实验室和动物科研设施的排气系统需要加装 HEPA 过滤系统。

特殊问题

疫苗 有两种 VEEV（TC-83 和 V3526）在脊椎动物中已高度减毒，并不作为管制性病原。由于致病性水平较低，这些毒株可在 BSL-2 级防护条件下安全地进行处理，无须接种疫苗或佩戴额外的个人防护装备（如呼吸防护面罩）。

试验性疫苗可用于实验室或现场人员接种，对 α 病毒形成免疫，然而，这些疫苗供应非常有限，并且部分人员还可能有禁忌症。因此，如果不能接种疫苗，可能就需要额外佩戴个人防护装备。对于没有中和抗体（以前接种疫苗或自然感染）的人员，在所有流程中都应考虑呼吸防护。

管制性病原 VEEV（IAB 和 IC 亚型）和 EEEV（但不是 MADV）的流行性（在马群体中的扩增能力）亚型毒株管制病原，需要在 CDC 和（或）APHIS 注册才能获得、使用、储存和（或）进行运输。更多信息，参见附录 F。

病原运输 进口该病原需要获得美国 CDC 和（或）APHIS 的进口许可。在美国国内运输该病原需要获得美国农业部动植物卫生检查局兽医处（USDA APHIS VS）的许可。如需将病原出口到其他国家 / 地区，则需要美国商务部的许可。更多信息，参见附录 C。

裂谷热病毒（RVFV）

RVFV 于 1936 年在肯尼亚首次被分离成功，随后在撒哈拉以南非洲的几乎所有地区都显示出有地方性存在 [38]。在雨季，虽然许多其他物种也受到了感染，但主要在羊、牛群中流行，并导致人类疾病。原始脊椎动物的宿主尚不清楚，但是在过去的几十年中引进了大量的高易感家养品种，为大规模的病毒扩增提供了温床。该病毒已传入埃及、沙特阿拉伯和也门，并在这些国家动物和人群中流行。其中最严重的一次是 1977—1979 年在埃及发生的疫情，导致了数千人的感染，并造成了610 人死亡[39]。

大多数人感染后都有症状，最常见的症状包括发热、肌痛、乏力、厌食和其他非特异性症状。通常症状在 1 ～ 2 周内消失，但也会发生出血热、脑炎或视网膜炎。出血热随着原发疾病的进展而发展，以弥散性血管内凝血和肝炎为特征。有 2% 的病例会发生这种并发症，且病死率很高。脑炎只在 < 1% 的病例中有明显恢复的迹象，并导致极高的病死率和严重的后遗症。视网膜血管炎发生于大量（但尚不清楚确切比例）的恢复期病人。视网膜病变往往是发生在黄斑区，且是永久性的，会导致视力的实质性损伤。

被感染的绵羊和牛的病死率为 10% ～ 35%，而且几乎所有怀孕的雌性牛羊都发生了自然流产。虽然其他被研究的动物出现的病毒血症较少且死亡率较低，但仍可能会出现流产。这种病毒被列为世界动物卫生组织（OIE）A 类疾病，并因此触发了出口限制。

职业感染

除通过节肢动物传播外，其他途径感染人是在兽医进行动物尸体解剖时首次发现的。随后，暴露于接触受感染的动物组织和传染性气溶胶被证明构成风险，并造成许多牧民、屠宰场工人和兽医都有受到感染，且感染大多是由于接触了血液和其他组织造成的，包括病畜流产的胚胎组织。

已有了 47 例实验室感染的报告。在现代防护措施和疫苗普及之前，几乎所有开展该病毒研究的实验室都发生过通过气溶胶导致的实验室相关感染[41,41]。

自然感染方式

实地研究表明，RVFV 主要通过蚊子传播，但其他节肢动物也可能被感染以及作为传播的载体。也有在实验室发生机械传播的报道。洪水伊蚊是主要的病毒传播媒介，并且经卵巢传播（繁殖传播）是维持（病毒传播）周期的重要组成部分[42]。然而，在实地研究中，许多不同的蚊子种类都涉及水平传播，实验室研究表明，世界各地的蚊子种类均能够成为传播的媒介，包括北美的蚊子。

目前认为，该病毒是在洪水伊蚊卵中度过旱季。雨水使带有传染性的蚊子能够孵化出来，并把脊椎动物作为觅食对象。多种蚊子可造成水平传播，特别是疾病在动物和人群中流行的情况下。在脊椎动物中传播病毒的载体通常是是羊和牛，但有两点需要注意：1）非洲原生脊椎动物作为病毒传播的载体被认为是存在的，但尚未得到确认；2）人感染后出现的病毒血症在很大程度上被认为在病毒扩增中起到了推波助澜的作用[43]。

疾病会在受感染动物之间传播，但传播效率比较低；咽拭子中的病毒滴度很低。医院感染很少发生。尽管病毒可以从感染后 4 ～ 6 周的小鼠和绵羊淋巴器官中分离到，但目前还没有找到 RVFV 潜伏感染的证据。

实验室安全与防护建议

RVFV 在病畜血液和组织中的浓度通常会很高。流产家畜的胎盘、羊水和胚胎均具有高度的传染性。细胞培养和实验动物中也会产生大量的传染性病毒微粒。

紧急情况下，建议在疫区或非疫区处理人类或动物材料时采用 BSL-3 级操作规范、防护设备和设施。应特别注意严格的气溶胶防控、高压灭菌废料、对工作区域进行消毒以及控制实验材料从实验室的流出。其他可能携带 RVFV 的培养物、细胞或类似生物材料不应在 RVFV 实验室中使用后就马上移除。

疫区以外的诊断或研究工作应在 BSL-3 级实验室中进行。工作人员还必须佩戴呼吸防护装备（如 PAPR）或接种 RVFV 疫苗。此外，在非疫区使用散养动物进行研究工作时，APHIS 可能会要求进行全面的 ABSL-3 Ag 级研究。更多信息，参见附录 D。

特殊问题

疫苗 美国国防部（DOD）已经开发了两种效果良好的疫苗，并根据研究方案在志愿者、实验室工作人员和现场工作人员中进行了接种，但目前两种疫苗都还没大规模推广使用。

管制性病原 RVFV 作为管制性病原，在拥有、使用、储存和（或）运输时，需要向 CDC 和（或）APHIS 进行报备。更多信息，参见附录 F。

MP-12 减毒活疫苗株和 ΔNSs-ΔNSm-ZH501 株被不是管制性病原。一般来说，在开展对这些毒株的科研工作时，建议使用 BSL-2 级防护。

在美国开展对 RVFV 的科研工作时，APHIS 会要求采用增强型 ABSL-3 级、ABSL-3 级或 ABSL-3 Ag 级设施以及操作规范；更多信息，参见附录 D。在开始研究之前，研究人员应联系 APHIS 寻求进一步的指导。

病原运输 进口该病原需要获得美国 CDC 和（或）APHIS 的进口许可。在美国国内运输该病原需要获得美国农业部动植物卫生检查局兽医处（USDA APHIS VS）的许可。如需将病原出口到其他国家/地区，则需要美国商务部的许可。更多信息，参见附录 C。

表 8F-2 对表 8F-3 和表 8F-4 中所用符号的说明，用于确定病毒生物安全等级分配依据

符号	定义
S	SALS 调查结果和目录信息 [1]
IE	缺乏在生物防护程度低的实验室设施中处理病毒的经验
A	附加标准（A1～A8）
A1	羊、牛或马的疾病
A2	造成致命的人类实验室感染——可能是气溶胶
A3	丰富的实验室经验以及轻度气溶胶造成风险——需 BSL-2 级防护
A4	由于与已知的 BSL-4 级病原体有密切的抗原性关系，加上缺乏经验，因此将其置于 BSL-4 级防护下
A5	尚不清楚在 BSL-2 级防护下处理的沙粒病毒是否会在人类中引起严重的急性疾病，且其对包括灵长类在内的实验动物不具有急性致病性。强烈建议在 BSL-3 实验室条件下完成对高浓度沙粒病毒的处理
A6	指定给原型或野生型病毒的级别。对于具有明确的毒性降低特征的变种，可以建议使用较低的级别
A7	基于与一组中 3 种或 3 种以上病毒中的其他病毒有密切的抗原或遗传关系，将所有病毒都归入这一级别
A8	尚不清楚在 BSL-2 级实验室条件下处理的汉坦病毒会造成实验室感染、人类显性疾病或实验灵长类动物的严重疾病。由于与高致病性汉坦病毒的抗原性和生物学关系，以及被实验感染的啮齿动物可能会释放大量病毒，因此建议在 BSL-3 级实验室条件下开展高浓度病毒或实验性啮齿动物感染的研究工作

表 8F-3 虫媒病毒和出血热病毒细表 *

病毒名称	缩写	科	属	建议的生物安全等级	评级依据	抗原组
Abadina	ABAV	呼肠孤病毒科	环状病毒属	2	A7	无
上梅登病毒	ABMV	呼肠孤病毒科	环状病毒属	2	A7	无
Abras	ABRV	周布尼亚病毒科	正布尼亚病毒属	2	A7	帕托伊斯病毒
阿卜塞塔罗夫病毒	ABSV	黄病毒科	黄病毒属	4	A4	蜱传脑炎病毒 -CE 亚型
阿布汉麦德病毒	AHV	内罗病毒科	正内罗病毒	2	S	德拉加齐汗病毒

续表

病毒名称	缩写	科	属	建议的生物安全等级	评级依据	抗原组
阿布米奈病毒	ABMV	内罗病毒科	正内罗病毒	2	A7	无
Acado	ACDV	呼肠孤病毒科	环状病毒属	2	S	Corriparta
Acara	ACAV	周布尼亚病毒科	正布尼亚病毒属	2	S	卡平病毒
Achiote	ACHOV	周布尼亚病毒科	正布尼亚病毒属	2	A7	加利福尼亚脑炎病毒
Adana	ADAV	白纤病毒科	白蛉病毒属	2	A7	塞尔哈巴德病毒
阿得莱德河病毒	ARV	弹状病毒科	短时热病毒属	2	IE	牛流行热病毒
Adria	ADRV	白纤病毒科	白蛉病毒属	2	A7	无
非洲马瘟病毒	AHSV	呼肠孤病毒科	环状病毒属	3b	A1	非洲马瘟病毒
非洲猪瘟病毒	ASFV	非洲猪瘟病毒科	非洲猪瘟病毒属	3b	IE	非洲猪瘟病毒
鳄梨病毒	AGUV	白纤病毒科	白蛉病毒属	2	S	白蛉热病毒
Aino	AINOV	周布尼亚病毒科	正布尼亚病毒属	2	S	西姆布病毒
Akabane	AKAV	周布尼亚病毒科	正布尼亚病毒属	3b	S	西姆布病毒
Alajuela	ALJV	周布尼亚病毒科	正布尼亚病毒属	2	A7	无
Alcube	无	白纤病毒科	白蛉病毒属	2	A7	无
Alenquer	ALEV	白纤病毒科	白蛉病毒属	2	IE	白蛉热病毒
Alfuy	ALFV	黄病毒科	黄病毒属	2	S	无
Alkhurma	AHFV	黄病毒科	黄病毒属	4	A4	蜱传脑炎病毒 -CE 亚型
Allpahuayo	ALLPV	沙粒病毒科	哺乳病毒属	3	IE	塔卡里伯病毒
阿尔梅林病毒	ALMV	呼肠孤病毒科	环状病毒属	2	IE	钱吉诺拉病毒
阿尔姆皮瓦病毒	ALMV	弹状病毒科	斯里普病毒属	2	S	无
阿尔塔米拉病毒	ALTV	呼肠孤病毒科	环状病毒属	2	IE	钱吉诺拉病毒
阿玛帕里病毒	AMAV	沙粒病毒科	哺乳病毒属	2	A5	塔卡里伯病毒
安贝病毒	AMBEV	白纤病毒科	白蛉病毒属	2	IE	无
Amga	MGAV	汉坦病毒科	正汉坦病毒属	3a	A7	无
Amur/Soochong	ASV	汉坦病毒科	正汉坦病毒属	3a	A7	无
Anadyr	ANADV	周布尼亚病毒科	正布尼亚病毒属	2	A7	无
Anajatuba	ANJV	汉坦病毒科	正汉坦病毒属	3a	A7	无
Ananindeua	ANUV	周布尼亚病毒科	正布尼亚病毒属	2	A7	瓜玛病毒
Andasibe	ANDV	呼肠孤病毒科	环状病毒属	2	A7	无
Andes	ANDV	汉坦病毒科	正汉坦病毒属	3a	IE	汉坦病毒
Anhanga	ANHV	白纤病毒科	白蛉病毒属	2	S	白蛉热病毒
Anhembi	AMBV	周布尼亚病毒科	正布尼亚病毒属	2	S	布尼安姆韦拉病毒
按蚊 A 病毒	ANAV	周布尼亚病毒科	正布尼亚病毒属	2	S	按蚊 A 病毒
按蚊 B 病毒	ANBV	周布尼亚病毒科	正布尼亚病毒属	2	S	按蚊 B 病毒
Antequera	ANTV	未分类布尼亚病毒		2	IE	Antequera
Apeú	APEUV	周布尼亚病毒科	正布尼亚病毒属	2	S	无
Apoi	APOIV	黄病毒科	黄病毒属	2	S	无
Araguari	ARAV	正黏病毒科	未指定	3	IE	无
Aransas Bay	ABV	正黏病毒科	托高土病毒属	2	IE	Upolu
Araraquara	ARQV	汉坦病毒科	正汉坦病毒属	3a	A7	无
Araucaria	ARAUV	汉坦病毒科	正汉坦病毒属	3a	A7	无
阿尔比亚病毒	ARBV	白纤病毒科	白蛉病毒属	2	IE	白蛉热病毒

续表

病毒名称	缩写	科	属	建议的生物安全等级	评级依据	抗原组
阿沃莱达斯病毒	ADSV	白纤病毒科	白蛉病毒属	2	A7	白蛉热病毒
阿布罗斯病毒	ABRV	呼肠孤病毒科	环状病毒属	2	A7	无
Aride	ARIV	未分类		2	S	无
Ariquemes	ARQV	白纤病毒科	白蛉病毒属	2	A7	白蛉热病毒
阿科纳姆病毒	ARKV	呼肠孤病毒科	环状病毒属	2	S	无
Armero	ARMV	白纤病毒科	白蛉病毒属	2	A7	白蛉热病毒
Aroa	AROAV	黄病毒科	黄病毒属	2	S	无
Arrabida	ARRV	白纤病毒科	白蛉病毒属	2	A7	白蛉热病毒
Artashat	ARTSV	内罗病毒科	正内罗病毒	3	IE	无
阿鲁卡病毒	ARUV	弹状病毒科	未指定	2	S	无
Arumateua	ARMTV	周布尼亚病毒科	正布尼亚病毒属	2	A7	无
阿鲁莫沃特病毒	AMTV	白纤病毒科	白蛉病毒属	2	S	白蛉热病毒
Asama	ASAV	汉坦病毒科	正汉坦病毒属	3a	A7	无
Asikkala	ASIV	汉坦病毒科	正汉坦病毒属	3a	A7	无
Aura	AURAV	披膜病毒科	α病毒属	2	S	西方马脑炎病毒
Avalon	AVAV	内罗病毒科	正内罗病毒	2	S	Sakhalin
Babahoyo	BABV	周布尼亚病毒科	正布尼亚病毒属	2	A7	帕托伊斯病毒
Babanki	BBKV	披膜病毒科	α病毒属	2	A7	西方马脑炎病毒
巴格扎病毒	BAGV	黄病毒科	黄病毒属	2	S	无
Bahig	BAHV	周布尼亚病毒科	正布尼亚病毒属	2	S	Tete
Bakau	BAKV	周布尼亚病毒科	正布尼亚病毒属	2	S	Bakau
Bakel	BAKV	内罗病毒科	正内罗病毒	2	A7	无
Baku	BAKUV	呼肠孤病毒科	环状病毒属	2	S	克麦罗沃病毒
Balkan	BALKV	白纤病毒科	白蛉病毒属	2	A7	无
班狄亚病毒	BDAV	内罗病毒科	正内罗病毒	2	S	Qalyub
邦戈兰病毒	BGNV	弹状病毒科	未指定	2	S	无
Bangui	BGIV	未分类布尼亚病毒	无	2	S	无
新环状病毒	BAV	呼肠孤病毒科	东南亚十二节段RNA病毒属	3	IE	无
班齐病毒	BANV	黄病毒科	黄病毒属	2	S	无
巴马森林病毒	BFV	披膜病毒科	α病毒属	2	A7	巴马森林病毒
Barranqueras	BQSV	未分类布尼亚病毒	无	2	IE	Antequera
Barur	BARV	弹状病毒科	莱丹特病毒属	2	S	克恩峡谷病毒
巴泰病毒	BATV	周布尼亚病毒科	正布尼亚病毒属	2	S	布尼安姆韦拉病毒
Batama	BMAV	周布尼亚病毒科	正布尼亚病毒属	2	A7	Tete
巴特肯病毒	BKNV	正黏病毒科	托高土病毒属	2	IE	无
黑风洞病毒	BCV	黄病毒科	黄病毒属	2	A7	无
Bauline	BAUV	呼肠孤病毒科	环状病毒属	2	S	克麦罗沃病毒
牛轭湖病毒	BAYV	汉坦病毒科	正汉坦病毒属	3a	A7	无
BeAr 328208	BAV	周布尼亚病毒科	正布尼亚病毒属	2	A7	无
Bear Canyon	BCNV	沙粒病毒科	哺乳病毒属	3	A7	无
Beatrice Hill	BHV	弹状病毒科	提布罗病毒属	2	IE	无
Beaumont	BEAUV	弹状病毒科	未指定	2	A7	无

续表

病毒名称	缩写	科	属	建议的生物安全等级	评级依据	抗原组
比巴鲁病毒	BEBV	披膜病毒科	α 病毒属	2	S	塞姆利基森林病毒
Belem	BLMV	未分类布尼亚病毒	无	2	IE	无
Belmont	BELV	未分类布尼亚病毒	无	2	S	无
贝尔特拉病毒	BELTV	白纤病毒科	白蛉病毒属	2	A7	白蛉热病毒
本内维德斯病毒	BENV	周布尼亚病毒科	正布尼亚病毒属	2	A7	卡平病毒
Benfica	BNFV	周布尼亚病毒科	正布尼亚病毒属	2	A7	卡平病毒
贝尔梅霍病毒	BMJV	汉坦病毒科	正汉坦病毒属	3a	IE	汉坦病毒
贝里马病毒	BRMV	弹状病毒科	短时热病毒属	2	IE	牛流行热病毒
Bertioga	BERV	周布尼亚病毒科	正布尼亚病毒属	2	S	瓜玛病毒
Bhanja	BHAV	白纤病毒科	白蛉病毒属	3	S	Bhanja
Big Brushy Tank	BBTV	沙粒病毒科	哺乳病毒属	3	IE	无
Big Cypress	BCPOV	呼肠孤病毒科	环状病毒属	2	A7	无
宾博病毒	BBOV	弹状病毒科	未指定	2	IE	无
Bimiti	BIMV	周布尼亚病毒科	正布尼亚病毒属	2	S	瓜玛病毒
比劳病毒	BIRV	周布尼亚病毒科	正布尼亚病毒属	2	S	布尼安姆韦拉病毒
毕文斯阿姆病毒	BAV	弹状病毒科	提布罗病毒属	2	IE	无
黑溪运河病毒	BCCV	汉坦病毒科	正汉坦病毒属	3a	A7	无
Bloodland Lake	BLLV	汉坦病毒科	正汉坦病毒属	2a	A8	无
Blue River	BRV	汉坦病毒科	正汉坦病毒属	3a	A7	无
蓝舌病病毒（外来血清型）	BTV	呼肠孤病毒科	环状病毒属	3b	S	蓝舌病病毒
蓝舌病病毒(非外来）	BTV	呼肠孤病毒科	环状病毒属	2b	S	蓝舌病病毒
Bobaya	BOBV	未分类布尼亚病毒	无	2	IE	无
Bobia	BIAV	周布尼亚病毒科	正布尼亚病毒属	2	IE	奥利范次夫莱病毒
Boracéia	BORV	周布尼亚病毒科	正布尼亚病毒属	2	S	按蚊 B 病毒
博坦比病毒	BOTV	周布尼亚病毒科	正布尼亚病毒属	2	S	奥利范次夫莱病毒
博特克病毒	BTKV	弹状病毒科	水疱病毒属	2	S	水疱性口炎病毒
博博衣病毒	BOUV	黄病毒科	黄病毒	2	S	博博衣病毒
波旁病毒	BRBV	正黏病毒科	托高土病毒属	2	A7	无
牛流行热病毒	BEFV	弹状病毒科	短时热病毒属	3	A1	牛流行热病毒
Bowe	BOWV	汉坦病毒科	正汉坦病毒属	3a	A7	无
Bozo	BOZOV	周布尼亚病毒科	正布尼亚病毒属	2	A7	布尼安姆韦拉病毒
Brazoran		周布尼亚病毒科	未指定	2	A7	无
Breu Branco	BRBV	呼肠孤病毒科	环状病毒属	2	A7	无
布罗德黑文湾病毒	BRDV	呼肠孤病毒科	环状病毒属	2	A7	无
布鲁科哈病毒	BRUV	周布尼亚病毒科	正布尼亚病毒属	2	A7	无
Bruges	BRGV	汉坦病毒科	正汉坦病毒属	3a	A7	无
Buenaventura	BUEV	白纤病毒科	白蛉病毒属	2	IE	Phlebotomous Fever
博吉河病毒		披膜病毒科	α 病毒属	2	A7	西方马脑炎病毒
布加鲁病毒	BUJV	白纤病毒科	白蛉病毒属	2	S	无
布卡拉沙蝙蝠病毒	BBV	黄病毒科	黄病毒属	2	A7	无

续表

病毒名称	缩写	科	属	建议的生物安全等级	评级依据	抗原组
本迪布焦病毒	BDBV	纤丝病毒科	埃博拉病毒	4	A4	埃博拉病毒
布尼安姆韦拉病毒	BUNV	周布尼亚病毒科	正正布尼亚病毒属	2	S	布尼安姆韦拉病毒
布宜普克里克病毒	BCV	呼肠孤病毒科	环状病毒属	2	S	无
Burana	BURV	内罗病毒科	正内罗病毒属	2	A7	无
Burg El Arab	BEAV	布尼亚病毒科（未分类）	无	2	S	无
布什病毒	BSBV	周布尼亚病毒科	正布尼亚病毒属	2	S	无
布苏夸拉病毒	BSQV	黄病毒科	黄病毒属	2	S	无
巴顿威洛病毒	BUTV	周布尼亚病毒科	正布尼亚病毒属	2	S	无
勃旺巴病毒	BWAV	周布尼亚病毒科	正布尼亚病毒属	2	S	无
卡巴斯欧病毒	CABV	披膜病毒科	甲病毒属	3	IE	委内瑞拉马脑炎病毒
可可病毒	CACV	白纤病毒科	白蛉病毒属	2	S	无
卡奇谷病毒	CVV	周布尼亚病毒科	正布尼亚病毒属	2	S	无
Cachoeira Portiera	CPOV	周布尼亚病毒科	正布尼亚病毒属	2	A7	无
Cacipacoré	CPCV	黄病毒科	黄病毒属	2	IE	无
克米托病毒	CAIV	白纤病毒科	白蛉病毒属	2	S	无
卡尔查基病毒	CQIV	周布尼亚病毒科	未指定	2	A7	Gamboa
加利福尼亚脑炎病毒	CEV	周布尼亚病毒科	正布尼亚病毒属	2	S	加利福尼亚脑炎病毒
Calovo	CVOV	周布尼亚病毒科	正布尼亚病毒属	2	S	无
Campana	CMAV	白纤病毒科	白蛉病毒属	2	A7	Punta Toro
加拿尼亚病毒	CNAV	周布尼亚病毒科	正布尼亚病毒属	2	IE	无
坎第鲁病毒	CDUV	白纤病毒科	白蛉病毒属	2	S	坎第鲁病毒
卡宁德病毒	CANV	呼肠孤病毒科	环状病毒属	2	IE	张格罗拉病毒
卡尼奥德尔加蒂图病毒	CADV	汉坦病毒科	正汉坦病毒属	3a	IE	汉坦病毒
Cao Bang	CBNV	汉坦病毒科	正汉坦病毒属	3a	A7	无
凯普拉斯病毒	CWV	呼肠孤病毒科	环状病毒属	2	S	克麦罗沃病毒
卡平病毒	CAPV	周布尼亚病毒科	正布尼亚病毒属	2	S	卡平病毒
Capira	CAPV	白纤病毒科	白蛉病毒属	2	A7	Punta Toro
Caraipé	CRPV	周布尼亚病毒科	正布尼亚病毒属	2	A7	无
Carajás	CRJV	弹状病毒科	水疱病毒属	2	A7	水疱性口炎病毒
Caraparú	CARV	周布尼亚病毒科	正布尼亚病毒属	2	S	无
凯里岛病毒	CIV	黄病毒科	黄病毒属	2	S	无
Caspiy	CASV	内罗病毒科	正内罗病毒属	2	A7	无
Castelo dos Sonhos	CASV	汉坦病毒科	正汉坦病毒属	3a	IE	无
Cat Que	CQV	周布尼亚病毒科	正布尼亚病毒属	2	A7	无
Catarina	CTNV	沙状病毒科	哺乳类沙粒病毒属	3	IE	无
Catú	CATUV	周布尼亚病毒科	正布尼亚病毒属	2	S	瓜玛病毒
Chaco	CHOV	弹状病毒科	Sripuvirus 属	2	S	蒂姆博病毒
查格雷斯病毒	CHGV	白纤病毒科	白蛉病毒属	2	S	白蛉热病毒
钱迪普拉病毒	CHPV	弹状病毒科	水疱病毒属	2	S	水疱性口炎病毒
张格罗拉病毒	CGLV	呼肠孤病毒科	环状病毒属	2	S	张格罗拉病毒

续表

病毒名称	缩写	科	属	建议的生物安全等级	评级依据	抗原组
查帕雷病毒	CHAPV	沙状病毒科	哺乳类沙粒病毒属	4	A4	无
沙勒维尔病毒	CHVV	弹状病毒科	未指定	2	S	Rab
秦纽达病毒	CNUV	呼肠孤病毒科	环状病毒属	2	S	克麦罗沃病毒
基孔肯亚病毒	CHIKV	披膜病毒科	甲病毒属	3	S	基姆利基森林病毒
奇尼布热病毒	CHIV	白纤病毒科	白蛉病毒属	2	S	白蛉热病毒
Chim	CHIMV	内罗病毒科	正内罗病毒属	2	IE	无
Chizé	CHZV	白纤病毒科	白蛉病毒属	2	A7	无
乔巴峡病毒	CGV	呼肠孤病毒科	环状病毒属	2	S	乔巴峡病毒
Choclo	CHOV	汉坦病毒	正汉坦病毒属	3a	A7	无
Clo Mor	CMV	内罗病毒科	正内罗病毒	2	S	Sakhalin
CoAr 1071	CA1071V	周布尼亚病毒科	正布尼亚病毒属	2	A7	无
CoAr 3627	CA3627V	周布尼亚病毒科	正布尼亚病毒属	2	A7	无
卡森平原病毒	CPV	弹状病毒科	提布罗病毒属	2	IE	蒂布鲁加尔冈病毒
Cocal	COCV	弹状病毒科	水疱病毒属	2	A3	水疱性口炎病毒
Cocle	CCLV	白纤病毒科	白蛉病毒属	2	A7	Punta Toro
Codajas	CDJV	呼肠孤病毒科	环状病毒属	2	A7	无
科勒尼病毒	COYV	呼肠孤病毒科	环状病毒属	2	A7	无
Colony B North	CBNV	呼肠孤病毒科	环状病毒属	2	A7	无
科罗拉多壁虱热病毒	CTFV	呼肠孤病毒科	科罗病毒属	2	S	科罗拉多壁虱热病毒
克里米亚 - 刚果出血热病毒	CCHFV	内罗病毒科	正内罗病毒	4	A7	出血性发热病毒
Connecticut	CNTV	弹状病毒科	未指定	2	IE	Sawgrass
Corfou	CFUV	白纤病毒科	白蛉病毒属	2	A7	白蛉热病毒
Corriparta	CORV	呼肠孤病毒科	环状病毒属	2	S	Corriparta
Cotia	COTV	痘病毒科	未指定	2	S	无
牛骨山脊病毒	CRV	黄病毒科	黄病毒属	2	S	无
卡西欧村病毒	CVGV	呼肠孤病毒科	环状病毒属	2	S	巴尼亚姆病毒
Cuiaba	CUIV	弹状病毒科	未指定	2	S	无
Cupixi	CPXV	沙粒病毒科	哺乳病毒属	3	IE	无
Curionopolis	CRNPV	弹状病毒科	Curiovirus 属	2	A7	无
Dabakala	DABV	周布尼亚病毒科	正布尼亚病毒属	2	A7	奥利范次夫莱病毒
Dabieshan 病毒	DBSV	汉坦病毒科	正汉坦病毒属	3a	A7	无
D' Aguilar	DAGV	呼肠孤病毒科	环状病毒属	2	S	巴尼亚姆病毒
Dakar bat	DBV	黄病毒科	黄病毒属	2	S	无
Dandenong	DANV	沙粒病毒科	哺乳病毒属	2	A5	无
Dashli	DASHV	白纤病毒科	白蛉病毒属	2	A7	无
鹿蜱病毒	DRTV	黄病毒科	黄病毒属	3	A7	无
登革热病毒 1 型	DENV-1	黄病毒科	黄病毒属	2	S	无
登革热病毒 2 型	DENV-2	黄病毒科	黄病毒属	2	S	无
登革热病毒 3 型	DENV-3	黄病毒科	黄病毒属	2	S	无
登革热病毒 4 型	DENV-4	黄病毒科	黄病毒属	2	S	无
Dera Ghazi Khan	DGKV	内罗病毒科	正内罗病毒	2	S	Dera Ghazi Khan
贝尔格莱德病毒	DOBV	汉坦病毒科	正汉坦病毒属	3a	IE	无

续表

病毒名称	缩写	科	属	建议的生物安全等级	评级依据	抗原组
Dhori	DHOV	正黏病毒科	托高土病毒属	2	S	无
Douglas	DOUV	周布尼亚病毒科	正布尼亚病毒属	3	IE	西姆布病毒
Durania	DURV	白纤病毒科	白蛉病毒属	2	A7	白蛉热病毒
Durham	DURV	弹状病毒科	Tupavirus 属	2	IE	无
Dugbe	DUGV	内罗病毒科	正内罗病毒	3	S	内罗毕羊病病毒
东方马脑炎病毒	EEEV	披膜病毒科	α 病毒属	3b	S	东方马脑炎病毒
埃博拉病毒	EBOV	纤丝病毒科	埃博拉病毒	4	S	埃博拉病毒
Edge Hill	EHV	黄病毒科	黄病毒属	2	S	无
EgAN 1825-61	EGAV	白纤病毒科	白蛉病毒属	2	A7	无
El Huayo	EHUV	周布尼亚病毒科	正布尼亚病毒属	2	A7	无
莫洛峡谷病毒	ELMCV	汉坦病毒科	正汉坦病毒属	3a	A7	无
埃德利扎岛病毒	ELLV	呼肠孤病毒科	环状病毒属	2	A7	无
Enseada	ENSV	未分类布尼亚病毒	无	3	IE	无
恩德培蝙蝠病毒	ENTV	黄病毒科	黄病毒属	2	S	无
鹿流行性出血病病毒	EHDV	呼肠孤病毒科	环状病毒属	2	S	鹿流行性出血病病毒
马脑病病毒	EEV	呼肠孤病毒科	环状病毒属	3	A1	无
Eret	ERETV	周布尼亚病毒科	正布尼亚病毒属	2	A7	无
埃尔韦病毒	ERVEV	内罗病毒科	正内罗病毒	2	S	Thiafora
Escharte	ESCV	白纤病毒科	白蛉病毒属	3	IE	无
Essaouira	ESSV	呼肠孤病毒科	环状病毒属	2	A7	无
Estero Real	ERV	周布尼亚病毒科	正布尼亚病毒属	2	IE	巴托西病毒
北澳蚊病毒	EUBV	呼肠孤病毒科	环状病毒属	2	S	北澳蚊病毒
Everglades	EVEV	披膜病毒科	α 病毒属	3	S	委内瑞拉马脑炎病毒
Eyach	EYAV	呼肠孤病毒科	科罗病毒属	2	S	科罗拉多壁虱热病毒
法塞氏帕多克病毒	FPV	周布尼亚病毒科	正布尼亚病毒属	2	A7	无
Farallon	FARV	内罗病毒科	正内罗病毒	2	A7	无
Farmington	FRMV	弹状病毒科	未指定	2	A7	无
Fermo	FERV	白纤病毒科	白蛉病毒属	2	A7	那不勒斯白蛉热病毒
Fikirini	FKRV	弹状病毒科	莱丹特病毒属	2	A7	无
Fin V 707	FINV	白纤病毒科	白蛉病毒属	2	A7	无
Finch Creek	FINCV	内罗病毒科	正内罗病毒	2	A7	无
Fitzroy River	FRV	黄病毒科	黄病毒属	3	A7	黄热病病毒
Flanders	FLAV	弹状病毒科	哈帕病毒属	2	S	哈特公园病毒
Flexal	FLEV	沙粒病毒科	哺乳病毒属	3	S	塔卡里伯病毒
Fomede	FV	呼肠孤病毒科	环状病毒属	2	A7	乔巴峡病毒
Forécariah	FORV	白纤病毒科	白蛉病毒属	2	A7	Bhanja
摩根堡病毒	FMV	披膜病毒科	α 病毒属	2	S	西方马脑炎病毒
谢尔曼堡病毒	FSV	周布尼亚病毒科	正布尼亚病毒属	2	A7	布尼安姆韦拉病毒
Foula	FOUV	呼肠孤病毒科	环状病毒属	2	A7	无
弗拉泽区病毒	FPV	内罗病毒科	正内罗病毒	2	A7	无
Frijoles	FRIV	白纤病毒科	白蛉病毒属	2	S	白蛉热病毒
Fugong	FUGV	汉坦病毒科	正汉坦病毒属	3a	IE	无

续表

病毒名称	缩写	科	属	建议的生物安全等级	评级依据	抗原组
Fukuoka	FUKV	弹状病毒科	莱丹特病毒属	2	A7	无
Fusong	FUSV	汉坦病毒科	正汉坦病毒属	3	A7	无
加伯克森林白蛉病毒	GFV	白纤病毒科	白蛉病毒属	2	A7	白蛉热病毒
加德格兹谷病毒	GGYV	黄病毒科	黄病毒属	2	IE	无
Gairo	GAIV	沙粒病毒科	哺乳病毒属	3	A7	无
Gamboa	GAMV	周布尼亚病毒科	正布尼亚病毒属	2	S	Gamboa
Gan Gan	GGV	周布尼亚病毒科	正布尼亚病毒属	2	A7	玛普塔病毒
Garatuba	GTBV	周布尼亚病毒科	正布尼亚病毒属	2	A7	无
Garba	GARV	弹状病毒科	未指定	2	IE	Matariva
加里萨病毒	GRSV	周布尼亚病毒科	正布尼亚病毒属	3	A7	布尼安姆韦拉病毒
Geran	GERV	内罗病毒科	正内罗病毒	2	A7	无
杰米斯顿病毒	GERV	周布尼亚病毒科	正布尼亚病毒属	3		布尼安姆韦拉病毒
Getah	GETV	披膜病毒科	α 病毒属	2	A1	塞姆利基森林病毒
Gomoka	GOMV	呼肠孤病毒科	环状病毒属	2	S	Ieri
Gordil	GORV	白纤病毒科	白蛉病毒属	2	IE	白蛉热病毒
Gossas	GOSV	内罗病毒科	正内罗病毒	2	S	无
Gou	GOUV	汉坦病毒科	正汉坦病毒属	2a	IE	无
Gouleako	GOLV	白纤病毒科	Goukovirus 属	3	IE	无
Granada	GRAV	白纤病毒科	白蛉病毒属	2	A7	无
格兰德阿博德病毒	GAV	白纤病毒科	白蛉病毒属	2	S	Uukuniemi
格雷洛奇病毒	GLOV	弹状病毒科	哈帕病毒属	2	IE	水疱性口炎病毒
大岛病毒	GIV	呼肠孤病毒科	环状病毒属	2	S	克麦罗沃病毒
大盐场病毒	GRSV	内罗病毒科	正内罗病毒	2	A7	无
大萨尔蒂群岛病毒	GSIV	呼肠孤病毒科	环状病毒属	2	A7	无
Grimsey	GSYV	呼肠孤病毒科	环状病毒属	2	A7	无
Guajará	GJAV	周布尼亚病毒科	正布尼亚病毒属	2	S	卡平病毒
瓜玛病毒	GMAV	周布尼亚病毒科	正布尼亚病毒属	2	S	瓜玛病毒
Guanarito	GTOV	沙粒病毒科	哺乳病毒属	4	A4	塔卡里伯病毒
Guaratuba	GTBV	周布尼亚病毒科	正布尼亚病毒属	2	A7	瓜玛病毒
Guaroa	GROV	周布尼亚病毒科	正布尼亚病毒属	2	S	加利福尼亚脑炎病毒
冈姆博林姆搏病毒	GLV	周布尼亚病毒科	正布尼亚病毒属	2	S	无
Gurupi	GURV	呼肠孤病毒科	环状病毒属	2	IE	钱吉诺拉病毒
Gweru	GWV	呼肠孤病毒科	环状病毒属	2	A7	无
汉坦病毒	HTNV	汉坦病毒科	正汉坦病毒属	3a	S	汉坦病毒
Hanzalova	HANV	黄病毒科	黄病毒属	4	A4	蜱传脑炎病毒 -CE 亚型
哈特公园病毒	HPV	弹状病毒科	哈帕病毒属	2	S	哈特公园病毒
Hazara	HAZV	内罗病毒科	正内罗病毒	2	S	CCHF
中原病毒	HRTV	白纤病毒科	白蛉病毒属	3	IE	无
高地 J 病毒	HJV	披膜病毒科	α 病毒属	2	S	西方马脑炎病毒
Huacho	HUAV	呼肠孤病毒科	环状病毒属	2	S	克麦罗沃病毒
Hughes	HUGV	内罗病毒科	正内罗病毒	2	S	Hughes
Hunter Island	HUIV	白纤病毒科	白蛉病毒属	3	IE	无

续表

病毒名称	缩写	科	属	建议的生物安全等级	评级依据	抗原组
Hypr	HYPRV	黄病毒科	黄病毒属	4	S	蜱传脑炎病毒-CE 亚型
Iaco	IACOV	周布尼亚病毒科	正布尼亚病毒属	2	IE	布尼安姆韦拉病毒
Ibaraki	IBAV	呼肠孤病毒科	环状病毒属	2	IE	流行性出血热病毒
Icoaraci	ICOV	白纤病毒科	白蛉病毒属	2	S	白蛉热病毒
Ieri	IERIV	呼肠孤病毒科	环状病毒属	2	S	Ieri
Ife	IFEV	呼肠孤病毒科	环状病毒属	2	IE	无
Iguape	IGUV	黄病毒科	黄病毒属	2	A7	无
Ilesha	ILEV	周布尼亚病毒科	正布尼亚病毒属	2	S	布尼安姆韦拉病毒
Ilhéus	ILHV	黄病毒科	黄病毒属	2	S	无
Imjin	MJNV	汉坦病毒科	正汉坦病毒属	3a	IE	无
Infirmatus	INFV	周布尼亚病毒科	正布尼亚病毒属	2	A7	加利福尼亚脑炎
Ingwavuma	INGV	周布尼亚病毒科	正布尼亚病毒属	2	S	西姆布病毒
Inhangapi	INHV	弹状病毒科	未指定	2	IE	无
Inini	INIV	周布尼亚病毒科	正布尼亚病毒属	2	IE	西姆布病毒
Inkoo	INKV	周布尼亚病毒科	正布尼亚病毒属	2	S	加利福尼亚脑炎病毒
内法尔岛病毒	INFV	呼肠孤病毒科	环状病毒属	2	A7	无
Ippy	IPPYV	沙粒病毒科	哺乳病毒属	2	S	塔卡里伯病毒
Iquitos	IQTV	周布尼亚病毒科	正布尼亚病毒属	2	A7	无
Iriri	IRRV	弹状病毒科	Curiovirus 属	2	A7	无
Irituia	IRIV	呼肠孤病毒科	环状病毒属	2	S	钱吉诺拉病毒
Isfahan	ISFV	弹状病毒科	水疱病毒属	2	S	水疱性口炎
以色列-土耳其脑膜炎病毒	ITV	黄病毒科	黄病毒属	2 和 3	S	无
Issyk-Kul	ISKV	内罗病毒科	正内罗病毒	3	IE	无
Itacaiunas	ITCNV	弹状病毒科	Curiovirus 属	2	A7	无
Itaituba	ITAV	白纤病毒科	白蛉病毒属	2	IE	白蛉热病毒
Itaporanga	ITPV	白纤病毒科	白蛉病毒属	2	S	白蛉热病毒
Itaquí	ITQV	周布尼亚病毒科	正布尼亚病毒属	2	S	无
Itaya		周布尼亚病毒科	正布尼亚病毒属	2	A7	无
Itimirim	ITIV	周布尼亚病毒科	正布尼亚病毒属	2	IE	瓜玛病毒
Itupiranga	ITUV	呼肠孤病毒科	环状病毒属	2	II	无
Ixcanal	IXCV	白纤病毒科	白蛉病毒属	2	A7	白蛉热病毒
Jacareacanga	JACV	呼肠孤病毒科	环状病毒属	2	IE	Corriparta
Jacunda	JCNV	白纤病毒科	白蛉病毒属	2	A7	白蛉热病毒
Jamanxi	JAMV	呼肠孤病毒科	环状病毒属	2	IE	钱吉诺拉病毒
詹姆斯敦峡谷病毒	JCV	周布尼亚病毒科	正布尼亚病毒属	2	S	加利福尼亚脑炎
Japanaut	JAPV	呼肠孤病毒科	环状病毒属	2	S	无
乙型脑炎病毒	JEV	黄病毒科	黄病毒属	3b	S	无
Jari	JARIV	呼肠孤病毒科	环状病毒属	2	IE	钱吉诺拉病毒
Jatobal	JTBV	泛布尼亚病毒科	正布尼亚病毒属	2	A7	无
Jeju	JJUV	汉坦病毒科	正汉坦病毒属	3a	A7	无
Jerry Slough	JSV	周布尼亚病毒科	正布尼亚病毒属	2	S	加利福尼亚脑炎病毒
Joa	JOAV	白纤病毒科	白蛉病毒属	2	A7	无

续表

病毒名称	缩写	科	属	建议的生物安全等级	评级依据	抗原组
Johnston Atoll	JAV	正黏病毒科	夸兰扎病毒属	2	S	Quaranfil
Joinjakaka	JOIV	弹状病毒科	哈帕病毒属	2	S	无
Juan Diaz	JDV	周布尼亚病毒科	正布尼亚病毒属	2	S	卡平病毒
Jugra	JUGV	黄病毒科	黄病毒属	2	S	无
Junín	JUNV	沙粒病毒科	哺乳病毒属	4	A6	塔卡里伯病毒
Juquitiba	JUQV	汉坦病毒科	正汉坦病毒属	3a	A7	无
Jurona	JURV	弹状病毒科	水疱病毒属	2	S	水疱性口炎病毒
Juruaca	JRCV	小 RNA 病毒科	未指定	2	A7	无
Jutiapa	JUTV	黄病毒科	黄病毒属	2	S	无
Kabuto Mountain	KAMV	白纤病毒科	白蛉病毒属	2	A7	无
卡彻马克湾病毒	KBV	内罗病毒科	正内罗病毒	2	A7	无
Kadam	KADV	黄病毒科	黄病毒属	2	S	无
Kaeng Khoi	KKV	周布尼亚病毒科	正布尼亚病毒属	2	S	无
Kaikalur	KAIV	周布尼亚病毒科	正布尼亚病毒属	2	S	西姆布病毒
Kairi	KRIV	周布尼亚病毒科	正布尼亚病毒属	2	A1	布尼安姆韦拉病毒
凯苏第病毒	KSOV	未分类布尼病毒	无	2	S	凯苏第病毒
Kala Iris	KIRV	呼肠孤病毒科	环状病毒属	2	A7	无
Kamese	KAMV	弹状病毒科	哈帕病毒属	2	S	哈特公园病毒
Kammavanpettai	KMPV	呼肠孤病毒科	环状病毒属	2	S	无
肯纳曼格拉姆病毒	KANV	弹状病毒科	未指定	2	S	无
Kanyawara	KYAV	弹状病毒科	莱丹特病毒属	2	A7	无
Kao Shuan	KSV	内罗病毒科	正内罗病毒	2	S	无
卡里马巴德白蛉热病毒	KARV	白纤病毒科	白蛉病毒属	2	S	无
Karshi	KSIV	黄病毒科	黄病毒属	2	S	无
Kasba	KASV	呼肠孤病毒科	环状病毒属	2	S	无
Kasokero	KASV	内罗病毒科	正内罗病毒	2	A7	无
Kédougou	KEDV	黄病毒科	黄病毒属	2	A7	无
克麦罗沃病毒	KEMV	呼肠孤病毒科	环状病毒属	2	S	无
Kenai	KENV	呼肠孤病毒科	环状病毒属	2	A7	无
Kenkeme	KKMV	汉坦病毒科	正汉坦病毒属	3a	A7	无
克恩峡谷病毒	KCV	弹状病毒科	莱丹特病毒属	2	S	无
Ketapang	KETV	周布尼亚病毒科	正布尼亚病毒属	2	S	无
Keterah	KTRV	内罗病毒科	正内罗病毒	2	S	无
Keuraliba	KEUV	弹状病毒科	莱丹特病毒属	2	S	无
Keystone	KEYV	周布尼亚病毒科	正布尼亚病毒属	2	S	加利福尼亚脑炎病毒
Khabarovsk	KHAV	汉坦病毒科	正汉坦病毒属	3a	IE	汉坦病毒
Kharagysh	KHAV	呼肠孤病毒科	环状病毒属	2	A7	无
Khasan	KHAV	白纤病毒科	白蛉病毒属	2	IE	CCHF
Khatanga	KHATV	周布尼亚病毒科	正布尼亚病毒属	2	A7	无
Kimberley	KIMV	弹状病毒科	短时热病毒属	2	A7	牛流行热病毒
Kindia	KINV	呼肠孤病毒科	环状病毒属	2	A7	帕利亚姆病毒
Kismayo	KISV	白纤病毒科	白蛉病毒属	2	S	Bhanja

病毒名称	缩写	科	属	建议的生物安全等级	评级依据	抗原组
Klamath	KLAV	弹状病毒科	Tupavirus 属	2	S	水疱性口炎病毒
Kokobera	KOKV	黄病毒科	黄病毒属	2	S	无
Kolente	KOLEV	弹状病毒科	莱丹特病毒属	2	A7	无
Kolongo	KOLV	弹状病毒科	未指定	2	S	Rab
Komandory	KOMV	白纤病毒科	白蛉病毒属	2	IE	无
Koongol	KOOV	周布尼亚病毒科	正布尼亚病毒属	2	S	Koongol
Kotonkan	KOTV	弹状病毒科	短时热病毒属	2	S	Rab
Koutango	KOUV	黄病毒科	黄病毒属	3	S	无
Kowanyama	KOWV	周布尼亚病毒科	正布尼亚病毒属	2	S	无
Kumlinge	KUMV	黄病毒科	黄病毒属	4	A4	蜱传脑炎病毒 -CE 亚型
Kunjin	KUNV	黄病毒科	黄病毒属	2	S	无
Kununurra	KNAV	弹状病毒科	未指定	2	S	无
Kupe	KUPV	内罗病毒科	正内罗病毒	3	IE	无
Kwatta	KWAV	弹状病毒科	未指定	2	S	水疱性口炎病毒
凯萨努森林病毒	KFDV	黄病毒科	黄病毒属	4	S	无
Kyzylagach	KYZV	披膜病毒科	α 病毒属	2	IE	西方马脑炎病毒
拉克罗斯病毒	LACV	周布尼亚病毒科	正布尼亚病毒属	2	S	加利福尼亚脑炎病毒
兔头蝙蝠病毒	LBV	弹状病毒科	狂犬病毒属	2	S	Rab
拉古纳内格拉病毒	LANV	汉坦病毒科	正汉坦病毒属	3a	IE	无
Laibin	LAIV	汉坦病毒科	正汉坦病毒属	3a	IE	无
La Joya	LJV	弹状病毒科	哈帕病毒属	2	S	水疱性口炎病毒
Lake Chad	LKCV	正黏病毒科	夸兰扎病毒属	2	A7	无
克拉伦登湖病毒	LCV	呼肠孤病毒科	环状病毒属	2	IE	无
Landjia	LJAV	弹状病毒科	哈帕病毒属	2	S	无
Langat	LGTV	黄病毒科	黄病毒属	2	S	无
Lanjan	LJNV	未分类布尼亚病毒	无	2	S	凯苏第病毒
拉斯马洛亚斯病毒	LMV	周布尼亚病毒	正布尼亚病毒属	2	A7	按蚊 A 病毒
Lassa	LASV	沙粒病毒科	哺乳病毒属	4	S	无
Latino	LATV	沙粒病毒科	哺乳病毒属	2	A5	塔卡里伯病毒
Leanyer	LEAV	周布尼亚病毒科	正布尼亚病毒属	2	A7	无
Lebombo	LEBV	呼肠孤病毒科	环状病毒属	2	S	无
Lechiguanas	LECHV	汉坦病毒科	正汉坦病毒属	3a	IE	汉坦病毒
Le Dantec	LDV	弹状病毒科	莱丹特病毒属	2	S	Le Dantec
Lednice	LEDV	周布尼亚病毒科	正布尼亚病毒属	2	A7	Turlock
Leopards Hill	LPHV	内罗病毒科	正内罗病毒	2	A7	无
Leticia	LTCV	白纤病毒科	白蛉病毒属	2	A7	Punta Toro
Lipovnik	LIPV	呼肠孤病毒科	环状病毒属	2	S	克麦罗沃病毒
Llano Seco	LLSV	呼肠孤病毒科	环状病毒属	2	IE	Umatilla
Loei River	LORV	沙粒病毒科	哺乳病毒属	3	IE	无
Lokern	LOKV	周布尼亚病毒科	正布尼亚病毒属	2	S	布尼安姆韦拉病毒
孤星病毒	LSV	白纤病毒科	白蛉病毒属	2	S	无
龙泉病毒	LQUV	汉坦病毒科	正汉坦病毒属	3a	IE	无

续表

病毒名称	缩写	科	属	建议的生物安全等级	评级依据	抗原组
跳跃病病毒	LIV	黄病毒科	黄病毒属	3b	S	无
Lujo	LUJV	沙粒病毒科	哺乳病毒属	4	A4	无
Lukuni	LUKV	周布尼亚病毒科	正布尼亚病毒属	2	S	按蚊A病毒
Lumbo	LUMV	周布尼亚病毒科	正布尼亚病毒属	2	A7	无
Luna	LUNV	沙粒病毒科	哺乳病毒属	3	A7	无
Lundy	LUNV	呼肠孤病毒科	环状病毒属	2	A7	无
Lunk	LNKV	沙粒病毒科	哺乳病毒属	3	IE	无
Luxi	LUXV	汉坦病毒科	正汉坦病毒属	3a	IE	无
淋巴细胞性脉络丛脑膜炎病毒	LCMV	沙粒病毒科	哺乳病毒属	2	A5	无
Macaua	MCAV	周布尼亚病毒科	正布尼亚病毒属	2	IE	布尼安姆韦拉病毒
Machupo	MACV	沙粒病毒科	哺乳病毒属	4	S	塔卡里伯病毒
Maciel	MCLV	汉坦病毒科	正汉坦病毒属	3a	IE	无
Madariaga	MADV	披膜病毒科	α病毒属	3	A7	东方马脑炎病毒
Madre de Dios	MDDV	周布尼亚病毒科	正布尼亚病毒属	2	A7	无
Madrid	MADV	周布尼亚病毒科	正布尼亚病毒属	2	S	无
Maguari	MAGV	周布尼亚病毒科	正布尼亚病毒属	2	S	布尼安姆韦拉病毒
马霍加尼哈莫克病毒	MHV	周布尼亚病毒科	正布尼亚病毒属	2	S	瓜玛病毒
Maiden	MDNV	呼肠孤病毒科	环状病毒属	2	A7	无
梅恩君病毒	MDV	周布尼亚病毒科	正布尼亚病毒属	2	S	布尼安姆韦拉病毒
马拉卡勒病毒	MALV	弹状病毒科	短时热病毒属	2	S	牛流行热病毒
Maldonado	MLOV	白纤病毒科	白蛉病毒属	2	A7	Candiru
Malsoor	MALV	白纤病毒科	白蛉病毒属	3	IE	无
Manawa	MWAV	白纤病毒科	白蛉病毒属	2	S	Uukuniemi
Manitoba	MNTBV	弹状病毒科	哈帕病毒属	2	A7	无
Manzanilla	MANV	周布尼亚病毒科	正布尼亚病毒属	2	S	西姆布病毒
马普塔病毒	MAPV	周布尼亚病毒科	正布尼亚病毒属	2	S	马普塔病毒
Maporal	MAPV	汉坦病毒科	正汉坦病毒属	3a	IE	汉坦病毒
Maprik	MPKV	周布尼亚病毒科	正布尼亚病毒属	2	S	马普塔病毒
Maraba	MARAV	弹状病毒科	水疱病毒属	2	A7	无
Marajo	MRJV	未分类病毒	无	2	IE	无
马尔堡病毒	MARV	纤丝病毒科	马尔堡病毒属	4	S	马尔堡病毒
Marco	MCOV	弹状病毒科	哈帕病毒属	2	S	无
Mariental	MRLV	沙粒病毒科	哺乳病毒属	3	IE	无
Maripa	MARV	汉坦病毒科	正汉坦病毒属	3a	IE	无
Mariquita	MRQV	白纤病毒科	白蛉病毒属	2	A7	无
Marituba	MTBV	周布尼亚病毒科	正布尼亚病毒属	2	S	无
Marondera	MRDV	呼肠孤病毒科	环状病毒属	2	A7	无
Marrakai	MARV	呼肠孤病毒科	环状病毒属	2	S	无
Massila	MASV	白纤病毒科	白蛉病毒属	2	A7	无
Matariya	MTYV	弹状病毒科	未指定	2	S	无
Matruh	MTRV	周布尼亚病毒科	正布尼亚病毒属	2	S	无
Matucare	MATV	呼肠孤病毒科	环状病毒属	2	S	无

续表

病毒名称	缩写	科	属	建议的生物安全等级	评级依据	抗原组
Mayaro	MAYV	披膜病毒科	α 病毒属	2	S	塞姆利基森林病毒
Mboke	MBOV	周布尼亚病毒科	正布尼亚病毒属	2	A7	无
Mburo	MBUV	周布尼亚病毒科	正布尼亚病毒属	2	A7	无
Meaban	MEAV	黄病毒科	黄病毒属	2	IE	无
Medjerda Valley	MVV	白纤病毒科	白蛉病毒属	2	A7	无
Melao	MELV	周布尼亚病毒科	正布尼亚病毒属	2	S	加利福尼亚脑炎病毒
Merino Walk	MWV	沙粒病毒科	哺乳病毒属	3	IE	无
Mermet	MERV	周布尼亚病毒科	正布尼亚病毒属	2	S	西姆布病毒
米德尔堡病毒	MIDV	披膜病毒科	α 病毒属	2	A1	米德尔堡病毒
Mill Door	MDR	呼肠孤病毒科	环状病毒属	2	A7	无
Minacu	无	呼肠孤病毒科	环状病毒属	2	IE	无
米纳蒂特兰病毒	MNTV	周布尼亚病毒科	正布尼亚病毒属	2	S	米纳蒂特兰病毒
Minnal	MINV	呼肠孤病毒科	环状病毒属	2	S	Umatilla
Mirim	MIRV	周布尼亚病毒科	正布尼亚病毒属	2	S	瓜玛病毒
米契尔河病毒	MRV	呼肠孤病毒科	环状病毒属	2	S	无
Mobala	MOBV	沙粒病毒科	哺乳病毒属	3	A7	Tacaribe
Modoc	MODV	黄病毒科	黄病毒属	2	S	无
Moju	MOJUV	周布尼亚病毒科	正布尼亚病毒属	2	S	瓜玛病毒
Mojui Dos Campos	MDCV	周布尼亚病毒科	正布尼亚病毒属	2	IE	无
Mono Lake	MLV	呼肠孤病毒科	环状病毒属	2	S	克麦罗沃病毒
Monongahela	MGLV	汉坦病毒科	正汉坦病毒属	3a	A7	无
蒙大拿蝙蝠脑白质炎病毒	MMLV	黄病毒科	黄病毒属	2	S	无
Montano	MTNV	汉坦病毒科	正汉坦病毒属	3a	A7	无
蒙特多拉杜病毒	MDOV	呼肠孤病毒科	环状病毒属	2	IE	张格罗拉病毒
Mopeia	MOPV	沙粒病毒科	哺乳病毒属	3	A7	无
Moriche	MORV	周布尼亚病毒科	正布尼亚病毒属	2	S	卡平病毒
Morolillo	MOLV	白纤病毒科	白蛉病毒属	3	IE	无
Morreton	MORV	弹状病毒科	水疱病毒属	2	A7	水疱性口炎病毒
Morro Bay	MBV	周布尼亚病毒科	正布尼亚病毒属	2	IE	加利福尼亚脑炎病毒
Morogoro	MORV	沙粒病毒科	哺乳病毒属	3	A7	无
Morumbi	MRMBV	白纤病毒科	白蛉病毒属	2	A7	白蛉热病毒
Mosqueiro	MQOV	弹状病毒科	哈帕病毒属	2	A7	哈特公园病毒
Mosso das Pedras	MDPV	披膜病毒科	α 病毒属	3	A7	委内瑞拉马脑炎病毒
Mossuril	MOSV	弹状病毒科	哈帕病毒属	2	S	哈特公园病毒
埃尔岗蝙蝠病毒	MEBV	弹状病毒科	莱丹特病毒属	2	S	水疱性口炎病毒
Mudjinbarry	MUDV	呼肠孤病毒科	环状病毒属	2	A7	无
Muju	MUJV	汉坦病毒科	正汉坦病毒属	2a	A8	无
Muleshoe	MULV	汉坦病毒科	正汉坦病毒属	2a	A8	无
M' Poko	MPOV	周布尼亚病毒科	正布尼亚病毒属	2	S	Turlock
Mucambo	MUCV	披膜病毒科	α 病毒属	3	S	委内瑞拉马脑炎病毒
Mucura	MCRV	白纤病毒科	白蛉病毒属	2	A7	白蛉热病毒

续表

病毒名称	缩写	科	属	建议的生物安全等级	评级依据	抗原组
Munguba	MUNV	白纤病毒科	白蛉病毒属	2	IE	白蛉热病毒
澳洲墨莱溪谷脑炎病毒	MVEV	黄病毒科	黄病毒属	3	S	无
Murre	MURV	白纤病毒科	白蛉病毒属	2	A7	无
Murutucú	MURV	周布尼亚病毒科	正布尼亚病毒属	2	S	无
Mykines	MYKV	呼肠孤病毒科	环状病毒属	2	A7	克麦罗沃病毒
内罗毕羊病病毒	NSDV	内罗病毒科	正内罗病毒	3b	A1	内罗毕羊病病毒
Nanjianyin	无	黄病毒科	黄病毒属	4	A4	蜱传脑炎病毒 -CE 亚型
Naranjal	NJLV	黄病毒科	黄病毒属	2	IE	无
Nasoule	NASV	弹状病毒科	未指定	2	A7	Rab
Navarro	NAVV	弹状病毒科	未指定	2	S	无
Ndumu	NDUV	披膜病毒科	α 病毒属	2	A1	Ndumu
Necocli	NECV	汉坦病毒科	正汉坦病毒属	3a	A7	无
Negishi	NEGV	黄病毒科	黄病毒属	3	S	蜱传脑炎病毒 -CE 亚型
Nepuyo	NEPV	周布尼亚病毒科	正布尼亚病毒属	2	S	无
Netivot	NETV	呼肠孤病毒科	环状病毒属	2	A7	无
New Minto	NMV	弹状病毒科	未指定	2	IE	Sawgrass
New York	NYOV	汉坦病毒科	正汉坦病毒属	3a	A7	无
Ngaingan	NGAV	弹状病毒科	哈帕病毒属	2	S	蒂布鲁加尔冈病毒
Ngaric	NRIV	周布尼亚病毒科	正布尼亚病毒属	3	A7	布尼安姆韦拉病毒
Ngoupe	NGOV	呼肠孤病毒科	环状病毒属	2	A7	北澳蚊病毒
Ninarumi	NRUV	呼肠孤病毒科	环状病毒属	3	A7	无
Nique	NIQV	白纤病毒科	白蛉病毒属	2	S	白蛉热病毒
Nkolbisson	NKOV	弹状病毒科	莱丹特病毒属	2	S	克恩峡谷病毒
Nodamura	NOV	野田村病毒科	α野田村病毒属	2	IE	无
Nola	NOLAV	周布尼亚病毒科	正布尼亚病毒属	2	S	Bakau
North Clett	NCLV	呼肠孤病毒科	环状病毒属	2	A7	无
North Creek	NORCV	弹状病毒科	未指定	2	A7	无
North End	NEDV	呼肠孤病毒科	环状病毒属	2	A7	无
Northway	NORV	周布尼亚病毒科	正布尼亚病毒属	2	IE	布尼安姆韦拉病毒
Nova	NVAV	汉坦病毒科	正汉坦病毒属	3a	IE	无
Ntaya	NTAV	黄病毒科	黄病毒属	2	S	无
Nugget	NUGV	呼肠孤病毒科	环状病毒属	2	S	克麦罗沃病毒
Nyabira	NYAV	呼肠孤病毒科	环状病毒属	2	A7	无
尼亚玛尼病毒	NYMV	Nyamaninidae 科	Nyavirus 属	2	S	尼亚玛尼病毒
Nyando	NDV	周布尼亚病毒科	正布尼亚病毒属	2	S	Nyando
Oceanside	OCV	白纤病毒科	白蛉病毒属	2	A7	无
Oak Vale	OVV	弹状病毒科	未指定	2	A7	无
Ockelbo	无	披膜病毒科	α 病毒属	2	A7	西方马脑炎病毒
Odrenisrou	ODRV	白纤病毒科	白蛉病毒属	2	A7	白蛉热病毒
Oita	OITAV	弹状病毒科	莱丹特病毒属	2	A7	无
Okahandja	OKAV	沙粒病毒科	哺乳病毒属	3	IE	无

续表

病毒名称	缩写	科	属	建议的生物安全等级	评级依据	抗原组
Okhotskiy	OKHV	呼肠孤病毒科	环状病毒属	2	S	克麦罗沃病毒
Okola	OKOV	未分类布尼亚病毒		2	S	Tanga
Olbia	OLBV	白纤病毒科	白蛉病毒属	2	A7	无
奥利范次夫莱病毒	OLIV	周布尼亚病毒科	正布尼亚病毒属	2	S	奥利范次夫莱病毒
Oliveros	OLVV	沙粒病毒科	哺乳病毒属	3	A7	无
Omo	OMOV	内罗病毒科	正内罗病毒	2	A7	Qalyub
鄂木斯克出血热病毒	OHFV	黄病毒科	黄病毒属	4	S	无
O' nyong-nyong	ONNV	披膜病毒科	α 病毒属	2	S	塞姆利基森林病毒
Orán	ORANV	汉坦病毒科	正汉坦病毒属	3a	IE	汉坦病毒
Oriboca	ORIV	周布尼亚病毒科	正布尼亚病毒属	2	S	无
Oriximiná	ORXV	白纤病毒科	白蛉病毒属	2	IE	白蛉热病毒
Oropouche	OROV	周布尼亚病毒科	正布尼亚病毒属	2	S	西姆布病毒
Orungo	ORUV	呼肠孤病毒科	环状病毒属	2	S	Orungo
Ossa	OSSAV	周布尼亚病毒科	正布尼亚病毒属	2	S	无
Ouango	OUAV	弹状病毒科	未指定	2	IE	无
Oubangui	OUBV	痘病毒科	未指定	2	IE	无
Oubi	OUBIV	周布尼亚病毒科	正布尼亚病毒属	2	A7	奥利范次夫莱病毒
Ourem	OURV	呼肠孤病毒科	环状病毒属	2	IE	钱吉诺拉病毒
Oxbow	OXBV	汉坦病毒科	正汉坦病毒属	3a	A7	无
Pacora	PCAV	未分类布尼亚病毒		2	S	无
Pacui	PACV	周布尼亚病毒科	未指定	2	S	无
Pahayokee	PAHV	周布尼亚病毒科	正布尼亚病毒属	2	S	帕托伊斯病毒
Palma	PMAV	白纤病毒科	白蛉病毒属	2	IE	Bhanja
Palestina	PLSV	周布尼亚病毒科	正布尼亚病毒属	2	IE	米纳蒂特兰病毒
帕利亚姆病毒	PALV	呼肠孤病毒科	环状病毒属	2	S	帕利亚姆病毒
Para	PARAV	周布尼亚病毒科	未指定	2	IE	西姆布病毒
Paramushir	PMRV	内罗病毒科	正内罗病毒	2	IE	Sakhalin
Paraná	PARV	沙粒病毒科	哺乳病毒属	2	A5	塔卡里伯病毒
Paranoá	PARV	汉坦病毒科	正汉坦病毒属	3a	IE	无
Paroo River	PRV	呼肠孤病毒科	环状病毒属	2	IE	无
Parry' s Lagoon	PLV	呼肠孤病毒科	环状病毒属	2	IE	无
Pata	PATAV	呼肠孤病毒科	环状病毒属	2	S	无
Pathum Thani	PTHV	内罗病毒科	正内罗病毒	2	S	德拉加齐汗病毒
帕托伊斯病毒	PATV	周布尼亚病毒科	正布尼亚病毒属	2	S	帕托伊斯病毒
Peaton	PEAV	周布尼亚病毒科	正布尼亚病毒属	2	A1	西姆布病毒
Perdões	无	周布尼亚病毒科	正布尼亚病毒属	2	A7	无
佩尔加米诺病毒	PRGV	汉坦病毒科	正汉坦病毒属	3a	IE	无
Perinet	PERV	弹状病毒科	水疱病毒属	2	A7	水疱性口炎病毒
秘鲁马病病毒	PHSV	呼肠孤病毒科	环状病毒属	3	A1	无
Petevo	PETV	呼肠孤病毒科	环状病毒属	2	A7	帕利亚姆病毒
Phnom Penh bat	PPBV	黄病毒科	黄病毒属	2	S	无
Pichindé	PICHV	沙粒病毒科	哺乳病毒属	2	A5	塔卡里伯病毒

病毒名称	缩写	科	属	建议的生物安全等级	评级依据	抗原组
Picola	PIAV	呼肠孤病毒科	环状病毒属	2	IE	Wongorr
Pintupo	无	周布尼亚病毒科	正布尼亚病毒属	2	A7	无
Pirital	PIRV	沙粒病毒科	哺乳病毒属	3	IE	无
Piry	PIRYV	弹状病毒科	水疱病毒属	3	S	水疱性口炎病毒
Pixuna	PIXV	披膜病毒科	α 病毒属	2	S	委内瑞拉马脑炎病毒
Playas	PLAV	周布尼亚病毒科	正布尼亚病毒属	2	IE	布尼安姆韦拉病毒
Pongola	PGAV	周布尼亚病毒科	正布尼亚病毒属	2	S	Bwamba
Ponteves	PTVV	白纤病毒科	白蛉病毒属	2	A7	Uukuniemi
Poovoot	POOV	呼肠孤病毒科	坏状病毒属	2	A7	无
Potiskum	POTV	黄病毒科	黄病毒属	2	A7	无
Potosi	POTV	周布尼亚病毒科	正布尼亚病毒属	2	IE	布尼安姆韦拉病毒
Powassan	POWV	黄病毒科	黄病毒属	3	S	无
Precarious Point	PPV	白纤病毒科	白蛉病毒属	2	A7	Uukuniemi
Pretoria	PREV	内罗病毒科	正内罗病毒	2	S	德拉加齐汗病毒
Prospect Hill	PHV	汉坦病毒科	正汉坦病毒属	2	A8	汉坦病毒
Puchong	PUCV	弹状病毒科	短时热病毒属	2	S	牛流行热病毒
Pueblo Viejo	PVV	周布尼亚病毒科	正布尼亚病毒属	2	IE	Gamboa
Puffin Island	PIV	内罗病毒科	正内罗病毒	2	A7	无
Punique	PUNV	白纤病毒科	白蛉病毒属	2	A7	那不勒斯白蛉热病毒
Punta Salinas	PSV	内罗病毒科	正内罗病毒	2	S	Hughes
Punta Toro	PTV	白纤病毒科	白蛉病毒属	2	S	白蛉热病毒
Purus	PURV	呼肠孤病毒科	环状病毒属	2	IE	钱吉诺拉病毒
Puumala	PUUV	汉坦病毒科	正汉坦病毒属	3a	IE	汉坦病毒
Qalyub	QYBV	内罗病毒科	正内罗病毒	2	S	Qalyub
Quaranfil	QRFV	正黏病毒科	夸兰扎病毒属	2	S	Quaranfil
Quezon	QZNV	汉坦病毒科	正汉坦病毒属	3a	IE	无
Radi	RADIV	弹状病毒科	水疱病毒属	2	A7	水疱性口炎病毒
Ravn	RAVV	纤丝病毒科	马尔堡病毒属	4	S	马尔堡病毒
Raza	RAZAV	内罗病毒科	正内罗病毒	2	A7	无
Razdan	RAZV	白纤病毒科	未指定	2	IE	无
Resistencia	RTAV	未分类	布尼亚病毒	2	IE	Antequera
Restan	RESV	周布尼亚病毒科	正布尼亚病毒属	2	S	无
Reston	REST	纤丝病毒科	埃博拉病毒	4	S	埃博拉病毒
裂谷热病毒	RVFV	白纤病毒科	白蛉病毒属	3b	S	白蛉热病毒
Rio Bravo	RBV	黄病毒科	黄病毒属	2	S	无
Rio Grande	RGV	白纤病毒科	白蛉病毒属	2	S	白蛉热病毒
Rio Mamoré	RIOMV	汉坦病毒科	正汉坦病毒属	3a	A7	无
Rio Negro	RNV	披膜病毒科	α 病毒属	3	A7	委内瑞拉马脑炎病毒
Rio Pracupi	无	周布尼亚病毒科	正布尼亚病毒属	2	A7	无
Rio Preto da Eva	RIOPV	白纤病毒科	未指定	2	IE	无
Riverside	RISV	弹状病毒科	未指定	2	IE	无
RML 105355	RMLV	白纤病毒科	白蛉病毒属	2	A7	无

续表

病毒名称	缩写	科	属	建议的生物安全等级	评级依据	抗原组
Rochambeau	RBUV	弹状病毒科	Curiovirus 属	2	IE	Rab
Rocio	ROCV	黄病毒科	黄病毒属	3	S	无
Rockport	RKPV	汉坦病毒科	正汉坦病毒属	3a	IE	无
Ross River	RRV	披膜病毒科	α 病毒属	2	S	塞姆利基森林病毒
Rost Island	RSTV	呼肠孤病毒科	环状病毒属	2	A7	克麦罗沃病毒
Royal Farm	RFV	黄病毒科	黄病毒属	2	S	无
Rukutama	RUKV	白纤病毒科	白蛉病毒属	2	A7	无
俄罗斯春夏脑炎病毒	RSSEV	黄病毒科	黄病毒属	4	S	蜱传脑炎病毒 -FE 亚型
Ryukyu	RYKV	沙粒病毒科	哺乳病毒属	2	A5	无
Saaremaa	SAAV	汉坦病毒科	正汉坦病毒属	3a	IE	汉坦病毒
Sabiá	SABV	沙粒病毒科	哺乳病毒属	4	A4	无
Sabo	SABOV	周布尼亚病毒科	正布尼亚病毒属	2	S	西姆布病毒
Saboya	SABV	黄病毒科	黄病毒属	2	S	无
Saddaguia	SADV	白纤病毒科	白蛉病毒属	2	A7	无
Sagiyama	SAGV	披膜病毒科	α 病毒属	2	A1	塞姆利基森林病毒
Saint-Floris	SAFV	白纤病毒科	白蛉病毒属	2	S	白蛉热病毒
Sakhalin	SAKV	内罗病毒科	正内罗病毒属	2	S	Sakhalin
Salanga	SGAV	痘病毒科	未指定	2	IE	SGA
塞尔哈巴德病毒	SALV	白纤病毒科	白蛉病毒属	2	S	白蛉热病毒
Salmon River	SAVV	呼肠孤病毒科	科罗病毒属	2	IE	科罗拉多壁虱热病毒
Salobo	SBOV	白纤病毒科	白蛉病毒属	3	IE	无
Sal Vieja	SVV	黄病毒科	黄病毒属	2	A7	无
San Angelo	SAV	周布尼亚病毒科	正布尼亚病毒属	2	S	加利福尼亚脑炎病毒
塞浦路斯白蛉热病毒	无	白纤病毒科	白蛉病毒属	2	IE	无
埃塞俄比亚白蛉热病毒	无	白纤病毒科	白蛉病毒属	2	IE	无
那不勒斯白蛉热病毒	SFNV	白纤病毒科	白蛉病毒属	2	S	白蛉热病毒
西西里白蛉热病毒	SFSV	白纤病毒科	白蛉病毒属	2	S	白蛉热病毒
土耳其白蛉热病毒	SFTV	白纤病毒科	白蛉病毒属	2	IE	无
圣德吉姆巴病毒	SJAV	弹状病毒科	未指定	2	S	Rab
Sangassou	SANGV	汉坦病毒科	正汉坦病毒属	3	A7	无
Sango	SANV	周布尼亚病毒科	正布尼亚病毒属	2	S	西姆布病毒
San Juan	SJV	周布尼亚病毒科	正布尼亚病毒属	2	IE	Gamboa
San Perlita	SPV	黄病毒科	黄病毒属	2	A7	无
Santarem	STMV	未分类布尼亚病毒	无	2	IE	无
Santa Rosa	SARV	周布尼亚病毒科	正布尼亚病毒属	2	IE	布尼安姆韦拉病毒
Sapphire Ⅱ	SAPV	内罗病毒科	正内罗病毒属	2	A7	无
Saraca	SRAV	呼肠孤病毒科	环状病毒属	2	IE	钱吉诺拉病毒
Sathuperi	SATV	周布尼亚病毒科	正布尼亚病毒属	2	S	西姆布病毒
Sathuvachari	SVIV	呼肠孤病毒科	环状病毒属	2	A7	无
Saumarez Reef	SREV	黄病毒科	黄病毒属	2	IE	无
Sawgrass	SAWV	弹状病毒科	未指定	2	S	Sawgrass
施马伦贝格病毒	SBV	周布尼亚病毒科	正布尼亚病毒属	2	A7	无

续表

病毒名称	缩写	科	属	建议的生物安全等级	评级依据	抗原组
Sebokele	SEBV	小RNA病毒科	小RNA病毒属	2	S	无
Sedlec	SEDV	周布尼亚病毒科	正布尼亚病毒属	2	A7	无
Seletar	SELV	呼肠孤病毒科	环状病毒属	2	S	克麦罗沃病毒
Sembalam	SEMV	未分类病毒	无	2	S	无
塞姆利基森林病毒	SFV	披膜病毒科	α病毒属	3	A2	塞姆利基森林病毒
Sena Madureira	SMV	弹状病毒科	斯里普病毒属	2	IE	Timbo
Seoul	SEOV	汉坦病毒科	正汉坦病毒属	3a	IE	汉坦病毒
Sepik	SEPV	黄病毒科	黄病毒属	2	IE	无
Serra Do Navio	SDNV	周布尼亚病毒科	正布尼亚病毒属	2	A7	加利福尼亚脑炎病毒
Serra Norte	SRNV	白纤病毒科	白蛉病毒属	2	A7	无
高热伴血小板减少症病毒	SFTSV	白纤病毒科	白蛉病毒属	3	IE	无
Shamonda	SHAV	周布尼亚病毒科	正布尼亚病毒属	2	S	西姆布病毒
鲨鱼河病毒	SRV	周布尼亚病毒科	正布尼亚病毒属	2	S	帕托伊斯病毒
Shiant Island	SHIV	呼肠孤病毒科	环状病毒属	2	A7	无
Shokwe	SHOV	周布尼亚病毒科	正布尼亚病毒属	2	IE	布尼安姆韦拉病毒
Shuni	SHUV	周布尼亚病毒科	正布尼亚病毒属	2	S	西姆布病毒
Silverwater	SILV	白纤病毒科	白蛉病毒属	2	S	凯苏第病毒
西姆布病毒	SIMV	周布尼亚病毒科	正布尼亚病毒属	2	S	西姆布病毒
Sindbis	SINV	披膜病毒科	α病毒属	2	S	西方马脑炎病毒
Sin Nombre	SNV	汉坦病毒科	正汉坦病毒属	3a	IE	汉坦病毒
Sixgun City	SCV	呼肠孤病毒科	环状病毒属	2	S	克麦罗沃病毒
Skinner Tank	SKTV	沙粒病毒科	哺乳病毒属	2	A5	无
Snowshoe hare	SSHV	周布尼亚病毒科	正布尼亚病毒属	2	S	加利福尼亚脑炎病毒
Sokoluk	SOKV	黄病毒科	黄病毒属	2	S	无
Soldado	SOLV	内罗病毒科	正内罗病毒	2	S	Hughes
Solwezi	SOLV	沙粒病毒科	哺乳病毒属	3	IE	无
Somone	SOMV	未分类病毒		3	IE	Somone
Sororoca	SORV	周布尼亚病毒科	正布尼亚病毒属	2	S	布尼安姆韦拉病毒
Souris	SOUV	沙粒病毒科	哺乳病毒属	2	A5	无
South Bay	SBV	未分类布尼亚病毒	无	3	IE	无
南江病毒	SORV	周布尼亚病毒科	正布尼亚病毒属	2	A7	无
斯庞德温尼病毒	SPOV	黄病毒科	黄病毒属	2	S	无
Sripur	SRIV	弹状病毒科	斯里普病毒属	3	IE	无
圣阿布斯赫德病毒	SAHV	白纤病毒科	白蛉病毒属	2	A7	无
圣路易斯脑炎病毒	SLEV	黄病毒科	黄病毒属	2	S	无
Stanfield	无	周布尼亚病毒科	正布尼亚病毒属	2	A7	无
斯特拉特福病毒	STRV	黄病毒科	黄病毒属	2	S	无
苏丹病毒	SUDV	纤丝病毒科	埃博拉病毒	4	S	埃博拉病毒
Sunday Canyon	SCAV	白纤病毒科	白蛉病毒属	2	S	无
斯威特沃特科病毒	SWBV	弹状病毒科	提布罗病毒属	2	IE	无
塔卡厄马病毒	TCMV	周布尼亚病毒科	正布尼亚病毒属	2	S	按蚊A病毒
塔卡里伯病毒	TCRV	沙粒病毒科	哺乳病毒属	2	A5	塔卡里伯病毒

续表

病毒名称	缩写	科	属	建议的生物安全等级	评级依据	抗原组
Tăchéng tick 1	TTV-1	内罗病毒科	正内罗病毒	2	IE	无
Taggert	TAGV	内罗病毒科	正内罗病毒	2	S	Sakhalin
Tahyña	TAHV	周布尼亚病毒科	正布尼亚病毒属	2	S	加利福尼亚脑炎病毒
Taiassui	TAIAV	周布尼亚病毒科	正布尼亚病毒属	2	A7	无
Taï Forest	TAFV	纤丝病毒科	埃博拉病毒	4	S	埃博拉病毒
Tamdy	TDYV	内罗病毒科	正内罗病毒	2	IE	无
Tamiami	TMMV	沙粒病毒科	哺乳病毒属	2	A5	塔卡里伯病毒
Tanga	TANV	未分类布尼亚病毒	无	2	S	Tanga
Tanjong Rabok	TRV	周布尼亚病毒科	正布尼亚病毒属	2	S	Bakau
Tapara	TAPV	白纤病毒科	白蛉病毒属	2	A7	无
Tataguine	TATV	周布尼亚病毒科	正布尼亚病毒属	2	S	无
Tehran	TEHV	白纤病毒科	白蛉病毒属	2	A7	白蛉热病毒
Telok Forest	TFV	周布尼亚病毒科	正布尼亚病毒属	2	IE	Bakau
Tembe	TMEV	呼肠孤病毒科	环状病毒属	2	S	无
Tembusu	TMUV	黄病毒科	黄病毒属	2	S	无
Tensaw	TENV	周布尼亚病毒科	正布尼亚病毒属	2	S	布尼安姆韦拉病毒
Termeil	TERV	周布尼亚病毒科	正布尼亚病毒属	2	IE	无
Tete	TETEV	周布尼亚病毒科	正布尼亚病毒属	2	S	Tete
Thailand	THAIV	汉坦病毒科	正汉坦病毒属	3	A7	无
Thiafora	TFAV	内罗病毒科	正内罗病毒	2	A7	Thiafora
Thimiri	THIV	周布尼亚病毒科	正布尼亚病毒属	2	S	西姆布病毒
索戈托病毒	THOV	正黏病毒科	托高土病毒属	2	S	索戈托病毒
Thormodseyjarlettur	THRV	呼肠孤病毒科	环状病毒属	2	A7	无
Thottapalayam	TPMV	汉坦病毒科	正汉坦病毒属	2	S	汉坦病毒
蒂布鲁加尔冈病毒	TIBV	弹状病毒科	提布罗病毒属	2	S	蒂布鲁加尔冈病毒
Tillamook	TILLV	内罗病毒科	正内罗病毒	2	A7	无
Tilligerry	TILV	呼肠孤病毒科	环状病毒属	2	IE	北澳蚊病毒
Timbo	TIMV	弹状病毒科	未指定	2	S	Timbo
Timboteua	TBTV	周布尼亚病毒科	正布尼亚病毒属	2	A7	瓜玛病毒
Tinaroo	TINV	周布尼亚病毒科	正布尼亚病毒属	2	IE	西姆布病毒
Tindholmur	TDMV	呼肠孤病毒科	环状病毒属	2	A7	克麦罗沃病毒
Tlacotalpan	TLAV	周布尼亚病毒科	正布尼亚病毒属	2	IE	布尼安姆韦拉病毒
Tofla	TFLV	内罗病毒科	正内罗病毒	2	IE	无
Tonate	TONV	披膜病毒科	α 病毒属	3	IE	委内瑞拉马脑炎病毒
Tonto Creek	TTCV	沙粒病毒科	哺乳病毒属	2	A5	无
Topografov	TOPV	汉坦病毒科	正汉坦病毒属	3a	IE	汉坦病毒
Toscana	TOSV	白纤病毒科	白蛉病毒属	2	S	白蛉热病毒
Toure	TOUV	沙粒病毒科	未指定	2	S	塔卡里伯病毒
Tracambe	TRCV	呼肠孤病毒科	环状病毒属	2	A7	无
Tribeč	TRBV	呼肠孤病毒科	环状病毒属	2	S	克麦罗沃病毒
Triniti	TNTV	披膜病毒科	未指定	2	S	无
Trivittatus	TVTV	周布尼亚病毒科	正布尼亚病毒属	2	S	加利尼亚脑炎病毒

续表

病毒名称	缩写	科	属	建议的生物安全等级	评级依据	抗原组
特罗卡拉病毒	TROV	披膜病毒科	α 病毒属	2	IE	特罗卡拉病毒
Trombetas	TRMV	周布尼亚病毒科	正布尼亚病毒属	2	A7	无
Trubanaman	TRUV	周布尼亚病毒科	正布尼亚病毒属	2	S	马普塔病毒
Tsuruse	TSUV	周布尼亚病毒科	正布尼亚病毒属	2	S	Tete
Tucunduba	TUCV	周布尼亚病毒科	正布尼亚病毒属	2	A7	无
Tucurui	TUCRV	周布尼亚病毒科	正布尼亚病毒属	2	A7	无
Tula	TULV	汉坦病毒科	正汉坦病毒属	2a	A8	无
Tunari	TUNV	汉坦病毒科	正汉坦病毒属	3a	A7	无
Tunis	TUNV	白纤病毒科	白蛉病毒属	2	A7	白蛉热病毒
特洛克病毒	TURV	周布尼亚病毒科	正布尼亚病毒属	2	S	特洛克病毒
Turuna	TUAV	白纤病毒科	白蛉病毒属	2	IE	白蛉热病毒
Tyulek	TLKV	正黏病毒科	夸兰扎病毒属	2	A7	无
Tyuleniy	TYUV	黄病毒科	黄病毒属	2	S	无
Uganda S	UGSV	黄病毒科	黄病毒属	2	S	无
Umatilla	UMAV	呼肠孤病毒科	环状病毒属	2	S	Umatilla
Umbre	UMBV	周布尼亚病毒科	正布尼亚病毒属	2	S	特洛克病毒
Una	UNAV	披膜病毒科	α 病毒属	2	S	塞姆利基森林病毒
Upolu	UPOV	正黏病毒科	托高土病毒属	2	S	Upolu
Uriurana	UURV	白纤病毒科	白蛉病毒属	2	A7	白蛉热病毒
Urucuri	URUV	白纤病毒科	白蛉病毒属	2	S	白蛉热病毒
Usutu	USUV	黄病毒科	黄病毒属	2	S	无
Utinga	UTIV	周布尼亚病毒科	正布尼亚病毒属	2	IE	西姆布病毒
Utive	UVV	周布尼亚病毒科	正布尼亚病毒属	2	A7	无
Uukuniemi	UUKV	白纤病毒科	白蛉病毒属	2	S	Uukuniemi
Uzun-Agach	UZAV	内罗病毒科	正内罗病毒	2	A7	无
Vaeroy	VAEV	呼肠孤病毒科	环状病毒属	2	A7	无
Vellore	VELV	呼肠孤病毒科	环状病毒属	2	S	巴尼亚姆病毒
委内瑞拉马脑炎病毒	VEEV	披膜病毒科	α 病毒属	3b	S	委内瑞拉马脑炎病毒
Venkatapuram	VKTV	未分类病毒	无	2	S	无
阿拉戈斯水疱性口炎病毒	VSAV	弹状病毒科	水疱病毒属	2b	S	水疱性口炎病毒
印第安纳水疱性口炎病毒	VSIV	弹状病毒科	水疱病毒属	2b	A3	水疱性口炎病毒
新泽西水疱性口炎病毒	VSNJV	弹状病毒科	水疱病毒属	2b	A3	水疱性口炎病毒
Vinces	VINV	周布尼亚病毒科	正布尼亚病毒属	2	A7	无
Vinegar Hill	VHV	内罗病毒科	正内罗病毒	2	A7	无
Virgin River	VRV	周布尼亚病毒科	正布尼亚病毒属	2	A7	无
Wad Medani	WMV	呼肠孤病毒科	环状病毒属	2	S	克麦罗沃病毒
沃勒尔病毒	WALV	呼肠孤病毒科	环状病毒属	2	S	沃勒尔病毒
Wanowrie	WANV	未分类布尼亚病毒	无	2	S	无
沃里戈病毒	WARV	呼肠孤病毒科	环状病毒属	2	S	沃里戈病毒
沃里戈 K 病毒	WARKV	呼肠孤病毒科	环状病毒属	2	A7	无

续表

病毒名称	缩写	科	属	建议的生物安全等级	评级依据	抗原组
Weldona	WELV	周布尼亚病毒科	正布尼亚病毒属	2	A7	无
Wēnzhōu	WENV	沙粒病毒科	哺乳病毒属	3	IE	无
Wēnzhōu tick	WTV	内罗病毒科	正内罗病毒	2	A7	无
Wesselsbron	WESSV	黄病毒科	黄病毒属	3b	S	无
西方马脑炎病毒	WEEV	披膜病毒科	α 病毒属	3	S	西方马脑炎病毒
西尼罗河病毒	WNV	黄病毒科	黄病毒属	2	S	无
Wexford	WEXV	呼肠孤病毒科	环状病毒属	2	A7	无
Whataroa	WHAV	披膜病毒科	α 病毒属	2	S	西方马脑炎病毒
Whitewater Arroyo	WWAV	沙粒病毒科	哺乳病毒属	3	IE	塔卡里伯病毒
Witwatersrand	WITV	周布尼亚病毒科	正布尼亚病毒属	2	S	无
Wolkberg	WBV	周布尼亚病毒科	正布尼亚病毒属	2	IE	无
Wongal	WONV	周布尼亚病毒科	正布尼亚病毒属	2	S	Koongol
Wongorr	WGRV	呼肠孤病毒科	环状病毒属	2	S	Wongorr
Wyeomyia	WYOV	周布尼亚病毒科	正布尼亚病毒属	2	S	布尼安姆韦拉病毒
Xiburema	XIBV	弹状病毒科	未指定	2	IE	无
Xingu	XINV	周布尼亚病毒科	正布尼亚病毒属	3	无	布尼安姆韦拉病毒
Yaba-1	Y1V	周布尼亚病毒科	正布尼亚病毒属	2	A7	无
Yaba-7	Y7V	周布尼亚病毒科	正布尼亚病毒属	3	IE	无
Yacaaba	YACV	周布尼亚病毒科	正布尼亚病毒属	2	IE	无
Yakeshi	YKSV	汉坦病毒科	正汉坦病毒属	3a	IE	无
Yaoundé	YAOV	黄病毒科	黄病毒属	2	A7	无
亚奎纳病毒	YHV	呼肠孤病毒科	环状病毒属	2	S	克麦罗沃病毒
Yata	YATAV	弹状病毒科	短时热病毒属	2	S	无
黄热病病毒	YFV	黄病毒科	黄病毒属	3	S	无
Yogue	YOGV	内罗病毒科	正内罗病毒	2	S	Yogue
Yoka	YOKAV	痘病毒科	未指定	2	IE	无
横须贺病毒	YOKV	黄病毒科	黄病毒属	2	A7	无
尤格波格丹诺夫奇病毒	YBV	弹状病毒科	水疱病毒属	2	IE	水疱性口炎病毒
云南环状病毒	YOUV	呼肠孤病毒科	环状病毒属	3	IE	无
Zaliv Terpeniya	ZTV	白纤病毒科	白蛉病毒属	2	S	Uukuniemi
Zegla	ZEGV	周布尼亚病毒科	正布尼亚病毒属	2	S	帕托伊斯病毒
Zerdali	ZERV	白纤病毒科	白蛉病毒属	2	A7	白蛉热病毒
寨卡病毒	ZIKV	黄病毒科	黄病毒属	2	S	无
Zirqa	ZIRV	内罗病毒科	正内罗病毒	2	S	Hughes
Zungarococha	ZUNV	周布尼亚病毒科	正布尼亚病毒属	2	A7	无

* 美国联邦法规、进出口要求和分类状态可能会发生变化。与相关的联邦机构确认法规和 ICTV 的最新分类状态。

a. 防护要求将根据病毒浓度、动物种类或病毒类型的不同而有所不同。参见第八节 E 部分中的汉坦病毒病原体汇总表。

b. 这些生物被 APHIS 视为对农业具有重要意义的病原体（请参阅附录 D），需要额外的防护措施，包括 ABSL-3 级防护。并非每种生物的所有毒株都必须与 APHIS 有关。在开始工作之前，可与 APHIS 联系以获取有关确切防护 / 许可要求的更多信息。

c. 加里萨病毒被认为是这种病毒的分离物，因此适用相同的防护要求。

表 8F-4　按字母顺序排列的虫媒病毒和出血热病毒细表 *

病毒名称	缩写	科	属	建议的生物安全等级	评级依据	分离
埃及伊蚊浓核病毒	AaeDNV	细小病毒科	短浓核症病毒属	2	IE	是
白纹伊蚊致密病毒	AalDNV	细小病毒科	短浓核症病毒属	2	IE	是
灰斑伊蚊黄病毒	AeciFV	黄病毒科	未指定	2	IE	?
Aedes galloisi flavivirus	AGFV	黄病毒科	未指定	2	IE	?
伊蚊黄病毒	AEFV	黄病毒科	未指定	2	IE	是
伪黄斑伊蚊浓核病毒	无	细小病毒科	短浓核症病毒属	2	IE	?
伪黄斑伊蚊呼肠孤病毒	无	呼肠孤病毒科	迪诺维纳病毒属	2	IE	是
Aedes vexans flavivirus	AeveFV	黄病毒科	未指定	2	IE	?
按蚊黄病毒	无	黄病毒科	未指定	2	IE	?
冈比亚按蚊浓核病毒	AgDNV	细小病毒科	未指定	2	IE	是
Arboretum	ABTV	弹状病毒科	硬脑膜炎病毒属	2	IE	是
Aripo	无	黄病毒科	未指定	2	IE	是
Assam	无	黄病毒科	未指定	2	IE	?
Badu	BADUV	白纤病毒科	Phasivirus 属	2	IE	是
Balsa	BALV	弹状病毒科	硬脑膜炎病毒属	2	IE	是
Barkedji	BJV	黄病毒科	未指定	2	IE	?
Bontang Baru	BBaV	中等嵌套病毒科	未指定	2	IE	是
Brejeira	BRJV	未指定	Negevirus 属	2	IE	是
Calbertado	CLBOV	黄病毒科	未指定	2	IE	?
Casuarina	CASV	中等嵌套病毒科	未指定	2	IE	是
Cavally	CavV	中等嵌套病毒科	Alphamesonivirus 属	2	IE	是
细胞融合病原	CFAV	黄病毒科	未指定	2	IE	是
Chaoyang	CHAOV	黄病毒科	未指定	2	IE	是
Coot Bay	CBV	弹状病毒科	硬脑膜炎病毒属	2	IE	是
Culex flavivirus	CxFV	黄病毒科	未指定	2	IE	是
Culex Y	无	双核糖核酸病毒科	昆虫双节段 RNA 病毒属	2	IE	是
Culex theileri flavivirus	CxthFV/CTFV	黄病毒科	未指定	2	IE	是
Culiseta flavivirus	CSFV	黄病毒科	未指定	2	IE	是
Cumuto	CUMV	布尼亚病毒	Goukovirus 属	2	IE	是
捷克斑伊蚊黄病毒	Czech AeveFV	黄病毒科	未指定	2	IE	?
Dak Nong	DKNG	中等嵌套病毒科	未指定	2	IE	是
Dezidougou	DEZV	未指定	Negevirus 属	2	IE	是
Donggang	DONV	黄病毒科	未指定	2	IE	?
Eilat	EILV	披膜病毒科	α 病毒属	2	IE	是
Ecuador Paraiso Escondido	EPEV	黄病毒科	未指定	2	IE	是
Espirito Santo	ESV	双核糖核酸病毒科	未指定	2	IE	是
Gouleako	GOUV	布尼亚病毒科	Goukovirus 属	2	IE	是
Goutanap	GANV	未指定	Negevirus 属	2	IE	是
Guaico Culex	GCXV	Jingmenvirus 科	未指定	2	IE	是
Hana	HanaV	中等嵌套病毒科	未指定	2	IE	是

续表

病毒名称	缩写	科	属	建议的生物安全等级	评级依据	分离
Hanko	HANKV	黄病毒科	未指定	2	IE	是
Herbert	HEBV	环斑病毒科	赫伯病毒属	2	IE	是
High Island	HISLV	呼肠孤病毒科	Idnovirus	2	IE	是
Huángpi tick 1	HTV-1	内罗病毒科	正内罗病毒	2	IE	?
Ilomantsi	ILOV	黄病毒科	未指定	2	IE	是
Kamiti River	KRV	黄病毒科	未指定	2	A7	是
Kamphaeng Phet	KPhV	中等嵌套病毒科	未指定	2	IE	是
Kampung Karu	KPKV	黄病毒科	未指定	2	IE	是
Karang Sari	KSaV	中等嵌套病毒科	未指定	2	IE	是
Kibale	KIBV	环斑病毒科	赫伯病毒属	2	IE	是
Lammi	LAMV	黄病毒科	未指定	2	IE	是
La Tina	LTNV	黄病毒科	未指定	2	IE	是
长岛蜱弹状病毒	LITRV	弹状病毒科	未指定	2	IE	?
Long Pine Key	LPKV	黄病毒科	未指定	2	IE	是
Loreto PeAR2612/77	LORV	未指定	Negevirus 属	2	IE	是
Marisma mosquito	MMV	黄病毒科	未指定	2	IE	是
Méno	MénoV	中等嵌套病毒科	未指定	2	IE	是
Mercadeo	MECDV	黄病毒科	未指定	2	IE	是
Mosquito X	MXV	双核糖核酸病毒科	昆虫双节段 RNA 病毒属	2	IE	是
Moumo	MoumoV	中等嵌套病毒科	无	2	IE	?
Moussa	MOUV	弹状病毒科	未指定	2	IE	是
Nakiwogo	NAKV	黄病毒科	未指定	2	IE	是
Nam Dinh	NDiV	中等嵌套病毒科	Alphamesonivirus 属	2	IE	是
Nanay	NANV	黄病毒科	未指定	2	IE	是
Negev	NEGV	未指定	Negevirus 属	2	IE	是
Ngewotan	NWTV	未指定	Negevirus 属	2	IE	是
Ngoye	NGOV	黄病毒科	未指定	2	IE	?
Nhumirim	NHUV	黄病毒科	未指定	2	IE	是
Nienokoue	NIEV	黄病毒科	未指定	2	IE	是
Nounané	NOUV	黄病毒科	未指定	2	IE	是
Nsé	NseV	中等嵌套病毒科	未指定	2	IE	是
Ochlerotatus caspius flavivirus	OCFV	黄病毒科	未指定	2	IE	是
Okushiri	OKV	未指定	Negevirus 属	2	IE	是
Palm Creek	PCV	黄病毒科	未指定	2	IE	是
Parramatta River	PARV	黄病毒科	未指定	2	IE	是
Phelbotomine-associated flavivirus	无	黄病毒科	未指定	2	IE	?
Piura	PIUV	未指定	Negevirus 属	2	IE	是
Puerto Almendras	PTAMV	弹状病毒科	硬脑膜炎病毒属	2	IE	是
Quảng Bình	QBV	黄病毒科	未指定	2	IE	是
Santana	SANV	未指定	Negevirus 属	2	IE	是

续表

病毒名称	缩写	科	属	建议的生物安全等级	评级依据	分离
Sarawak	SWKV	α 四体病毒科	β 四体病毒属	2	IE	是
西班牙库蚊黄病毒	SCxFV	黄病毒科	未指定	2	IE	是
西班牙黄蚊亚属黄病毒	SOcFV	黄病毒科	未指定	2	IE	是
St. Croix River	SCRV	呼肠孤病毒科	环状病毒属	2	IE	是
Tai	TAIV	周布尼亚病毒科	赫伯病毒属	2	IE	是
Tanay	TANAV	未指定	Negevirus 属	2	IE	是
Wallerfield	WALV	未指定	Negevirus 属	2	IE	是
Wang Thong	WTV	黄病毒科	未指定	2	IE	是
西双版纳黄病毒	XFV	黄病毒科	未指定	2	IE	是
Yamada flavivirus	YDFV	黄病毒科	未指定	2	IE	是
云南库蚊黄病毒	YNCxFV	黄病毒科	未指定	2	IE	是

表 8F-5 需要在实验室采用 BSL-3 级防护的病毒（建议采用 HEPA 过滤设备排气）

病毒名称		
非洲马病 **	杰米斯顿病毒	图那特病毒
非洲猪瘟 **	跳跃病病毒	委内瑞拉马脑炎病毒
赤羽病病毒 **	穆坎博病毒	韦塞尔斯布朗病毒 **
卡巴斯欧病毒基	奥罗普切病毒	黄热病
孔肯亚病毒	裂谷热病毒 **	
Everglades	罗西奥病毒	

**USDA 认为这些微生物是具有重要农业意义的病原体（见附录 D）并且需要额外的防护（包括 ABSL-3 级防护）。并非每种微生物的所有毒株都必须受到 USDA 的关注。在开展工作之前，请联系 USDA，以获取有关确切防护 / 许可要求的更多信息。

原书参考文献

［1］American Committee on Arthropod-Borne Viruses. Information Exchange Subcommittee; American Society of Tropical Medicine and Hygiene. International catalogue of arboviruses: including certain other viruses of vertebrates. Vol 2. 3rd ed. Karabatsos N, editor. San Antonio (TX): American Society of Tropical Medicine and Hygiene; 1985.

［2］Laboratory safety for arboviruses and certain other viruses of vertebrates. The Subcommittee on Arbovirus Laboratory Safety of the American Committee on Arthropod-Borne Viruses. Am J Trop Med Hyg. 1980;29(6):1359–81.

［3］Stobart CC, Moore ML. RNA virus reverse genetics and vaccine design. Viruses. 2014;6(7):2531–50.

［4］Lemire, KA, Rodriguez YY, McIntosh MT. Alkaline hydrolysis to remove potentially infectious viral RNA contaminants from DNA. Virol J. 2016;13:88.

［5］Calisher CH, Higgs S. The Discovery of Arthropod-Specific Viruses in Hematophagous Arthropods: An Open Door to Understanding the Mechanisms of Arbovirus and Arthropod Evolution?. Annu Rev Entomol. 2018;63:87–103.

［6］Mary Ann Liebert, Inc. [Internet]. New Rochelle (NY): A project of The American Committee of Medical

Entomology of the American Society of Tropical Medicine and Hygiene; c2019 [cited 2019 Mar 13]. Arthropod Containment Guidelines, Version 3.2. Available from: https://www.liebertpub.com/doi/10.1089/vbz.2018.2431.

［7］ Bartelloni PJ, McKinney RW, Duffy TP, Cole FE Jr. An inactivated eastern equine encephalomyelitis vaccine propagated in chick-embryo cell culture. II. Clinical and serologic responses in man. Am J Trop Med Hyg. 1970;19(1):123–6.

［8］ Pittman PR, Makuch RS, Mangiafico JA, Cannon TL, Gibbs PH, Peters CJ. Long-term duration of detectable neutralizing antibodies after administration of live-attenuated VEE vaccine and following booster vaccination with inactivated VEE vaccine. Vaccine. 1996;14(4):337–43.

［9］ Bartelloni PJ, McKinney RW, Calia FM, Ramsburg HH, Cole FE Jr. Inactivated western equine encephalomyelitis vaccine propagated in chick embryo cell culture. Clinical and serological evaluation in man. Am J Trop Med Hyg. 1971;20(1):146–9.

［10］ Leifer E, Gocke DJ, Bourne H. Lassa fever, a new virus disease of man from West Africa. II. Report of a laboratory-acquired infection treated with plasma from a person recently recovered from the disease. Am J Trop Med Hyg. 1970;19(4):667–9.

［11］ Weissenbacher MC, Grela ME, Sabattini MS, Maiztequi JI, Coto CE, Frigerio MJ, et al. Inapparent infections with Junin virus among laboratory workers. J Infect Dis. 1978;137(3):309–13.

［12］ Ad Hoc Committee on the Safe Shipment and Handling of Etiologic Agents; Center for Disease Control. Classification of etiologic agents on the basis of hazard. 4th ed. U.S. Department of Health, Education, and Welfare, Public Health Service, Center for Disease Control, Office of Biosafety; 1974.

［13］ Hanson RP, Sulkin SE, Beuscher EL, Hammon WM, McKinney RW, Work TH. Arbovirus infections of laboratory workers. Extent of problem emphasizes the need for more effective measures to reduce hazards. Science. 1967;158(3806):1283–6.

［14］ Karabatsos N. Supplement to international catalogue of arboviruses including certain other viruses of vertebrates. Am J Trop Med Hyg. 1978;27(2 Pt 2 Suppl):372–440.

［15］ American Committee on Arthropod Borne Viruses Subcommittee on Information Exchange; Center for Disease Control. International catalogue of arboviruses: including certain other viruses of vertebrates. Vol 75. Issue 8301. 2nd ed. Berge TO, editor. Washington (DC): Public Health Service; 1975.

［16］ Tabachnick WJ. Laboratory containment practices for arthropod vectors of human and animal pathogens. Lab Anim (NY). 2006;35(3):28–33.

［17］ Hunt GJ, Tabachnick WJ. Handling small arbovirus vectors safely during Biosafety Level 3 containment: Culicoides variipennis sonorensis (Diptera: Ceratopogonidae) and exotic bluetongue viruses. J Med Entomol. 1996;33(3):271–7.

［18］ Berglund P, Quesada-Rolander M, Putkonen P, Biberfeld G, Thorstensson R, Liljestrom P. Outcome of immunization of cynomolgus monkeys with recombinant Semliki Forest virus encoding human immunodeficiency virus type 1 envelope protein and challenge with a high dose of SHIV-4 virus. AIDS Res Hum Retroviruses. 1997;13(17):1487–95.

［19］ Davis NL, Caley IJ, Brown KW, Betts MR, Irlbeck DM, McGrath KM, et al. Vaccination of macaques against pathogenic simian immunodeficiency virus with Venezuelan equine encephalitis virus replicon particles. J Virol. 2000;74(1):371–8.

［20］ Fernandez IM, Golding H, Benaissa-Trouw BJ, de Vos NM, Harmsen M, Nottet HS, et al. Induction of HIV-1 IIIb neutralizing antibodies in BALB/c mice by a chimaeric peptide consisting of a T-helper cell epitope of Semliki Forest virus and a B-cell epitope of HIV. Vaccine. 1998;16(20):1936–40.

［20］ Notka F, Stahl-Hennig C, Dittmer U, Wolf H, Wagner R. Construction and characterization of recombinant VLPs and Semliki-Forest virus live vectors for comparative evaluation in the SHIV monkey model. Biol

Chem.1999;380(3):341–52.

［22］ Kuhn RJ, Griffin DE, Owen KE, Niesters HG, Strauss JH. Chimeric Sindbis-Ross River viruses to study interactions between alphavirus nonstructural and structural regions. J Virol. 1996;70(11):7900–9.

［23］ Schoepp RJ, Smith JF, Parker MD. Recombinant chimeric western and eastern equine encephalitis viruses as potential vaccine candidates. Virology. 2002;302(2):299–309.

［24］ Paessler S, Fayzulin RZ, Anishchenko M, Greene IP, Weaver SC, Frolov I. Recombinant Sindbis/Venezuelan equine encephalitis virus is highly attenuated and immunogenic. J Virol. 2003;77(17):9278–86.

［25］ Arroyo J, Miller CA, Catalan J, Monath TP. Yellow fever vector live-virus vaccines: West Nile virus vaccine development. Trends Mol Med. 2001;7(8):350–4.

［26］ Warne SR. The safety of work with genetically modified viruses. In: Ring CJA, Blair ED, editors. Genetically Engineered Viruses: Development and Applications. Oxford: BIOS Scientific Publishers; 2001. p. 255–73.

［27］ Monath TP, McCarthy K, Bedford P, Johnson CT, Nichols R, Yoksan S, et al. Clinical proof of principle for ChimeriVax: recombinant live, attenuated vaccines against flavivirus infections. Vaccine. 2002;20(7–8):1004–18.

［28］ Smithburn KC, Hughes TP, Burke AW, Paul JH. A neurotropic virus isolated from the blood of a native of Uganda. Am J Trop Med Hyg. 1940;20:471–92.

［29］ Melnick JL, Paul JR, Riordan JT, Barnett VH, Goldblum N, Zabin E. Isolation from human sera in Egypt of a virus apparently identical to West Nile virus. Proc Soc Exp Biol Med. 1951;77(4):661–5.

［30］ Taylor RM, Work TH, Hurlbut HS, Rizk F. A study of the ecology of West Nile virus in Egypt. Am J Trop Med Hyg. 1956;5(4):579–620.

［31］ Gerhardt R. West Nile virus in the United States (1999–2005). J Am Anim Hosp Assoc. 2006;42(3):170–7.

［32］ Centers for Disease Control and Prevention. Laboratory-acquired West Nile virus infections—United States, 2002. MMWR Morb Mortal Wkly Rep. 2002;51(50):1133–5.

［33］ Venter M, Burt FJ, Blumberg L, Fickl H, Paweska J, Swanepoel R. Cytokine induction after laboratory-acquired West Nile virus infection. N Engl J Med. 2009;360(12):1260–2.

［34］ Rusnak JM, Kortepeter MG, Hawley RJ, Anderson AO, Boudreau E, Eitzen E. Risk of occupationally acquired illnesses from biological threat agents in unvaccinated laboratory workers. Biosecur Bioterror. 2004;2(4):281–93.

［35］ Arrigo NC, Adams AP, Weaver SC. Evolutionary patterns of eastern equine encephalitis virus in North versus South America suggest ecological differences and taxonomic revision. J Virol. 2010;84(2):1014–25.

［36］ Morris CD. Eastern Equine Encephalitis. In: Monath TP, editor. The Arboviruses: Epidemiology and Ecology. Vol 3. Boca Raton: CRC Press; 1988. p. 2–20.

［37］ Kinney RM, Trent DW, France JK. Comparative immunological and biochemical analyses of viruses in the Venezuelan equine encephalitis complex. J Gen Virol. 1983;64(Pt 1):135–47.

［38］ Flick R, Bouloy M. Rift Valley fever virus. Curr Mol Med. 2005;5(8):827–34.

［39］ Imam IZ, Darwish MA. A preliminary report on an epidemic of Rift Valley fever (RVF) in Egypt. J Egypt Public Health Assoc. 1977;52(6):417–8.

［40］ Francis T, Magill TP. Rift valley fever: a report of three cases of laboratory infection and the experimental transmission of the disease to ferrets. J Exp Med. 1935;62(3):433–48.

［41］ Smithburn KC, Haddow AJ, Mahaffy AF, Kitchen SF. Rift valley fever; accidental infections among laboratory workers. J Immunol. 1949;62(2):213–27.

［42］ Linthicum KJ, Anyamba A, Tucker CJ, Kelley PW, Myers MF, Peters CJ. Climate and satellite indicators to forecast Rift Valley fever epidemics in Kenya. Science. 1999;285(5426):397–400.

［43］ Weaver SC. Host range, amplification and arboviral disease emergence. Arch Virol Suppl. 2005;(19):33–44.

G 毒素病原

肉毒神经毒素

现已分离出的肉毒神经毒素（BoNT）在免疫学上有 7 种不同的血清型（A、B、C1、D、E、F 和 G），通过使用特异性同源多克隆抗体对毒性进行中和试验试验，可区分这些血清型。最近，有人提出了两种新的 BoNT 血清型，但还需要进一步验证来确认这两种毒素是否是不同的类型。每种 BoNT 全毒素都是一种二硫键结合的异二聚体，由锌金属蛋白酶轻链（约 50 kDa）和重链（约 100 kDa）组成，BoNT 重链与周围胆碱能神经末梢发生高亲和性结合，同时促进催化轻链易位到神经末梢胞质液中[1,2]。BONT 介导的毒性（即肌肉无力和自主神经功能障碍）是由轻链的活性引起的，该轻链可裂解释放神经递质所需的可溶性 N- 乙基马来酰胺 – 敏感因子附着蛋白受体（SNARE）蛋白。BoNT 是由肉毒梭菌、稀有的巴氏梭菌、丁酸梭菌，以及阿根廷梭菌产生的蛋白质复合物产生，含有 1 ~ 6 种与神经毒素相关的辅助蛋白，这些蛋白可稳定生物系统中的毒素并促进其从胃肠道吸收，使口服的 BoNT 具有高毒性[1]。

血清型 A、B、E 和不太常见的 F 是大多数人通过食用受污染食物、伤口感染或胃肠道定植而中毒的原因。野生动物和家畜因血清型 B、C1 和 D 中毒的风险可能更大[3,4]。到目前为止，还没有关于血清型 G 的人或动物中毒的确诊病例报告。重要的是要认识到所有 BoNT 血清型通过注射、气溶胶给药和口服给药都具有潜在的致命性。BoNT 是已知毒性最强的蛋白质之一，根据血清型和暴露途径的不同，吸收极少量的毒素会导致严重的能力丧失和死亡[5,6]。

实验室暴露诊断

肉毒中毒的初步诊断依据是出现的特征性临床体征和症状，但所有血清型和中毒途径都具有相似的体征和症状[7]。肉毒中毒的发病通常会有几个小时到几天的潜伏期，即使是通过悬浮微粒暴露致病也是如此。潜伏期的时间长短与毒素吸收量成反比。

肉毒中毒一般以双侧对称性脑神经麻痹开始，可发展为下行性弛缓性麻痹，包括呼吸衰竭。体征和症状一般包括吞咽困难、面瘫、上睑下垂、发声障碍、复视、咽反射受损。很少有关于不对称性脑神经麻痹的报道[8]。

先进的测试（如神经传导研究和单纤维肌电描记术）可以辅助肉毒中毒的诊断，并将其与出现类似症状的其他神经肌肉疾病（如吉兰 – 巴雷综合征或重症肌无力）区分开来[7]。如果能够在临床或食品标本中检测到 BoNT 则可确认临床诊断病例。实验室检测（如小鼠生物测定法和质谱分析法）应主要用于确认临床诊断，而不是作为开始使用抗毒素治疗的依据。由于症状和体征存在一定的个体差异，因此即使没有出现某些特征性症状和体征，也应在潜在暴露后怀疑肉毒中毒。

实验室安全与防护建议

次氯酸钠（NaClO，0.1%）或氢氧化钠（NaOH，0.1 当量浓度）溶液能很快使 BoNT 失活，推荐其用于工作面的净化和溢漏处理。次氯酸钠（0.6%）也能使产生 BoNT 的梭菌属的细胞和芽孢失活。在 121℃的蒸汽高压灭菌器中灭菌 30 min，可有效地灭活 BoNT 和产生 BoNT 的梭菌属菌种，包括芽孢。关于生物来源毒素的安全使用和灭活的其他注意事项参见附录 I。由于产生 BoNT 的梭菌属需要厌氧环境才能生长，并且基本上不在个体之间传播，因此暴露于预先形成的 BoNT 才是实验室工作人员主要关心的问题。在处理 BoNT 和产生 BoNT 的梭菌属培养物时，两种最重要的危险是无意产生的气溶胶（特别是在离心过程中）以及意外针刺。虽然 BoNT 不能穿透完整皮肤，但毒素可以通过破损或被撕裂的皮肤以及通过接触眼部和黏膜而被吸收。

对于常规稀释、滴定或使用已知含有或可能含有 BoNT 物质进行的诊断研究，建议使用 BSL-2 级操作规范、防护设备和设施，包括使用适当的 PPE（即一次性手套、实验服和眼部防护装备）。可能产生气溶胶的操作应在生物安全柜（二类）内进行。通过精心布置工作空间并在操作过程中保持警惕，可以最大限度地减少针头刺伤。对于需要处理大量毒素的工作，应逐案考虑附加一级防护和人员预防措施，如 BSL-3 级所建议的措施。

诊断实验室的工作人员应该意识到，产生 BoNT 的梭菌属可在各种食品、临床样本（如粪便）和环境样本（如土壤）中，在数周或更长时间内保持稳定。毒素本身的稳定性取决于样本基质的无菌性、温度、pH 和离子强度[4,9,10]。在各种冷冻食品中，特别是在酸性条件（pH 4.5 ～ 5.0）和（或）高离子强度下，BoNT 可以长时间保持活性（至少 6 ～ 12 个月），但在 100℃加热 10 min 后，毒素就会很容易失活[10]。

有一起 BoNT 实验室中毒事件，工作在人对 24 小时前暴露于 BoNT 血清 A 型气溶胶动物进行尸检发生中毒。这些实验室工作人员可能吸入了动物皮毛产生的悬浮微粒，报告没有说明工作人员是否采取了保护措施，中毒症状相对较轻，所有受影响者在住院一周后均痊愈[11]。尽管实验室相关肉毒中毒的发生率较低，但由于 BoNT 具有高毒性，因此需要实验室工作人员在所有实验过程中都谨慎小心。

当实验室正在进行毒素操作时，应劝阻不直接参与 BoNT 实验室研究的人员（如维护人员）进入实验室，直到工作停止且所有工作面都已净化为止（参阅附录 I 以了解更多信息）。在进行毒素亚单位的纯化（如分离的 BoNT 轻链或重链）时，应采用纯化全毒素的防护措施，除非毒性生物测定另有证明。在异源表达宿主中产生的重组 BoNT 应被认为是有毒的，并应采取与内源性 BoNT 相同的预防措施来进行处理。

特殊问题

疫苗　目前没有获批的 BoNT 疫苗。一种五价 (血清型 A、B、C、D 和 E) 肉毒类毒素疫苗在 2011 年之前作为一种试验性新药 (IND) 通过 CDC 获得，但由于某些血清型的免疫原性下降和中度局部反应的发生率增加，这种疫苗被停止使用。候选疫苗目前正在进行临床试验[12]。

治疗　通常需要住院治疗，严重的肉毒中毒需要呼吸支持。2013 年，FDA 批准了一种七价肉毒杆菌抗毒素（A、B、C、D、E、F、G）——（马）BAT®，用于治疗成人和儿童的肉毒中毒。BAT® 是目前唯一获批的肉毒中毒特异性治疗方法，可有效中和 BoNT 的七种已知血清型。BAT® 可以通过中和残留在血流中的 BoNT 来降低中毒的严重程度[13]。BAT® 可通过美国国家战略储备（SNS）获取，同时由负责备灾及应急的助理国务卿办公室（ASPR）提供。可通过加利福尼亚婴儿肉毒毒素治疗及预防计划处获取用于治疗婴儿肉毒中毒的肉毒毒系免疫球蛋白。

管制性病原与毒素　由于 BoNT 和产生 BoNT 的梭菌属有可能对人类健康构成严重威胁，因此被列入 HHS 第 1 级管制性病原与毒素清单。拥有、使用、储存或转移产生 BoNT 的梭菌属的实体

必须向美国联邦"管制性病原"项目（FSAP）处登记注册。打算拥有、使用、储存或转移超过允许数量的 BoNT 的实体也需要向 FSAP 登记注册。参见附录 F 以了解更多信息。

　　病原运输　在国内转移或进口超过许可数量的产生 BoNT 的梭菌属或 BoNT，须事先获得 FSAP 的批准。向他国出口这些病原和毒素需要美国商务部许可证。参见附录 C 以了解更多信息。

葡萄球菌肠毒素（SE）

　　葡萄球菌肠毒素（SE）是一组分子量为 22 ~ 29 kDa 的密切相关细胞外蛋白毒素，由在多种金黄色葡萄球菌的特定基因簇菌株产生[14-16]。SE 属于来自葡萄球菌、链球菌和支原体的同源热原性外毒素大家族，能够通过正常 T 细胞受体反应的病理性扩增、细胞因子 / 淋巴因子释放、免疫抑制和内毒素休克，在人类中引起一系列疾病[15,17]。经典 SE 包括 A ~ E 五种血清型（SEA、SEB、SEC、SED 和 SEE），但基因组分析进一步发现并表征了以前未被识别的 SE，如与食源性事件有关的血清型 H（SEH）。[18,19]

　　SE 引发的症状可能因染毒途径和剂量而异。SEA 是引起人类严重肠胃炎的常见原因[20-22]。在意外食物中毒的情况下，据估计，胃内接触 0.05 ~ 1 µg 的 SEA 就会引发失能性疾病[23-27]。不同 SE 血清型对人体的毒性大小在很大程度上是未知的，但暴露于 20 ~ 25 µg SE 血清型 B（SEB）的人类志愿者出现了类似于由 SEA 引起的肠炎[28]。

　　在静脉注射和吸入染毒途径下，SE 具有高度毒性，致死剂量导致 NHP 死亡的主要原因是休克和（或）肺水肿[29-33]。根据对实验室工作人员意外染毒和对 NHP 进行的对照实验的推断，估计吸入量少于 1 ng/kg 可使 50% 以上的暴露者丧失能力，而对 SEB 来说，人类吸入性染毒的 LD_{50} 可能低至 20 ng/kg[34]。

　　据报道，在实验室环境或临床研究中，黏膜暴露于 SEB 会导致结膜炎和局部皮肤肿胀，部分实验室工作人员还出现了胃肠道功能失调的[35-37]。皮内或真皮接触浓缩 SE 溶液或斑贴试验（≥ 1 µg/cm^2）会导致红斑、硬结或皮炎[36-39]。

实验室暴露诊断

　　SE 中毒的诊断主要依据临床和流行病学特征。SE 中毒的胃肠道症状会在染毒后迅速出现（一般 1 ~ 6 h），其特征是恶心、呕吐和腹部痛性痉挛，常伴有腹泻，但一般不伴有高热[23,31]。如果染毒程度较高，则中毒会发展为低血容量、脱水、肾脏血管扩张和致命性休克[21]。虽然摄入 SE 后不常引起发热，但吸入 SE 通常会引起急性发热性疾病。如果吸入 SEB，在 3 ~ 12 h（范围为 1.5 ~ 18 h）的潜伏期后，会迅速发病，通常的特征是高热（通常为 39.4 ~ 40.5℃）、寒战、头痛、乏力、肌痛和无痰干咳[35]。有些人可能会出现胸骨后胸痛和呼吸困难的症状。严重者可发展为肺水肿或急性呼吸窘迫综合征（ARDS）。吸入性 SEB 中毒也可能会引发上呼吸道体征和相关症状［如喉咙痛、鼻漏、鼻窦充血和（或）大量鼻液倒流］、结膜充血和（或）咽部红斑[35,37]。吸入 SEB 后还可能出现胃肠道症状。摄入 SE 的症状通常会在 24 ~ 48 h 内消失，很少致命。由于实验室暴露而吸入 SEB 的症状一般会持续 2 ~ 5 天，但咳嗽可能会持续 4 周[40]。吸入性 SEB 的非特异性实验室化验结果包括中性粒细胞增多。白细胞计数通常大于 10 000 个细胞 / mm^3，其范围为 8 000 至 28 000 个细胞 / mm^3。胸部 X 线通常正常但严重者可能出现与肺水肿一致的异常影像[40]。

由于吸入性 SE 中毒症状与由几种呼吸道病原体（如流感、腺病毒和支原体）引起的疾病相似，因此对其的鉴别诊断最初可能不太确定。然而，自然发生的肺炎或流行性感冒的症状通常持续时间较长，而 SE 中毒的症状往往会迅速稳定下来。初期未被诊断出来的 SEB 中毒通常会被误诊为社区获得性肺炎，只有在其他高危实验室工作人员 12 h 内发病后才会怀疑是 SEB 中毒 [34]。

实验室对中毒的诊断方法包括使用免疫测定法来检测环境和临床样本中的 SE，以及通过基因扩增检测环境样本中的葡萄球菌基因 [24,41,42,43]。症状发生时血清中可能检测不到 SE，尽管如此，应在染毒后尽早提取血清标本。来自动物研究的数据表明，SE 在血清或尿液中的存在时间很短暂 [44]。在吸入染毒后的 24 h 内，可在呼吸道分泌物和鼻拭子中发现毒素。可以对染毒者急性期和恢复期血清中的中和抗体滴度进行评估，但由于自然 SE 暴露时也会产生一些抗体，因而这些预先存在的抗体可能会导致假阳性的结果 [40]。

实验室安全与防护建议

关于生物来源毒素的安全使用和灭活的一般性注意事项参见附录 I。吸入染毒、黏膜染毒（通过悬浮微粒或液滴暴露或直接接触受到污染的手套）、意外摄入和肠道外接种被认为是 SE 对实验室和动物护理人员构成的主要危险 [24,27,35]。SE 是一种相对稳定的单体蛋白质，易溶于水，同时耐蛋白降解、耐温度波动，且耐低 pH 条件。SE 的物理/化学稳定性表明，实验室工作人员必须格外小心，避免暴露于可能持续存在于环境中的残留毒素。

活性 SE 毒素可能存在于染毒动物的临床样本、创面渗出物、呼吸道分泌物、皮毛或组织中。由于 SE 毒素在整个消化道内仍保持有致毒活性，因此在清理笼舍、对染毒动物进行尸检，以及在处理临床粪便样本时，必须特别小心。

对实验室意外暴露于 SEB 的事故进行的综述显示 [35]，中毒事故的原因包括吸入因加压设备故障和染毒动物皮毛中残留毒素的再次雾化而产生的 SE 悬浮微粒。目前，实验室 SE 中毒最常见的原因被认为是用受到污染的手或手套触碰面部或眼部，致使通过黏膜而意外自我染毒。

当处理 SE 或可能会受到污染的物质时，应采用 BSL-2 级操作规范、安全防护设备与设施。通过口腔或眼部染毒途径，SE 具有高度活性，因此在处理毒素或受毒素污染的溶液时，必须身着实验服，佩戴手套和安全眼镜。处理 SE 时，应严格执行频繁、仔细的洗手规范与实验室净化规范。根据对实验室作业的风险评估情况，需要佩戴面罩和护目镜，以避免因不慎用受到污染的手套触摸面部和黏膜而使眼部和口咽部染毒。对于有很大可能产生气溶胶或飞沫的活动以及涉及大量使用 SE 的活动，应逐案考虑是否需要采取额外的一级屏障措施和人员预防措施，如适用于 BSL-3 级实验室的建议防护措施（如呼吸器）。

特殊问题

疫苗　目前还没有经批准的可用于人类的疫苗或特异性解毒剂，但实验性重组疫苗正在研发中。

管制性病原和毒素 SEA、SEB、SEC、SED 和 SEE 列于 HHS 管制性病原和毒素列表中。打算拥有、使用、储存或转移超过允许数量的 SE 的实体必须向 FSAP 登记注册。参见附录 F 以了解更多信息。

病原运输　在美国国内转移或进口超过许可数量的 SE 需要事先得到 FSAP 的批准。向他国出口该病原需要美国商务部许可证。参见附录 C 以了解更多信息。

蓖麻毒素

蓖麻毒素是在蓖麻植物成熟的种子中产生的，几个世纪以来，蓖麻一直被认为是一种对人类和牲畜有剧毒的植物[45]。蓖麻籽含有蓖麻油，是一种用于生产润滑剂、聚酰胺、聚氨酯、增塑剂和化妆品的重要化学原料，但同时也含有多达 6% 的蓖麻毒素和蓖麻凝集素（W/W）[46]。将蓖麻籽加工成蓖麻油的过程中所得到的籽粕是未经加工的蓖麻毒素。蓖麻毒素属于来自植物的 2 型核糖核蛋白体失活蛋白（RIP）家族，包括相思子毒素、蒴莲根毒素和槲寄生毒素，它们具有相似的整体结构和作用机制[47]。蓖麻毒素是一种二硫键结合的异二聚体，由一条 A 链（约 34 kDa）和一条 B 链（约 32 kDa）组成。A 链是一种 N- 糖苷酶，可去除 28 S 核糖体 RNA 中特定的腺嘌呤碱基，从而通过核糖体失活而导致蛋白质合成终止。B 链是一种相对无毒的凝集素，通过与靶细胞表面的糖脂和糖蛋白相互作用，从而促进毒素的结合和内化[45]。蓖麻凝集素（RCA_{120}）是一种由 2 条 A 链和 2 条 B 链构成的四聚体，在蛋白质序列水平上与蓖麻毒素 A 链（93%）和 B 链（84%）同源[48]。有一些单克隆抗体可将蓖麻毒素与 RCA_{120} 区别开来，不同蓖麻品种之间的比较表明，蓖麻毒素的含量比 RCA_{120} 高出 2.5 ～ 3 倍[49]。从种子中分离出来的蓖麻毒素含有不同的糖基化形式和同工型[50]。

重量相同的情况下，蓖麻毒素的毒性比 BoNT 或 SE 的毒性小得多，同时已发表的病例报告表明，成人胃内摄入蓖麻毒素很少致命，而是胃染毒的常见途径[51]。动物研究和人体中毒案例表明，蓖麻毒素的作用取决于接触途径，吸入染毒和静脉染毒的毒性最大。对于实验小鼠来说，吸入性染毒的 LD_{50} 估计为 3 ～ 5 μg/kg，静脉注射染毒的 LD_{50} 为 5 μg/kg，腹腔注射染毒的 LD_{50} 为 22 μg/kg，皮下注射染毒的 LD_{50} 为 24 μg/kg，灌胃给药染毒的 LD_{50} 为 20 mg/kg[52]。在更严格的安全防范措施出台之前，蓖麻油加工厂的工人和附近居民都暴露在籽粕的粉尘中。虽然报告的蓖麻毒素接触致死案例很少，但严重的过敏反应，包括皮肤反应和哮喘很常见[53]。

虽然尚未严格确定人体致死剂量，但估计通过肌肉或静脉注射染毒的致死剂量为 5 ～ 10 μg/kg，吸入性染毒的致死剂量为 5 ～ 10 μg/kg[54]。在一项关于细胞毒性的研究中发现，RCA_{120} 比蓖麻毒素的毒性小得多，杀死 50% 非洲绿猴肾细胞所需的 RCA_{120} 是蓖麻毒素的 300 倍[50]。

实验室暴露诊断

临床体征和症状是主要诊断依据，而这些体征和症状因染毒途径不同而有很大差异。吸入性染毒后，症状会在 8 h 内出现，包括咳嗽、呼吸困难和发热，这些症状可能进一步发展为呼吸窘迫和死亡[55]。大部分病理改变发生在上、下呼吸道，包括炎症、血痰和肺水肿。与可治疗的细菌感染相反，尽管使用抗生素治疗，但对于吸入性染毒而言，蓖麻毒素的毒性仍会加剧。不过，吸入该毒素不会出现与吸入性炭疽类似的纵隔炎。蓖麻毒素中毒患者在临床上不会像吸入 SEB 后那样出现稳定期。

通过胃部摄入蓖麻毒素会引起恶心、呕吐、腹泻、腹部痛性痉挛以及脱水。与吸入染毒途径相比，虽然胃部摄入染毒的初期症状可能会更早（1 ～ 5 h）出现，但通常需要暴露在更高水平的毒素中。注射蓖麻毒素后，症状可能会在 6 h 内出现，包括恶心、呕吐、厌食和高烧。注射蓖麻毒素的部位通常有明显的肿胀和硬结等炎症迹象。在一个注射蓖麻毒素中毒的病例中，患者出现发热、呕吐、血压稳的症状，并在几天后因血管萎陷死亡。目前尚不清楚这种毒素是沉积在肌肉内还是血流中[56]。

在通过气溶胶感染蓖麻毒素后，需要额外的支持性临床或诊断特征，包括：X 线胸片上双侧浸润、动脉低氧血症、中性粒细胞增多和富含蛋白质的支气管抽出物[52]。

已经发展出很多蓖麻毒素的检测和定量方法。可用以下方法来确诊：血清和呼吸道分泌物的特异性免疫测定、组织的免疫组织化学染色，或检测尿液中的蓖麻籽生物碱蓖麻碱[57]。免疫 PCR 法可检测出中毒小鼠血清和粪便中蓖麻毒素的含量（pg/mL）[58]。PCR 可以检测出大多数蓖麻毒素病原中残留的蓖麻豆 DNA。同样，ELISA、质谱技术以及细胞活力测定是用于检测污染样品中蓖麻毒素的最常用方法[59]。蓖麻毒素是一种免疫原性极强的毒素，应从幸存者那里获取配对的急性期和恢复期血清，以测定抗体反应。

实验室安全与防护建议

关于生物来源毒素的安全使用和灭活的一般性注意事项参见附录 I。由于蓖麻毒素可能在染毒动物的创面渗出物、呼吸道分泌物或未固定组织中保留毒性，因此预防措施的执行范围应扩大到对可能会受到污染的临床、诊断和死后样本的处理工作。

将蓖麻毒素 A 链与 B 链分离后并经肠道外接种于动物时，其毒性比蓖麻毒素全毒素降低了 1 000 倍以上[60]。然而，天然蓖麻毒素 A 链或 B 链的纯化提取物和蓖麻豆的粗提物应被视为受到了蓖麻毒素污染，进而采用相应方法进行处理，除非通过生物测定证明它们没有被蓖麻毒素污染。

蓖麻毒素是一种相对非特异性的细胞毒素和刺激物，应将其作为一种非挥发性的有毒化学物质在实验室中进行处理。根据动物研究，将空气中携带蓖麻毒素的尘埃颗粒或小液滴吸入肺部仍然被认为是最危险的染毒途径。当处理蓖麻毒素或可能受到污染的物料时，建议采用 BSL-2 级规范、防护设备和设施，包括实验服、手套以及眼部防护装备。如果处于有可能产生毒素气溶胶的环境，则应佩戴面罩式呼吸器。如果处于有可能产生蓖麻毒素气溶胶的环境，不管可能性有多小，都应使用生物安全柜。使用次氯酸钠漂白剂可使蓖麻毒素溶液失活，同时，使用氧化钙（石灰）高压灭菌可使粗蓖麻毒素粉末失活。

特殊问题

疫苗　目前还没有经批准的可用于人类的疫苗或特异性解毒剂，但实验性重组疫苗正在研发中。目前至少有一种商业化的蓖麻毒素疫苗正在进行一期临床试验[61]。

管制性病原与毒素　HHS 的管制性病原与毒素清单包含蓖麻毒素。打算拥有、使用、储存或转移超过许可数量的蓖麻毒素的实体必须向 FSAP 登记注册。更多信息，参见附录 F。

病原运输　在国内转移或进口超过许可数量的蓖麻毒素需要事先得到 FSAP 的批准。向他国出口该病原需要美国商务部许可证。更多信息，参见附录 C。

管制性低分子量（LMW）毒素

低分子量（LMW）毒素包括结构和功能多样的的一类天然毒物，分子量从几百到几千道尔顿不等。LMW 毒素包括复杂的有机结构和二硫化物交联和环状多肽。在一种特殊类型的 LMW 毒素中可能存在巨大的结构多样性，这通常会导致次要同工型在毒理学或药理学方面表征不完全。将 LMW 毒素归为一类的主要原因——这是在关键的生物物理特征方面将它们与蛋白质毒素区分开来的一种方法。与蛋白质相比，LMW 毒素的粒径较小，因此其过滤和分布等特性也与前者不同。后者通常在环境中较前者也更加稳定和持久，同时一些化合物的水溶性可能较差，因此需要使用有机溶剂。这些特点对实验室内 LMW 毒素的安全处理、防范和净化提出了特殊挑战。

　　本文讨论的一组管制性 LMW 毒素通常被用作实验室试剂和（或）已被美国 CDC 指定为潜在的公共卫生威胁，包括：由镰刀菌真菌产生的 T-2 霉菌毒素[62,63]；由亚历山大藻属、裸甲藻属和旋沟藻属中的管制性海洋沟鞭藻类以及某些淡水蓝藻属所产生的蛤蚌毒素和相关的麻痹性贝类毒素[64]；来自一些海洋动物的河豚毒素[65]；来自短凯伦藻沟鞭藻类的双鞭甲藻毒素[66]；来自管制性海洋腔肠动物并属于沙群海葵属的水螅毒素和来自海洋沟鞭藻类并属于蛎甲藻属的水螅毒素[67,68]；来自腹足类软体动物芋螺属的多肽芋螺毒素 α-GI（包括 GIA）和 α-MI[69]；来自拟菱形藻属选定海洋硅藻的氨基酸类似物软骨藻酸[70]；来自选定淡水蓝藻（如铜绿微囊藻）的单环多肽微囊藻毒素[71]。

　　单端孢霉烯霉菌毒素包括一大类结构复杂、非挥发性的倍半萜类化合物，是蛋白质合成的有效抑制剂[62,63]。食用发霉的谷物会发生霉菌毒素中毒，这些毒素中有一种被称为 T-2 的毒素被认为是一种潜在的生物战剂[63]。T-2 是一种脂溶性分子，可通过暴露的黏膜表面迅速被人体吸收[72]。在代谢活跃的靶器官中，毒性作用最为明显，包括呕吐、腹泻、体重减轻、神经紊乱、心血管系统变化、免疫抑制、止血紊乱、骨髓损伤、皮肤毒性、生殖能力下降和死亡[63]。根据染毒途径的不同，T-2 对实验动物的 LD_{50} 范围为 0.2 ~ 10 mg/kg，气溶胶染毒的毒性估计为肠道外染毒毒性的 20 ~ 50 倍[63]。特别要注意的是，T-2 是一种能直接损伤皮肤或角膜的强效起疱剂。将 50 ~ 100 ng 毒素局部施用于动物时，会在后者身上观察到皮肤损伤，包括明显的水疱[63,72]。

　　蛤蚌毒素和河豚毒素属于麻痹性海洋生物碱毒素，它们通过阻断离子流来干扰心脏、肌肉和神经元组织可兴奋细胞中电压激活钠通道的正常功能，分别引起潜在可致死的麻痹性贝类中毒和河豚中毒[73]。通过肠道外途径感染这两种毒素中任何一种（1 ~ 10 μg/kg）的动物通常会迅速出现兴奋、肌肉痉挛和呼吸窘迫的症状，极端情况下可能在 10 ~ 15 min 内死于呼吸麻痹[64,74]。人类食用了被蛤蚌毒素或河豚毒素污染的海产品后，会出现类似的中毒症状，在此之前通常会出现唇部、面部和四肢感觉异常[73,75]。

　　双鞭甲藻毒素是一种由海洋沟鞭藻类产生的梯形结构聚醚贝类神经毒素，这种毒素会在滤食性软体动物体内积聚，而当人类摄入被污染的海产品后就会引起非致命中毒，即神经毒性贝类中毒，或因接触含有该毒素的海洋飞沫而引起呼吸道不适[73]。该组毒素会降低电压激活钠通道的激活电位，打开处于正常静息膜电位下的钠通道，从而使受影响的神经或肌肉细胞的钠通道过度兴奋。人类摄入后的症状包括面部、咽喉、手指或脚趾感觉异常，随后会出现头晕、发冷、肌肉疼痛、恶心、胃肠炎以及心率降低等临床症状。双鞭甲藻毒素对肠道外染毒的小鼠和豚鼠的 LD_{50} 为 200 μg/kg。被缓慢输注双鞭甲藻毒素的豚鼠在暴露于 20 μg/kg 毒素的 30 min 内将出现致命性呼吸衰竭[74]。

　　水螅毒素与相关毒素，如 ovatoxin，是一种结构复杂的铰接脂肪醇，与某些群居海葵，如毒性沙海葵与蛎甲藻属特定的海洋沟鞭藻类有关[67]。该毒素能够结合细胞必需的 Na^+/K^+ 泵并将其转化为非选择性阳离子通道[68,76]。水螅毒素是已知最有效的冠状动脉血管收缩剂之一，通过切断输向心肌的氧气从而在几分钟内使动物死亡[77]。染毒个体的症状可能因染毒途径不同而有所差异，可能包括因食用受污染的海产品而引发的横纹肌溶解、吸入毒素气溶胶而引起的呼吸窘迫和发热，以及局部暴露引起的皮肤和眼部刺激[67,78]。对于不同种类的实验动物，静脉注射的 LD_{50} 范围为 0.025 ~ 0.45μg/kg[77]。在几种肠道外染毒途径下，水螅毒素具有致命性，但与静脉给药的毒性相比，经消化道（口服或直肠）给药的毒性要低 200 倍[77]。局部施用量约为 400 ng/kg 时，水螅毒素会导致角膜损伤和不可逆失明，即使滴注滴眼液并进行大量冲洗也无济于事[77]。当致病性沟鞭藻类大量存在时，与双鞭甲藻毒素一样，人类会因暴露于海洋中悬浮的水螅毒素微粒而出现呼吸道刺激的症状，但与双鞭甲藻毒素不同的是，水螅毒素还会引发伴有高热的流感样症状[78]。

芋螺毒素是一种多肽，通常长度为 10 ~ 30 个氨基酸，并有独特稳定的二硫键结构，已从海螺的毒液中分离成功，对哺乳动物具有神经活性或毒性[69]。在 500 多种已知芋螺属的毒液中，估计有超过 105 种不同的多肽（芋螺肽），但只有一小部分经过严格的动物毒性测试。在已经过分析过的芋螺毒素亚型中，至少有两种突触后麻痹性毒素，分别被命名为 α-GI（包括 GIA）和 α-MI，据报告，这两种毒素对实验室小鼠具有毒性，根据毒素种类和染毒途径，LD_{50} 在 10 ~ 100 μg/kg 范围内。工作人员应意识到，完全或部分分馏的芋螺毒液以及已分离芋螺毒素的合成组合对人体的毒性可能超过单个成分的毒性。例如，在人类地纹芋螺中毒而未进行治疗的案例中，致死率约为 70%，这可能是由于存在具有共同或协同生物靶标的各种 α- 芋螺毒素和 μ- 芋螺毒素的混合物结果[69,79]。α- 芋螺毒素是强效烟碱拮抗剂，而 μ- 芋螺毒素可阻断钠通道[69]。中毒的症状与所染的芋螺毒素种类有关，一般在染毒后很快（数分钟）就会出现，涵盖从剧烈疼痛到扩散性麻木等多种症状[80]。严重中毒会导致肌肉麻痹、视力模糊或重影、呼吸和吞咽困难，以及呼吸或心血管衰竭[80]。

软骨藻酸是一种类似于红藻氨酸的神经毒素，在食用受污染的海产品后会引起失忆性贝类中毒。软骨藻酸对海马体中的谷氨酸受体具有很高的亲和力，这会引发兴奋性毒性和神经元变性[81]。染毒的症状包括呕吐、恶心、腹泻和腹部痛性痉挛、头痛、头晕、意识混乱、定向障碍、短期记忆丧失、运动无力、癫痫发作、心律失常和昏迷，极端情况下可能导致死亡。

微囊藻毒素（又称 cyanoginosins）是 L- 和 D- 氨基酸经过特定组合而形成的单环七肽，由多种淡水蓝藻产生，其中一些具有不常见的侧链结构[82]。此类毒素是肝蛋白磷酸酶 1 型的强效抑制剂，能够导致肝脏大量出血以及死亡[82]。微囊藻毒素 -LR 是这个家族中毒性最强的毒素之一，对于肠道外染毒的啮齿类动物的 LD_{50} 为 30 ~ 200 μg/kg[71]。笼养的动物暴露于微囊藻毒素 -LR 后将会变得无精打采、俯卧不动，并在 16 ~ 24 h 内死亡。微囊藻毒素的毒性因染毒途径不同而会有所差异，除肝毒性外，还可能包括低血压和心源性休克[71,83]。

实验室暴露诊断

如上所述，LMW 毒素是一组结构不同的分子，在实验室染毒情况下，引起多样化的体征和症状。具有共同作用机制的 LMW 毒素可能会出现一些共同症状。例如，在摄入几种会干扰正常钠通道功能的麻痹性海洋毒素后，很快就会出现唇部、面部和手指的感觉异常。快速发作（几分钟到几小时）的疾病或损伤通常可支持化学染毒或 LMW 毒素染毒的诊断。接触 T-2 霉菌毒素后几乎立即会发生疼痛性皮损，而接触 T-2 或水螅毒素后的数分钟至数小时内，将会发生眼部刺激或病变。

目前在该领域还没有以快速诊方法式对 LMW 毒素进行的特异性诊断。应在专门的实验室通过抗原检测、受体结合分析或代谢产物的液相色谱分析等方法对所收集血清和尿液进行检测。

作为日常食物和供水的一部分，对几种海洋和淡水生物产生的毒素及其代谢物，包括蛤蚌毒素、河豚毒素、软骨藻酸、双鞭甲藻毒素和微囊藻毒素研究的比较充分[73]。同样，对 T-2 霉菌毒素在体内的吸收和分布情况也进行了研究，在染毒 28 天后仍然能够检测到其代谢产物[63]。海洋毒素在食物中高度稳定，通常不会受到烹饪或冷冻的影响。在某些情况下，大多数海洋毒素（如蛤蚌毒素、河豚毒素和软骨藻酸）一旦被摄入，就会在 24 ~ 72 h 内被代谢并通过尿液被迅速排出体外[81,84]。相反，淡水微囊藻毒素会在肝脏中与目标蛋白磷酸酶共价结合，从而使得很难对临床样本进行分析，甚至也很难对疑似死于饮用了受到微囊藻毒素污染的水源的牲畜进行尸检分析[85]。临床标本可包括血液、尿液、肺、肝和胃内容物。很少有临床试验对这些毒素进行验证。其他可用于检测环境或食品样本的方法很多，包括各种筛选和确认技术，具体方法因毒素而导异。

实验室安全与防护建议

关于生物来源毒素的安全使用和灭活的一般性注意事项参见附录 I。摄取、非肠道接种、皮肤和眼睛污染以及黏膜的飞沫或悬浮微粒染毒是实验室和动物护理人员面对的主要危险。LMW 毒素也会污染食物或少量供水。此外，T-2 霉菌毒素是一种强效起疱剂，需要采取额外的安全预防措施，以防止外露的皮肤或眼睛染毒。水螅毒素通过眼部染毒途径同样也具有剧毒。

除强毒性外，LMW 毒素的物理和化学稳定性也增加了在实验室环境中对其进行处理时的相关风险。与许多蛋白质毒素不同的是，LMW 毒素能够以一种稳定的干膜形式对实验室工作面造成污染，从而可能对实验室工作人员造成基本上无限期的染毒威胁。因此，必须特别强调要充分对工作面和设备进行净化 [86]。

当处理 LMW 毒素或可能会受到污染的物质时，建议采取 BSL-2 级操作规范、防护设备和设施，特别是穿戴实验服、安全眼镜和一次性手套，手套必须对有机溶剂或与毒素一起使用的其他稀释剂具有不渗透性。

如果毒素有可能被雾化，则应考虑使用呼吸防护装置。对于可能产生悬浮微粒（如粉末样本）的活动和（或）使用大量毒素的活动，也应采用生物安全柜（IIB1 或 B2 型）或配有 HEPA 排气过滤器的化学通风柜。

对于不易用漂白剂溶液净化的 LMW 毒素，建议在实验室工作面上预先铺放一次性衬垫，以便于清理和净化。

特殊问题

疫苗 目前还没有经批准的可用于人类的疫苗。有关 LMW 毒素中毒的实验性治疗方法可参阅相关文献 [87]。

管制性病原与毒素 部分 LMW 毒素被列为管制性病原与毒素。打算拥有、使用、储存或转移超过许可数量的受管制 LMW 毒素的实体必须向 FSAP 登记注册。参见附录 F 以了解更多信息。

病原运输 在国内转移或进口超过许可数量的受管制 LMW 毒素需要事先得到 FSAP 的批准。向他国出口该病原需要美国商务部许可证。参见附录 C 以了解更多信息。

原书参考文献

［1］ Pirazzini M, Rossetto O, Eleopra R, Montecucco C. Botulinum neurotoxins: biology, pharmacology, and toxicology. Pharmacol Rev. 2017;69(2):200–35.

［2］ Simpson L. The life history of a botulinum toxin molecule. Toxicon 2013;68:40–59.

［3］ Gangarosa EJ, Donadio JA, Armstrong RW, Meyer KF, Brachman PS, Dowell VR. Botulism in the United States, 1899–1969. Am J Epidemiol. 1971;93(2):93–101.

［4］ Hatheway CL. Botulism. In: Balows A, Hausler WJ, Ohashi M, Turano A, editors. Laboratory Diagnosis of Infectious Diseases: Principles and Practice. Vol. 1. New York: Springer-Verlag; 1988. p. 111–33.

［5］ Adler M, Franz DR. Toxicity of Botulinum Neurotoxin by Inhalation: Implications in Bioterrorism. In: Salem H, Katz SA, editors. Aerobiology: The Toxicology of Airborne Pathogens and Toxins. Cambridge: The Royal

Society of Chemistry Press; 2016. p. 167–82.

［6］ Johnson EA, Montecucco C. Botulism. In: Engel AG, editor. Handbook of Clinical Neurology. Vol. 91. Elsevier; 2008. p. 333–68.

［7］ Shapiro RL, Hatheway C, Swerdlow DL. Botulism in the United States: a clinical and epidemiologic review. Ann Intern Med. 1998;129(3):221–8.

［8］ Filozov A, Kattan JA, Jitendranath L, Smith CG, Lúquez C, Phan QN, et al. Asymmetric Type F botulism with cranial nerve demyelination. Emerg Infect Dis. 2012;18(1):102–4.

［9］ Woolford AL, Schantz EJ, Woodburn M. Heat inactivation of botulinum toxin type A in some convenience foods after frozen storage. J Food Sci. 1978;43(2):622–4.

［10］ Siegel LS. Destruction of botulinum toxins in food and water. In: Hauschild AHW, Dodds KL. Clostridium botulinum: Ecology and Control in Foods. New York: Marcel Dekker; 1993. p. 323–42.

［11］ Holzer E. Botulismus durch inhalation. Med Klin. 1962;41:1735–40. German.

［12］ Webb RP, Smith LA. What next for vaccine development? Expert Rev Vaccines. 2013;12(5):481–92.

［13］ Yu PA, Lin NH, Mahon BE, Sobel J, Yu Y, Mody RK, et al. Safety and Improved Clinical Outcomes in Patients Treated With New Equine-Derived Heptavalent Botulinum Antitoxin. Clin Infect Dis. 2017;66(suppl_1):S57–S64.

［14］ Argudin MA, Mendoza MC, Rodicio MR. Food poisoning and Staphylococcus aureus Enterotoxins. Toxins (Basel). 2010;2(7):1751–73.

［15］ Jarraud S, Peyrat MA, Lim A, Tristan A, Bes M, Mougel C, et al. egc, a highly prevalent operon of enterotoxin gene, forms a putative nursery of superantigens in Staphylococcus aureus. J Immunol. 2001;166(1):669–77. Erratum in: J Immunol. 2001;166(6):following 4259.

［16］ Llewelyn M, Cohen J. Superantigens: microbial agents that corrupt immunity. Lancet Infect Dis. 2002;2(3):156–62.

［17］ Marrack P, Kappler J. The Staphylococcal enterotoxins and their relatives. Science. 1990;248(4956):705–11. Erratum in: Science. 1990;248(4959):1066.

［18］ Jørgensen HJ, Mathisen T, Løvseth A, Omoe K, Qvale KS, Loncarevic S. An outbreak of staphylococcal food poisoning caused by enterotoxin H in mashed potato made with raw milk. FEMS Microbiol Lett. 2005;252(2):267–72.

［19］ Ikeda T, Tamate N, Yamaguchi K, Makino S. Mass Outbreak of Food Poisoning Disease Caused by Small Amounts of Staphylococcal Enterotoxins A and H. Appl Environ Microbiol. 2005;71(5):2793–5.

［20］ Balaban N, Rasooly A. Staphylococcal enterotoxins. Int J Food Microbiol. 2000;61(1):1–10.

［21］ Jett M, Ionin B, Das R, Neill R. The Staphylococcal Enterotoxins. In: Sussman M, editor. Molecular Medical Microbiology. Vol. 2. San Diego: Academic Press; 2002. p. 1089–116.

［22］ Pinchuk IV, Beswick EJ, Reyes VE. Staphylococcal enterotoxins. Toxins (Basel). 2010;2(8):2177–97.

［23］ Asao T, Kumeda Y, Kawai T, Shibata T, Oda H, Haruki K, et al. An extensive outbreak of staphylococcal food poisoning due to low-fat milk in Japan: estimation of enterotoxin A in the incriminated milk and powdered skim milk. Epidemiol Infect. 2003;130(1):33–40.

［24］ Bergdoll MS. Enterotoxins. In: Montie TC, Kadis S, Ajl SJ, editors. Microbial toxins: bacterial protein toxins. Vol. 3. New York: Academic Press; 1970. p. 265–326.

［25］ Do Carmo LS, Cummings C, Linardi VR, Dias RS, De Souza JM, De Sena MJ, et al. A case study of a massive staphylococcal food poisoning incident. Foodborne Pathog Dis. 2004;1(4):241–6.

［26］ Evenson ML, Hinds MW, Bernstein RS, Bergdoll MS. Estimation of human dose of staphylococcal enterotoxin A from a large outbreak of staphylococcal food poisoning involving chocolate milk. Int J Food Microbiol. 1988;7(4):311–6.

［27］ Hennekinne JA, De Buyser ML, Dragacci S. Staphylococcus aureus and its food poisoning toxins: characterization and outbreak investigation. FEMS Microbiol Rev. 2012;36(4):815–36.

［28］ Raj HD, Bergdoll MS. Effect of enterotoxin B on human volunteers. J Bacteriol. 1969;98(2):833–4.

［29］ Finegold MJ. Interstitial pulmonary edema. An electron microscopic study of the pathology of entertoxemia in Rhesus monkeys. Lab Invest. 1967;16(6):912–24.

［30］ Hodoval LF, Morris EL, Crawley GJ, Beisel WR. Pathogenesis of lethal shock after intravenous staphylococcal enterotoxin B in monkeys. Appl Microbiol. 1968;16(2):187–92.

［31］ Krakauer T, Stiles BG. The staphylococcal enterotoxin (SE) family: SEB and siblings. Virulence. 2013;4(8):759–73.

［32］ Mattix ME, Hunt RE, Wilhelmsen CL, Johnson AJ, Baze WB. Aerosolized staphylococcal enterotoxin B-induced pulmonary lesions in Rhesus monkeys (Macaca mulatta). Toxiciol Pathol. 1995;23(3):262–8.

［33］ Weng CF, Komisar JL, Hunt RE, Johnson AJ, Pitt ML, Ruble DL, et al. Immediate responses of leukocytes, cytokines and glucocorticoid hormones in the blood circulation of monkeys following challenge with aerosolized staphylococcal enterotoxin B. Int Immunol. 1997;9(12):1825–36.

［34］ LeClaire RD, Pitt MLM. Biological Weapons Defense: Effect Levels. In: Lindler LE, Lebeda FJ, Korch GW, editors. Biological Weapons Defense: Infectious Diseases and Counterbioterrorism. Totowa (NJ): Humana Press, Inc.; 2005. p. 41–61.

［35］ Rusnak JM, Kortepeter M, Ulrich R, Poli M, Boudreau E. Laboratory exposures to Staphylococcal enterotoxin B. Emerg Infect Dis. 2004;10(9):1544–9.

［36］ Strange P, Skov L, Lisby S, Nielsen PL, Baasgaard O. Staphylococcal enterotoxin B applied on intact normal and intact atopic skin induces dermatitis. Arch Dermatol. 1996;132(1):27–33.

［37］ Wedum AG. The Detrick experience as a guide to the probable efficacy of P4 microbiological containment facilities for studies in microbial recombinant DNA molecules. ABSA. 1996;1(1):7–25.

［38］ Rusnak JM, Kortepeter MG. Ocular and percutaneous exposures to staphylococcal enterotoxins A and B manifested as conjunctivitis with periocular swelling and gastrointestinal symptoms or localized skin lesions. International Conference on Emerging and Infectious Diseases 2004: Program and Abstracts Book; 2004 Feb 29–Mar 3; Atlanta, GA. 2004.

［39］ Scheuber PH, Golecki JR, Kickhofen B, Scheel D, Beck G, Hammer DK. Skin reactivity of unsensitized monkeys upon challenge with staphylococcal enterotoxin B: a new approach for investigating the site of toxin action. Infect Immun. 1985;50(3):869–76.

［40］ Saikh KU, Ulrich RG, Krakauer T. Staphylococcal Enterotoxin B and Related Toxins Produced by Staphylococcus aureus and Streptococcus pyogenes. In: Bozue J, Cote CK, Glass PJ, editor. Textbooks of Military Medicine: Medical Aspects of Biological Warfare. Fort Sam Houston (TX): Office of The Surgeon General, Borden Institute; 2018. p. 403–14.

［41］ Biological toxins: Staphylococcal Enterotoxin B (SEB). In: Withers MR, lead editor. USAMRIID's Medical Management of Biological Casualties Handbook. 8th ed. Fort Detrick (MD): U.S. Army Medical Research Institute of Infectious Diseases; 2014. p. 129–33.

［42］ Kadariya J, Smith TC, Thapaliya D. Staphylococcal aureus and staphylococcal food-borne disease: an ongoing challenge in public health. Biomed Res Int. 2014;2014:827965.

［43］ Aitichou M, Henkens R, Sultana AM, Ulrich RG, Ibrahim MS. Detection of Staphylococcus aureus enterotoxin A and B genes with PCR-EIA and a hand-held electrochemical sensor. Mol Cell Probes. 2004;18(6):373–7.

［44］ Cook E, Wang X, Robiou N, Fries BC. Measurement of staphylococcal enterotoxin B in serum and other supernatant with a capture enzyme-linked immunosorbent assay. Clin Vaccine Immunol. 2007;14(9):1094–101.

［45］ Olsnes S. The history of ricin, abrin and related toxins. Toxicon. 2004;44(4):361–70.

［46］ McKeon TA. Castor (Ricinus communis L.). In: McKeon TA, Hayes DG, Hildebrand DF, Weselake RJ, editors. Industrial Oil Crops. AOCS Press; 2016. p. 75–112.

［47］ Hartley MR, Lord JM. Cytotoxic ribosome-inactivating lectins from plants. Biochim Biophys Acta. 2004;1701(1–2):1–14.

［48］ Roberts LM, Lamb FI, Pappin DJ, Lord JM. The primary sequence of Ricinus communis agglutinin: Comparison with ricin. J Biol Chem. 1985;260(29):15682–6.

［49］ Brandon DL, McKeon TA, Patfield SA, Kong Q, He X. Analysis of castor by ELISAs that distinguish ricin and Ricinus communis agglutinin (RCA). J Am Oil Chem Soc. 2016;93(3):359–63.

［50］ Worbs S, Skiba M, Soderstrom M, Rapinoja ML, Zeleny R, Russman H, et al. Characterization of ricin and R. communis agglutinin reference materials. Toxins (Basel). 2015;7(12):4906–34.

［51］ Doan LG. Ricin: mechanism of toxicity, clinical manifestations, and vaccine development. A review. J Toxicol Clin Toxicol. 2004;42(2):201–8.

［52］ Franz DR, Jaax NK. Ricin Toxin. In: Sidell FR, Takafuji ET, Franz DR, editors. Textbooks of Military Medicine: Medical Aspects of Chemical and Biological Warfare. The TMM Series. Part 1: Warfare, Weaponry, and the Casualty. Washington (DC): Office of The Surgeon General at TMM Publications; 1997. p. 631–42.

［53］ Apen EM, Cooper WC, Horton RJM, Scheel LD. Health Aspects of Castor Bean Dust: Review and Bibliography. Cincinnati (OH): U.S. Department of Health, Education, and Welfare; 1967.p. 132.

［54］ Bradberry SM, Dickens KJ, Rice P, Griffiths GD, Vale JA. Ricin poisoning. Toxicol Rev. 2003;22(1):65–70.

［55］ Audi J, Belson M, Patel M, Schier J, Osterloh J. Ricin poisoning, a comprehensive review. JAMA. 2005;294(18):2342–51.

［56］ Knight B. Ricin–a potent homicidal poison. Br Med J. 1979;1(6159):350–1.

［57］ Johnson RC, Lemire SW, Woolfitt AR, Ospina M, Preston KP, Olson CT, et al. Quantification of ricinine in rat and human urine: a biomarker for ricin exposure. J Anal Toxicol. 2005;29(3):149–55.

［58］ He X, McMahon S, Henderson TD 2nd, Griffey SM, Cheng LW. Ricin toxicokinetics and its sensitive detection in mouse sera or feces using immune-PCR. PLoS One. 2010;5(9):e12858.

［59］ Bozza WP, Tolleson WH, Rivera Rosado LA, Zhang B. Ricin detection: tracking active toxin. Biotechnol Adv. 2015;33(1):117–23.

［60］ Soler-Rodriguez AM, Uhr JW, Richardson J, Vitetta ES. The toxicity of chemically deglycosylated ricin A-chain in mice. Int J Immunopharmacol. 1992;14(2):281–91.

［61］ Pittman PR, Reisler RB, Lindsey CY, Guerena F, Rivard R, Clizbe DP, et al. Safety and immunogenicity of ricin vaccine, RVEcTM, in a Phase 1 clinical trial. Vaccine. 2015;33(51):7299–306.

［62］ Bamburg JR. Chemical and Biochemical Studies of the Trichothecene Mycotoxins. In: Rodricks, JV, editor. Mycotoxins and Other Fungal Related Food Problems. Vol 149. Washington (DC): American Chemical Society; 1976. p. 144–62.

［63］ Wannemacher RW, Wiener SL. Trichothecene Mycotoxins. In: Sidell FR, Takafuji ET, Franz DR, editors. Textbooks of Military Medicine: Medical Aspects of Chemical and Biological Warfare. The TMM Series. Part 1: Warfare, Weaponry, and the Casualty. Washington (DC): Office of The Surgeon General at TMM Publications; 1997. p. 655–76.

［64］ Schantz EJ. Chemistry and biology of saxitoxin and related toxins. Ann N Y Acad Sci. 1986;479:15–23.

［65］ Yasumoto T, Nagai H, Yasumura D, Michishita T, Endo A, Yotsu M, et al. Interspecies distribution and possible origin of tetrodotoxin. Ann N Y Acad Sci. 1986;479:44–51.

［66］ Baden DG, Mende TJ, Lichter W, Welham H. Crystallization and toxicology of T34: a major toxin from Florida's red tide organism (Ptychodiscus brevis). Toxicon. 1981;19(4):455–62.

［67］ Deeds JR, Schwartz MD. Human risk associated with palytoxin exposure. Toxicon. 2010;56(2):150–62.

［68］ Moore RE, Scheuer PJ. Palytoxin: a new marine toxin from a coelenterate. Science. 1971;172(3982):495–8.

［69］ Olivera BM, Cruz LJ. Conotoxins, in retrospect. Toxicon. 2001;39(1):7–14.

［70］ Lefebvre KA, Robertson A. Domoic acid and human exposure risks: A review. Toxicon. 2010;56(2):218–30.

［71］ Carmichael WW. Algal toxins. In: Callow JA, editor. Advances in botanical research. Vol. 12. London: Academic Press; 1986. p. 47–101.

［72］ Bunner BL, Wannemacher RW Jr, Dinterman RE, Broski FH. Cutaneous absorption and decontamination of [3H] T-2 toxin in the rat model. J Toxicol Environ Health. 1989;26(4):413–23.

［73］ Poli MA. Foodborne Marine biotoxins. In: Miliotis MD, Bier JW, editors. International handbook of foodborne pathogens. New York: Marcel Dekker; 2003. p. 445–58.

［74］ Franz DR, LeClaire RD. Respiratory effects of brevetoxin and saxitoxin in awake guinea pigs. Toxicon. 1989;27(6):647–54.

［75］ Kao CY. Tetrodotoxin, saxitoxin and their significance in the study of excitation phenomena. Pharmacol Rev. 1966;18(2):997–1049.

［76］ Artigas P, Gadsby DC. Na+/K+-pump ligands modulate gating of palytoxin- induced ion channels. Proc Natl Acad Sci USA. 2003;100(2):501–5.

［77］ Wiles JS, Vick JA, Christensen MK. Toxicological evaluation of palytoxin in several animal species. Toxicon. 1974;12(4):427–33.

［78］ Tubaro A, Durando P, Del Favero G, Ansaldi F, Icardi G, Deeds JR, et al. Case definitions for human poisonings postulated to palytoxins exposure. Toxicon. 2011;57(3):478–95.

［79］ Cruz LJ, White J. Clinical Toxicology of Conus Snail Stings. In: Meier J, White J, editors. Handbook of Clinical Toxicology of Animal Venoms and Poisons. Boca Raton: CRC Press; 1995. p. 117–27.

［80］ McIntosh JM, Jones RM. Cone venom–from accidental stings to deliberate injection. Toxicon. 2001;39(10):1447–51.

［81］ Pulido OM. Domoic acid toxicologic pathology: A review. Mar Drugs. 2008;6(2):180–219.

［82］ Dawson RM. The toxicology of microcystins. Toxicon. 1998;36(7):953–62.

［83］ LeClaire RD, Parker GW, Franz DR. Hemodynamic and calorimetric changes induced by microcystin-LR in the rat. J Appl Toxicol. 1995;15(4):303–11.

［84］ DeGrasse S, Rivera V, Roach J, White K, Callahan J, Couture D, et al. Paralytic shellfish toxins in clinical matrices: Extension of AOAC official method 2005.06 to human urine and serum and application to a 2007 case study in Maine. Deep-Sea Res II. 2014;103:368–75.

［85］ MacKintosh RW, Dalby KN, Campbell DG, Cohen PT, Cohen P, MacKintosh C. The cyanobacterial toxin microcystin binds covalently to cysteine-273 on protein phosphatase 1. FEBS Lett. 1995;371(3):236–40.

［86］ Wannemacher RW. Procedures for inactivation and safety containment of toxins. In: Proceedings for the symposium on agents of biological origin. 1989; Aberdeen Proving Ground, MD. Aberdeen, Maryland: U.S. Army Chemical Research, Development and Engineering Center; 1989. p. 115–22.

［87］ Padle BM. Therapy and prophylaxis of inhaled biological toxins. J Appl Toxicol. 2003;23(3):139–70.

第八章附录　　　　　　　**H　朊病毒病**

传染性海绵状脑病（transmissible spongiform encephalopathy，TSE）或朊病毒病是一种神经退

行性疾病，可对人类及各种家养和野生动物产生影响[1-4]。朊病毒病的一个核心生化特征是将正常的朊病毒蛋白（PrP）转化为一种异常的、错误折叠的致病性同工型，同时以原型朊病毒病——羊瘙痒症将此同工型命名为 PrPSᶜ。朊病毒病的致病原被称为朊病毒，该致病原不含有已知的朊病毒特异性核酸或病毒样颗粒。朊病毒也主要由 PrPSᶜ 组成。它们对采用高温和化学物质的灭活有很强的抵抗力，因此需要采取特殊的生物安全预防措施。朊病毒可通过接种、摄取或移植受到感染的组织或匀浆进行传播。朊病毒在大脑和其他中枢神经系统组织中的传染性较高，而在脾脏、淋巴结、肠道、骨髓和血液等淋巴组织中的传染性较低。2017 年的一项研究表明，在散发性克－雅病（sCJD）死者的皮肤中存在低水平的朊病毒传染性[5]。

对 rPᶜ，即 PrP 的细胞亚型，由色体基因［朊蛋白基因（PRNP）］编码。PrPSᶜ 通过转译后加工从 PrPᶜ 衍生而来，因此 PrPS 具有较高的 β- 片层含量，对正常消毒过程的灭活有很强的抵抗力。PrPSᶜ 在水性缓冲液中的溶解率较低，并且具有部分蛋白酶抗性。因此，当含有朊病毒的样本与蛋白酶（如蛋白酶 K）一起孵育时，通常可以将 PrPSᶜ 与对蛋白酶完全敏感的 PrPᶜ 区分开来。

职业感染

虽然临床专家和卫生专业人员（包括执行 CJD 病例尸体解剖的病理科医生）都发生过感染 sCJD 的案例，但在总体上并没有发现卫生专业人员的职业风险有所增加[6]。然而，尽管缺少明确的暴露源，但至少有一位神经外科医生患 CJD 的非典型病例改变表明，该病例更有可能是职业性的，而非散发性 CJD[7]。

感染和传播方式

已知由朊病毒引起的疾病列于表 8H-1（人类疾病）和表 8H-2（动物疾病）。除了涉及朊病毒污染物质（如硬脑膜）的某些医疗程序外，自然传播的唯一明确危险因素就是食用了受感染的组织，如库鲁病例中的人脑，以及牛海绵状脑病（BSE）和猫海绵状脑病（FSE）等相关疾病患病动物的肉类，包括神经组织。家族性 CJD 是通过种系遗传突变 PRNP 基因而获得的。

虽然羊瘙痒症在绵羊和山羊之中自然感染的传播机制尚不清楚，但有相当多的证据表明，主要传播方式之一是经口摄入受感染母羊的胎盘膜。尽管在绵羊中发现羊瘙痒症已有 200 多年的历史，但没有证据表明该病会传染给人类。TSE 疾病，如传染性水貂脑病（TME）、BSE、FSE 和外来有蹄类脑病（EUE），都被认为是在食用了被朊病毒感染的食物后发生的[8]。目前尚不清楚慢性消耗性疾病（CWD）在骡鹿、白尾鹿和落基山麋鹿之间传播的确切机制[3]。但是有强有力的证据表明 CWD 是横向传播的，同时环境污染可能在该病的局部维持中起着重要作用。在实验条件下，CWD 和其他朊病毒病可经气溶胶传播，但没有证据表明这是一种自然传播途径[9-11]。

朊病毒通常能够高效地感染同源物种，但也有可能发生效率较低的跨物种感染。跨物种感染后，往往会逐渐适应适应新宿主，并产生宿主特异性，特别是在同种动物个体间传播的情况下。这种跨物种适应的过程在同一物种内的个体之间可能会有所不同。因此，很难预测所产生的朊病毒的适应速度和最终的物种特异性。这些考虑有助于形成不同朊病毒生物安全分类的基础。

实验室安全与防护建议

在实验室环境中，应采用 BSL-2 级实验室或更高生物安全等级来处理来自人体组织的朊病毒和在动物体内繁殖的人类朊病毒。由于担心 BSE 朊病毒会使人和牛受到感染，因此在某些情况下需要采用 BSL-3 级操作规范、防护设备和设施，在实验室内使用密封式的次级容器来运输样本。建议尽量使用防护设备和朊病毒专用设备，以减少污染，并将需要进行灭活程序的区域和物质减少至最低限度。

表 8H-1　人类朊病毒病

疾病	缩写	发病机制
库鲁病	–	通过仪式性食人行为感染
散发性 CJD	sCJD	机制不明；可能是由于体细胞突变或 PrP^c 自发转化为 PrP^{Sc}
变异型 CJD	vCJD	感染机制可能是食用了受 BSE 污染的牛产品或继发血源性传播
家族或遗传性 CJD	fCJD 或 gCJD	PRNP 基因种系突变
医源性 CJD	iCJD	感染机制是受污染的角膜或硬脑膜移植物、垂体激素或神经外科设备
格斯特曼 - 施特劳斯勒 - 沙因克综合征	GSS	PRNP 基因种系突变
致死性家族性失眠症	FFI	PRNP 基因种系突变
散发性致死性失眠症	sFI	机制可能与 sCJD 相同（见上文）
变异性蛋白酶敏感性朊病毒病	VPSPr	机制可能与 sCJD 相同（见上文）

表 8H-2　动物朊病毒病

疾病	缩写	天然宿主	发病机制
羊瘙痒症	–	绵羊、山羊、欧洲盘羊	感染发生在遗传易感性动物中
牛海绵状脑病	BSE	牛	感染机制是食用了受朊病毒污染的饲料（典型 BSE）；机制不明 / 可能是由于 PrP^c 至 PrP^{Sc} 的自发性错误折叠（非典型 BSE）
慢性消耗性疾病	CWD	骡鹿、白尾鹿、落基山麋鹿、驯鹿、驼鹿	机制不明；可能是由于动物直接接触受感染的粪便、尿液、唾液，或因受污染环境而间接感染（如饲料、水、污物）
外来有蹄类脑病	EUE	白斑羚、大种弯角羚及长角羚	感染机制是食用了受 BSE 污染的饲料
猫海绵状脑病	FSE	家猫、圈养的野猫	感染机制是食用了受 BSE 污染的饲料
传染性水貂脑病	TME	水貂（人工养殖）	感染机制是食用了受朊病毒污染的饲料

可以在 BSL-2 级条件下采用标准 BSL-2 级操作规范对所有其他动物朊病毒进行处理。然而，当来自一个物种的朊病毒被接种到另一个物种时，应根据接种物供体或受体动物的生物安全指南中较严格的标准，来进行防护。

在对确诊的人类朊病毒病患者的护理过程中，采用标准预防措施即可。在临床环境中尚未发现人类朊病毒病具有传播性或传染性，除非通过侵入性操作导致发生医源性染毒[12]。有一项研究，在 sCJD 尸体的皮肤中发现了可检测出的传染性和朊病毒的播散活性，但其水平远低于 sCJD 患者脑组织中的水平。如果在无症状的朊病毒感染者中或在 sCJD 病程的早期也发现了这种传染性，则这可能会加剧人们对医源性 sCJD 通过侵入皮肤进行传播的可能性的担忧[5]。

没有证据表明朊病毒会通过接触或气溶胶在人与人之间进行传播。然而，人类朊病毒确实可通过某些途径进行传播。在新几内亚，库鲁病通过仪式性食人行为得到了传播。医源性 CJD 是由医疗器械污染、使用受朊病毒污染的生长激素或移植受朊病毒污染的硬脑膜和角膜移植物引起的。高度怀疑变异型 CJD 也可通过输血传播[13]。然而，没有证据表明非变异型 CJD 可通过血液传播[14]。家族性 CJD、格斯特曼 – 施特劳斯勒 – 沙因克综合征（GSS）和致命性家族性失眠（FFI）均为显性遗传朊病毒病，许多不同的 PRNP 基因突变已被证明与患遗传性朊病毒病在遗传方面有一定关系。

对许多遗传性朊病毒病病例中朊病毒的研究表明，朊病毒会传播给猿类、猴和老鼠，特别是那些携带人类 PRNP 转基因的动物。

特殊问题

朊病毒失活 朊病毒的特点是对常规灭活程序，包括辐照、煮沸、干热以及福尔马林、β- 丙内酯和乙醇等刺激性化学物质具有相对抗性。虽然朊病毒在纯化样本中的传染性由于蛋白酶的长期消化而有所降低，但仅仅将含有朊病毒的十二烷基硫酸钠（SDS）或尿素煮沸，得出结果并不一致。更有效的处理方法包括使用 SDS[15]、汽化过氧化氢[16]、含有 4%SDS 的 1% 乙酸溶液（温度为65 ~ 134℃）[17,18]，或弱酸性次氯酸进行处理[19]。变性有机溶剂，如苯酚或离液试剂（如异硫氰酸胍）可导致活性大大降低，但不能完全灭活。同样，使用传统的高压灭菌器作为唯一的灭活处理方法并不能使朊病毒完全灭活[20,21]。福尔马林固定的组织和石蜡包埋的组织，特别是脑组织，仍然具有传染性[22]。部分研究人员建议，在对来自朊病毒病疑似病例的福尔马林固定组织进行组织病理学处理（见表 8H-3）之前，应将其浸泡在 96% 甲酸或苯酚中 30 min，但这样的处理方式可能会严重扭曲微观神经病理学，并且可能不会使传染性完全丧失。

要确保受污染的仪器和其他物料不存在残留传染性的风险，最安全和最明确的方法就是丢弃并通过焚烧将其销毁[23]。目前对仪器和其他物料上的朊病毒灭活建议是使用次氯酸钠、氢氧化钠、Environ LpH（不再市售）[24]，以及湿热高压灭菌。热灭活和化学灭活的组合可能是最可靠的方法（见表 8H-4）[20,23,25]。腐蚀性较低的次氯酸溶液也能净化不锈钢上的朊病毒[19]，但需要进一步验证这种处理方法的有效性。

手术治疗 WHO 在 1999 年召开的一次咨询会议上，制定了一份关于传染性海绵状脑病的《传染控制指南》，其中概述了对被诊断为朊病毒病患者进行手术治疗的预防措施[23,25]。可重复使用手术器械的灭菌工作和工作面净化工作，应遵循美国 CDC 和 WHO《传染控制指南》中的建议[23]。表 8H-4 总结了关于可重复使用仪器和工作面净化的主要建议。被污染的一次性仪器或物料可在1 000℃（1832 ℉）或更高温度下进行焚烧[26,27]。

表 8H-3 人类 CJD 及相关疾病的组织制备

步骤	说明
1	组织学技术人员穿戴 / 佩戴手套、防护服、实验服和面部防护装备
2	对疑似朊病毒病患者的小组织样本（如活检）进行充分固定后，可在 96% 甲酸中固定 30 min，然后在新鲜的 10% 福尔马林中固定 45 h
3	可将液体废物收集在一个装有 600 mL 6N NaOH 的 4L 废物瓶中
4	将手套、嵌入模具和所有处理物料均作为管制性医疗废物进行处理
5	可以在 TSE 专用处理器中对组织盒进行处理或对其进行手动处理，以防止一般用途的组织处理器受到污染
6	将组织嵌入到一次性嵌入模具中。如果使用了镊子，则应按照表 8H-4 的要求对其进行净化处理
7	在制备切片时，可佩戴防割手套，将切片废物收集在管制性医疗废物容器中并进行处理。先后用 2N NaOH 或次氯酸钠（20 000 mg/L）和蒸馏水擦拭刀座。应将用过的刀立即丢入"管制性医疗废物锐器"容器中。载玻片上应标有"CJD 预防措施"的字样。用石蜡密封切片块
8	常规染色： a. 用一次性标本杯或 TSE 专用染色器手工处理载玻片； b. 盖上盖玻片后，将载玻片浸泡在 2N NaOH 或次氯酸钠（20 000 mg/L）中 10 ~ 60 min，然后用蒸馏水净化； c. 载玻片上应标有"传染性 CJD"的字样
9	其他建议： a. 可使用一次性标本杯或载玻片封盒来盛载试剂； b. 可在一次性培养皿中处理用于免疫细胞化学的载玻片； c. 按上述要求对设备进行净化或将设备作为管制性医疗废物对其进行处理

表 8H-4 可重复使用仪器及工作面的朊病毒灭活方法 [19,21,24,25]

方法	说明
1	在 1N NaOH 或次氯酸钠（20 000 mg/L 有效氯）中浸泡 1 h。移入水中，在 121℃的高压灭菌器（重力置换）中消毒 1 h。采用常规方法进行清洁及消毒（注：次氯酸钠可能对包括高压灭菌器在内的某些仪器有腐蚀性。）
2	浸入含有 1N NaOH 的盘状器皿中，在 121℃的重力置换高压灭菌器中加热 30 min。用水冲洗，同时用常规方法消毒
3	在 1N NaOH 或次氯酸钠（20 000 mg/L 有效氯）中浸泡 1 h。取出并用水冲洗仪器，转移到敞口盘状器皿中，在 121℃的高压灭菌器（重力置换）或 134℃的高压灭菌器（多孔负载）中消毒 1 h。采用常规方法进行清洁及消毒
4	工作面或热敏仪器可用 2N NaOH 或次氯酸钠（20 000 mg/L）处理 1 h。确保工作台面在整个过程中保持湿润，然后用水冲洗干净。由于存在过量有机物会降低 NaOH 或次氯酸钠溶液的强度，因此在化学处理之前，强烈建议减少工作台面的总污染
5	2% 的 Environ LpH®（EPA 注册编号：1043-118；不再市售）可用于可清洗式坚硬无孔工作台面（如地板、桌子、设备和柜台）、物品（如非一次性仪器、锐器和锐器容器），和（或）实验室废液（如福尔马林或其他液体）。一些州根据《美国联邦杀虫剂、杀菌剂和灭鼠剂法案》（FIFRA）第 18 节的豁免条款目前仍在使用该产品。用户在使用前应咨询州环保办公室。可将物品浸泡 0.5 ~ 16 h，然后用水冲洗，并使用常规方法消毒

（改编自 https://www.cdc.gov）

尸检 可以使用标准预防措施安全地进行常规尸检以及处理少量含有人类朊病毒的福尔马林固定组织 [28,29]。由于没有已知治疗朊病毒病的有效方法，因此处理时必须非常谨慎。朊病毒浓度最高的部位是中枢神经系统及其被膜。根据对动物的研究结果，一般认为朊病毒可能也存在于脾脏、胸腺、淋巴结、皮肤、血液和肠道中。实验室工作人员在处理受朊病毒感染或污染的物料时，所采取的主要预防措施应包括避免皮肤被意外刺破 [12]。如有可能，在处理受污染的标本时，应戴防割手套。如果未破损皮肤发生意外污染，则应用清洁剂和大量温水清洗（避免擦洗）受污染处。为了进一步保证安全，可进行短暂浸泡（在 1N NaOH 或 1 : 10 稀释的漂白剂中浸泡 1 min）或长时间浸泡在商用次氯酸制剂中 [19,23]。WHO《传染控制指南》提供了与职业伤害有关的其他指导 [23]。应在 BSL-2 级设施中极其小心地处理含有人类朊病毒的大脑、脊髓和其他组织的未固定样本，最好在限制进入、穿戴额外 PPE，并在使用专用设备的情况下进行处理。

牛海绵状脑病（BSE）

虽然由 BSE 传播给人类而引发的变异型 CJD 病例的确切病例数尚不清楚，但对英国流行病学数据的研究表明，BSE 传播给人类的效率并不高 [30]。最谨慎的方法是至少在 BSL-2 级设施中利用适当的 BSL-3 级操作规范来研究 BSE 朊病毒。

在对大型动物进行尸检时，工作人员有可能会被意外溅到或接触到高风险物质（如脊柱、脑部），因此，应穿戴覆盖全身的个人防护装备（如手套、后收式实验服以及面罩）。强烈建议使用可作为干燥管制性医疗废物进行丢弃或焚烧的一次性塑料容器。

实验中已经观察到朊病毒可通过气溶胶传播 [9-11]，但没有证据表明这在自然条件下或临床环境中也会发生。在对组织或液体进行操作以及对实验动物的尸体进行剖检时，仍应谨慎避免产生气溶胶或飞沫。此外，还强烈建议在皮肤有可能接触传染性组织和液体的活动中佩戴防渗透性手套。

动物尸体和其他组织废物可通过焚烧方式进行处理，二次燃烧室的最低温度为 1 000℃

（1832 ℉）[23,26]。病理焚烧炉主燃烧室的温度应符合设计和各州的相关要求，同时应采用专业的焚烧规范。医疗废物焚烧炉应符合各州州和联邦相关条例。

碱性水解处理方法是将尸体或组织置于一个装有被加热至 95 ～ 150℃的 NaOH 或 KOH 的容器中，该方法可作为焚烧处理尸体和组织的替代方法[20,31]。结果表明，在推荐的使用时间内，该处理方法可完全灭活某些朊病毒毒株。

疑似朊病毒病患者组织的处理和加工

朊病毒工作的特殊性要求注意所涉及的设施、设备、政策和操作[10]。应将表 8H-3 中列出的相关考虑事项纳入实验室对此项工作的风险管理。

多个人体朊病毒组织样本的处理和加工

在对多个人体朊病毒阳性组织进行处理和染色的研究研究型实验室，可以使用朊病毒专用组织处理器、独立式染色器（即可收集排出物而不丢弃到下水道）、专用标本杯和染色盘。表 8H-3 所列的个人防护装备、净化程序和废物处置程序也同样适用。此外，组织处理器和染色器产生的大量液体废物可与吸湿颗粒混合，密封在容器中，并在 1 000℃（1832 ℉）或更高温度下进行焚烧。

FDA 尚未批准任何用于对朊病毒进行净化、消毒或灭菌的产品。所述方法仅供研究使用。

工作液　1N NaOH 相当于每升水含 40 g NaOH。溶液应每日进行配制。可配制 10N NaOH 的储备液，并应经常配制 1∶10 的稀释液（1 份 10N NaOH 加 9 份水），以使碱度保持在充分有效水平。

注意，20 000 mg/L 次氯酸钠相当于 2% 的溶液。美国许多家用漂白剂商业产品中含有 6.15% 的次氯酸钠；对于这类产品，按体积比 1∶3 稀释（1 份漂白剂加 2 份水）配制含有 20 500 mg/L 有效氯的溶液。这种相对简单的方法提供了浓度稍高的溶液（额外 500 mg/L），这种溶液不会对净化程序带来影响，也不会显著增加实验室中的化学风险。由于漂白剂溶液会排出气体，因此工作液的配制频率应足以使有效氯保持在足够水平。

注意事项　上述溶液具有腐蚀性，因此需使用合理的个人防护装备以及正确的次级防护措施；需按照当地条例谨慎处理这些强腐蚀性溶液。次氯酸钠和氢氧化钠溶液可能会腐蚀高压灭菌器。

在高压灭菌器中使用 NaOH 或次氯酸钠溶液的注意事项：如果容器使用不正确，则 NaOH 溢出物或气体可能会损坏高压灭菌器。建议使用带有边缘和盖子的容器，用于收集冷凝物并使其滴回盘状器皿中。不应使用铝制容器。采用本程序的人员在处理热的 NaOH 溶液（经过高压灭菌器处理）时应小心谨慎，并避免暴露于气态 NaOH。在所有灭菌步骤中都要谨慎操作，并在取出前先冷却高压灭菌器、仪器和溶液[25,32]。浸泡在次氯酸钠漂白剂中会对某些仪器造成严重损坏。建议在高压灭菌前先用硫代硫酸盐中和次氯酸盐，以防止释放氯气[33]。

生物安全柜的净化　由于多聚甲醛的汽化过程不会降低朊病毒滴度，因此必须用 1N NaOH 或 50% v/v 的 5.25% 次氯酸钠家用漂白剂对生物安全柜进行净化，并用水冲洗。生物安全柜技术人员将 HEPA 过滤器和腔室从外壳中取出时，应对其进行化学处理。可将 HEPA 过滤器包裹在双层塑料中进行焚烧。在净化过程中，建议使用呼吸器来防止吸入化学蒸汽。

原书参考文献

［1］ Will RG, Ironside JW. Sporadic and Infectious Human Prion Diseases. Cold Spring Harb Perspect Med. 2017;7(1).

［2］ Brown P, Brandel JP, Sato T, Nakamura Y, MacKenzie J, Will RG, et al. Iatrogenic Creutzfeldt-Jakob disease, final assessment. Emerging Infect Dis. 2012;18(6):901–7.

［3］ Haley NJ, Hoover EA. Chronic wasting disease of cervids: current knowledge and future perspectives. Annu Rev Anim Biosci. 2015;3:305–25.

［4］ Greenlee JJ, Greenlee MH. The transmissible spongiform encephalopathies of livestock. ILAR J. 2015;56(1):7–25.

［5］ Orru CD, Yuan J, Appleby BS, Li B, Li Y, Winner D, et al. Prion seeding activity and infectivity in skin samples from patients with sporadic Creutzfeldt-Jakob disease. Sci Transl Med. 2017;9(417).

［6］ Alcalde-Cabero E, Almazan-Isla J, Brandel JP, Breithaupt M, Catarino J, Collins S, et al. Health professions and risk of sporadic Creutzfeldt-Jakob disease, 1965 to 2010. Euro Surveill. 2012;17(15).

［7］ Kobayashi A, Parchi P, Yamada M, Brown P, Saverioni D, Matsuura Y, et al. Transmission properties of atypical Creutzfeldt-Jakob disease: a clue to disease etiology?. J Virol. 2015;89(7):3939–46.

［8］ Marin-Moreno A, Fernandez-Borges N, Espinosa JC, Andreoletti O, Torres JM. Transmission and Replication of Prions. Prog Mol Biol Transl Sci. 2017;150:181–201.

［9］ Denkers ND, Seelig DM, Telling GC, Hoover EA. Aerosol and nasal transmission of chronic wasting disease in cervidized mice. J Gen Virol. 2010;91(Pt 6):1651–8.

［10］ Haybaeck J, Heikenwalder M, Klevenz B, Schwarz P, Margalith I, Bridel C, et al. Aerosols transmit prions to immunocompetent and immunodeficient mice. PLoS Pathog. 2011;7(1):e1001257. Erratum in: Correction: Aerosols transmit prions to immunocompetent and immunodeficient mice. PLoS Pathog. 2016.

［11］ Denkers ND, Hayes-Klug J, Anderson KR, Seelig DM, Haley NJ, Dahmes SJ, et al. Aerosol Transmission of Chronic Wasting Disease in white-tailed deer. J Virol. 2013;87(3):1890–2.

［12］ Ridley RM, Baker HF. Occupational risk of Creutzfeldt-Jakob disease. Lancet. 199;341(8845):641–2.

［13］ Llewelyn CA, Hewitt PE, Knight RS, Amar K, Cousens S, Mackenzie J, et al. Possible transmission of variant Creutzfeldt-Jakob disease by blood transfusion. Lancet. 2004;363(9407):417–21.

［14］ Crowder LA, Schonberger LB, Dodd RY, Steele WR. Creutzfeldt-Jakob disease lookback study: 21 years of surveillance for transfusion transmission risk. Transfusion. 2017;57(8):1875–8.

［15］ Jackson GS, McKintosh E, Flechsig E, Prodromidou K, Hirsch P, Linehan J, et al. An enzyme-detergent method for effective prion decontamination of surgical steel. J Gen Virol. 2005;86(Pt 3):869–78.

［16］ Fichet G, Comoy E, Duval C, Antloga K, Dehen C, Charbonnier A, et al. Novel methods for disinfection of prion-contaminated medical devices. Lancet. 2004;364(9433):521–6.

［17］ Peretz D, Supattapone S, Giles K, Vergara J, Freyman Y, Lessard P, et al. Inactivation of prions by acidic sodium dodecyl sulfate. J Virol. 2006;80(1):322–31.

［18］ Giles K, Glidden DV, Beckwith R, Seoanes R, Peretz D, DeArmond SJ, et al. Resistance of bovine spongiform encephalopathy (BSE) prions to inactivation. PLoS Pathog. 2008;4(11):e1000206.

［19］ Hughson AG, Race B, Kraus A, Sangare LR, Robins L, Groveman BR, et al. Inactivation of Prions and Amyloid Seeds with Hypochlorous Acid. PLoS Pathog. 2016;12(9):e1005914.

［20］ Taylor DM, Woodgate SL. Rendering practices and inactivation of transmissible spongiform encephalopathy agents. Rev Sci Tech. 2003;22(1):297–310.

［21］ Ernst DR, Race RE. Comparative analysis of scrapie agent inactivation methods. J Virol Methods. 1993;41(2):193–201.

［22］ Priola SA, Ward AE, McCall SA, Trifilo M, Choi YP, Solforosi L, et al. Lack of prion infectivity in fixed heart tissue from patients with Creutzfeldt-Jakob disease or amyloid heart disease. J Virol. 2013;87(17):9501–10.

［23］ Communicable Disease and Surveillance Control. WHO Infection Control Guidelines for Transmissible Spongiform Encephalopathies. Report of a WHO Consultation; 1999 Mar 23–26; Geneva, Switzerland. Geneva: World Health Organization; 1999. p. 1–38.

［24］ Race RE, Raymond GJ. Inactivation of transmissible spongiform encephalopathy (prion) agents by environ LpH. J Virol. 2004;78(4):2164–5.

［25］ Centers for Disease Control and Prevention [Internet]. Atlanta (GA): Division of High-Consequence Pathogens and Pathology (DHCPP); c2018 [cited 2019 Mar 5]. Creutzfeldt-Jakob Disease, Classic (CJD). Infectious Control. Available from: https://www.cdc.gov/prions/CJD/infection-control.html.

［26］ Brown P, Rau EH, Johnson BK, Bacote AE, Gibbs CJ Jr, Gajdusek DC. New studies on the heat resistance of hamster-adapted scrapie agent: threshold survival after ashing at 600 degrees C suggests an inorganic template of replication. Proc Natl Acad Sci U S A. 2000;97(7):3418–21.

［27］ Brown P, Rau EH, Lemieux P, Johnson BK, Bacote AE, Gajdusek DC. Infectivity studies of both ash and air emissions from simulated incineration of scrapie-contaminated tissues. Environ Sci Technol. 2004;38(22):6155–60.

［28］ Ironside JW, Bell JE. The "high-risk" neuropathological autopsy in AIDS and Creutzfeldt-Jakob disease: principles and practice. Neuropathol Appl Neurobiol. 1996;22(5):388–93.

［29］ Hilton DA. Pathogenesis and prevalence of variant Creutzfeldt-Jakob disease. J Pathol. 2006;208(2):134–41.

［30］ Diack AB, Head MW, McCutcheon S, Boyle A, Knight R, Ironside JW, et al. Variant CJD. 18 years of research and surveillance. Prion. 2014;8(4):286–95.

［31］ Richmond JY, Hill RH, Weyant RS, Nesby-O'Dell SL, Vinson PE. What's hot in animal biosafety?. ILAR J. 2003;44(1):20–7.

［32］ Brown SA, Merritt K. Use of containment pans and lids for autoclaving caustic solutions. Am J Infect Control. 2003;31(4):257–60.

［33］ Hadar J, Tirosh T, Grafstein O, Korabelnikov E. Autoclave emissions—hazardous or not. J Am Biol Safety Assoc. 1997;2(3):44–51.

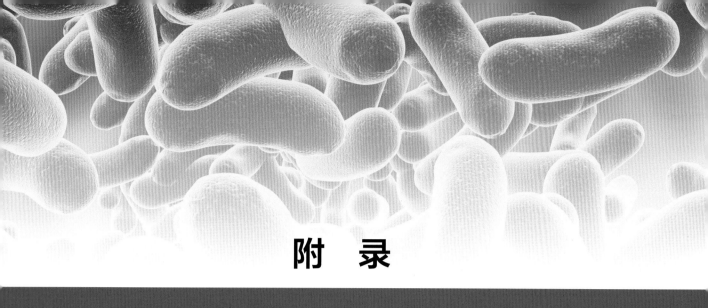

附　录

A　生物危害一级屏障：生物安全柜的选择、安装和使用

第 1 部分　导言

本附录介绍了生物安全柜的设计、选择、功能和使用情况，生物安全柜是安全处理感染性微生物和朊病毒的主要手段。此外，还简要说明了进行微生物研究的设施和工程概念。生物安全柜只是整体生物安全计划的一部分，该计划要求始终采用合适的微生物学规范、一级防护设备，以及合理的防护设施设计。在 BMBL 第四部分中详细介绍了被定义为生物安全 1～4 级的可接受操作规范、程序和设施。

生物安全柜的设计目的是在遵循相应规范和程序的情况下，为人员和环境提供保护。为了满足研究和临床的不同需要，已经开发了 3 种生物安全柜（分别被指定 I 级，II 级和III级）。II 级和III级生物安全柜可为操作人员、产品和环境提供保护。大多数生物安全柜在排气和供气系统中使用高效空气（HEPA）过滤器。超低微粒空气（ULPA）过滤器用于一些特殊应用场景。而 I 级生物安全柜例外，只有 HEPA 过滤式排风。

本附录分为 7 个部分。HEPA 和 ULPA 过滤器及其在生物安全柜中的应用在第 2 部分中做了简要介绍；第 3 部分概述了生物安全柜的特性，即对人员、环境和产品提供不同程度的保护；第 4 部分讨论了实验室存在的潜在危害和风险评估；第 5 部分介绍了工作规范、程序和实用技巧，以最大限度地发挥最常用的生物安全柜的防护功能；第 6 部分介绍了每种生物安全柜运行所需的设施和工程要求；第 7 部分研究了常规认证间隔的要求，以确保生物安全柜的正常运行和完整性。

各部分的描述并不意味着是最权威的或包罗万象的。准确地说，本文提供了一个综述，以阐明这些关键性一级屏障的期望、功能和性能。本附录的目标读者是生物安全专业人员、实验室人员、工程师和管理人员，他们希望更好地了解每种类型的生物安全柜，为满足具体业务需要而选择生物安全柜时所需考虑的因素，以及保持其运行完整性所需的保养。

对在所有生物安全等级下使用的生物安全柜的正确维护，无论怎么强调都不为过。生物安全专业人员和实验室人员需要认识到有效的生物安全柜是一种一级防护装置。生物安全柜必须由接受过专业培训的人员按照严格的规程进行例行检查和测试，以验证其是否能正常工作，该过程称为生物安全柜认证，应至少每年进行一次，或按本节第 7 部分的规定进行。

第 2 部分 高效空气（HEPA）过滤器以及生物防护装置的发展

从最早的实验室相关感染（LAI）伤寒杆菌到生物恐怖、抗生素耐药细菌和快速变异病毒所构成的现代风险，对工作人员的安全威胁，促进了能够安全处理感染性微生物的工作站的发展和改进。这些工作站有助于维持细胞系的无菌性、最大限度地减少交叉污染，同时保持产品的完整性。如 BMBL 第四节所述，在提供基本人员和环境保护方面，无论怎样强调使用正确的程序和设备都不为过。例如，能够减少产生气溶胶的高速搅拌器、针锁式注射器、微焰灯、安全离心杯或密封转子等，都是可保护实验室工作人员免受生物危害的工程设备。其中一个重要的安全设备是生物安全柜，可用于处理感染性微生物。

背景

早期的洁净工作台旨在保护被处理的物料免受环境或工作人员造成的污染，而不是保护工作人员在处理潜在危害性物料时免受相关风险。经过过滤的空气会通过工作台直接吹向工作人员。由于工作人员处于受污染的气流中，因此，此类隔间不能用来处理致病原。

为了在处理致病原时保护工作人员并尽可能地对房间进行最小限度的改动，在现有实验室中设置一个小型工作站是有必要的。最初设计的一级防护装置基本上是不通风的木箱，后来采用了不锈钢材料，在里面可以完成诸如材料称重之类的简单操作 [1]。

早期的通风柜没有足够、可控的空气流动。它们的特点是大量气流进入柜体，但开口处的风量变化很大。大量的空气流入柜体，可以把实验室工作人员周围被污染的空气抽走，这是 I 级生物安全柜的前身。然而，由于进风未经过滤，可能导致柜体被环境微生物和其他有害颗粒物质所污染。

随着过滤器的发展，过滤器逐渐能够去除空气中微小污染物，控制空气中有害微粒成为可能。HEPA 过滤器是在 20 世纪 40 年代研发出来的，目的是创造无尘工作环境（如洁净室和洁净工作台）[1]。

HEPA 和 ULPA 过滤器：大多数生物安全柜中使用的 HEPA 过滤器可滤掉最易透过粒径（MPPS）约为 0.3 μm 的颗粒，最低清楚效率可达 99.99%，而 ULPA 过滤器可去除平均粒径为 0.1 ~ 0.2 μm 或 0.2 ~ 0.3 μm 的颗粒，最低效率达到 99.999%[2]。比 MPPS 更大和更小的颗粒（包括细菌孢子和病毒）均能被更高效地去除。HEPA 和 ULPA 的过滤效率以及这些过滤器收集颗粒的机制均得到了充分研究和验证，因此，此处只作简要介绍 [3,4]。

典型的 HEPA 过滤介质是单片硼硅酸盐，经过耐湿的防水粘合剂处理。得益于过滤科学的发展，采用诸如聚四氟乙烯（PTFE［特氟龙］）等不同类型介质的 HEPA 和 ULPA 过滤器得以问世，这些过滤器可用于生物安全柜和类似设备。可将过滤介质打褶以增加过滤框架内的总表面积，褶面通常由波纹铝隔板分隔（图附录 A-1）。隔板可防止褶面在气流中塌陷，也可为气流提供路径。除此之外，还可以采用铝隔板的替代设计，即无隔板过滤器。这种过滤器粘合在木头、金属或塑料框架上。对过滤如果处理不当（如存放不当或跌落），会损坏胶合处的介质，造成过滤器撕裂或移位，从而导致介质泄漏。这就是为什么在初次安装生物安全柜后以及每次移动或重新放置生物安全柜后，都必须进行过滤器完整性测试的主要原因（附录 A 第 7 部分）。

为了去除空气中的颗粒物质，各种类型的防护装置和类似装置将 HEPA 和 ULPA 过滤器引入了排风和（或）供气系统，值得注意的是，虽然 ULPA 过滤器可以应用于生物安全柜，但目前并不存在需要使用它们的特定情况。ULPA 过滤器的购买成本更高，并且会增加能源成本，同时由于通过过滤器的阻力增加，设备电机的寿命会受到影响。根据这些过滤器的配置和气流方向，可以对人员、环境和产品实现不同程度的保护[5]。第 5 部分介绍了为最大限度发挥各种设备的防护性能而必须采用的正确规范和程序。

第 3 部分　生物安全柜

表附录 A-1 反映了各类生物安全柜在防护方面的异同。有关生物安全柜选择和风险评估的更多考虑因素，请参阅表附录 A-2 和第 4 部分。

表附录 A-1　根据风险评估结果来选择合适的安全柜

生物安全等级	人员保护	产品保护	环境保护	生物安全柜类型
BSL-1 ~ 3 级	有	无	有	Ⅰ级
BSL-1 ~ 3 级	有	有	有	Ⅱ级（A1、A2、B1、B2）
BSL-4 级	有	有	有	Ⅲ级、Ⅱ级——身着防护服在防护服型实验室工作的情况下

表附录 A-2　生物安全柜特性比较

生物安全柜类型	正面速度	气流模式	应用：非挥发性有毒化学物质和放射性核素	应用：挥发性有毒化学物质和放射性核素
Ⅰ级	75	在前开口流入，经过 HEPA 排到室外或通过 HEPA 流入室内（图附录 A-2）	支持	在废气被排至室外的情况下[a,b]
ⅡA1 型	75	70% 的气流通过 HEPA 过滤再循环到柜内工作区；其余 30% 的气流可通过 HEPA 过滤后流回房间或通过罩盖装置排至室外（如图附录 A-3 所示）[c]	支持（少量）[b]	支持（少量）[a,b]
ⅡB1 型	100	30% 的气流再循环至室内，70% 的气流排至室外。柜内废气必须通过专用内部柜体管道，并经过 HEPA 过滤器过滤后排至室外（如图附录 A-5a、图附录 A-5b 所示）	支持	支持（少量）[a,b]
ⅡB2 型	100	无再循环过程；全部废气经过 HEPA 过滤器排至室外（如图附录 A.6 所示）	支持	支持（少量）[a,b]
ⅡA2 型	100	与 ⅡA1 型类似，但送气速度为 100 lfm，同时可以通过罩盖装置将废气排至室外（如图附录 A-7 所示）	支持	在废气被排至室外的情况下（之前为 B3 型）（少量）[a,b]
ⅡC1 型	100	30% 的气流再循环至室内，70% 的气流排至室外。柜内废气必须通过专用内部柜体管道，并经过鼓风机和 HEPA 过滤器过滤后排至室外	支持	支持（少量）[a,b]

续表

生物安全柜类型	正面速度	气流模式	应用：非挥发性有毒化学物质和放射性核素	应用：挥发性有毒化学物质和放射性核素
Ⅲ级	不适用	供气经过 HEPA 过滤器过滤。废气通过串联的两个 HEPA 过滤器过滤后，并通过硬质管道排至室外（如图附录 A.8 所示）	支持	支持（少量）[a,b]

　　a. 需要安装一个通向室外的专用管道，同时可能还需要一个直列式木炭过滤器，和（或）柜体内的防火花（防爆）电机和其他电气元件。如果使用了挥发性化学物质，则不应将Ⅰ级或ⅡA2型安全柜的废气排入室内。

　　b. 应由实验室和安全设施人员进行风险评估，以确定材料使用的数量。在所有情况下，只能在生物安全柜中使用工作所需的最少量化学物质。在任何情况下，化学物质的浓度都不得接近化合物的爆炸下限。

　　c. 2010年以前生产的ⅡA1型安全柜的正压增压室可能有潜在的被污染风险。2010年以后，所有Ⅱ级安全柜有潜在被污染风险的增压室必须处于负压状态或被负压增压室包围。

Ⅰ级生物安全柜

　　Ⅰ级生物安全柜提供了人员和环境保护，但不能对产品提供保护，它在空气流动方面类似于化学通风柜，但在排风系统中有一个 HEPA 过滤器，因此可以保护环境（图附录 A-2）。在Ⅰ级生物安全柜中，未经过滤的室内空气会通过工作台开口吸入并穿过工作面。通过前开口的最小向内气流直线速度为 75 英尺/分钟（lfm），既能保护人员又能保护环境（1 英尺约为 0.3 m）[6]。由于Ⅱ级生物安全柜才具有产品保护功能，因此Ⅰ级生物安全柜的一般性用途已经有所下降。Ⅰ级生物安全柜适用于可能产生气溶胶且不需要产品保护的应用场景，如笼具翻转、通气培养，组织匀浆，或封闭设备（如离心机、采集设备或小型发酵器）。

　　典型的Ⅰ级生物安全柜直接连接至建筑物的排风系统，同时由建筑物的排气扇提供所需的负压。进入Ⅰ级生物安全柜的气流模式与化学通风柜类似——未经过滤的实验室空气会向内流过产品。气溶胶和微粒都会被吸入带有 HEPA 过滤器的压力排风装置，从而过滤掉气溶胶和微粒。

　　部分Ⅰ级生物安全柜配有一体式排气扇。在这种情况下，如果没有使用有害/有毒气体/蒸汽，则可将柜内空气再循环至实验室。当使用了危害性气体或蒸汽时，这种Ⅰ级生物安全柜也可以在罩盖适当位置安装排风报警器。

　　可以在Ⅰ级生物安全柜上加装一个带有开口的面板，使手和手臂能够伸进工作面。有限的开口会使向内的气流速度增加，从而增加对工作人员的保护。为了增加安全性，可将长臂手套连接在面板上，通过辅助供气口（可能包含过滤器）和/或宽松的前面板四周定向进气。

　　一些用于更换动物笼的Ⅰ级柜型，其设计允许空气经过 HEPA 过滤后再循环至室内。由于过滤器负荷有限，且过滤器上会沾染有机材料的气味，需要更加频繁地更换过滤器。

　　所有Ⅰ级生物安全柜应每年进行认证，检查气流是否充足以及过滤器是否完好。

Ⅱ级生物安全柜

　　随着生物医学研究人员开始使用无菌动物组织和细胞培养系统，特别是针对病毒的组织和细胞培养，需要生物安全柜具有一定的产品保护功能。在 20 世纪 60 年代初，层流原理得到了发展。单向气流沿平行线以固定速度移动已证明可以减少湍流，使颗粒行为可以被预测。生物防护技术将这种层流（均匀定向流动）原理与 HEPA 过滤器的应用相结合，可以捕捉和去除气流中的污染物[7]。这种存在于Ⅱ级生物安全柜中的技术组合有助于保护实验室工作人员免受柜内产生的潜在感染性气溶胶的危害[4]，同时可提供必要的产品保护。Ⅱ级生物安全柜是部分屏障系统，依靠空气的定向运动来提供防护。当气幕被破坏（如物料进出柜体、手臂的快速移动或扫动）时，污染物被释放到实验室工作环境的可能性就会增加，亦可增加产品污染的风险。

Ⅱ级（A1、A2、B1、B2 和 C1 型）[8] 生物安全柜可提供人员、环境和产品保护。气流被吸入柜体的前格栅，为人员提供保护；此外，经 HEPA 过滤后的下行气流可最大限度地降低因气流流过柜体工作面而产生交叉污染的可能性，为产品提供保护。由于柜体排风会通过 HEPA 过滤器，排风气流中没有颗粒（环保），并且可以再循环至实验室（A1、A2 和 C1 型生物安全柜）或通过与建筑物排风系统相连接的罩盖（以前的顶棚）从建筑物中排出。

可以将 A1、A2 或 C1 型机柜中的空气排到建筑物外。当处理挥发性有毒化学物质时，需要排出实验室中的废气。但同时排气不能改变柜体排风系统的平衡，以免干扰柜体内部气流。将 A1、A2 或 C1 型柜体连接至建筑物排风系统的合理方法是通过罩盖进行连接 [8,9]，可在柜体排风过滤器壳体周围设一个小开口或气隙（通常为 1 英寸）（图附录 A-4）。建筑物排气形成的负压必须能够充分保证室内空气经过罩盖装置和过滤器壳体的间隙间流入排风系统。罩盖必须是可拆卸的，或者设计为方便机柜测试操作的构造，并且必须设有警报装置，通过罩盖的气流不足时发出警报（附录 A 第 6 部分）。ⅡA1 或 A2 型柜体不能直接连接至建筑物排风系统 [8]，因为所有建筑物的排风系统都存在风量和气压波动，难以匹配柜体的气流要求。

B 型柜体必须采用直连方式，最好直接连接至专用的独立排风系统。实验室排风系统的风扇应设在管道系统的末端，以免给排气管道造成压力。在建筑物排风系统发生故障时，由于柜体中的鼓风机会持续运行，用户可能无法察觉到排风系统的故障，因此必须安装不受压力干扰的监控器和报警器，以便在排出气流出现问题时发出警告并关闭生物安全柜供气风扇。并非所有柜体制造商都提供这项功能，所以较为谨慎的做法是根据需要在排气系统中安装传感器，如气流监控器和报警器。为维持关键操作不中断，使用 B 型生物安全柜的实验室应将鼓风机连接至应急电源。

HEPA 过滤器能够高效地捕捉微粒，因而也能捕捉致病原，但无法捕捉挥发性化学物质或气体。在处理挥发性有毒化学物质时，只能使用 A1、A2 和 C1 型或 B1 和 B2 型生物安全柜，同时须采用罩盖连接方式，但必须限制化学物质的用量（表附录 A-2）。

测试 ⅡB 型生物安全柜的实验室排气系统的机械设计和空气平衡时，必须使用 NSF/ANSI 49 标准中公布的并行平衡参数，该标准规定了对 Ⅱ级生物安全柜在结构和功能方面的要求 [8]。使用直接进风量测量（DIM）罩来设置进风速度，是生物安全柜通过 NSF/ANSI49-2018 认证的标准方法。当暖通（HVAC）系统设定好空气平衡时，通常是通过在管道系统中某个点进行管道横向空气测量来完成的。这两组测试都在测量并设置生物安全柜流入量，但每组所使用的仪器类型不同，进行气流测量的位置也不同，因此两组之间的风量测量结果可能存在差异。每种方法的正确测试或对生物安全柜进行认证所需的信息均由 CBV 提供。

所有 Ⅱ级生物安全柜都可处理 1 ~ 4 级风险组（RG）的微生物。Ⅱ级生物安全柜为细胞培养繁殖提供了必需的无菌工作环境，同时也可用于非挥发性抗肿瘤或化疗药物的配制 [10,11]。在 BSL-4 防护服实验室中，工作人员穿着正压防护服可以使用 Ⅱ级生物安全柜处理需 BSL-4 级防护的微生物。只有严格遵守正确的规范和程序，才能最大限度地发挥防范效果。

ⅡA1 型生物安全柜：内部风扇（图附录 A-3）通过前格栅吸入足量的室内空气，以保持柜体正面开口处的最小计算或测量平均流入速度至少为 75 lfm。送风经 HEPA 过滤器过滤，为工作面提供不含颗粒的空气。这种方式减少了工作区中的湍流，并且最大限度地降低了交叉污染的可能性。

　　向下流动的空气在接近工作面时会分流；风扇将一部分空气吸入前格栅，将其余空气吸入后格栅。虽然不同的安全柜之间会有差异，但这种分流通常发生在前后格栅中间、工作面上方2~6英寸（0.05~0.15 m）处。

　　空气通过前后格栅由内部风扇抽出，并送入送风过滤器和排风过滤器之间的空间。根据这两个过滤器之间的相对尺寸，大约30%的空气将流经排风HEPA过滤器，其余70%的空气通过送风HEPA过滤器再循环回到安全柜的工作区。大多数IIA1和A2型安全柜都设有风门来调节这种气流的分流。

　　自2010年起规定，IIA1型生物安全柜中有被污染风险的正压增压室必须被负压增压室所包围。这一变化最大限度地缩小了A1和A2型安全柜在进风速度方面的差异。

　　IIA2型生物安全柜（以前称为A/B3型）：只有当这类生物安全柜（图附录A-3）的废气经管道排气至室外时，才符合前IIB3型的要求[8]。IIB3型这个规格已不再使用。A2型安全柜的最小计算或测量进风速度为100 lfm。柜体内所有受污染的正压增压室均被负压增压室包围，可确保从受污染增压室中泄漏的气体被吸入柜内而不会释放到环境中。可以在A2型安全柜内处理少量挥发性有毒化学物质或放射性核素，但必须通过正常工作、带排风警报的罩盖排出[8]。

　　IIB1型生物安全柜：一些生物医学研究需要使用少量的有毒挥发性化学物质，如有机溶剂或致癌物。操作细胞培养或微生物系统的致癌物时，需要具备生物和化学两方面的防护措施[9]。

　　IIB型安全柜源于美国国家癌症研究所（NCI）设计的212型（后来被称为B型）生物安全柜（图附录A-5a），设计用于在体外生物系统中处理少量有毒挥发性化学物质。NSF/ANSI 49-2018定义的B1型安全柜[8]包括这种由NCI设计的典型B型安全柜、工作面正下方不带送风HEPA过滤器的安全柜（图附录A-5b），以及排风/再循环下行气流比不是7/3的安全柜。

　　安全柜鼓风机通过前格栅和工作面正下方的送风HEPA过滤器吸入室内空气（以及一部分柜体中的再循环空气）。这种不含颗粒物的空气向上流过柜体两侧的增压室，然后经过反向压力板向下流至工作区。某些安全柜配有一个额外的送风HEPA过滤器，以去除鼓风机电机系统可能产生的微粒。

　　室内空气以100 lfm的最小测量进风速度从柜体的正面开口被吸入柜内。与A1型和A2型柜体一样，在工作面的正上方处，下行气流会发生分流。在B1型安全柜中，大约70%的下行空气会经后格栅及排风HEPA过滤器被排出建筑物。其余30%的下行空气会通过前格栅被吸入柜内。由于流向后格栅的空气被排入排风系统，因此可能产生有毒挥发性化学蒸汽或气体的活动应在柜体工作区的后方进行[12]。

　　IIB2型生物安全柜：此类生物安全柜采用全排风式设计，内部没有空气循环（图附录A-6）。此类安全柜可同时提供生物和化学（少量）一级防护。由于某些化学物质会破坏过滤介质、外壳和/或垫圈，存在防护性降低的风险，因此必须对生物安全柜中所处理的化学物质种类加以考虑。送风鼓风机从安全柜的顶部吸入室内或室外空气，经HEPA过滤器向下送入柜体的工作区。建筑物排风系统通过前后格栅吸入空气，最小计算或测量进风面速度达到100 lfm，将送进柜体的空气和部分室内空气一并吸走外排。进入该柜体的空气都将通过HEPA过滤器过滤后排出（如果有需要，也可添加其他空气净化装置，如碳过滤器，用于用于处理室内废气）。该安全柜每分钟可排出1 200立方英尺（约34 m³）经过处理的室内空气，运行成本高昂。该安全柜运行需维持较高静压，需要采用更重的管道系统和更高功率的排气扇，也会增加额外成本。因此，应对所要进行的研究的进行风险评估，判断是否需要采用 IIB2 型生物安全柜。

如果建筑物排风系统发生故障，安全柜会被增压，导致空气从工作区流回实验室。

20 世纪 80 年年代初期以来制造的安全柜，出厂前已安装了连锁系统，可以防止送风鼓风机在排风流量不足时继续运转，并且系统可以改装。须使用与不受压力影响的装置，如流量器，对排风的运行状态进行监测。

IIC1 型生物安全柜：该生物安全柜的工作区内有一个特殊区域，可用于预处理从建筑物中排出的有毒挥发性化学物质（图附录 A-7a）。该生物安全柜与 B1 型在这方面相似。同时，该生物安全柜也有一个内部排风鼓风机，使生物安全柜内空气能够在没有挥发性有毒化学物质或蒸汽的情况下在房间内进行再循环，也可以在存在挥发性有毒化学物质的情况下通过配置排气报警器通过罩盖外排。室内空气以 100 lfm 的最小测量进风速度从柜体的正面开口被吸入柜内。工作面正上方的下行气流被特定的格栅所分流，其中 70% 被排出，剩余的 30% 进行再循环。如果流经特殊区域的空气被排入排风系统且柜体与正常运作、带有报警器的罩盖相连（图附录 A-7b），则可能产生有毒挥发性化学物质或气体的活动必须仅限定在特殊区域内进行。如果与罩盖连接的建筑物系统发生故障，生物安全柜必须与柜体鼓风机报警器联锁以关闭柜体，或者，在使用了密封的管道系统且得到化学风险评估许可的情况下，生物安全柜可以最多继续对管道加压 5 分钟，并且需要指示生物安全柜关闭前的剩余时间。

特殊应用：可以改造 II 级生物安全柜以适应特殊任务。例如，制造商可以修改前窗口，用来容纳显微镜目镜。工作面经设计改造后能够容纳大瓶、离心机或其他需要防护的设备。根据需要，可以加装带有手臂开口的钢板。为了确保基本系统在改装后能够正常运行（附录 A 第 5 部分），需要良好的柜体设计、经过改造的微生物气溶胶示踪测试，以及相应的认证（附录 A 第 7 部分）。

III 级生物安全柜

III 级生物安全柜（图附录 A-8）专为处理高感染性微生物病原以及危险操作而设计，可为环境和工作人员提供最大限度的保护。此类生物安全柜采用气密性 [3 英寸（约为 0.076 m）的压力下，1% 测试气体的泄漏量不超过 1×10^{-7} cc/s] [13] 外壳，带有密封式视窗。物料进入柜体要经过浸泡槽，或通过双门直通柜（如前室、高压灭菌器）进行消毒。反向操作这一过程可以安全移出 III 级生物安全柜中的物料。送风和排风均经过 III 级安全柜中 HEPA 过滤器的过滤。废气必须经过两个 HEPA 过滤器，或一个 HEPA 过滤器加一个空气焚烧炉，然后才能排放到室外。III 级安全柜不会通过一般性实验室排风系统排风。使用专用排风系统可降低外界通风影响 III 级安全柜防护性能的风险。柜体外部有一个排风系统可保持空气流量，使柜体处于负压状态（最低时，标尺读数为 0.5 英寸）。当手套出现孔洞或撕裂时，这种负压水平可以最大限度地减少风险并保持防护性。

重型长橡胶手套以气密方式连接至柜体端口，佩戴后可直接处理柜体内部隔离的物料。虽然这些手套限制了使用人员的动作灵活性，但它们可防止人员直接接触危害性物料。这种选择显然是为了最大限度地保护人员安全。根据柜体的设计，供气 HEPA 过滤器可为工作环境提供不含颗粒物（尽管存在湍流）的气流。层流或均匀气流是可选项，但不是 III 级安全柜的典型特征。

多个 III 级生物安全柜可以串联在一起，提供更大的工作区域。这样的串联组合是需要定制的，安装在柜体系列中的设备（如冰箱、小型升降机、放置小动物笼架的架子、显微镜、离心机、培养箱）通常也需要定制。

水平层流洁净工作台：水平层流洁净工作台 [也被称为空气净化设备（CAD）] 不属于生物安

全柜（图附录 A-9a）。这些设备将 HEPA 过滤后的空气从柜体后部穿过工作面排向用户。所以，这些设备只能提供产品保护。它们可用于某些清洁工作，如无菌设备或电子装置的无尘装配。在处理细胞培养物质、药物制剂、潜在感染性物质或任何其他潜在危害性物质时，切勿使用洁净工作台。否则可能导致工作人员在接触工作台时发生过敏、中毒或感染，具体症状取决于所处理的物质。水平层流洁净工作台绝不能代替生物安全柜使用。用户必须注意这两种设备之间的区别。

垂直流洁净工作台：垂直流洁净工作台或 CAD（图附录 A-9b）也不属于生物安全柜。在某些场景中，如医院药房，此类工作台可以在需要一个洁净区域来制备静脉注射溶液或制备用于 PCR 的核酸时发挥作用。虽然这些设备通常设有窗口，但空气通常会被排放到窗下的空间，致使工作人员暴露于有害物质的风险上升。所以，在处理细胞培养物质、药物制剂、潜在感染性物质或任何其他潜在危害性物质时，切勿使用垂直流洁净工作台。

第 4 部分　其他实验室危害与风险评估

一级防护是减少在实验室中受到多种化学、放射性和生物危害影响的重要策略手段。表附录 A.2 对各类生物安全柜、其所提供的防护水平，以及相应风险评估需要考虑的因素进行了概述。微生物风险评估在 BMBL 第二节中有深入讨论。

在生物安全柜中处理化学物质

处理感染性微生物经常需要使用各种化学制剂，而许多常用的化学制剂都容易挥发。因此，在选择生物安全柜时，评估化学物质的固有危害是风险评估的一部分。由于柜体内的挥发性积聚有可能会引起火灾，因此不得使用 IIA1 型、A2 型和无管道 C1 型安全柜来处理易燃化学物质。为了确定事故或泄漏后气流中可能夹带的化学物质最大浓度，必须对化学品的用量进行评估。这项工作可借助数学模型来完成[12]。更多关于接触化学物质风险的信息，可以查阅 OSHA 条例所规定的允许暴露水平以及美国政府工业卫生学家会议所确定的各种化学物质的阈限值（TLV）[14]。

II 级生物安全柜的电气系统不能防火花。因此，化学品浓度不得接近化合物的爆炸下限。此外，由于 IIA1、A2 和 C1 型安全柜会使未排尽的挥发性化学物质回流至柜体工作区和房间内，因此使用这类安全柜可能会使操作人员和其他房间内的人员暴露于有毒化挥发性化学物质。

当不需要采取生物防护措施时，涉及挥发性化学物质的操作都应使用化学通风柜，而非生物安全柜。应将化学通风柜连接至一个独立的排气系统，同时采用单向排气的方式，通过歧管或直接将废气排出建筑物。它也可以用于处理化学致癌物[9]。当需要处理微生物研究所需的少量挥发性有毒化学物质时，可使用室外排风的 I 级和 II 级（B1 和 B2 型）生物安全柜；IIA1、A2 型，以及 C1 罩盖排风型生物安全柜也可用于处理挥发性有毒化学物质[8]。

许多液体化学品，包括非挥发性抗肿瘤制剂、化疗药物和低水平放射性核素，都可以在与罩盖妥善连接的 IIA 和 C1 型生物安全柜内进行安全操作[10,11]。II 级生物安全柜不得用来处理用放射性碘或其他挥发性放射性核素标记的生物危害性物质。在进行上述工作时，排风系统中必须配备配置 HEPA 和碳过滤器的硬质管道通风防护装置。

许多病毒学和细胞培养实验室会涉及化学致癌物[15,16]和其他有毒物质的稀释制剂。在进行维护之前，必须仔细评估与柜体消毒和排风系统存在的潜在问题。需要诸如碳过滤器等空气处理系统[16]，使排出的空气达到排放标准。同时需要采用袋进 / 袋出式外包装，以减少工作人员更换被化学品污染的过滤器时的暴露风险。

生物安全柜中的放射性危害

如上文中所述，不应在Ⅱ级生物安全柜内处理挥发性放射性核素（如 ^{125}I）。如果在生物安全柜内处理非挥发性放射性核素，操作人员也会面对与在洁净工作台上处理放射性物质同样的危险，但在生物安全柜内可以处理有飞溅或产生气溶胶风险的非挥发性放射性核素。这样一来，放射性监控变得不可或缺。可以在生物安全柜内部使用垂直的（即非倾斜的）β 射线屏障来保护工作人员。倾斜的防护罩会破坏气幕，从而增加被污染空气从柜体中被释放出来的可能性。应联系辐射安全专业人员来进行具体指导。

风险评估

必须评估发生不良事件的可能性，最大限度地减少或消除工作人员接触感染性有机物的可能，并防止其释放至环境中。BMBL 第八部分详细列出的病原概述，或来自其他可靠的资源（如加拿大公共卫生局）均提供了曾引发实验室相关感染的微生物数据，可作为风险评估的参考。通过对实验室环境和将要开展的工作进行风险评估，可以确定其中的危害并制定干预措施，从而将风险降低到可接受的水平。

经认证且运行正常的生物安全柜是一种有效的工程控制手段（附录 A 第 6 部分），必须与适当的规范、程序和其他管理控制措施配合使用，以进一步降低接暴露于感染性微生物的风险。附录 A 第 5 部分详细介绍了在生物安全柜内工作时，采用何种工作规范和程序可以将风险降至最低。

第 5 部分　研究人员使用生物安全柜：工作规范和程序

使用Ⅱ级生物安全柜工作前的准备

在开始工作之前，需要准备一份特定活动所需材料的书面清单，并将这些材料放入生物安全柜，这样可以最大限度地降低对安全柜脆弱气启幕屏障的干扰。工作人员手臂进出柜体时的快速移动会破坏气幕，进而破坏生物安全柜供的部分防护屏障。手臂垂直于柜体正面的开口，缓慢地进出柜体可以降低此类风险。房间内其他的人员活动（如在柜体前面附近快速移动、来回走动、开关房间风扇、打开 / 关闭房间门）也可能会破坏柜体气幕[6]。

在便服之外应该穿着实验服，实验服最好带有松紧袖口。同时，也应佩戴乳胶、乙烯基、丁腈或其他合适的手套来保护手部。根据个人风险评估的需要，可以提高防护装备的等级。例如，穿着正面无接缝的后收式实验服对个人的衣物可以起到更好的保护作用，建议在 BSL-3 操作时穿戴。

开始工作之前，研究人员应将凳子高度调整到符合人体工程学的位置，背部和足部支撑妥当，可以使面部正好高于前开口。将手 / 手臂放入柜体内后，应等待约 1 min 后再开始处理物料。这会使柜体内稳定，使空气轻扫过手和手臂，并为减少气流的波动。当操作人员的手臂平放在前格栅上，堵塞格栅开口时，充满颗粒的室内空气可能会直接流进工作区，而不是通过前格栅从下方流入，将手臂稍稍抬高就可以缓解这个问题。还可以使用符合人体工程学的肘托，将肘部抬高到前格栅上方，不再干扰气流，同时能使操作人员的手臂和肩膀保持在一个舒适的位置。不得用毛巾、记录本、废弃的塑料包装和 / 或移液装置等物体堵塞前格栅。所有操作应在距前格栅至少 4 英寸（约为 0.10 m）

的工作面上进行。如果工作面下方有排水阀，则应在生物安全柜内的工作开展前将其关闭。

放置在柜体内的物料或设备可能会导致气流中断、引发湍流、潜在导致交叉污染和（或）破坏防护性。应将额外的用品（如额外的手套、培养皿或培养瓶、培养基）存放在柜外。生物安全柜内只放置直接要使用的材料和设备。

制造商会为某些实验室的特殊需求定制生物安全柜，其中包含很多专用设备，如细胞分析仪、流式细胞仪、培养箱和离心机等，需要由制造商负责安装并进行现场认证。在这种情况下，制造商应向用户提供认证测试方法信息，确保生物安全柜能够通过 NSF/ANSI 49-2018 规定的防护要求。如果用户在生物安全柜中放置了新设备或不同设备，无论是生物安全柜是特殊设计还是标准型，都需要在所放设备运行时进行烟雾可视化测试，以现场验证其防护性能。认证人员应在烟雾可视化测试期间向制造商咨询相关信息，寻求认证评估指导。

制造商须对生物安全柜性能进行验证，保证在任意给定时间内都可以使用。如果研究单位认为有必要让两名或两名以上人员同时使用生物安全柜，则对产品和人员进行全面风险评估后才能进行工作，评估内容包括危险识别、暴露评估、剂量 – 反应评估、风险表征以及风险缓解策略。

生物安全柜的设计可支持全天 24 h 运行，一些研究人员认为，持续运行无罩盖的 IIA 生物安全柜进行工作有助于控制实验室内的灰尘和其他空气微粒水平。只在需要的时候运行生物安全柜，特别是在不经常使用生物安全柜的情况下，更应如此。一方面，这是出于节能方面的考虑，但更重要的是，室内空气平衡才是首要考虑因素。通过具有管道的生物安全柜排气时，也必须考虑到实验室的整体空气平衡。如果为生物安全柜设置了夜间回溯模式，则必须将其与实验室供排风系统联锁，以保持实验室空气的负压平衡。

如果安全柜处于关机状态，应在开始工作前 5 分钟运行鼓风机，以便对柜体进行清洁，去除所有悬浮微粒。应使用 70% 乙醇（EtOH）、1∶100 稀释的家用漂白剂（即 0.05% 次氯酸钠）或其他消毒剂擦拭工作面、内壁（送风过滤器扩散器除外）和窗口内表面，以满足特定活动的要求。当使用漂白剂时，需要用无菌水进行二次擦拭，以去除残留的氯，这些氯可能会腐蚀不锈钢工作面。用非无菌水擦拭可能会造成柜体工作面的二次污染，会产生严重的问题（如维持细胞培养物）。

同样，应使用 70% 乙醇或其他消毒剂来擦拭放置在柜体中的所有材料和容器的表面，以减少污染物进入柜内环境。这个简单的步骤将减少霉菌孢子被带入，从而最大限度地降低培养物受到污染的概率。通过定期对培养箱和冰箱进行消毒，进一步减少在生物安全柜中放置或处理的材料上的微生物负荷。

生物安全柜内的材料放置

可以将塑料背衬的吸水毛巾放置在工作面上，但不能放置在前后格栅开口处。使用毛巾有助于日常清洁，并可在泄漏过程中减少飞溅和所产生的气溶胶[17]。工作完成后，可将其折叠后放入生物危害废弃物收集袋或其他适当的废物容器中。

所有材料应尽量放在柜内后方，靠近工作面的后边，远离柜体的前后格栅。同样，可产生气溶胶的设备（如涡流混合器、台式离心机）应放置在柜体后部，以利于附录 A 第 3 部分所述的空气分流。体积较大的物品，如生物危害废弃物收集袋、废弃移液托盘和真空收集瓶应统一放置在柜内一侧。如果需要打开窗口才能将这些物品放置到柜体内，请确保窗口复位后再开始工作。柜体正面应标明窗口的正确位置，并安装报警装置，当风扇运行时，如果窗口处于错误位置，会发出声音警报。应最后再将生物材料或其他危险物质放入生物安全柜。

某些常见的操作会干扰生物安全柜的运行。如，不能使用胶带把生物危险品收集袋粘在柜体外部，这种做法会使生物安全柜使用人员因需废弃物丢入柜体外的收集袋而手臂频繁进出生物安全柜。应尽量降低手臂进出生物安全柜的频率，以减少生物危险品被带出生物安全柜或将室内污染物带入生物安全柜的风险。既不得在生物安全柜中使用立式移液管收集容器，也不得将其放置在柜体外的地板上。在这些容器中放置物体需要手臂频繁进出生物安全柜，这样以来会破坏柜体气障的完整性，并对人员和产品的保护造成不良影响。应在柜内使用水平式移液管丢弃盘，其中应包含适当的化学消毒剂。大型尖锐容器会干扰下行气流，因此不应使用。此外，在从柜体中取出潜在受到污染的材料前，必须对其表面进行消毒处理或放入密闭的废物容器后再转移到培养箱、高压灭菌器或实验室的其他位置。密闭的废物容器也应在移走之前进行表面消毒。

在Ⅱ级生物安全柜内的操作

实验室危害：在生物安全柜中进行的许多程序都可能会产生飞溅物或气溶胶。在生物安全柜内工作时，应始终采用正确的微生物操作减少飞溅物和气溶胶，这样也能最大限度地降低人员接触柜内处理的感染性物料的可能性。Ⅱ级安全柜的设计可凭借向下流动的柜内空气捕获 14 英寸（约 0.36 m）流动范围内的孢子[8]。因此，在进行可产生气溶胶的活动时，应与清洁物料之间保持至少一英尺（约 0.30 m）的距离，才能最大限度地降低交叉污染的可能性。

工作流程应该从洁净到脏污（图附录 A-10）。物料和用品在柜内的布置应考虑防止移动脏污物品时洒溅到洁净物品上。

当在生物安全柜中操作时，可以采取一些措施来降低物料交叉污染的可能性。打开的管子或瓶子垂直放置。使用培养皿和组织培养板的研究人员应将盖子放在无菌工作面上方，以最大限度地减少下行气流的影响。不能将瓶盖或试管帽放置在垫巾上。使用完有盖物品后，应尽快将其盖上。

在生物安全柜近乎无微生物的环境中，不需要也不推荐使用明火。在开放的工作台上，用明火加热培养容器的颈部会产生上行气流，可防止微生物落入试管或烧瓶中。然而，生物安全柜中的明火会产生湍流，而湍流会破坏 HEPA 过滤后的空气流经工作面的送风模式。经过全面风险评估后，认为有必要并取得相应设施部门批准后，可使用配有指示灯的触板式微型燃烧器，根据需要使用火焰。同时，应最大限度地减小柜体内部的空气干扰和热量积聚。使用完微型燃烧器后必须立即关闭。小型电炉可用于被污染的取菌环和接种针的消毒，这比在生物安全柜内使用明火更加可取。应尽可能使用一次性取菌环。

吸气瓶或吸滤瓶应该连接至装有适当消毒剂的溢流收集瓶，并连接至直列式 HEPA 或类似的过滤器（图附录 A-11）。只有经验证具有同等效果的商用产品才可用于特定的实验室用途。这种组合将为中央建筑真空系统或真空泵以及维护该设备的人员提供保护。可以通过将一定量的化学消毒溶液放入烧瓶来达到灭活的效果，当填充至烧瓶内的微生物达到最大容量时，该溶液的化学浓度也适当提升，从而杀灭收集到的微生物。灭活完成后，可以将液体物料作为非感染性废物进行处理。烧瓶材料应能耐受所使用的去污溶液。

工作结束后废弃物应采取妥善净化方法进行处置，如果单独使用化学方法，需要在工作开始前将适当的液体消毒剂倒入弃置盘中。应按照制造商的说明，将物品放入盘中时尽量避免产生飞溅，盖上盖子，并静置足够的时间，或者在处理前对液体进行高压灭菌。应将盛放液体的容器放置在合适的二级容器中，并使用适当液体消毒剂擦拭这些容器的表面，然后再从生物安全柜内取出。

当使用蒸汽高压灭菌器处理固体废物时，应将受污染的物料放入生物危害废弃物收集或弃置盘中。在高压灭菌器要添加适量水来确保产生足够的蒸汽，而加水量需要通过实验来确定。袋不需要密封（使蒸汽能够进入袋内），生物安全柜中的弃置盘也需要加上盖板后再将其转移至高压灭菌器。应将收集袋放置在一个防漏托盘状器皿上搬运并进行高压灭菌。谨慎起见，应先在柜内对生物危害袋和弃置盘的表面进行消毒，然后再将其从柜内取出。

消毒

柜体工作面的消毒：应在柜体鼓风机运行的情况下，对所有容器和设备的表面进行消毒，并在工作结束后将它们从柜内取出。所有生物物料和危害性物质都应被优先处理。在一天的工作结束后，对柜体工作面进行的最后消毒的流程应包括擦拭工作面、橱体侧面和背面以及玻璃内部。如有必要，还应对柜体进行放射性监测，并在必要时进行洗消。研究人员脱手套和实验服，作为微生物安全规范的最后一步，应小心谨慎，防止未受保护的皮肤受到污染以及产生气溶胶，并且洗手。在这些操作完成后，可以继续运行柜体鼓风机或将其关闭。

在生物安全柜内操作时如发生少量溢漏应立即处理，用吸水纸巾清理液体，再将其丢入生物危害废弃物收集或容器内。如果溢漏的量较小，可用纸巾覆盖，并由外向内向溢出物喷洒适当的消毒剂。一旦达到适当的接触时间，通常是 20 ~ 30 min，应将吸水纸从溢出物的边缘推向中心，并丢入收集袋或容器内。应使用沾有消毒剂的纸巾擦拭柜体内部和生物安全柜内的物品。如果在柜内使用手套，应先进行工作面消毒，并在放置干净的吸水纸巾之前更换手套。

如果溢漏量大到足以流过前或后格栅，则需要进行更大面积的消毒。应对柜内所有物品的表面进行清洁消毒。确保排水阀关闭后，可将消毒液倒在工作面上，使其经过格栅最后流入排水盘。排水盘中的液体应倒入装有消毒剂的收集容器中。排水阀应连接软管接头，软管的长度应足以使开口端浸没在收集容器内的消毒剂中。此程序可最大限度地减少气溶胶的产生。最后，应用水清洗排水盘，然后移除排水管并关闭排水阀。

如果溢出的液体含有危害性化学物质或放射性物质，应采用类似的程序，并联系相应安全人员以获得具体指导。

排水盘表面和格栅如果受到污染，可能会阻塞排水阀或阻塞气流，因此建议在排水盘消毒后，定期拆卸柜体工作面和（或）格栅并进行擦拭。在擦拭这些表面时应格外小心，以免受到锋利的金属边缘或其他尖锐物品（如碎玻璃、移液管尖）割伤。一定要使用一次性纸巾，轻轻地擦拭受到污染的表面，避免用力过猛。由于纸巾会堵塞排水阀或柜体内的换气通道，切勿将纸巾放在排水盘上。

气体消毒：在更换 HEPA 过滤器或内部修理工作之前，必须对已在其中处理过传染性物质的生物安全柜进行净化[8,18-20]。在搬移生物安全柜之前，必须根据在生物安全柜内处理的病原来进行风险评估，以确定消毒的内容与方法。最常见的消毒方法是使用甲醛气体、过氧化氢蒸汽[8]或者二氧化氯气体。

第 6 部分　设施与工程要求

二级屏障

生物安全柜被认为是处理感染性物质的一级防护屏障，而实验室本身被视为次级防护屏障[21]。如果实验室的排风量比送风量大，就会从邻近空间吸入补充空气，形成内向气流[22]。这一条件对于

BSL-2 级实验室来说是是可有可无的，但 BSL-3 级和 BSL-4 级必须保持该内向气流[23]。应建立并保持整个设施的空气平衡，以确保气流从潜在污染最小的区域流向污染最大的区域。

建筑物排风 由于实验室的空气被认为存在潜在污染风险，BSL-4 级实验室的空气必须直接排放到室外，这一概念被称为专用单向流排风系统。当需要采取高水平的气溶胶防护控制时，可以用 HEPA 对排出的室内空气进行过滤，这是 BSL-4 级实验室的必备条件，但对 BSL-3 级实验室来说属于一种加强措施，只有在处理某些生物体时建议采用此方法[3]。当建筑物排气系统为 IIB 型生物安全柜所使用时，必须遵循 CBV 来设计排风系统，并且在系统内静压发生变化时，排风系统的功率必须足以维持排风流量[8]。与生物安全柜之间的换气通道连接必须是恒定风量（CAV）。

HVAC 系统的功率必须能够同时满足实验室排风和可能配备的所有防护装置的排风要求。为确保排风系统能够正常工作，必须保证送风量充足。直角拐弯、改变管道直径以及系统内的转换接头将提高对排风扇的要求。建筑物的排风口应远离送风口，以防止实验室废气再次进入建筑物的送风系统。请参阅设计指南，以确定排风口相对于附近进风口的位置[24]。

公用设施 必须仔细规划生物安全柜内所需的公用设施。必须解决真空系统的保护问题（图附录 A-11）。柜体内的电源插座必须有接地故障断路器保护，并由独立电路供电。不建议在生物安全柜内使用明火[8]。在极少数需要使用丙烷或天然气的场合，为了消防安全，必须在柜外安装一个有明确标识的应急燃气关闭阀。所有非电力公用设施都应该设有可及的外露关闭阀。在生物安全柜内使用压缩空气时，必须经过仔细考虑并进行控制，以防止产生气溶胶，以及降低容器增压的可能性。

紫外线灯 紫外线（UV）灯不应作为生物安全柜内的唯一消毒手段。如果安装了 UV 灯，需要定期清洁，把任何可能阻挡光线的薄膜去除。应定期对紫外线灯进行评估，并使用紫外线测量仪进行检查，以确保射出的紫外线强度适当。当光照功率密度低于 40 μW/cm² 时应更换灯泡。当房间有人时，必须关闭无遮蔽的紫外线灯，以保护眼睛和皮肤免受紫外线照射。如果柜体有滑动窗口，则紫外线灯在打开状态时，应关闭窗口。大多数新型生物安全柜都采用了与紫外线灯连锁的滑动窗口，当开启紫外线灯时，窗口自动关闭，以避免人员受紫外线的照射。

生物安全柜的位置 生物安全柜被开发作为工作站使用，在处理感染性微生物的过程中可为人员、环境和产品提供保护。为确保这些一级屏障能够发挥出最大效力，必须具备某些要素。在可能的情况下，应在柜体后面和每一侧留有足够的空间，以便于检修，并确保重新循环到实验室的柜体空气不会受到阻碍。柜体上方需要留有 12 ~ 14 英寸（1 英寸约为 2.54 cm）的间隙，以便能够准确测量通过排风过滤器表面的空气流速[25,26]，同时便于更换排风过滤器。当生物安全柜采用硬质管道（直接连接）或通过罩盖连接至通风系统时，必须保留足够的空间，使管道系统的结构不会对气流产生干扰。

罩盖与排风 HEPA 过滤器之间须有足够的空间，以便对后者进行测试。生物安全柜的理想放置位置应远离入口（即实验室后部应远离过道），这是因为人员平行经过生物安全柜的正面将会破坏气幕[8,16,27]。柜体前部形成的气幕相当脆弱，理论上气流向内和向下流动的速度为每小时 1 英里（约为 1 609.34 m）。生物安全柜不能设在可打开的窗户、空气供应记录器、便携式风扇或能引起空气流动的实验室设备（如离心机、真空泵）旁。同样，也不得将化学通风柜设在生物安全柜附近。

HEPA 过滤器 当 HEPA 过滤器（无论是作为建筑物排风系统的一部分还是生物安全柜的一部分）的负荷大到无法保持足够的气流时，必须进行更换。在大多数情况下，必须在拆卸过滤器前对其进行消毒。为密封用于微生物消毒的气体或蒸汽，需要在包含 HEPA 过滤器的排风系统过滤器壳体的送风和排风口侧安装气密风门，这可确保在消毒过程中，气体或蒸汽能够被密封在过滤器壳体内。过滤器壳体中的检修面板端口也应支持对 HEPA 过滤器进行性能测试（附录 A 第 7 部分）。

如果涉及生物危害性物质和危险有毒化学物质的作业，可以使用一种袋进/袋出式的 HEPA 过滤器组件（图附录 A-12）[3,28]。当对 HEPA 过滤器进行气体或蒸汽消毒，或在生物安全柜内使用了危害性化学物质或放射性核素时，可使用袋进/袋出系统，为维护人员和环境提供保护。在过滤器被移除后，袋进/袋出系统要求对过滤器进行消毒或安全处理（如净化过滤器的废物处理维护，或足够大的高压灭菌器）。但请注意，在购买就应确定设施是否符合安装要求。在缺乏大量工程评估的情况下，不得私自在柜体中加装袋进/袋出组件。

第 7 部分　对生物安全柜的认证

防护标准的发展

为满足各种研究和诊断应用的需求，防护设备不断更新迭代，因此也产生了对结构及性能一致性的要求。《联邦标准 209》[29] 应运而生，旨在建立空气洁净度等级以及监测清洁工作站和洁净室使用 HEPA 过滤器来控制空气中微粒的方法。该标准现已被国际标准化组织（ISO）14644-2015 所取代 [30]。

第一个专门为生物安全柜制定的"标准"[12] 被当作了 NIH Ⅱ 级 1 型（现在被称为 A1 型）生物安全柜的联邦采购规范，该生物安全柜具有固定式或铰接式前窗或垂直滑动窗口、垂直下行气流以及经过 HEPA 过滤的送风和排风。该规范明确了微生物气溶胶问题、流速分布和 HEPA 过滤器泄漏测试方面的设计标准和测试模型。当 Ⅱ 级 2 型（现在被称为 B1 型）生物安全柜被开发出来时，也制定了一套类似的采购规范 [31]。

针对 Ⅱ 级生物安全柜的 NSF/ANSI 49 于 1976 年首次发布，为生物安全柜的设计、制造和测试提供了第一个独立标准。该标准取代了其他采购生物安全柜的机构和组织一直使用的 NIH 规范。NSF/ANSI 49-2018[8] 合并了当前有关设计、构造、性能和现场认证的各种规范。此标准为生物安全柜建立了性能标准，同时提供了在美国规定许可的最低测试要求。符合此标准并经美国国家科学基金会（NSF）认证的柜体带有"NSF"标志。

NSF/ANSI 49-2018 适用于 Ⅱ 级生物安全柜的所有型号（A1、A2、B1、B2、C1 型），并提供了一系列规范，其中涉及：

- 设计/构造；
- 性能；
- 安装建议；
- 推荐的微生物消毒程序。

与 Ⅱ 级柜体相关的参考文献和规范在 NSF/ANSI 49-2018 的附录 F，是该标准的规范性部分，其中涵盖了生物安全柜的现场测试。该标准由一个专家委员会定期审查，以确保其与技术发展保持一致。

搬移可能会破坏 HEPA 过滤器的密封或损坏过滤器或安全柜柜体。因此必须在生物安全柜投入使用前、修理或搬移后验证其是否完好并能正常运行。每个生物安全柜都应至少一年进行一次测试和认证，以确保生物安全柜能够持续正常运行。

现场认证（NSF/ANSI 49-2018，附录部分附件 F）必须由经验丰富的专业人员执行。该标准中包含一些基本信息，可帮助用户理解需要执行的测试的频率和类型。1993 年，NSF 开始执行一项基于书面和实操考试的人员认证计划。各种机构都为想获取认证资格的人员提供了教育和培训方案，帮助申请认证的人获得相关现场认证的资格。选择能够胜任此项工作的人员来执行测试和认证是非常重要的。建议向机构生物安全官（BSO）或卫生与安全办公室咨询，以甄别选择有资格进行现场性能测试的公司。

如果可能的话，强烈建议选择经过官方认可的现场认证人员对生物安全柜进行测试和认证。如果执行认证的是内部人员，那么这些人员须通过官方的认证。

生物安全柜的现场性能测试

Ⅱ 级生物安全柜是防止工作人员、产品和环境暴露于微生物病原的一级防护装置。根据 NSF/ANSI 49-2018 附件 F 的规定，需要在生物安全柜安装时，以及至少在安装后每年对生物安全柜的运行情况进行测试。每当更换完 HEPA 或 ULPA 过滤器、对内部部件进行维护修理或搬移柜体时，都应对安全柜进行重新认证。

最后，只有正确维护和校准测试设备，才能保证测试结果准确。应当要求认证人员提供所使用测试设备的校准信息。

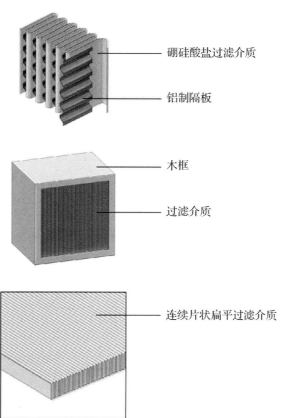

硼硅酸盐过滤介质

铝制隔板

木框

过滤介质

连续片状扁平过滤介质

图附录 A-1　HEPA 过滤器

HEPA 过滤器通常由薄如纸的硼硅酸盐介质薄层构成，为增加工作面积而进行折叠，然后固定在框架上。为保持稳定性，通常会加入铝制或塑料隔板。

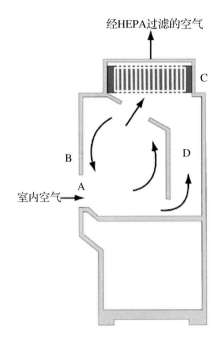

图附录 A-2　Ⅰ级生物安全柜

（A）前开口；（B）窗口；（C）排风 HEPA 过滤器；（D）排风增压室。
注：需要将典型安全柜直接连接至建筑物的排风系统。

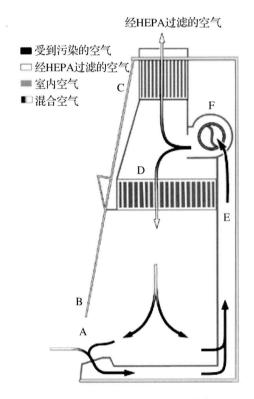

图附录 A-3　ⅡA 型生物安全柜

（A）前开口；（B）窗口；（C）排风 HEPA 过滤器；（D）送风 HEPA 过滤器；（E）共用增压室；（F）排风鼓风机。
注：自 2010 年以来，除流入速度外，ⅡA1 型与 ⅡA2 型生物安全柜之间的差异极小。

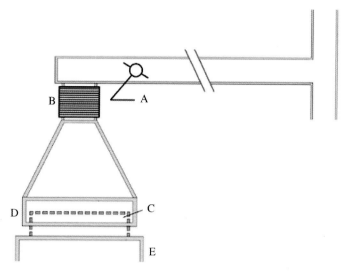

图附录 A-4　IIA 型生物安全柜管道用罩盖（顶棚）装置

（A）平衡风门；（B）连接排气系统的柔性连接器；（C）柜体排风HEPA过滤器壳体；（D）罩盖装置；（E）生物安全柜。
注：在罩盖装置（D）和排风过滤器壳体（C）之间有一个间隙，通过该间隙可将室内空气排出。

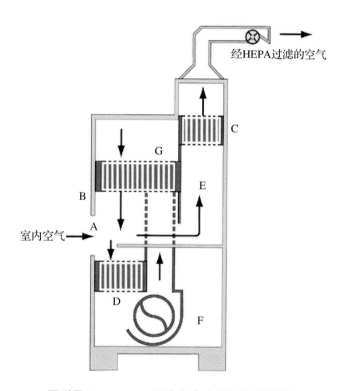

图附录 A-5a　IIB1 型生物安全柜（经典设计）

（A）前开口；（B）窗口；（C）排风HEPA过滤器；（D）供气HEPA过滤器；（E）负压专用排风增压室；（F）鼓风机；（G）供风用附加HEPA过滤器。
注：需要将柜体排风口直接连接至建筑物排风系统。

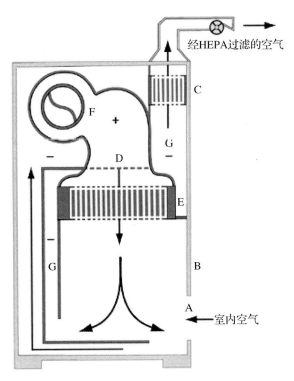

图附录 A-5b　IIB1 型生物安全柜（台式设计）

（A）前开口；（B）窗口；（C）排风 HEPA 过滤器；（D）送风增压室；（E）送风 HEPA 过滤器；（F）鼓风机；（G）负压排风增压室。

注：需要将柜体排风口直接连接至建筑物排风系统。

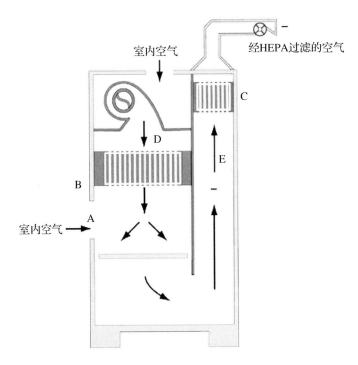

图附录 A-6　IIB2 型生物安全柜

（A）前开口；（B）窗口；（C）排风 HEPA 过滤器；（D）送风 HEPA 过滤器；（E）负压排风增压室。

注：需要将柜体直接连接至建筑物排风系统。

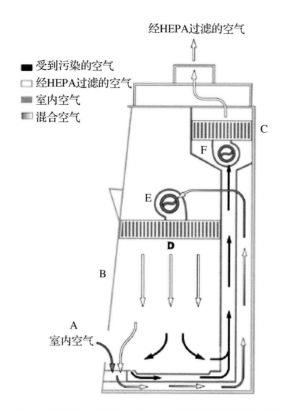

图附录 A-7a　IIC1 型生物安全柜（未连接至建筑物排风系统）

（A）前开口；（B）窗口；（C）排风 HEPA 过滤器；（D）送风过滤器；（E）送风鼓风机；（F）排风鼓风机。

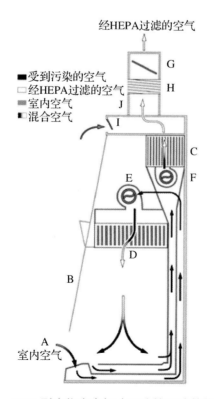

图附录 A-7b　IIC1 型生物安全柜（已连接至建筑物排风系统）

　（A）前开口；（B）窗口；（C）排风 HEPA 过滤器；（D）送风 HEPA 过滤器；（E）送风鼓风机；（F）排风鼓风机；
（G）风门；（H）密封式柔性管道（可选）；（I）罩盖开口 / 缝隙；（J）排风管道。

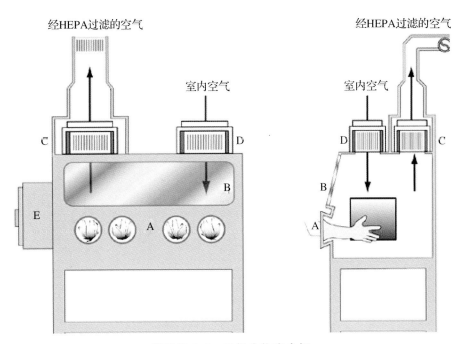

图附录 A-8   Ⅲ级生物安全柜

（A）带有"O"形环的手套端口，可将手臂长度的手套附于柜体；（B）视窗；（C）排风 HEPA 过滤器；（D）送风 HEPA 过滤器；（E）两端开口式高压灭菌器或传递窗；（F）排风 HEPA 过滤器。

注：可安装一个化学浸泡槽，将该浸泡槽置于生物安全柜工作面下方，上方开口。需要将柜体排风口直接连接至排气系统，同时须将该排风系统的风扇与设施通风系统的排风扇隔离开。排出的废气必须经过两个 HEPA 过滤器过滤或在 HEPA 过滤后对其进行焚烧。

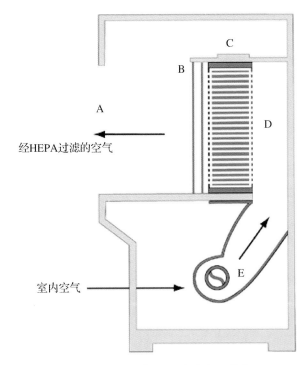

图附录 A-9a   水平层流洁净工作台

（A）前开口；（B）送风格栅；（C）送风 HEPA 过滤器；（D）送风增压室；（E）鼓风机。

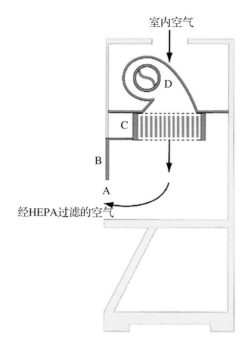

图附录 A-9b　垂直层流洁净工作台

（A）前开口；（B）窗口；（C）送风 HEPA 过滤器；（D）鼓风机。

注：一些垂直流洁净工作台会通过前和（或）后格栅对空气进行再循环。

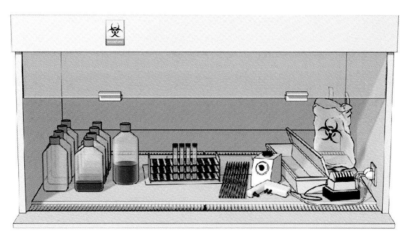

图附录 A-10　从洁净到脏污

在 Ⅱ 级生物安全柜中，工作的典型布局是从洁净到脏污。可对洁净培养物（左边）进行接种（中间）；可将受到污染的移液管丢入浅盘，同时可将其他受到污染的物料放入生物危害袋（右边）。对于惯用左手的人员，可按相反的方式进行。

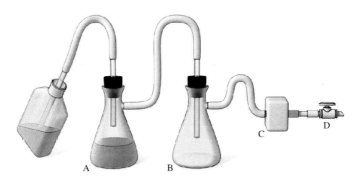

图附录 A-11　对室内真空系统的保护

在吸入感染性液体过程中保护室内真空系统的示例方法。吸滤瓶（A）用于将受污染的液体收集到适当的消毒溶液中；右侧烧瓶（B）被用作液体溢流收集容器。直列式 HEPA 过滤器（C）用于维持系统真空（D）免受微生物气溶胶污染。

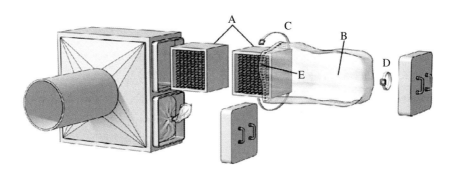

图附录 A-12　袋进 / 袋出过滤器外壳

袋进 / 袋出过滤器外壳使工作人员能够在移除被污染过滤器的过程中不暴露于污染物。

（A）过滤器；（B）袋；（C）安全带；（D）系带；（E）位于 PVC 袋口处的减震线可将袋限制在壳体边缘的第二根框架边。

致谢

我们衷心感谢 Baker Company、Filtration Group 有限公司、Flanders Filters 公司，以及 Forma Scientific 有限公司，感谢他们允许我们在本文中复制使用一些图和数字。

原书参考文献

［1］Kruse RH, Puckett WH, Richardson JH. Biological safety cabinetry. Clin Microbiol Rev. 1991;4(2):207–41.

［2］HEPA and ULPA Filters, IEST-RP-CC001 (2016).

［3］First MW. Filters, high capacity filters and high-efficiency filters: review and production. In-Place Filter Testing Workshop; 1971; Boston, Massachusetts.

［4］Dow Chemical U.S.A.; National Cancer Institute. A Workshop for Certification of Biological Safety Cabinets. No. BH 74-01-11. Midland (MI): Dow Chemical U.S.A.; 1974.

［5］Richmond JY. Safe practices and procedures for working with human specimens in biomedical research laboratories. J Clin Immunoassay. 1988;13:115–9.

［6］ Barbeito MS, Taylor LA. Containment of microbial aerosols in a microbiological safety cabinet. Appl Microbiol. 1968;16(8):1255–9.

［7］ Whitfield WJ. A new approach to cleanroom design. Albuquerque (NM): Sandia Corporation; 1962.

［8］ NSF International (NSF); American National Standards Institute (ANSI). NSF/ANSI 49-2018. Biosafety Cabinetry: Design, Construction, Performance, and Field Certification. Ann Arbor (MI): NSF/ANSI; 2018.

［9］ Jones RL Jr, Tepper B, Greenier TG, Stuart DG, Large S, Eagleson D. Effects of Thimble Connections of Biological Safety Cabinets. Abstracts of 32nd Biological Safety Conference; 1989; New Orleans, LA.

［10］ Guidelines for Cytotoxic (Antineoplastic) Drugs. Standard 01-23-001, Appendix A (1986).

［11］ Centers for Disease Control and Prevention; National Institute for Occupational Safety and Health. NIOSH Alert: Preventing Occupational Exposures to Antineoplastic and Other Hazardous Drugs in Health Care Settings. Cincinnati (OH): NIOSH—Publications Dissemination; 2004.

［12］ Stuart DG, First MW, Jones RL Jr, Eagleson JM Jr. Comparison of chemical vapor handling by three types of class II biological safety cabinets. Particulate and Microbial Control. 1983.

［13］ Stuart D, Kiley M, Ghidoni D, Zarembo M. The Class III Biological Safety Cabinet. In: Richmond JY, editor. Anthology of Biosafety VII: Biosafety Level 3. Mundelein (IL): American Biological Safety Association; 2004. p. 57–71.

［14］ American Conference of Governmental Industrial Hygienists (ACGIH). Threshold limit values for chemical substances and physical agents and biological exposure indices. Cincinnati (OH): ACGIH; 2006.

［15］ National Institutes of Health. NIH guidelines for the laboratory use of chemical carcinogens. Washington (DC): U.S. Department of Health & Human Services; 1981.

［16］ National Cancer Institute; Office of Research Safety. Laboratory safety monograph: a supplement to the NIH guidelines for recombinant DNA research. Bethesda (MD): National Institutes of Health; 1978.

［17］ Office of Research Safety; National Cancer Institute. National Cancer Institute Safety Standards for Research Involving Chemical Carcinogens. Bethesda (MD): The National Institutes of Health; 1975.

［18］ Jones R, Drake J, Eagleson D. Using Hydrogen Peroxide Vapor to Decontaminate Biological Safety Cabinets. Baker [Internet]. 1993 [cited 2019 Mar 11];1(1):[about 4 p.] Available from: https://bakerco.com/communication/white-papers/.

［19］ Jones R, Stuart D, Large S, Ghidoni D. Cycle Parameters for Decontaminating a Biological Safety Cabinet Using H2O2 Vapor. Baker [Internet]. 1993 [cited 2019 Mar 11];1(2):[about 4 p.] Available from: https://bakerco.com/communication/white-papers/.

［20］ Jones R, Stuart D, PhD, Large S, Ghidoni D. Decontamination of a HEPA filter using hydrogen peroxide vapor. Acumen. 1993;1(3):1–4.

［21］ Fox D, editor. Proceedings of the National Cancer Institute symposium on design of biomedical research facilities. Monograph Series. Vol 4; 1979 Oct 18–19; Frederick, MD. Litton Bionetics, Inc.; 1979.

［22］ Laboratories. In: American Society of Heating, Refrigerating and Air-Conditioning Engineers. 2015 ASHRAE Handbook—HVAC Applications. Atlanta (GA): ASHRAE; 2015.

［23］ Agricultural Research Service (ARS) [Internet]. Beltsville (MD): United States Department of Agriculture; c2012 [cited 2019 Mar 12]. ARS Facilities Design Standards. ARS—242.1. Available from: https://www.afm.ars.usda.gov/ppweb/pdf/242-01m.pdf.

［24］ American Conference of Governmental Industrial Hygienists (ACGIH). Industrial Ventilation: A Manual of Recommended Practice for Design. 28th ed. Cincinnati (OH): ACGIH; 2015.

［25］ Jones RL Jr, Stuart DG, Eagleson D, Greenier TJ, Eagleson JM Jr. The effects of changing intake and supply air flow on biological safety cabinet performance. Appl Occup Environ Hyg. 1990;5(6):370–7.

［26］ Jones RL Jr, Stuart DG, Eagleson, D, et al. Effects of ceiling height on determining calculated intake air velocities for biological safety cabinets. Appl Occup Environ Hyg. 1991;6(8):683–8.

［27］ Rake BW. Influence of crossdrafts on the performance of a biological safety cabinet. Appl Environ Microbiol. 1978;36(2):278–83.

［28］ Barbeito MS, West DL, editors. Laboratory ventilation for hazard control. Proceedings of a 1976 Cancer Research Safety Symposium; 1976 Oct 21–22; Frederick, MD. Frederick (MD): Frederick Cancer Research Center; 1976.

［29］ Airborne Particulate Cleanliness Classes in Clean rooms and Clean Zones, Federal Standard No. 209 (1963).

［30］ Cleanrooms and associated controlled environments—Part 1: Classification of air cleanliness by particle concentration, ISO 14644-1 (2015).

［31］ National Cancer Institute. Specifications for general purpose clean air biological safety cabinet. Bethesda (MD): National Institutes of Health; 1973.

B　实验室表面和物品的消毒和杀菌

目的与范围

附录 B 介绍了使用抗菌剂对实验室环境表面和物品进行杀菌或消毒的基本指导及其他规范，以降低病原体传播至实验室工作人员、公众和环境的可能性。选择合适的抗菌产品并遵守产品标签说明对确保充分发挥产品对目标微生物的效力至关重要。本附录对监管监督、术语、环境感染传播所必需的因素（如气溶胶的产生、接触、间接接触）、灭菌和消毒方法，以及与液体化学消毒剂相关的抗菌活性水平进行了综述。必须记住的是，产生气溶胶的程序应在密封环境中进行。与感染性气溶胶相关的事故是实验室环境污染的重要来源，并可能对杀菌效果造成影响。本文侧重通用方案，而非详细的规程与方法。在实验室进行杀菌作业时，必须遵循制造商的使用说明。

抗菌产品——美国法规

抗菌除害剂（如消毒剂）被归为杀虫剂，由美国国家环境保护局根据《美国联邦杀虫剂、杀菌剂和灭鼠剂法案》（FIFRA）[1,2] 以及美国食品药品监督管理局器械与放射健康中心根据《美国食品质量保护法案》（FQPA）共同进行监管 [3]。由实验室负责选择适当的 EPA 注册产品，并按照产品标签上的制造商说明进行使用。术语表中介绍了常用的公共卫生抗菌产品（如杀孢剂、消毒剂和杀菌剂）。

FDA 定义了三种用于处理医疗器械的液体化学杀菌剂，这些杀菌剂被作为辅助器械受到管制（《FDA 1977 年政策手册》）：（1）灭菌剂 / 高效消毒剂；（2）中效消毒剂；（3）低效消毒剂。参见术语表。

实验室使用的消毒剂包括设备制造商推荐的消毒剂和一种广谱产品，通常属于中效消毒剂（即具有分枝杆菌学声明的产品）。实验室内化学物质的安全使用须遵守《OSHA 实验室标准》[4]。

环境介导的感染传播

实验室相关感染（LAI）可直接或间接由实验室内受到污染的环境源（如空气、污染物和实验室仪器、气溶胶和飞溅物）传播给实验室工作人员。幸运的是，由于发生环境传播需要满足几个必要条件，因此 LAI 是相对罕见的事件 [5,6]，这些条件通常被称为感染链 [7,8]。环境传播需要的条件包括存在毒性足够强的病原体、足够的病原体载量（即感染剂量）、存在病原体从环境向宿主传播的机制、具备侵入易感宿主的正确途径户以及宿主的免疫状态。

要想成功从环境源进行传播，必须满足感染链的所有条件，缺少任何一个条件都将降低和 / 或阻止传播的可能性。此外，所述病原体必须克服环境压力以保持活性（如在潮湿低养分的环境或分布系统中形成生物膜的能力、脱水存活的能力）、毒性以及在宿主中引发感染的能力。在实验室环境中，高浓度的病原体很常见，环境表面（如工作台面、设备、个人防护装备）和实验室工作人员的手部可能会受到污染。产生气溶胶的程序和那些产生飞溅物的程序也可能会使工作面、人员受到污染，并有可能使工作人员暴露于（如吸入、接触黏膜）病原体。通过采取防范措施（如在生物安全柜或手套式操作箱中进行产生气溶胶的程序）和常规清洁程序来减少环境微生物污染的方法，往往能够减少但无法消除环境介导的传播风险。实验室的一般做法是进行清洁和表面消毒或灭菌程序来减少感染传播的可能性。此外，充分的手部卫生和个人防护装备（如手套、实验服 / 罩衫、安全眼镜、护目镜、呼吸器）的恰当使用也是防止病原体传播给实验室人员的重要因素。

清洁、消毒及灭菌原则

要实施实验室生物安全计划，需要了解清洁和消毒以及灭菌的原理，这些术语经常被误用和误解。本节讨论了每个灭活程序的定义和功能，重点讨论了他们的成效，以及在某些情况下如何对每个阶段进行监测。

清洁：清洁是指将表面的总体污染清除到做进一步处理所需的程度。在这些情况下，清洁可通过物理方法来去除表面的微生物和其他相关污染物（如血液、组织、培养基），但可能无法达到任何抗菌作用。清洁通常是消毒或灭菌过程的必要先决条件，可以确保消毒剂或灭菌过程的抗菌效果达到最高程度。生物膜可存在于实验室（如水槽、管道设施、实验室设备的充液管线、储水容器、培养箱加湿系统）中，并且通常难以处理 / 消毒。大多数生物膜需要进行物理清洗（如擦洗），同时使用相容的氧化消毒剂（如二氧化氯、过氧乙酸、臭氧）进行处理。在某些情况下，需要更换管道系统和分配管线。

消毒：消毒通常比灭菌的致命性低。它可以消除几乎所有已知的致病微生物，但不一定能消灭存在于无生命物体上的所有微生物形式（如细菌孢子）。消毒无法确保杀灭水平，同时在安全度方面也不及灭菌程序。消毒程序的有效性由几个因素决定，每一个因素都可能对最终结果产生显著影响。影响消毒的因素包括以下几个方面：

1. 受污染微生物的性质和数量（特别是细菌孢子）；

2. 存在的有机物数量（如土壤、粪便、血液）；

3. 需要消毒的表面、仪器、设备和物料的类型和状况；

4. 温度；

5. 接触（暴露）时间。

根据定义，化学消毒，特别是高效杀菌，与化学灭菌的不同之处在于其缺乏杀灭芽孢的能力。但这并不完全符合现实情况，少数几种化学消毒剂确实能够杀死大量芽孢，但可能需要很高的浓度或长时间暴露。非杀芽孢消毒剂在消毒或杀菌能力方面可能有所不同。有些消毒剂仅能迅速杀灭普通的营养细菌（如葡萄球菌和链球菌）、某些形式的真菌以及含脂病毒；另一些则能对相对耐药的微生物（如牛分枝杆菌或土分枝杆菌）、无包膜病毒和大多数形式的真菌有效[9]。

一般来说，大多数实验室使用的消毒剂具有广谱杀菌活性，因此，大多数实验室应该选择一种具有杀灭结核菌/分枝杆菌的产品。这些产品中，有许多产品还声称符合《OSHA 血液传播病原体标准》[10,11]。

灭菌：任何物品、设备或溶液，如果完全不含任何形式的活体微生物（包括芽孢和病毒），可以称为无菌状态。这一定义具有绝对性：一件物品要么是无菌的，要么不是。灭菌可通过干热或湿热、气体和蒸汽（如二氧化氯、环氧乙烷、甲醛、过氧化氢、甲基溴、二氧化氮、臭氧、环氧丙烷）、等离子灭菌技术和辐射（如伽马射线、工业电子束）来完成。

从操作的角度来看，由于单个微生物存活的可能性从来都不是零，所以定义灭菌程序时不能绝对。因此，应将该程序定义为一个过程，在此过程执行完毕之后，微生物在将要被处理的物品上存活的概率将不到百万分之一。这被称为 10^{-6} 无菌保证水平（SAL）[12-14]。实验室应使用灭菌技术来制备介质、对玻璃器皿和其他物品进行灭菌，并对废物进行消毒。

消毒

消毒使人们能够在没有疾病传播风险的可接受情况下，安全地对某个区域、设备、物品或材料进行处理。消毒的主要目的是降低微生物污染水平，从而防止感染的传播。消毒过程可能包括用普通肥皂和水对仪器、设备或区域进行清洁。在实验室环境中，通常通过灭菌程序来对物品、使用过的实验室材料，以及受管制的实验室废物进行消毒，如蒸汽高压灭菌，这可能是对设备或物品去污成本效益最好的方法。

如果没有对表面存在有机物的物品或区域进行预先清洁，那么就会需要更长的接触时间才能达到去污的效果。例如，对于预先清洁过的物品，在 121℃下进行蒸汽循环灭菌的时间为 20 min；而当使用蒸汽灭菌法来为含有高生物负荷且没有进行预先清洁的实验室废物（即感染性废物）进行杀菌时，循环时间通常较长，同时应对通常负荷下的循环过程进行验证。验证过程需要结合使用热电偶和生物指示剂（BI），将 BI 放在被高压灭菌的物品中，以确保蒸汽能够渗透到废物中。通过对蒸汽灭菌循环（即循环时间、压力、温度）进行常规监测和在内放置 BI 就可以完成验证[15]。除了增加时间外，还需要提高温度，以确保病原体的灭活效果[16-18]。在实验室环境中，由于致病微生物可能受到防护不易与蒸汽发生接触，因此消毒往往需要较长的暴露时间。

去污用化学消毒剂的消杀活性范围很广，从可用于在研究或临床实验室中培养感染性病原体溢漏物的高效消毒剂（如高浓度次氯酸钠），到用于一般房间清洁或医疗机构环境表面现场消毒的低效消毒剂或清洁剂。图附录 B-1 按降序列出了微生物对消毒剂的抗性。如果实验室中存在危险性和感染性较高的病原体，则选择针对逸出物、实验室设备、生物安全柜或感染性废物的适当的去污方法非常重要，可能包括延长高压灭菌周期、焚烧或对表面进行气体处理。

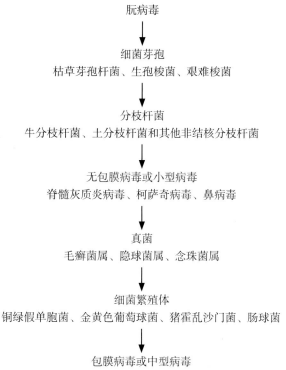

朊病毒

↓

细菌芽孢
枯草芽孢杆菌、生孢梭菌、艰难梭菌

↓

分枝杆菌
牛分枝杆菌、土分枝杆菌和其他非结核分枝杆菌

↓

无包膜病毒或小型病毒
脊髓灰质炎病毒、柯萨奇病毒、鼻病毒

↓

真菌
毛癣菌属、隐球菌属、念珠菌属

↓

细菌繁殖体
铜绿假单胞菌、金黄色葡萄球菌、猪霍乱沙门菌、肠球菌

↓

包膜病毒或中型病毒
单纯疱疹病毒、CMV、人类呼吸道合胞病毒、HBV、HCV、HIV、汉坦病毒、埃博拉病毒）

图附录 B-1 对化学消毒剂的相对抗性（降序排列）

注：这份清单存在例外情况。假单胞菌属对高效杀菌剂敏感。然而，受生物膜保护的细胞和独立生存的阿米巴内的细胞，或生物膜内的存留细胞（可存活但无法培养），可以达到接近细菌芽孢对相同杀菌剂的抗性。某些非结核分枝杆菌、灰色小囊菌和球毛壳菌的真菌子囊孢子，以及粉红色的甲基杆菌对戊二醛的耐药性也是如此。朊病毒对大多数液体化学杀菌剂也有抗性，本附录的最后部分对此进行了讨论。

空间消毒：空间消毒是一项专业工作，应由具备相应专业知识并接受过相关培训的人员进行，同时在作业时须穿戴个人防护装备[19-24]。实验室空间净化对设施设计有一定要求。实验室的内表面必须易于清洁和消毒。BSL-3 级实验室表面的贯穿处应被密封或能够被密封。应留心将墙壁、地板和天花板的贯穿孔数量保持在最低限度，并对密封处进行目视检查。强烈建议对密封处进行验证，但对于 BSL-3 级实验室通常不需要这样做。BSL-4 级实验室的内表面应采用防水及密封设计，以便于熏蒸。BSL-4 级防护服型实验室需要定期熏蒸，以便对设备进行例行维护和认证。

较大空间（如培养箱或房间）的消毒程序各不相同，根据所涉及的病原体类型、空间所在结构的特征和该空间内材料的不同而有显著差异。空间消毒目前使用的熏蒸剂有气体、蒸汽、雾或烟雾（干雾）。使用气体熏蒸剂时应遵从气体定律，使其均匀地分布在整个房间，并且可增加所用气体量来调整消毒范围。与气体熏蒸剂不同，雾或干雾形式熏蒸剂将会以颗粒形式（粒径 < 1 ~ 12 μm）沉降在将被处理的表面。

多聚甲醛和甲醛气体

多聚甲醛和甲醛溶液用于产生甲醛气体和雾。历史上，它们曾用于实验室环境中较大空间和生物安全柜的消杀[25,26]。在使用甲醛和多聚甲醛时，应遵循安全防范措施[27,28]、联邦法规、州法规和地方法规[29]。甲醛自身也是一种已知的致癌物[30]。至少有一种 EPA 注册的多聚甲醛产品可用于实验室的净化。重要的是，必须按照产品说明书来使用多聚甲醛，并且在使用前要准备好符合联邦、州和地方法规的熏蒸管理和安全方案，并在使用过程中严格落实该方案。作为空间消毒剂使用时，甲醛的标准浓度为 0.3 g/ft^3（约 8 000 mg/L），相对湿度在 60% ~ 85%[31]。由于甲醛气体的爆炸下限为 7%（70 000 mg/L），因此不建议增加多聚甲醛的含量[32]。建议甲醛气体消毒只能由经验丰富的人员进行。

过氧化氢蒸汽

可以将过氧化氢进行汽化用来为手套式操作箱和小房间区域消毒。气相过氧化氢在 0.5 ~ 10 mg/L 的浓度范围内被证明可有效杀灭芽孢。该制剂的最佳浓度约为 2.4 mg/L，接触时间至少为 1 h。该系统可用于对手套式操作箱、步入式培养箱和小房间进行消毒。该系统的一个优点是最终产物（即水和氧）无毒。也可采用较低的相对湿度进行消毒[33-36]。

二氧化氯气体

二氧化氯气体灭菌可用于实验室房间、设备、手套式操作箱和培养箱的消毒。消毒现场的气体浓度应约为 10 mg/L，持续时间为 1 ~ 2 h[37-40]。

二氧化氯具有氯的杀菌、杀病毒和杀芽孢特性，但与氯不同的是，它不会形成三卤甲烷，也不会与氨结合形成氯化有机产品（氯胺）。不能将二氧化氯气体压缩并储存在高压钢瓶中，只能在需要时使用存储的固相生成系统来生成。将气体稀释到使用浓度（通常在 10 ~ 30 mg/L）。在合理的限度内，二氧化氯气体生成系统不受气体最终目的地的大小或位置的影响。需要控制相对湿度，以高湿度为佳。虽然最常用于密闭空间灭菌，但二氧化氯气体的目的消毒空间不一定是这样的室内形态。由于二氧化氯气体会以适度的正压和流速流出生成器，所以也不需要将待消毒空间腾空，因此可将其应用于无菌检测隔离设备、手套式操作箱或密闭的生物安全柜，甚至是一个可以密封无气体流出的小房间[40]。由于二氧化氯气体见光会迅速分解，因此必须注意关闭待消毒空间中的光源。

表面消毒　液体化学消毒剂可用于较大表面积的消毒。通常的做法是用消毒剂覆盖该区域几个小时。不过这种方法会破坏整洁，而且所使用的一些消毒剂对实验室工作人员有危险性。例如，美国市场上的大多数高效杀菌剂的配方都是针对仪器和医疗器械，而非环境表面。同时，虽然中效和低效杀菌剂的配方面向污染物和环境表面，但却缺乏高效消毒剂的效力。在大多数情况下，可以安全使用中低效杀菌剂，而且，与所有经 EPA 注册的杀菌剂一样，也应该遵循制造商的使用说明[41]。可用于消毒的杀菌剂包括：浓度为 500 ~ 6000 mg/L 的次氯酸钠溶液；氧化性消毒剂，如过氧化氢、过氧乙酸、酚类，以及碘伏。化学杀菌剂的使用程序应包括安全预防措施、适当个人防护装备的使用、危险信息通报以及溢漏反应训练。

浓度和作用时间取决于杀菌剂配方和制造商的使用说明。化学杀菌剂及其活性水平见表附录 B-1。实验室必须制订溢漏控制方案。该方案应包含杀菌剂的选择依据、使用方法、作用时间和其他参数。需要 BSL-3 级和 BSL-4 级防护的生物病原会对工作人员，也可能会对环境构成高风险，因此这些病原应由训练有素的专业工作人员负责管理，同时这些人员在处理浓缩物料时应使用相应装备。

传染性海绵状脑病病原体（朊病毒）朊病毒是克雅病（CJD）和其他人类或动物中枢神经系统传染性海绵状脑病的病原体，极难被灭活和消杀。研究表明，朊病毒对传统用于仪器和设备灭菌的高温手段和（或）化学杀菌剂具有抗性[12,42,43]。对组织和被污染组织的处理是基于组织的传染性[44]。

参见第八节 H 部分以了解更多信息。

表附录 B-1　部分液体化学消毒剂的活性水平

化学消毒剂 [a]	浓度	活性水平
戊二醛	不定	灭菌
戊二醛	不定	中效至高效杀菌
邻苯二甲醛（OPA）	0.55%	高效杀菌
过氧化氢	6% ~ 30%	灭菌
过氧化氢	3% ~ 6%	中效至高效杀菌
甲醛 [b]	6% ~ 8%	灭菌
甲醛	1% ~ 8%	低效至高效杀菌
二氧化氯	不定	灭菌
二氧化氯	不定	高效杀菌
过氧乙酸	0.08% ~ 0.23%，其中过氧化物浓度为 1% ~ 7.35%	灭菌
过氧乙酸	不定	高效杀菌
次氯酸盐 [c]	500 ~ 6000 mg/L，游离有效量	中效至高效杀菌
醇类（乙醇、异丙醇）[d]	70%	中效杀菌
酚类	0.5% ~ 3%	低效至中效杀菌
碘伏 [e]	30 ~ 50 mg/L，游离量	低效至中效杀菌
季铵化合物	不定	低效杀菌

a. 这份化学消毒剂清单以通用配方为主。可以考虑使用基于这些通用成分的很多种商用产品。

b. 由于甲醛被归类为已知的人类致癌物，并且具有较低的允许暴露限制（PEL），因此仅限于在严格控制条件下的某些特定情况（如用于某些血液透析设备的消毒）使用甲醛。尚无任何含有甲醛的液体化学灭菌剂 / 消毒剂获得 FDA 批准。

c. 含氯的通用消毒剂既有液态形式也有固态形式（如次氯酸钠或次氯酸钙）。所示浓度为速效和广谱浓度（即杀结核、杀菌、杀真菌以及杀病毒）。注：普通的家用漂白剂是一种优质而廉价的次氯酸钠来源。浓度在 500 ~ 1 000 ppm 之间的氯适用于需要中效杀菌活性的绝大多数情况；较高浓度的氯具有极强的腐蚀性，同时对人员也具有刺激性，因此其使用应仅限于可能存在孢子或有机物质过量或微生物浓度异常高的情况（如实验室中培养物质的溢出）。在有机物质过量的情况下，在使用次氯酸钠溶液对表面进行消毒之前，应彻底清洗表面，以最大限度地去除有机物质（见产品标签说明）。应在使用前测定次氯酸钠的浓度，溶液应为使用当天新鲜配制的。

d. 由于醇类挥发迅速，导致接触时间短，同时缺乏渗透残留有机物料的能力，因此醇类作为中效杀菌剂的效力有限。醇类具有快速杀结核、杀菌和杀真菌作用，但是杀病毒活性范围可能有所不同。应预先仔细清洗要使用醇类消毒的物品，然后将其完全浸没并保持充分的暴露时间。

e. 在美国只能使用那些在 EPA 注册为硬面消毒剂的碘伏，并应严格遵循制造商关于正确稀释和产品稳定性的说明。杀菌碘伏不适用于设备、环境表面或医疗器械的消毒。

　　管制性病原的灭活　可以根据病原类型（如病毒、产芽孢菌），使用针对性的常规消毒和灭菌程序对管制性病原进行灭活。灭活过程通常可使细胞成分保持完整，使其可进一步用于化验分析或其他研究，而消毒的目的是杀死和破坏病原体，不注重保存细胞成分。一旦灭活，病原就不再受《管制性病原条例》的约束。当产芽孢菌管制性病原如炭疽杆菌没有被完全灭活时，就会出现问题。这一点在 2015 年凸显出来，当时经辐射灭活的孢子被运往非管制性病原实验室，但后来发现部分未完全灭活 [45]。《管制性病原条例》要求对这些病原所采用的灭活过程进行验证。美国《管制性病原指南》可从官方网址获取。

　　化学安全　使用化学制剂进行消毒时，请注意其使用说明和安全数据表（SDS）；确保安全使用，并采取适当的预防措施和保护措施。暴露于消毒剂会导致职业伤害，如癌症、超敏反应、皮炎和哮喘[46,47]。

手卫生　洗手和手部消毒可有效降低手部病原体风险，但并未得到充分重视。处理生物危害性物质和危险化学物质时，包括处理那些用于消毒和杀菌的物质时应佩戴手套；但这并不能取代手部消毒[48]。脱下手套后、徒手接触可能受到污染的表面后、工作结束后、离开实验室前都应进行手部清洁。实验室中手部清洁的主要方法是用肥皂和水洗手。

当没有洗手设施时，根据病原类型和风险评估，可配合使用乙醇浓度在 60% ~ 95% 之间的含乙醇洗手液（ABHS）代替洗手。风险评估须考虑到洗手液对手部污染的潜在效力降低和对某些微生物（即细菌、寄生虫和非包膜病毒）的灭活，如在这种情况下，ABHS 则不能完全代替及时洗手，只能作为补充，直到具备洗手条件。只有在手部未受到严重污染的情况下，才可以使用 ABHS 来进行即时手部消毒。如有洗手设施，则应使用洗手设施。应告知员工 AHBS 的局限性，ABHS 应覆盖手部皮肤和指甲（包括指甲下面）20 ~ 30 s。用肥皂和水洗手仍然是进行手部清洁的首选方法[49]。

如果在离开实验室时手部受到严重污染，则应使用肥皂或含有抗菌剂的肥皂（即抗菌肥皂）和水来清洗手部[49,50]。使用肥皂和水进行手部清洁时，从湿手到用纸巾擦手，整个过程应该持续 40 ~ 60 s。

原书参考文献

［1］ Environmental Protection Agency. Pesticide Labeling and Other Regulatory Revisions, Final Rule (40 C.F.R. Parts 152 and 156). Fed Regist. 2001;66(241):64759–68.

［2］ Environmental Protection Agency. Data Requirements for Antimicrobial Pesticides, Final Rule (40 C.F.R. Parts 158 and 161). Fed Regist. 2013;78(89):26936–93.

［3］ Food Quality Protection Act of 1996, Pub. L. No. 104-70, 104 Stat. 1627 (August 3, 1996).

［4］ Occupational Safety and Health Administration. Laboratory safety guidance Washington (DC): U.S. Department of Labor; 2011.

［5］ Vesley D, Lauer J, Hawley R. Decontamination, sterilization, disinfection, and antisepsis. In: Fleming DO, Hunt DL, editors. Biological Safety: Principles and Practices. 3rd ed. Washington (DC): ASM Press; 2000. p. 383–402.

［6］ Byers KB, Harding AL. Laboratory-associated infections. In: Wooley DP, Byers KB, editors. Biological Safety: Principles and Practices. 5th ed. Washington (DC): ASM Press; 2017. p. 59–92.

［7］ Greene VW. Microbiological contamination control in hospitals. 1. Perspectives. Hospitals. 1969;43(20):78–88.

［8］ Boyce JM. The inanimate environment. In: Jarvis WR, editor. Bennett & Brachman's Hospital Infections. 4th ed. Philadelphia (PA): Lippincott Williams & Wilkins; 2014.

［9］ Lin CS, Fuller J, Mayhall ES. Federal Regulation of Liquid Chemical Germicides by the U.S. Food and Drug Administration. In: Block SS, editor. Disinfection, Sterilization, and Preservation. 5th ed. Philadelphia (PA): Lippincott Williams & Wilkins; 2001. p. 1293–1301.

［10］ Occupational Safety and Health Administration. Occupational Exposure to Bloodborne Pathogens; Needlestick and Other Sharps Injuries; Final Rule (29 C.F.R. 1910.1030). Fed Regist. 2001;66(12):5318–25.

［11］ Environmental Protection Agency [Internet]. Washington (DC): Pesticide registration; c2017 [cited 2018 Oct 16]. Selected EPA-registered Disinfectants. Available from: https://www.epa.gov/pesticide-registration/selected-epa-registered-disinfectants.

［12］ Centers for Disease Control and Prevention [Internet]. Atlanta (GA): Disinfection and Sterilization; revised

2017 Feb 15 [cited 2018 Oct 16]. Guideline for disinfection and sterilization in healthcare facilities, 2008. Available from: https://www.cdc.gov/infectioncontrol/pdf/guidelines/disinfection-guidelines.pdf.

[13] Favero MS. Sterility assurance: concepts for patient safety. In: Rutala WA, editor. Disinfection, sterilization and antisepsis: principles and practices in healthcare facilities. Washington (DC): Association for Professionals in Infection Control and Epidemiology, Inc; 2001. p. 110–9.

[14] Favero MS, Bond WW. The use of liquid chemical germicides. In: Morrissey RF, Phillips GB, editors. Sterilization technology: A practical guide for manufacturers and users of health care products. New York: Van Nostrand Reinhold; 1993. p. 309–34.

[15] Royalty-Hann W. Solutions for biological indicator problems from a quality assurance viewpoint. Biocontrol Sci. 2007;12(2):77–81.

[16] Lemieux P, Sieber R, Osborne A, Woodard A. Destruction of spores on building decontamination residue in a commercial autoclave. Appl Environ Microbiol. 2006;72(12):7687–93.

[17] Lauer JL, Battles DR, Vesley D. Decontaminating infectious laboratory waste by autoclaving. Appl Environ Microbiol. 1982;44(3):690–4.

[18] Rutala WA, Stiegel MM, Sarubbi FA Jr. Decontamination of laboratory microbiological waste by steam sterilization. Appl Environ Microbiol. 1982;43(6):1311–6.

[19] Tearle P. Decontamination by fumigation. Commun Dis Public Health. 2003;6(2):166–8.

[20] Girouard DJ, Czarneski MA. Room, suite scale, class III biological safety cabinet, and sensitive equipment decontamination and validation using gaseous chlorine dioxide. Applied Biosafety. 2016;21(1):34–44.

[21] Kaspari O, Lemmer K, Becker S, Lochau P, Howaldt S, Nattermann H, et al. Decontamination of a BSL3 laboratory by hydrogen peroxide fumigation using three different surrogates for Bacillus anthracis spores. J Appl Microbiol. 2014;117(4):1095–103.

[22] Krishnan J, Fey G, Stansfield C, Landry L, Nguy H, Klassen S, et al. Evaluation of a Dry Fogging System for Laboratory Decontamination. Applied Biosafety. 2012;17(3):132–41.

[23] Gordon D, Carruthers B-A, Theriault S. Gaseous decontamination methods in high-containment laboratories. Applied Biosafety. 2012;17(1):31–9.

[24] Czarneski MA, Lorcheim K. A discussion of biological safety cabinet decontamination methods: formaldehyde, chlorine dioxide, and vapor phase hydrogen peroxide. Applied Biosafety. 2011;16(1):26–33.

[25] Ackland NR, Hinton MR, Denmeade KR. Controlled formaldehyde fumigation system. Appl Environ Microbiol. 1980;39(3):480–7.

[26] Newsom SW, Walsingham BM. Sterilization of the biological safety cabinet. J Clin Pathol. 1974;27(11):921–4.

[27] Cheney JE, Collins CH. Formaldehyde disinfection in laboratories: limitations and hazards. Br J Biomed Sci. 1995;52(3):195–201. Erratum in: Br J Biomed Sci. 1995 Dec;52(4):332.

[28] Fox JM, Shuttleworth G, Martin F. Methodology to reduce formaldehyde exposure during laboratory fumigation. Int J Environ Health Res. 2013;23(5):400–6.

[29] Formaldehyde, 29 C.F.R. Sect. 1910.1048 (2013).

[30] National Toxicology Program [Internet]. Research Triangle Park (NC): Department of Health and Human Services; c2016 [cited 2018 Oct 17]. Report on Carcinogens, Fourteenth Edition. Formaldehyde. CAS No. 50-00-0. Available from: https://ntp.niehs.nih.gov/ntp/roc/content/profiles/formaldehyde.pdf.

[31] Luftman HS. Neutralization of formaldehyde gas by ammonium bicarbonate and ammonium carbonate. Applied Biosafety. 2005;10(2):101–6.

[32] Centers for Disease Control and Prevention [Internet]. Atlanta (GA): The National Institute for Occupational Safety and Health (NIOSH); c2014 [cited 2018 Oct 16]. Formaldehyde. Available from: https://www.cdc.gov/niosh/idlh/50000.html.

［33］ Klapes NA, Vesley D. Vapor-phase hydrogen peroxide as a surface decontaminant and sterilant. Appl Environ Microbiol. 1990;56(2):503–6.

［34］ Johnson JW, Arnold JF, Nail SL, Renzi E. Vaporized hydrogen peroxide sterilization of freeze dryers. J Parenter Sci Technol. 1992;46(6):215–25.

［35］ Krause J, McDonnell G, Riedesel H. Biodecontamination of animal rooms and heat-sensitive equipment with vaporized hydrogen peroxide. Contemp Top Lab Anim Sci. 2001;40(6):18–21.

［36］ Graham GS, Rickloff JR. Development of VHP sterilization technology. J Healthc Mater Manage 1992;10(8)54, 56–8.

［37］ Czarneski MA. Microbial decontamination of a 65-room new pharmaceutical research facility. Applied Biosafety. 2009;14(2):81–8.

［38］ Lorcheim K, Lorcheim P. Mold remediation of a research facility in a hospital. Applied Biosafety. 2013;18(4):191–6.

［39］ Luftman HS, Regits MA, Lorcheim P, Czarneski MA, Boyle T, Aceto H, et al. Chlorine dioxide gas decontamination of large animal hospital intensive and neonatal care units. Applied Biosafety. 2006;11(3):144–54.

［40］ Knapp JE, Battisti DL. Chloride dioxide. In: Block SS, editor. Disinfection, sterilization, and preservation. 5th ed. Philadelphia (PA): Lippincott Williams & Wilkins; 2001. p. 215–27.

［41］ Favero MS, Bond WW. Chemical disinfection of medical and surgical materials. In: Block SS, editor. Disinfection, sterilization, and preservation. 5th ed. Philadelphia (PA): Lippincott Williams & Wilkins; 2001. p. 881–917.

［42］ World Health Organization. WHO Infection Control Guidelines for Transmissible Spongiform Encephalopathies: Report of a WHO consultation Geneva, Switzerland, 23–26 March 1999. Report presented at: WHO Consultation; 1999 Mar 23–26; Geneva, Switzerland.

［43］ World Health Organization [Internet]. Geneva: Blood Safety and Clinical Technology Department Health Technology and Pharmaceutical Cluster; c2003 [cited 2018 Oct 16]. WHO Guidelines on Transmissible Spongiform Encephalopathies in relation to Biological and Pharmaceutical Products Available from: https://www.who.int/bloodproducts/publications/en/WHO_TSE_2003.pdf?ua=1.

［44］ World Health Organization [Internet]. Geneva: WHO Tables on Tissue Infectivity Distribution in Transmissible Spongiform Encephalopathies; c2010 [cited 2018 Oct 16]. Available from: https://www.who.int/bloodproducts/tablestissueinfectivity.pdf?ua=1.

［45］ Department of Defense [Internet]. Washington (DC): Committee for Comprehensive Review of DoD Laboratory Procedures, Processes, and Protocols Associated with Inactivating Bacillus anthracis Spores; c2015 [cited 2018 Oct 16]. Review committee report: inadvertent shipment of live Bacillus anthracis spores by DoD. Available from: https://dod.defense.gov/Portals/1/features/2015/0615_lab-stats/Review-Committee-Report-Final.pdf.

［46］ Casey ML, Hawley B, Edwards N, Cox-Ganser JM, Cummings KJ. Health problems and disinfectant product exposure among staff at a large multispecialty hospital. Am J Infect Control. 2017;45(10):1133–8. Erratum in: 2018;46(5):599.

［47］ Weber DJ, Rutala WA. Occupational risks associated with the use of selected disinfectants and sterilants. In: Rutala WA, editor. Disinfection, Sterilization and Antisepsis in Healthcare. Washington (DC): The Association for Professionals in Infection Control and Epidemiology, Inc.; 1998. p. 211–26.

［48］ World Health Organization. Laboratory Biosafety Manual. 3rd ed. Geneva (Switzerland): World Health Organization; 2004.

［49］ World Health Organization. WHO Guidelines on Hand Hygiene in Health Care. Geneva (Switzerland): WHO

Press; 2009.

［50］ Boyce JM, Pittet D; Healthcare Infection Control Practices Advisory Committee; HICPAC/SHEA/APIC/ IDSA Hand Hygiene Task Force. Guideline for hand hygiene in health-care settings. Recommendations of the Healthcare Infection Control Practices Advisory Committee and the HICPAC/SHEA/APIC/IDSA Hand Hygiene Task Force. Society for Healthcare Epidemiology of America/Association for Professionals in Infection Control/ Infectious Diseases Society of America. MMWR Recomm Rep. 2002;51(RR-16):1–45, quiz CE1–4.

C　感染性物质的运输

感染性物质是已知含有或有理由认为含有病原体的物质。病原体是一种微生物（即细菌、病毒、立克次体、寄生虫、真菌）或其他能引起人类或动物疾病的因子［如传染性蛋白质颗粒（朊病毒）］。传染性物质可能以纯化或浓缩培养物的形式存在，但也可能以多种物质或物理状态存在，如体液、组织或冻干物质。对于已知有传染性的物质和材料或怀疑有传染性的物质和材料，在美国境内、向美国境内或经过美国境内进行商业运输时，由美国交通部（DOT）作为危害性物质对其进行管制，在进行国际运输时，由国际民用航空组织（ICAO）对其进行管制。

国际航运和运输条例的协调

美国致力于确保其危害性物质条例与联合国等其他机构的条例相一致，联合国发布了《关于危害品运输的建议》。联合国内部的专门机构，如 ICAO，根据这些建议发布了详细指示，包括美国在内的各国政府同意完全或部分遵守这些指示。ICAO 的参考资料，包括国际航空运输协会（IATA）的《危险货物条例》，为传染性或有毒材料的航空运输建立了国际标准[1,2]。美国在 49 CFR 第 171 部分 C 子部分中说明了如何遵守这些国际指示。

运输条例

感染性物质的国际和国内运输条例旨在防止这些物质在运输过程中的泄漏，同时保护公众、工作人员、财产和环境免受暴露于这些物质可能产生的有害影响。保护是通过包装要求和多种类型的危险信息来实现的。包装的设计必须使货包能够承受粗暴搬运和运输过程中的其他外力，如振动、堆叠、潮湿、气压和温度的变化。危险信息包括装运文件、标签、货包外部的标记以及其他必要信息，使运输人员和应急反应人员能够正确识别物质并在紧急情况下高效地做出反应。为了避免与其他政府条例重复或以便妥善运输低风险的传染性物质，包装和危险信息适用免责条款。此外，对托运方和承运方必须进行关于这些条例的培训，使他们能够妥善准备装运，并认识到这些材料构成的风险同时能作出反应。

管制性病原

管制性病原与毒素是美国卫生和公共服务部（HHS）和美国农业部（USDA）已确定有可能对公共卫生与安全、动植物健康或动植物产品构成严重威胁的生物病原和毒素的统称。个人或组织在向美国境内或经过美国境内提供特殊病原和毒素的商业运输服务时，必须遵守《管制性病原条例》（42 CFR 第 73 部分、9 CFR 第 121 部分和 7 CFR 第 331 部分），包括提供转移或进口病原和毒素的事先授权。个人或机构须提交 APHIS/CDC 表格 2——"管制性病原与毒素转移申请"，按照条例（7 CFR 第 331 部分、9 CFR 第 121 部分和 42 CFR 第 73 部分）的要求，从美国联邦"管制性病原"项目处申请转移管制性病原或毒素的事先授权。公共卫生或动物卫生管制性病原病原体不再需要进口或国内运输许可。

在美国境内、向美国境内或过境美国提供商业运输或运输管制性病原的个人必须制订并实施此类运输的安保计划。安保计划必须包括对该安保计划所涵盖物质的潜在运输安保风险的评估，以及减少或消除所评估风险的具体措施。安保计划至少须包含处理与人员安全、途中安全和未经授权获得等有关风险的措施。

条例和规范

美国交通部（DOT） 49 CFR 第 171 ~ 180 部分——《危害性物质条例》。该条例适用于在美国境内、向美国过境或美国境内的感染性物质的商业运输。

美国邮政署（USPS） 39 CFR 第 20 部分——《国际邮政服务》（《国际邮件手册》）和第 111 部分——《邮政服务一般信息》（《国内邮件手册》）。关于通过 USPS 运输感染性物质的条例被编入《国内邮件手册》第 601.10.17 节和《国际邮件手册》第 135 节。《国内和国际邮件手册》的副本可使用 USPS 邮政浏览器在官方网站查阅。

美国职业安全与健康管理局（OSHA） 29 CFR 第 1910.1030 节——《职业性暴露于血源性病原体》。该条例规定了血液和体液在实验室内或实验室外运输时的最小包装和标签要求。有关信息可从当地的 OSHA 办事处或官方网址获取。

《危险品航空安全运输技术说明》（《技术说明》） 国际民用航空组织（ICAO）。这些条例适用于通过航空运输的感染性物质，并得到美国和世界上大多数国家的承认。可在 ICAO 网站上的 ICAO 文件销售处购买这些条例的副本。

《危险品条例》 国际航空运输协会（IATA）。这份得到广泛认可的出版物详细介绍了关于生物和化学危险品运输要求的全球标准。IATA（国际航空运输协会）根据 ICAO 的《技术指示》发行了该条例，并得到了大多数航空公司的认可。可在 IATA 网站上购买这些条例的副本。

进口和转移

有关生物病原运输的条例旨在确保这些病原的储存状态符合公众和国家的最大利益。这些条例要求提供人员和设施的文件、需要理由说明，并就转移事项事先得到联邦当局的批准。以下条例适用于这一类别的事项。

《生物病原或人类疾病载体进口许可证》 42 CFR 第 71.54 节。除非物料符合该条例的其中一项排除条款，否则本条例要求在得到 CDC《进口许可计划》的许可后，才能将感染性生物病原、感染性物质和人类疾病载体进口到美国。更多信息可访问美国 CDC《进口许可计划》网站。

所有管制性病原或毒素的转移都要求接受方在美国联邦"管制性病原"项目处登机注册，并按要求提交 APHIS/CDC 表格 2，以在每次进口前，获得管制性病原或毒素的进口批准〔参见 42 CFR 第 73 部分、9 CFR 第 12 部分和（或）7 CFR 第 330 部分〕。

《家畜、家禽和其他动物疫病病原体的进口以及源自家畜、家禽和其他动物的其他物料的进口》 9 CFR 第 122 部分。《生物体与载体》。USDA、APHIS、兽医管理局（VS）要求，在进口或在国内转移（各州之间转移）家畜、家禽或其他动物的致病性病原体之前，必须获得许可证。有关信息可致电 301-851-3300 或从 USDA 网站获得，网址为：https://www.aphis.usda.gov/aphis/ourfocus/animalhealth。填妥的许可证申请可以电子方式提交至 https://www.aphis.usda.gov/permits/learn_epermits.shtml。

《植物有害生物的进口》 7 CFR 第 330 部分。《联邦植物有害生物条例；总则；植物有害生物；土壤、石料和采石场产品；垃圾》。本条例要求根据本部分的规定，向美国境内或经过美国境内或在美国各州之间运输任何植物有害生物或受管制产品、物品或运输工具必须获取许可证。有关信息可致电 301-851-2357 或从 USDA APHIS 网站获得，网址为：https://www.aphis.usda.gov/aphis/ourfocus/planthealth/import-information。

USDA 植物有害生物的转移

植物有害生物的转移受两项不同且独立的条例管制：（1）7 CFR 第 331 部分——《特殊病原和毒素的保存、使用和转移》；（2）7 CFR 第 330 部分——《联邦植物有害生物条例；总则；植物有害生物；土壤、石料和采石场产品；垃圾》。7 CFR 第 331 部分规定，在向美国境内或在美国各州之间或在州内运输特殊植物有害生物之前，须提交《转移申请表》（APHIS/CDC 表 2）并获得批准。此外，根据 7 CFR 第 330 部分，运输植物有害生物还需要获得植物防疫检疫（PPQ）表格 526 许可证，以根据本部分规定，在美国境内、向美国境内或经过美国境内，或在州际间运输任何植物有害生物或受管制产品、物品或运输工具。有关信息可致电 301-851-2357 或访问美国联邦"管制性病原"项网站目获取，网址为 https://www.selectagents.gov。

《人类、动物、植物病原体及相关物料的出口》；商务部；15 CFR 第 730 ~ 799 部分。该条例要求，出口人类、植物和动物疾病的各种病原体，包括遗传物质，以及可能用于大量病原体培养的产品的出口商，都需要获取出口许可证。有关信息可致电美国商务部科学工业局（BIS）或访问美国商务部 BIS 网站获取。

传染性物质的 DOT 包装

《航空运输传染性物质的总体 DOT 包装要求》

国内和国际航空运输公司在运输传染性物质时均须符合 DOT 包装要求。DOT 包装条例也是使用机动车辆、轨道车辆和船舶进行运输的传染性物质包装的依据。以下是每种包装类型和相关运输要求的概要。

A 类传染性物质（UN 2814 和 UN 2900）（图附录 C-1）。A 类物质是一种传染性物质，如果其运输方式不当，一旦发生泄漏事故，可能对健康的人类或动物造成永久性残疾或危及生命或致命性疾病。当传染性物质从防护包装内溢漏出并与人或动物的身体接触时，即发生了暴露。A 类传染性物质的标识号为"UN 2814"（能够导致人类患病或既能导致人类患病又能导致动物患病的物质），或"UN 2900"（仅能导致动物患病的物质）。

图附录 C-1 所示为 IATA《危险品条例》包装规范中列出的已知或疑似为 A 类传染性物质材料的联合国标准三层包装系统的一个示例[3]。货包由一个或多个水密性主容器，水密性次级包装，以及足以满足其容量、质量和预期用途所需强度的硬质外包装构成。注意，对于液体物料，次级包装必须含有能足以吸收所有主容器的全部内容物的吸水性材料。必须在次级包装上或其旁边附上内容物明细。货包每个面的外部尺寸必须为 100 mm 或以上。完整的货包必须能够通过专项性能测试，包括跌落测试和喷水测试，并且必须能够承受不小于 95 kPa 压差的内部压力而不发生溢漏。同时，完整的货包还必须能够承受 –40℃至 55℃范围内的温度而不发生溢漏。完整的货包必须标有"UN 2814，对人类有影响的传染性物质"或"UN 2900，对动物有影响的传染性物质"，并贴上第 6.2 细类（传染性物质）标签。此外，货包必须随附相应的运输文件，包括运输单证和应急响应信息。

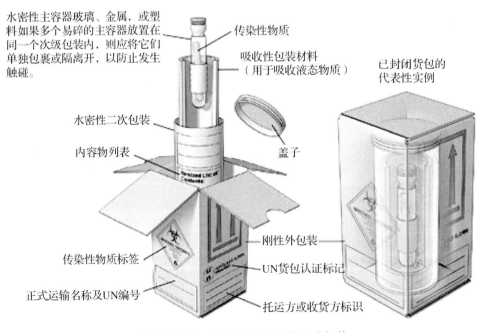

图附录 C-1 A 类联合国标准三重包装

B 类生物标本（UN 3373）（图附录 C-2）B 类传染性物质是指不符合 A 类标准的物质，此类传染性物质不会对暴露于该类物质的健康的人类或动物造成永久性残疾或危及生命或致命性疾病。B 类传染性物质的正式运输名称为"UN3373，B 类生物物质"。

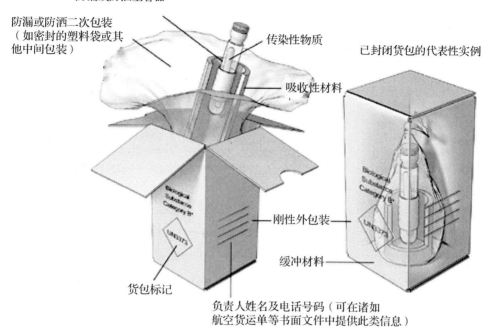

防漏或防洒主容器

防漏或防洒二次包装
（如密封的塑料袋或其他中间包装）

传染性物质

已封闭货包的代表性实例

吸收性材料

刚性外包装

缓冲材料

货包标记

负责人姓名及电话号码（可在诸如
航空货运单等书面文件中提供此类信息）

图附录 C-2　B 类非规范三重包装

图附录 C-2 所示为已知或疑似含有 B 类传染性物质材料的三层包装系统的一个示例。必须将 B 类传染性物质放置在由防漏主容器、防漏次级包装和刚性外包装组成的包装内。外包装需至少有一个表面的最小尺寸为 100 mm × 100 mm。包装应具有良好的质量，其坚固程度应足以承受运输过程中经常遇到的冲击和负荷。对于液体物料，次级包装必须含有能足以吸收所有主容器的全部内容物的吸水性材料。采用航空运输时，主包装或次级包装必须能够承受 95 kPa 压差的内部压力而不发生溢漏。包装的构造和封装方式应能够防止在正常运输条件下因振动或温度、湿度或压力的变化而可能造成的任何内容物损失。完整的包装必须能够通过 1.2 m 跌落测试。货包外部必须有菱形标记，其中包含识别号"UN 3373"，并贴上正式运输名称"B 类生物物质"。此外，还必须在书面文件（如空运单）或货包外部提供了解该物质的人员姓名、地址和电话号码。

标本及样本在设施内的传递

病原体在机构各部门之间的任何转移活动，如果需要在公共道路上用机动车运输，则需要遵守本附录前面列出的要求。然而，如果在公众进入受限的毗邻设施边界（如校园）内私人道路上转移病原体，且不属于商业运输活动，则不受这些要求的约束。如果在公共道路上或穿过公共道路转移病原体，同时如果进入公共道路受到信号、灯、门或类似控制装置的限制，则病原体的转移也不受这些要求的约束[4-8]。

通常情况下，还需要在实验室之间、建筑物内的楼层之间转移样本或培养物，或者在建筑物之间步行转移样本。当需要转移样本时，应注意尽量减少经过公共区域和办公区域。尽可能避免乘坐客用电梯，而应走楼梯或乘坐货梯。建议将样本放置在可密封的袋子或容器中，以提供基本的防漏保护。在袋子或容器中放置吸收剂，以便在溢漏时能够吸收所有溢出的物质。将密封袋或容器放置在坚固耐用的外容器中进行运输。根据拟运输物质将会带来的风险，对外容器的外部进行充分消毒。应根据机构的风险评估结果，在运输过程中穿戴相应等级的 PPE。

转移特定的、高风险的病原体，即使是在一个机构内部，也需要得到 USDA、CDC 或美国联邦"管制性病原"项目的批准。

原书参考文献

［1］ International Civil Aviation Organization [Internet]. Montreal (Quebec): Safety; c2017–2018 [cited 2018 Dec 4]. Technical Instructions for the Safe Transport of Dangerous Goods by Air (Doc 9284). Available from: https://www.icao.int/safety/dangerousgoods/pages/technical-instructions.aspx.

［2］ 3.6.2 Division 6.2—Infectious Substances. In: International Air Transport Association. IATA Dangerous Goods Regulations. 60th ed. Montreal: IATA; 2019. p. 177–81.

［3］ Packaging Instruction 650. In: International Air Transport Association. IATA Dangerous Goods Regulations. 60th ed. Montreal: IATA; 2019. p. 557–9.

［4］ United States Department of Transportation [Internet]. Washington (DC): Pipeline and Hazardous Materials Safety Administration; c2017 [cited 2018 Dec 4]. Interpretation Response #16-0134. Available from: https://www.phmsa.dot.gov/regulations/title49/interp/16-0134

［5］ United States Department of Transportation [Internet]. Washington (DC): Pipeline and Hazardous Materials Safety Administration; c2009 [cited 2018 Dec 4]. Interpretation Response #08-0244. Available from: https://www.phmsa.dot.gov/regulations/title49/interp/08-0244.

［6］ United States Department of Transportation [Internet]. Washington (DC): Pipeline and Hazardous Materials Safety Administration; c2006 [cited 2018 Dec 4]. Interpretation Response #06-0113. Available from: https://www.phmsa.dot.gov/regulations/title49/interp/06-0113.

［7］ United States Department of Transportation [Internet]. Washington (DC): Pipeline and Hazardous Materials Safety Administration; c2006 [cited 2018 Dec 4]. Interpretation Response #06-0088. Available from: https://www.phmsa.dot.gov/regulations/title49/interp/06-0088.

［8］ United States Department of Transportation [Internet]. Washington (DC): Pipeline and Hazardous Materials Safety Administration; c2004 [cited 2018 Dec 4]. Interpretation Response #04-0116. Available from: https://www.phmsa.dot.gov/regulations/title49/interp/04-0116.

D　影响农业动物、散养动物或围栏放养动物的动物病原体的生物安全和生物防护

本附录由美国农业部（USDA）/农业研究院（ARS）国家计划、动物生产和保护办公室编制，相关问题请直接向该部门咨询。

引言

在进行病原体的体外和体内研究和诊断活动时，可能会涉及那些不能放置在一级防护柜或的同等级防护装置中的农业动物和其他动物的染毒试验，附录 D 重点介绍了这类试验活动的的生物安全和防护用于人类病原体研究的基本生物防护原理为生物安全和生物防护实践奠定了基础，这些实践可减少无意将特定农业病原释放到环境或本地动物种群中的风险，更多信息请参见第四节和第五节。有必要进一步强化涉及特定农业病原体研究所必需的特定条件和要求，尤其是当研究中使用的农业动物和野生动物必须实行散养或围栏放养模式时，这一点更为重要，因为对于散养或围栏放养的动物来说，这些空间和设施就是一级生物防护屏障。

这些动物病原体的宿主可能仅限于动物群体，但是有些病原体也有发生人兽共患病的潜在危险，并可能对动物和人类都构成危险。通常来说，用于农业研究的动物种类繁多，包括商用农业养殖场的动物、商业水产养殖动物、野生动物和传统的实验动物。实验研究过程中有意外释放生物危害的可能，可提高动物的发病率、死亡率，导致国际贸易限制升级，给区域和国家带来重大经济损失。当对涉及感染农业动物的病原体的实验操作进行生物安全和生物防护的风险评估时，必须考虑这些额外的经济和环境风险。还应制订方案，明确区分这些病原体以及仅对人类健康构成实际或潜在威胁的病原体，以推动农业重要病原体的生物防护指南和风险缓解战略的实施。尤其在评估农业病原体的研究风险时要特别强调生物防护措施，以减少或消除病原释放到环境中的风险。

因农业动物体型大小和性格不同，相对于实验室小型动物，更易对工作人员造成伤害和 / 或身体创伤。然而，此类事件不在生物安全监督的一般范畴。所有与大型动物接触的工作人员应至少针对特定物种接受有关动物行为模式、有效应对方法以及其他身体安全预防措施方面的培训。在可能的情况下，应指派经验丰富的员工来培训和监督新员工，直到确保新员工具备合格的工作技能和能力。

本附录其中一节标题为"影响农业动物的病原体的实验操作的可行强化措施"，这些措施高于传统 BSL-2 级、ABSL-2 级、BSL-3 级、ABSL-3 级、BSL-4 级和 ABSL-4 级共有的标准操作规范、流程、防护设备以及设施设计功能。在对影响农业动物的病原体进行实验操作时，应考虑使用这些强化措施。美国农业部动植物卫生检验局兽医管理处（USDA APHIS VS）、其他监管机构或当地政策和程序可能会对在实验室中进行农业病原的体外试验或在一级防护柜内进行动物实验提出其他要求。

本附录还包括 ABSL-2Ag、ABSL-3Ag 和 ABSL-4Ag 级的相关章节，其主要适用于对感染可造成严重后果的病原体的动物，或对其他受管制的动物病原（见 CFR 第 9 章第 122.2 部分）在散养动物或围栏放养动物中开展实验。这些章节描述了病原体 / 病原研究所需的特殊实践、流程、防护设备和（或）设施设计功能，在上述研究中，农业动物或野生动物物种不能安置在一级防护柜中。当散养或围栏放养动物时，饲养的房间或设施将成为病原体防护的一级屏障，因此构造和操作设计是确保生物安全的重中之重。例如，生物安全柜不能用于整只动物的操作，其产生的废物量往往超过常规实验室中的动物废物、垫料和尸体的处理容量。

此外，制定安全工作规范、设施设计要求和满足最佳防护所需的工程特性，还必须对将要执行的特定程序进行风险评估。评估内容必须包括与拟研究的病原体、动物模型的选择以及拟研究活动有关的风险。应考虑病原体的相关特征，包括宿主范围、感染剂量、传播方式、治疗和免疫接种的可获得性、环境稳定性以及病原体相对研究地点而言是本地产生还是外来引入。在动物模型选择过程中应考虑的因素包括建议选择的物种，品种或种类（如适用），年龄、体型大小和性别，动物来源或实验动物供应商，固有的易感染性，应激对排菌产生的影响，易处理性与动物行为及对应激的反应，以及动物的健康和免疫状况。应评估的研究设计和拟定的研究活动的要素包括病原体样本的含量、浓度和培养要求（即琼脂与液体培养基），气溶胶的产生流程（如在常规的动物护理期间进行高压冲洗），使用一级防护设备进行操作和安置的能力，暴露或处理方法，净化方法。在动物处理、一般生物安全和生物防护实践方面，提供必要的人员培训和经验总结对工作人员和动物的健康也是至关重要的。

尽管本附录侧重阐述与已知动物病原体有关的计划好研究，但很多信息和概念也可应用到处理"未知"或可疑诊断标本的动物诊断实验室中。这些诊断实验室接收的样本种类繁多，通常包括动物病原体以及人兽共患病的病原体。分离出的病原体毒性差异很大，可导致动物和人类疾病，严重程度因具体情况而异。仔细分析诊断样本的临床病史和其他背景信息对于确定适当的预防策略、以控制疾病传播并将其对人类和农业健康的影响降至最低有重要意义。在制定和实施动物诊断实验室的安全操作步骤和流程时，应将本附录中的信息与美国CDC[1]组建的生物安全蓝带小组的建议相结合，并借鉴保护野外动物医学工作者的标准动物医学和畜牧业最佳操作规范，例如防止疾病传入和农场交叉污染的农场管理措施。

本附录不仅是一个规范性文件，还为开展可靠的风险评估、应对这些风险需实施的最佳生物安全做法和防护措施提供了指导。USDA APHIS 负责监管所有可能引入或传播畜禽以及植物传染性疾病的所有病原体及其衍生物（如 DNA、RNA）的培养物。接收和使用这些受控材料的机构必须获得批准，并且必须在工作开始前申请许可证，同时还要遵守许可证中规定的具体条件和要求、其他相关监管要求和 / 或适用的当地规则、政策和指南。针对特定地点的风险评估结果可为满足监管要求所需的生物防护程序的具体实施提供参考信息，但并不能取代这些程序。除了进行有力的本地风险评估之外，各机构在规划新建设施或翻新现有设施之前还应咨询相关监管机构，以确保完成的项目在所有计划用途下均能充分发挥作用。

表附录 D-1 ~ D-6 和表格索引附录 D-1 ~ D-3 为使用多种不同病原体和毒素进行的体外研究（生物安全等级）、小型动物体内研究（动物生物安全等级）以及大型动物体内研究在潜在宿主、感染途径、环境稳定性以及建议的防护等级方面提供了参考和指导。可以根据这些表格制定风险评估内容，必须根据拟进行的实验操作和使用的具体病原体的特定分析对风险评估内容进行修改。请注意，列出的病原体有代表性的属和防护信息，因此不应认为是病原体的最终清单。

处理影响农业动物的病原体时对 BSL-2 和 ABSL-2 设施应增强的防护措施

在批准获得或研究某些影响农业动物的受控病原体及其衍生物（如 DNA、RNA）之前，USDA APHIS VS、其他监管机构或当地政策可能会在 BSL-2 级和 ABSL-2 级标准基础之上提出更高的安全标准。这些病原体可能是人兽共患病或主要的动物病原体，将使农业部门面临中低等级的经济风险，通常被归类为微生物危害 1 级（RG-1）或微生物危害 2 级（RG-2）人类病原体。

监管机构在批准过程中提出的特定加强性措施具有强制性。各机构可根据本附录引言中阐述的针对特定地点的风险评估和适用于指定的实验室和饲养室操作程序，来强化所需的功能。以下为一部分可采用的合理措施。

1. 要求工作人员使用其他个人防护装备。

2. 只能在生物安全柜（若动物体型允许）或其他一级防护装置内对病原体和（或）受感染的动物进行操作。

3. 收集受污染的废水并消毒，经过灭活验证后再排放到设施排水系统或排入专用的排污排气系统，该系统的出水会进入出水净化系统，然后再进入卫生污水管道。

4. 制定行政管理措施和政策，限制防护人员与增强型 BSL-2 级或 ABSL-2 级防护空间之外的易感染动物之间的接触（如基于病原体和物种因素的场外自我隔离检疫政策）。

处理影响农业动物的病原体时对 BSL-3 和 ABSL-3 设施应增强的防护措施

基准实验室技术、安全程序、防护设备和设施设计功能应与标准生物安全 3 级和（或）ABSL-3 级设施中的功能相匹配。此外，有必要补充行政管理和工程管控措施，以减轻这些病原体对周围动物种群和环境造成的潜在风险。此处所考虑的病原体包括对农业生产构成中高风险的农业动物和野生动物的病原体，或是人兽共患病原体。可在严格执行风险评估的基础上战略性地实施特定的管控措施。

在批准获得或研究某些影响农业动物的受控病原体及其衍生物（如 DNA、RNA）之前，美国农业部植物卫生检查局兽医处（USDA APHIS VS）、其他监管机构或当地政策可能会在 BSL-3 级和 ABSL-3 级标准基础之上提出更高的安全标准。

其他限制要求也适用于某些非美国本土的病原体。相关部门是否批准研究机构获得和使用这些病原体取决于其是否达到最基本的物理防护和安全要求。在某些情况下，进口或以其他方式获取活生物体必须事先申请许可证。

为了在一级防护装置内对饲养和管理的动物进行体外实验和（或）体内实验，可在风险评估的基础上采取强化措施提高 BSL-3 级和 ABSL-3 级防护设施的安全性和生物防护能力，具体措施如下。

1. 对设施的强化措施

    a. 工作人员穿过层层屏障才可进入设施，这些屏障将 BSL-3 级或 ABSL-3 级防护空间内可能受到污染的动物、材料和设备与建筑物的其他区域完全隔离开来。这一点可通过将操作流程和基本设施设计相结合来实现。

    b. 实验室入口和出口的门蔡荣接卸连锁设计，或制定有相同作用的机制或流程规范（如工作规范），避免两道门被同时打开。

    c. 紧急出口可用于安全疏散，但未经授权不得经此门进入实验室。建议在紧急出口设置门廊，以存储紧急净化材料。

    d. 如有必要，排风口安装 HEPA 过滤器。

        ⅰ. 安装在 BSL-3 级或 ABSL-3 级防护屏障外部的 HEPA 废气过滤器应尽可能靠近防护空

间，以最大限度地减少可能被污染的空气管道的长度。

  ⅱ. HEPA 过滤器的外壳必须允许每个过滤器在安装后可以进行独立的现场认证测试，过滤器可就地净化或更换、净化和处理全程在密封袋中进行，做到袋进袋出[2]。

  ⅲ. 应考虑安装备用的并联排风 HEPA 过滤器，以方便工作人员更换过滤器且不会中断实验室操作。

  ⅳ. 在房间安装排风 HEPA 过滤器之前，应先安装前置过滤器。经常更换前置过滤器，以提高效率并延长 HEPA 过滤器的使用寿命。

e. 如有必要，应强化工程控制，确保送风时不会发生回流。功能强化包括以下内容。

  ⅰ. 建议使用未曾循环流动的专用新风供给应；如果防护空间的送风来自相邻的非防护空间，而非专用的外部供给应，则应考虑进行适当的功能强化。

  ⅱ. 用 HEPA 过滤送风，和（或）安装快速启动的生物密封挡板。

f. 必要时安装污水净化系统。

  ⅰ. 污水净化系统的构造应允许使用生物指示剂或其他等效方法进行循环验证。

  ⅱ. 将污水净化系统安装在可控的空间内，以防止在发生泄漏时对相邻空间造成污染，并可在必要时充分密封以开展空间净化。应针对特定空间进行风险评估，以确定可控空间所需的设计要求，包括气闸、出口淋浴、特殊个人防护装备、防护水盆或污水净化系统储罐围堰，或排风过滤装置。

  ⅲ. 水管装置应穿过可以进行目视检查的管道井，或者，在无法进行目视检查且不易靠近检修和维修的区域安装带环形检漏的双壁管道。

  ⅳ. 如果没有安装污水净化系统，应确保地漏可以被加盖、密封。

2. 操作规范的强化措施

  a. 针对特定区域进行风险评估时，工作人员应使用额外的个人防护装备。

  b. 制定行政管理措施和政策，以限制防护人员与增强型 BSL-3 级或 ABSL-3 级防护空间之外的易感染动物之间的接触（即场外自我隔离检疫政策）。

用于对影响农业动物的病原体进行处理的 BSL-4 级实验室和 ABSL-4 级设施

通常情况下，BSL-4 级和 ABSL-4 级的标准操作规范、程序、防护设备和设施设计功能（BMBL 第四节和第五节）可充分满足在 BSL-4 级实验室中开展风险 4 级病原体相关的体外实验或对饲养在 ABSL-4 级设施中的一级防护柜内的动物进行体内实验。

处理影响农业动物的病原体时对 BSL-3 和 ABSL-3 设施应增强的防护措施

建议在 ABSL-2Ag 条件下对需要达到 ABSL-2 级防护 / 操作的病原体（包括不能安置在一级防护柜内的大型牲畜和野生动物物种）进行体内实验。将动物安置在开放式围栏中，或散养在围栏 /

围场内。围栏 / 围场可以是单个房间，也可以是较大建筑物内的某个区域（如一组房间）或是整个建筑物。病原体可能是被归类为微生物危害 1 级或 2 级动物病原体或人兽共患病的病原体，被归类为风险 1 级或 2 级，使农业部门面临中低等级的经济风险。例如，风险 1 级或 2 级的病原体如果在实验室所在地流行，可能造成潜在的严重农业后果。

ABSL-2Ag 包括 ABSL-2 级所需的标准操作、程序、防护设备和设施设计功能。一级防护区的边界取决于实际房间大小，外部防护区的边界取决于实际设施的大小，因此其结构和设计功能对于风险缓解和病原体防护至关重要。应在严格的风险评估后制定合理的补充强化措施，并应满足美国农业部动植物卫生检查局兽医处（USDA APHIS VS）（CFR 第 9 章第 122.2 部分）、其他相关监管机构或当地政策和程序规定的特定条件或要求。

为提高在 ABSL-2Ag 防护设施内对大型牲畜和野生动物进行体内实验的安全性，可采取强化措施，具体如下：

1. 对设施可采取的强化措施

a. 工作人员穿过层层屏障和（或）程序才可进入设施，以将防护区和非防护区之间明显隔离开来。在离开 ABSL-2Ag 防护区之前，应对受污染的个人防护装备、鞋靴、制服和（或）设备等进行清理、消毒和（或）处理。

b. 在实验动物房的入口 / 出口或 ABSL-2Ag 防护屏障处设置鞋靴清洗漕。根据需要更换消毒液以保持消毒功效。

c. 应针对特定区域进行风险评估，以确定工作人员离开 ABSL-2Ag 防护空间后（无论是离开防护室还是防护设施，或者两者都包括）是否需要淋浴。

d. 围栏、闸门和（或）动物约束系统必须适合所饲养的物种，并且必须要在与兽医人员协商后进行的全面风险评估的过程中进行选择 / 设计。应考虑的关键因素包括动物的体型大小、拟定流程和安全处理策略。设备不应存在可能发生夹伤的点位和尖锐边缘，以免伤害在 ABSL-2Ag 空间中的动物或工作人员，并应密封或涂上耐消毒剂和耐常规清洁用水压力的面漆以进行日常清洁。配备模块化或可更换部件的防护室可容纳更多的物种，为工作带来便利。

e. 应针对特定区域进行风险评估，以确定是否需要安装通风系统。通风系统能够保持从低危险区到高危险区的定向气流，将废气直接排放到室外。通风系统可选择自然通风或强制通风系统，其中包括可将废气排到室外的专用管道供气和排气系统。

ⅰ. 大型动物的安置或操作区域设置的空气处理系统除尽量减少排放（包括颗粒物）外还应保持符合相关动物福利要求的环境条件。

ⅱ. 如果已经安装排气系统，不可将废气重复循环到非动物房 / 畜舍区域，只能重复循环到动物设施 / 畜舍内的其他类似的防护动物房（即不能重复循环到非动物区或非防护性动物房）。如果重复循环排出的气体，则必须在制定的针对特定区域的事故响应计划，以解决系统故障时可能发生交叉污染的问题。

ⅲ. 针对特定区域的风险评估应确定是否有必要为 ABSL-2Ag 防护区域的供排气系统设置微粒过滤器，以防止正在实验的动物与安置在设施内或附近的其他动物（包括野生动物）之间发生交叉污染。

f. 必须为大型动物尸体的冷藏、消毒以及固体和（或）液体废物的充分去污提供设备和用品。

ⅰ.ABSL-2Ag 设施中使用的典型净化系统包括高压灭菌装置、组织消解系统、焚烧炉和提炼设备。

ⅱ.提供替代或备用的净化系统和程序，以便在主要系统维护或修理时使用。

ⅲ.如果风险评估特别考虑了处理地点的位置、长期稳定性以及与安置在 ABSL-2 级设施外的其他易感染动物之间的距离，且风险评估报告支持使用堆肥法或其他非常规方法，则可考虑使用该方法。

ⅳ.必须对所有正在使用的净化方法的有效性进行验证。

ⅴ.应进行本地风险评估，以确定动物房排水系统中的废水是否可以安全排入下水道，或者是否必须对废水进行消毒后才可排放。

g. 必须提供清洁用品和设备，以清洗受污染的围栏、闸门、运送木箱以及其他与动物直接接触的大型设备。这些物品的表面和设计应方便进行彻底的清洁和卫生消毒。有些物品需要拆卸才能完全净化。

h. 动物房的地面、屋顶和墙壁必须采用经久耐用的整体材料建造，并能承受动物撞击和卫生消毒的加压喷雾、化学消毒剂、热水或蒸汽造成的损坏。安装在潮湿或其他危险位置的电线（如插座）和设备（如灯具）必须妥善密封并接地安装。在材料选择、应用和使用过程中必须考虑到动物福利（如动物的落脚处）。

2. 针对操作规范可增加的措施

a. 应对特定地点进行风险评估，以明确当地措施、设备和设施设计特点，保护工作人员、动物和环境安全。

ⅰ.应考虑使用辅助个人防护装备（如口罩、护膝、防毒面具）和（或）具有先进安全功能的设施设备（如快速开启闩锁、自动关闭的门），以保护工作人员在和动物近距离工作时不受危害，并保护动物免受意外诱捕或逃跑。

ⅱ.有必要设置特殊的出口程序和（或）设施功能（如设置用于个人防护装备或衣物更换的门厅、洗手间、淋浴设施），以便工作人员安全地离开防护区域。

b. 制定行政管理措施和政策，以限制防护人员与 ABSL-2Ag 防护空间之外的易感染动物之间的接触（即场外自我隔离检疫政策）。

c. 建议制定行政管理措施和政策，以确保在防护区域内始终有至少两名工作人员在场（如"伙伴制度"），或采用其他方法监控防护区域内的工作人员的安全状况。操作方案还应要求所有员工接受专业的应急程序（如工作人员被设备或动物钳住或困住）培训，以便在出现问题时妥善应对。

用于散养或围栏放养动物的经 USDA APHIS 认定的高危型外来动物疾病和病虫害的危险病原体活动的 ABSL–3Ag 设施

在 ABSL-3 级和 ABSL-2Ag 设施共有的标准操作规范、程序、防护设备和设施设计功能（请参见前文章节）的基础上，ABSL-3Ag 防护进一步进行功能强化，同时涵盖了 ABSL-4 级具备的诸多设施功能。对于必须安置在开放式笼子或围栏中的动物，以及已感染美国农业部动植物卫生检查局兽医处（USDA APHIS VS）所定义的特定跨物种（牲畜或野生动物）病原体的动物，必须达到 ABSL-3Ag 防护水平。所涉及的病原体可能是对农业部门构成重大经济风险的动物病原体，也可能是被归类为风险 1 级、2 级或 3 级类的人兽共患病类病原体。表附录 D-1 ~ D-6 中列出的许多需要达到 ABSL-3Ag 防护级别的病原体是动物病原体，通常不会对人类健康造成严重或很高的风险。从相关网站可查看 USDA 农业研究服务设施设计标准 242.1M-ARS[3-8] 对于涉及这些病原体的研究提出的具体强化要求。但是，美国农业部动植物卫生检查局兽医处（USDA APHIS VS）《管制性病原规定》（CFR 第 9 章第 121 部分）会在 ABSL-3 级防护要求的基础上针对那些对当地、区域或国家农业部门构成重大经济风险的农业病原体的研究提出更严格的设施强化要求。

由于参与研究和诊断活动的大型动物和野生动物不能安置在一级防护柜中，因此房间周边的区域将成为主要的防护屏障。防护区可能由一个房间或较大设施内的一组房间组成，也可能占据整个建筑。防护区域起着"盒中盒"的作用，与非防护区域完全隔离开来。人员进出将受到严格控制，只有经过充分培训和并获得许可的人员才可进入。通常情况下可与 ABSL-4 级设施相关的特殊物理安全功能相结合，以防止未经授权的人员进入。

应针对特定地点完成风险评估，并记录计划实施的各种 ABSL-3 级和 ABSL-2Ag 强化功能（参见前文）。补充的强化功能应基于该风险评估的结果以及美国农业部动植物卫生检查局兽医处（USDA APHIS VS）、其他相关监管机构或当地政策和程序规定的所有特定条件或要求来设计。

ABSL-3Ag 防护设施最低标准必须满足 ABSL-3 级和 ABSL-2Ag 防护标准的相关要求，并涵盖 ABSL-4 级设施所具有的某些强化功能。为提高在 ABSL-3Ag 防护设施内对大型动物进行体内实验的安全性，可采取以下强化措施。美国农业部动植物卫生检查局兽医处（USDA APHIS VS）、其他相关监管机构或当地政策和程序将根据拟开展工作的具体细节提出需要进行哪些强化。

1. 针对设施的加强措施。

　　a. 仅允许授权人员进入防护区域。所有出入口都应上锁或使用等效的电子门禁系统进行保护，并设置警报装置以提醒工作人员注意未经授权擅自进入或离开该设施的情况。

　　b. 应在 ABSL-3Ag 防护设施的入口处设置双层门门厅，将防护区域与非防护区域隔离开，门上应配备机械连锁以防两道门被同时打开。

　　　　i. 当两门互锁时，确保至少其中一道门必须符合空气耐压（APR）标准，最好是通向非防护空间的门（如从设施淋浴间通向非防护空间的门）。

　　　　ii. 工作人员必须经过培训以便在进出 APR 门时完全关闭 APR 门并且不对其造成任何损坏。

　　　　iii. 应针对特定区域进行风险评估，以评估在动物房出口和生物防护设施出口之间是否有必要安装第二道 APR 门，以维持适当的压差。在防护区域保持负压的情况下，当打开设施一级的 APR 门时，可能含有从动物房溢出的病原体的空气会向内定向流动，此时，除非有许可或法规明确规定外，则无须安装房间一级的 APR 门。

　　　　iv. APR 门应配备气动或机械压缩密封装置。必须进行风险评估，以确定气动门是否应配备其他密封装置（如两层或单独的密封装置，这些密封装置并非连在一起，而是独立填充，以确保其中一个出现故障时不会导致第二也出现故障），确保系统的完整性。应定期检查和调整机械压缩密封装置，确保密封结合处完全接触。

　　　　v. 使 APR 门上的密封垫片充气的气动管路应配备 HEPA 过滤器和止回阀，如果垫片上有小孔，那么防护空间的空气就会流到管路中去。

vi. 必须采取差压衰减测试，确保并验证所有 APR 门的整体功能（如铰链、闩锁、把手、锁定机制、观察面板）具有良好的密封性和气密性。USDA ARS 设施设计标准 242.1M-ARS.8 的附录 9B 中规定通过差压衰减测试进行气密性验证必须：（1）在使用设施之前完成；（2）在对设施进行结构变更之后进行；（3）在设施使用期间定期对特定区域开展风险评估。

vii. 如果 APR 门有被大型动物破坏的风险，则需采取加固或结构强化措施以确保门封的完整无损。建议进行模拟冲击负荷的工厂验收测试，以确保门的装置可以满足最低负荷要求。

viii. 设施可包括单独的专用接收区或门厅并配备连锁 APR 门，将其与主入口和（或）运送系统（如直通式存储罐、气态熏蒸室、高压灭菌器）隔离开来。这些单独的设施可作为专用存储区（如饲料和垫料）或通过这里将设备和物资运进、运出 ABSL-3Ag 防护空间。可通过局部风险评估制订可行的操作方案，以实现同等程度的防护效果。例如，可结合内向气流在防护走廊和门厅之间设置一道 APR 门，这样就不需要安装两道连锁门。

c. 离开防护区的工作人员的净化工作应通过两个单独的净化过渡区，以最大限度地保护环境：第一个净化过渡包括离开动物房后进入更衣室；第二个净化过渡包括离开更衣室，然后再离开防护区或防护设施。尽管可以在这些过程中纳入各种设计和流程，但在选择时应基于风险评估的结果以及相关的法规和许可要求。从设计角度来看，尽管已经实施的备用离开策略并非总是要求工作人员进行第二次淋浴冲洗，但必须在 ABSL-3Ag 设施的防护区与非防护区边界设置个人淋浴设施。部分策略如下：

i. 采用综合解决方案，设置两个单独的个人淋浴设施。工作人员进行两次淋浴冲洗：（1）离开动物房进入更衣室之前（房间淋浴装置）；（2）离开动物房淋浴室后但在离开防护设施之前（设施淋浴装置）。

ii. 在进入每个动物房或套房（如实验室）之前，工作人员必须彻底换装，以确保将动物房内穿着的衣服与动物房外（如走廊、实验室）穿着的衣服完全分开。这有助于在各防护区之间完成净化过渡［如从 ABSL-3Ag 到通往其他防护空间（BSL-3 级或其他 ABSL-3Ag 动物房的防护走廊）］，并且应同时配置设施淋浴装置，以确保从防护空间到非防护空间完成个人净化步骤。

iii. 工作人员在动物室或实验室中对外层个人防护装备进行消毒，当进入位于防护区与下级防护区或非防护区之间的过渡区域时脱掉个人防护装备。务必仔细记录该过程，以确保在这些区域工作的人员能够一致地执行该程序，并且必须与动物房淋浴装置配合使用，以确保充分执行个人净化和环境保护步骤。

iv. 应采取措施，要求工作人员在防护区（即动物房）之间走动或离开防护区之前消毒并更换受污染的鞋靴。

d. 围栏、闸门和（或）动物约束系统必须适合所饲养的动物品种，并且必须要在与兽医人员协商后进行的全面风险评估的过程中进行选择 / 设计。应考虑的关键因素包括动物的体型大小、拟定流程和安全处理策略。设备不应存在可能发生夹伤的点和锐缘，以免伤害在

ABSL-3Ag 防护条件下的动物或工作人员，并应密封或涂上耐消毒剂和常规清洁用水压力的面漆。配备模块化或可更换部件的防护室可容纳更多的物种，为工作带来便利。

e. ABSL-3Ag 设施内应配备适当的设备和用品，以对大型动物的排泄物、尸体以及其他需要从防护区清除的受污染废弃物和物品进行净化。应确保设备的设计功能与主要屏障具有相同的防护等级。

ⅰ. ABSL-3Ag 设施中使用的典型净化系统包括高压灭菌装置、组织消解系统、焚烧炉、提炼设备、气体净化室、液体消毒剂存储罐和其他类似设备。高压灭菌装置、组织消解系统、提炼设备和焚烧炉的设计或编程应保证只有在完成净化过程并验证符合程序参数之后才可打开外部闸门。

ⅱ. 安装具有直通功能的设备可将受污染的物品导入防护区内的高压灭菌装置或消毒装置中，完成净化程序后，从非保护区侧将去污后的废弃物清除。设备应安装在 ABSL-3Ag 设施外部或附近的机械部件上，以便于日常维护和修理。

ⅲ. 应对特定区域进行风险评估，以确定是否有必要对净化设备（如高压灭菌装置）排出的冷凝水和（或）废气进行过滤或净化。

f. 来自 ABSL-3Ag 防护区的废液必须在排入下水道之前进行收集和净化。收集和净化方法应根据针对特定区域进行的风险评估的结果选择。

ⅰ. 安装中央废液收集和净化系统是首选方法。

ⅱ. 加热净化系统的设计使受污染的废液能够保持在规定的温度、压力和时间内，以确保所有有害物质完全失活。系统应在一定的温度和保温时间范围内运行，以经济高效地处理各种废水。

ⅲ. 实验室水槽、生物安全柜和地漏的废水排放的最低标准应在排放前导入废物收集系统进行净化。应针对特定区域进行风险评估：（1）确定是否有必要对高压灭菌装置、淋浴室和卫生间的废水进行收集和净化；（2）确定所需的最佳净化方法（如经验证的化学处理系统或加热废液净化系统）。

ⅳ. 设施的设计应包括地下通道或管道井，以便检查设施的废物管道系统。对于具有掩埋式、隐蔽式或置于防护设施外部的管道，应使用具有环形检漏能力的双层防护管道系统。

g. 废物处理程序必须符合针对特定区域进行的风险评估的结果、适用法规和当地政策和程序。

ⅰ. 必须使用生物指示剂、对处理过的废物的进行培养或其他等效验证方法对净化系统和程序进行验证，以确保所选的周期和操作参数适用于病原体以及废物的类型和体积。

ⅱ. 应针对所处理的每种废物类型的操作参数进行验证，并使用适当的方法定期验证。

ⅲ. 某些情况下需要采取两步式废物处理流程。例如，首先可对废物进行高压灭菌处理，以便将其从防护设施中清除，然后通过焚烧（如在设施中就地焚烧或通过商业服务处理）彻底消灭废物。在此过程中必须考虑与潜在传染性废物运输有关的法规。

ⅳ. 禁止使用堆肥或在田间撒肥等处理方法。

h. ABSL-3Ag 设施必须设有专门的单通道通风系统，以形成并维持适当的向内压力梯度。

ⅰ. 供气和排气系统必须相互独立或相互隔离，并且必须提供分级压差，以便在发生泄漏（如开门）时使防护空间内相对于相邻的非防护区保持向内的定向气流。压差的设计必须确保在发生泄漏的情况下气流能够从低危险区域持续地流向高危险区域。

ⅱ. 应在防护设施外部安装显示实时压差的可视指示器，以确认工作人员可以安全进入。

ⅲ. 应安装可听和可视的警报装置，以便当压力差超出预设范围时，工作人员无论在防护空间内部还是外部都能听到和（或）看到警报。警报系统应符合工作人员的安全和动物福利的要求（即，警报声不使动物受到惊吓或感到紧张或只是显示警报信息而不发出声音）。内部通信系统系统应尽量避免选用高噪声的扬声器等设备，并且安装数量适当，以减少对正常工作的干扰。

ⅳ. 通风系统的性能：（1）必须在设施投入运行之前进行验证；（2）设施运行期间至少每年进行一次验证；（3）对通风系统进行任何重大改造之后必须进行验证。在风险评估和针对特定区域制定验证方案的过程中使用的标准指南为：

1. USDA ARS 设施设计标准 242.1M-ARS3-8；

2. BSL-3 级和 ABSL-3 级设施通风系统的测试和性能验证方法 ANSI/ASSE Z9.14[2]。

i. 供暖、通风和空调（HVAC）系统的压差设计应在针对特定区域的风险评估之后进行，以便设计与工程特性相结合，防止在防护设施发生泄漏（如开门）时持续出现定向气流回流。

ⅰ. 供气和排气系统应为互锁设计，以防止在 HVAC 故障或紧急情况下持续出现定向气流回流，从而导致防护空间形成正压通风。

ⅱ. 送风管道必须装 HEPA 过滤器和（或）关闭后不会自动打开的快断型生物密封挡板（气密性），以防止被污染的空气通过供气管道回流到设施外部的防护区或非防护区。

ⅲ. 在没有安装 HEPA 过滤器的情况下，必须执行严格的预防性保养计划（包括年度验证程序），以确保快断型生物密封挡板按设计要求运行，防止出现气流回流。

ⅳ. 生物密封挡板不工作时必须始终闭合（不会自动打开），并在断电期间保持正常工作状态（如通电状态下保持开放，断电时就机械式自动关闭）。无论是否计划使用润滑剂和（或）密封剂，密封垫片都应采用密封性良好的材料制成，密封设置必须能够承受断电时风扇转速下降产生的气压。

j. ABSL-3Ag 设施排出的废气在排到室外之前应先通过装有两个串联 HEPA 过滤器的通风管道过滤。

ⅰ. HEPA 过滤器应安装在防护区之外，以便于进行日常维护和验证程序。此外，应尽可能地靠近 ABSL-3Ag 设施安装，最大限度地减少防护区域外部可能被污染的通风系统的总长度。

ⅱ. 必须进行差压衰减测试以确认 HEPA 过滤器的框架、外壳以及 ABSL-3Ag 设施和 HEPA 过滤器之间的管道是气密的。USDA ARS 设施设计标准 242.1M-ARS.3-8 中有关于该测试的描述。

ⅲ. 必须对 ABSL-3Ag 设施外部可能被污染的通风系统进行净化的方法并通过验证。

ⅳ. HEPA 过滤器外壳的构造必须允许在安装后对过滤器进行扫描测试，并在拆卸前对其进行适当的消毒处理。为了最大限度地提高灵活性和效率，应考虑使用并联 HEPA 装置，以便更换过滤器和扫描测试而不会中断设备运行。应仔细评估并联装置的配置和操作以确保其连续运行。

ⅴ. 必须安装备用的排风机，以确保在设备维护期间可持续达到防护参数，并且强烈建议安装备用的送风机。如果在封闭房间中没有安装备用的送风机，而是安装了快断型生物密封挡板，则应采取预防措施，以防止形成极大的负压，伤害工作人员和动物并造成结构损坏。

　　ⅵ. 应在供气和排气管道中安装前置过滤器（效率为 80%～90%），以延长 HEPA 过滤器的使用寿命。前置过滤器应安装在生物防护室或设施内，方便在不对排气系统进行净化的情况下经常更换。在 ABSL-3Ag 设施中使用过的前置过滤器，应被器已受污染，被送出 ABSL-3Ag 设施前必须用通过有效性验证的方法进行消毒或净化。

　　ⅶ. 空气处理系统必须能够调节动物饲养或管理区的温度和湿度，并且废气不得再循环到非动物区域。

k. 管道存水弯内必须存满液体消毒剂或加盖封好，并且与这些存水弯相关联的通风口必须安装 HEPA 过滤器或等效装置。在可能的情况下应使用深层密封管道存水弯，以防止由于丧失密封、回压或存水弯虹吸导致潜在的交叉污染。

l. HEPA 过滤器必须安装在气动系统的回流管路上（如管道通风口、充气式门封装置的气动管路、真空系统）。

　　ⅰ. 一般来说，不建议使用中央真空系统。当需要真空源时，应在检修旋塞阀或使用点附近安装 HEPA 过滤器。

　　ⅱ. 过滤器的安装设计应允许就地净化和（或）更换，并且不会使局部环境受到潜在污染。

m. ABSL-3Ag 设施中使用的建筑材料应适用于设计的最终用途。墙壁必须是逐板安装建造而成，并且必须与地面和屋顶相连。

　　ⅰ. 地板、墙壁和屋顶上的所有管道穿透配件必须密封并验证其气密性，以防出现交叉污染，并允许在密封设施内进行气体熏蒸而不影响相邻非防护空间（请参阅 USDA ARS 设施设计标准 242.1M-ARS）[3-8]。包括管道系统周围的开口、水管设备、门框、门用五金和垫片、配电箱和通风口。

　　ⅱ. 必要时，必须密封外窗和门扇瞻视窗，并使用完全可以承受动物踢打或撕咬的不易破损的材料建造。

　　ⅲ. 房间围护结构必须满足一级防护屏障的最低标准，该标准相当于为 ABSL-3 级空间中的二级屏障制定的性能标准。必须验证每个 ABSL-3Ag 的一级防护单元（即房间、套房）是否气密。

n. 解剖室必须设施齐全，并且空间要足够大，使工作人员可以安全地对安置在防护单元的动物进行实验操作。设施的设计和操作应考虑到符合人性化运送濒死动物和死亡动物尸体（动物体型太大，工作人员无法手动移动）的设备（如天花板升降机、壁挂式拖动系统、移动式倾斜工作台）和策略。

o. 安装生物安全柜时，必须根据 NSF/ANSI 49-2018 和附录 A 中的产品使用说明和标准进行选择、定位、安装、操作和维护。由于 ABSL-3Ag 设施中的 APR 门在操作时会导致空气交换速率提高和室内压力波动，所有通风设备在安装过程中均应进行全面的功能测试，并在运行期间进行更高频率的测试，以确保正确放置和运行。

2. 操作规范的强化措施。

a. 应对进入防护区实行控制和监管，并仅限于经过充分培训、获得许可并经过授权的人员进入该区域工作。其他人员（如无经验的工作人员、来访人员和服务供应商）必须在经过训练的人员的陪同下才能进入设施。

　　b. 人员在离开 ABSL-3Ag 设施时应遵循重复的两步式净化流程，以防止对非隔离空间造成意外污染。工作人员需要淋浴或穿上额外的个人防护装备，在离开一级防护室之前先对这些个人防护装备进行表面净化，然后在离开防护设施之前再次淋浴。有多种方法可满足这一要求，但应依据相关法规和许可要求针对特定区域进行风险评估，以制定适当的净化方案。

　　c. 制定行政管理措施和政策，以限制防护人员与 ABSL-3Ag 防护空间之外的易感染动物之间的接触（如基于针对特定区域的风险评估和监管要求指定场外自我隔离和检疫政策）。

　　d. 行政管理措施和政策应建议在防护区域内始终有至少两名工作人员在场（如"结伴制"），或采用其他方法监测防护区域内的工作人员的安全状况。所有在生物防护区工作的人员都应接受适当的应急程序（如工作人员被设备或动物钳住或困住）培训，以便在出现问题时妥善应对。

用于散养或围栏放养动物进行的农业动物生物安全4级（ABSL-4Ag）设施

　　ABSL-4Ag 防护标准包含了 ABSL-4 级和 ABSL-3 级设施共有的标准操作规范、程序、防护设备和设施设计功能（参阅前文）。通常来说，对于感染人兽共患病病原体的动物的防护等级需要：（1）配置与相关监管机构制定的 ABSL-4 级防护等级相称的设施和程序；（2）对于不能被安置在一级防护柜中（如有内向气流的隔离柜内的开放式饲养单元与应设施 HVAC 系统隔离开来）的动物进行全面的本地风险评估，包括评估交叉感染的风险。ABSL-4Ag 防护区内的工作人员必须穿戴压力服。

　　在 ABSL-4Ag 防护设施中研究的病原体可能对农业部门造成重大经济风险，是符合风险3级或4级的人兽共患病病原体，人类目前对于这些病原体没有有效的治疗和（或）预防措施。该研究中使用的动物采用散养或围栏放养模式，因此房间周边区域是主要的防护屏障。防护区可能由一个房间、较大设施内的一组房间或整个建筑物组成。防护区域起着"盒中盒"的作用，与非防护区域完全隔离开来。人员进出将受到严格控制，只有经过充分培训和许可的人员才可进入。必须与ABSL-4 级设施所需的特殊物理安全功能相结合，以防止未经授权的人员进入。

　　应针对特定地点完成风险评估，以记录计划实施的各种 ABSL-4 级和 ABSL-3Ag 增强功能（请参见前文章节）。补充的增强型功能应基于风险评估的结果以及美国农业部动植物卫生检查局兽医处（USDA APHIS VS）、其他相关监管机构或当地政策和程序规定的所有特定条件或要求来制定。

　　ABSL-4Ag 防护设施的最低标准必须满足 ABSL-4 级和 ABSL-3Ag 防护标准的相关要求。为了提高在 ABSL-3Ag 防护设施内对动物进行体外和（或）体内实验研究的安全性，可采取增强型措施，具体如下。

　　1. 对设施的加强措施。

　　a. APR 门可配备气动或机械压缩密封装置。应进行风险评估，以确定气动门是否有必要配备其他密封装置（如两层或单独的密封装置，这些密封装置未连在一起，而是独立填充，以确保其中一个出现故障时不会导致第二也出现故障），确保系统的完整性。应定期检查和调整机械压缩密封装置，确保密封结合处完全接触。

  ⅰ. APR 门上的密封垫片充气的气动管路必须配备 HEPA 过滤器和止回阀，以防止防护空间的空气有可能进入管路。

  ⅱ. 门可能需要自动关闭，并且如果门封有被大型动物破坏的风险，则需采取加固或结构强化措施以确保门封的整体性。建议进行模拟预期冲击负荷的工厂验收测试，以确保门的装置可以满足最低负荷要求。

  ⅲ. 必须进行差压衰减测试，以确认并验证所有 APR 门的整体功能（如铰链、闩锁、把手、锁定机制、观察面板）具有密封性和气密性。

b. ABSL-4Ag 房间包括一个独立的专用门厅并配备连锁 APR 门，将其与主入口和（或）同等的运送系统（如直通式存储罐、气态熏蒸室、高压灭菌器）隔离开来。独立的门厅可作为专用储存区（如饲料和垫料）或通过这里将设备和物资运进、运出 ABSL-4 级防护空间。门厅和 APR 门的构造必须适于用于净化或熏蒸的受污染设备、废物和供应品的化学消毒剂。

c. 在离开一级 ABSL-4 级防护区域（大型动物房）之前通常需要进行化学喷淋消毒。然而，如果是在进行相似实验操作的动物房之间移动（如感染了相同的实验病原体），那么对压力服采取简单的物理净化措施 / 淋浴（如水洗淋浴）就足够了。

  ⅰ. 为了防止不同实验组的交叉污染，从 ABSL-4Ag 房间 / 区域进入新的防护区域（如单独的 BSL-4 级、ABSL-4 级或其他 ABSL-4Ag 区域）之前通常需要对个人防护装备进行全面净化。但是，如果采用的是低风险区到高风险区的移动策略（如先对未感染的对照动物进行实验处理，然后又对感染的动物进行实验处理），那么在特定房间之间移动也可能不需要化学喷淋消毒。要解决这些问题就必须针对特定项目进行风险评估，但在离开最大的防护设施之前必须进行全面的化学喷淋消毒。

  ⅱ. 应通过针对特定区域的风险评估来确定净化区或化学喷淋区在防护区中的位置和运行参数，其中应包括防护要求、研究需要和实验工作流程等因素。

  ⅲ. 建议在动物房出口和喷淋消毒附近安装鞋靴清洗和存储装置。

  ⅳ. 需要通过风险评估来确定是否有必要选择一体式靴子设计的防护服。在某些情况下，使用不带一体式靴子的防护服可能更有利，工作人员在每个 ABSL-4Ag 动物房使用鞋靴清洗设施并固定使用一套鞋靴，在不同房间移动时可更换鞋靴。

d. 通风系统的性能：（1）必须在设施投入运行之前进行验证；（2）设施运行期间至少每年进行一次验证；（3）对通风系统进行任何重大改造之后必须进行验证。在风险评估和针对特定区域制定验证方案的过程中使用的标准指南为：

  ⅰ. USDA ARS 设施设计标准 242.1M-ARS3-8；

  ⅱ. BSL-3 级和 ABSL-3 级设施通风系统的测试和性能验证方法 ANSI/ASSE Z9.14[2]。

e. 必须使用顶置安装的自卷式空气管道或弹力系带，将空气管道悬挂在远离动物和设备的地方，以防止管道缠结和损坏。系统设计应考虑到工作人员安全进出动物围栏的需要，但在工作中应利用滑槽、隔离栅和（或）自由围栏尽量减少此类接触。除非必须与动物接触，否则应让工作人员远离动物。

2. 可用的加强操作规范。

a. 人员必须穿着带有安全呼吸气源的正压通风防护服。

ⅰ. 压力服不应带有一体式脚套或靴子，并建议使用单独的工作靴。

ⅱ. 应对压力服的耐用性进行评估，确认其是否适用于预期的工作条件，包括散养或围栏放养（农业动物）的工作环境。

b. 身着加压防护服的工作人员应接受围栏、栅栏闸门和动物约束设备使用方法和技巧的培训，以最大限度地减少与动物、动物废物和尖锐表面的潜在接触。

c. 行政管理措施和政策应建议在防护区域内始终有至少两名工作人员在场（如"伙伴制度"），或采用其他方法监控防护区域内的工作人员的安全状况。所有在生物防护区工作的人员都应接受适当的应急程序（如工作人员被设备或动物钳住或困住）培训，以便在出现问题时妥善应对。

表附录 D-1　细菌

属	病原	宿主[1]	传染途径[2]	稳定性[3]	体外实验防护	体内实验防护	体内实验的实验室防护标准	其他规定
放线杆菌属	胸膜肺炎放线杆菌	3	3、4、5	2	2	2	2Ag ~ 3Ag	不适用
气单胞菌属	嗜水气单胞菌、杀鲑气单胞菌	5	3、8	2	2	2	2Ag	不适用
无浆体	中央无浆体、边缘无浆体、嗜吞噬细胞无浆体	1a	2、4	2	2	2	2Ag	不适用
弓形杆菌属	布氏弓形杆、嗜低温弓形杆菌、斯氏弓形菌	1、2、3、10b	1、8	2	2	2	2Ag	不适用
芽孢杆菌属	炭疽杆菌、蜡样芽孢杆菌	1 ~ 10	2、3、8	1 ~ 3	2 ~ 3	2 ~ 3	2Ag ~ 3Ag	适用
巴尔通体属	汉赛巴尔通体	7b、9	2、4	2	2	2	2Ag	不适用
百日史坦菌属	海溪百日史坦菌	1	9	2	2	2	2Ag	不适用
疏螺旋体	伯氏疏螺旋体	2、4、7、10b	2	2	2	2	2Ag	不适用
布鲁氏菌属	流产布鲁氏菌、犬布鲁氏菌、马耳他布鲁氏菌、羊布鲁氏菌、猪布鲁氏菌	1、2、3、6、7a、10b	1、3、4、5、7、8	2	2 ~ 3	2 ~ 3	2Ag ~ 3Ag	适用
伯克霍尔德菌属	鼻疽伯克霍尔德菌（鼻疽假单胞菌）、类鼻疽伯克霍尔德菌	1、2、3、7、10b	1、3、4、5	2	3	3	2Ag ~ 3Ag	适用
弯曲菌属	大肠弯曲菌、胎儿弯曲菌胎儿亚种、胎儿弯曲菌性病亚种、空肠弯曲菌	1、3、4a	1、8	1	2	2	2Ag	不适用
衣原体属	豚鼠衣原体、猫衣原体、鼠衣原体、兽类衣原体、肺炎衣原体、鹦鹉热衣原体、猪衣原体、沙眼衣原体	1、2、3、4、5、6、7、8、10	3、4、5	2	2 ~ 3	2 ~ 3	2Ag ~ 3Ag	不适用
嗜衣原体	流产嗜性衣原体	1c	3、4、5	2	2	2	2Ag ~ 3Ag	不适用
梭状芽孢杆菌属	肉毒梭菌、艰难梭菌、产气荚膜杆菌、A、B、C和D型	1 ~ 10	1、8	2 ~ 3	2 ~ 3	2 ~ 3	2Ag ~ 3Ag	适用
柯克斯体属	贝纳柯克斯体	1	3、4、5	3	3	3	2Ag ~ 3Ag	适用
克罗诺杆菌属	阪崎克罗诺杆菌（阪崎肠杆菌）	10b	4	2	2	2	2Ag	不适用
埃立克体属	犬埃立克体、查菲埃立克体、尤因埃立克体、E. ondiri、反刍兽埃立克体	1、6a、7、10b	2	1 ~ 2	2	2	2Ag	不适用
环境性乳腺炎菌属	大肠杆菌、乳房链球菌、克雷伯菌、变形杆菌、假单胞菌属、沙雷菌属	1a	9	2	2	2	2Ag	不适用
丹毒丝菌属	猪丹毒丝菌	1c、3、4、5、6d、7c、10b	4、8	3	2	2	3Ag	不适用
埃希菌属	大肠杆菌	1、2、3、4、6、7、8、10	1、4、8	2	2	2	2Ag ~ 3Ag	不适用

续表

属	病原	宿主[1]	传染途径[2]	稳定性[3]	体外实验防护	体内实验防护	体内实验的实验室防护标准	其他规定
黄杆菌属	嗜枝黄杆菌、柱状黄细菌、嗜冷黄杆菌	5	3、7	1	2	2	2Ag	不适用
弗朗西斯菌属	土拉弗朗西斯菌	1、2、3、4、5、6、7、10	2、3、4	2	3	3~4	2Ag~3Ag	适用
嗜组织菌属	睡眠嗜组织菌（睡眠嗜血杆菌）	1a	9	2	2	2	2Ag	不适用
钩端螺旋体属	布拉迪斯拉发钩端螺旋体、大钩端螺旋体、哈德德焦钩端螺旋体、冒伤寒型钩端螺旋体、感、出、血性黄疸钩端螺旋体、波蒙那钩端螺旋体、问号钩端螺旋体	1、2、3、6、7、8、10	9	2	2	2	2Ag	不适用
李斯特菌属	单核细胞增多性李斯特菌	1、3、4、6、7、8、10	1	2	2	2	2Ag	不适用
曼氏杆菌属	溶血性曼氏杆菌	1a	9	2	2	2	2Ag	不适用
蜜蜂球菌属	蜂房蜜蜂球菌	9	2、8	2	2	2	2Ag	不适用
莫拉菌属	牛莫拉菌	1a	2、3、4	2	2	2	2Ag	不适用
分枝杆菌属	禽分枝杆菌副结核亚种、牛分枝杆菌、龟分枝杆菌、偶发分枝杆菌、海洋分枝杆菌、新金色分枝杆菌、瘰疬分枝杆菌、猿分枝杆菌	1、5、6a、10b	1、3、4、5	2	2~3	2~3	2Ag~3Ag	适用
支原体属	无乳支原体、牛支原体、山羊肺炎支原体（F38）、鸡毒支原体、猪肺炎支原体、山羊支原体（PG3）、丝状支原体（LC型）、丝状支原体（SC型）、滑液囊支原体	1、2、4	1、3、4、5、7、9	2	2	2~3	2Ag~3Ag	适用
类芽孢杆菌属	幼虫类芽孢杆菌	9	4、7	2	2	2	2Ag	不适用
巴氏杆菌属	多杀性巴氏杆菌	1a	9	2	2	2	2Ag	不适用
邻单胞菌属	类志贺邻单胞菌	1、3、4、5、6、7、10	1、8	2	2	2	2Ag	不适用
假单胞菌属	绿脓杆菌	10b	4	2	2	2~3	2Ag	不适用
肾杆菌属	鲑肾杆菌	5a	4、7	2	2	2	2Ag	不适用
红球菌属	马红球菌	1、2、3、7b、10b	2	2	2	2	2Ag	不适用
立克次体属	猫立克次体、普氏立克次体、立氏立克次体、斑疹伤寒立克次体、恙虫病立克次体	6、7a、8、9、10b	2、3、4	3	2	2~3	2Ag~3Ag	适用
沙门菌属	肠道沙门菌（包括绵羊流产沙门菌、都柏林沙门菌、肠炎沙门菌、鸡沙门菌和鼠伤寒沙门菌）、邦戈尔沙门菌、猪霍乱沙门菌	1a、3、4、5、6c	3、4、5、7、8	2	2	2	2Ag	不适用

续表

属	病原	宿主[1]	传染途径[2]	稳定性[3]	体外实验防护	体内实验防护	体内实验的实验室防护标准	其他规定
志贺菌属	波伊德氏志贺菌、痢疾志贺菌、福氏志贺菌、宋内志贺菌	1a、4a、10b	1、8	2	2	2	2Ag	不适用
螺菌属	小螺菌	8、10b	4、8	2	2	2	2Ag	不适用
葡萄球菌属	金黄色葡萄球菌（乳腺炎）	1、2、3、6、7、8、10	8	2	2	2~3	2Ag	不适用
链杆菌属	念珠状链杆菌	8、10b	4、8	2	2	2	2Ag	不适用
链球菌属	犬链球菌、马链球菌马亚种、马链球菌兽瘟亚种、海豚链球菌、酿脓链球菌、猪链球菌	1~10	1、3、4、5、8	2	2	2	2Ag	适用
泰勒氏菌属	马生殖道泰勒氏菌	2	4、5	2	2	2	2Ag	适用
弧菌属	霍乱弧菌、副溶血弧菌、创伤弧菌	5	8	2	2	2	2Ag	不适用
立克次体属	加州立克次体	5d	1	2	2	2	2Ag	适用
耶尔森氏菌属	小肠结肠炎耶尔森氏菌、鼠疫耶尔森氏菌、假结核耶尔森氏菌、鲁氏耶尔森氏菌	1、2、3、5、7、8、10b	3、4、8	1~2	2~3	3~4	2Ag~3Ag	适用

表附录 D-2　真菌和霉菌

属	病原	宿主[1]	传染途径[2]	稳定性[3]	体外实验防护	体内实验防护	体内实验的实验室防护标准	其他规定
霉菌属	蝥虾丝囊霉菌、侵入性丝囊霉	5	1、3、4	2	2	2	2Ag~3Ag	适用
蛙壶菌属	蛙壶菌	6e	3、4	2	2	2	2Ag	不适用
球孢子菌属	粗球孢子菌、波萨达斯球孢子菌	1a、2、3、7、10b	3、5	2	3	3	2Ag~3Ag	不适用
隐球菌属	新型隐球菌	1、2、4、6、7、10b	3	2	2	2	2Ag	不适用
表皮癣菌属	絮状表皮癣菌	1、2、3、7、10b	4	2	2	2	2Ag	不适用
荚膜组织胞浆菌	荚膜组织胞浆菌马皮疽变种	2	2、3、4	2	3	3	2Ag~3Ag	不适用
小孢子菌属	犬小孢子菌、石膏样小孢子菌、矮小孢子菌	1、2、3、7	4	2	2	2	2Ag	不适用
蜜蜂微孢子虫	蜜蜂微孢子、东方蜜蜂微孢子虫	9	3、4	3	2	2	3Ag	不适用
假裸囊菌属	假裸囊菌属锈腐病菌	6g	4	2	2	2	2Ag	不适用
水霉属	寄生水霉	5	3	2	2	2	2Ag	不适用
孢子丝菌属	申克孢子丝菌	1、2、3、4、5、6、7、8、10b	1、4	2	2	2	2Ag	不适用
发癣菌属	马发癣菌、须发癣菌、疣发癣菌	1、2、3、7	4	2	2	2	2Ag	不适用

表附录 D-3　线虫、吸虫、绦虫、原生动物和体外寄生虫

属	病原	宿主[1]	传染途径[2]	稳定性[3]	体外实验防护	体内实验防护	体向实验的实验室防护标准	其他规定
蜂盾螨属	武氏蜂盾螨	9	4	2	2	2	2Ag	不适用
Aethina spp.	蜂房小甲虫	9	4	2	2	2	2Ag	不适用
重翼吸虫属	美洲重翼吸虫	6d、7	6	1	2	2	2Ag	不适用
钝眼属	美洲钝眼蜱、彩饰钝眼蜱	1、2、3、4、6、7、8、10	4	2	2	2	2Ag	不适用
对体吸虫属	伪猫对体吸虫	5、6b、7、10b	6、8	2	2	2	2Ag	不适用
钩虫属	猫钩虫、犬钩虫、十二指肠钩虫	7、10b	4	2	2	2	2Ag	不适用
异尖线虫属	派氏异尖线虫、简单异尖线虫	5	8	2	2	2	2Ag	不适用
巴贝斯虫属	牛巴贝斯虫、双芽巴贝斯虫、分歧巴贝斯虫、大巴贝斯虫、卵形巴贝斯虫、B.occultans、雅氏巴贝斯虫	1、2、6a、10b	2、6	2	2	2	2Ag	适用
拜林蛔线虫属	柱形拜林蛔线虫、梅利拜林蛔线虫、浣熊拜林蛔线虫	1、2、3、4、6、7、10	1、6	2	2	2	2Ag	不适用
贝诺属	贝氏贝诺孢子虫	1a	6	2	2	2	2Ag	不适用
包纳米虫属	牡蛎包纳米虫、杀蛎包纳米虫	5d	4	2	2	2	2Ag	适用
仰口线虫属	牛仰口线虫	1	1、6	2	2	2	2Ag	不适用
粘孢子虫属	粘孢子虫	5a	3	2	2	2	2Ag	不适用
金蝇属	倍赞氏金蝇	1、2、3、4、6、7、8、10	4、6	2	2	2	2Ag	适用
锥蝇属	嗜人锥蝇	1、2、3、4、6、7、8、10	4、6	2	2	2	2Ag	适用
隐孢子虫属	微小隐孢子虫	1、2、3、10b	1、4	2	2	2	2Ag	不适用
双腔吸虫属	枪状双腔吸虫	1、2、6、7、10b	6	1	2	2	2Ag	不适用
裂头绦虫属	树状裂头绦虫、阔节裂头绦虫	10b	6、8	2	2	2	2Ag	不适用
棘球绦虫属	细粒棘球绦虫、多房棘球绦虫、少节棘球绦虫、石渠棘球绦虫、伏氏棘球绦虫	1、3、7a、10b	1	2	2	2	2Ag	不适用
棘口吸虫属	移睾棘口吸虫、圆圃棘口吸虫、E. liei、卷棘口吸虫	4、5、6、7、10b	1	2	2	2	2Ag	不适用

续表

属	病原	宿主[1]	传染途径[2]	稳定性[3]	体外实验防护	体内实验防护	体内实验的实验室防护标准	其他规定
艾美耳球虫属	堆型艾美耳球虫、布氏艾美耳球虫、巨型艾美耳球虫、火鸡艾美耳球虫、毒害艾美耳球虫、柔嫩艾美耳球虫	1、2、3、4、6d、7	1	2	2	2	2Ag	不适用
内阿米巴属	溶组织内阿米巴	10	1、5	3	2	2	2Ag	不适用
片形吸虫属	肝片吸虫	1、6a	6	1	2	2	2Ag	不适用
拟片形吸虫属	大拟片形吸虫	1、6a	6	1	2	2	2Ag	不适用
贾第虫属	十二指肠贾第鞭毛虫、肠贾第鞭毛虫、蓝氏贾第鞭毛虫	1、3、6、8、7、10	1、5	2	2	2	2Ag	不适用
三代虫属	大西洋鲑唇齿鳞三代虫	5a	4	2	2	2	2Ag	不适用
组织滴虫属	黑头组织滴虫	4	1、4	2	2	2	2Ag	不适用
鱼波豆虫属	飘游鱼波豆虫	5	3	1	2	2	2Ag	不适用
小瓜虫属	多子小瓜虫	5	3	2	2	2	2Ag	不适用
等孢球虫属	伯氏等孢球虫、犬等孢球虫、猫孢球虫、俄亥俄等孢球虫、新里沃特等孢子球虫	3、4、6c、7、10b	1	2	2	2	2Ag	不适用
硬蜱属	平洋硬蜱、传播篦子硬蜱、肩突硬蜱	1、2、3、4、6、7、8、10	4	2	2	2	2Ag	不适用
利什曼原虫属	巴西利什曼原虫、恰氏利什曼原虫、婴儿利什曼原虫	2、7、10b	2	2	2	2	2Ag	适用
马尔太虫属	折光马尔太虫	5d	6	1	2	2	2Ag	适用
后殖吸虫属	横川后殖吸虫	5、6、7、10b	6、8	2	2	2	2Ag	不适用
次睾吸虫属	结合次睾吸虫	5、6、7、10b	6、8	2	2	2	2Ag	不适用
囊虫属	马可尼小囊虫	5d	3、4、8	2	2	2	2Ag ~ 3Ag	不适用
黏液丸虫属	脑黏液丸虫	5a	6	2	2	2	2Ag	不适用
隐孔吸虫属	鲑隐孔吸虫	6b、7a	6	1	2	2	2Ag	不适用
板口线虫属	美洲板口线虫	10b	1	2	2	2	2Ag	不适用
蝇蛆属	羊狂蝇蛆	1、6a	2	2	2	2	2Ag	不适用
后睾吸虫属	猫后睾吸虫、麝猫后睾吸虫	5、6、7、10b	6、8	2	2	2	2Ag	不适用
副丝虫属	牛副丝虫	1a	1、6	2	2	2	2Ag	不适用

续表

属	病原	宿主[1]	传染途径[2]	稳定性[3]	体外实验防护	体内实验防护	体内实验的实验室防护标准	其他规定
并殖吸虫属	猫肺并殖吸虫、宫崎并殖吸虫、卫氏并殖吸虫	5、7、10b	6、8	2	2	2	2Ag	不适用
派琴虫属	海洋派琴虫、奥尔森派琴虫	5d	1、3、9	2	2	2	2Ag	适用
痒螨属	绵羊痒螨	1	4	2	2	2	2Ag	适用
嗜头螨属	具环方头螨、血红嗜头螨	1、2、3、4、6、7、8、10	4	2	2	2	2Ag	不适用
肉孢子虫属	枯氏肉孢子虫、毛状肉孢子虫、人肉孢子虫	1、2、3、4、6、8、10b	8	2	2	2	2Ag	不适用
疥螨属	人疥螨	7、10b	4	2	2	2	2Ag	适用
带绦虫属	多头绦虫、牛带绦虫、猪带绦虫	3、10b	6、8	2	2	2	2Ag	不适用
泰勒虫属	环形泰勒虫、水牛泰勒虫、莱氏泰勒虫、吕氏泰勒虫、突变泰勒虫、东方泰勒虫、小泰勒虫、恶氏泰勒虫、幼氏泰勒虫	1、6a	2	2	2	2	2Ag ~ 3Ag	适用
弓蛔虫属	犬弓首蛔虫、猫弓首蛔虫	7、10b	1、7	2	2	2	2Ag	不适用
弓形虫属	刚地弓形虫	7b	8	2	2	2	2Ag	不适用
毛形虫属	旋毛形线虫	3、6、10b	8	2	2	2	2Ag	不适用
车轮虫属	不适用	5	3	1	2	2	2Ag	不适用
毛滴虫属	毛滴虫属、禽毛滴虫、斯氏毛滴虫	4	1、5	2	2	2	2Ag	适用
鞭虫属	猪鞭虫、毛首鞭虫、犬鞭虫	10b	1、8	2	2	2	2Ag	不适用
厉螨属	小峰螨、梅氏厉螨	9	6	2	2	2	2Ag	不适用
锥虫属	布氏锥虫、刚果锥虫、克氏锥虫、马媾疫锥虫、伊氏锥虫、活动锥虫	1、2、3、6、7、8、10	2、4、7	2	2	2	2Ag ~ 3Ag	适用
钩虫属	狭头刺口钩虫	7	1	2	2	2	2Ag	不适用
瓦螨属	狄斯瓦螨	9	6	2	2	2	2Ag	不适用

表附录 D-4 病毒

属	病原	宿主 [1]	传染途径 [2]	稳定性 [3]	体外实验防护	体内实验防护	体内实验的实验室防护标准	其他规定
腺病毒属	不适用	1~10	1、3	3	1~3	1~3	2Ag~3Ag	不适用
沙粒病毒属	巴细胞脉络丛脑膜炎病毒、病毒性出血热病毒	7、8、10	1、3、4、5、7、8	2	2~4	2~4	2Ag~4Ag	适用
非洲猪瘟病毒属	非洲猪瘟病毒	3	4、5、8	2	2	2~3	3Ag	适用
动脉炎病毒属	马病毒性动脉炎病毒、猪繁殖与呼吸综合征病毒	2、3	2、3、4、5、7	2	2	2~3	2Ag~3Ag	适用
星状病毒属	星状病毒	1、3、4、6a、7、8、10b	1	2	2	2	2Ag	不适用
杆状病毒属	对虾杆状病毒（甲壳类动物）、斑节对虾杆状病毒（甲壳类动物）	5c	1、3、4、7、8	2	2	2	2Ag	不适用
双 RNA 病毒属	传染性法氏囊病病毒、传染性胰坏死病（鱼类）	4a、5a	1、3、4、7、9	2~3	2	2~3	2Ag	不适用
博尔纳病毒属	博尔纳病毒	1、2、3、4、6、7、10	1、3、4、5、8	2	2	2	2Ag	不适用
布尼亚病毒属	赤羽病毒、卡奇病毒、刚果出血热病毒、汉坦病毒、内罗毕绵羊病毒、裂谷热病毒	1、2、3、6、7、8、9、10	1、2、3、4、5、8	1~2	2~4	2~4	2Ag~4Ag	适用
杯状病毒属	欧洲野兔综合征病毒、诺如病毒、皮型肝炎病毒、兔子杯状病毒病、札幌病毒、猪水疱疹病毒	3、4a、5a、6、7、8、10b	1、2、4、5、8	2	2	2~3	2Ag~3Ag	适用
圆环病毒属	猪圆环病毒 II 型	3	2、3、4	2	2	2	2Ag	不适用
冠状病毒属	禽传染性支气管炎、猪德尔塔冠状病毒、猪流行性腹泻、SARS 相关冠状病毒、猪传染性胃肠炎病毒	3、4a、6、10b	1、3、4、8	2	2	2~3	2Ag~3Ag	适用
丝状病毒属	病毒性出血热病毒	10	1、3、4、5	2	4	4	2Ag~4Ag	适用
黄病毒属	牛病毒性腹泻病毒、猪瘟病毒、日本乙型脑炎病毒、羊跳跃病病毒、韦塞尔斯布朗病毒、西尼罗热病毒	1、2、3、4、6、7a、9、10b	1、2、3、4、5、7、8	2~3	2~3	2~4	2Ag~3Ag	适用
疱疹病毒属	牛疱疹病毒 1 型、马疱疹病毒 1 型、禽阿尔法疱疹病毒 2 型、锦鲤疱疹病毒、恶性卡他热病毒	1、2、3、4、5、6a	1、3、4、5、7	1~2	2~3	2~3	2Ag~3Ag	适用
虹彩病毒属	真鲷虹彩病毒	5	4	2	2	2	2Ag	不适用

续表

属	病原	宿主[1]	传染途径[2]	稳定性[3]	体外实验防护	体内实验防护	体外实验的实验室防护标准	其他规定
线头病毒属	对虾白斑综合性病毒（甲壳类动物）	5c	4、7	2	2	2	2Ag	不适用
正黏病毒属	禽流感病毒（高致病性）、传染性鲑鱼贫血症病毒、猪流感病毒、罗非鱼合胞体肝炎病毒	3、4、5、6c	1、3、4、5	1～2	2～3	2～3	2Ag～3Ag	适用
副黏病毒属	牛呼吸道合胞体病毒、亨德拉哥病毒、梅拉哥病毒（强毒株）、尼帕病毒、小反刍兽疫病毒、牛瘟病毒、火鸡鼻气管炎病毒、新城疫病毒	1、2、3、4、6、7、10	1、3、4、5	1～3	2～4	2～4	2Ag～4Ag	适用
细小病毒属	对虾传染性皮下及造血组织坏死病毒（甲壳类动物）、水貂阿留申病毒	5c	7、8	2	2	2	2Ag	适用
小核糖核酸病毒属	鸭肝炎病毒、口蹄疫、甲型肝炎病毒、猪水疱病病毒、桃拉综合征病毒（甲壳类动物）、捷申甲病病毒	1、3、4b、5c、6、10b	1、3、4、5、8	2	2	2～3	2Ag～3Ag	适用
痘病毒属	骆驼痘病毒、山羊痘病毒、羊接触传染性脓疱病病毒、猴痘瘤病毒、黏液瘤病毒	1、6、7c、10	2、3、4、5、9	2～3	2～4	2～4	2Ag～3Ag	适用
呼肠孤病毒属	非洲马瘟病毒、蓝舌病病毒、鹿流行性出血热病毒、鲤春病毒血症病毒、马脑炎病毒、轮状病毒	2、4a、5、6、7a、8	2、4、8	2	2	2～3	2Ag～3Ag	适用
反转录病毒属	牛白血病病毒（地方性动物病）、山羊关节炎-脑炎病毒、马传染性贫血病病毒、梅迪-维斯纳病毒、马传染性贫血病毒 Jembrana	1、2、6a	2、3、4、5、7	1～3	2～3	2～3	2Ag～3Ag	
弹状病毒属	牛流行热病毒、流行性造血器官坏死病毒（鱼类）、传染性造血组织坏死症病毒（鱼类）、犬病、鲤春病毒血症病毒（外来）、病毒性出血性败血症病毒（鱼类）	1、2、3、5、6、7、8、10	1、2、3、4、5、7、8	1～2	2～3	2～3	2Ag～3Ag	适用
杆套病毒属	黄头病毒（甲壳类动物）	5c	1、4	2	2	2	2Ag	不适用
披膜病毒属	东方马脑炎病毒、盖塔病毒、委内瑞拉马脑炎病毒、西方型马脑脊髓炎病毒	2、3、8、10	2、3	2	2～3	2～3	2Ag～3Ag	适用

表附录 D-5　毒素

毒素	宿主[1]	传染途径[2]	稳定性[3]	体外实验防护	体内实验防护	体内实验的实验室防护标准	其他规定
肉毒神经毒素	1a、2、4、6c、10b	8	2	2	2	2Ag	适用
产气荚膜梭菌 ε 毒素	1、3、4a、10b	3、8	2 ~ 3	2	2	2Ag	不适用
志贺毒素	10b	8	3	2	2	3Ag	
葡萄球菌肠毒素（B 型和 C 型）	10b	8	3	2	2	3Ag	适用
T-2 毒素	1、3、4、5、10b	8	2	2	2	2Ag	适用

表附录 D-6　朊病毒

疾病	宿主[1]	传染途径[2]	稳定性[3]	体外实验防护	体内实验防护	体内实验的实验室防护标准	其他规定
牛海绵状脑病	1、7b、10	8	3	2	2	2Ag ~ 3Ag	适用
羊瘙痒症	1b、1c	7	3	2	2	2Ag	适用
鹿慢性消耗病	6a	1、5、7	2	2	2	2Ag	适用

表索引附录 D-1　自然宿主范围

序号	含义	序号	含义
1	反刍动物（多种）	6	野生动物（多种）
1a	牛	6a	野生反刍动物（如牛羚、水牛、鹿）
1b	山羊	6b	野生食肉动物（如狼、郊狼、浣熊）
1c	绵羊	6c	野禽
1d	骆驼	6d	野生兔类动物
2	马	6e	野生和圈养的两栖动物
3	猪（家养和野生）	6f	野生和圈养的爬行动物
4	家禽（多种）	6g	蝙蝠
4a	鸡	7	家庭伴侣动物（多种，包括仓鼠、沙鼠、豚鼠、非实验室小鼠/大鼠）
4b	鸭	7a	犬科动物
4c	火鸡	7b	猫科动物
4d	鹅	7c	国内兔类动物
4e	平胸鸟类（如鸵鸟、鸸鹋）	7d	白鼬
5	水生生物（多种）	8	啮齿动物（多种）
5a	鲑鱼	9	昆虫（蜜蜂）
5b	鲶鱼	10	灵长类（人类和非人类）
5c	甲壳类动物	10a	非人灵长类动物
5d	软体动物	10b	人类

表索引附录 D-2　自然传播途径

序号	含义
1	粪–口
2	节肢动物媒介（如蜱、虱子、跳蚤、甲壳类动物、蚊子）
3	气溶胶传播（如打喷嚏、咳嗽、流涕、灰尘、微粒、水生物种的水传播）
4	机械性/血源性传染（如针头、触诊袖服、受伤、直接接触、痘病毒）
5	分泌物（如牛奶、唾液、精液、阴道分泌物）
6	中间宿主［如，蜗牛、组织囊肿（传播所需）］

续表

序号	含义
7	垂直传播（如胎盘、母婴）
8	摄食（如毒素、吃草、污染饲料）
9	变异或高变异性（如当感染途径取决于环境或宿主因素时）

表索引附录 D-3　环境稳定性

序号	含义
1	容易因干燥、阳光直射、堆肥、受正常温度变化影响和（或）避免接触节肢动物媒介和中间宿主而灭活
2	灭活需要使用市售消毒剂、洗涤剂、极端温度（巴氏杀菌）或蒸汽。对于蜱媒病，稳定性也反映了蜱持续存在的时间
3	灭活需要通过专门的程序（如辐照、焚烧、消灭噬菌体、超声处理、氧化、机械应力、使 pH 值发生显著变化）

原书参考文献

［1］　Miller JM, Astles R, Baszler T, Carey R, Garcia L, Gray L, et al. Guidelines for Safe Work Practices in Human and Animal Medical Diagnostic Laboratories. Recommendation of a CDC-Convened, Biosafety Blue Ribbon Panel. MMWR Suppl. 2012;61(1):1–102.

［2］　Testing and Performance-Verification Methodologies for Ventilation Systems for Biological Safety Level 3 (BSL-3) and Animal Biological Safety Level 3 (ABSL-3) Facilities, ANSI/ASSE Z9.14 (2014).

［3］　9.1 General. In: United States Department of Agriculture. ARS Facilities Design Standards. Washington (DC): USDA ARS; 2012. p. 223–5.

［4］　9.2 Hazard Classification and Choice of Containment. In: United States Department of Agriculture. ARS Facilities Design Standards. Washington (DC): USDA ARS; 2012. p. 226.

［5］　9.3 Primary Barriers (Containment Equipment). In: United States Department of Agriculture. ARS Facilities Design Standards. Washington (DC): USDA ARS; 2012. p. 227.

［6］　9.4 Secondary Barriers (Facility Design Features). In: United States Department of Agriculture. ARS Facilities Design Standards. Washington (DC): USDA ARS; 2012. p. 228–44.

［7］　9.5 Special Design Issues. In: United States Department of Agriculture. ARS Facilities Design Standards. Washington (DC): USDA ARS; 2012. p. 245–53.

［8］　Appendix 9B: Testing and Certification Requirements for the Critical Components of Biological Containment Systems. In: United States Department of Agriculture. ARS Facilities Design Standards. Washington (DC): USDA ARS; 2012. p. 268–74.

E　节肢动物防护指导手册（ACG）

　　由美国医学昆虫学委员会（ACME）成员、美国热带医学与卫生会（ASTMH）下属委员会以及其他媒介生物学家组成的专门委员会于 2003 年起草了最初的《节肢动物防护指南》（ACG）[1]。该指南为在公共卫生方面有重大影响的节肢动物研究提供了风险评估的原则和方法。ACG 中的风险评估和方法旨在与美国《NIH 指南》重组 DNA 研究和《微生物学与生物医学实验室安全手册》

（BMBL）的要求保持一致。

2019 年 3 月出版的《媒介传播的人兽共患病》[2] 发表了纸质版 ACG，可登录 https://www.liebertpub.com/doi/10.1089/vbz.2018.2431 免费下载。

ACG 之所以针对那些在公共卫生方面有重大影响的节肢动物提出采取生物安全措施，主要基于以下两点：

■ 节肢动物给防护环节带来了前所未有的挑战；

■ BMBL 或 NIH 指南中没有具体涉及节肢动物的防护。

ACG 包含了大部分研究人员重点关注的两个部分。

■ 在通常情况下讨论节肢动物的风险评估原则（如含有已知病原体的节肢动物、含有不明病原体的节肢动物和无病原体的节肢动物）。节肢动物风险评估主要是一种定性判断，不能基于某个规定的算法。评估时必须综合考虑以下几个因素：传播媒介、节肢动物是否受到感染、节肢动物的活动能力和寿命、繁殖潜力、生物防护以及影响拟选的危险地点或地区的病原体传播的流行病学因素。

■ 节肢动物防护等级（ACL）分类中考虑的因素包括：

  □ 生物防护是降低节肢动物意外逃逸等相关危害的重要举措；

  □ 流行病学的背景可使节肢动物的逃逸风险及其对工作地点和环境的影响发生变化；

  □ 传播媒介的表型，如杀虫剂耐药性；

  □ 重点强调表型变化的转基因节肢动物。

节肢动物防护分为四个等级（ACL 1 ~ 4），与生物安全等级相似，使防护措施更加严格。最灵活的防护等级是 ACL-2，涵盖了大多数外来的、转基因的和感染了需要 BSL-2 级防护的病原体的节肢动物。与 BMBL 一样，ACL 每个等级都包括以下 4 部分：

■ 标准操作规范；

■ 特殊操作规范；

■ 设备（一级屏障）；

■ 设施（二级屏障）。

ACG 不代表 ACME 或 ASTMH 的正式批准。指南的内容将根据对节肢动物和传播媒介防护要求的编剧啊做进一步修订。

原书参考文献

[1] American Committee of Medical Entomology; American Society of Tropical Medicine and Hygiene. Arthropod containment guidelines. A project of the American Committee of Medical Entomology and American Society of Tropical Medicine and Hygiene. Vector Borne Zoonotic Dis. 2003;3:61–98.

[2] American Committee of Medical Entomology; American Society of Tropical Medicine and Hygiene. Vector-Borne and Zoonotic Diseases. New Rochelle (NY): Mary Ann Liebert, Inc.; 2019.

F　管制性病原和毒素

2001 年美国发生的"炭疽病袭击"生物恐怖事件，造成 5 人死亡，此后国会大大加强了联邦政府对可能对公众健康、动植物健康和动植物产品构成严重威胁的生物病原体和毒素（管制性病原和毒素）的监督。2002 年出台的《公共卫生安全和生物恐怖主义预警和应对法》（《生物恐怖主义防范应对法》）要求美国卫生和公共服务部（HHS）对可能对公共健康和安全构成严重威胁的特殊生物病原体和毒素的拥有、使用和转移进行监管。《生物恐怖防范应对法》（引自 2002 年《农业生物恐怖主义保护法》）第二章副标题 B 部分批准美国农业部（USDA）为同等监管机构，对可能对动植物健康或产品构成严重威胁的特殊生物病原体和毒素进行监管。此外，《生物恐怖防范应对法》还要求 HHS 和 USDA 协调两个部门监管的人兽共患病病原体的有关实验活动。

这些活动在联邦管制病原计划（FSAP）框架下实施。FSAP 由美国疾病预防和控制中心（CDC）的管制性病原和毒素部门（DSAT）以及 APHIS 的农业管制性病原服务部门（AgSAS）共同管理。FSAP 通过制定、实施和执行《联邦特定生物制剂管理条例》[CFR 第 7 章第 331 部分（APHIS-PPQ）、CFR 第 9 章第 121 部分（APHS-VS）和 CFR 第 42 章第 73 部分（CDC）] 对管制性病原和毒素的获取、使用、储存和转移进行监管。

FSAP 在国家层面对具有潜在危险的管制性生物病原和毒素的安全性进行监督。《管制性病原管理条例》的关键内容包括以下几方面：

- 所有获得、使用或转移管制性病原和毒素的实体必须在 FSAP 登记注册。
- 所有有权接触管制性病原和毒素的个人必须事先获得美国联邦调查局（FBI）司法部刑事司法信息服务司（CJIS）安全风险评估（SRA）排除故意滥用风险后，才能获得 FSAP 的批准。
- 可对违反监管法规的行为采取强制措施，通过行政管理措施和（或）民事罚款来应对当前的风险并提高未来的合规性。可根据实际情况将机构移交至 HHS 总检察长办公室（OIG）或 APHIS 农业部动物卫生检疫局调查和执法服务部（IES），或将事件通报 FBI 以启动进一步调查。
- 如果为了保护人类、动植物健康或动植物产品确有必要采取措施，则可依法拒绝、暂停或撤销实体的注册。
- 每个注册实体必须指定一位负责官员（RO），此人有权且有责任代表该实体行事，并有责任确保该实体遵守《管制性病原管理条例》。负责官员能够对涉及管制性病原的现场事故做出及时响应，确保每年对存储或使用管制性病原的各个空间进行检查，审查实体采取的已验证的灭活程序并调查是否存在任何不足，并在诊断样本和水平测试中报告对所有管制性病原或毒素进行的鉴定和最终处理。如果没有可以指定负责的官员，则可以指定候补负责官员（ARO）；候补负责官员的职责与负责官员相同。
- 每个注册实体必须制订并实施书面安全计划，充分确保其管制性病原和（或）毒素在未经授权的情况下免遭使用、盗窃、丢失或意外排放。
- 每个注册实体必须根据预期用途制订并实施与其管制性病原和（或）毒素的风险相匹配的书面生物安全计划。

- 任何注册实体在实施有可能加剧安全和安保风险的"限制性试验"前，必须获得预先批准。更多内容参见《管制性病原和毒素管理条例》第13节。
- 每个注册实体必须针对其管制性病原和（或）毒素的相关危害制订定和实施事故应急方案。
- 每个注册实体必须向有权接触管制性病原和毒素的个人提供生物安全、安全性和事故应急方面的信息和培训。
- 一旦管制性病原和毒素被盗、丢失或意外泄露，实体必须根据《管制性病原和毒素管理条例》及时向FSAP报告。
- 一个实体只能将管制性病原和毒素转让给另一个注册拥有该病原体或毒素的实体，并且该转让必须获得FSAP的预先授权。
- 每个注册实体必须保存关于管制性病原和毒素的完整的记录和文档，包括但不限于库存清单，暴露、批准接触管制性病原和毒素以及进入含有管制性病原和毒素区域的个人名单。
- FSAP可在未事先通知以及未颁发注册证书的情况下对实体进行检查。
- 法规中有特定的豁免或排除条款，包括特定的减毒毒株或改良后效力或毒性降低的管制性毒素。
- 实体必须使用经过验证的灭活程序对管制性病原进行灭活。请参阅附录中的《灭活和验证》部分。

截至2017年1月，FSAP共监管66种管制性病原和毒素。管制性病原和毒素清单应至少每两年审查一次，以确定是否需要将某些病原或毒素列入清单或从清单中删除。

了解更多有关管制性病原项目的法规和指导文件信息，可访问 https://www.selectagents.gov。

G 虫害综合治理（IPM）

虫害综合治理是科研设施管理的重要组成部分。许多害虫（包括苍蝇和蟑螂），可以机械性传播疾病病原体，破坏研究环境。即使是无害昆虫的存在，也会导致人员感觉卫生条件不整洁。

最常见的虫害控制方法是使用杀虫剂作为预防或补救措施。杀虫剂很有效，也是一种必要的整治措施，但长期来看，单独使用杀虫剂的作用有限。此外，杀虫剂还可能通过农药飘移或挥发对研究环境造成污染。

为了控制虫害并最大限度地减少农药的使用，有必要采用一种综合方案，将后勤管理、维护和虫害防治服务结合起来。通常情况下，这种虫害防治方法被称为IPM计划。IPM计划的主要目标是通过管理设施环境以减少虫害侵扰，进而预防虫害问题。除了有限制地喷洒杀虫剂外，还可通过积极的操作和行政干预策略来防治虫害，整治虫害孳生的环境。

在制定任何类型的IPM计划之前，必须为IPM服务确定一个操作框架流程，这也有助于促进IPM专家和设施人员之间的协作。框架应将设施限制以及操作和程序问题纳入IPM计划。高效的IPM计划是设施管理不可或缺的一部分。设施的标准操作规程中应包括IPM政策声明，以提高工作人员对该计划的认识。

可通过大学昆虫学系、国家推广办公室、美国昆虫学会、州农业部门、州病虫害防治协会、国家害虫管理协会（NPMA）、害虫防治设备供应商以及 IPM 咨询顾问和公司获得结构性（室内）IPM 计划的原则和实践的培训信息。一些大学开设了结构性虫害管理方面的函授课程、短期课程和培训会议。

IPM 是一种基于策略的方法，不仅考虑了服务的成本，还考虑了计划组成部分的有效性。每个 IPM 计划都适用于特定区域，根据所应用的环境制定。

实验室 IPM 服务不同于办公楼或动物护理设施中的服务。环境虫害管理的相关组成部分如下。

设施设计　应在研究设施的规划、设计、施工和改造过程中解决 IPM 存在的问题和要求，可借此机会整合各个功能，进一步排除虫害，尽量减少害虫栖息地并改进卫生状况，以减少未来可能中断研究行动的纠正措施。

监管　监管是 IPM 计划的中心环节，旨在尽量减少杀虫剂的使用。通过捕捉器、目视检查和工作人员访谈确定害虫活动的区域和条件。

卫生和设施维护　通过确保良好的卫生条件、减少杂物堆放和虫害栖息地以及进行排除虫害的整治措施可防治许多虫害问题。应保留结构性缺陷和后勤条件的记录，以跟踪相关问题并确定是否及时采取并完成了整治措施。

沟通　应指定一名工作人员配合 IPM 人员，协助解决影响虫害管理的设施问题。应向指定人员提供有关有害虫活动的口头和书面报告以及人员、操作规范和设施条件的改进建议。设施人员应接受虫害识别、生物学和卫生方面的培训，以增进对 IPM 计划目标的理解和合作。

记录留存　应使用日志记录害虫活动和与 IPM 计划相关的情况。日志记录可以包括设施中 IPM 服务的方案和程序、有关杀虫剂的安全数据表、杀虫剂标签、处理记录、平面图和调查报告。

无公害的虫害防治措施　将诱捕、驱逐、填隙、清洗、加热和冷冻等虫害管理方法与合理的卫生和结构整治措施结合使用，能够安全有效地进行虫害防治。

使用杀虫剂的虫害防治　不鼓励预防性地使用杀虫剂，并且仅限于在已知有害虫活动的区域使用。应选择毒性最小的杀虫剂产品，并以最有效、最安全的方式使用杀虫剂。喷洒时应避免起雾。

项目评估和质量保证　应进行质量保证和项目审查，以便对 IPM 活动及其效果进行客观、持续的评估，从而确保该计划可切实防治虫害并满足设施计划及设施使用者的特定需求。在此审查基础上可对当前的 IPM 方案进行修改并执行新的流程。

技术专家　合格的昆虫学家可以为制订和实施 IPM 计划提供有用的技术指导。虫害管理人员应获得并持有相关监管机构授予的执照和证书。

安全性　IPM 通过限制农药的使用范围将研究环境和人员接触杀虫剂的可能性降到最低。

原书参考文献

[1] Bennett GW, Owens JM, editors. Advances in urban pest management. New York: Van Nostrand Reinhold Company; 1986.

[2] Biocontrol Network [homepage on the Internet]. Murfreesboro (TN): Biocontrol Network; c2018 [cited 2018 Sept 25]. Available from: http://www.biconet.com.

[3] National Institutes of Health, Office of Management, Office of Research Facilities [Internet]. Bethesda (MD):

Design Requirements Manual (DRM); c2018 [cited 2018 Sept 25]. Available from: https://www.orf.od.nih.gov/TechnicalResources/Documents/DRM/DRM1.4042419.pdf.

［4］National Pest Management Association [homepage on the Internet]. Fairfax (VA): NPMA Pestworld; c2018 [cited 2018 Sept 25]. Available from: http://npmapestworld.org.

［5］Olkowski W, Daar S, Olkowski H. Common-sense pest control: least-toxic solutions for your home, garden, pests and community. Newton (CT): The Taunton Press, Inc.; 1991.

［6］Robinson WH. Urban entomology: insect and mite pests in the human environment. New York: Chapman and Hall; 1996.

［7］Robinson, WH. Urban Insects and Arachnids: a handbook of urban entomology. New York: Cambridge University Press; 2011.

H 人类、非人灵长类动物和其他哺乳动物细胞和组织的实验研究

与其他类型的实验室研究一样,风险评估应在真核细胞培养之前进行。通常来说,此类工作内容的风险较低,但在实验室中对人类和其他灵长类细胞系以及其他哺乳动物的原代细胞系进行实验研究时,风险会增加。本标准指出,研究和临床工作环境中的工作人员在进行人体材料研究时都面临固有风险。微生物学和生物医学研究人员可综合运用工程和操作程序管控措施、个人防护服、安全设备、培训、医疗监督、疫苗接种、符号标记和标签以及其他规定,将这些风险降至最低或完全规避风险。

血源性病原体及相关材料来源类型风险评估

血源性病原体是存在于人类血液和其他潜在传染性物质(OPIM)中的病原微生物,可在接触含有这些病原体的血液的人之间引发感染并患病。乙型肝炎病毒(HBV)、丙型肝炎病毒(HCV)和人类免疫缺陷病毒(HIV)是此类微生物的最常见的代表。开展血液和OPIM实验研究不仅面临接触这些病原体的风险,而且还可能暴露于一些主要通过其他途径(如接触、飞沫和空气传播)传播的机会性病原体,这些病原体也许在工作人员操作的血液或样本材料中就已经存在了。例如,结核分枝杆菌可通过空气传播,并主要存在于人的肺组织中;而葡萄球菌等细菌则可通过接触传播,在急性感染时可出现在局部组织或血液中;引起海绵状脑病和其他疾病的病毒可能更多地集中在神经组织中(而非血液中);而引起病毒性出血热的病毒可被视为血源性病原体,但这些病原体通常存在于其他体液中(如尿液)[1]。人体材料中可以含有多种病原体,在操作过程中需要考虑每种病原体的不同特征。因此,必须进行风险评估,包括要考虑病原体的来源、类型、特性以及病原体的处理流程。

科研和医疗机构已广泛认识并证实了在人类、NHP和其他哺乳动物细胞系实验研究中存在暴露于血源性病原体的风险,为应对与血源性病原体潜在接触的操作提供了指导[2-4]。美国的监管机构,

如美国职业安全与健康管理局（OSHA）已经制定了一项血源性病原体标准，该标准适用于所有与人类血液和OPIM（包括体液、组织和原代细胞系）相关的实验研究[5]。

组织来源　各机构应进行风险评估，可先对组织来源（物种来源）进行评估。病原体与人类的关系越密切，风险就越高，因为病原体通常会进化出针对特定物种的特征。旧世界的非人灵长类标本（即猕猴）可能含有猕猴疱疹病毒（B疱疹病毒）和猴免疫缺陷病毒（SIV）。应始终视这种病原体具有潜在的感染性，并有必要制定严格的预防措施并对潜在暴露采取快速的专业应对办法。B疱疹病毒在猕猴间感染通常无症状，或仅出现轻微的口腔损伤，但在人类的感染可致命[6]。此外，还应考虑到一些病原体可以跨物种传播（如流感病毒、SARS病毒、西尼罗河病毒）。通常来说，对其他（非人类和非NHP）哺乳动物、禽类和无脊椎动物细胞系开展实验研究的风险较低。

细胞或组织类型　另一个重要的考虑因素是细胞或组织类型以及与细胞致癌能力有关的危险（如致癌基因）。造血细胞和淋巴组织可能具有致癌性，因此增加了实验研究的风险。神经组织和内皮细胞的风险较低，但风险评估必须确定此类细胞是否含有其他传染性病原，并考虑组织或细胞来源以及与来源历史相关的信息。就细胞类型和致癌性而言，上皮细胞和成纤维细胞的风险最低[7]。

培养类型　当处理细胞系时，培养类型是另一个重要的考虑因素。原代细胞系是直接从体内器官和组织样本中采样获得的，含有未检测到的病原体的风险更高。因此，这些培养类型的寿命较短，特征未知，并且培养过程中具有较高的潜在风险。连续的细胞系（即被EBV、SV-40或其他过滤性病原体永生化的细胞）已被改造成可以长时间传代生长，甚至可以无限期地生长的特征，通常可以通过PCR和细胞检测分析使连续培养更具特点。但是，工作人员在无意暴露于携带病毒基因组物质的细胞时仍会面临更大的风险，特别是那些免疫功能低下的个体[8]。据报道，意外的针头损伤可引发肿瘤[9]。支持病毒复制的细胞系将加剧感染病原体的风险。成熟的，甚至经过测试的细胞系通常更安全，但在风险评估过程中必须考虑使用非特定病原体造成意外感染的可能性，并且必须采取措施降低污染风险[10]。

其他考虑因素　在进行风险评估时，须考虑样本中是否存在内源性病原体，或者是否有意施加了病原体。另一个关键的考虑因素是，是否因动物模型系统中细胞系的传代而引入了已知病原体。对于潜在的内源性病原体和在研究过程中引入的已知病原体，应按照安全性建议处理实验感染的细胞系。任何带有已知内源性病原体的细胞系都应按照相关的安全建议进行处理。风险评估时还应考虑细胞系是否表达重组病原体，以及该细胞系是否支持病毒复制。在处理细胞系中的重组或合成核酸时，请向生物安全制度委员会或其他同等机构咨询[11]。已经有一些非常有用的指导信息，可在生物医学研究中使用细胞系可能遇到的问题时参考，有助于解决这些问题[12]。

风险缓解措施

人类和其他灵长动物的细胞应被视为具有潜在传染性，并应使用BSL-2级操作规范、工程控制和设施进行处理[13]。在生物安全柜中进行培养实验是公认的最佳操作方法。风险评估显示，对于包含风险3级和4级病原的细胞系必须考虑采用更高的防护措施。如果操作生物样本后导致病原经空气传播，则必须考虑采用更高的防护措施。进入组织培养实验室应穿戴好个人防护装备，如实验室外衣、手套和护目镜，并应根据风险评估的结果添加额外的个人防护装备。在最终处理之前，必须对所有废弃培养物进行消毒处理。所有从事人体和 NHP 细胞和组织研究工作的实验室工作人员均应参加专门针对血源性病原体的职业医疗计划，工作人员应按照各机构的暴露控制计划（ECP）制定的政策和指南进行实验操作。

更多关于风险评估流程和风险缓解的信息参见第二章。

原书参考文献

［1］Kuhn JH, Clawson AN, Radoshitzky SR, Wahl-Jensen V, Bavari S, Jahrling PB. Viral Hemorrhagic Fevers: History and Definitions. In: Singh SK, Ruzek D, editors. Viral Hemorrhagic Fevers. Boca Raton (FL): CRC Press; 2013.p. 3–13.

［2］Siegel JD, Rhinehart E, Jackson M, Chiarello L; Healthcare Infection Control Practices Advisory Committee. 2007 Guideline for Isolation Precautions: Preventing Transmission of Infectious Agents in Health Care Settings. Am J Infect Control. 2007;35(10):S65–S164.

［3］Kuhar DT, Henderson DK, Struble KA, Heneine W, Thomas V, Cheever LW, et al. Updated U.S. Public Health Service Guidelines for the Management of Occupational Exposures to Human Immunodeficiency Virus and Recommendations for Postexposure Prophylaxis. Infect Control Hosp Epidemiol. 2013;34(9):875–92. Erratum in: Infect Control Hosp Epidemiol. 2013;34(11):1238.

［4］US Public Health Service. Updated U.S. Public Health Service Guidelines for the Management of Occupational Exposures to HBV, HCV, and HIV and Recommendations for Postexposure Prophylaxis. MMWR Recomm Rep. 2001;50(RR-11):1–52.

［5］Bloodborne pathogens, 29 C.F.R. Part 1910.1030 (1992).

［6］NASPHV; Centers for Disease Control and Prevention; Council of State and Territorial Epidemiologists; American Veterinary Medical Association. Compendium of measures to prevent disease associated with animals in public settings, 2009: National Association of State Public Health Veterinarians, Inc. (NASPHV). MMWR Recomm Rep. 2009;58(RR-5):1–21.

［7］Pauwels K, Herman P, Van Vaerenbergh B, Dai Do Thi C, Berghmans L, Waeterloos G, et al. Animal Cell Cultures: Risk Assessment and Biosafety Recommendations. Apple Biosaf. 2007;12(1):26–38.

［8］Caputo JL. Safety Procedures. In: Freshney RI, Freshney MG, editors. Culture of Immortalized Cells. New York: Wiley-Liss; 1996. p. 25–51.

［9］Gugel EA, Sanders ME. Needle-stick transmission of human colonic adenocarcinoma [letter]. N Engl J Med. 1986;315(23):1487.

［10］McGarrity GJ. Spread and control of mycoplasmal infection of cell culture. In Vitro. 1976;12(9):643–8.

［11］National Institutes of Health. NIH Guidelines for Research Involving Recombinant or Synthetic Nucleic Acid Molecules (NIH Guidelines). Bethesda (MD): National Institutes of Health, Office of Science Policy; 2019.

［12］Geraghty RJ, Capes-Davis A, Davis JM, Downward J, Freshney RI, Knezevic I, et al. Guidelines for the use of cell lines in biomedical research. Br J Cancer. 2014;111(6):1021–46.

［13］United States Department of Labor [Internet]. Washington (DC): Occupational Safety and Health Administration; c1994 [cited 2019 April 10]. Applicability of 1910.1030 to establish human cell lines. Available from: https://www.osha.gov/pls/oshaweb/owadisp.show_document?p_table=INTERPRETATIONS&p_id=21519.

I 生物毒素使用指南

生物毒素包含各种肽、小分子和大分子蛋白质，可以通过干扰生物过程而引发疾病。顾名思义，生物性毒素处于传统的生物病原体和化学病原体之间。它们是由生命有机体产生的，不能复制，也不会引发传染病。通过合成手段生成新的或已知的毒素已经越来越容易[1,2]。许多生物毒素经过进化优化，可以在低浓度下迅速破坏关键的生物功能。生物毒素这种十分特异的毒性是通过多种机制介导的，包括对关键细胞靶点的酶活性、膜离子通道和受体的阻滞以及基本细胞功能的干扰。特异性和效力的显著结合使各种生物性毒素广泛应用于临床和实验研究，包括肉毒神经毒素、河鲀毒素、芋螺毒素、蝎子毒素、蛇毒毒素和免疫毒素。由于大量从事医学和科学领域的实验室工作人员在其职业生涯中的某个时刻很可能会遭遇生物毒素侵害，因此了解并评估生物毒素的相关风险对从事此类研究的实验室人员来说至关重要。

实验室工作人员可通过多种途径暴露于生物毒素，包括吸入粉末、气溶胶或挥发性物质，摄入，注射，以及通过皮肤、黏膜或眼结膜组织吸收。许多生物毒素毒性很猛，即使是相对较低剂量也可能导致死亡或严重致残。因此，了解并实施适当的实验室安全原则对于那些从事生物毒素研究的人来说至关重要。以下总结了临床或研究环境中许多常见毒素的安全使用原则，包括列入联邦管制病原计划的生物毒素（见下文）。

使用毒素的一般注意事项

实验室使用生物毒素的主要风险来自意外注射、通过皮肤或黏膜吸收、吸入和摄入。在生物医学中，经常使用的大多数毒素的常规实验室研究都可以安全进行，对工作人员构成的风险最小，对周围社区构成的风险可以忽略不计。在大多数情况下，可依照已制定的有毒或剧毒化学品通用准则，并结合额外的安全和保护措施来处理毒素[3,4]。此外，在同时存在生物和化学危害的情况下确定采用何种适当的设施、操作规范和设备时，应在风险评估中考虑毒素及其相关病原体的交互危害作用。依照标准使用工程控制装置（如2类或3类生物安全柜或前开放式化学通风柜）和人员防护设备（如安全眼镜或护目镜、口罩、手套和实验服）足以避免意外吸入或局部暴露。

培训和实验室规划

每个实验室工作人员都必须接受所用毒素的理论和实践培训，并应特别强调与实验室操作有关的实际危害的性质，包括与可溶性毒素转移、废液处理、材料和设备污染以及常规操作和泄漏之后进行净化操作有关的风险。在参与毒素作业之前，工作人员必须进行充分培训并熟练掌握所有实验室程序和安全操作规范。

在进行毒素作业之前，应进行风险评估以识别潜在危害并制定安全的操作程序。例如，强烈建议使用操作前检查清单[4]。对于复杂的操作，新加入的毒素研究人员应在监督下练习，使用无毒的模拟物对将要进行的实验室程序进行演练。技术性演练对于减轻处理高危病原体时的心理压力尤其重要。

毒素的加入会使原本常规的实验室程序变得非常复杂。例如，应将产生气溶胶的设备放置在一级防护区中（如生物安全柜或通风柜），并在每次使用后进行净化消毒。使用个人防护装备（PPE）使工作人员在狭窄的通风柜或生物安全柜中操作的难度加大。如果同时使用毒素和传染性病原体，则必须在风险评估中选择防护设备、制定安全程序以及选择净化和处理方法时同时考虑这两者的使用。应设计早期实验终点，使实验目标与在实验动物身上安全、合乎道德地使用毒素保持一致。如果动物操作过程中出现意外针刺，医疗风险会大大增加。团队负责人应充分准备，仔细审查研究程序，以确定毒素的使用将对实验的执行产生何种干扰，并制定有效的缓解策略。

每个进行毒素研究的实验室都必须针对特定毒素制订化学卫生计划。美国国家研究理事会（National Research Council）提供了一份题为《实验室谨慎操作：化学危害品的处理和管理方法》的评估报告，为制定化学卫生计划以及遵守职业安全与健康、危害通识以及环境保护法规提供了指导。美国职业安全与健康管理局的实验室标准（附录 A 的 CFR 第 29 章，1910.1450 部分）中也对这些程序进行了概述。

可采取许多工程和人为控制措施来降低意外误用生物毒素的风险。应建立库存控制系统并定期（如按月或按季度）进行盘点，以明确毒素的数量、使用和处理情况。除可以监管工作人员对管制性毒素的非豁免用量（豁免用量的限制，见下文）外，为确保工作人员的豁免用量不会意外超出允许的毒素使用限制，建立库存控制系统是很有必要的。了解有关管制性毒素豁免要求的更多信息，可登录联邦政府管制性病原计划网站。应将毒素储存在带有标签的容器中，标签上应清楚列出毒素的含量、经过培训的实验室负责人员以及紧急联系信息。在储存容器上上锁可进一步加强对毒素接触的监督和控制。毒素研究的实验室工作只能在由门禁控制的指定房间内和事先安排的工作台区域进行。使用毒素时，应在房间内清楚地张贴指示标牌，例如"仅授权人员可使用毒素"。标牌应标明经验丰富的负责人员，并注明个人防护装备的最低要求。在可能的情况下，应避免在放置毒素或产生毒素的病原体的浓缩溶液的实验室或临床区进行无关和不必要的工作。必须向实验室参观者说明要求并监管其行为，以防他们无意中操作被污染的实验室设备或在没有防护措施的情况下接触到被污染的工作台面。最后，应针对意外暴露制订治疗方案并给应急人员使用，并在可能的情况下与基层医疗机构协调。尽管无法完全消除使用生物毒素的危险，但是实施这些控制措施可以大大降低毒素存储和使用方面的风险。

防护设备与防护操作规范

应确保达到 BSL-2 级防护条件，穿戴好个人防护装备并维持生物安全柜、化学通风柜或类似工程控制装置的良好运行，才能进行稀释毒素溶液的常规操作[5]。应根据对每种特定毒素操作进行的风险评估选择工程控制装置。经过认证的生物安全柜或化学通风柜能够满足大多数可溶性蛋白毒素的日常操作。对于涉及有毒粉末、挥发性化学品或放射性核素与毒素溶液混合的研究工作应根据每种毒素制备的相关风险采取其他有效的防护措施或屏障。

应在生物安全柜或化学通风柜的有效操作区内进行可溶性毒素的实验操作。实验前，每位工作人员都应根据使用说明书验证通风柜或生物安全柜是否正常运行。使用生物安全柜或通风柜时，工作人员应穿上合适的实验室个人防护装备（如带针织或弹性袖口的实验室外套、工作服或连体工作服、一次性手套和安全眼镜），保护好手部、手臂和眼部。在处理对皮肤有直接性危害的毒素时，必须选择可以抵御毒素和所用稀释剂或溶剂腐蚀的防护手套。在开放式通风柜或生物安全柜中进行大量液体转移以及其他有飞溅或飞沫危险的操作时，操作人员必须佩戴一次性口罩或防护面罩。

只有当封闭的一级防护设施的外部完成消毒净化后才能将毒素从通风柜或生物安全柜中移出并放置在干净的二级容器中。毒素溶液，特别是浓缩原液，应在防漏／防溢的二级容器中转移。应定期（如在每天工作结束时或发生泄漏后）对通风柜或生物安全柜的内部进行消毒净化。在彻底净化之前，应始终在通风柜或生物安全柜上张贴标志，提示仍然存在毒素，并且只有接受过毒素使用和净化培训的员工才能接触该设施。

对毒素进行特殊的实验操作需要修改 BSL-3 级的操作规程和程序。应与当前生物安全人员进行协商并根据风险评估的结果来确定是否有必要使用 BSL-3 级，风险评估需考虑每个特定实验室操作的变量（尤其是正在研究的毒素）、毒素的物理状态（溶液形式还是干态形式）、所使用的毒素总量（相对于预计的人体半数致死剂量而言）、所处理材料的体积和方法以及工作人员或设备的所有性能局限性。

意外产生的毒素气溶胶

许多生物毒素的毒性很强，必须重视实验程序的评估和修改，避免意外产生毒性气溶胶。装有高压下生成可溶性毒素的试管只能在生物安全柜、化学通风柜或其他通风设备中打开。

如果在操作过程中将毒素溶液置于真空或高压条件下，应始终按照这种方式操作，并且操作人员应佩戴适当的呼吸保护装置，以尽量减少意外吸入雾化的毒素或毒素粉末。如果在毒素操作过程中用到真空管线，应在管线上安装 HEPA 过滤器，防止毒素进入管线，并在真空源和真空管线之间配备一个装有净化溶液的真空瓶。HEPA 过滤器被视为受到了毒素的污染，并按以下操作规范进行处置。

可能含有毒素的培养物或溶液进行离心分离时只能在安全离心杯或密封式转头中的密封厚壁试管内进行。每次使用之前和之后都应对实验容器、安全杯（如果适用）和转子的外表面进行定期清洁，以防出现气溶胶污染。对于密封的安全杯或转子，应将其从离心机上取出放到生物安全柜内再打开，或者在打开密封并取出离心管之前将其放置到其他合适的防护装置中。

机械伤害

众所周知，意外的针刺或利器（如玻璃或金属器具）造成的机械伤害会对实验室工作人员构成风险。如果在处理接近人类致死剂量的生物毒素的过程中发生这些事故，后果可能是知名的。因此，在毒素操作之前和期间必须格外小心，以减少潜在的机械伤害风险。

只有经过培训、有能力并有经验胜任动物处理和毒素操作工作的人员才可从事与动物相关的实验操作，尤其是使用空针注射毒素溶液的操作。严禁重复使用丢弃的针头/注射器和其他医用利器，应将其直接放入贴有正确标签、耐穿刺的医用利器收集箱中进行消毒处理。应用塑料代替玻璃器皿来处理毒素溶液，最大限度地减少被污染表面割伤或擦伤的风险。严禁使用薄壁玻璃设备。使用玻璃巴斯德吸管转移毒素溶液非常危险，应更换为一次性的塑料移液管。玻璃色谱柱在处于高压状态下时必须被密封在塑料水套或其他二级防护设备中。

其他防护措施

应有计划地进行试验，消除或减少干态毒素或含毒素制剂（如冻干后的物质或冻干制剂）的实验操作。如果必须要处理干态毒素，工作人员需佩戴适当的呼吸防护和工程控制装置。可以在 II 级生物安全柜中或在使用二级防护（如在通风柜内使用一次性手套袋或手套箱）状态下处理干态毒素。处理干态毒素时应佩戴防静电的一次性手套，因为这些毒素会因静电而扩散。如果使用了 II 级生物安全柜，应视为 HEPA 过滤器已被毒素颗粒污染，并应按照以下规定操作。工作人员应佩戴适当的呼吸防护装置，防止意外吸入毒素颗粒。

在专门的实验室中，需要有意识地、有控制地将毒素溶液雾化，以在实验动物身上测试解毒剂或疫苗的效用。这是极其危险的操作，只有在使用无毒模拟物对设备和人员进行充分验证之后才能进行。动物的气溶胶雾化暴露应在经过认证的 III 级生物安全柜或类似的防护装置中进行。工作人员应采取额外的预防措施，以防止在将动物从暴露区域移出时以及在暴露后的 24 h 内意外接触到生物毒素，其他防护措施包括穿好防护服和适当的呼吸防护。为了最大限度地减少干态毒素生成二次气溶胶的风险，在将动物送回安置区之前，应先用蘸有清水或缓冲溶液的湿布轻轻擦拭动物身上接触到气溶胶的皮肤或皮毛。可以在生物安全柜外面为动物注射毒素溶液，但必须小心避免被针头刺伤，并确保妥善保存和处理用过的注射器，防止意外污染或毒素损失。

对于涉及干态毒素、可能生成气溶胶或使用空针注射且毒素量可能对人类致命的高风险操作时，应考虑要求实验室内始终保持至少有两名经验丰富的工作人员在场[6]，在使用具有急性危害的毒素时，这一点尤为重要。虽然大多数毒素的理化特性不太可能导致人际传播，但急救人员应意识到有可能在环境中或通过体液直接传播（如在口对口人工呼吸时）产生污染。如果实验室中正在使用那些对心肺功能有急性危害的毒素，应为相关人员提供急救复苏培训，并在附近配备急救设备，以便在毒性作用消失前维持受伤者的生命体征，等待紧急救援人员赶到现场。复苏设备应包括防护面罩或氧气输送系统，以降低紧急救援人员的暴露风险。

目前已经有了针对某些生物毒素的预防接种，实验室工作人员可以选择合适的疫苗接种，取决于所用毒素的剂量、使用频率和接触毒素的风险。

消毒和溢出／泄漏处理规范

对一种或多种生物毒素实施灭活操作意味着毒素被灭活并且不再能够发挥毒性作用。除了生理条件的影响，毒素在稳定性方面差异巨大，具体取决于温度、pH 值、离子浓度、协同因子的存在以及周围基质的其他特性。由于评估毒素活性的实验条件、基质组成和实验标准不同，毒素干热灭活的资料可能会产生误导。加热时间的线性函数并不总是适用于蛋白质的灭活，而且一些蛋白质毒素具有加热变性灭活后复性以及部分毒性的能力。另外，水溶液中进行毒素变性的条件不一定适用于灭活干态粉状的毒素制剂。

表附录 I-1 和表附录 I-2 总结了实验室对管制性毒素进行灭活的一般准则，但是如果没有使用管制性毒素生物检测法进行验证，则不能认为灭活程序 100% 有效。大多数毒素很容易通过物理熏蒸灭活（121℃，持续熏蒸 1 h）或被浓度为 0.1 ~ 0.25N 的稀氢氧化钠（NaOH）和（或）浓度为 0.1% ~ 2.5%（w/v）的次氯酸钠（NaClO）溶液化学灭活。市面上销售的漂白剂溶液中通常含有 3% ~ 6%（w/v）的 NaClO。漂白去污溶液应始终是新鲜制备的（制成时间在 24 h 之内）。

受污染的材料和毒素废液可通过焚烧、全面高压灭菌或浸泡在适量的去污溶液中来灭活，具体灭活方式取决于毒素类型（表附录 I-2）。灭活后，液体灭活毒素可被吸附到固体基质（如吸收剂垫、滤纸或纸巾）上，然后作为有害废物焚烧处理。或者，根据当地法规和政策把液体灭活毒素作为一般污水排掉。应将所有受污染的一次性固体废料放置在二级容器中，然后进行高压灭菌和（或）作为有害废物焚烧处理。应使用合适的化学方法对被污染或可能被污染的防护服和防护设备（如个人防护装备）进行灭活，如果毒素不耐热，应在使用后以及再次使用之前或从实验室出来进行清洁或维修之前进行高压灭菌消毒。

一旦发生液体溢出 / 泄漏，应用干燥的纸巾或其他一次性吸收性材料覆盖溢出 / 泄漏液体，以免在清洁过程中飞溅或产生气溶胶。必须在清理过程中穿戴适当的个人防护装备（至少包括口罩、手套、安全眼镜或护目镜和实验室外套）。在溢出 / 泄漏液体中添加适当的灭活剂，先在溢出 / 泄漏液体周围添加，逐渐向中心区域添加。让灭活剂与溢出 / 泄漏液体充分接触，直至毒素完全灭活（表附录 I-2）。在灭活完成之前，限制人员进入受污染的区域。将灭活后的毒素吸附在固体基质上，并作为有害废物丢弃焚烧。

含有毒素的粉末溢出 / 泄漏会增加吸入暴露的风险。个人防护装备应包括呼吸防护装置、手套、安全眼镜或护目镜以及实验室工作服。如果在生物安全柜内发生溢出 / 泄漏，应用潮湿的吸水纸巾轻轻覆盖溢出 / 泄漏粉末，以免扬起粉尘。从溢出 / 泄漏粉末周边向中心部分添加适当的化学灭活剂，确保灭活剂与溢出 / 泄漏物质有充分的接触时间，如表附录 I-2 所示。用浸有漂白剂溶液或生物毒素特异性灭活剂的纸巾擦拭该区域，然后用肥皂水清洗。将灭活后的实体废物进行高压灭菌处理，或将其作为危险废弃物焚烧。在生物安全柜外部发生毒素粉末溢出 / 泄漏时应立即撤离该区域。按照上述方法对溢出 / 泄漏物质进行管理和消毒，并严格控制人员进入该污染区域，以尽量减少弄乱粉末和造成吸入性暴露的可能性。消毒人员应佩戴防毒面具。应根据溢出 / 泄漏发生的规模对该区域进行隔离，关闭 HVAC 系统，直到整个泄漏情况得到控制并对该区域进行了彻底消毒。HVAC 系统中的过滤器必须由经过培训的工作人员来拆除、丢弃。

在对含有敏感设备或文件的大面积区域、建筑物或办公室进行消毒操作时面临特殊的挑战。这里并未明确描述大规模的消毒操作，但仔细阅读基本原则不难得出，大规模的消毒操作需要进行更全面的消杀处理。

低分子量生物毒素往往具有很高的稳定性和灭活剂耐受性。目前，用 NaClO 进行化学灭活是最可靠的灭活方法[7]。尚未发现其他非常有效的替代方案。例如，1N 的硫酸或盐酸不能使 T-2 真

表附录 I-1　毒素的物理灭活方法

毒素	高压蒸汽灭菌	干热灭菌（10 分钟）	冻融	γ- 射线照射
肉毒神经毒素 A ~ G 型	是 [a]	≥ 100℃ [b]	否 [c]	不完全 [d]
葡萄球菌肠毒素	是 [e]	≥ 100℃；重折叠 [f]	否 [g]	不完全 [h]
蓖麻毒素	是 [i]	≥ 100℃ [i]	否 [j]	不完全 [k]
微囊藻毒素	否 [l]	≥ 260℃ [m]	否 [n]	ND
石房蛤毒素	否 [l]	≥ 260℃ [m]	否 [n]	ND
海葵毒素	否 [l]	≥ 260℃ [m]	否 [n]	ND
河鲀毒素	否 [l]	≥ 260℃ [m]	否 [n]	ND
T-2 真菌毒素	否 [l]	≥ 815℃ [m]	否 [n]	ND
双鞭甲藻毒素（PbTx-2）	否 [l]	≥ 815℃ [m]	否 [n]	ND
相思子毒素	是 [o]	ND	ND	ND
志贺毒素	是 [p]	ND	ND	ND

ND 表示根据现有数据"无法确定"。

a. 高压蒸汽灭菌应在 ≥ 121℃的温度下持续 1 h。对于大于 1L 的容器，尤其是含有肉毒梭菌芽孢的容器，应在 ≥ 121℃的高压下持续 2 h，确保有足够的热量穿透以杀死所有孢子 [9,10]。

b. 置于 100℃下 10 min 可使 BoNT 失活。BoNT 的热变性随时间的变化是双相的，大部分活性迅速被破坏，但是一些残留毒素（如 1% ~ 5%）的灭活速度则慢得多 [11]。

c. 180 天之内，在 -20℃条件下，用血清型 A 型 BoNT 在 pH 4.1 ~ 6.2 的食品基质中进行测量 [12]。

d. 用血清型 A 型和 B 型 BoNT 在 60Co 放射源的 γ 射线辐照下进行测量 [13,14]。

e. 建议在处理 SE- 污染材料时采用与处理 BoNT 类似的长时间高压蒸汽灭菌法，然后再进行焚烧处理。

f. 灭活可能不完全取决于毒素变性后重折叠的程度。尽管在罐头食品加工中通常采用热处理和加压处理，但 SE 仍可保持生物活性 [15]。

g. SE 毒素即使在冷冻、冷藏或室温储存下都不会被降解，冻干状态下的活性 SEB 可储存多年 [16]。

h. 见参考文献 [16,17]。

i. 在 > 100℃的高温灰炉中持续 60 min 的干热灭菌或在 > 121℃的条件下持续 1 h 的高压蒸汽灭菌，可至少让纯蓖麻毒素的活性降低 99% [7]。不纯毒素制剂（如粗蓖麻毒素植物的提取物）的热灭活处理有所不同。热变性蓖麻毒蛋白可进行有限的重折叠（< 1%）以产生活性毒素。

j. 蓖麻毒素全毒素不能通过冷冻、冷藏或室温储存的方法达到明显的灭活效果。在含有防腐剂(叠氮化钠)的液体状态下，蓖麻毒素可在 4℃下储存数年，对毒性几乎没有影响。

k. 辐照会导致蓖麻毒素水溶液活性失去剂量依赖性，但很难做到完全灭活；75 MRad 可使活性降低 90%，但即使在 100 MRad 下也无法完全灭活 [18]。实验室中 60Co 放射源的 γ 射线辐照下可使部分蓖麻毒素水溶液灭活，但干燥的蓖麻毒素粉末对这种灭活方法有强大的抵抗力。

l. 在 17 磅压力条件下（123℃）持续进行 30 min 的高压灭菌无法灭活 LMW 毒素 [7,19]。所有 LMW 毒素产生的可燃废物都应在高于 815℃的温度下焚化。

m. 将毒素溶液在 150℃的熔炉中干燥，放在灰化炉中于不同温度下保持 10 min 或 30 min，然后还原并测试其浓度和（或）活性；表中所列数值超过了 99% 的毒素灭活所需的温度 [7]。

n. LMW 毒素通常对温度波动具有很强的抵抗力，可以在冻干状态下保存数年并保留毒性。

o. 见参考文献 [20]。

p. 见参考文献 [21,22]。

表附录 I-2　毒素的化学灭活方法

毒素	NaClO（30 min）	NaOH	冻融	γ 射线照射
肉毒神经毒素 A～G 型	≥ 0.1%[a]	≥ 0.25N	ND	是[b]
葡萄球菌肠毒素	≥ 0.5%[c]	≥ 0.25N	ND	ND
蓖麻毒素	≥ 1.0%[d]	ND	＞ 0.1%+0.25N[e]	ND
石房蛤毒素	≥ 0.1%[e]	ND	0.25%+0.25N[e]	ND
海葵毒素	≥ 0.1%[e]	ND	0.25%+0.25N[e]	ND
微囊藻毒素	≥ 0.5%[e]	ND	0.25%+0.25N[e]	ND
河鲀毒素	≥ 0.5%[e]	ND	0.25%+0.25N[e]	ND
T-2 真菌毒素	≥ 2.5%[e,f]	ND	0.25%+0.25N[e]	ND
双鞭甲藻毒素（PbTx-2）	≥ 2.5%[e,f]	ND	0.25%+0.25N[e]	ND
α 芋螺毒素	≥ 0.5%[g]	10Ng	ND	否[g]
相思子毒素	≥ 0.7%[h]	ND	ND	ND
志贺毒素	≥ 0.5%	ND	0.25%+0.25N[e]	ND

ND 表示根据现有数据"无法确定"。

a. NaClO 溶液（最终浓度 ≥ 0.1%；通常是将市售漂白剂按 1∶50 的比例在蒸馏水中稀释）或 NaOH 溶液（＞ 0.25N）30 min 可使 BoNT 灭活，建议用于工作台面和肉毒素或 BoNT 的泄漏物的灭活处理。浓度为 0.3～0.5 mg/L 的次氯酸盐溶液可以迅速灭活水中的 BoNT（B 型或 E 型血清试验）[23]。二氧化氯可以灭活 BoNT，而氯胺效果较差 [23,24]。灭活后，只要当地法规允许，就可将溶液安全倒入水槽处理掉。或者，可将 BoNT 吸附到一次性纸巾上，干燥后丢弃作为危险废物焚烧处理。

b. 臭氧消毒（＞ 2mg/L）或粉末状活性炭处理也能在规定条件下完全灭活水中的 BoNT（A、B 型血清试验）[24,25]。

c. 0.5% 的次氯酸盐 10～15 min 可使 SEB 灭活 [26]。

d. 蓖麻毒素可在接触浓度为 0.1%～2.5% 的 NaClO 溶液或 0.25% 的 NaClO 加 0.25N NaOH 制成的混合溶液中浸泡 30 min 后灭活 [7]。一般来说，1.0% 的 NaClO 溶液可有效去除实验室表面、设备、动物笼或少量溢出的蓖麻毒素。

e. NaClO 的最小有效浓度取决于毒素和接触时间；用 2.5% 的 NaClO 或 0.25% 的 NaClO 与 0.25N NaOH 制成的混合物，所有 LMW 毒素的灭活率至少为 99%[7]。

f. 对于 T-2 霉菌毒素和双鞭甲藻毒素，应将液体样品、意外溢出物和不可燃废物应用含有 0.25N NaOH 浓度为 2.5% 的 NaClO 溶液灭活 4 h。暴露在 T-2 真菌毒素或双鞭甲藻毒素环境中的动物笼子和垫料应用浓度为 2.5% 的 NaClO 和 0.25N NaOH 的混合物灭活 4 h。用浓度为 1.0% 的 NaClO 溶液对实验室（工作液、设备、动物笼、工作区域和溢出物）进行 30 min 消毒灭活，可有效灭活石房蛤毒素或河鲀毒素。已经对被管制性双鞭甲藻毒素污染的设备和废物的灭活情况进行了检查 [19]。

g. 在 65～100℃条件下，用还原剂［如，二硫苏糖醇 β- 巯基乙醇或三（2- 羧乙基）膦（100 mmol/L）］灭活芋螺毒素 15 min，然后在 65℃下用 100 mmol/L 马来酰亚胺在异丙醇中烷基化灭活 15 分钟。或者，可在 100℃的 10N NaOH 或 HCl 溶液中水解 30 min 来灭活 α 芋螺毒素 [27]。

h. 粗相思子毒素溶液与干燥的相思子毒素暴露在浓度为 0.67% 的 NaClO 溶液接触后，可在 5 min 内消除 90% 以上的细胞毒性 [28]。

菌毒素灭活，并且只能使微囊藻毒素 -LR、石房蛤毒素和双鞭甲藻毒素（PbTx-2）部分灭活；河鲀毒素和海葵毒素可以被盐酸灭活，但也仅是在较高的摩尔浓度下被灭活；T-2 毒素与浓度为 18% 的甲醛加上甲醇（16 h 的接触时间）、浓度为 90% 的氟利昂 -113+ 浓度为 10% 的乙酸、次氯酸钙、硫酸氢钠或温和的氧化剂接触后不能被灭活；过氧化氢无法灭活 T-2 真菌毒素；虽然过氧化氢的确可以部分灭活石房蛤毒素和河鲀毒素，但需要在紫外线照射下保持 16 h 的接触时间。一些研究人员建议在对泄漏物质或玻璃器皿用漂白剂处理后添加浓度为 3% 的丙酮，以防止经过漂白剂处理的真菌毒素恢复毒性[8]。

管制性毒素

HHS 和 USDA 已将一组对人类、动物和（或）植物健康构成严重威胁的毒素认定为管制性毒素。联邦管制病原剂计划负责监督这些毒素的获取、使用和转移，包括肉毒神经毒素（所有血清型和亚型）、相思子毒素、麻痹性 α- 芋螺毒素、蛇形菌素、蓖麻毒素、石房蛤毒素、葡萄球菌肠毒素（A ~ E 亚型）、T-2 毒素和河鲀毒素。可登录 https://www.selectagents.gov/SelectAgentsandToxins.html 查询管制性毒素和豁免用量的最新列表。获取、使用、改良、生产、储存和（或）转移非豁免用量的管制性毒素需在 CDC 或 USDA 注册登记。此外，相关责任机构应仔细管理豁免用量，以防止丢失或误用。大多数管制性毒素的毒性都很强，并且在临床领域还未研发出相应的解毒剂。因此，在临床或研究中使用这些毒素时必须格外小心。应针对每种管制性毒素的危害制订风险评估和应急处理计划，并且有关部门也应定期对实验室程序进行审查，以确保技术人员理解并认真遵循实验室程序。

原书参考文献

［1］ Franz DR. Defense Against Toxin Weapons. In: Sidell FR, Takafuji ET, Franz DR, editors. Medical Aspects of Chemical and Biological Warfare. The TMM Series. Part 1: Warfare, Weaponry, and the Casualty. Washington (DC): Office of the Surgeon General at TMM Publications; 1997. p. 603–19.

［2］ Millard CB. Biological weapons defense: infectious diseases and counterbioterrorism. Lindler LE, Lebeda FJ, Korch GW, editors. Totowa (NJ): Humana Press. 2005. Medical defense against protein toxin weapons: review and perspective; p. 255–84.

［3］ The biological defense safety program—technical safety requirements, 32 C.F.R. Part 627 (1993).

［4］ Johnson B, Mastnjak R, Resnick IG. Anthology of Biosafety II: Facility Design Considerations. Richmond J, editor. Mundelein (IL): American Biological Safety Association; 2000. Vol 2. Safety and Health Considerations for Conducting Work with Biological Toxins; p. 88–111.

［5］ Kruse RH, Puckett WH, Richardson JH. Biological safety cabinetry. Clin Microbiol Rev. 1991;4:207–41.

［6］ Kozlovac J, Hawley RJ. Biological toxins: safety and science. In: Wooley DP, Byers KB, editors. Biological safety: principles and practice. Washington (DC): ASM Press; 2017. p. 247–68.

［7］ Wannemacher RW, Bunner DL, Dinterman RE. Inactivation of low molecular weight agents of biological origin. In: US Army Chemical Research, Development & Engineering Center. Proceedings for the Symposium on Agents of Biological Origins; 1989 Mar 21–23; Laurel (MD). p. 115–22.

［8］ U.S. Food & Drug Administration. ORA Laboratory Manual. [Internet]. 2013 [cited 2018 Sept 28]; IV(7)[about 23 p.]. Available from: https://www.fda.gov/ScienceResearch/FieldScience/LaboratoryManual/default.htm.

［9］ Balows A, Hausler WJ Jr, Ohashi M, Turano A, editors. Laboratory Diagnosis of Infectious Diseases: Principles and Practice. Vol 1. New York: Springer-Verlag; 1988.

［10］ Hatheway CL. Botulism. In: Balows A, Hausler WJ Jr, Ohashi M, Turano A, editors. Laboratory Diagnosis of Infectious Diseases: Principles and Practice. Vol 1. New York: Springer-Verlag; 1988. p. 111–33.

［11］ Siegel LS. Destruction of botulinum toxins in food and water. In: Hauschild AHW, Dodds KL, editors. Clostridium botulinum: Ecology and Control in Foods. New York: Marcel Dekker, Inc.; 1993. p. 323–41.

［12］ Woolford A, Schantz EJ, Woodburn M. Heat inactivation of botulinum toxin type A in some convenience foods after frozen storage. J Food Sci. 1978;43:622–4.

［13］ Dack GM. Effect of irradiation on Clostridium botulinum toxin subjected to ultracentrifugation. Natick (MA): Quartermaster Food and Container Institute for the Armed Forces; 1956. Report No. 7.

［14］ Wagenaar RO, Dack GM. Effect in surface ripened cheese of irradiation on spores and toxin of Clostridium botulinum types A and B. Food Research Institute. 1956;21:226–34.

［15］ Bennett RW, Berry MR. Serological reactivity and in vivo toxicity of Staphylococcus aureus enterotoxin A and D in selected canned foods. J Food Sci. 1987;52:416–8.

［16］ Concon JM. Bacterial Food Contaminants: Bacterial Toxins. In: Concon JM, author. Food Toxicology (in two parts) Parts A and B. New York: Marcel Dekker, Inc.; 1988. p. 771–841.

［17］ Modi NK, Rose SA, Tranter HS. The effects of irradiation and temperature on the immunological activity of staphylococcal enterotoxin A. Int J Food Microbiol. 1990;11:85–92.

［18］ Haigler HT, Woodbury DJ, Kempner ES. Radiation inactivation of ricin occurs with transfer of destructive energy across a disulfide bridge. Proc Natl Acad Sci USA. 1985;82(16):5357–9.

［19］ Poli MA. Laboratory procedures for detoxification of equipment and waste contaminated with brevetoxins PbTx-2 and PbTx-3. J Assoc Off Anal Chem. 1988;71(5):1000–2.

［20］ Tam CC, Henderson TD, Stanker LH, He X, Cheng LW. Abrin Toxicity and Bioavailability after Temperature and pH Treatment. Toxins. 2017;9(10):320.

［21］ Rasooly R, Do PM. Shiga toxin Stx2 is heat-stable and not inactivated by pasteurization. Int J Food Microbiol. 2010;136(3):290–4.

［22］ Lumor SE, Fredrickson NR, Ronningen I, Deen BD, Smith K, Diez-Gonzalez F, et al. Comparison of the presence of Shiga toxin 1 in food matrices as determined by an enzyme-linked immunosorbent assay and a biological activity assay. J Food Prot. 2012;75(6):1036–42.

［23］ Notermans S, Havelaar AH. Removal and inactivation of botulinum toxins during production of drinking water from surface water. Antonie Van Leeuwenhoek. 1980;46:511–4.

［24］ Brazis AR, Bryant AR, Leslie JE, Woodward RL, Kabler PW. Effectiveness of halogens or halogen compounds in detoxifying Clostridium botulinum toxins. J Am Waterworks Assoc. 1959;51(7):902–12.

［25］ Graikoski JT, Blogoslawski WJ, Choromanski J. Ozone inactivation of botulinum type E toxin. Ozone: Sci Eng. 1985;6:229–34.

［26］ Robinson, JP. Annex 2—Toxins. In: Public Health Response to Biological and Chemical Weapons: WHO Guidance. 2nd ed. Geneva (Switzerland): World Health Organization; 2004. p. 214–28.

［27］ Liu D, editor. Manual of Security Sensitive Microbes and Toxins. 1st ed. Boca Raton (FL): CRC Press, Taylor & Francis Group; 2014.

［28］ Tolleson WH, Jackson LS, Triplett OA, Aluri B, Cappozzo J, Banaszewski K, et al. Chemical inactivation of protein toxins on food contact surfaces. J Agric Food Chem. 2012;60(26):6627–40.

J 美国国立卫生研究院对涉及基因 重组研究生物安全的监督

《美国国立卫生研究院对涉重组或合成核酸分子研究指南》（《NIH 指南》）的监督部门为 NIH 主任办公室下属负责监督涉重组或合成核酸分子研究的美国科学政策办公室（OSP）。这类研究的生物安全监督框架内的关键要素是《NIH 指南》和生物安全制度委员会（IBC）或具有同等职能相关机构的规范 OSP 负责促进受《NIH 指南》管控的研究项目的科学性、安全性和伦理性，其主要目标是确保研究的安全性，以及推进使用重组或合成核酸分子的各科学领域的发展。

对于涉重组或合成核酸分子及含这类分子的细胞、生物体与病毒的构建与处理的研究，《NIH 指南》规定了合理的生物安全规范和程序。其将重组或合成核酸分子定义如下：

1. a）通过连接核酸分子构建的分子；b）且可在活细胞中复制的分子（即重组核酸）；

2. 以化学方法或其他方法合成或扩增的核酸分子，包括虽经化学方法或其他方法修饰但可与天然核酸分子（即合成核酸）的碱基配对的核酸分子；

3. 由上述两项内容中所述的分子复制产生的分子。

遵守《NIH 指南》是 NIH 出资的条件之一。《NIH 指南》适用于所有研究机构涉及重组或合成核酸分子的研究项目，而无论研究项目是得到 NIH 的资助，还是其他资金支持。《NIH 指南》的广泛应用促进了整个机构内生物安全规范的一致性，从而更好地保护了实验室工作人员以及公众和环境的安全。

《NIH 指南》首次发布于 1976 年，并根据技术、科学和政策发展的需要进行了修订。该指南概述了开展或监督重组或合成核酸分子研究的各类实体的作用和责任，这些实体包括机构、调研人员、IBC、生物安全官员和 NIH（见《NIH 指南》第四节）。根据病原体在健康成年人中引起疾病的可能性大小，将其划入 4 个风险组之一（《NIH 指南》附录 B），同时描述了病原体研究过程中应根据潜在风险大小采用的四级物理防护规范（见《NIH 指南》附录 G），并根据活动的性质为重组或合成核酸分子研究建立了不同的审批等级。等级的划分如下。

1. 在开始研究之前，先要获得 NIH 主任和 IBC 的批准。

2. 在开始研究之前，先要获得 OSP 和 IBC 的批准。

3. 在启动人类基因转移研究之前，先要获得 IBC 的批准。

4. 在开始研究之前，先要获得 IBC 的批准。

5. 在开始研究时，要通知 IBC，并于随后接受 IBC 的审批。

更多详情，请参见《NIH 指南》的第三节。在任何情况下，请务必注意 IBC 的审批是必需的。

《NIH 指南》第四节 B-2 概述了 IBC 的作用和责任，以及其成员资格、程序和职能。除了《NIH 指南》中指定的机构外，对 IBC 的有效运作负最终责任的机构还可为其定义更多的作用和责任。例如，某些机构可制定政策，要求 IBC 审查某些《NIH 指南准则》管控的研究（例如，涉非重组病原体的研究）。《NIH 指南》可从相关网站获取。

K　灭活与验证

　　本附录描述的灭活方法能够保留病原体、病毒核酸序列或毒素的某些相关特性，以满足这些材料的预期用途和灭活程序验证。管制性病原体和毒素的灭活与核查必须符合《联邦管制性病原体计划》的现行规定[1]。

　　术语表中定义了本附录中讨论的关键术语，包括灭活、经验证的灭活程序、活性测试方案、感染性测试、毒性试验、减毒、流程验证、机构验证[1]。

背景

　　选择灭活方法时，应考虑关键特性，包括感染性材料（如病原体、病毒核酸或毒素）、抗灭活能力以及灭活后恢复的能力[2,3]。芽孢、生物膜中的病原体和朊病毒的环境稳定性很高。

　　病原体内的不同组成和（或）系统都有针对性的灭活程序。灭活目标包括：细菌细胞壁，脂质包膜或细胞膜，核酸，以及与病原体的毒性、复制能力和（或）传播能力有关的调节系统。灭活方法的类型可能包括：

- 物理方法（例如高温[4,5]、电离辐射[6,7]和 254 nm 紫外光[8-10]）；
- 化学方法（例如盐酸胍等离液化合物[11-14]、氯和过氧化氢等氧化剂[15-18]、补骨脂素或被紫外线 A[10,19-23]活化的二氧化钛纳米颗粒）；
- 天然的抗菌策略［例如溶菌酶和病毒溶素等酶（噬菌体编码的裂解酶[24-26]）、乳链菌肽等抗菌肽[27]和噬菌体[28]］；
- 组合方法［例如亚致死温和温度（小于 60℃）与各种非热处理[2]、电离辐射＋抗菌化合物[29]以及溶菌酶＋抗菌化合物[30]］。

　　一些传统的消毒方法也可用作灭活处理。例如，过氧乙酸可有效灭活孢子、细菌、DNA 病毒和 RNA 病毒，同对后续的聚合酶链式反应（PCR）免疫检测和酶联免疫吸附检测（ELISA）的影响极小[18]。人类和动物用抗生素的替代品、环境净化方法和食品安全工艺可能会推动灭活程序的发展[25]。新型灭活策略包括使用溶菌酶等细胞壁水解酶[24]和乳链菌肽等抗菌肽[27]。

　　在选择灭活方法时，需要考虑几个因素，包括：特定的控制因素，提升灭活功效与保留所需特性之间的平衡性，以及安全裕度（即要采取过量的杀伤条件来确保病原得到充分灭活）的适当性。此外，还可考虑其他优势，包括灭活方法的低成本以及广谱性。

过滤与离心

　　过滤是一种去除病原体的常见方法，它可通过去除或减少生物体液、培养上清液和其他材料中的活性病原体、病毒核酸序列或毒其含量，增进灭活效率。然而，过滤可能会导致待用材料的大量损失，还需要活性测试来确保没有病原体通过过滤器。离心或离心＋过滤的方法可从待用材料中分离并去除大量病原体、病毒核酸或毒素，从而增进灭活方法的功效。离心可能会对剩余材料的结构完整性造成不利影响，并且还需要更多的时间和处理步骤来回收进一步使用的材料。

提取物（如核酸、抗原和裂解物）是通过下述两步流程获得的，第一步（如裂解）是对病原体进行处理，第二步（如过滤）是去除任何残留的活性病原体。

确定灭活程序

开发灭活程序的出发点是根据特定情况确定适当、有效和可行的灭活方法。所考虑的灭活程序可基于：

1. 机构内部制定的程序；
2. 在同行评议期刊上发表的程序；
3. 通用的方法（如加热、干燥或湿灭活）。

在制定灭活程序时，需要考虑许多变量，包括待灭活的病原体（如病原、核酸或毒素）的类型和数量（即体积和滴度）；病原体周围的基质/溶剂；起始基材的浓度；处理时间、温度、pH 和处理剂量；流程控制；用于灭活的容器类型；以及适当的安全措施。暴露后的环境也可影响灭活的功效。因此，灭活后的环境条件（例如温度和基质中的营养物质）也应加以控制。

在样品有限的情况下，可以使用替代毒株或病原体开发灭活程序。若已知抗药性信息，则应使用最具抗药性的毒株或病原体作为替代物。通常来说，合适的替代物是同属细菌或同科病毒。在某些情况下可能适用的另一种替代物是组织替代物。在这种情况下，与已灭活目标组织相邻且同样灭活的组织样本可用于灭活程序的确认和验证该程序是否达到了足够的效果。

使用剂量反应关系（如病原、病毒核酸或毒素的存活与灭活处理的剂量或时间）、加标回收实验（即减少生物负荷的研究）和建立足够的安全裕度均是灭活程序需涵盖的要素。应考虑的因素包括：

1. 针对所涉特定情况的测试方法（例如起始材料的类型、数量和浓度）；
2. 对照（流程、阴性和阳性）；
3. 检测的极限值；
4. 残留的灭活材料和基质材料对活性测试、感染性测试或毒性试验的干扰；
5. 适当的安全裕度。

表附录 K-1 ～ K-8 概述了 4 种主要灭活方法——物理方法、化学方法、物理活化化学方法以及天然和新兴方法——的主要优缺点。表附录 K-9 和表附录 K-10 概述了综合性方法的优缺点。

物理灭活方法包括加热（干式或湿式）[4,5]、电离辐射[6,7] 和紫外线（紫外线 C 辐射）[8-10]。该方法通过热空气（干式）或加压蒸汽（湿式）使病原体的蛋白质结构发生不可逆的变化（变性）。电离辐射可使核酸中的单链和双链发生断裂。紫外线，特别是波长为 254 nm 的紫外线，可有效减少细菌数量。紫外线 C 段辐射通过形成嘧啶二聚体来对核酸造成光化学损伤，从而抑制 DNA 复制和转录。

表附录 K-1　物理灭活的优点

因素	加热	电离辐射	紫外线 C
效力	广谱	广谱	灭活病毒和革兰氏阳性 / 阴性菌
适用性	广谱	广谱	广谱
残留毒性	低	无	无
成本	–	–	低成本
结构保持度		蛋白质，3 D 结构保存完好	大部分蛋白质
渗透	完整，具体取决于处理时间	灭活更稠密的材料	表面
抗性	–	没有观察到	没有观察到
使用难易度	简单易用		接触时间短

表附录 K-2　物理灭活的缺点

因素	加热	电离辐射	紫外线 C
剧毒性	可能灼伤	毒性高	会破坏接触的皮肤
结构保持度	由于蛋白质变性而受限；可能会损害病原体诱发免疫反应的能力	–	DNA 链内交联限制了聚合酶连锁反应和转录测定的用途
成本		成本高	
渗透	所有材料都要接触蒸汽或干热；滞留的空气可能起到隔热作用	–	受光量的限制；同时受液体透明度、悬浮颗粒的大小、材料可溶性以及与紫外线源的距离的影响
使用难易度	–	法规与安全限制（辐射器）；长时间接触	–

　　化学灭活涉及离液剂 [11-14] 和氧化剂 [15-18]。离液剂灭活的化学方法利用基于胍的变性剂破坏细胞并释放核酸。高浓度的该试剂具有很强的蛋白质变性能力。氧化剂可氧化细胞膜，导致其结构破坏，进而造成细胞溶解和死亡。氧化剂包括次氯酸、氯、过氧化氢和过氧乙酸等。

表附录 K-3　化学灭活的优点

因素	离液剂	氧化剂
效力	灭活病毒和革兰氏阳性 / 阴性菌	广谱；次氯酸对病毒和由孢子形成的芽孢杆菌有效，并能快速灭活
适用性	–	广谱
残留毒性	–	毒性低（弱酸在与皮肤和黏膜接触后不会造成危害）
成本	–	低成本
结构保持度	核酸保存完好	–
使用难易度	无挥发性；在室温下有效；有带已制备试剂的试剂盒	–

表附录 K-4　化学灭活的缺点

因素	离液剂	氧化剂
效力	无法完全灭活孢子	–
剧毒性	高浓度时具有刺激性、毒性和腐蚀性	高浓度时具有刺激性、毒性和腐蚀性
结构保持度	–	可能会损害病原体的免疫反应能力
使用难易度	需要移除或中和后才能评估灭活成效	存储稳定性有限；需要中和后才能评估灭活成效

　　灭活也可以通过物理处理活化的化学方法来实现，比如将补骨脂素和紫外线 A 辐射 [19-21] 或二

氧化钛和紫外线 A 辐射相结合[10,22,23]。补骨脂素在受到紫外线 A（320 ~ 400 nm）辐射的情况下可使病毒灭活。二氧化钛是一种稳定的惰性材料，在受到照射时可以持续展现出抗微生物效力。光催化随着细胞内容物的流出而增加细胞通透性，从而致使细胞死亡。

表附录 K-5　通过物理处理活化的化学方法灭毒的优点

因素	补骨脂素 + 紫外线 A	二氧化钛 + 紫外线 A
效力	对多种病毒有效	多种病原体，包括炭疽杆菌的致死毒素；纳米粒子（二氧化钛）表现出优异的灭活性
结构保持度	病毒抗原表位和核酸保存完好	–
抗性	没有观察到	–
使用难易度	–	化学稳定；能源来源可以是太阳能

表附录 K-6　通过物理处理活化的化学方法的缺点

因素	补骨脂素 + 紫外线 A	二氧化钛 + 紫外线 A
效力	仅限病毒	技术效率需要提高
结构保持度	–	特性可能会受到细胞壁损伤的影响
使用难易度	需要去除或中和 AMT 后才能评估灭活功效	需要病原体与二氧化钛紧密接触

灭活还可通过涉及溶菌酶[24-26]、抗菌肽[25,27]和噬菌体的天然与新兴抗微生物策略实现[25,28]。溶菌酶对细菌的杀伤作用是通过水解细胞壁实现的，具有抗革兰氏阳性菌的作用，并且是预防食品中微生物生长的重要成分。细菌素（即细菌蛋白或肽）是广泛用于食品生物保存的抗菌肽，抗菌肽是先天免疫的基石。抗菌肽具有多种细胞内和细胞外靶标，主要与细胞膜结合并在其上形成孔隙。噬菌体是能够感染和杀死细菌的病毒，是自然界中最丰富的生物之一，但目前尚不清楚其是否会感染真核生物。使用多种紧密相关的噬菌体（即鸡尾酒疗法）经证明可更为有效地杀死微生物病原体。

表附录 K-7　天然抗菌策略和新抗菌策略的优点

因素	溶菌酶	抗菌肽	噬菌体
适用性	普遍	普遍	–
效力	普遍；有效应对革兰氏阳性菌（立即起效杀死细菌）；食物传播和水传播病毒	普遍；广谱制剂，特别是细菌；非免疫原性	针对特定、靶向宿主范围高度活跃；特别有效应对若干种食物传播致病菌
残留毒性	毒性低	毒性低	毒性低
成本	成本低	–	成本低
可恢复性	–	低；抗菌肽与细胞内和细胞外靶点作用可发动多重攻击（减少恢复的可能性）	低；相关噬菌体"鸡尾酒"增加了效力并限制了可恢复性
使用难易度	在低浓度（~ 1%）情况下，溶菌酶一般具备耐稳定性且有效性	–	–

表附录 K-8　天然抗菌策略和新抗菌策略的缺点

因素	溶菌酶	抗菌肽	噬菌体
适用性	因其细胞壁组分复杂，不如像针对革兰氏阴性菌那么有效	–	宿主范围较小

续表

因素	溶菌酶	抗菌肽	噬菌体
效力	–	–	细菌对噬菌体的抵抗性可能导致噬菌体不敏感突变体的生成；其效力可能取决于温度
结构保持度	摧毁致病菌细胞壁的可能性或许会限制灭火材料的使用	摧毁致病菌细胞壁的可能性或许会限制灭火材料的使用；应用中极为重要的致病菌中的关键细胞内结构蛋白可能会受到影响	噬菌体导致的溶菌现象可能会限制细胞物质的恢复
脱靶效应	–	–	遗传物质噬菌介导转移至宿主；需要仔细监控，以确保噬菌体基因组无毒素和致病基因
使用难易度	稳定性低（短半衰期）	稳定性低（蛋白酶使抗菌肽灭活）	–
使用难易度	在低浓度（～1%）情况下，溶菌酶一般具备耐稳定性且有效性	–	–

最后，灭活可通过组合方法实现，这类方法包括在亚致死温和温度（小于 60 ℃）下采取非热处理[2]，将电离辐射和抗菌化合物结合使用[29]，以及将溶菌酶和抗菌化合物结合使用[30]。一些常见的非热处理方法包括高压灭菌（HPP）、脉冲电场（PEF）和超声（US）。使用抗微生物化合物（如抗菌肽）可减少灭活病原体所需的电离辐射剂量。抗菌化合物（如抗菌肽与溶菌酶）的协同作用可有效灭活和（或）杀死革兰氏阳性菌。溶菌酶与抗微生物化合物联合应用可有效抵抗多种病原体。众所周知，细菌对抗菌化合物具有耐药机制，因此这必须被视为潜在的风险[31]。

表附录 K-9　组合方法的优点

因素	温度 + 非热	抗菌剂 + 电离辐射	抗菌剂 + 溶菌酶
适用性	广泛	广泛	综合处理对包括发芽孢子在内的更多类型的病原体具有更高的功效
效力	广泛；对多种病原体有效；亚致死温和温度与非热处理结合使用可大幅提高功效	广泛；可有效灭活包括多种食源性病原菌在内的病原体	可有效灭活细菌，尤其是革兰氏阳性菌和各种食源性病原菌
残留毒性	毒性低	由于只需较低剂量的电离辐射就能有效灭活，因此组合方法可降低毒性	毒性低
结构保持度	–	保持动植物产品所需质量的关键是较低剂量的电离辐射	–
使用难易度	组合方法可降低处理时间		

表附录 K-10　组合方法的缺点

因素	温度 + 非热	抗菌剂 + 电离辐射	抗菌剂 + 溶菌酶
适用性	非热技术对孢子的效果较差	–	通常对革兰氏阴性菌无效
成本	–	某些天然抗菌化合物的成本很高	–
恢复力	并非所有存在的病原体都是同时灭活的；存在亚致死伤害的可能性和恢复的可能性	–	–
脱靶效应	–	需要考虑抗菌剂（包括合成抗菌剂）对宿主的多种影响	需要考虑抗菌剂（包括合成抗菌剂）对宿主的多种影响

续表

因素	温度 + 非热	抗菌剂 + 电离辐射	抗菌剂 + 溶菌酶
抗性	–	病原体对抗菌肽的耐药性有待于更深入的研究	病原体对抗菌肽的耐药性有待于更深入的研究
使用难易度	优化组合方法的技术，以获得所需的最高功效	稳定性低（某些天然抗菌化合物的半衰期较短）	无法立即灭活

灭活程序验证

灭活程序的条件必须根据功效进行优化，并针对环境中的特定材料和情况进行调整。经验证的灭活程序应达到以下效果：

1. 病原体无法存活（有效性由活性测试数据确定）；
2. 分离的病毒核酸不能产生感染性病毒（有效性由感染性测试数据确定）；
3. 毒素不再具有毒性作用（有效性将由毒性试验数据确定）。

活性测试程序可能包括细胞活性测定、生长分析、体内暴露或这些方法的组合。常见的病毒感染性测试程序为将正链 RNA 引入可感染细胞中，以确定该链是否可产生感染性病毒。毒性试验可包括功能活性测定和体内暴露测定。

在为经确认的灭活程序设定规格时，应考虑未完全灭活的可能性，包括可能因超过灭活程序的病原体杀伤量而导致的错误、缺乏特异性、检测限以及不同运行批次之间的差异。为了确定实验室人员在执行该程序时的潜在差异性，必须进行足够多的重复测试。除了在制定灭活程序时需考虑的因素外，还需要在确认灭活程序时应评估以下要素：

1. 在确认测试之前需要中和或稀释的化学灭活处理剂；
2. 灭活的统计概率（即样品在经过灭活材料 / 程序充分灭活后的显著完全灭活统计概率）。

替代方法

当灭活程序的标准验证不可行时，可考虑采用替代策略，例如抽样和使用替代物。对于材料数量有限或其他条件致使完全确认无法实现的情况，抽样一部分灭活材料是一种可选策略。根据灭活材料的类型，抽样可能涉及检测相似样品总数的一部分或检测每个样品的一部分。

潜在差异性的大小是决定确认参数的一个关键因素。需要考虑的因素包括检测频率、适当的采样策略、替代指标的使用以及所检测样本的百分比。潜在差异性取决于多种因素，包括样品的类型、灭活程序的类型以及灭活程序中使用的特定材料、设备和条件。当在已验证的灭活程序中引入变量（如试剂、设备或环境条件的变化）时，实验室应重新确认灭活程序。由于病原体本身能够随时间自然或刻意地发生变化（如病毒基因组的突变、重组和重排、水平基因转移、病原体的合成衍生以及由增强功能研究导致的修饰），因此应定期对灭活程序进行重新评估验证。

对于机构认为足以保障灭活程序实施的采样策略，在机构制定相关政策的过程中，风险评估是基础。对于较低风险材料的灭活程序或潜在差异性极其微小的灭活程序，在后续灭活过程中或许仅检测流程控制措施即可，但对于较高风险材料的灭活程序或潜在差异性较大的灭活程序，需要对所有后续灭活样品进行确认。

　　与经过灭活和残留病原体去除操作的材料相比，仅经过病原体去除（如过滤）操作的材料必须进行更严格的可行性测试。通过确认灭活程序，增加流程控制以及对随后的提取灭活材料采取适当的采样策略，这样能保证即使不对每种病毒核酸提取物进行感染性测试，也将不会有过大的风险。

减毒方法

　　减毒是一种使病原体、病毒核酸或毒素的毒性弱化，将疾病风险降至最低的方法。经减毒的病原体的毒性、复制能力和（或）传播性（包括宿主和组织嗜性）通常会降低。减毒方法虽然降低了风险，并可能使工作在较低的生物安全水平上进行，但并没有达到灭活的标准。因此，为确定病原体减毒是否应降低生物安全水平，有必要进行彻底的风险评估。减毒方法包括使用抗毒性化合物来靶向攻击细菌分泌系统，减弱（而非杀死）病原细菌[25,32-34]以及对微RNA的调节系统进行改造，以限制病毒的嗜性/宿主范围[35,36]。对于仅使毒性暂时降低的减毒系统，是绝不允许降低防护水平的。

　　表附录K-11和表附录K-12概述了两种新型减毒方法的主要优缺点。首先，天然和新兴的抗菌策略，是利用针对细菌分泌系统的抗毒化合物[25,32-34]来减弱病原细菌的毒性（而非将其杀死），细菌分泌系统能够将重要的高分子直接转移到宿主体内，以调节防御机制，从而促进病原体的生存，抗毒化合物使细菌丧失毒性功能，同时保留了可用于研究的特性；其次，分子生物防护法利用微RNA的调节能力和嗜性[5,36]改造微RNA（内源性和不编码蛋白质的小RNA，基因表达的重要调节者）系统，以限制病原体的毒性、复制能力和（或）传播性，包括病原病毒的嗜性（宿主范围）。

表附录 K-11   新型病原体减毒方法的优点

因素	抗毒化合物	微 RNA 调节
适用性	–	通过微 RNA 改造获得广泛的适用性
效力	广谱活性（尤其是革兰氏阴性菌）	物种特有的微 RNA 可以减毒，同时在动物模型中保留复制能力和可传播性
结构保持度	–	通过改造的微 RNA 进行调节，所需的特性可保持长期相对稳定
残余毒性	毒性低	毒性低
抗性	抗性生成延迟	–

表附录 K-12   新型病原体减毒方法的缺点

因素	抗毒化合物	微 RNA 调节
适用性	仅限于细菌	–
恢复力	–	病原体可能会恢复传染力；监测是必需的
效力	减毒；非灭活	减毒；非灭活
脱靶效应	未知	调节多个基因可能会产生非预期的后果
使用难易度	减毒并非同时发生。诊断测试不能区分病原菌和非病原菌。对于只有在存在时才能抑制毒性的化合物，降低防护水平并不合适	–

流程验证

在使用用于常规程序的试剂和设备时，执行经验证灭活程序的实验室人员应验证该程序，无论程序的来源如何（即无论其是通用程序、公开程序或内部程序），都应进行验证。每次操作之间的差异是由于多种因素（包括材料、设备、病原体滴度、环境条件以及执行该特定程序的人员）的累积影响（有时是轻微的）所致。即使验证过的灭活程序也必须再次验证，因为每次操作之间的差异可能会导致功效水平有所差异。

验证需以风险为基础。对于风险较低的生物体，验证凭据可以是高压灭菌器上显示的证明灭活时间和温度已足够的输出数据或生物指示剂显示的结果；对于高危生物，验证涉及活性、传染性和毒性测试。请参见本附录中的《灭活程序验证》。流程验证的目的是证明尽管各次操作的条件之间存在正常变化，但足够的功效仍是可实现的。

机构验证

流程验证适用于机构中的单个设施，而机构验证是指机构确认其使用的一套已确认的灭活和病原体分离/去除程序产生的最终产品实现了足够的灭活效果。该机构有责任确保对其处理的病原体、病毒核酸序列和毒素进行充分的灭活（或净化处理），以保护其工作人员、公众和环境的安全，并确保将灭活的材料转移到防护等级较低的地方。

灭活样品的跟踪和相关信息传播

机构应评估关于灭活方案的详情记录工作，包括局限性的记录。根据对生物体的防护要求，评估人员需要风险评估的数据；来自活性测试、传染性测试或毒性试验的数据；灭活程序的执行人员信息；完成日期；以及执行的地点。清晰的样品标签至关重要，因为它可以实现对材料的性质、失活状态、失活日期和其他相关信息的跟踪。若灭活失效，良好的记录将有助于通知可能接触过样品的工作人员，并且快速发现问题还可防止样品被转移到防护水平较低的地点，从而防止潜在的职业暴露。一旦发现材料未充分灭活，须立即通知内部或外部所有接受到该材料的人员。

良好的生物安全和实验室生物安保措施，包括发布灭活样品中可能存在的所有危害；发布灭活和确认程序所需的风险评估信息；发布机构采样策略的详细信息；贴上适当的标签；对实验室人员的严格培训以及保留与灭活验证相关的实验数据。彻底跟踪灭活和验证细节对于以下人员很重要：发送人员，材料的内部接收人员以及机构中可能接触材料的其他人员，材料运输过程中的潜在暴露人员，以及灭活生物材料的外部接收人员。如果所收到的材料的灭活状态不确定，则应使用针对完整病原体的原始防护水平。

对灭活与核查程序的持续审查和监督

当条件（如容量更大或材料浓度更高，或温度和基质材料不同）与确认研究设定的预定灭活程序条件不同时，或当先前已核查的灭活程序失效时，应定期审查灭活程序和灭活程序功效核查方法（根据对低风险病原体的风险评估，建议每年对高风险药物进行一次审查）。定期和持续审查灭活程序和核查程序对于确保实现对不断变化的病原体的有效灭活也至关重要。

对所有先前已核查的灭活程序出现失效的情况，开展调查并进行根因分析，以确定问题的来源以及防止灭活失效的方法。对于灭活或核查程序中反复出现的问题，需要对灭活程序进行修改或为将来的灭活和核查程序开发替代方法。机构的采样策略也应定期重新评估。

其他重要注意事项

灭活与核查程序中使用的设备和其他组件需要定期保养，以确保灭活功效的恒久性。灭活程序的化学和物理危害也应作为常规程序审查的一部分进行定期评估。美国职业安全与健康管理局（OSHA）的《实验室安全指南》提供了有关在实验室处理危险物质的规章和指南[37]。

培训与能力评估是实现高水平生物安全的关键，一致性最大限度地降低了事件发生的风险，并限制了一旦事件发生的负面后果。定期的安全培训应包括有关当前灭活和核查程序的信息以及有关经修改的程序或新程序的信息，此信息应提供给所有相关员工。灭活失效后的重新培训应强调从对灭活失效的根因分析中学到的经验和教训。安全计划的有效性在很大程度上取决于机构的安全文化——采取主动而不是被动的方法来形成强大的安全文化是预防实验室事件的关键保障。

结论

灭活与核查程序需要针对特定的程序情况并根据风险评估进行调整。由于不同机构内的条件差异很大，分析条件、设备和（或）病原体来源不可避免地存在差异，以及不同类型的灭活程序所采用的条件不同，建议对所有方法进行内部测试。对有关灭活与核查方法的欠缺了解，这意味着机构经常会自创方法。为确保与科学界共享有效灭活和核实方法，可将这些重要数据包含在各种刊物的"材料和方法"部分。

尽管能保留所需病原体特性的新型灭活方法是生物安全研究中活跃的领域，但还有待进一步研究。灭活与核查程序的进步可以提高安全与保障，可以降低所采用的生物安全水平和成本，并推进某些可能会受阻的有价值的研究项目的开展。

原书参考文献

［1］ Federal Select Agent Program [Internet]. Atlanta and Riverdale: Centers for Disease Control and Prevention, Division of Select Agents and Toxins and Animal and Plant Health Inspection Services, Agriculture Select Agent Services; c2017 [cited 2018 Dec 26]. Guidance on the Inactivation or Removal of Select Agents and Toxins for Future Use. Available from: https://www.selectagents.gov/resources/Inactivation_Guidance.pdf.

［2］ Van Impe J, Smet C, Tiwari B, Greiner R, Ojha S, Stulić V, et al. State of the art of nonthermal and thermal processing for inactivation of micro-organisms. J Appl Microbiol. 2018;125(1):16–35.

［3］ Mbonimpa EG, Blatchley ER 3rd, Applegate B, Harper WF Jr. Ultraviolet A and B wavelength-dependent inactivation of viruses and bacteria in the water. J Water Health. 2018;16(5):796–806.

［4］ Farcet MR, Kreil TR. Zika virus is not thermostable: very effective virus inactivation during heat treatment (pasteurization) of human serum albumin. Transfusion. 2017;57(3pt2):797–801.

［5］ Spotts Whitney EA, Beatty ME, Taylor TH Jr, Weyant R, Sobel J, Arduino MJ, et al. Inactivation of Bacillus anthracis spores. Emerg Infect Dis. 2003;9(6):623–7.

［6］ Cote CK, Buhr T, Bernhards CB, Bohmke MD, Calm AM, Esteban-Trexler JS, et al. A Standard Method to Inactivate Bacillus anthracis Spores to Sterility Using γ-Irradiation. Appl Environ Microbiol. 2018.

［7］ Elliott LH, McCormick JB, Johnson KM. Inactivation of Lassa, Marburg, and Ebola viruses by gamma irradiation. J Clin Microbiol. 1982;16(4):704–8.

［8］ Vaidya V, Dhere R, Agnihotri S, Muley R, Patil S, Pawar A. Ultraviolet-C irradiation for inactivation of viruses in foetal bovine serum. Vaccine. 2018;36(29):4215–21.

［9］ Blázquez E, Rodríguez C, Ródenas J, Pérez de Rozas A, Segalés J, Pujols J, et al. Ultraviolet (UV-C) inactivation of Enterococcus faecium, Salmonella choleraesuis and Salmonella Typhimurium in porcine plasma. PLoS One. 2017;12(4):e0175289.

［10］ Vatansever F, Ferraresi C, de Sousa MV, Yin R, Rineh A, Sharma SK, et al. Can biowarfare agents be defeated with light?. Virulence. 2013;4(8):796–825.

［11］ Blow JA, Dohm DJ, Negley DL, Mores CN. Virus inactivation by nucleic acid extraction reagents. J Virol Methods. 2004;119(2):195–8.

［12］ Haddock E, Feldmann F, Feldmann H. Effective Chemical Inactivation of Ebola Virus. Emerg Infect Dis. 2016;22(7):1292–4.

［13］ Rosenstierne MW, Karlberg H, Bragstad K, Lindegren G, Stoltz ML, Salata C, et al. Rapid Bedside Inactivation of Ebola Virus for Safe Nucleic Acid Tests. J Clin Microbiol. 2016;54(10):2521–9.

［14］ Roberts PL, Lloyd D. Virus inactivation by protein denaturants used in affinity chromatography. Biologicals. 2007;35(4):343–7.

［15］ Hughson AG, Race B, Kraus A, Sangaré LR, Robins L, Groveman BR, et al. Inactivation of Prions and Amyloid Seeds with Hypochlorous Acid. PLoS Pathog: 2016;12(9):e1005914.

［16］ Rose LJ, Rice EW, Jensen B, Murga R, Peterson A, Donlan RM, et al. Chlorine inactivation of bacterial bioterrorism agents. Appl Environ Microbiol. 2005;71(1):566–8.

［17］ Dembinski JL, Hungnes O, Hauge AG, Kristoffersen AC, Haneberg B, Mjaaland S. Hydrogen peroxide inactivation of influenza virus preserves antigenic structure and immunogenicity. J Virol Methods. 2014;207:232–7.

［18］ Sagripanti JL, Hülseweh B, Grote G, Voss L, Böhling K, Marschall HJ. Microbial inactivation for safe and rapid diagnostics of infectious samples. Appl Environ Microbiol. 2011;77(20):7289–95.

［19］ Schneider K, Wronka-Edwards L, Leggett-Embrey M, Walker E, Sun P, Ondov B, et al. Psoralen Inactivation of Viruses: A Process for the Safe Manipulation of Viral Antigen and Nucleic Acid. Viruses. 2015;7(11):5875–88.

[20] Laughhunn A, Huang YS, Vanlandingham DL, Lanteri MC, Stassinopoulos A. Inactivation of chikungunya virus in blood components treated with amotosalen/ultraviolet A light or amustaline/glutathione. Transfusion. 2018;58(3):748–57.

[21] Santa Maria F, Laughhunn A, Lanteri MC, Aubry M, Musso D, Stassinopoulos A. Inactivation of Zika virus in platelet components using amotosalen and ultraviolet A illumination. Transfusion. 2017;57(8):2016–25.

[22] Nakano R, Ishiguro H, Yao Y, Kajioka J, Fujishima A, Sunada K, et al. Photocatalytic inactivation of influenza virus by titanium dioxide thin film. Photochem Photobiol Sci. 2012;11(8):1293–8.

[23] Kashef N, Huang YY, Hamblin MR. Advances in antimicrobial photodynamic inactivation at the nanoscale. Nanophotonics. 2017;6(5):853–79.

[24] Takahashi H, Tsuchiya T, Takahashi M, Nakazawa M, Watanabe T, Takeuchi A, et al. Viability of murine norovirus in salads and dressings and its inactivation using heat-denatured lysozyme. Int J Food Microbiol. 2016;233:29–33.

[25] Lambert MS. An update on alternatives to antibiotics–old and new strategies. Appl Biosaf. 2011:16(3):184–7.

[26] Takahashi M, Okakura Y, Takahashi H, Imamura M, Takeuchi A, Shidara H, et al. Heat-denatured lysozyme could be a novel disinfectant for reducing hepatitis A virus and murine norovirus on berry fruit. Int J Food Microbiol. 2018;266:104–8.

[27] Singh VP. Recent approaches in food bio-preservation—a review. Open Vet J. 2018;8(1):104–11.

[28] Tomat D, Casabonne C, Aquili V, Balagué C, Quiberoni A. Evaluation of a novel cocktail of six lytic bacteriophages against Shiga toxin-producing Escherichia coli in broth, milk and meat. Food Microbiol. 2018;76:434–42.

[29] Gomes C, Moreira RG, Castell-Perez E. Microencapsulated antimicrobial compounds as a means to enhance electron beam irradiation treatment for inactivation of pathogens on fresh spinach leaves. J Food Sci. 2011;76(6):E479–88.

[30] Chai C, Lee KS, Imm GS, Kim YS, Oh SW. Inactivation of Clostridium difficile spore outgrowth by synergistic effects of nisin and lysozyme. Can J Microbiol. 2017;63(7):638–43.

[31] Joo HS, Fu CI, Otto M. Bacterial strategies of resistance to antimicrobial peptides. Philos Trans R Soc Lond B Biol Sci. 2016;371(1695).

[32] Baron C. Antivirulence drugs to target bacterial secretion systems. Curr Opin Microbiol. 2010;13(1):100–5.

[33] Paschos A, den Hartigh A, Smith MA, Atluri VL, Sivanesan D, Tsolis RM, et al. An in vivo high-throughput screening approach targeting the type IV secretion system component VirB8 identified inhibitors of Brucella abortus 2308 proliferation. Infect Immun. 2011;79(3):1033–43.

[34] Sharifahmadian M, Arya T, Bessette B, Lecoq L, Ruediger E, Omichinski JG, et al. Monomer-to-dimer transition of Brucella suis type IV secretion system component VirB8 induces conformational changes. FEBS J. 2017;284(8):1218–32.

[35] Langlois RA, Albrecht RA, Kimble B, Sutton T, Shapiro JS, Finch C, et al. MicroRNA-based strategy to mitigate the risk of gain-of-function influenza studies. Nat Biotechnol. 2013;31(9):844–7.

[36] Lambert MS. Safety overview of techniques involving miRNAs, siRNAs, and other small regulatory RNAs. Appl Biosaf. 2009;14(3):150–2.

[37] United States Department of Labor [Internet]. Washington (DC): Occupational Safety and Health Administration; c2011 [cited 2018 Dec 27]. Laboratory Safety Guidance. Available from: https://www.osha.gov/Publications/laboratory/OSHA3404laboratory-safety-guidance.pdf.

L　可持续性

引言与问题

可持续性是在不过度消耗未来所需资源的情况下满足当前需求的能力。为说明在守住财务底线与实现环境和社会目标之间取得平衡的益处，以便找到可经受住时间考验，同时不会损害人类健康的有效解决方案，"三重底线"（如"人类－地球－盈利"）一词通常与可持续性相关联。

尽管安全性在实验室的设计和（或）操作中仍然是最重要的，但通过保护环境来最大限度地减少浪费和保障人类的长期健康也是需要优先考虑的。可持续实验室的设计、建造和运营需要考虑建筑系统相互联系的整体方案。项目交付流程可通过以下措施优化：使用一体化的设计方案，并对与建筑物的当前用途和潜在用途有关的问题进行多学科评估。

实验室每平方英尺的资源和能源消耗要高于其他商业建筑。影响实验室能耗的因素包括：连续运行，排气装置、能源密集型设备和发热设备的通风需求，水蒸气灭菌和其他流程。此外，为保持发生故障时的实效保护，实验室中的重要研究与防护要求经常涉及备用电力系统这一项。

本附录概述了通过节省能量和成本、减少污染并优化材料资源使用来提高建筑物实验区效率的潜在机会。为提高生产率，改善工人的舒适度和福利，同时减少与员工舒适度相关的保养问题，本附录还重点介绍了改善室内空气质量和照明的策略。

现有实验室运营策略

实验室内的可持续性方法通常侧重于新设施的设计和建造。然而，改进现有实验室的运营和管理规范可有效节省成本，并节省材料资源。

校验

校验是核查系统是否按预期工作的一种方法。经证明，该方法使现有建筑物节省了中位数 15% 的能耗。实验室只要一年或不到一年就可以收回重新校验成本[1]。设施经理可能会考虑重新校验。第一步是通过审计来评估实验室的能耗和水耗。审计时，请尽可能对设备进行重新校验。对设备的系统评估可确定随设备老化或建筑物用途变化而产生的问题。例如，重新校准温度传感器花费不高，同时还改善了诊断和（或）监控功能。调整以过高速度运行的变频驱动电机控制器可节省大量的能源和资金，进而节省了大量原始成本。

水和能源效率

根据审计结果来评估提高能源和水的利用效率的措施。可采取简单的措施，例如使用节能照明或在下班后减少空气处理设备的气流（即节能）。通过添加断路传感器，并使用指示性标志为工作人员清晰标记固定装置，以节约用水。

通过审计来评估能源效率

在审计前制定战略性策略。扩增审计流程，以评估材料浪费，并确定已实施的任何废物管理策略的有效性。遵循已批准或适当文件中的指导意见，例如在美国疾病控制预防中心（CDC）支持下制定的 203 号文件《医疗废物管理审计程序指南》[2]。

1. 比较可回收物和不可回收物占总废物的重量百分比，以评估回收策略的有效性。

2. 确定并重视减少废物流主要来源的策略。

3. 捐赠不需要但实用的设备，而非将其送至垃圾填埋场。捐赠之前，请正确关闭设备并对可能受到污染的设备进行消毒。

4. 根据采购目标评估回收潜力。以下为举例内容。

    a. 在某非防护实验室中进行的一项审计显示，由于个人防护手套充足，他们可能在采购中倾向于丁腈手套，因为未与传染性材料接触的丁腈手套可以被回收利用。

    b. 指定采购指南，用以确定尖底离心管中的最小或建议的可回收塑料量

    c. 如可行，采购可复用耐高压灭菌加样槽，以减少塑料废弃物的产生。

5. 在废物清单中加入生态箱。另请酌情考虑以下两点。

    a. 将无传染性的垫料和废弃饲料做堆肥处理，而非将其填埋或焚化。

    b. 根据使用情况或氨浓度（还是根据日程）更换箱内的垫料。

实验室内的能源使用及可供参考的新措施

高压灭菌器、离心机和冰柜等插座式设备的能耗最多，将占典型实验室能耗的一半。除了在运行过程中产生热量外，冰柜还会消耗大量能源。可考虑开展内部竞赛或参加旨在提高样品完整性并降低成本和能耗的国际实验室冷冻挑战赛[3]，并实施挑战方案中概述的最佳规范：清洁制冷剂盘管，以优化性能；创建可搜索的物品清单，以缩短冰箱门打开的时间，并减少寻找样品所花费的时间；将超低温冷冻机的温度从 –80℃ 重置为 –70℃，以在不对温度稳定性产生明显影响的情况下降低能耗[4]。如需更换设备，请选择更高效的型号。如需建议，请参见本节中"实验室新建和改建策略"部分。

确定实验室中与工作人员相关的潜在低效率行为，内容如下：

1. 探索在化学通风柜闲置时，使用可调控的风量控制器将其关闭带来的影响。哈佛大学通过实施"关闭排气柜"计划，每年使化学与化学生物学系（装有 278 个化学通风橱）节省 200 000 ~ 250 000 美元的公用事业费用[5]。

2. 在夜晚和周末关闭高压灭菌器（恒流高压灭菌器或配备睡眠模式的高压灭菌器除外）。

3. 在使用隧道式洗涤机清洗生态笼具时，不再烘干，而是让洁净的生态笼具自然风干。

良好的规范强调的是专门针对实验室的操作和控制策略，而更好的规范则通过先进的计算机或物理建模技术来改善通风设计流程[6]。

实验室中大多数能耗与通风有关。先根据《美国取暖、制冷与空调工程师学会实验室设计指南》进行示踪气体测试，以此计算现有实验室中每小时的空气变化量。再进行气流模拟，以评估有关溢漏或气溶胶的情景，以探究有无可能改善通风组件效率。然后在空间中引入可漂浮的中性充氦肥皂泡，以便对实验室气流进行直观评估。当达到室温时，气泡随着微小气流流动。

制订"绿色化学"倡议和方案，从源头上减少化学废物。减少或消除对有害化学试剂、溶剂和产品的使用，以节省空间和节约用水，同时减少有害废物和二氧化碳的排放。了解所用化学物质的毒理学以及美国国家环境保护局（EPA）概述的绿色化学原理[7]。对在用的有害化学物质进行清点，并制定系统的程序，从而通过使用替代方法或替代化学品来减少或消除这些化学物质。探索建立有

关替代方法和替代化学品的数据库，例如由麻省理工学院（MIT）开发的可搜索在线数据库[8]。尝试使用毒性较小，使用后可生物降解，不造成臭氧层空洞和（或）不形成烟雾的化学药品。考虑使用危害较小的化学替代品，例如用含氟溶剂代替氯化溶剂。

酌情去除化学物质。让玻璃自然干燥，而非使用丙酮干燥。如果只需碾碎固体，请避免使用反应溶剂。

除了上述策略外，还应考虑使用完善的绿色建筑评级系统中提供的一般操作与保养指南[9-13]。

实验室新建和改建策略

可持续的设计方案应使项目的空间利用率、工作人员的舒适感和幸福感都得到提高，设备的尺寸设计得当，并有利于保护环境。

预设计

在可持续性方面，实验室计划中最关键的活动是在设计阶段之前开始的。预设计活动的目的是为设计团队提供必要的信息，以开发可靠的编程文档，这是可持续、高性能建筑的基石。

通过制定业主项目需求（OPR）文件来确定设计意图。从利益相关者（包括研究人员、主任、技术人员、操作人员、社区以及任何受实验室设计结果影响的各方人员）的角度确定性能要求。仔细概述利益相关者对各空间拟议使用的特定要求，区分实际需求和愿望清单。

除了解决安全要求的各个方面以外，还需确定有关实验室和其他空间使用的要求和基本假设。这包括某一空间可能被占用、部分被占用或未被占用的时长和条件。确定工作计划最可预测的区域，这将实现采光评估或其他可能会自动关闭或调整的节能系统控件评估之间的协调。说明在意外或紧急使用时系统启动的可接受时间发表意见，考虑实验室可能发生的变化，这使设计团队能够探索其对辅助设施的可能影响，例如空气的供排及实验室工作台的各种布局和配置。建立能源和水利用的效率目标，对衡量这些目标实现程度的方法提出意见，确定不需要小范围湿度和（或）温度控制的实验室。《21 世纪实验室》[14]预估，可接受的湿度范围过小会导致能耗增加最高达 25%。确定适合自然采光且不会妨碍拟议研究的空间，这可以提高工作人员的健康水平，并减少白天对人工照明的需求。

设计

聘请具有可持续实验室设计经验的设计团队。召开由实验室重要人员、设施经理以及尽可能多的设计团队成员参加的需求见面会，形成正式的建设计划，以供设计团队在设计和施工文档制定时使用。在会议上共同审查上述 OPR。让参与人员就 OPR 中规定的所有主要目标讨论他们的关切和想法。建立一个既考虑安全性，还考虑多种其他因素的方案。这些因素包括寿命周期成本、灵活性、现场条件、室内环境、环境影响、可再生能源，以及对水、能源和材料的有效利用。确定在项目的每个后续阶段衡量 OPR 目标实现程度的方法。

可持续设计策略

实验室改造或新建应避免照搬其他实验室的解决方案。解决方案应是定制的，但也是可调整的。利益相关者可以通过大致了解包含可持续性主题的实验室建设建议而受益[15-18]。

声学　每个实验室中的特定设备和活动都可能会影响交流并产生噪声，如果不加以解决，则会加重工作人员的疲劳感。带有嘈杂设备（如通风橱）的实验室空间不应与干燥的计算室或教室采用相同的噪声标准[19,20]。

人工照明的效率和质量　中等水平的可接受环境照明（即普通照明）与任务照明（特需照明）相结合是高效设计的关键组成部分。为了实现节能，请在日程安排可预见的空间或区域中使用自动关闭或昏暗的环境照明。光线的强度和颜色以及被照表面之间的对比度会影响工作人员的视觉舒适度。通风橱或生物安全柜中内置的照明可以与环境照明的颜色相配合，以提高视觉舒适度。

布局灵活可配置移动工作台的实验室，考虑安装台式任务照明，当移开工作台后照度可适当降低。应注意在橱柜下发热的任务灯附近使用的化学品。

设置实验室工作台配置模型并照明情况。模型应包括拟议工作台表面颜色、拟议天花板的一部分，以及可能影响光线水平或视觉对比度的任何主要天花板元素（如空气扩散器）。

配制自动化能源监控系统（EMCS）的项目可通过将信息传输到 EMCS 的子仪表来跟踪详细的能耗和运行信息。就像冷却机等大型负载一样，HVAC、照明设备和插座式设备的负载应分别监控。

根据风险评估，当实验室的生物安全等级分类较低且化学危害也较低时，可动态或需求控制可能会有用。当传感器显示空气质量良好时，这一控制可降低换气速率。空气质量通常是通过设定总挥发性有机化合物（TVOC）和小颗粒的最大阈值来确定的。

亲生物性　亲生物性表明人类与自然和其他生物系统具有本能联系。该性质可以作为设计策略之一，提供与象征性树叶、有机形态和阳光的视觉联系，以促进心理健康和认知功能[21]。

冷梁　冷梁适用于通风柜密集度不高或无须大量气流变化的实验室。可通过分离加热冷却功能与通风功能，以最小的能耗实现空气的调和。冷梁通过线圈循环，使用冷水（温度高于露点）冷却环境，与之配套的通风元件，与中央空气处理系统相连。设计的依据是用最大的供暖或冷却负荷来调节空间所需的空气温度。

这些系统需要额外管路，并可能产生更多的初始成本，但由于中央空气处理系统和管道明显较小，成本最终没有增加。当前，有关冷梁技术在高防护等级实验室中使用的数据有限。

校验　若需了解有关校验的更多信息，请参见《现有实验室运行策略》。另请参见《美国国家标准协会 Z9 标准》14。BSL-3 级和 ABSL-3 级设施通风系统的测试与性能验证方法[22]。

日光和眩光控制　自然光是一种高效的光源，可增强工作人员的舒适感。防控眩光的设计元素和设备对于工作人员的舒适度至关重要。应通过减少热输入来节约更多能源。对于新空间的设计而言，有很多选项，可选方案可能包括：

1.实验室内置的遮阳设备，如百叶窗或遮阳窗帘；

2.可固定，也可根据一天中的时间或太阳角度自动调整的外部遮阳板；

3.烧结或涂有薄膜的玻璃，或通过电致变色或热力学性质改变透明度的玻璃。请注意，该玻璃窗还可配备减少鸟类碰撞的功能。

能量回收　将一个空间或系统中产生的热能转移到另一空间或系统中可以节省大量能量，而且这样一来，较小且便宜的加热和冷却系统就够用了。通过气流传递热量的焓轮、热管和旋转环应纳入考虑范围，对气味、生物和化学污染的担忧可能会影响其使用。应当注意，为在传输系统内发生泄漏的情况下将交叉污染的可能性降至最低，加热的空气必须直接导向产生废气的实验室。

评估在运行过程中为实验室提供不同（低和高）负载的普通系统的能量回收性能。实验室内的设备和人员产生的热空气可用于预热过冷的空间。对于一些回收系统，如热管系统或旋转热量交换器（焓轮或干燥剂轮等），需要额外的空间。

在评估通风柜时，请检查能效和灵活性。对于 BSL-1 级和 2 级实验室，请考虑使用歧管排气。

流体动力学（CFD）模型将计算评估气流模式。这些基于性能的模拟可用于评估安全性，并优化给定情况下（如清除化学品所需的时间）的气流。

灵活性 设计灵活的建筑物不需要彻底翻新即可满足未来的需求，进而节省物质资源和资金。

《整体建筑设计指南》是一个门户网站，它提供了有关规划和设计研究实验室的最新信息，并建议将灵活性纳入实验室设计[23]。通道和门口的宽度应设计得比原计划更大，以容纳高压灭菌器和笼架等较大的设备。装卸站和大型设备之间的通道应宽阔。为容纳更多的通风橱，应考虑增加层高。

灰水的回收利用 非饮用水（如灰水）是指未与污水、生物制剂、放射性同位素或有毒化学物质接触的水。灰水可在实验室外重复使用，以实现各种功能，如冲厕所或景观灌溉。实验室在实验中产生的抛光水（即去除了盐或微小颗粒的水）是可重复使用水的潜在来源。

通风 通风对能源使用有深远影响，这使得评估各实验室中合适的换气次数至关重要。请勿照搬相似项目的设计或换气标准。空间设计应通过采用较宽松的安全等级来减少换气量，从而平衡安全和能源问题。

除上述设计上的注意事项外，还应从能源和水的利用效率方面审查拟议设备的规格。优先考虑实验室级的冰箱和（或）冰柜以及能耗在规定上限内的超低温冰柜。美国国家环境保护局（EPA）的"能源之星"计划提供了此类规范[24]。在新建或改建实验室中，除了与通风有关的设备外，冰柜的选择对任一设备组的能耗影响都是最大的。应优先使用配备天然制冷剂和真空隔热板的超低温冰柜。需要注意的是，节能型超低温冰柜在 –80℃下运行要比在 –70℃下运行消耗更多的能量。

其他注意事项如下。

1. 评估指定的高压灭菌器。该设备在冷却过程中通常通过调节由冷却器冷却的水环路（在冷却器容量允许的情况下）来实现较小的用水量。

2. 在改造过程中添加一个冷却废水的系统。

3. 指定一个节约水和能源的生态箱清洗机。

   a. 在初始循环中使用最终冲洗水，并通过装配热交换器来回收溢流冲洗水的热量，以减少蒸汽和冷水总用量。

4. 装配再循环系统，以将水泵回高压灭菌器的真空系统。

   a. 具有改进高压灭菌功能的再循环系统和某些热交换系统需要更多空间。

原书参考文献

［1］ Mills E, Bourassa N, Pipette MA, Friedman H, Haasl T, Powell T, et al. The Cost-Effectiveness of Commissioning New and Existing Commercial Buildings: Lessons from 224 Buildings. In: National Conference on Building Commissioning; 2005 May 4–6. p. 1–22.

［2］ Health Care Without Harm [Internet]. Health Care Waste Management Audit Procedures—Guidance; c2018 [cited 2018 Dec 14]. Document 203. Available from: https://noharm-global.org/documents/health-care-waste-management-audit-procedures-guidance.

［3］ freezerchallenge.org [Internet]. International Laboratory Freezer Challenge; c2018 [cited 2018 Dec 14].

Available from: https://www.freezerchallenge.org/.

［4］ Emerging Technologies Coordinating Council [Internet]. Ultra-Low Temperature Freezers: Opening the Door to Energy Savings in Laboratories; c2016 [cited 2018 Dec 14]. Available from: https://www.etcc-ca.com/reports/ultra-low-temperature-freezers-opening-door-energy-savings-laboratories.

［5］ Harvard University [Internet]. Cambridge (MA): Shut the Sash Program; c2018 [cited 2018 Dec 14]. Validating Cost and Energy Savings from Harvard's Shut the Sash Program: Tackling Energy Use in Labs. Available from: https://green.harvard.edu/programs/green labs/shut-sash-program

［6］ Bell GC. Laboratories for the 21st Century: Best Practice Guide. Optimizing Laboratory Ventilation Rates. Washington (DC): U.S. Environmental Protection Agency; 2008.

［7］ U.S. Environmental Protection Agency [Internet]. Washington (DC): Green Chemistry; c2017 [cited 2018 Dec 14]. Basics of Green Chemistry. Available from: https://www.epa.gov/greenchemistry/basics-green-chemistry#twelve.

［8］ ehs.mit.edu/greenchem [Internet]. "Green" Alternatives Wizard; c2018 [cited 2018 Dec 14]. Available from: http://ehs.mit.edu/greenchem/.

［9］ BREEAM® [Internet]. San Francisco (CA): Refurbishment and Fit-Out Technical Standard; c2018 [cited 2018 Dec 17]. Available from: https://www.breeam.com/refurbishment-and-fit-out.

［10］ BREEAM® [Internet]. San Francisco (CA): New Construction Technical Standards; c2018 [cited 2018 Dec 17]. Available from: https://www.breeam.com/new-construction.

［11］ LEED Reference Guide for Building Design and Construction. Washington (DC): U.S. Green Building Council; 2013.

［12］ LEED Reference Guide for Building Operations and Maintenance. Washington (DC): U.S. Green Building Council; 2013.

［13］ International WELL Building Institute. The WELL Building Standard®. Version 1.0. New York: Delos Living, LLC; 2014.

［14］ Langerich S, Lilly E, et al. Laboratories for the 21st Century: Best Practice Guide. Commissioning Ventilated Containment Systems in the Laboratory. Washington (DC): U.S. Environmental Protection Agency; 2008.

［15］ National Institutes of Health [Internet]. Bethesda (MD): Office of Research Facilities; c2018 [cited 2018 Dec 17]. Design Requirements Manual. Available from: https://www.orf.od.nih.gov/PoliciesAndGuidelines/BiomedicalandAnimalResearchFacilitiesDesignPoliciesandGuidelines/Pages/DesignRequirementsManual2016.aspx.

［16］ International Institute for Sustainable Laboratories [Internet]. Washington (DC): U.S. Environmental Protection Agency, Department of Energy; c2018 [cited 2018 Dec 21]. Labs21 Tool Kit. Available from: http://www.i2sl.org/resources/toolkit.html.

［17］ wbdg.org [Internet]. Washington (DC): Whole Building Design Guide; c2018 [cited 2018 Dec 17]. Available from: http://www.wbdg.org/.

［18］ Energy.gov [Internet]. Washington (DC): Office of Energy Efficiency & Renewable Energy; c2018 [cited 2018 Dec 17]. Federal Energy Management Program. Laboratories. Available from: https://www.energy.gov/eere/femp/energy-efficiency-laboratories.

［19］ Acoustical Performance Criteria, Design Requirements, and Guidelines for Schools, Part 1: Permanent Schools. ANSI/ASA S12.60-2010. Acoustical Society of America. Accessed 2018 Dec 17: https://successforkidswithhearingloss.com/wp-content/uploads/2012/01/ANSI-ASA_S12.60-2010_PART_1_with_2011_sponsor_page.pdf.

［20］ Lab Manager [Internet]. Canada: LabX; c2018 [cited 2018 Dec 17]. Laboratory Acoustics. Available from: https://www.labmanager.com/lab-design-and-furnishings/2011/11/laboratory-acoustics#.

［21］ Terrapin Bright Green [Internet]. New York: Terrapin Bright Green, LLC; c2014 [cited 2018 Dec 17]. 14

Patterns of Biophilic Design: Improving Health & Well-Being in the Built Environment. Available from: https://www.terrapinbrightgreen.com/reports/14-patterns.

［22］ Testing and Performance-Verification Methodologies for Ventilation Systems for Biosafety Level 3 (BSL-3) and Animal Biosafety Level 3 (ABSL-3) Facilities, ANSI/ASSE Z9.14 (2014).

［23］ Whole Building Design Guide [Internet]. Washington (DC): Design Recommendations; c2017 [cited 2018 Dec 17]. Research Laboratory. Available from: https://www.wbdg.org/building-types/research-facilities/research-laboratory.

［24］ Energy Star [Internet]. Washington (DC): U.S. Environmental Protection Agency, Department of Energy; c2016 [cited 2018 Dec 17]. ENERGY STAR® Program Requirements for Laboratory Grade Refrigerators and Freezers. Available from: https://www.energystar.gov/sites/default/files/ENERGY%20STAR%20V1.1%20Lab%20Grade%20Refrigerator%20and%20Freezer%20Program%20Requirements.pdf.

M　大规模生物安全

引言

在处理大量生物制剂时，为保护工作人员和环境，必须考虑一些独特的因素。大型生物生产设施应使用《微生物与生物医学实验室安全手册》（BMBL）第二节以及国际标准化组织（ISO）35001《实验室和其他相关组织的生物风险管理》中规定的实验室风险评估原则。

除了实验室风险评估要求之外，使用较大的设备和量较多的化学药品或原材料还需生物安全以外的风险管理策略。以下各节采用风险管理步骤，向读者介绍了与大规模生产中的风险管理最相关的信息。其给出的建议都是基于一个假设，即在实施针对大型工程的风险评估和控制措施时，评估人员包括工业卫生学家和其他工艺安全专家。

《美国国立卫生研究院内涉重组或合成核酸分子研究指南》（《NIH指南》）的附录K规定了大型设施（即容量大于10L的容器）的安全规范和防护程序。这些指南可适用于所有与生物材料（如转基因生物和非转基因生物，以及人类疾病和动物疾病/人兽共患病的病原体）有关的大型工程。请熟知当地法规，因其可能与本文中的建议有所不同。

风险评估

对于任何大型项目的风险评估，都应整合用于实验室生物风险评估中使用的步骤和流程。风险评估应在规划期间、过程要素发生变化时以及在对现有生物生产工艺进行定期检查期间（尤其是在事件或工艺失效之后）进行。为减轻不可承受的风险，必须配备风险控制措施。同时，为确定系统可能会造成的风险大小，必须对系统进行评估。常用的"良好"质量准则与规范（GxP）包括以下3种：药品临床试验管理规范（GCP）、药品实验室管理规范（GLP）[1]和药品生产质量管理规范（GMP）[2]。GxP产品影响评估分析可用于评估涉及接触/暴露控制、操作间和环境保护、净化、出入控制和问责等生物安保和实验室生物安全相关系统。风险评估应侧重于影响生物、化学、物理、产品和设备生物安保以及实验室生物安全的风险点。可能会被滥用的生产技术和设备（实验室生物安全性/双重用途/出口管制）也可包括在风险评估中。应多咨询工程、HVAC 设备、质量控制、职业健康，以及健康、安全和环境（HSE）方面的专家。

危害识别

风险评估的第一步是危害识别。审查大型生物工艺所特有的其他因素，包括但不限于：

1. 主要用于研究或制造工艺的特殊毒株（如生产高滴度的毒素）；

2. 大容量（大于 10L）和高浓度产品；

3. 风险点独特，且需要进行关键控制点进行危害分析（HACCP）和（或）危害和可操作性研究的专用设备和工艺；

4. 气溶胶生成（如生物反应器、发酵罐和热灭活罐）风险；

5. 非典型的传播途径（如吸入通常不通过气溶胶传播的生物制剂或毒素）。

进行风险评估时要考虑的非生物危害包括但不限于以下内容：

1. 危险化学品：灭活用的甲醛或类似产品、大量的清洁剂、消毒剂和化学制品、佐剂、防腐剂、下游加工用溶剂、过敏原或毒素和窒息剂；

2. 物理危害：噪声、蒸汽、热、冷和辐射，包括紫外线和激光；

3. 生命安全危害：密闭空间、高空作业、线路断裂和加压系统；

4. 人体工程学；

5. 与工艺安全相关的控制（如火灾/爆炸、加压系统）；

6. 预防性保养：固体废物流和工艺废水流和所采取的控制措施，包括相关设备的预防性保养；

7. 泄漏物质（即人类和环境风险）的控制流程，包括相应的应急程序；

8. 与设备相关的风险点。

危害评估

与实验室风险一样，与生物制剂/材料和工艺设备相关的危害也必须评估。此外，必须考虑防护设备和设施的安全装置的作业完整性以及相关人员有效控制潜在危害的能力。员工能力将取决于所接受的培训、技术水平和良好的习惯。

大规模的研究和生产带来了需要评估的额外风险。规模的增长、容器和通气的增大加大了生成气溶胶的风险。在设计上，病原的浓度大幅增加。因此，对于通常通过昆虫叮咬或注射而传播的病原体，必须考虑防止气溶胶传播。

由于介质制备需要干粉处理，pH 控制需要泵送酸或碱，同时疫苗制备需要制备或添加灭活化学品，化学风险也相应增加。封闭式系统传输技术可能对那些仅有实验室工作经验的人来说是陌生的。

由危险能量（即电、蒸汽和加压气体）引起的风险也增大了。危险能量控制程序（例如拔下电源线或关闭供气阀）变得复杂，并且可能不太容易被仅有实验室经验的人所理解。

风险控制

大规模研究和生产中确定的风险缓解策略所遵循的原则与控制 HSE 风险的原则相同（即控制等级）[3]。大型工程的风险评估人员可能能够消除危害或通过使用替代物来降低风险。若这无法实现，则会使用工程、管理和（或）工作规范以及个人防护装备控制风险。

工程控制

选择合适的工程解决方案是一个反复迭代斟酌的过程[4,5]。大规模生物生产设施的设计规定与普通设施的设计规定将大不相同，具体取决于其任务是处理外来、本土、已根除、新型还是新兴致病因子，高度致敏的化合物，转基因生物和致癌或剧毒产品，或良好表征的减毒儿童疫苗。

在此过程中必须考虑 HSE 风险、生物安全性和实验室生物安保等许多因素的控制。此外，大型 GxP 设施必须评估产品以及人员和环境保护的质量设计控制。在进行大型生物制品设施的设计时，请将州法规和地方法规考虑在内。平衡 GxP 和生物安全要求的大型设施将需要评估以下基础设施要素。

从洁净到肮脏　为防止污染在设施内和环境中扩散，工艺设计必须包含控制措施。同时，我们必须评估 GxP 和生物安全要求之间的冲突，以给出"洁净"一词的两种不同定义。如两个要求存在冲突，则应通过实施控制措施来解决后果最为严重的事件，并通过确定替代方法来满足另一要求。例如，若某项操作需要正压环境来实现产品保护，则可以在前厅中创建一个气压槽，以确保对生物制剂的防护。

更衣室和屏障　通过创建操作流程图来确定穿脱要求。这将有助于阐明对于某一给定程序，操作人员在穿过人群或门时必须执行的动作。审查应涵盖正常运行、计划内和计划外的保养以及紧急情况。此流程应确定对设施内个人防护装备的潜在需求、房间的数量和位置以及存储个人防护装备和更衣所需的房间大小。除了人员和环境保护外，GxP 要求包含的设施还必须考虑个人防护装备和工作流程要求，以实现产品保护。

气闸室和高 / 低风险室（即生物制剂室 / 无尘室）　为实现必要的人员、环境和产品保护，设计必须涉及生物安全问题以及适用的 GxP 要求。

表面　地板、墙壁、天花板、门窗和其他裸露的环境表面必须不透水，并且易于清洁。为去污或防止交叉污染，该材料在需要时必须具有抗液体和气体消毒剂等多种化学物品的能力。楼板强度、天花板高度、隔离要求、管路（即材料、产品和废物）和能源管线的结构属性必须支持大型工艺并为其带来便利。

HVAC 系统、室内压力与气流　气流的设计必须考虑到人员和环境保护。若工艺区必须为正压区，则请考虑将室内气闸或更衣区域设计为降压区。像疫苗厂生产减毒活疫苗时一样，为防止管道系统污染，排气过滤系统是必需的。GxP 要求也需要考虑到产品保护设计。

气体消毒　为防止对相邻空间的负面影响，HVAC 系统、墙壁和穿墙管必须消毒。所使用的净化剂必须适用于工艺以及所处理的生物制剂。实验室气体的净化原理应是相同的，但净化剂的使用数量和净化时间将大不相同。

防溢措施　在设计防溢措施时，请考虑某个区域的生物、化学和物理工艺。在设计设施时，请务必检查溢出情况，并确定排出的溢出物及其数量，溢出物的流向［如是否存在通向污水净化系统（EDS）的排水口，是否有防控堤阻止溢撒物继续向外流出］，是否需要手动灭活，以及应急响应活动的内容。

杀灭罐/EDS 系统　请确保 EDS 系统可使生产废料和溢出物中的废水失活。在处理大量材料时，尤为需要设计有次级失效安全系统的设备。具体使用的方法将取决于当地法规和存在问题的相关材料。可选方案有许多种，包括使用酸或苛性钠进行化学灭活以及（间歇或连续）热灭活。当体积较大时，请确保储液罐装有搅拌器。大多数工厂使用硬质管路，并且计划中必须包括清洁和净化生产区与 EDS 之间管线的流程。

大型工程的风险评估人员还将通过考虑生产需求和风险评估结果来确定要使用的设备的类型 [6]。标准设备历来是固定设备（如不锈钢生物反应器）以及上游（即生物病原的繁殖）和下游（即生物病原的消杀、浓缩和灭活）工艺所需的硬质和柔性软管。一次性设备日益取代了上游工艺的固定设备，并且"宴会厅"概念（即上下游工艺都在一个大型生产设施中）现已被某些生物工艺所接受 [7]。宴会厅概念的基础是始终保持系统封闭。

    1. 宴会厅布局的优势

        a. 灵活性更大，可适应不同工艺流程；

        b. 运营效率和监督的改进（如避免在房间之间移动设备）；

        c. 减少占地面积和成本。

    2. 宴会厅布局的弊端

        a. 在异常的情况下，污染扩散到下游工艺的风险将增加；

        b. 典型的开放性操作（如细胞扩增、管柱填充或添加粉末）需要在密闭系统中进行；

        c. 需要加强环境监测，以发现任一封闭系统中的漏洞，并需要确保不发生污染或交叉污染；

        d. 当生产区域是共享的，会对区域和设备的消杀造成挑战。

为帮助评估与一次性设备相关的风险，下面提供了防护要求和相关风险点的不完整清单。

以下为防护要求和风险点示例 [7-10]。

    1. 活生物体应在密闭系统或其他一级容器中处理。

        a. 确保生物反应袋与加热控制电路的最高输出温度兼容；

        b. 确保管道与包括 pH 控制溶液在内的工艺介质兼容，并已进行稳定性测试；

        c. 确保探头在操作过程中不会脱落。

    2. 直到生物灭活后，才可以从系统中除去培养液。

        a. 移除装有传染源的生物反应袋。

    3. 对废物溶液和材料灭活，以消除其生物危害性。

        a. 处理使用过并且含传染源的生物反应袋；

        b. 在销毁之前，确保在生物安全柜内移除可重复使用的组分；

        c. 确保废物处理程序与生物反应袋兼容；

        d. 对使用过的袋子进行安全高压灭菌；

        e. 如使用过的袋子将作直接焚化处理，将其安全包装后运送至焚化炉；

        f. 确保焚化炉设施可燃烧大批量的硅胶管和袋膜。

    4. 通过工程或程序控制来控制气溶胶，以防止或减少病原的排放。

        a. 实施控制措施，以防止添加过程中生物反应袋的满溢；

        b. 确保管路焊程序的正确性；

        c. 确保管焊完整性测试程序的正确性；

        d. 为防止管焊机失准，需确保对其定期预防性保养；

        e. 确保快速塑料接头（不可蒸汽消毒）在释放时排出活微生物。

    5. 处理来自封闭系统的废气，以最大限度地减少或防止活生物体的排放。

        a. 考虑废气过滤；

b. 考虑防止排气过滤器被泡沫和湿气堵塞；

c. 确保安装一个排气过滤器固定架来促进冷凝水排放。

6. 直到通过经验证的程序消毒后才可打开包含有活生物体的封闭系统。

　　a. 确保生物反应器袋与灭活化学品相兼容。

7. 密闭系统应保持在尽可能低的压力下，以保持其防护特征的完整性。

　　a. 开展气体保护和喷洒系统的工艺安全管理研究，以确定停电后的故障等超压损害；

　　b. 确保实施袋子安装程序，以防止损坏；

　　c. 实施压力控制，防止曝气和压力过载；

　　d. 确保压力报警器与供气装置相连；

　　e. 确保将减压装置安装在供气装置上；

　　f. 考虑在生物反应器之前安装卸压阀，以防止气体调节器发生故障；

　　g. 确保供气阀在电源中断时不会关闭。

8. 将旋转密封件和其他贯穿件安装到密闭系统中，以防止泄漏或尽可能减少泄漏。

　　a. 考虑使用磁性联轴器来除去回转轴封；

　　b. 确保搅拌器在用前完整性测试时运行良好；

　　c. 确保安装回转轴封，以防止传染源排放；

　　d. 考虑到超速可能会导致解耦合袋内破裂。

9. 密闭系统应装有监测或传感装置，以监测防护的完整性。

　　a. 考虑生物反应袋的压力记录；

　　b. 确保压力损失（低压警报）会导致漏气或过载时停机；

　　c. 确保传感器对压力变化的反应足够快。

10. 验证密闭系统的完整性测试。

　　a. 考虑接种前的完整性测试程序。

11. 处理大量培养物损失所需的应急计划。

　　a. 为底部或侧面探头安装泄漏检测系统；

　　b. 考虑保护底部或侧面传感器，以防止撞击和损坏；

　　c. 将呼吸式个人防护装备视为作业个人防护设备的一部分，并确保其可用于紧急清理；

　　d. 确保已制定了受感染工作人员应急程序；

　　e. 确保已制定了大量溢出物清理程序，包括溢出物处理工具包；

　　f. 确保工作人员接受了大规模传染性生物清理培训；

　　g. 考虑事故发生后对生产套件进行气体净化。

12. 对受控通道区域的要求。

　　a. 确保气垫内含防气溶胶层（即工艺模块）；

　　b. 考虑安设防溢出盘，以阻隔或转移整个生物反应器中的待灭活物质；

　　c. 确保防溢出盘可收集泄漏的生物废料，从而防止其溅漏到地板上；

　　d. 考虑生产套件内的防溢出物设计（堤、坝和高门槛），以阻隔整个生物反应器的待灭活内容物；

　　e. 确保对生产套件内的废气采取 HEPA 过滤，以将流体转移到生物反应器防护层之外；

f. 确保设计的生产套件可通过压差和密封房间的穿透孔来防止传染性气溶胶排放。

大型工程风险评估人员还需要审查设备类型，并协助评估实现 GxP 和生物安全需求之间平衡的最优方案。设备的类型包括以下内容。

泵和管道 所用管路的类型将取决于工艺的布局方式。出于 GxP 和生物安全的考虑，硬质管路将需要原位清洗和灭菌，而柔性软管便于快速更换和清洗。泵的类型必须满足产量要求。蠕动泵通常与软管结合使用。风险评估必须表明何种类型的管路和泵能够满足 GxP（如果适用）、生物安全性和一般 HSE 要求。确保正确密封管道穿入墙壁的位置，以增进气体净化的安全性。此外，为保护听力，应评估泵的运行情况。

压缩空气和气体 压缩空气是在容器之间传输液体的一种手段。安全审查将确定升高的压力点、所需的安全阀保护类型以及爆破片故障情况。一些工艺需要窒息剂，如二氧化碳或氮气，并且为减轻相关风险，必须建立安全机制。

电源 电源安装应考虑在生产和故障模式下防止进水。规划和建设必须遵守当地的电气法规和 OSHA 的电气标准。大型固定设备的发酵罐和设备通常需要高压电源，这就需要采取额外的安全措施，包括装配关闭设备的紧急停止按钮以及防水和防尘的电器外罩[11,12]。生产中使用溶剂时必须特别小心，还应遵守适用的国家法规，例如美国消防协会（NFPA）标准、保险商实验室（UL）标准和职业安全和健康管理局（OSHA）标准。必须根据设备和设施的需求评估不间断电源（UPS）的需求。应急发电机对于维护生物安全至关重要。

生物反应器、发酵罐、过滤装置和离心机等生产设备 在所有上游和下游工艺中，在产品仍具有传染性时应使用上述设备。为消除气溶胶排放的风险，这些装置都是必备的。在用活生物材料填充工艺设备之前，应验证密闭系统的完整性。在打开封闭系统进行保养或清洁之前，需要对容器进行原位消毒。为了防止由于异常状态而发生气溶胶排放，可以将小型设备放置在生物安全柜等防护设备内。装在病原体的较大设备应留置在负压的房间内。如果无法达到负压，则可以使用房间进出气闸作为降压装置，以防止气溶胶逸散到相邻区域。

工作规范和行政控制

良好的微生物操作规范极其重要，并且其应用方式与在生物研究实验室中一样。与其他研究实验室和生产区一样，化学卫生、设备区的听力保护评估、人体工程学和安全原则也适用于大型生物生产区。只有受过培训的人员可以进出该区域。其他管理控制包括以下内容。

职业健康 雇主应为员工制定适当的健康监测计划，以识别免疫抑制等医学状况——这些状况可能是需要适应和调整的危险因素。从医学的角度来看，医生应给出保护措施和程序方面的建议（如是否适合佩戴呼吸器或执行特定任务）。医生将酌情提供疫苗接种，并随访检测抗体滴度水平。除了进行健康监测外，还应为意外暴露制定临床治疗程序。对于易受抗生素影响的生物制剂，应在大规模操作开始前获得抗生素敏感性测试的结果。

应急计划 应针对不同紧急情况制订应急计划，包括溢出方案。还应酌情建立暴露后预防措施和潜在感染者隔离政策。清理大量溢出物小量溢出的区别之一是，除非生命和健康受到直接威胁，否则大型设施中的操作员必须停留在房间内阻止有害物质外排，直到将 HSE 后果降至最低。如需了解紧急情况的更多信息，请参见《生物安全：原则与规范》[13]。

实验室生物安保 大规模风险评估的风险管理策略应同时定义生物安全防护策略（请参见 BMBL 第 2 部分、《NIH 指南》附录 K，以及针对特定地区的风险评估）和实验室生物安保策略。

生物安全控制策略定义了减轻意外排放风险的控制措施；而实验室生物安保策略定义了影响人类健康和（或）农业产业的生物制剂的防盗措施。同样，还需解决材料、设备、技术和知识缪用的潜在问题，并制定解决滥用的策略[14-18]。

培训　生物安全、实验室生物安保和 GxP 培训（如果适用）对于大规模生物生产至关重要。对于大型工艺，培训应审查流行病学、感染的体征 / 症状、传播方式、缓解风险的控制措施（包括个人防护装备的穿脱及紧急情况处理程序）和生物制剂 / 材料处理所需的溢出应对方案等特定领域标准作业规程（SOP）。工作人员应了解何时需要使用个人防护装备来进行产品保护与人员保护。了解未灭活材料与未经确认是否灭活的材料的处理要求至关重要。培训应包括知识掌握程度的核查。

人体工程学　与大型工程相关的人体工程学问题与实验室中遇到的问题有所不同。大型工程中的材料搬运将带来更大的人体工程学伤害风险。解决与材料搬运相关的人体工程学问题，包括风险评估中负荷的性质（即负荷的重量分布和形状）、个人执行任务的能力、任务的持续时间和频率，以及执行材料搬运任务的环境（如空间狭小或极端温度的环境）。通过机械手段（如升降机和手推车）、重新设计工作区（如用坡道代替楼梯，以及用自动材料搬运来替代手动材料搬运）、重新设计工作任务（如搬运的方式从拉改成推），以及人员培训（如适当的起重技术）来减轻人体工程学风险。

废物处理　废物处理工艺与研究实验室的一样，但大批量的废物处理所需的物流不同。如需了解去污剂和程序验证的指南，可参见附录 B。关键考量包括是原位还是在管道和容器外部对生物进行灭活。还应考虑灭活固体感染性废弃物以及生产废水的灭活方法（即确定包括硫柳汞或佐剂等防腐剂在内的有机物是否对现场废水处理许可产生影响）。

风险控制措施的审查　为了保护人员和环境，需要对风险控制措施的有效性进行评估。组织应做好风险控制记录，并应定期进行审查。审查策略应解决主要风险（如化学、物理、生物学和人体工程学风险）。

预防性保养　预防性保养对于避免过程污染和确保生物防护极为重要。与安全和保障相关的设备和基础设施应纳入预防性保养计划中并在必要时进行更换。例如，为确定是否存在密封水或蒸汽压力损失的情况，发酵罐中的回转密封必须得到监测，并应在失效前进行更换；为防止气溶胶排放，均质器的高压活塞密封圈必须定期更换；高压灭菌器的温度和压力传感器需要定期校准，并且分水器必须保养。根据设计的不同，应对高压灭菌器的生物密封或空气压差密封进行测试（如烟气、压力保持、肥皂泡和氦气泄漏测试），以确定其是否能够正常运行。每年应对 HEPA 过滤器（即HVAC 和设备）进行完整性测试，并对作为关键屏障的 HEPA 的压差进行监控。为确保正常运行，应定期检查热灭活或化学灭活系统的垫圈、密封圈、传感器及附加泵的腐蚀和预防性保养情况。还需通过使用芽孢指示剂或实际生产用微生物来验证灭活参数。连续流热灭活系统应定期进行就地循环化学清洗，以去除会降低系统效率的凝结的蛋白质残留物。

个人防护装备 / 实验服

个人防护装备和实验服同时用于人员和产品保护。将个人防护装备用于产品保护的目的是防止脱落的异物以及工作人员的皮肤和呼出气体进入生产流程和最终产品中。因为容易脱落，标准棉或合成材料是不允许的。当个人防护装备用于保护工作人员时，应进行物理、化学和生物危害评估。在化学和生物液体大量排放或溢出时，棉质实验服或连身裤很容易被浸透，因而不能提供足够的保护。人造耐水聚合物是更好的选择，因其不易被浸透。根据材料渗透率或破出点检出时间，人员保护的最好选择是由透气层压材料制成的实验服或带拉链的连身裤。

根据所处理的化学物质和（或）生物材料的不同，处理大量高浓度的材料会增加气溶胶生成的固有风险，因而需要呼吸保护。普通的一次性半脸呼吸器（如 N95）可能足以保护生物材料，但它们并非专门用于化学物的防护，也可能不足以阻隔大量高浓度的高风险病原体。因此，应进行风险评估，以识别操作所需的适当呼吸器（即过滤口罩、紧配面罩、动力送风呼吸器或自给式呼吸器）。

结论

大规模生产生物制剂在很多种情况下都是必需的，并且需要评估 GxP 和生物安全性要求。只要精心计划，并对大型设施的独特要求进行可靠的风险评估，就有可能设计出保护产品、工作人员和环境，且运行良好的生产设施。

原书参考文献

［1］ Good Laboratory Practice for Nonclinical Laboratory Studies, 21 C.F.R. Part 58 (2018).

［2］ U.S. Department of Health & Human Services. Guidance for Industry: Quality Systems Approach to Pharmaceutical CGMP Regulations. Food and Drug Administration; 2006. 32 p.

［3］ McGarrity GJ, Hoerner CL. Biological Safety in the Biotechnology Industry. In: Fleming DO, Richardson JH, Tulis JH, Vesley D, editors. Laboratory Safety: Principles and Practices. 2nd ed. Washington (DC): ASM Press; 1995. p. 119–31.

［4］ Center for Chemical Process Safety of the American Institute of Chemical Engineers. Guidelines for Process Safety in Bioprocess Manufacturing Facilities. Hoboken (NJ): John Wiley & Sons, Inc.; 2011.

［5］ Hambleton P, Melling J, Salusbury TT, editors. Biosafety in Industrial Biotechnology. Glasgow: Springer Science+Business Media Dordrecht; 1994.

［6］ Cipriano ML, Downing M, Petuch B. Biosafety Considerations for Large-Scale Processes. In: Wooley DP, Byers KB, editors. Biological Safety: Principles and Practices. 5th ed. Washington (DC): ASM Press; 2017. p. 597–617.

［7］ Palberg T, Johnson J, Probst S, Gil P, Rogalewicz J, Kennedy M, et.al. Challenging the Cleanroom Paradigm for Biopharmaceutical Manufacturing of Bulk Drug Substance. BioPharm International. 2011;24(8):1–13.

［8］ Klutz S, Magnus J, Lobedann M, Schwan P, Maiser B, Niklas J, et al. Developing the biofacility of the future based on continuous processing and single-use technology. J Biotechnol. 2015;213:120–30.

［9］ Löffelholz C, Kaiser SC, Kraume M, Eibl R, Eibl D. Dynamic Single-Use Bioreactors Used in Modern Liter- and m(3)- Scale Biotechnological Processes: Engineering Characteristics and Scaling Up. Adv Biochem Eng Biotechnol. 2014;138:1–44.

［10］ Halkjaer-Knudsen V. Single-Use: The fully closed systems?. Am Pharma Rev. 2011;14:68–74.

［11］ Occupational Safety and Health Administration. Controlling Electrical Hazards. Washington (DC): U.S. Department of Labor; 2002.

［12］ National Fire Protection Association. Standard for Electrical Safety in the Workplace. NFPA 70E. 2018.

［13］ Wooley DP, Byers KB. Biological Safety: Principles and Practices. 5th ed. Washington (DC): ASM Press; 2017.

［14］ National Institutes of Health [Internet]. Bethesda: Office of Science Policy; c2018 [cited 2018 Nov 27]. Dual Use Research of Concern. Available from: https://osp.od.nih.gov/biotechnology/dual-use-research-of-concern/.

［15］ Science Safety Security [Internet]. Washington (DC): U.S. Department of Health & Human Services; c2015 [cited 2018 Nov 27]. United States Government Policy for Institutional Oversight of Life Sciences DURC. Available from: https://www.phe.gov/s3/dualuse/Pages/InstitutionalOversight.aspx.

［16］ Science Safety Security [Internet]. Washington (DC): U.S. Department of Health & Human Services; c2017 [cited 2017 Nov 27]. Dual Use Research of Concern. Available from: https://www.phe.gov/s3/dualuse/Pages/default.aspx.

［17］ Drew TW, Mueller-Doblies UU. Dual use issues in research—A subject of increasing concern?. Vaccine. 2017;35(44):5990–4.

［18］ Sandia National Laboratories. Laboratory Biosafety and Biosecurity Risk Assessment Technical Guidance Document: International Biological Threat Reduction. Albuquerque and Livemore: Sandia Corporation; 2014.

N　临床实验室

临床实验室生物安全

大多数当代医学决策都将在临床实验室中进行的一项或多项诊断测试的结果用作循证医疗的一部分[1,2]。临床实验室也是公共卫生的前线阵地，因为它们可以检测并报告具有流行病学意义的重要病原，并确定新出现的抗生素的抗药性模式。临床实验室的安全和有效运行对于治疗患者以及保障实验室专业人员、社区和环境的健康至关重要。

2016 年，在美国埃博拉危机后，美国临床实验室促进咨询委员会（CLIAC）认识到"临床实验室的生物安全问题是迫切需要解决的国家需求"。CLIAC 特别指出需要简洁易懂的指南，以帮助临床实验室在传染源未知或不确定的情况下评估和减缓风险[3]。本附录侧重于临床实验室环境中的生物风险管理（BRM），同时还考量了如何有效评估和减缓风险，以及如何评估已实施控制措施在减少危险生物材料处理、储存和处置相关风险过程中的表现[4]。

在临床实验室环境中进行风险评估

风险评估的流程包括评估由病原体和实验室危害引起的风险，考虑现有控制措施是否充分，为实验室风险进行优先级排序，并确定风险是否可以接受[5]。在选择旨在减少实验室相关感染的适宜的微生物实验室规范、安全设备和设施防护装置的过程中，风险评估生成的信息可提供指导。此外，将风险评估流程整合到实验室日常运行中可有助于持续识别风险，确定其优先级，并根据具体情况建立针对性的风险缓解方案。这将促进积极正面的安全文化的培育[6]。如需了解更多信息，请参见第二节。

风险评估是每个综合的 BRM 系统的基础。BRM 方法类似于临床实验室通常用于建立实验室测试质量标准的质量管理系统（QMS）或个性化质量控制计划（IQCP）。QMS 和 IQCP 包括风险评估、质量控制计划和质量评估等流程[7]。BRM 包括风险评估、风险减缓和已实施控制措施的缓解效能评估等流程，其已被称为降风险效能评估（AMP）模型[4]。理想情况下，BRM 和 QMS 在临床实验室中应进行整合并相互辅助。

临床实验室主任负责实验室的整体运营和管理。按临床实验室改进修正案（CLIA）规定，实验室主任必须履行以下职责：

1. 确保实验室运行的每项试验所开发和使用的检测系统能为测试所涉及的各方面提供优质服务；

2. 确保实验室的实物设施和环境条件适合开展检测，并提供一个安全的环境，保护员工免受物理、化学和生物危害。

然而，确保临床实验室中危险材料处理安全的责任应由实验室人员共同分担。实验室领导并不能单独进行风险评估，而是应依赖实验室的专业技术人员、感染预防和专业安防人员等组成的多学科团队。风险评估结果应归档，同时风险评估应成为一项日常惯例，尤其是在实验室环境中增加了新的仪器、试验方法、人员或工艺时。此外，在发生意外或异常事件、临界错误事件或突发事故时，也应进行风险评估。持续风险评估流程的实施创造了一种主动而非被动的实验室安防方法，从而使事前预防成为可能。

评估小组应确定可能存在的危害以及与这些危害相关的风险。对于临床实验室来说，当病原体危害未知时，监测当前疾病暴发流行的信息，并编制不同人群、地区或样本类型的常见病原体列表可能会有所帮助。根据对地方性流行的疾病的了解和收到的标本类型可以判断可能存在特定病原体。例如，最近从中非旅行回来的一名反复发热患者的血液标本可能存在恶性疟原虫（感染原生动物寄生虫是疟疾的致病因子）。另外，临床实验室有时可以根据医师开具的化验项目来深入了解可疑的诊断，甚至是病原体。例如，痰标本的耐酸染色表明可能存在结核分枝杆菌（结核病的致病因子）。临床实验室的最佳规范应是，鼓励临床医生在怀疑患者可能患有对实验室专业人员构成风险的传染病时，及时通知实验室。

为了促进生物风险评估的结构体系建设，临床实验室应考虑拟开展的检测及操作流程、执行地点、执行人以及可能发生的不良事件。评估疑似传染性病原体的潜在传播途径也很重要（如吸入气溶胶、食入有害物质、通过针头或破裂皮肤经皮接种以及与飞溅物或飞沫直接黏膜接触）。通常来说，血液和体液不具有吸入风险，但是在临床实验室中存在经皮肤黏膜接触、食入或破损皮肤接触的风险。保护病菌侵入门户（即眼睛、鼻子、嘴和皮损）可以减少暴露机会和病原体的传播风险，防止可能的实验室相关感染。使用分析测试仪器等实验室设备也可能存在安全隐患。最近的一项研究发现，在自动化临床实验室设备的日常运行中，设备表面和周围工作空间中存在可能具有传染性的气溶胶或飞沫。这一发现表明实验室专业人员存在暴露于病原体的危险[9]。

临床实验室在进行风险评估时应考虑多种潜在危害。下面列举了还应考虑的临床实验室特有的危害：

- 与未知标本有关的危险；
- 与即时检测（POC）和（或）床边测试相关的危险；
- 与风险缓解能力不足相关的危害。

在临床实验室环境中实施缓解措施

　　临床实验室有特定的安全要求。当临床实验室处理血液和体液时，必须遵循 OSHA 的血源性病原体（BBP）标准[10]。BBP 标准规定，实验室必须具备书面的暴露控制计划（ECP）。为使员工消除或尽量减少暴露，该计划着重强调如何识别、评估风险，并选择有效的工程和工作规范等控制措施。标准预防措施是对 BBP 标准中概述的通用预防措施（UP）的主要功能的扩展，并基于以下原则：无论是否怀疑或确认传染源的存在，所有血液、体液、分泌物、排泄物（汗液除外）、皮损和黏膜均可能含有可传播的传染源[11]。实施标准预防措施是预防传染性病原体在医护人员中传播的主要策略[11]。此外，海英依据风险评估，在实验室实施其他控制措施[12]。

　　通常，临床实验室大部分工作都是在 BSL-2 级下进行的。这些工作包括在生物安全柜中对临床标本进行微生物的初步处理。如需了解更多信息，可参见第四节。传统做法是通过设定控制等级来选择安全保护措施，以消除或尽量减少人员与危害物及其相关风险[13]，而最有效的生物安全系统则是包括各等级的综合控制措施。按有效性降序排列，控制方法如下：

- 消除；
- 替代；
- 工程控制；
- 行政（和工作规范）控制；
- 个人防护装备。

在疾病暴发的调查过程中发现的感染控制和生物安全问题通常提示，需要针对高风险病原体提出新建议或实施现有措施。对临床实验室而言，如果无法对拟检测的标本提供合适的风险缓解措施，建议考虑再将标本送往具有丰富经验和相关设备的实验室。

　　以下缓解措施可使临床实验室有效降低风险。

　　消除和替代　　比起临床环境，消除和替代的概念更容易应用于研究环境。在临床实验室中，由于风险被认为过高，或现有的缓解措施存在不足，"消除"可能意味着需要放弃诊断测试。将有害病原体替换为危害更小的物质也不适用于临床实验室的环境。在某些情况下，替换诊断设备、仪器或程序可能并不可取。因此，临床实验室的缓解措施可能需要工程控制、行政和工作规范控制以及个人防护装备的组合。应使用风险评估来最有效的组合方式，以此应用于实验室的特定工作。

　　工程控制　　工程控制可以减轻危害或在实验室专业人员和危害物之间设置屏障。常用的安全屏障有二级生物安全柜、锐器盒、离心机安全杯、可拆卸的转子、防溅罩、实验室负压系统、封闭的自动化系统、自动脱瓶器或冲孔测试系统、以及洗手池。如果不能实现某个具体的工程控制措施时，可选择其他密闭的防控装置作为代替，例如将封闭式工作站与其他工作规范和（或）个人防护装置相结合。

　　行政和工作规范控制　　行政和工作规范控制的目标是改善工作程序，以促进实验室人员的行为安全。行政控制措施包括执行机构政策，例如建立积极的医学监督计划和职业健康计划，以及为实验室专业人员提供常见传染性病原体（如乙型肝炎和脑膜炎球菌）免疫接种。其他措施包括书面标准操作规程（SOP）、实验室标牌和专业培训计划。工作规范控制涉及任务的执行以及对标准和特殊规范的遵守，例如强制要求经常洗手；最大限度地减少气溶胶的生成；限制锐器的使用；使用更

安全的锐器（如带有护套的针和无针系统）；定期对工作区域和设备进行净化处理；安全地收集和净化自动化系统的废液；适当处置生物危害性废物和其他有害废物；合理使用生物安全柜。工作人员必须要了解、使用并遵守工程和行政控制措施及工作流程，才能有效降低风险。

2014—2016 年埃博拉疫情的应对方案可以很好地说明行政和工作规范控制的重要性。2014 年，在治疗美国本土确诊的第一位埃博拉患者时，得克萨斯州的一家社区医院缺少专门的生物防护部门来对患者的标本进行诊断测试。实验室管理人员评估了风险，并在其中心实验室中实施了额外的行政和工作规范控制措施，以确保实验室专业人员在为患者进行诊断测试时的安全。因此，临床实验室专业人员成功地处理了的患者标本，但没有任何实验室人员发生实验室相关感染[14]。在埃博拉疫情暴发期间，得克萨斯州使用的特定控制措施包括：

- 限制接受诊断测试的人员数量；
- 减少测试项目（限制申请的测试类型）；
- 将测试限制在一天中的特定时间，并实施批量测试（同时收集和进行测试）；
- 使用专用设备在核心实验室的专用空间中进行诊断测试。

触发点　在临床微生物学实验室中，另一种日益普遍的规范是在诊断测试过程中识别触发点，从而促使工作人员在生物安全柜[12,15,16,17]或其他密闭装置中进行工作。触发点是公认的诊断结果综合，可作为加强标本或培养物处理的预防措施或条件的时机。

以下不完全清单列出了一些触发点，可用于进一步强化生物安全柜的使用。

- 从无菌部位（如血液、脑脊液和体液）培养出病原菌；
- 孵育 48 ~ 72 h 后生长状况不佳；
- 仅在巧克力琼脂上生长，或者与羊血琼脂相比，在巧克力琼脂上的长势更好；
- 任何具有丝状霉菌生长的培养物；
- 其他生物特定触发点包括以下内容：
- 在羊血琼脂上从无菌位点（如血液或脑脊液）缓慢生长的菌落，在麦康基氏琼脂上无生长，氧化酶阳性，同时革兰氏染色表明存在小型革兰氏阴性双球菌。可能的微生物：脑膜炎球菌。
- 快速生长的扁平、无色和形状不规则的菌落，呈逗号状凸起，具有毛玻璃样外观，同时革兰氏染色表明存在带或不带孢子的革兰氏阳性杆菌。可能的微生物：炭疽芽孢杆菌。
- 具有双极性染色（别针形状）的革兰氏阴性杆菌，在较早的培养物中，菌落呈"煎蛋"状。可能的微生物：鼠疫耶尔森菌。

不建议使用商业鉴定系统［即手动或自动鉴定系统，包括基质辅助激光解析电离飞行时间质谱（MALDI-TOF）和 Vitek® 系统］来鉴定可疑的管制性病原体。商业鉴定系统的数据库中不需要包含管制性病原体，也不需要为验证是否存在潜在的鉴定而测试管制性病原体。此外，在操作 MALDI-TOF 的过程中还存在生成气溶胶的风险[9]。

个人防护装备　通过保护病菌侵入门户（即眼睛、鼻子、嘴巴和皮肤）来减少临床实验室人员与传染源的接触。在已知病原传播途径的情况下，更有助于通过风险评估确定合适的个人防护装备。许多病原体是通过多种途径传播的（如流感的传播途径可能是飞沫、接触或空气），因此仅针对一种传播途径采取预防措施是不够的。根据风险评估结果，在工作中存在已知或疑似可通过空气传播的传染源时，呼吸防护装置是必要的。若样本中存在已知可通过血液传播的病原，黏膜（即眼睛、鼻子和嘴巴）保护是必需的。

风险评估有助于确定在临床实验室进行特定工作时应佩戴的个人防护装备类型。通常来说，临床实验室使用全封闭防护外套或工作服、护目镜、闭趾鞋和手套。

风险评估应区分常规实验室检测和特殊检测，例如对后果严重的病原体的检测。因此，风险评估可以确定减轻特定风险所需的个人防护装备类型。增加个人防护装备的数量或使用次数并不总是代表安全性的提高。为提供所需的适当级别的保护，同时又不影响实验室专业人员的健康或其安全执行职责的能力，应谨慎选择个人防护装备。美国国家职业安全卫生研究所和 OSHA 均提供了更多有关个人防护装备选择和使用的信息[18,19]。如需了解有关个人防护装备的更多信息，请参见第四节。

工作人员的能力与培训

安全文化和安全工作环境的建设取决于认真和有效的领导。实验室专业人员必须获得信息、资源和培训，并有足够的时间养成良好的习惯，从而具有良好的风险意识，并同时注重安全规范。实验室安全能力可能包括：了解实验室中的危害以及与特定活动相关的风险；了解使用特定控制措施（如生物安全柜、个人防护装备和较安全的锐器）的程序及其局限性；评估程序和控制措施的有效性的能力；并致力于确保实验室中生物材料的使用安全。多年来，实验室测试的质量一直是临床实验室认证与执照颁发机构所看重的指标。与此同时，一些机构现正试图将实验室安全也作为认证要求中的一项必需能力。

个人防护装备使用培训和规范对于临床实验室的安全操作至关重要。如果使用不当，个人防护装备可能无法达到预期的效果。在执行实验室任务时，实验室专业人员应例行穿脱特定的个人防护装备，以确定其舒适度和执行任务的体能。

实验室专业人员还应担任实验室的例行清洁、废物处理和溢出物处理。他们应该了解所处理的溢出物的类型和数量，以及处理何种溢出物需要额外的支持。他们应接受特殊和紧急操作（包括工作人员特定的职责）方面的培训。尽管人们在特殊或紧急情况下的反应是很难预测的，但频繁的培训和演习将有助于发现以往未发现的缺陷，并有助于修订程序。

可通过在职位描述、员工绩效评估和职业发展中增加安全方面的内容来加强积极正面的安全文化[20]。实验室主管应确保所有实验室专业人员做到以下几点：

1. 了解工作中涉及的风险，以及如何使用已实施的安全控制措施来降低风险；
2. 酌情完成所需的培训和复训；
3. 展示出适当的技术专长，以安全而准确地完成其职责；
4. 认识到已实施控制措施的局限性及其失效时的处理。

应急处置程序

在临床实验室环境中工作总是存在一定程度的风险，以及事端和事故等意外事件。因此，实验室应急预案中应包括针对意外事件的应对程序和措施该计划应涵盖可能在实验室中发生的事件以及虽然在实验室环境外发生但可能直接影响实验室操作的事件。临床实验室应急预案应基于特定地点的全面风险评估结果——该结果可使管理层根据已确定的风险级别对实验室的应急程序进行优先排序。

实验室中可能发生的紧急情况包括主要防护设施（如生物安全柜）内外的感染性材料溢出、接触危险材料（如传染源和化学物质）、医疗紧急情况、小型火灾和漏水等。可能在实验室外发生的紧急情况包括实验室系统故障（如电源中断和定向气流损耗）、楼房发生紧急事件和自然灾害等。

不同类型的实验室紧急情况需要不同的社区成员参与风险评估和制订实验室应急计划。例如，应对火灾需要与现场急救员（如消防员）的配合，而应对暴露于感染性物品的情况需要与机构外部的传染病专家进行协调。

实验室管理人员应确保实验室已制订了应急预案，已将其传达给工作人员，已对他们进行了计划中规定的培训，并确保工作人员能够执行计划中详述的特定程序。此外，以张贴标牌和标准作业规程的形式进行的危害交流可以为意外事件中的员工提供帮助。

应急的考量可能包括但不限于培训（包括演习）、事件的特定程序、操作计划的连续性、快速部署能力，以及员工的后勤和心理健康支持。

为测试应急计划的有效性，应例行开展基于讨论的演练（即桌面演练）和基于操作的演练（即现场演练）。上述演练和演习应包括将参与实验室应急的各类小组，包括机构领导、实验室领导、实验室专业人员、操作人员、维护人员、现场急救员以及其他相关方。演练和演习结果应归档，并得到评估，以确定成效和改进。同时，演练和演习的调研和观察结果应用于修订实验室风险评估结果以及实验室应急预案。

临床实验室环境中的挑战

临床实验室的运行程序与学术实验室（即教学实验室）和研究实验室有所不同。临床实验室的工作流程通常包括 3 个测试阶段：分析前、分析中和分析后。简而言之，分析前阶段发生在实验室或现场即时检验测试样品之前。此阶段涉及样本的收集、标记、包装和运送；分析阶段包括诊断测试，涉及对制备的样品进行特定的测试、分析和结果验证；分析后阶段涉及报告诊断测试结果，以及样品存储和处置等流程。

处理带未知病原体的标本

对单个患者的诊断测试可能会涉及含怀疑疾病信息量很少的多类型标本（如血液、痰液和尿液）的接收。临床医生会评估患者的情况，并经常安排一系列诊断测试。这些测试可以涵盖各种可能的诊断。测试可能包括不针对特定病原体的代谢检测和血细胞计数。此外，最初的测试结果可能无法给出明确的诊断，尤其是对于非常规的病原体。在考虑对非典型病原体诊断时，实验人员最初不一定会找到适当的鉴别诊断测试方法和试剂。通常直到完成测试并确认诊断结果后，抽血治疗师等实验室专业人员才意识到所抽取或处理的标本的危害和后续风险。

与处理临床标本有关的风险可能未得到充分认识。根据患者的感染阶段，某些病原体的感染剂量较低，而另一些临床标本中的病原体负荷较高。此外，一个临床标本中可能存在多种病原体。在临床微生物学实验室中，为获取用于鉴定和抗生素敏感性测试的纯培养物，临床微生物工作人员会分离、培育和扩增病原体种群。培育增加了病原体的影响和数量，从而增加了他们的处理风险。

诊断测试环境

诊断测试包括许多学科，并且通常在不同的实验室及各个部门中进行（如血液学、化学、细胞学、组织学和微生物学）。每个实验室都进行多种测试，并利用多种设备/程序。常规实验室程序（如移液、混合、离心、涡旋、等分试样、研磨、电镀，以及打开或取下盖子）可能会产生气溶胶[12]。临床实验室在快节奏、高技术含量和重复测试的环境中进行大量测试。高通量仪器（如大型化学分析仪和其他自动化设备）通常在二级防护系统外运行，并且在运行过程中可能会产生飞溅物和气溶胶。

大多数临床和公共卫生实验室都采纳了 BSL-2 级标准和特殊规范、安全设备以及设施建议。然而，由于空间和工作流程的限制，含病原体的标本的处理可能在实验室工作台等开放环境中进行。因此，为减少实验室专业人员暴露于病原体的风险，缓解策略和控制措施是必须实施的。可参见第四节，以获取更多有关 BSL-2 级的信息。

在非传统的实验室测试环境中，即时检验或床边测试的频率日益增加。在这种情况下，实施工程控制难度增加。同样，无须例行采集标本或进行实验室分析的护士、呼吸治疗师和医疗助手也可能会被要求在床边进行这些测试，以提供用于患者治疗的即时数据。这些检测活动也常会在重症监护室、医师办公室、健康展会、急诊科和救护车进行。由于这些环境通常缺乏合理设计的实验室设施所具备的工程控制措施，因此需要使用其他程序控制与个人防护装备。

临床实验室人才队伍

与研究或学术环境不同的是，大多数临床实验室全年不间断运行。因此，为维持实验室关键部分的运行，临床实验室工作人员通常轮班工作或轮值夜班。这会导致实验室工作人员产生疲劳，而疲劳可能会削弱他们的判断力[6]，并且可能会使他们忽略现有的安全措施。由于离职率高、劳动力老龄化、教育和培训计划的减少以及培训时间和资源的缺乏，专业人才不断流失，这也使整个实验室工作团队的安防工作变得困难。

实验室相关感染

首份实验室相关感染报告于 1893 年在法国发布。当时，接种意外导致了破伤风感染[21]。尽管生物安全规范和设备有所发展，暴露于传染性病原体和实验室相关感染的事件在实验室仍有发生。美国微生物学会（ASM）的最新出版物总结了该学会收集的 1930—2015 年实验室相关感染的数据。该文章指出，尽管由最常见病原体导致的实验室相关感染的总体发生率有所降低，但在同一时间范围内，临床实验室中的实验室相关感染总数有所增加，而研究型实验室的实验室相关感染却有所减少[22]。大多数实验室相关感染发生在临床微生物学实验室中，尤其是细菌感染。

这些实验室相关感染的起源仍不明了。公认的是，上报或记录的实验室相关感染数量大大低于实际发生数量。没有归档的病例和分母数据的缺失使风险评估和确定真实实验室相关感染发生率的工作复杂化。据估计，在上报的实验室相关感染中，有 80% 的终极成因（如可辨认的事故或暴露事件）是无法确定的[23,24]。人们认为，在这些实验室相关感染中，有许多未被识别的暴露事件是由于接触气溶胶引起的。可以解释的暴露方式包括黏膜接触溢出物和飞溅物、食入（即接触过受污染表面或污染物的手与嘴进行了接触），以及通过尖锐物体、伤口、针头和皮损接触。

在临床实验室环境中实施绩效管理

最新的安全系统文献显示，每个组织都会创建一种会影响其环境中安防规范和有效性的文化[25]。事件几乎不是某个人所犯的单独错误引起的。相反，事件通常是由组织中的多个小错误导致的，这些错误反映了潜在的系统缺陷。绩效管理认识到，程序和人的行为将随时间不断变化和适应，并且人为的错误是不可避免的，尤其是在复杂和高压的环境中[25]。

在风险评估过程中，应由定期在临床实验室工作的责任代表来计划有效的绩效管理。风险评估不仅应识别风险并确定其优先级，选择最合适的控制措施，还应确定如何例行评估选定的控制措施[26]。实验室专业人员应主要负责积极监测和评估选定控制措施的有效性。

设施的安全员或管理者历来会进行内部审核和检查，以核实生物安全控制措施是否落实到位。意外事故或安全事件发生后，安全员将先通过分析来识别事故的原因，然后采取纠正措施。然而，这种被动的绩效管理方法效果不佳，因为审计和检查的次数相对较少，所以仅反映了某一时刻的运行情况。

主动的例行监视和评估将突出成功执行安全措施的日常记录。检查表（如个人防护装备和生物安全柜检查表）和流程图是实现例行评估的有效方法。个人防护装备检查表的项目可包括方案所需的特定个人防护装备、个人防护装备完整性的检查步骤、个人防护装备的穿脱步骤、非一次性 / 可重复使用的个人防护装备的净化步骤以及已使用个人防护装备的丢弃步骤。生物安全柜检查表的项目可包括检查安全柜的认证日期，确认用户最近接受生物安全柜操作培训的日期，检查气流，进行表面消毒。

每个实验室都应制定专门的监测和评估方法。对于实验室专业人员而言，参与控制措施效果的评估是非常重要的。为了获得成功，实验室专业人员需要了解旨在缓解风险的控制措施，并确定其效果是否达到预期。鼓励实验室专业人员参与的一种手段是采用非惩罚性方法来报告运行问题，并提出可提高生物安全性的解决方案。对实验室近期意外事件的讨论可能会促使风险控制的方式在安全事件发生前得到改善。

临床实验室环境中的风险伦理

在临床实验室工作总是会有风险，并且临床实验室风险评估过程中必须包括风险伦理。风险伦理是指导选择合理风险承担方案的原则。在进行风险评估时，临床实验室应考虑许多可能影响不同管理策略的风险感知因素，包括个人因素（如知识、人口学特征、人格、健康和压力）、背景因素（如文化、社会关系、政治观点、近期事件和财务收益）以及其他因素（如成本收益分析或负面的媒体报道）。

机构之间甚至机构内部的风险承受力和风险规避能力（或风险接受度）不尽相同。每个临床实验室都会评估自身风险，并且可能会就这些风险的接受度得出独特的结论——与另一个实验室就类似风险得出的结论有所不同。与紧急运行相比，正常运行的风险接受度也将有所不同。最佳患者护理措施以及实验室专业人员风险接受度的确定最终将取决于临床实验室管理和运行所涉个人间的沟通次数和决策透明度。

总结

OSHA 的 BBP 标准（《联邦规则汇编》第 29 篇 1910 节 1030 款）适用于实验室人员与人类血液或其他潜在感染性材料的所有职业暴露，并对书面接触控制计划的制订或实施提供了指导，以消除员工的暴露风险或将其降至最低。现有指南（如 CDC 的指南、《发病率和死亡率周报》和 BMBL）指出，大多数临床实验室均按照《标准预防措施》和 BSL-2 级设施运行规范运行。

　　最近的事件，包括 2014—2016 年的埃博拉疫情，表明临床实验室采用和支持生物安全和质量风险管理方法需要强调以下措施的重要性：开展针对活动和实验室的风险评估；根据特定临床实验室环境的特定风险实施降险措施；整合出一个持续改进的严格的绩效考核流程。前述讨论概括了临床实验室环境特有的一系列主题，并且本附录的内容应作为在临床环境中建立健全安全文化的起点。

原书参考文献

［1］ Hallworth MJ. The '70% claim': what is the evidence base?. Ann Clin Biochem. 2011;48(Pt 6):487–8.

［2］ Badrick T. Evidence-based laboratory medicine. Clin Biochem Rev. 2013;34(2):43–6.

［3］ Centers for Disease Control and Prevention [Internet]. Atlanta (GA): Clinical Laboratory Improvement Advisory Committee; c2016 [cited 2019 Mar 1]. Summary Report: April 13–14, 2016. Available from: https://ftp.cdc.gov/pub/CLIAC_meeting_presentations/pdf/CLIAC_Summary/cliac0416_summary.pdf.

［4］ Gribble LA, Tria ES, Wallis L. The AMP Model. In: Salerno RM, Gaudioso J, editors. Laboratory Biorisk Management: Biosafety and Biosecurity. Boca Raton (FL): CRC Press; 2015. p. 31–43.

［5］ CEN Workshop Agreement. Laboratory Biorisk Management—Guidelines for the implementation of CWA 15793:2008. Brussels: European Committee for Standardization; 2011.

［6］ Pentella MA. Components of a biosafety program for a clinical laboratory. In: Wooley DP, Byers KB, editors. Biological Safety: Principles and Practices. 5th ed. Washington (DC): ASM Press; 2017. p. 678–94.

［7］ Centers for Medicare & Medicaid Services [Internet]. Baltimore (MD): Clinical Laboratory Improvement Amendments (CLIA); c2017 [cited 2019 Mar 1]. Individualized Quality Control Plan (IQCP). Available from: https://www.cms.gov/Regulations-and-Guidance/Legislation/CLIA/Individualized_Quality_Control_Plan_IQCP.html.

［8］ Standard; Laboratory director responsibilities, 42 C.F.R. Part 493.1445 (2010).

［9］ Pomerleau-Normandin D, Heisz M, Su M. Misidentification of Risk Group 3/Security Sensitive Biological Agents by MALDI-TOF MS in Canada: November 2015–October 2017. Can Commun Dis Rep. 2018;44(5):100–15.

［10］ Bloodborne pathogens, 29 C.F.R. Part 1910.1030 (1992).

［11］ Siegel JD, Rhinehart E, Jackson M, Chiarello L; the Healthcare Infection Control Practices Advisory Committee. Guideline for Isolation Precautions: Preventing Transmission of Infectious Agents in Healthcare Settings. Atlanta (GA): Centers for Disease Control and Prevention; 2007.

［12］ Miller MJ, Astles R, Baszler T, Chapin K, Carey R, Garcia L, et al. Guidelines for Safe Work Practices in Human and Animal Medical Diagnostic Laboratories. Recommendations of a CDC-convened, Biosafety Blue Ribbon Panel. MMWR Suppl. 2012;61(1):1–102. Erratum in: MMWR Surveill Summ. 2012;61(12):214.

［13］ Centers for Disease Control and Prevention [Internet]. Atlanta (GA): The National Institute for Occupational Safety and Health (NIOSH); c2015 [cited 2019 Mar 4]. Hierarchy of Controls. Available from: https://www.cdc.gov/niosh/topics/hierarchy/default.html.

［14］ Dickson BA. Emerging Infectious Disease: Is Your Laboratory Ready?. In: 9th Annual Children's Health Transfusion & Laboratory Medicine Conference; 2016 Feb 12; Dallas (TX). 2016.

［15］ Mississippi State Department of Health [Internet]. Jackson (MS): Biosafety Resources; c2013 [cited 2019 Mar 5]. When to Use the Biosafety Cabinet (poster): https://msdh.ms.gov/msdhsite/index.cfm/14,0,188,547,html.

［16］ Nebraska Public Health Laboratory [Internet]. Omaha (NE). c2013 [cited 2019 Mar 5]. Bench Guide for Hazardous Pathogens. Available from: http://www.nphl.org/documents/NPHLBenchGuide_FINAL20131221.pdf.

［17］ Association of Public Health Laboratories [Internet]. Silver Spring (MD): Partnerships & Outreach; c2018 [cited 2019 Mar 5]. Sentinel Clinical Laboratories. APHL Biothreat Identification Bench Cards. Available from: https://www.aphl.org/programs/preparedness/Pages/partnerships-outreach.aspx.

［18］ Centers for Disease Control and Prevention [Internet]. Atlanta (GA): The National Institute for Occupational Safety and Health (NIOSH); c2018 [cited 2019 Mar 5]. Emergency Response Resources. Personal Protective Equipment. Available from: https://www.cdc.gov/niosh/topics/emres/ppe.html.

［19］ United States Department of Labor [Internet]. Washington (DC): Occupational Safety and Health Administration; c2019 [cited 2019 Mar 5]. Personal Protective Equipment. Overview. Available from: https://www.osha.gov/SLTC/personalprotectiveequipment/.

［20］ Ned-Sykes R, Johnson C, Ridderhof JC, Perlman E, Pollock A, DeBoy, JM; Centers for Disease Control and Prevention (CDC). Competency Guidelines for Public Health Laboratory Professionals: CDC and the Association of Public Health Laboratories. MMWR Suppl. 2015;64(1):1–81.

［21］ Kruse RH, Puckett WH, Richardson JH. Biological Safety Cabinetry. Clin Microbiol Rev. 1991;4(2):207–41.

［22］ Wooley DP, Byers KB. Biological Safety: Principles and Practices. 5th ed. Washington (DC): ASM Press; 2017.

［23］ CLSI. Protection of Laboratory Workers from Occupationally Acquired Infections: Approved Guideline—Fourth Edition. CLSI document M29-A4. Wayne (PA): Clinical and Laboratory Standards Institute; 2014.

［24］ Baron EJ, Miller JM. Bacterial and fungal infections among diagnostic laboratory workers: evaluating the risks. Diagn Microbiol Infect Dis. 2008;60(3):241–6.

［25］ Salerno R, Gaudioso J, editors. Laboratory Biorisk Management—Biosafety and Biosecurity. Boca Raton (FL): CRC Press; 2015.

［26］ Burnett L, Olinger P. Evaluating Biorisk Management Performance. In: Salerno RM, Gaudioso J, editors. Laboratory Biorisk Management: Biosafety and Biosecurity. Boca Raton (FL): CRC Press; 2015. p. 145–167.

O　缩略语

A1HV-1	狷羚疱疹病毒 1 型
ABSA	美国生物安全协会
ABHS	含乙醇洗手液
ABSL	动物生物安全等级
ABSL-2Ag	动物生物安全 2 级
ABSL-3Ag	动物生物安全 3 级
ABSL-4Ag	动物生物安全 4 级
ACAV	美国节肢动物传播病毒委员会
ACIP	美国免疫接种咨询委员会
ACG	《节肢动物防护指导手册》
ACL	节肢动物防护等级
ACME	美国医学昆虫学委员会
ADA	《美国残疾人法案》
AHS	非洲马瘟

AHSV	非洲马瘟病毒
AIDS	获得性免疫缺陷综合征
AKAV	赤羽病病毒
AMP	抗菌肽
AMP	缓解性能评估
AMT	补骨脂素
APHIS	美国农业部动植物卫生检验局
APMV-1	1 型禽副黏病毒
APR	空气耐压
ARS	美国农业部农业研究院
ARDS	急性呼吸窘迫综合征
ASF	非洲猪瘟
ASFV	非洲猪瘟病毒
ASHRAE	美国采暖、制冷与空调工程师学会
ASTMH	美国热带医学与卫生学会
AVA	吸附炭疽疫苗
BAT	肉毒梭菌抗毒素
BCG	卡介苗
BDV	边境病病毒
BI	生物指示剂
BIS	美国科学工业局
BoNT	肉毒神经毒素
BREEAM	建筑研究院环境评审法
BRM	生物风险管理
BSAT	对公共健康和安全具备威胁性的管制性生物病原体和毒素（"布萨特"计划）
BSC	生物安全柜
BSE	牛海绵状脑病
BSL	生物安全等级
BSO	生物安全官
BTV	蓝舌病病毒
BVDL	牛病毒性腹泻病毒
CAD	空气净化设备
CAV	固定风量
CBPP	牛传染性胸膜肺炎
CCPP	传染性山羊胸膜肺炎
CETBE	中欧蜱传脑炎
CDC	美国疾病控制预防中心
CFD	计算流体动力学

CFR	（美）联邦法规汇典
CFU	菌落形成单位
CIP	就地清洗
CJD	克雅氏病
CJIS	美国司法部刑事司法信息服务司
CLIA	临床实验室改进修正案
CLIAC	临床实验室改进咨询委员会
CNS	中枢神经系统
CSF	脑脊液
CSFV	经典猪瘟病毒
CWD	慢性消耗性疾病
DHHS	美国卫生与公共服务部
DNA	脱氧核糖核酸
DOC	美国商务部
DOD	美国国防部
DOL	美国劳工部
DOT	美国运输部
DRM	美国国立卫生研究院设计要求手册
DTaP	白喉／破伤风／无细胞百日咳
EBV	EB病毒
ECP	暴露控制计划
EDS	污水净化系统
EEE	东方马脑脊髓炎
ELISA	酶联免疫吸附试验
EMCS	能源监控系统
EO	行政命令
EPA	美国环境保护署
EtOH	酒精（乙醇）
EUE	外来偶蹄类脑病
FBI	美国联邦调查局
FDA	美国食品药品监督管理局
FFI	致死性家族性失眠
FIFRA	美国联邦杀虫剂、杀菌剂和灭鼠剂法案
FLA	自生生活阿米巴原虫
FMD	口蹄疫
FMDV	口蹄疫病毒
FQPA	美国食品质量保护法案
FSAP	美国联邦"管制性病原体"项目

FSE	猫海绵状脑病
GAP Ⅲ	全球行动计划 Ⅲ
GCP	药品临床试验管理规范
GHSA	全球卫生安全议程
GI	胃肠道
GLP	药品实验室管理规范
GMO	转基因生物
GMP	药品生产质量管理规范
GNR	革兰氏阴性杆菌
GSS	格斯特曼综合征
H	血凝素
HAV	甲型肝炎病毒
HEPA	高效空气
HBV	乙型肝炎病毒
HCMV	人类巨细胞病毒
HCV	丙型肝炎病毒
HCW	医护人员
HD	丁型肝炎
HDV	丁型肝炎病毒
HEV	戊型肝炎病毒
HeV	亨德拉病毒
HFRS	肾综合征出血热
HHV	人类疱疹病毒
HHV-6A	人类疱疹病毒 6A 型
HHV-6B	人类疱疹病毒 6B 型
HHV-7	人类疱疹病毒 7 型
HHV-8	人类疱疹病毒 8 型
HIPPA	健康保险可携性和责任法案
HIV	人类免疫缺陷病毒
HPAI	高致病性禽流感
HPAIV	高致病性禽流感病毒
HPS	汉坦病毒肺综合征
HSE	健康、安全和环境
HSV-1	单纯疱疹病毒 1 型
HSV-2	单纯疱疹病毒 2 型
HTLV	人类嗜 T 淋巴细胞病毒
HVAC	供暖、通风和空调
IA	影响评估

IACUC	动物保护和利用委员会
IATA	国际航空运输协会
IBC	生物安全制度委员会
ICAO	国际民用航空组织
ICTV	国际病毒命名委员会
ID	感染剂量
ID_{50}	感染一群动物的 50% 所必需的微生物数量
IDLH	立即危及生命和健康
IES	美国农业部动物卫生检疫局调查和执法服务
IFU	使用说明书
IgG	免疫球蛋白 G
IGRA	干扰素 γ 释放试验
ILAR	实验动物研究所
IND	试验性新药
IPM	虫害综合治理
IPV	脊髓灰质炎灭活疫苗
IQCP	个性化质量控制计划
ISA	传染性鲑鱼贫血
ISAV	传染性鲑鱼贫血病毒
LAI	实验室相关感染
LCM	淋巴细胞性脉络丛脑膜炎
LCMV	淋巴细胞性脉络丛脑膜炎病毒
LCV	大细胞变异体
LD	致死剂量
LED	发光二极管
LEED	能源与环境设计领导认证（绿色建筑评价体系）
lfm	线性英尺 / 分钟
LGV	性病淋巴肉芽肿
LMW	低分子量
LSD	牛结节性皮肤病
LSDV	牛结节性皮肤病病毒
MALDI-TOF	基质辅助激光解吸电离飞行时间质谱
MCF	恶性卡他热
MDR	多重耐药性
MenV	梅南高病毒
MERS	中东呼吸综合征
MERS-CoV	中东呼吸综合征冠状病毒
MIT	美国麻省理工学院

MMWR	发病率和死亡率周报
MOTT	非结核分枝杆菌
MPPS	最易透过粒径
MVA	改良安卡拉痘苗
NaClO	次氯酸钠
NaOH	氢氧化钠
N	神经氨酸酶
NBL	国家生物防护实验室
NC	噪声标准
NCI	美国国家癌症研究所
ND	新城疫
NDV	新城疫病毒
NHP	非人灵长类动物
NIH	美国国立卫生研究院
NiV	尼帕病毒
NIOSH	美国国家职业安全与卫生研究所
NSF	美国国家科学基金会
NTM	非结核性分枝杆菌
OIG	总检察长办公室
OIE	世界动物卫生组织
OPIM	其他潜在传染性物质
OPM	业主项目要求
OPV	口服脊髓灰质炎病毒疫苗
OSHA	美国职业安全与健康管理局
OSP	美国科学政策办公室
PAPR	正压空气净化呼吸器
PBT	五价肉毒梭菌类毒素疫苗
PCR	聚合酶链式反应
PEL	允许暴露极值
PEP	暴露后预防
PI	主要研究者
PM	预防性维护
PPD	纯化蛋白衍生物
PPE	个人防护装备
PPM	百万分之
PPQ	植物防疫检疫
PPRV	小型反刍动物瘟疫病毒
PrP	朊蛋白

PTFE	聚四氟乙烯
PV1	1 型脊髓灰质炎病毒
PV2	2 型脊髓灰质炎病毒
PV3	3 型脊髓灰质炎病毒
QMS	质量管理体系
RAC	重组 DNA 咨询委员会
RBL	区域生物防护实验室
RG	微生物危害等级
RIP	核糖核蛋白体失活蛋白
RNA	核糖核酸
RO	负责官员
RoD	患病风险
RoE	暴露风险
RP	牛瘟
RPV	牛瘟病毒
RVFV	裂谷热病毒
SAIDS	猴艾滋病
SAL	无菌保证水平
SALS	虫媒病毒实验室安全小组委员会
SARS	严重急性呼吸系统综合征
SARS-CoV	SARS 相关冠状病毒
SBA	羊血琼脂
SCBA	自给式呼吸器
SCID	重症综合性免疫缺陷
sCJD	散发性克—雅病
SC type	小菌落型
SCV	小型细胞变体
SDS	安全数据表（附录 B）
SDS	十二烷基硫酸钠（第八节 H 部分）
SE	金黄色葡萄球菌肠毒素
SEA	金黄色葡萄球菌肠毒素血清型 A
SEB	金黄色葡萄球菌肠毒素血清型 B
SEC	金黄色葡萄球菌肠毒素血清型 C
SED	金黄色葡萄球菌肠毒素血清型 D
SEE	金黄色葡萄球菌肠毒素血清型 E
SHE	金黄色葡萄球菌肠毒素血清型 H
SFV	猴泡沫病毒
SHIV	猴 / 人类免疫缺陷病毒

SIP	就地灭菌
SIV	猴免疫缺陷病毒
SGP	绵羊痘和山羊痘
SGPV	绵羊痘和山羊痘病毒
SLE	圣路易斯脑炎病毒
SME	学科专家
SNS	美国国家战略储备
SOP	标准化操作程序
SRA	安全风险分析
SRV	猴 D 型反转录病毒
STLV	猴 T 淋巴细胞趋向性病毒
SU	一次性使用
SVCV	鲤春病毒血症病毒
SVD	猪水疱病
SVDV	猪水疱病病毒
TBEV-CE	蜱传脑炎病毒—中欧亚型
TBEV-FE	蜱传脑炎病毒—远东亚型
TLV	阈限值
TME	貂传染性脑病
TNF	肿瘤坏死因子
TSE	传染性海绵状脑病
TVOC	总挥发性有机化合物
ULPA	超低穿透率空气过滤器
ULT	超低温
UP	综合预防
UPS	不间断电源
UV	紫外线
USAMRIID	美国陆军传染病医学研究所
USC	美国法典
USDA	美国农业部
USPS	美国邮政
VAPP	疫苗相关麻痹型脊髓灰质炎
VAV	可变风量
VDPV2	疫苗衍生脊髓灰质炎 2 型病毒
VEEV	委内瑞拉马脑炎病毒
VS	兽医管理局
VZV	水痘—带状疱疹病毒
WBC	白细胞

WEEV	西方马脑炎病毒
WHO	世界卫生组织
WMD	大规模杀伤性武器
WNV	西尼罗河病毒
XDR	广泛耐药性

术语表

病原　在生物学中，该词指微生物、生物毒素或人体内寄生虫，无论是自然产生的还是经过基因修饰的，可能引起感染、过敏、毒性或其他对人体健康造成危害的因素。

农业生物安全　以科学为基础，用于保护、管理和应对与食品、农业、健康和环境相关的风险的政策、措施和监管框架。

空气清扫　在开始工作前，将手臂和手缓慢地伸进生物安全柜内，然后利用生物安全柜内的下流空气清除杂志微粒的过程。

减毒　使用弱化的病原体、病毒核酸序列或毒素来减少致病风险的一种方法。

生物负荷减少研究　见"加标回收实验"。

生物风险　当生物材料是危害的来源时，会对周围带来不确定性，这种影响即为生物风险，表现为相关事件发生的可能性及造成的一系列后果之总和。

生物风险管理　指导和控制组织的协调，以防生物风险的一系列行为。

血源性病原体　存在于人类血液和其他潜在感染性物质（OPIM）中的病原微生物，可感染和（或）导致接触含有这些病原体的血液或 OPIM 的人患病。

细胞类型　在形态或表现上区分生物体内细胞不同形式的分类方法。

洁净工作台　将 HEPA 过滤后的空气水平或垂直地导向使用者的装置。

洁净室　利用 HEPA 过滤的空气将微粒污染量降低到指定水平的房间［如国际标准化组织（ISO）4 级不允许在每立方米内存在超过 1.0×10^4 个，尺寸 $\geq 0.1 \mu m$ 的微粒］。

洁净污染分区　在生物安全柜内工作时，使中心工作区将柜内一侧的未使用（如洁净）或无菌材料与另一侧的已使用（如污染）材料分开。对于惯用右手的人来说，洁净的材料一般在右边，污染的材料在左边；而相反的方向适合对于惯用左手的人。就气流方面而言，从潜在污染较低的区域流向潜在污染较高的区域是气流运动的首选方向。

清洁　通常用洗涤剂和水从表面减少或去除附着的有机和无机污物（如血液蛋白、碎片和生物物质以及其他物质）的过程。

确认灭活程序　经测试和确定，在特定条件下有足够效力使病原体失活（即活性测试），使病毒核酸序列产生的病毒的感染形式失去感染力（即感染性测试），或使毒素不能再产生毒性效应（即毒性测试）的方法。

接触时长　通过一种方法或化学处理使表面或物品上的微生物失活所需的时间，时间长短取决于现有的微生物数量和其他变量（如温度、有机负荷、水硬度）。

防控 一级和二级防控屏障、设施实践和操作程序以及其他安全设备的结合，如个人防护装备（PPE），用于管控在实验室环境中处理和储存有害生物制剂和毒素的相关风险。

培养类型 动物细胞培养可分为3种类型：外植体、原代细胞系和永生细胞系。外植体和直接由外植体衍生的原代细胞系带来的风险往往缺乏充分研究，并可能对研究者构成未知的风险。

消毒 使用物理和（或）化学方法清除、灭活或消灭表面或物品上的微生物病原体（如血液或气溶胶），使其不再能够传播感染性微粒，并使物品或表面变得安全可处理；但是，感染控制专家扩大了这一定义，将所有病原体和物理空间（如病房、实验室、建筑物）都包括在内。

定向气流 空气在一个方向上的流动，以减少气溶胶可能造成的交叉污染。

消毒剂 一种物质或多种物质的混合物，能在无生命的环境中破坏或不可逆地灭活细菌、真菌和病毒，但不一定对细菌孢子或朊病毒有效。

消毒 通过物理或化学手段消灭病原体和去除朊病毒外的其他微生物的过程。

高效消毒 在低于灭菌条件下使用灭菌剂进行的致死过程（如 10 ~ 30 min 的接触时间，而不是灭菌所需的 6 ~ 10 h）。这个过程能杀死除了大量的细菌孢子之外的所有形式的微生物。

- **中效消毒**：使用药剂杀死病毒、分枝杆菌、真菌和细菌繁殖体的致死过程，但不杀死细菌孢子。

- **低效消毒**：使用药剂杀死细菌、某些真菌和包膜病毒的繁殖体的致死过程。

内源性病原体 病原体通常与宿主有关，并且不作为实验方案的一部分被提供。

致病原 能够引起疾病的物质，通常是一种病原体，如细菌、病毒、寄生虫、真菌或毒素。现替换为 CFR 第 49 章第 171 ~ 180 部分中的"感染材料"或"感染物质"。

豁免生物 美国《NIH 指南》附录 C 中列出的生物，包括大肠杆菌 K-12 衍生株。这些生物通常被认为不会对健康或环境造成重大风险，并且不受《NIH 指南》的约束。

设施 容纳实验室或动物设施及其所有相关功能（如高压灭菌室、设备室、饲料室、笼子清洗区）的建筑物或建筑物的一部分。对于较高等级的防护区域，可能仅包括防护边界内的房间。

《联邦杀虫剂、杀真菌剂和灭鼠剂法案（FIFRA）》 FIFRA 在联邦对杀虫剂分配、销售和使用的监管方面进行了规定。在美国经销或销售的所有杀虫剂，包括抗菌杀虫剂，都必须在EPA注册（即获得许可）。制造商向 EPA 提交药效数据以支持产品声明。

灭活 使病原体不能存活、病毒核酸序列不具有感染性或毒素不具毒性，同时保留有利用价值的特性以备将来使用的一种方法。针对目标所用的方法可能因研究所用宿主而异。

感染性材料 包含能够导致人、动物或两者感染的生物制剂的相关固体或液体物质。

感染性物质 已知或合理预期含有病原体的物质。感染性物质可包括患者标本、生物培养物、医疗或临床废物和（或）疫苗等生物制品。

感染性测试 一种通过证明病毒的核酸序列不能产生具有传染性的病毒，来证实灭活方法有效性的方法。针对目标所用方法的功效评估手段可能因所用研究宿主而异。

机构生物安全委员会（IBC） 该委员会要求根据《NIH 指南》对重组或合成核酸的研究进行审查和批准。该委员会还可以承担额外的任务，如审查所有与生物制剂有关的工作。不受《NIH 指南》约束的场所可选择建立 IBC 或使用具有类似名称的委员会（如现场生物安全委员会、安全制度委员会）对重组或合成核酸和（或）生物制剂的研究进行监督。IBC 是 BMBL 中使用的通用术语。

机构核查 由工作机构确认，该工作机构使用的一套经确认的灭活和分离/去除程序可使最终产品达到足够的灭活效果。

使用说明（IFU）　产品标签的一部分，包括制造商对安全使用产品的说明（即稀释、接触时长、如何使用）。制造商也可以附上一个扩展标签，来提供额外的说明。

实验室　一个房间或一系列可能相连或可能不相连的房间，用于在一个主管或主要研究人员的控制下进行研究。

实验室生物安保　防止实验室或实验室相关设施的生物材料、技术或研究相关信息丢失、被盗或故意滥用的措施。

层流　层流发生于当流体（即空气）在无限小的平行层中流动时。在层流中，流体层平行滑动，没有与流体本身垂直的涡流、漩涡或电流。

口罩　一种覆盖在嘴和鼻子上的覆盖物，但不存在可提供呼吸保护的证明。可用于保护黏膜免受飞沫的侵害，但其效果不等同于呼吸器。

材料　在生物学中，含有、可能含有生物病原及 / 或其有害产物（毒素或过敏原），或有生物病原及 / 或有害产物组成的任何物质。生物材料可以是人或动物的血液、分泌物或组织、碎屑、来自自然界的有机材料，以及培养或保存介质、人、动物和植物培养物。

微生物　通常是单细胞或无细胞的生物病原，能够复制或转移遗传物质，包括细菌、病毒、真菌和寄生虫。

病原体　微生物（如细菌、病毒、立克次体、寄生虫、真菌）和其他可能在人类、动物或植物中引起疾病的病原体，如朊病毒。

贯穿处　在表面（如墙壁、地板、天花板）上有意留的孔或开口，必须密封以防止设施或实验室的空气泄漏。

人员　设施中的所有人员，无论是员工、承包商还是访客。

害虫　害虫是指不希望或非故意使其存在的生物。害虫会对植物、人类、建筑物和其他生物造成损害。

农药标签　农药产品标签提供了有关如何安全合法地处理和使用农药产品（如抗菌农药）的关键信息。与大多数其他类型的产品标签不同，在美国，农药标签在法律上是被要求强制打上的，而且所有标签上都有这样一句话：“采用与标签所示不一致的方式使用本产品将违反联邦法律。”

预清洁　去除不属于被清洁材料或表面的大量污染材料。

流程验证　证明根据确认研究中确定的一组特定条件的灭活程序已经达到足够的功效。

产品标签　这是附在消毒剂上的相关图例、艺术品或标记。它将包括 IFU、EPA 注册号和标签声明（如为 EPA 注册微生物测试）。

净化（生物安全柜）　在生物安全柜中开始工作或结束实验之前，为生物安全柜气流过滤机柜空气和为去除空气中污染物提供时间的过程。

呼吸器　一种根据过滤介质的不同，对气溶胶或蒸汽进行防护的装置。对它的审批由监管机构进行，并且需要有培训、适合性测试和医疗监督的文件证明。

限制性实验　可能对美国特定管致病原产生耐药性的实验，且这种实验属于获得的基因会损害对致病因子的控制，或有意制造合成或重组基因以合成在 LD_{50} 小于 100 ng/kg 有致死性的特定药剂的实验。

风险伦理　在道德上指导风险承担和风险暴露的理性选择的原则，是风险管理的重要考虑因素。

房间　实验室或设施中最小的物理分区。

根本原因分析　描述用于发现问题原因的各种方法、工具和技术的综合术语。根本原因是核心问题，它启动了最终导致问题的整个因果反应。

消毒剂　一种化学制剂和抗菌剂，能杀灭至少99.9%的微生物。消毒剂通常用于食品接触表面、地毯、水箱内马桶添加剂、洗衣添加剂和空气清新剂。

目视密封　目视检查BSL-3实验室的密封区域，包括墙壁、天花板和地板。

加标和恢复实验　有意添加特定的药剂（即加标）并随后测量灭活步骤中的去除或灭活的研究，也称为生物负荷减少研究。

杀孢剂　在无生命环境中不可逆地使细菌孢子失活的物质或混合型物质。

工作人员　由机构提供职业健康和其他服务的所有全职同等雇员和兼职雇员，以及设施的其他类别人员（如学生、研究员和客座研究人员）。

无菌保证水平（SAL）　最终灭菌后微生物存活的概率，以及该过程有效性的预测指标。

灭菌剂　在无生命环境中破坏或消灭所有形式微生物生命的物质或物质混合物，包括所有形式的植物细菌、细菌孢子、真菌、真菌孢子和病毒。

灭菌　杀死或灭活包括高度耐药的细菌孢子在内的所有微生物生命形式的物理或化学过程。

受检细胞系　经血源性病原体检测的人类细胞系，也指已经被测试证明没有特定病原体的细胞系。

组织来源　为了科学用途而从中取出特定组织的有机体或器官。

组织类型　动物组织分为结缔组织、肌肉组织、神经组织和上皮组织。

毒性试验　通过证明毒素不再能够产生毒性作用来确认灭活程序的有效性的过程。

触发点　一种公认的诊断结果组合，可用于确定何时提高处理样本或培养物的预防措施或条件。

经验证的灭活流程　一种使微生物失去活力，但允许微生物保留所需特性以备将来使用的流程，其有效性由活性测试方案产生的数据进行确认。

验证　确定一种方法的性能特征，并提供客观证据，证明达到了规定的预期用途的性能要求。

核实　根据验证研究中确定的方法规范，证明已验证的方法在用户手中起作用，并且适合于方法的用途。

活性测试方案　通过证明材料不含任何活性病原体来确认灭活流程有效性的过程。

图表的可用性说明

附录A　生物危害一级防护

图附录A-1　HEPA过滤器
HEPA过滤器由一个方形木架组成，该木架包含了包裹在支撑铝柱周围的硼硅酸盐过滤介质。

图附录A-2　Ⅰ级生物安全柜
Ⅰ级生物安全柜的剖面侧视图。箭头表示空气从前侧窗扇流入装置，然后通过装置后部的增压室，再通过装置顶部的高效空气过滤器排出装置。

图附录 A-3　ⅡA 型生物安全柜

A 型Ⅱ级生物安全柜的侧视剖面图。箭头表示空气从底部前侧窗扇流入装置，然后被风扇引入装置后部的增压室。离开风机后，30% 的空气通过装置顶部的高效空气过滤器排出，70% 的空气通过单独的高效空气过滤器进入机柜的工作表面。

图附录 A-4　ⅡA 型生物安全柜管道用罩盖（顶棚）装置

位于生物安全柜排气口上方的套管装置的剖面侧视图。每一侧的套管与排气孔重叠 1 英寸（约为 2.54 cm）。套管呈金字塔形，其宽底位于生物安全柜排气孔的上方，其窄顶与代表建筑物排气系统的管道相连。

图附录 A-5a　ⅡB1 型生物安全柜（经典设计）

B1 型Ⅱ级生物安全柜的侧视剖面图。该设备有三个 HEPA 过滤器，分别位于工作面上方、工作面下方和单元顶部的排气孔处。在设备底部、工作面下方的 HEPA 过滤器下面装有风扇。箭头表示气流流经前窗框进入设备，然后在设备内沿两个方向流动。一个方向是向下通过工作面下方的 HEPA 过滤器，然后向上通过集气室至单元的顶部，再从顶部向下导入下一个 HEPA 过滤器至工作面。第二个气流方向是经过工作面的背部至单独的集气室，然后从设备顶部排气孔处的 HEPA 过滤器排出。该设备与建筑物排气系统直接相连（无套管）。

图附录 A-5b　ⅡB1 型生物安全柜（台式设计）

台式设计的 B1 型Ⅱ级生物安全柜的侧视剖面图。该设备配备两个 HEPA 过滤器，一个位于工作面的上方，另一个位于设备顶部的排气孔处。在设备的顶部、工作面上面的 HEPA 过滤器的上方装有风扇。箭头表示气流通过前窗框流入设备，向下经过工作面下方，通过集气室，集气室将气流导向风扇，风扇引导气流通过 HEPA 过滤器向下流向工作面。经 HEPA 过滤的空气随后在工作面的上方分流，一部分通过原集气室返回风扇，另一部分通过一个独立集气室流向排气孔，通过 HEPA 过滤器后排出。该设备与建筑物排气系统直接相连（无套管）。

图附录 A-6　ⅡB2 型生物安全柜

B2 型Ⅱ级生物安全柜的侧视剖面图。两个 HEPA 过滤器如图所示。一个安装在工作面的上方，另一个安装在设备顶部的排气孔处。在设备的顶部、工作面上面的 HEPA 过滤器的上方安装有风扇。箭头表示通过单元的顶部和前窗框将空气吸入设备，然后引导至工作面下方。然后，通过排气室和排气孔处的 HEPA 过滤器吸入空气。该设备与建筑物排气系统直接相连（无套管）。

图附录 A-7a　ⅡC1 型生物安全柜（未连接至建筑物排气系统）

C1 型Ⅱ级生物安全柜侧视剖面图。两个 HEPA 过滤器如图所示。一个安装在工作面的正上方，另一个安装在设备顶部排气孔处。两个风扇如图所示，一个安装在工作面上面的 HEPA 过滤器的正上方，另一个在设备顶部排气孔处的 HEPA 过滤器的正下方。箭头表示空气通过前窗框流入设备，向下经过工作面的下方，然后通过集气室向上至工作面上方的空间，在此处空气由风扇向下导入 HEPA 过滤器至工作面。经 HEPA 过滤的空气随后在略高于工作面处分流，或者经原集气室再循环返回，或者被吸入独立排气室经过第二个 HEPA 过滤器后排出。该装置未接入建筑物的排气系统。

图附录 A-7b　ⅡC1 型生物安全柜（已连接至建筑物排气系统）

接入建筑物排气系统的 C1 型Ⅱ级生物安全柜的侧视剖面图。两个 HEPA 过滤器如图所示，一个安装在工作面的正上方，另一个安装在设备顶部的排气孔处。两个风扇如图所示，一个安装在工作面上面的 HEPA 过滤器的正上方，另一个在设备顶部排气孔处的 HEPA 过滤器的正下方。箭头表示空气通过前窗框流入设备，向下经过工作面的下方，然后通过集气室向上至工作面上方的空间，在此处空气由风扇向下导入 HEPA 过滤器至工作面。经 HEPA 过滤的空气随后在略高于工作面处分流，或者经原集气室再循环返回，或者被吸入独立排气室，经过第二个 HEPA 过滤后排出。该生物安全柜由套管单元接入建筑物排气系统。该套管单元与排气孔部分重叠且留有 1 英寸（约为 2.54 cm）的间隙，以便吸入室内空气来平衡建筑物的排气系统。

图附录 A-8　Ⅲ 级生物安全柜

Ⅲ 级生物安全柜的正视图和侧视剖面图。从正视图中可以看到两套手套孔（共四孔），这些孔在横跨机柜宽度的视窗下方排成一行。一个双端直通盒安装在机柜的左侧，方便材料进出机柜。机柜顶部安装有两个 HEPA 过滤器，一个位于进气孔，另一个位于排气孔。机柜直接与排气管相连，排气管内加装有 HEPA 过滤器，这样，排气的空气经 HEPA 双重过滤。侧视剖面图显示，手套孔内部一只手抓着机柜内部的某个物件。

图附录 A-9a　水平层流洁净工作台

水平层流洁净工作台的侧视剖面图。该单元的前部设有阔口，工作区域的后部安装有 HEPA 过滤器。在 HEPA 过滤器和设备的后壁之间设有集气室。在设备的底部安装有风扇。气流箭头表示，空气从前孔、工作面下方进入单元。风扇将进气送入集气室，通过 HEPA 过滤器，经过工作面。经 HEPA 过滤的空气随后从前开口流出设备，并流向工作人员。

图附录 A-9b　垂直层流洁净工作台

垂直层流洁净工作台的侧视剖面图。该设备包含一个位于工作面上方的 HEPA 过滤器和一个位于上述 HEPA 过滤器上方空间的风扇。气流箭头表示，空气通过设备顶部的孔进入设备，然后由风扇引导气流向下通过 HEPA 过滤器至工作面。经 HEPA 过滤的空气随后通过朝向工人的前开口流出设备。

图附录 A-10　从洁净到脏污

生物安全柜的正视图，其中包含通常用于生物操作的设备和材料。生物安全柜中的设备适合惯用右手的人使用。无菌培养基或缓冲容器等"清洁"材料图表的可用性说明放置于工作面的左侧。废弃容器等"脏污"材料放置于工作面的右侧，对于惯用左手的人来说，次序正好相反。

图附录 A-11　对室内真空系统的保护

两个真空瓶和一个内联 HEPA 过滤器由真空管路以串联方式接入室内真空孔。将材料吸入第一个装有去污溶液的烧瓶中。第一个烧瓶由真空管路接入为第一个烧瓶提供溢流保护的第二个空烧瓶。内联 HEPA 过滤器位于溢流保护烧瓶和室内真空孔之间。

图附录 A-12　袋进 / 袋出过滤器外壳

容纳堆叠在一起的两个 HEPA 过滤器装配件的方形大 HEPA 外壳单元的部件分解图。上部过滤器装配件被分解成部件，包含过滤器单元、拆卸袋、支撑带和外壳盖。组建的设计安排为使用已放置在外壳内的预包装拆卸受污染的过滤器创造了条件。图解为解释如何把过滤器和拆卸袋置于外壳内，展示了仅移除外壳盖的下方过滤器的装配件。

附录 C   传染性物质的运输

图附录 C-1   A 类联合国标准三重包装

完善的 A 类包装系统，包括附有所要求标签的外层纸板箱和带有螺帽的硬壁圆柱形次级容器。次级容器中有用于容纳生物材料的可密封的玻璃、金属或塑料主容器，以及用于将渗漏控制在次级容器之内的可吸收液体的材料。

图附录 C-2   B 类非规范三重包装

完善的 B 类包装系统，包括附带所要求标签的外层纸板箱和防渗漏次级容器，如可密封的塑料袋。次级容器中有可密封的主容器；同时也包含将渗漏控制在次级容器之内的可吸收液体的材料。